环境同位素原理与应用

谢先军　甘义群　刘运德　李俊霞　李小倩　杜　尧　编著

科学出版社

北　京

内 容 简 介

本书从环境同位素基本理论、同位素测试分析技术、环境介质中同位素组成、分馏机理与研究应用5个方面，对15种常见环境同位素，包括11种无机同位素和4种有机组分单体同位素（氯代烃单体碳、氢、氯同位素，苯系物单体碳、氢同位素，醚类汽油添加剂单体碳、氢同位素，硝基芳烃类有机单体碳、氢、氮同位素）进行系统和全面的介绍，并附以研究案例、数据和图表等进行说明。本书部分插图配有彩图二维码。

本书可作为环境地球化学、环境科学与工程、地下水科学与工程等专业的研究生教材，也可供从事环境同位素理论与应用研究的科研人员学习和参考。

图书在版编目（CIP）数据

环境同位素原理与应用/谢先军等编著. —北京:科学出版社，2019.11
ISBN 978-7-03-062869-5

Ⅰ.①环…　Ⅱ.①谢…　Ⅲ. ①同位素应用-环境科学-研究　Ⅳ. ①X

中国版本图书馆CIP数据核字（2019）第242446号

责任编辑：何　念 / 责任校对：刘　畅
责任印制：赵　博 / 封面设计：图阅盛世

科学出版社 出版
北京东黄城根北街16号
邮政编码：100717
http://www.sciencep.com
北京建宏印刷有限公司 印刷
科学出版社发行　各地新华书店经销
*
开本：787×1092　1/16
2019年11月第　一　版　　印张：20 1/4
2024年 3 月第四次印刷　　字数：515 000
定价：78.00 元
（如有印装质量问题，我社负责调换）

序　　言

环境地球科学是地球科学和环境科学交叉形成的一门新兴学科。该学科以地球表层系统为对象，利用地球科学和环境科学的理论、方法与手段，研究土壤圈、水圈、表层岩石圈、大气圈、生物圈演化的物理、化学和生物过程，以及各圈层之间的相互作用与物质循环；揭示自然与人类活动影响下，各种污染环境和退化生态系统修复与恢复的基础科学问题。

技术和方法的进步推动着自然科学学科的创新发展。同位素技术具备定年、确定物质来源和过程反演等多项功能，以及具有分析定量、结果准确等特点，在环境地球科学中得到了广泛应用，同时在环境地球科学的发展中发挥了重要作用。进入21世纪以来，随着地球科学和环境科学结合的日益紧密，特别是各类不同类型环境问题的频发及其呈现出的综合性、系统性和尺度效应，催生出环境地球科学领域不同的学科分支方向，其中环境同位素正是其中发展最为快速的方向之一。

目前国内外有关环境同位素的文献资料十分浩繁，大部分都分散在环境地球科学领域各类不同的学术论著中，缺乏系统性和全面性。国内陆续出版了若干介绍环境同位素在某一学科领域的专著，但是缺乏系统反映环境同位素研究进展的教学与科研参考书。在我们从事环境同位素相关的科研、教学和实验室建设过程中，迫切需要一本系统介绍环境同位素基本原理及其应用的教材。《环境同位素原理与应用》一书选取了研究程度较高的15种代表性环境同位素为对象，总结了不同环境同位素分析测试技术的发展历程，系统介绍了不同环境介质中同位素的组成特征及分馏机理，并对每种环境同位素均精心选取典型案例，阐述其应用研究。

层出不穷且日益严重的环境问题，推动着环境同位素的理论创新和技术变革，同时，环境同位素的理论与技术进步，也加深了人类对环境的认识水平。目前，我国面对资源约束趋紧、环境污染严重、生态系统退化的严峻形势，明确提出要大力推进生态文明建设。这也同时呼唤着更多环境地球科学创新理论与技术成果的产生；呼唤着更多环境地球科学高水平人才的出现。该书的出版，可为教师讲授和学生（尤其是研究生）学习提供更多、更好的素材。

该书的作者长期奋斗在环境同位素领域的教学和科研一线，取得了丰硕的成果，该书是他们辛勤工作的结晶。相信该书的出版将会推动环境同位素领域及其相关学科的发展，并为环境地球科学领域专业人才的培养发挥重要作用。

王焰新

2019年5月5日于武汉

前　言

随着环境同位素分馏机理研究的深入及同位素测试分析技术的快速发展，其在地球不同圈层、不同环境介质中的应用研究逐渐成为环境地球科学领域研究的热点。如何在已有认识基础上，借助同位素手段，拓展对地球表生系统不同介质间的相互作用及物质宏观/微观循环过程的认识，是当前环境地球科学领域研究的核心课题。

环境污染是当前人类社会面临的重大挑战。在人类活动影响下，地球表生系统中的物质循环比以往任何时期都要复杂和多样，了解其复杂过程的微观机制，是认识人类活动与自然关系的重要研究内容。而传统方法已难以满足对上述更为精细而复杂过程的表征。环境同位素在诸多领域，尤其是特征元素（化合物）来源识别、微观转化及降解过程示踪等方面，成为重要研究方法与手段。因此，本书在同位素基础理论和测试方法的基础之上，重点强调环境同位素在环境地球科学研究中的应用，特别是对复杂过程的微观机理解释进行详细说明。

本书选取研究程度较高的15种环境同位素（或典型污染物）为对象，介绍不同环境同位素测试分析技术与方法的发展历程，系统总结不同环境介质中同位素的组成特征及分馏机理，并选取典型研究案例，对其应用研究予以阐述。本书重点关注的环境同位素包括11种无机环境同位素（氢、氧，碳，氮，硫，氯、溴，钙，铬，铁，镉，钼，锶）和4种有机组分的单体同位素（氯代烃单体碳、氢、氯同位素，苯系物单体碳、氢同位素，醚类汽油添加剂单体碳、氢同位素，硝基芳烃类有机单体碳、氢、氮同位素）。

全书共16章，其中第1章、第8～11章由谢先军、李俊霞执笔；第2章、第6章由甘义群、杜尧执笔；第3～5章由李小倩、甘义群执笔；第7章、第12章由李俊霞执笔；第13～16章由刘运德执笔；全书最终由谢先军统编定稿，李俊霞、刘运德、杜尧协助完成定稿工作。此外，在本书编写过程中，中国地质大学（武汉）环境学院教学实验中心教师钱坤、严冰，博士研究生池泽涌、肖紫怡、孙书堂、严璐、刘文静，以及硕士研究生关林瑞提供了协助，在此表示感谢。

在本书的编写过程中，特别是同位素测试分析、分馏原理和应用研究案例部分，引用了国内外学者的最新综述文献和研究成果。有关科学研究工作得到了国家自然科学基金“环境水文地质”创新群体项目（41521001）、国家自然科学基金面上项目（41772255、41372254）和教育部高等学校学科创新引智计划项目（B18049）等的资助。编写和评审工作得到中国地质大学（武汉）研究生课程教材建设基金的资助。在此一并表示真诚的感谢。

本书力求完整展现环境同位素理论和应用研究的最新发展动态，但由于编者认识的局限性及环境同位素测试技术的迅速革新与应用领域的不断拓展，在编写过程中难免存在缺点和不足，衷心希望能得到广大师生、专家学者和读者朋友的批评指正，以便在本书的后续修订及再版中得到提高与完善。

作　者

2019年4月30日于武汉

目　录

第 1 章　同位素理论基础与分析原理

20 世纪初英国化学家索迪（Soddy）提出了同位素的概念，1919 年英国化学家阿斯顿（Aston）研制出了质谱仪，并实现了对各种同位素的质量和丰度的高精度测定。同位素测试技术的发展及自然界中同位素分馏的精确测定，拓展了同位素理论与应用研究的深度和广度，成为环境地球科学领域新的研究方向和科学研究增长点。近年来，环境同位素研究的进展，多始于测试分析技术的突破，因此，本章在同位素基本理论的基础上，重点阐述同位素测试分析的基本原理与主要测试分析技术。

1.1　同位素的基本概念

同位素是具有相同数量质子和电子的原子，但它们的原子核中有不同数量的中子。化学元素的特征使得元素具有不同的化学性质。例如，碳与硫化学性质的不同，是由其核中的质子数差异造成的。电子的数量和它们的量子力学状态，决定了化学元素所形成化学键的性质和数目。给定元素的同位素含有相同数量的质子（和电子），因此具有相同的化学特性，但它们含有不同数量的中子，因此具有不同的原子质量。几乎所有 92 个自然存在的化学元素都有一种以上的同位素形式，除了包括氟和磷在内的 21 种元素，它们具有单同位素特征。这些同位素中绝大多数是稳定同位素，且都由一种以上的稳定同位素组成。稳定同位素指的是该同位素不会随着时间的推移通过放射性过程而衰变。放射性同位素（如 ^{14}C）随时间而衰变，稳定同位素（如 ^{12}C、^{13}C）则不衰变。碳以三种同位素形式存在：^{12}C、^{13}C 和 ^{14}C，上标数是碳核中质子数（6）和中子数（6、7 和 8）的总和。放射性同位素不稳定，因此会发生放射性衰变，在衰变过程中，母体元素被转变为原子序数较低的、质量较轻的子体元素。不同元素的这种衰变所需的时间变化很大，从纳秒到几千年不等。例如，^{14}C 的半衰期为（5730 ± 40）a。

稳定同位素可分为传统稳定同位素与非传统稳定同位素。传统稳定同位素主要包括氢、碳、氮、氧和硫等能用气源质谱仪进行同位素测定，质量数较小的轻元素。非传统同位素通常指原子量大于 34 的元素。非传统稳定同位素研究的盛行，始于多接收杯电感耦合等离子体质谱仪（multi-collector inductively coupled plasma mass spectrometer，MC-ICP-MS）的成功研发。尽管锂同位素早在 20 世纪 80 年代就发展出了基于热电离质谱仪（thermal ionization mass spectrometry，TIMS）的分析测试方法，但其精确测定方法的研发是基于 MC-ICP-MS，因此，锂同位素仍被称为非传统稳定同位素。非传统稳定同位素具有如下地球化学特征：①多为微量元素，它们在不同的环境介质中具有较大的含量差异；②多为氧化还原敏感组分；③多具有生物活性；④它们形成的化学键类型与轻稳定同位素元素具有显著差异；⑤绝大多数具有高的原子序数，且具有两个或以上的稳定同位素。非传统稳定同位素的上述特征，决定了它们具有不同的同位素分馏机制、分馏程度，在示踪不同的地球化学和生物地球化学过程中具有独特的作用。

环境同位素是指在环境介质中广泛存在的自然产生的同位素，如氢、氧、碳、氮、铁等，它们是水文、地质及生物系统中的基础元素，并参与各种地球化学和生物地球化学循环。由于同位素之间显著的质量差异，在上述过程中发生的同位素分馏显著可测。环境同位素既包括稳定同位素，也包括放射性同位素。

1.2 同位素分馏作用

同一元素的同位素之间由于核质量的差别，其物理、化学性质存在微小差别，经物理、化学或生物过程，体系不同部分（如反应物和产物）的同位素组成将发生微小、可测量的改变，此过程称为同位素分馏。同位素分馏分为热力学平衡分馏、动力学非平衡分馏和非质量相关分馏。热力学平衡分馏研究同位素交换达到平衡后的状态；动力学非平衡分馏研究同位素交换反应达到平衡的过程，其分馏程度主要取决于同位素分子反应速率的差异；不遵循经典的质量分馏定律或背离地球分馏曲线的同位素分馏则称为非质量相关分馏。

1.2.1 同位素交换

同位素交换包括不同的物理化学过程。在这里“同位素交换”一词用于所有没有净反应但同位素分布在不同化学物质之间、不同相之间或不同分子之间变化的情况。同位素交换反应是一般化学平衡的特殊情况，可以写成：

$$aA_1 + bB_2 = aA_2 + bB_1 \tag{1.1}$$

式中：下标表明 A 和 B 两种物相分别含有轻或重同位素 1 和 2；a、b 为化学计量系数。对于这个反应，平衡常数 K 为

$$K = \frac{\left(\frac{A_2}{A_1}\right)^a}{\left(\frac{B_2}{B_1}\right)^b} \tag{1.2}$$

应用统计力学的方法，同位素平衡常数可以用各相的配分函数 Q 的比值来表示：

$$K = \frac{\left(\frac{Q_{A_2}}{Q_{A_1}}\right)}{\left(\frac{Q_{B_2}}{Q_{B_1}}\right)} \tag{1.3}$$

式中：Q_{A_1}、Q_{A_2}、Q_{B_1}、Q_{B_2} 分别为 A 和 B 两种物相中分别含有的轻或重同位素 1 和 2 的配分函数。因此，平衡常数可以简化为相 A 和相 B 两个配分函数比值之比。配分函数 Q 定义为

$$Q = \sum_i \left[g_i \exp\left(-\frac{E_i}{kT}\right) \right] \tag{1.4}$$

式中："累计值"表示分子所有允许能级 E_i 的总和。g_i 为第 i 级势能水平时的简化质量或统计质量；k 为玻尔兹曼（Boltzmann）常量；T 为温度。为了计算同位素分子的配分函数比，方便起见可将配分函数应用到相应的单原子中，这种配分函数称为简单配分函数。简单配分函数和一般配分函数的应用原理相同。分子的配分函数可以被分解为与每种能量相对应的因子，平移（trans）、旋转（rot）和振动（vib）：

$$\frac{Q_2}{Q_1}=\left(\frac{Q_2}{Q_1}\right)_{\text{Trans}}\times\left(\frac{Q_2}{Q_1}\right)_{\text{Rot}}\times\left(\frac{Q_2}{Q_1}\right)_{\text{Vib}} \tag{1.5}$$

式中：Q_1 为组分 1 的配分函数；Q_2 为组分 2 的配分函数。交换反应方程左右两侧出现的化合物之间的平移和旋转能量的差异大致相同，但氢除外，氢必须考虑旋转能。由此可见，振动能的差异是同位素效应的主要因素。

1. 分馏系数

对于同位素交换反应，平衡常数 K 常被分馏系数 α 所取代。分馏因子定义为一种化合物 A 中任何两种同位素的数目之比，除以另一种化合物 B 的相应同位素之比：

$$\alpha_{\text{A-B}}=\frac{R_{\text{A}}}{R_{\text{B}}} \tag{1.6}$$

如果同位素随机分布在化合物 A 和 B 中的所有可能位置上，那么 α 与平衡常数 K 的关系可表示为

$$\alpha=K^{1/n} \tag{1.7}$$

式中：n 为交换的原子数。最简单的形式为，同位素交换反应中只有一个原子被交换，在这种情况下，平衡常数与分馏系数相同。

2. δ 值

在同位素地球化学中，通常用"delta"（δ）值来表示同位素组成。对于两种化合物 A 和 B，其同位素组成在实验室中通过常规质谱测定：

$$\delta_{\text{A}}=\left(\frac{R_{\text{A}}}{R_{\text{St}}}-1\right)\times 1\,000‰ \tag{1.8}$$

和

$$\delta_{\text{B}}=\left(\frac{R_{\text{B}}}{R_{\text{St}}}-1\right)\times 1\,000‰ \tag{1.9}$$

式中：R_{A} 和 R_{B} 为这两种化合物各自的同位素比值；R_{St} 为标准样品的同位素比值。

对于这两种化合物 A 和 B，δ 值和分馏系数 α 具有以下关系：

$$\delta_{\text{A}}-\delta_{\text{B}}=\Delta_{\text{A-B}}\approx 10^3\ln\alpha_{\text{A-B}} \tag{1.10}$$

1.2.2　动力学同位素效应

引起同位素分馏的第二种主要因素是动力学同位素效应（kinetic isotope effect，KIE），这种效应往往与不完全的单向反应过程，如蒸发作用、离解反应、生物反应和扩散作用相关

联。当化学反应速率对某一反应物中特定位置原子量的变化较为敏感时，也能发生动力学同位素效应。

动力学同位素效应能够反映出化学过程中的微小变化，因此该效应显得极为重要。不同的同位素化合物具有不同的反应速率，据此可以定量解释许多简单平衡过程中观测到的同位素偏差。单向反应过程中同位素的测定结果显示，反应产物中往往富集轻同位素。单向反应过程中的同位素分馏系数可以用同位素化合物的速率常数比值表示。因此，对于两个同位素竞争反应有如下的表达式：

$$k_1 \longrightarrow k_2 \tag{1.11}$$

$$A_1 \longrightarrow B_1 \text{ 和 } A_2 \longrightarrow B_2 \tag{1.12}$$

轻重同位素反应的速率常数比 k_1/k_2，该比值可进一步用两个配分函数的比值表示，其中一个函数表示两个参与反应的同位素化合物，另一个函数表示活化复合物或过渡态 A^*：

$$\frac{k_1}{k_2}=\frac{\dfrac{Q^*_{A_2}}{Q^*_{A_1}}}{\dfrac{Q^*_{AB_2}}{Q^*_{AB_1}}}\times\frac{v_1}{v_2} \tag{1.13}$$

式中：v_1/v_2 为两个同位素化合物的质量比值。因此，确定速率常数比值的原理与确定平衡常数的原理基本相同，只是因为对过渡态的理解不够深入，所以很难达到精确的计算。所谓“过渡态”是指在反应物向生成物变化过程中很难形成的一种分子结构。这一理论基于如下思想，即从初始态到最终分子结构的化学反应是一个连续的变化过程，在此期间存在一些中间临界分子结构，它们被称为活化相或过渡态。在平衡状态下，有少量的活化分子与反应物共存，反应速率受控于这些活化相的分解速率。

1.2.3 质量相关和非质量相关分馏

在热力学平衡状态下，同位素分布严格受元素不同同位素之间相对质量差的制约。质量依赖关系也适用于许多动力学过程。因此，曾普遍认为，在大多数自然反应中，同位素效应仅仅是由于同位素质量的差异而产生。这意味着对于一个有两种以上同位素的元素，如氧或硫，^{18}O 相对于 ^{16}O 的富集或 ^{34}S 相对于 ^{32}S 的富集效率是 ^{17}O 相对于 ^{16}O 的富集或 ^{33}S 相对于 ^{32}S 的富集效率的两倍。研究者多年来对某一特定元素的多个同位素比值的测定兴趣有限。然而，最近对多同位素元素的改进分析表明，不同的质量相关过程（如扩散、新陈代谢、高温平衡过程）可能偏离几个百分点，并稍微偏离相应的质量分馏规律。这些非常小的差异是可测量的，并且通过氧、镁、硫、汞的同位素进行了证实。三种或三种以上同位素的质量相关分馏规律在平衡和动力学过程中是不同的，后者的斜率比平衡交换产生的平缓。

通常在三同位素图上用一条线性曲线描述质量相关的同位素分馏过程。由此产生的直线被称为陆地质量分馏线，其偏差被用来表示非质量相关的同位素效应。为了描述样本离陆地质量相关分馏线有多远，定义了一个新术语，表达方式如$\Delta^{17}O$、$\Delta^{25}Mg$、$\Delta^{33}S$等，Δ的最简单的定义是

$$\Delta^{17}O=\delta^{17}O-\lambda\delta^{18}O \tag{1.14}$$

$$\Delta^{25}Mg=\delta^{25}Mg-\lambda\delta^{26}Mg \tag{1.15}$$

$$\Delta^{33}S=\delta^{33}S-\lambda\delta^{34}S \tag{1.16}$$

式中：λ 为表征质量相关分馏的主要参数。正 λ 值意味着样品或储库比质量分馏的预期更丰富，负 λ 值意味着耗尽。系数 λ 的大小取决于物质的分子质量，氧为 0.53，对于高分子量的物质则为 0.50。同位素比值高精度测量的最新进展使得能够在小数点第三位区分 K 值，这掩盖了在 λ 值很小的情况下质量相关分馏与非质量相关分馏之间的差别。

1.2.4　特定位置或位点的同位素分馏

特定位置的同位素分馏描述了分子中某个位置的同位素组成之间的差异，以及分子随机分布的同位素组成。例如，^{15}N 在一氧化二氮（N_2O）的中心位置和末端位置的分布。硝化细菌在中心位置富集 ^{15}N，而反硝化细菌和其他天然来源的 N_2O 则不表现出特定部位的分馏。在有机分子合成过程中发生的 ^{13}C 和 ^{2}H 分馏是另一种特定位置的分馏。Abelson 和 Hoering（1961）分析了分离氨基酸的 $\delta^{13}C$ 值，结果表明，大多数氨基酸上的羧基相对于其他碳位都显著富集 ^{13}C。Blair 等（1985）证明在乙酸（CH_3COOH）中，^{13}C 在甲基（—CH_3）和羧基（—COOH）的差异高达 20‰。Gilbert 等（2016）开发了一种分析丙烷分子内碳同位素分布的方法。他们定义了一个位置偏好指数，表示丙烷末端（CH_3-功能团）和中心（CH_2-功能团）碳位置之间的同位素差异。Piasecki 等（2018）证明丙烷中碳同位素在其特定结构位置上存在差异，这与成熟度的增加有关。随着分析技术的进步，将出现更多特定位置同位素分馏的应用。

1.2.5　扩散作用

一般的扩散过程可引起明显的同位素分馏。轻同位素更易流动，因此扩散作用会导致轻同位素与重同位素分离。对于气体，扩散系数的比值等价于其质量的逆平方根。考虑碳在质量为 $^{12}C^{16}O^{16}O$ 和 $^{13}C^{16}O^{16}O$ 的二氧化碳中的同位素分子，其分子量分别为 44 和 45。求解这两个物种的动能（$1/2\,mv^2$）的表达式，速率比等于 45/44 或 1.01 的平方根。也就是说，在同一体系中，$^{12}C^{16}O^{16}O$ 分子的平均速率比 $^{13}C^{16}O^{16}O$ 分子的平均速率高约 1%。然而，这种同位素效应或多或少仅限于理想气体，在理想气体中，分子间的碰撞并不频繁，分子间的作用力可以忽略不计。例如，由于扩散运动，土壤-二氧化碳的碳同位素分馏估计约为 4‰。

热扩散过程与普通扩散明显不同，其温度梯度导致质量的传输。质量差越大，这两个物种通过热扩散分离的趋势就越明显。Severinghaus等（1996）提出了一个自然的热扩散例子，相对于自由大气，沙丘上空的空气中有^{15}N和^{18}O的同位素消耗。这一观测结果与重力沉降会使土壤非饱和带中较重的同位素富集的预期相反。

在溶液和固体中，这种关系比气体复杂得多。“固态扩散”一词通常包括体积扩散和扩散机制，其中原子沿着易扩散的路径移动。扩散渗透实验表明，沿晶界的扩散速率明显提高，比体积扩散快几个数量级。因此，晶界可以作为快速交换的途径。体积扩散由元素或同位素在晶格中的随机温度运动驱动，它依赖于点状缺陷的存在，如晶格中的空位或间隙原子。在介质中扩散的元素或同位素的通量F'与浓度梯度（$\mathrm{d}c/\mathrm{d}x$）成正比，表示为

$$F'=-D\frac{\mathrm{d}c}{\mathrm{d}x} \tag{1.17}$$

式中：D为扩散系数；c为扩散物质（组元）的浓度（原子数/m^3或kg/m^3）；dc/dx为浓度梯度；负号表示浓度梯度具有负斜率，即元素或同位素从高浓度点向低浓度点移动。根据阿伦尼乌斯（Arrhenius）方程，扩散系数D随温度的变化而变化：

$$D = D_0 e^{-E_a / R' T_{kel}} \quad (1.18)$$

式中：D_0为温度相关系数；E_a为活化能；R'为摩尔气体常数；T_{kel}为热力学温度。

1.2.6 影响同位素分馏的其他因素

1. 压力

因为摩尔体积不随同位素取代而变化，所以通常认为温度是决定同位素分馏的主要变量，压力的影响可以忽略不计。除氢外，这一假设一般是符合的。然而，对于涉及水的同位素交换反应，压力的变化会影响同位素分馏。Ddriesner（1997）计算了绿帘石与水之间的氢同位素分馏，并在400℃下观察到，从1 bar（1 bar = 100 kPa）的-90‰变化到4 000 bar的-30‰。Horita等（2002，1999）给出了$Mg(OH)_2$-水体系中压力效应的实验证据。理论计算表明，压力效应主要是对水的影响，而不是水镁石的影响。因此，任何含水矿物的$^2H/^1H$分馏都可能受到类似的压力效应的影响（Horita et al.，2002）。在从矿物成分计算流体氢同位素组成时，必须考虑这些压力效应。对于地球深处的高压，Shahar等（2016）提供了压力对铁合金同位素组成影响的实验和理论证据。

2. 化学组成

从质量上讲，矿物的同位素组成在很大程度上取决于矿物内部化学键的性质，而较小程度上取决于各元素的原子质量。一般来说，高电离势和小尺寸离子的键与高振动频率有关，并且倾向于优先结合重同位素。这种关系可以通过氧与高价态小半径的 Si^{4+}离子及与较大半径的 Fe^{2+}的结合得到证实。在自然界存在的矿物组合中，石英往往是富 ^{18}O 的矿物，而磁铁矿是最贫 ^{18}O 的矿物。此外，由于氧易与半径小的高电价的 C^{4+}结合，故相对于其他矿物种类，碳酸盐更富 ^{18}O。二价阳离子的质量对 C—O 结合起的作用是次要的。然而，质量效应对硫化物中 ^{34}S 的分布起的作用比较明显，如 ZnS 比共生的 PbS 更富集 ^{34}S。

硅酸盐矿物中的组分作用复杂且难以推断，因为硅酸盐矿物中的替代机制非常多样。最大的分馏效应与斜长石中的 NaSi 与 CaAl 类质同相替换有关，这是由于硅铝石的 Si—Al 键的结合强度比较高，Si—O 键相对于 Al—O 键的结合强度较高。

3. 晶体结构

相对于化学键所产生的影响，结构影响是次要的：重同位素集中在更紧密的或有序的结构中。例如，冰和液态水之间的 ^{18}O 和 ^2H 的分馏作用主要与氢键排列的有序度有关。较明显的晶体结构效应出现于石墨和金刚石之间。

4. 吸附

"吸附"一词用于表示固体对溶解物质的吸收，而不论其机理如何。同位素在吸附过程中的分馏作用取决于矿物表面化学和溶液的组成。在物理吸附过程中，有关元素未在结构上结合，同位素分馏值较小，而在化学吸附过程中，元素被较强的键结合，同位素分馏值较大。考虑各种可能的吸附剂（氧化物/氢氧化物、硅酸盐、生物表面等），了解固体/水界面的同位素分馏对了解金属同位素地球化学行为至关重要。一些研究提出了金属同位素在金属氧化物相吸附过程中分馏的实验测定方法（Gelabert et al.，2006；Teutsch et al.，2005）。大多数研究表明，随着金属离子从溶液中移至氧化物表面，除 $^{98}Mo/^{95}Mo$ 在氧化物表面的吸附引起约 2‰的分馏外，其他同位素分馏都较小（小于 1‰）。通常，以阳离子形式存在于溶液中的元素（铁、铜、锌）在固体表面上表现出较重的同位素富集，这与金属氧化物键较短和相对于水离子的金属在表面的配位数较低相一致。因此，较重的同位素应集中在其结合最强烈的物质上。例如，与溶液中的八面体金属结构相比，溶液中金属氧键较短的四面体金属结构更有利于富集重同位素。

金属离子在溶液中形成可溶性氧阴离子，如锗、硒、钼和铀，在铁/锰氧化物表面富集较轻的同位素。对固体和水相间金属同位素分馏的标志和大小的分子机制尚不清楚。

1.3　瑞利分馏模型

瑞利分馏是一个重要的、开放的系统过程，它涉及从储库中逐步移除微量物质的分数增量。在储库形成的瞬间，储库与每增量损失保持着一致的关系，如分配系数、平衡常数或分馏系数，储库一旦形成，每个损失增量都会被移除或以其他方式与体系隔离。这个过程的数学约束包括分配系数和系统的质量平衡。该约束可被组合成一个单一的微分方程，整合到瑞利发现的一个众所周知的等式中。这一常见过程的例子包括冷凝、蒸馏和从熔体或溶液中形成晶体。本节利用瑞利分馏解释大气降水的许多不同特征，并提供大气降水线的一阶解释。

1.3.1　瑞利分馏过程的微分方程

在瑞利微分方程的发展过程中，以水汽逐步凝结的过程中氧同位素分馏为例进行论述。若：①以代表微量元素或同位素的 N^* 代替以下各项中的 ^{18}O；②用代表更丰富的元素或同位素的 N 代替 ^{16}O；③分配系数可以代替气–气同位素分馏因子，则下述模型将具有普遍意义。

对于大气水汽凝结过程，关键的约束条件是水（W）–汽（V）平衡条件。

$$\left(\frac{^{18}O}{^{16}O}\right)_W = \alpha_O \left(\frac{^{18}O}{^{16}O}\right)_V \tag{1.19}$$

式中：α_O 为氧的液–气分馏系数。因为在瑞利假设下，在任何时候形成的少量液体会立即从系统中移除，在这种情况下，作为大气降水，这个约束可以转换成一个不同的方程：

$$\frac{d^{18}O}{d^{16}O} = \alpha_O \left(\frac{^{18}O}{^{16}O}\right)_V \tag{1.20a}$$

前一步看起来很简单，在这里，凝结水的“$^{18}O/^{16}O$”比值可用组成系统的更大蒸气库的氧增量损失来表示。以这种方式，质量平衡效应已经被自动加入平衡条件，并将结果转化为一个可直接求解的微分方程。式（1.20a）中的变量现在完全是指气相，这一点很容易被忽视。式（1.20a）直接积分可整理成下列形式：

$$\frac{d^{18}O}{^{16}O}-\frac{d^{16}O}{^{16}O}=(\alpha_O-1)\left(\frac{d^{18}O}{^{16}O}\right)_V \tag{1.20b}$$

式（1.20b）可以通过引入进度变量 f 来简化，该变量定义为系统中任意时刻残留的原始物质的分数。在瑞利分馏过程中，变量 f 从开始时的单位值 1 降到最后数学极限的零。对于氧同位素的特殊情况，其中下标字母 i 指的是初始量，f 是

$$f=\frac{^{18}O+^{17}O+^{16}O}{^{18}O_i+^{17}O_i+^{16}O_i} \tag{1.21a}$$

因为“^{18}O”和“^{17}O”仅以微量形式存在，而且分馏因子接近于单位 1，所以 f 近似等于以下比率：

$$f\approx\frac{^{16}O}{^{16}O_i} \tag{1.21b}$$

这个比率非常接近于系统中水蒸气的总物质的量与初始时刻体系中水物质的量的比值。在这种情况下，$d\ln f$ 与 $d\ln{}^{16}O$ 完全相同，它可以通过取式（1.21b）的对数，然后微分：

$$d\ln f\approx d\ln{}^{16}O-d\ln{}^{16}O_i=d\ln{}^{16}O \tag{1.21c}$$

$^{16}O_i$ 是一个常数，其导数是零。

最后，请注意式（1.20b）的左侧与 $d\ln R_O$ 相同，其中 R_O 是储库中 $^{18}O/^{16}O$ 比值。用 $d\ln f$ 代替 $d^{16}O/^{16}O$ 给出了瑞利过程的关键微分方程：

$$d\ln R_O=(\alpha_O-1)d\ln f \tag{1.22}$$

式（1.21）比其任何一种表达形式都更为普遍，在复杂问题中，它为数值积分提供了适当的起点。该方程可应用于物理化学中的许多问题，即 R_O 可以推广到储库的 N^*/N 比，f 为 N/N_i 的比值，α_O 可以推广到任意分配系数，即使分配系数为可变或不平衡。

1.3.2 连续分馏系数的瑞利方程

在分馏系数（或分配系数）为常数的情况下，式（1.22）可直接积分。得到著名的瑞利分馏（Rayleigh fractionation）模型：

$$\frac{R}{R_i}=f^{\alpha-1} \tag{1.23}$$

当 f=1 时，R 为过程开始时储库的同位素比值。因为 α 被假定为常数，所以在这种情况下，无论 R 是指液体还是蒸气，都没有区别。因此，转换为 α 表示法：

$$\left(\frac{1000+\delta_W}{1000+\delta_{W,i}}\right)=f^{\alpha_{W-V}-1} \tag{1.24a}$$

对于水：

$$\left(\frac{1000+\delta_W}{1000+\delta_{W,i}}\right)=f^{\alpha_{W-V}-1} \tag{1.24b}$$

对于蒸气：

$$\alpha_{W-V} = \left(\frac{1\,000 + \delta_W}{1\,000 + \delta_V}\right) \tag{1.24c}$$

针对同位素的瑞利分馏等式表达如下：

$$\delta_W = 1\,000(f^{\alpha-1} - 1) \tag{1.24d}$$

只有在 α 是常数且 $\delta_{W,\,i}$ 等于零的情况下，式（1.24d）才是正确的。对于式（1.24d）不适合的情况下，应使用式（1.24a）。在这种情况下，$\delta_{W,\,i}$ 很容易从系统初始的同位素比值中找到，$\delta_{V,\,i}$ 可使用式（1.24c）。

例如，图 1.1 比较了封闭系统和开放系统云形成过程中同位素演化的结果，该过程适用于式（1.24a）建模的“连续降水”场景。需要注意的是，在瑞利过程中可实现的同位素消耗比在封闭系统中所能提供的要极端得多。如果在 f 接近零的极限情况下，R 接近零，δ 值接近 −1 000‰，表明重同位素完全从气相中去除。

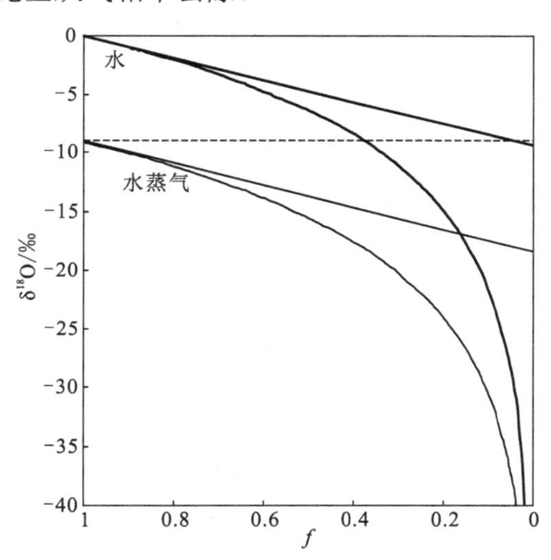

图 1.1　封闭系统和开放系统云形成过程中 $\delta^{18}O$ 演化图（Robert et al.，1999）

液态水（重线）和水蒸气（轻线）的 $\delta^{18}O$ 值相对于封闭和开放系统中残留水蒸气的分数 f。封闭系统趋势几乎是完全线性的，而开放系统趋势是强弯曲的。虚线表示初始蒸气的 δ 值

涉及水的系统通常是方便直接比较氧和氢同位素变化。在这种情况下，对于这两个同位素系统，f 值几乎相同，一个连续分馏因子的瑞利模型变成：

$$\left(\frac{1\,000 + \delta^2H}{1\,000 + \delta^2H_i}\right) = \left(\frac{1\,000 + \delta^{18}O}{1\,000 + \delta^{18}O_i}\right)^{\alpha_{^2H}-1/\alpha_{^{18}O}-1} \tag{1.25a}$$

在 δ^2H-$\delta^{18}O$ 图上，瑞利过程将产生一条曲线，从初始点（δ^2H_i，$\delta^{18}O_i$）延伸到 f=0 的极限点（−1 000，−1 000）（图 1.2）。这种关系的瞬时斜率是：

$$\frac{d\delta^2H}{d\delta^{18}O} = \left(\frac{\alpha_{^2H} - 1}{\alpha_{^{18}O} - 1}\right)\left(\frac{1\,000 + \delta^2H}{1\,000 + \delta^{18}O}\right) \tag{1.25b}$$

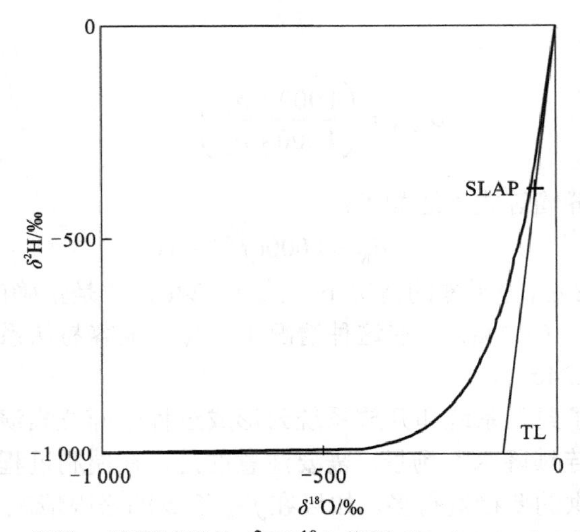

图 1.2 常数 α 瑞利过程的 $\delta^2H/\delta^{18}O$ 值图（Robert et al.，1999）

在 f=0 时一直扩展到极限点（1 000，1 000）。假定氧分馏系数为 1.009 37，氢气分馏系数为 1.079 35，适用于 25 ℃的水蒸气平衡。切线 TL 斜率为 8.47。实际上，地球上所有的大气降水都位于右上角，图中的十字代表 SLAP；f 在这个点之后变得非常小

1.3.3 高浓度微量同位素的瑞利方程

必须修改瑞利方程以处理微量同位素浓度很高的情况。对于由两种同位素 N 和 N^* 组成的元素，式（1.21）可推广到：

$$f = \frac{N(1+R)}{N_i(1+R_i)} \tag{1.26a}$$

式中：R 为 N^*/N 比值；下标 i 表示初始值。这个方程可以通过微分形式来给出：

$$\mathrm{d}\ln f = \mathrm{d}\ln N + \mathrm{d}\ln(1+R) \tag{1.26b}$$

因此，瑞利微分方程变成：

$$\mathrm{d}\ln R = (\alpha - 1)\left[\mathrm{d}\ln f - \mathrm{d}\ln(1+R)\right] \tag{1.26c}$$

这个方程可以对任何感兴趣的情况进行数值积分。对于分馏系数（或分配系数）为常数的情况，可直接积分：

$$\frac{R}{R_i} = \left[\frac{(1+R_i)f}{1+R}\right]^{\alpha-1} \tag{1.26d}$$

实际上，式（1.26）修正了 f 的数量，以包括微量同位素的含量。当微量同位素的量很小时，这些方程都简化为 1.3.2 小节中的表达式。

1.3.4 可变分馏系数的瑞利方程

在许多实际情况下，分馏系数（或分配系数）的值在瑞利过程中可能有很大的变化。大气水的形成就是一个很好的例子。大气中的气团在逐渐冷却时通常会受到雨水的影响。从根本上说，正是随着温度的下降而降低了水的蒸气压，才导致了大气降水的发生。随着冷却和

冷凝过程的进行，α 必须改变，因为它依赖于温度。

对于 α 是变量的情况，式（1.21）中没有关于它与 f 关系的独立信息，因此不能积分。最简单的假设是，在任何阶段，可以在连续过程的某个平均阶段，即在起始阶段（$f=1$）或中间阶段，取一个适当的平均值（α_{ave}）。可以认为，在阶段 $\sqrt{f}$ 的同位素系数即为某一连续阶段的平均分馏系数。Dansgaard（1964）也曾指出，冷却过程中的任何一个特定阶段的适当因素，是在通往该阶段的过程中在平均温度下发生的。在这两种情况下，微积分的中值定理都可以用下列方法来近似式（1.21）：

$$\mathrm{d}\ln R_{\mathrm{V}} \approx (\alpha_{\mathrm{ave}} - 1)\mathrm{d}\ln f \tag{1.27}$$

按照 Dansgaard 的论点，对于上述方程及其解，有三个相关的温度。首先，在 f 等于单位 1 的过程初始阶段，温度为 T_{i}，相应的分馏系数为 α_{i}，适合于该温度。其次，在此阶段，以变量 f 和瞬时温度 T 为特征值时，分馏系数是适合于该温度的 α 值。最后，对于过程的平均条件，平均温度 T_{ave} 为（$T+T_{\mathrm{i}}$）/2，式（1.27）中的假设分馏系数 α_{ave} 仅为该平均温度下的分馏系数。

在上述假设下，利用中值定理，式（1.27）的近似解对于汽相可表达为

$$\left(\frac{R}{R_{\mathrm{i}}}\right)_{\mathrm{V}} \approx f^{\alpha_{\mathrm{ave}}-1} \tag{1.28a}$$

值得注意的是，由于 α 可变，凝结水的方程式有一个较小的条件，表示为

$$\left(\frac{R}{R_{\mathrm{i}}}\right)_{\mathrm{W}} \approx \frac{\alpha}{\alpha_{\mathrm{i}}} f^{\alpha_{\mathrm{ave}}-1} \tag{1.28b}$$

若将这些关系转换为 δ 表示法，则蒸气的式（1.28a）可变为

$$\left(\frac{1000+\delta_{\mathrm{V}}}{1000+\delta_{\mathrm{V,i}}}\right) = f^{\alpha_{\mathrm{ave}}-1} \tag{1.28c}$$

它与式（1.24a）相同，只是 α 被 α_{ave} 所取代。水的方程略有不同：

$$\frac{1000+\delta_{\mathrm{W}}}{1000+\delta_{\mathrm{W,i}}} \approx \frac{\alpha}{\alpha_{\mathrm{i}}} f^{\alpha_{\mathrm{ave}}-1} \tag{1.28d}$$

在一般情况下，无论 α 随 f 的变化有多复杂，都可以用简单的迭代方法对微分式（1.22）进行数值求解。基本上，这是通过递增地改变 f 的值，计算 α 的相关值，通过微分方程来定义 R 中的增量变化来实现。然后，在每一步中，将该差异添加到 R 的预放弃值中。这种计算的连续重复将产生所需的数值解。

1.4 质谱分析基础

1.4.1 质谱仪

质谱仪是根据离子的质量与电荷之比实现分离的仪器。质谱的基本原理是离子必须处于运动状态。离子的运动通常受提取电压的影响，它加速离子并将离子聚焦到具有适当特性的离子束上，以便在质谱仪中可以被检测。提取电压取决于仪器设定模式，但一般为 1～10kV。

离子提取效率与电压密切相关。提取电压越高，固体角越小，离子在光束线特定点的浓度也就越大。提取电压会产生静电场，$E=V_E/d'$，其中 V_E 是提取电压，d'是加速度发生的距离。提取电势能转化为离子的动能（单电荷离子：$qV_E/d'=1/2\,mv^2$）。然后，通过对离子束施加不同的电场力和磁场力来实现质量分离。

质量分析器和检测系统则是各种质谱仪器的共同之处，根本的区别在于离子源的选择，针对气体（惰性气体和稳定同位素气体）、固体（热电离）和液体（电感耦合等离子体质谱）样品的离子源各不相同。该类分析过程的另一个基本问题在于元素是经化学分离的，因此元素浓度更高，从而获得更高的离子产率和精度，它还有助于质谱法去除干扰元素（特别是同质量原子干扰）。

在惰性气体质谱仪（noble gas mass spectrometer，NGMS）中，将气体引入质谱仪，用灯丝电离源电离气体。气体质谱仪在分析过程（静态真空）中，将气体从抽真空系统中分离出来，在分析过程中气体逐渐“消耗”。在稳定同位素气体分析中（例如，碳和氧为 CO_2，氧为 O_2），通常采用双通道进气系统，允许在样品气体和参考气体之间切换。这些气体不断地通入质谱仪中，因此，必须对该系统进行动态抽真空。在 TIMS 中，样品被加载到灯丝上，干燥后插入质谱仪，电流通过灯丝，导致蒸发和电离。对于 MC-ICP-MS，样品在溶液中，可直接送入等离子体完成电离。

1.4.2 质谱仪的性能参数

任何类型的质谱仪都有描述各种性能表现的参数。最主要的参数在于描述仪器中的质量分离能力和解决组分中特定干扰的能力。这包括质量分辨率、质量分辨能力和丰度灵敏度，它们都被定义为 $m'/\Delta m'$，其中 m'是要测定物质的质量，$\Delta m'$是目标物质同干扰物质的质量差。

1. 质量分辨率

质量分辨率表示在探测器处分离两束离子束的能力，而这两束离子束因某种特定的质量差而不同。

峰宽是定义质量分辨率最常用的方法，它基于在 1%、10%或 50%峰宽（M）处的峰高。峰宽定义的优点在于，在指定的水平上对峰值宽度的简单测量可以重新计算为质量分辨率。无论峰形（梯形、三角形或高斯）如何，这个定义都能应用。

磁扇形质谱仪中的梯形峰是通过扫描离子束穿过一个分辨狭缝（出口或收集器狭缝）而产生的。梯形表示消光的入口或源狭缝图像符合集电极狭缝，“平顶”的程度正比于集电极狭缝尺寸与离子束宽度之比；也就是说，集电极相对于离子束的狭缝越宽，平顶就越宽。对于梯形峰，峰基宽度为集电极狭缝宽度和放大源狭缝宽度之和（图 1.3）。因此，通过减小集电极狭缝宽度可以提高质量分辨率，但这是以峰值平顶为代价的，最终可能会影响光束的稳定性。相反，减少光源狭缝可以改善平顶，但却以牺牲离子束传输为代价。

尽管质量分辨率是一个有用的性能参数，但在实际中确实存在一些局限性。特别是，仅用质量分辨率的值并不能完全描述峰值的形状；它没有提供关于平顶的信息，或者在分析过程中解析干扰会如何影响分析结果。

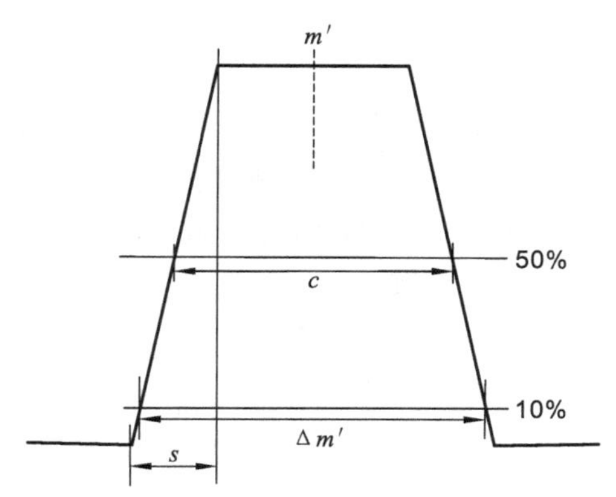

图 1.3　磁扇形质谱仪质量分辨率的原理示意图（Trevor，2013）

对于一般在磁扇形质谱仪中产生的梯形峰形，峰侧斜率为消光源狭缝宽度，50%高为集电极狭缝宽度。因此，基宽是集电极狭缝和放大源狭缝宽度之和，$m'/\Delta m'$是峰高为 10%情况下的质量分辨率

2. 质量分辨能力

质量分辨能力这个术语经常与质量分辨率互换使用，因为它是将离子束按质量分离的能力。国际纯粹与应用化学联合会（International Union of Pure and Applied Chemistry，IUPAC）对质量分辨能力的定义：基于待测物的质量与可分离的两个物质的质量差之比。质量分辨能力的定义通常被认为是收集器的有效质量分辨率，而不受出口狭缝的影响。对梯形峰而言，质量分辨能力可以定义为峰一侧的宽度（图1.4）。这实际上是源狭缝的消光宽度，它定义了集电极处的光束宽度。为了避免与峰侧的偏差，$\Delta m'$可以定义为从 10%~90%的峰值高度得出的宽度（图 1.4）。

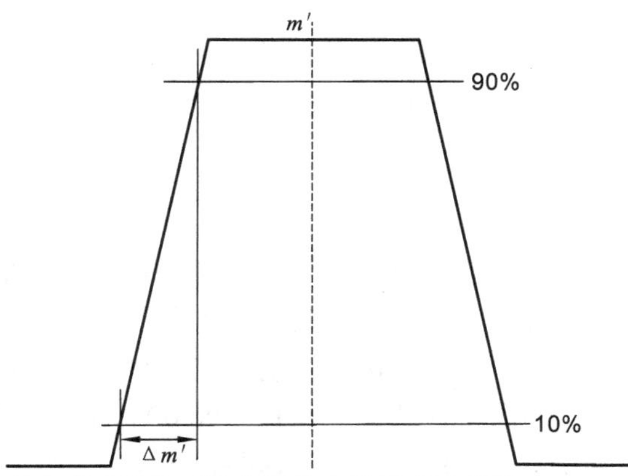

图 1.4　磁扇形质谱仪质量分辨能力的原理示意图（Trevor，2013）

质量分辨能力一般定义为 $m'/\Delta m'$，其中 $\Delta m'$定义为 10%～90%峰值高度之间的等效质量宽度，$\Delta m'$实际上是消光源的狭缝宽度，忽略了集电极的狭缝宽度

质量分辨能力总是比质量分辨率灵敏度高。因此，报告仪器的性能时使用质量分辨能力成为一种趋势。特别是当收集器狭缝是一个固定的宽度，并在峰侧进行分析时，显示在收集位置的干扰是最小的。然而，虽然可以认为质量分辨率低估了分离质量的能力，但也可以认为质量分辨能力夸大了在这个水平上的分离能力。

3. 丰度灵敏度

丰度灵敏度是表示一个原子质量的峰值在另一个原子质量的峰尾迹的一个参数(图 1.5)。峰值拖尾是由离子光学像差或气体散射产生。在测量位置上，低强度的峰值受到的峰值拖尾影响可能更大。在这种情况下，$\Delta m'$固定在 1，但是质量可以变化，相对偏移量是质量的函数。因此，必须在特定质量上指定丰度灵敏度。

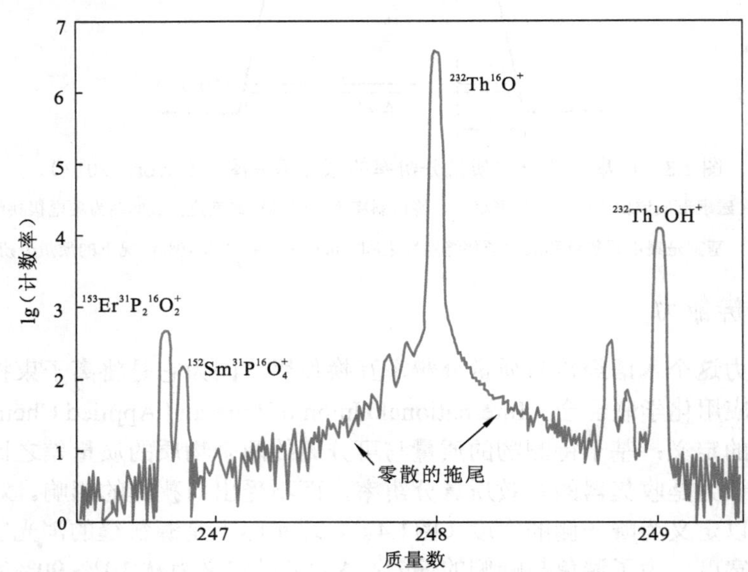

图 1.5　来自单一矿物靶的质量 248（ThO^{+}）的丰度敏感性的示意图（Trevor，2013）

气体散射和透镜像差可使强峰拖尾到相邻的峰。在这个例子中，在质量偏移为 1 u 的情况下，尾的丰度在 10^{-6} 左右。丰度灵敏度一般定义为相对于指定峰的 1 u 质量偏移，但对于所有元素而言，分数质量差并不相同，因此丰度灵敏度与质量有关，并且必须指定为某一特定质量

4. 计数统计与精度

同位素效应越小，要求的同位素比值精度越高。同位素比值测量精度的极限是由泊松计数统计量决定的，其中，最终精度由$1/\sqrt{N'}$决定，N'是次要同位素的计数。因此，1%精度要求 10^4 个计数，1‰精度要求 10^6 个计数，0.1‰要求 10^8 个计数，依此类推。大多数质谱仪都有计数系统，包括用于低信号的离子计数器（<1～100 000 c/s）和法拉第杯（Faraday cup，FC），其计数速率可超过 10^6c/s（10^{-13}A）。在这些设备交叉的情况下，用法拉第杯难以获得足够高的精度而离子计数器则难以获得足够的准确度。

1.5　同位素测试分析技术

1.5.1　同位素比值质谱仪

同位素比值质谱仪（isotope radio mass spectrometer，IRMS）是一种专门的质谱仪，它能

精准地测量轻稳定同位素[原子序数 $Z<20$，$\Delta A/A\geqslant 10\%$（ΔA 为两同位素质量差）]在自然同位素丰度中的变化。IRMS 不同于传统的有机质谱仪，因为它们不扫描质量范围内的特征碎片离子，以提供被分析样品的结构信息。经典同位素比值质谱法的突破从 1948 年 Urey 引进了双通道比值质谱仪开始。自那时以来，该仪器得到进一步开发和自动化，进而发展到目前可供商业使用的程度。以下元素的同位素通常用 IRMS 测量：碳（同位素：^{13}C 和 ^{12}C，不包括 ^{14}C）、氧（同位素：^{16}O、^{17}O 和 ^{18}O）、氢（同位素：^{1}H、^{2}H，不包括 ^{3}H）、氮（同位素：^{14}N 和 ^{15}N）和硫（同位素：^{32}S、^{33}S、^{34}S 和 ^{36}S）。IRMS 由进样系统、电子电离源、离子磁扇形分析仪、法拉第杯检测器和计算机控制的数据采集系统组成。图 1.6 演示了如何将这些部分引入系统耦合到同一个质谱仪中。

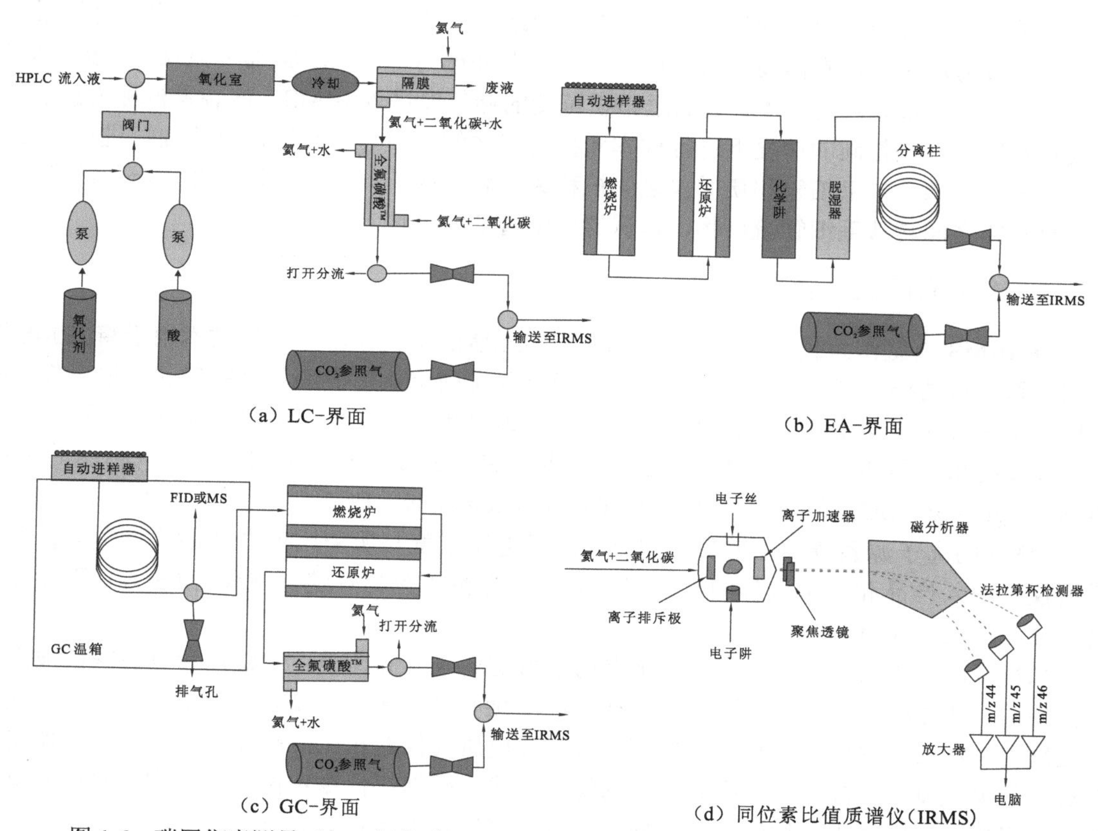

图 1.6　碳同位素测量（如二氧化碳）和 IRMS 三种最常见的样品导入系统/接口的示意图（Constantinos et al.，2015）

HPLC 为高效液相色谱；FID 或 MS 为火焰离子化检测器或质谱；LC 为液相色谱；EA 为元素分析仪；GC 为气相色谱

进样系统用于处理纯气体，主要是二氧化碳（CO_2）、氮气（N_2）、氢气（H_2）和二氧化硫（SO_2），但也能处理其他气体，如氧气（O_2）、一氧化二氮（N_2O）、一氧化碳（CO）、氯甲烷（甲基氯，CH_3Cl）、六氟化硫（SF_6）、四氟化碳（CF_4）和四氟化硅（SiF_4）。进样系统中的中性分子被引入离子源，通过电子碰撞电离，并加速到几千伏，然后被磁场分离，并被法拉第杯检测器检测。

IRMS 进样系统包括阀门、管道、毛细管、连接器和仪表。自制的进样系统通常由玻璃制成，但商业化的进样系统大多是由不锈钢部件制成。用作阀门部件的材料需要特别注意。质量好的阀门采用“全金属”设计，所有润湿表面均由不锈钢（阀体和薄膜）或黄金（垫圈或密封件和阀座）制成。常用的 IRMS 分析系统有双通道同位素比值质谱仪（dual inlet isotope radio mass spectrometer，DI-IRMS）和连续流同位素比值质谱仪（continuous flow-isotope radio mass spectrometer，CF-IRMS）。这两种技术都要求将固体、液体和气体样品转化为纯气体。

1. 双通道同位素比值质谱仪

DI-IRMS 采用双通道进样系统，需要离线准备分析样品（即转化为简单气体）。离线制样程序采用了一种特别设计的设备，包括真空管路、压缩泵、浓缩器、反应炉和微蒸馏设备。这项技术较为耗时，通常需要较大的样本量，且在处理的每一个步骤都可能发生污染和同位素分馏。一旦准备好，纯气体就会通过体积可变的储气库进入 IRMS，该装置被称为波纹管。波纹管系统允许在相同的情况下进行样本和参考气体的比较。波纹管通过毛细管进口连接到质谱仪的离子源。在毛细管和质谱仪之间被称为“转换阀”的阀系统用于在质谱仪的离子源和废物管路之间转移毛细管流出物，以保持毛细管的流量恒定。

2. 连续流同位素比值质谱仪

CF-IRMS 由氦作为载气，它将分析气体带入 IRMS 的离子源中。该技术用于将 IRMS 连接到一系列自动样品制备设备上。虽然双通道是稳定同位素比值测量最精确的方法，但连续流质谱法具有在线样品制备、样品体积小、分析速度更快、分析更简单、成本效益更高的特点，以及提供了与其他制备技术[包括元素分析（elemental analysis，EA）、气相色谱（gas chromatography，GC）和液相色谱（liquid chromatography，LC）]对接的可能性。

IRMS 的离子源系统的主要目标包括：离子电流强度与所测比值之间的线性关系；随后质谱仪中引入样品和参考气体间没有记忆效应；滞留源包括焊缝、铜垫片（SO_2）和聚合；物垫片上的气体（CO_2、H_2）吸附。

高精度同位素比值质谱仪几乎完全采用扇形磁场来分离离子。永磁体和电磁铁都被商用仪器使用。这些离子的动能通常在 2.5～10 keV，随仪器的不同而变化。小型仪器具有较低的加速度电位和较小的磁体。相同条件下与低加速电压的仪器相比，高加速电压的大型仪器具有更高的灵敏度、更高的分辨率和更好的峰值形状。根据洛伦兹定律，进入均匀磁场的离子受到的洛伦兹力垂直于它们的飞行方向，其运动路径是以半径为 r 的圆：

$$r=\frac{1}{B}\times\sqrt{2m_{\text{ion}}U/ze} \tag{1.29}$$

式中：B 为磁场；e 为基本电荷（1.6×10^{-19}C）；z 为电荷数；U 为加速电压；m_{ion} 为离子的质量。例如，44 u 的单电荷离子加速到 5 keV 时，当在 0.5 T 的均匀磁场中运行时，其半径为 13.5 cm。应该指出，在上述方程中，质量能量和平移能量是等效的。离子束动能的任何不均匀性都会导致探测器处离子图像的展宽。鉴于上述讨论，通过向电离室施加高引磁场来抑制离子分子反应是十分重要的。对于较小的质谱仪来说，由于相对能量分散的 $\Delta E/U$ 对于较低的加速度势 U 更大，使得这种影响更为严重。在有机质谱中，对于高精度分子质量的测定，通常采用双聚焦方式，这种方法可以逆转能量扩散引起的色散。

在几何光学中，扇形磁场可以被等效为光学棱镜：不同质量的单能离子通过磁场分散。轻离子的圆形路径半径较小，而较重的离子则半径较大。具有相同质量的离子经过具有一定横向扩展的 α_{point} 聚焦点后将在退出磁场后再次聚焦。不同质量的焦点位于同一焦平面上。当入口和出口漂移长度相同时，检测器平面上的图像将与进入狭缝处的原始光束相同。

永磁体与电磁体之间的选择需要从某一特定选择对分析性能造成限制的角度来讨论。从理论（即离子光学）的角度来看，两种类型的磁铁是相同的。然而，永磁体往往不能达到与电磁体相同的均匀性。在实践中，这两种类型的磁铁之间的区别表现在选择特定质量的方式上。电磁体的磁场可以通过向线圈施加可变电流来改变，从而允许扫描整个质量谱。因为永磁体的磁场不能改变，所以需要通过改变加速电压来进行质量选择。

1947 年，Nier 提出使用多个检测器同时检测和集成感兴趣的离子流。两种离子流，如 CO_2 中的质量 44 和 45，击中安装在接地狭缝后面的集电极板和一对二次电子抑制屏蔽上。利用两个独立的放大器同时测量离子电流的优点是，由于温度变化、电子束不稳定性等原因，离子电流波动可以被完全抵消。磁铁和加速电压保持不变。不需要跳峰，这就消除了相应的沉降时间。此外，每个探测器通道都可以安装一个适合于目标同位素离子流的平均自然丰度的高欧姆电阻。这种静态多选择原理仍在使用中，但集电极板已被法拉第杯所取代，以尽量减少二次电子产生的假探测器电流。

法拉第杯放在合适的位置上，以使得主要的离子流同时击中入口狭缝的各个杯子。每个进入的离子贡献一次电荷，没有杂散的离子或电子可以进入法拉第杯，也没有从杯内壁的撞击中形成的次级粒子离开杯子。离子电流被连续监测，然后放大，最后转移到计算机上。计算机集成每个同位素的峰面积，并计算相应的比率。例如，在分析二氧化碳时，数据由三种不同的同位素组成：$^{12}C^{16}O_2$、$^{13}C^{16}O_2$ 和 $^{12}C^{18}O^{16}O$，它们的质量分别为 44、45 和 46。

1.5.2　热电离质谱仪

TIMS 是在发现原子和理解带电粒子在电场和磁场中的行为后开始发展起来的。TIMS 使同位素比值的测量具有最高的精确度、准确度和灵敏度。

现阶段 TIMS 由三个主要部分组成：①离子源，离子产生、加速和聚焦的区域；②分析器，根据质量/电荷比分离光束的区域；③收集器，区域内的离子束被连续（单集电极）或同时（多选择器）测量。这些仪器的电子器件需要具有相近的偏差，同位素比率才能精确到 0.001%～0.01%。

TIMS 基于扇形磁质谱仪（图 1.7）运行，它能够精确地测量热电离出的元素的同位素比率，通常是在真空环境下通过薄的金属带或丝带来传递电流。样品沉积在经过处理的灯丝（通常是铼或钽）上，然后干燥。在真空条件下，将一根灯丝置于质谱仪中，电势为 8～10kV。电流通过灯丝，使薄丝带发热，当灯丝的温度超过元素/盐的汽化温度时，元素的中性物种和离子从灯丝的热表面释放出来。对于单丝负载来说，灯丝既有气化作用，又有电离作用。在双或三灯丝源中，一根灯丝充当电离丝，另一根灯丝装载样品用于蒸发。离子化灯丝发射的中性金属原子被吸收在气化丝的表面上进而电离。电离丝和气化丝的分离可以控制蒸发速率，并使电离丝处于高温状态以提高大多数元素的电离效率。例如，如果要分析的元素是易挥发的或者电离能太大，分析物就会在灯丝带上方形成一团中性原子。

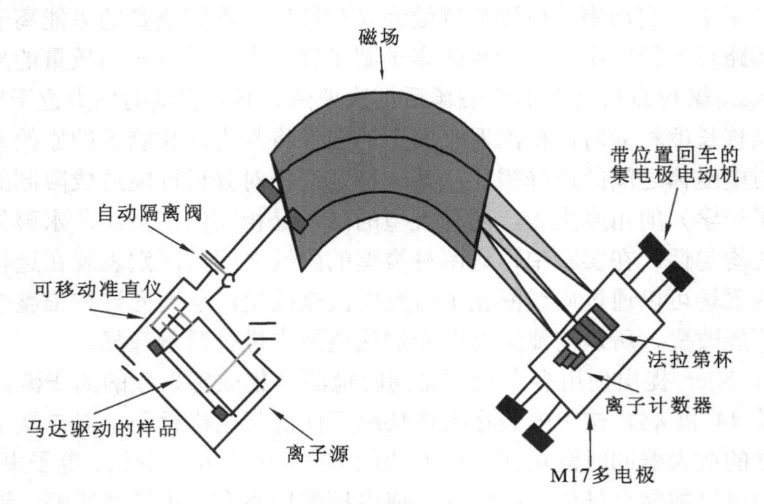

图 1.7　商用 TIMS 示意图（Constantinos et al.，2015）

在电离带上产生的离子经过一个电位梯度加速，并通过一系列狭缝和静电充电板聚焦成一束。然后该离子束穿过一个磁场，原始的离子束在 *m/z* 差异的基础上被分散成不同的离子束。随后，这些质量分辨出的离子束被定向到收集装置中，在那里离子束被转换成电信号。用一个法拉第杯中的信号同另一个法拉第杯中的信号比值计算同位素比值。对应于单个离子束的电压的比较产生精确同位素比值。通常，TIMS 用于铅、锶、铀、铁、铜、镁、锇、硼和锂的同位素分析。

除需要开发新的方法，提高样品制备速度从而提高测试效率外，TIMS 有望于进一步提高同位素分析中的精度。在 TIMS 中，精度主要受离子源中样品蒸发过程发生的质量相关分馏效应影响。较轻的同位素通常优先蒸发，导致测量过程中和测量之间同位素比值的持续变化，从而直接影响精度。这种效应取决于蒸发物种的相对质量差异而非绝对质量差异。这使得一些无机营养物的同位素分析成为一项特殊的挑战（如钙、镁、铁）。

与其他同位素比值技术相比，TIMS 的优势：测试环境的化学和物理稳定性保证了测试的高精度；更低和更一致的平均质量分馏；分子背景和多电荷离子的产生相对较低；使用单元素溶液消除同重素干扰；在有限的能量范围内产生离子，避免了能量过滤器的使用；易于自动化操作；离子从离子源到收集器的传输效率接近 100%。

TIMS 技术的缺点：并非所有元素都容易电离，限制了低电离势元素的应用；电离不能对所有元素都等效作用，而且一般不超过 1%；质量分馏在分析过程中不断变化；样本准备过程烦琐；准确的质量分馏校正仅限于具有三种或三种以上同位素的元素，并且其中至少两种是稳定的。

1.5.3　多接收杯电感耦合等离子体质谱仪

传统意义上，TIMS 是同位素分析中获得最高准确度和精度的首选技术。然而，MC-ICP-MS 为这一领域带来了新的发展，因为它可以精确地测量多种元素的同位素组成。除进样简单、可靠、样品通量大和质量分辨率高外，该技术产生的平顶峰提供了精准的同位素比值测定方法，其精度可达 0.001%，与 TIMS 技术相当。这些特点，加上电感耦合等离子体(inductively coupled plasma，ICP)具有使周期表中几乎所有元素电离的能力，使得 MC-ICP-MS 在各种基质样品同位素测量中的应用越来越广泛。为了保证 MC-ICP-MS 测试同位素比值的准确度和精度，在样品制备、仪器优化和质量偏差校正过程中都必须谨慎对待。

如图 1.8 所示的 MC-ICP-MS 是一种混合质谱仪，它将 ICP 离子源的电离效率与装有多个法拉第杯的磁扇形质谱仪结合起来，用于测量离子。这种设计的目的：可以简单精确地测定具有高电离电位的元素的同位素组成，而这些元素很难用 TIMS 分析。同时 ICP 可以允许样品以多种方式灵活进样，使得仪器可以接受溶液进样及激光剥蚀产生的气溶胶进样。

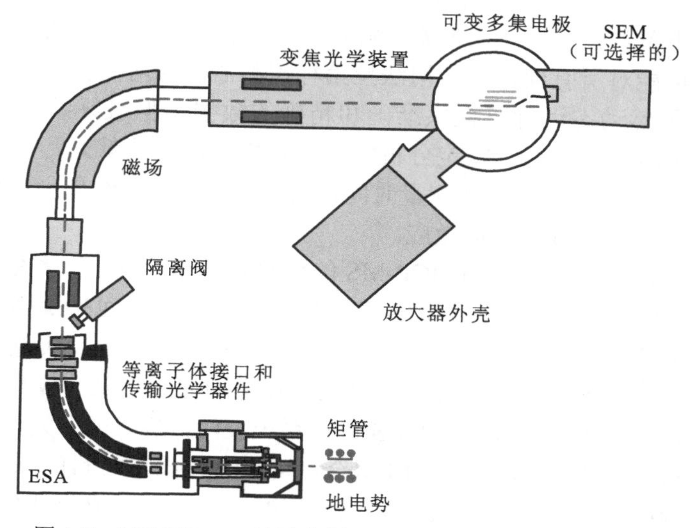

图 1.8　MC-ICP-MS 的示意图（Constantinos et al.，2015）

SEM 为二次电子放大器；ESA 为静电分析器

MC-ICP-MS 是专为克服其他质谱技术的局限性而设计的。为了实现这一目标，他们将传统的电感耦合等离子质谱仪（inductively coupled plasma mass spectrometer，ICP-MS）的氩等离子源与 TIMS 的磁扇形分析器和多法拉第杯阵列相结合。在氩等离子体高温（6000～8000 K）下，第一电离能＜10 eV 的元素电离率达到 75%以上。因此，有了等离子体源，元素周期表中几乎所有元素都可以进行同位素分析。

MC-ICP-MS 的磁扇形质量分析器与 TIMS 仪器类似，其目的是实现高精度同位素比值测量所需的平顶峰。为此，目前所有仪器的质量分辨率都很低，约为 400，但采用宽离子源和收集器狭缝的情况下可以有效降低传输损耗。然而，在这样的质量分辨率下，相同 m/z 的离子不能通过磁扇形质量分析器彼此分离(例如，从 $^{40}Ar^{16}O^{+}$中分离 $^{56}Fe^{+}$将需要大约 2500 的分辨率)。

使用带有多个法拉第杯的探测器阵列可以同时收集分离的同位素，这消除了“噪声”信号对同位素比值测量的影响。这种静态多次采集技术在等离子体源质谱中尤为重要，因为在等离子体中产生的离子束比 TIMS 产生的离子束更不稳定，这主要是短期强度波动造成的“等离子体闪烁”。法拉第杯可以单独调节，因此，可以调整集电极的“巧合”，以允许对具有不同质量分散的同位素的各种元素进行同位素分析。多个收集器可以配置多达 9 个法拉第杯和 8 个微型离子计数器。多个离子收集器-法拉第杯和离子计数器的结合正越来越多地应用于质谱仪中，以针对低丰度同位素进行精确和准确的同位素比值测量。此外，同位素比值测量的动态范围可显著增加。测量的同位素比值必须对所有仪器偏差（包括质量分馏）进行适当修正。一旦修正，这些比率适合在任何需要原子比率的图表中绘制。

单收集器的分析信号是按顺序监测的，而 MC-ICP-MS 能够同时监测多束离子束的强度，因此，信号强度的短期变化在同样程度上影响到所有同位素，这些因素对同位素比值测试精度没有不利影响。这样，利用最新的 MC-ICP-MS，同位素比值的测试精度可降低到 0.002%，使 MC-ICP-MS 成为 TIMS 的有力竞争者。

MC-ICP-MS 结构复杂，为保证测试的准确度和精度，需要在测试前对仪器进行适当的优化。优化应实现以下条件：①所有同位素的峰值应尽可能平坦；②分析物的稳定性和灵敏度高，空白低；③尽可能对所有同位素使用法拉第杯探测器；④对法拉第杯的效率或增益系数进行每日校准；⑤虽然动态运行可提供准确和精确的数据，但最终结果倾向于静态运行；⑥适当优化丰度灵敏度（相邻峰对特定分析物同位素峰强度的贡献），用于需要高丰度灵敏度的应用，如铀-钍系统；⑦优化最佳测量时间，以达到最精确的结果；⑧在样本之间使用适当的清洗液和清洗时间，以减少记忆效应。

与其他同位素比值技术相比，MC-ICP-MS 的优势包括：①对于大多数元素，电离效率很高（接近 100%），使得能够分析元素周期表中的大部分元素，包括那些具有高电离势而难以被 TIMS 分析的元素；②在分析过程中，MC-ICP-MS 系统稳定，质量分馏的时间不变；③在质量范围内存在一致的质量偏差变化，这允许使用相邻元素来计算那些没有两个以上稳定同位素的元素的质量偏差；④MC-ICP-MS 进样系统灵活，溶液可在大气压下引入，操作简单；⑤激光剥蚀系统也可以与 MC-ICP-MS 耦合，可以进行固体材料的原位同位素测量。

MC-ICP-MS 的缺点包括：从本质上讲，进入等离子体的所有成分都会发生电离，包括带两个电荷的物质、氧化物等，因此需要对样品进行化学纯化以达到最高的精度和准确度；等离子体不稳定性会限制精度；虽然等离子体的电离效率接近 100%，但是等离子体产生的离子必须从大气压转移到质谱仪的高真空环境，因此离子的传输效率低于 TIMS；虽然相近元素可以用来确定质量偏差校正，但是在只有两种同位素的系统中，如镱对于镥，铊对于铅，两种元素之间的质量偏置响应并不相同，必须加以考虑。

1.6 标 准 物 质

测量绝对同位素丰度的准确度大大低于测定两个样品之间同位素丰度相对差异的准确度。然而，绝对同位素比值的确定是非常重要的，因为其是构成计算相对差异 δ 值的基础。为了比较来自不同实验室的同位素数据，需要一套国际公认的标准。同位素比值测定中普遍使用样品相对于标准测量值的千分偏差（δ）表示。δ（‰）定义为如下公式：

$$\delta = \frac{R_{样品} - R_{标准}}{R_{标准}} \times 1\,000‰ \tag{1.30}$$

式中：R 为测量的同位素比值。若 $\delta_A > \delta_B$，则相对于 B 而言，有利于将 A 富集在稀有或重同位素中。遗憾的是，已有文献中所给的各 δ 不全是同一个标准值标准化的结果，因此一个元素通常使用几个标准值。用两种标准值计算的 δ 值的换算可使用下列方程：

$$\delta_{X-A}=\left[\left(\frac{\delta_{B_{St}-A_{St}}}{10^3}+1\right)\left(\frac{\delta_{X-B_{St}}}{10^3}+1\right)-1\right]\times 1\,000‰ \tag{1.31}$$

式中：X 为样品；A_{St} 和 B_{St} 为不同的标准物质。

每个实验室对不同元素进行测定时都有自己的操作标准，但是已有文献中的数据是实验室中以操作标准测定的值经国际标准值标准化而来。以同位素百分含量和千分偏差（δ）的关系为例可以看出，$\delta^{18}O$ 变化极为明显，但相应的重同位素（^{18}O）的质量分数变化却不太明显（图 1.9）。遗憾的是，同位素研究者尚未对何种标准物质能成为国际标准物质达成共识。但国际标准物质必须符合如下条件：①成分均匀；②数量相对较多；③易于化学配制和同位素测定；④同位素比值接近于自然界变化范围的中间值。

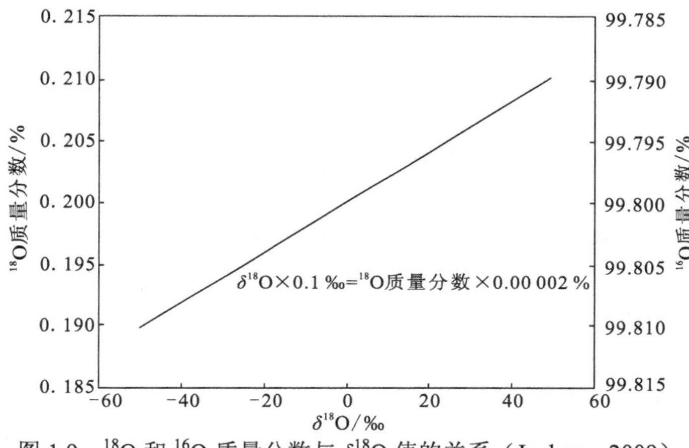

图 1.9　^{18}O 和 ^{16}O 质量分数与 $\delta^{18}O$ 值的关系（Jochen，2009）

在现在使用的参考样本中，满足所有这些要求的较少。目前普遍使用的世界标准见表 1.1。

表 1.1　氢、硼、碳、氮、氧、硅、硫、氯和某些金属同位素组成的世界标准（Möller et al.，2012）

元素	标准名称（天然）	标准名称（人工合成）
H	标准平均海水（standard mean ocean water，SMOW）	V-SMOW
B	硼酸（National Bureau of Standards，NBS）	SRM 951
C	南卡罗来纳州白垩系 Peedee 组中的拟箭石（Pee Dee Belemnite standard，PDB）	V-PDB
N	大气氮	N_2（atm①）
O	标准平均海水（SMOW）	V-SMOW
Si	非洲玻璃石英砂	NBS-28
S	美国亚利桑那州迪亚布落峡谷铁陨石中的陨硫铁（Canyon Diablo Troilite standard，CDT）	V-CDT
Cl	标准平均海水氯（standard mean ocean chlorine，SMOC）	SMOC

① 1 atm = 101.325 kPa。

续表

元素	标准名称（天然）	标准名称（人工合成）
Mg	—	DSM-3 NIST SRM 980
Ca	—	NIST SRM 915a
Cr	—	NIST SRM 979
Fe	—	IRMM-014
Cu	—	NIST SRM 976
Zn	—	JMC3-0749
Mo	—	NIST 3134
Tl	—	NIST SRM 997
U	—	NIST SRM 950a
Ge	—	NIST SRM 3120a

参考文献

ABELSON P H, HOERING T C, 1961. Carbon isotope fractionation in formation of amino acids by photosynthetic organisms[J]. Proceedings of the National Academy of Sciences of the United States of America, 47(5): 623-632.

BLAIR N, ALICE L, ELAINE M, et al., 1985. Carbon isotopic fractionation in heterotrophic the system brucite-water at elevated temperatures[J]. American society for microbiology, 50(4): 996-1001.

CHACKO T, RICIPUTI L R, COLE D R, et al., 1999. A new technique for determining equilibrium hydrogen isotope fractionation factors using the ion microprobe: application to the epidote-water system[J]. Geochimica et cosmochimica acta, 63(1): 1-10.

CONSTANTINOS C G, GEORGIOS P D, 2015. Elemental and isotopic mass spectrometry[M]//FREDDY A, CARLO B. Comprehensive analytical chemistry: volame 69. New York: Elsevier: 131-243.

DANSGAARD W, 1964. Stable isotopes in precipitation[J]. Tellus, 16(4): 436-468.

DRIESNER T, 1997. The effect of pressure on deuterium-hydrogen fractionation in high-temperature water[J]. Science, 277(5327): 791-794.

GELABERT A, POKROVSKY O S, VIERS J, et al., 2006. Interaction between zinc and freshwater and marine diatom species: surface complexation and Zn isotope fractionation[J]. Geochimica et cosmochimica acta, 70(4): 839-857.

GILBERT A, YAMADA K, SUDA K, et al., 2016. Measurement of position-specific ^{13}C isotopic composition of propane at the nanomole level[J]. Geochimica et cosmochimica acta, 177(2016): 205-216.

HORITA J, BERNDT M E, 1999. Abiogenic methane formation and isotopic fractionation under hydrothermal conditions[J]. Science, 285(5430): 1055-1057.

HORITA J, COLE D R, POLYAKOV V B, et al., 2002. Experimental and theoretical study of pressure effects on hydrogen isotope fractionation in the system brucite-water at elevated temperatures[J]. Geochimica et cosmochimica acta, 66(21): 3769-3788.

IRELAND T 2013. Invited review article: recent developments in isotope-ratio mass spectrometry for geochemistry and cosmochemistry[J]. Review of scientific instruments, 84(1):1-12. https://doi. org/10. 1063/1. 4765055.

JOCHEN H, 2009. Stable isotope geochemistry[M]. Berlin: springer.

LABIDI J, SHAHAR A, LE LOSQ C, et al., 2016. Experimentally determined sulfur isotope fractionation between metal and silicate and implications for planetary differentiation[J]. Geochimica et cosmochimica acta, 175(2016): 181-194.

MOELLER K, SCHOENBERG R, PEDERSEN R B, et al., 2012. Calibration of the new certified reference materials ERM-AE633 and ERM-AE647 for copper and IRMM-3702 for zinc isotope amount ratio determinations[J]. Geostandards and geoanalytical research, 36(2): 177-199.

PIASECKI A, SESSIONS A, LAWSON M, et al., 2018. Position-specific ^{13}C distributions within propane from experiments and natural gas samples[J]. Geochimica et cosmochimica acta, 220(2018): 110-124.

ROBERT E C, 1999. Principles of stable isotope distribution[M]. New York:Oxford University Press.

SEVERINGHAUS J P, BENDER M L, KEELING R F, et al., 1996. Fractionation of soil gases by diffusion of water vapor, gravitational settling, and thermal diffusion[J]. Geochimica et cosmochimica acta, 60(6): 1005-1018.

SHAHAR A, SCHAUBLE E A, CARACAS R, et al., 2016. Pressure-dependent isotopic composition of iron alloys[J]. Science, 352(6285): 580-582.

TEUTSCH N, VON GUNTEN U, PORCELLI D, et al., 2005. Adsorption as a cause for iron isotope fractionation in reduced groundwater[J]. Geochimica et cosmochimica acta, 69(17): 4175-4185.

第 2 章 稳定氢、氧同位素

氢和氧是自然界中两种主要元素，它们以单质和化合物的形式遍布全球。水是一种极为重要的氢氧化合物，整个地球水圈中水的总量达（1.8～2.7）$\times 10^{24}$ g。组成水的氢和氧元素不仅是参与自然界各种化学反应和地质作用的重要物质成分，而且也是自然界各种物质的运动、循环和能量传输的主要媒介。在地壳中，氧的丰度为 46.6%，氢的丰度为 0.14%，氢的丰度虽然很小，但常以 OH^- 的形式出现在各种硅酸盐矿物中。氢在大气圈中的体积分数仅为 0.5 μl/L，而氧却占整个大气体积的 21%。氢和氧也是生物圈最基本的物质组成及各种生物赖以生存的基础。鉴于氢、氧元素在自然界各种物质中的广泛分布，以及它们在各种地球化学过程中所处的地位和作用，研究各种物质特别是天然水的氢、氧同位素组成及其变化规律，对于探讨各种地质作用过程的机理和解决很多地质和水文地质问题，具有十分重要的意义。不同于溶于水中的其他同位素，它们本身就是水分子的构成部分，因而在水文循环和各类水文过程研究中具有重要意义。

2.1 稳定氢、氧同位素的组成与表达方式

氢有两种稳定同位素：^{1}H 和 ^{2}H（称为氘，记为 D），它们的天然平均丰度分别为 99.984 4% 和 0.015 6%。彼此间相对质量相差很大（高达 100%），因而同位素分馏特别显著。氧有 17 种同位素，自然界中常见的只有三种：^{16}O、^{17}O 和 ^{18}O，它们的平均丰度分别为 99.762 1%、0.037 9%和 0.200 4%。^{16}O 和 ^{18}O 的丰度较高，彼此间的质量差也较大，所以大都使用 ^{18}O/^{16}O 比值。氧同位素在自然界的分馏效应较明显，分馏范围达 100‰，分馏机理也较单一。

自然界中有九种由不同的同位素组合成的水分子，但其中最有意义的是 $^1H_2{}^{16}O$、$^1H^2HO$、$^1H_2{}^{17}O$ 和 $^1H_2{}^{18}O$ 四种。据统计，每 10^6 个水分子中，平均有 320 个 $^1H^2HO$ 分子；420 个 $^1H_2{}^{17}O$ 分子、2 000 个 $^1H_2{}^{18}O$ 分子，其余的 997 260 均是 $^1H_2{}^{18}O$ 分子。

在氢、氧同位素地球化学研究中，常常采用 ^{2}H/^{1}H 和 ^{18}O/^{16}O 或 δ^2H 和 δ^{18}O 来表示某种物质中氢和氧的同位素组成，即：

$$\delta^2\mathrm{H}=\frac{\left({}^2\mathrm{H}/{}^1\mathrm{H}\right)_{样品}-\left({}^2\mathrm{H}/{}^1\mathrm{H}\right)_{标准}}{\left({}^2\mathrm{H}/{}^1\mathrm{H}\right)_{标准}}\times 1\,000‰ \tag{2.1}$$

$$\delta^{18}\mathrm{O}=\frac{\left({}^{18}\mathrm{O}/{}^{16}\mathrm{O}\right)_{样品}-\left({}^{18}\mathrm{O}/{}^{16}\mathrm{O}\right)_{标准}}{\left({}^{18}\mathrm{O}/{}^{16}\mathrm{O}\right)_{标准}}\times 1\,000‰ \tag{2.2}$$

氢、氧同位素国际标准样品是“标准平均海水”，代号为 SMOW（standard mean ocean

water），其是根据世界三大洋中深度 500～2 000 m 的海水按等体积混合的平均同位素组成定义（Craig，1961），即 $\delta^2H_{SMOW}=0‰$，$\delta^{18}O_{SMOW}=0‰$。实际上并不存在供实验室使用的 SMOW 标准，而是使用美国国家标准局（National Bureau of Standards，NBS）配制的 1 号蒸馏水（NBS-1），它与 SMOW 标准之间的关系为

$$\delta^2H_{NBS\text{-}1（SMOW）}=-47.10‰ \tag{2.3}$$

$$\delta^{18}O_{NBS\text{-}1（SMOW）}=-7.89‰ \tag{2.4}$$

式中：$\delta^2H_{NBS\text{-}1（SMOW）}$ 和 $\delta^{18}O_{NBS\text{-}1（SMOW）}$ 为 NBS-1 标准样品相对于 SMOW 的 δ 值。

测定碳酸盐（包括水中）的氧同位素组成，通常采用南卡罗来纳州白垩系 Peedee 组中的拟箭石 PDB（pee dee belemnite）标准。PDB 标准和 SMOW 标准之间的关系为

$$\delta^{18}O_{SMOW}=1.030\,86\delta^{18}O_{PDB}+30.8 \tag{2.5}$$

式中：$\delta^{18}O_{SMOW}$ 和 $\delta^{18}O_{PDB}$ 分别为碳酸盐样品以 SMOW 和 PDB 为标准的 δ 值。

2.2　稳定氢、氧同位素分析测试技术

稳定氢、氧同位素的测试方法由最初的离线制样——双通道同位素比值质谱仪（offline DI-IRMS），发展到自动化程度较高的基于连续流水平衡的同位素比值质谱法（GasBench-IRMS）及热转换元素分析同位素比值质谱法（TC/EA-IRMS）（张琳 等，2011；刘运德 等，2010）。DI-IRMS 是应用最早的一种氢、氧同位素测定方法，具有分析精度和准确度高的特点，但记忆效应较明显，耗时、耗力、程序较复杂。GasBench-IRMS 采用在线测试的方法，具有操作快捷、高效等优点，但存在用样量大、对温度稳定性要求高等不足。TC/EA-IRMS 是基于碳还原高温转换原理而建立和不断完善的测试技术，并逐步实现了在线同时测试微量水中的氢氧同位素，具有方便快捷、精度高的特点。近几年来，基于空腔增强吸收光谱技术（cavity enhanced absorption spectroscopy，CEAS）的激光水同位素分析仪，也越来越广泛地被用于测定水中的氢氧同位素。

2.2.1　双通道同位素比值质谱法

1. DI-IRMS 氢同位素分析

DI-IRMS 氢同位素分析，普遍利用一些活泼金属元素（铀、锌、铬、镁）作为还原剂，将水转化为氢气，供质谱分析。金属铬（Cr）的热稳定性好，还原性强，在高温（＞800 ℃）下能与水进行快速反应。还原反应生成 H_2 的化学反应式为

$$2Cr+3H_2O=Cr_2O_3+3H_2 \tag{2.6}$$

水样制备氢气的装置如图 2.1 所示。首先将制样系统抽低真空，将铬反应炉加热升温至 850 ℃，待低真空抽好后，再抽高真空，使系统真空达到 1×10^{-3} Pa 时可以制备样品。用微量注射器取 1 μL 水样直接注入铬反应炉进行反应。用液氮冷冻装有活性炭的样品管（ST），将制备好的氢气转移到样品管中，吸收 3 min，关闭装有活性炭的样品管和冷阱之间的玻璃活塞，取下样品管送质谱仪测试，用 SMOW 或 VSMOW 标准水样校正测量的水样中氢同位素组成。

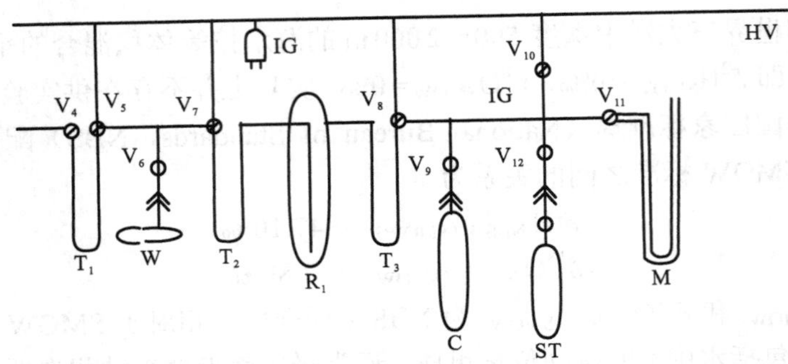

图 2.1 水样制备氢气的装置（改自张琳 等，2011）

V 为活塞；T 为冷阱；W 为微量进样器；R_1 为铬反应器；C 为活性炭；IG 为电离规管；ST 为样品管；M 为压力计；HV 为高真空

2. DI-IRMS 氧同位素分析

在常温（25℃）下，2mL 天然水样的氧与已知同位素组成的标准 CO_2 气体（高纯钢瓶 CO_2），通过 CO_2-H_2O 交换平衡，用冷冻剂脱水后，液氮收集 CO_2 气体，再用 MAT253 气体质谱仪测定达到平衡后的 CO_2 气体的氧同位素组成。

2.2.2 基于连续流水平衡的同位素比值质谱法

1. GasBench-IRMS 氢同位素分析

设定恒温样品盘温度 28℃，色谱柱温度 70℃，He 压力 120kPa。移取 200μL 水样置于 12mL 反应瓶，加入铂催化棒后拧紧瓶盖，置于恒温样品盘。同时，固定进样针和吹气针，设定自动进样器工作程序，充入 2%的 H_2+He 混合气，带走瓶中的空气。样品充气与样品分析之间的时间间隔为 60min，使之达到同位素交换平衡。用质谱仪测定同位素分馏平衡后的 H_2 同位素比值。

2. GasBench -IRMS 氧同位素分析

设定恒温样品盘温度 28℃，色谱柱温度 45℃，He 压力 120kPa。移取 200μL 水样及标准水置于 12mL 反应瓶中，拧紧瓶盖，置于恒温样品盘。固定吹气针，设定自动进样器工作程序，充入 0.3%的 CO_2+He 混合气，充气 10min，带走瓶中的空气。设定样品充气和样品分析之间的时间间隔，水样平衡 18 h，使之达到同位素交换平衡。固定进样针，用质谱仪测定同位素分馏平衡后的 CO_2 同位素比值。

2.2.3 热转换元素分析同位素比值质谱法

移取 2mL 水样装满进样瓶，用内衬有密封隔垫的螺旋孔盖不留顶空密封后（注意孔盖不要拧得过紧），置于 AS 3000 液体自动进样器的样品盘中。如图 2.2 所示，设定工作程序，控制 0.5μL 自动进样针从 2mL 样品瓶中移取 0.2μL 水样，经元素分析仪的进样口密封隔垫扎入，将 0.2μL 水样注入高温裂解炉，高温下形成的水蒸气与填充于高温裂解炉内的玻璃碳粒在 1400℃下发生还原反应，形成的 H_2 和 CO 混合气在 He 载气（流速 100mL/min）的携带下，通过柱温 90℃的内填 0.5 nm 分子筛的气相色谱柱分离，然后依次通过 ConFlo IV 导入稳定同位素质谱仪的离子源内，实现单次分析中顺序同时测定氢同位素和氧同位素。整个测试流程仅需 10 min 左右。

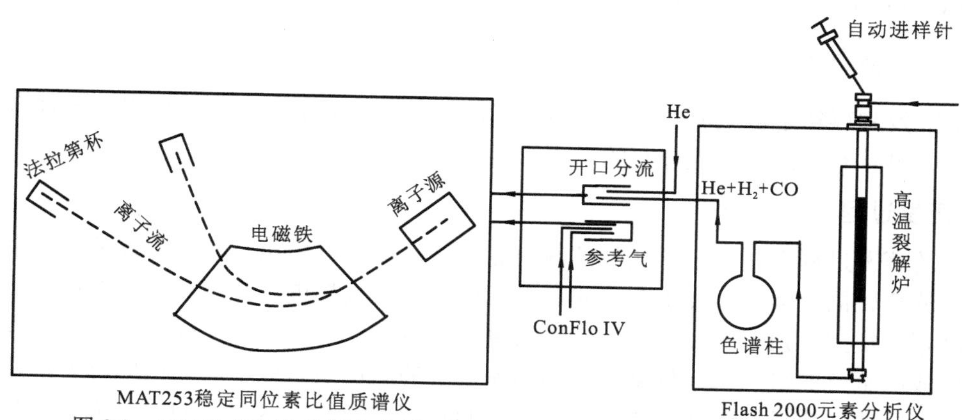

图 2.2 TC/EA-IRMS 分析水中氢、氧同位素示意图（改自刘运德 等，2010）

2.2.4 激光水稳定同位素分析技术

激光水稳定同位素分析技术是基于 CEAS 的测试方法，通过获得目标气体的浓度并根据轻重分子的浓度比值计算其同位素比率。该方法可同时测定水样的 δ^2H、δ^{18}O 和 δ^{17}O，精度分别为 δ^2H＜0.5‰，δ^{18}O＜0.1‰，δ^{17}O＜0.1‰。

以 LWA-45EP 为例，首先开启分析仪和自动进样器；安装进样口隔膜（每 1～2 d 连续测量后需要更换一个隔膜）；预热 3～6 h；用润滑剂润洗进样针（30～50 次），再用去离子水润洗进样针（30～50 次）；安装进样针；检查隔膜注入口的位置。将待测水样用 1 mL 注射器和 13 mm 直径、0.45 μm 孔径的聚四氟乙烯针筒式过滤器过滤；将加好水样的样品瓶放在对应的样品盘上。通过调试分析仪参数，开始运行测量。

2.3 稳定氢、氧同位素的分馏机理

稳定氢、氧同位素的分馏主要包括蒸发、凝结过程的同位素分馏，以及水与大气圈、水圈和生物圈的不同物质之间的同位素交换（王恒纯，1991）。

2.3.1 物理过程中的同位素分馏

1. 扩散作用引起的同位素动力学分馏

同位素不同的分子由于质量不同，其分子平动速度不同，因而在分子扩散中会引起同位素分馏。已知气体分子的平动速度与分子重量的平方根成反比（刘存富和王恒纯，1984）。例如，$H_2{}^{16}O$ 的分子量为 18，平动速度 V（$H_2{}^{16}O$）=0.2357；$H_2{}^{18}O$ 的分子量为 20，平动速度 V（$H_2{}^{18}O$）=0.2236。由于二者的分子平动速度不同，在分子扩散过程中将产生分馏。

分子扩散分馏系数用轻同位素分子与重同位素分子的平动速度之比来表示：

$$\alpha_{A\text{-}B} = V_A/V_B \tag{2.7}$$

式中：V_A为轻同位素分子的平动速度；V_B为重同位素分子的平动速度。

2. 蒸发凝结过程中的同位素分馏

水的蒸发和凝结是自然界氢氧同位素分馏的一种主要方式，也是地球表面各种水体的同位素组成差异且有一定规律性分布的重要原因。

1）蒸发过程

在水的蒸发过程中，水分子从外部获得能量后，优先破坏相对轻的同位素水分子间的氢键，使部分含轻同位素的水分子首先脱离液相而形成蒸气相进入空间。由于质量轻的水分子蒸发速度相对快些，残留的液相就相对富集重同位素水分子。这样，经历了蒸发过程的残留水和新生成的蒸气的氢、氧同位素组成都与原始水的同位素组成不同。由此可见，蒸发过程中同位素分馏的实质只是改变了同一体系内不同相间的同位素水分子的相对浓度，并没有涉及各类同位素水分子内部氢、氧原子间键的断裂和氢、氧同位素原子的重新组合。

蒸发过程中各相的氢、氧同位素组成的变化，主要与蒸发温度、空气的湿度及系统处于平衡或非平衡等蒸发条件有关。它们的变化规律原则上遵循瑞利分馏，因此，瑞利公式成了定量讨论蒸发过程中水的氢氧同位素分馏的基础。

（1）平衡蒸发。当水的蒸发过程进行得很慢时，在水汽界面处实际上已处于同位素平衡状态。若水的蒸发是在开放条件下，即液相得到足够的补充（如海洋表面蒸发），则可以认为其同位素组成保持不变，这时蒸气相和液相的分馏系数（α）就等于轻、重同位素水分子的蒸气压之比（即 $\alpha = p_{light}/p_{weight}$）。如果在恒温条件下蒸发，$\alpha$ 就是一个定值。据 Craig 和 Gordon（1965）的研究，温度为 25 ℃时，水的平衡分馏系数为

$$\alpha^{18}O=1.009\,2 \tag{2.8}$$

$$\alpha^{2}H=1.074 \tag{2.9}$$

这就是说，大洋水在平衡蒸发时，洋面上水蒸气的 δ^2H 和 $\delta^{18}O$ 值比大洋水分别低 74‰和 9.2‰。但实测太平洋上空蒸气平均为 $\delta^2H = -94$‰和 $\delta^{18}O = -13$‰，比平衡蒸发的理论计算值小得多，这是由于存在动力学分馏的结果。

（2）非平衡蒸发。如果水的蒸发速度进行得很快，水汽之间的同位素分馏就会出现不平衡状态，这时整个体系的同位素分馏主要受动力学同位素效应的控制。空气湿度对一个地区水蒸发过程中的同位素平衡有很大的影响。例如，当空气中的相对湿度接近 100%时，液相和蒸气相之间由于交换作用可能建立同位素平衡。但是，当空气相对湿度低时，一般呈非平衡蒸发状态。

2）凝结过程

在云蒸气凝结成雨滴的过程中，液相与蒸气相之间往往达到了同位素平衡，而且服从瑞利分馏规律。

（1）在封闭系统中，蒸气和凝结水都不从系统中分离出去，而是处于平衡状态，这是云团蒸气凝结的一种极端情况。最初凝结雨滴的同位素组成应该与水蒸气平衡的液相一致。在

恒温状态下，两相之间的分馏系数维持不变。如果冷凝过程是发生在温度下降的情况下，两相之间的同位素分馏将随之增大。

（2）在开放系统中，如云中水蒸气凝结成雨的过程，雨滴一经形成立即从蒸气相中移出，使剩余的蒸气量不断减少，蒸气相和液相的同位素组成中重同位素逐渐贫化，两相之间的同位素分馏也随之增大。

2.3.2　同位素交换反应

水与岩石之间的氢氧同位素交换反应，属于平衡分馏，其交换反应速率受各种环境因素，特别是温度的控制。低温（＜60℃）下地下水与围岩接触时，它们之间的氢氧同位素交换反应速率十分缓慢，一般很难达到交换平衡。但温度高（＞80℃）时，水吸收的能量可破坏水分子内部氢氧原子间的键，同位素交换反应速率大大加快，交换平衡能较快建立。

由于岩石和矿物的 $\delta^{18}O$ 值一般要比水的 $\delta^{18}O$ 值大得多，在温度增高时，α 接近 1，地下热水与围岩接触发生氧同位素交换总是使水的 $\delta^{18}O$ 值增高。其交换程度取决于温度、水及岩石的初始 $\delta^{18}O$ 值、水-矿物的分馏系数、水与岩石的接触面积及接触时间、岩石矿物的化学成分及晶体结构等因素。

与 ^{18}O 不同，岩石中含氢矿物很少，且 δ^2H 值较低，因此同位素交换反应对水的 δ^2H 值几乎不产生影响。因此，地下水的 δ^2H 值比 $\delta^{18}O$ 值更能反映水的原始来源。矿物的 δ^2H 值按递减顺序排列：白云母＞金云母＞硬柱石＞绿泥石＞角闪石＞十字石＞黑云母。

地下热水的同位素研究表明，热水 $\delta^{18}O$ 值的增高主要取决于围岩中碳酸盐矿物的含量，其次是硅酸盐矿物。但后者要求有更高的温度条件，对高温热水具有重要意义。同位素交换反应对水的 δ^2H 值影响不大，故交换反应结果是使热水的同位素组成在 δ^2H-$\delta^{18}O$ 图上向右沿水平或近似水平方向平移（图 2.3）。这种 $\delta^{18}O$ 值的平移现象称作“氧-18 漂移”。在北美一些深层热卤水中，测得的最大 $\delta^{18}O$ 漂移幅度为 9‰。在索尔顿海地热卤水（温度达 340℃）中 $\delta^{18}O$ 漂移达 15‰。

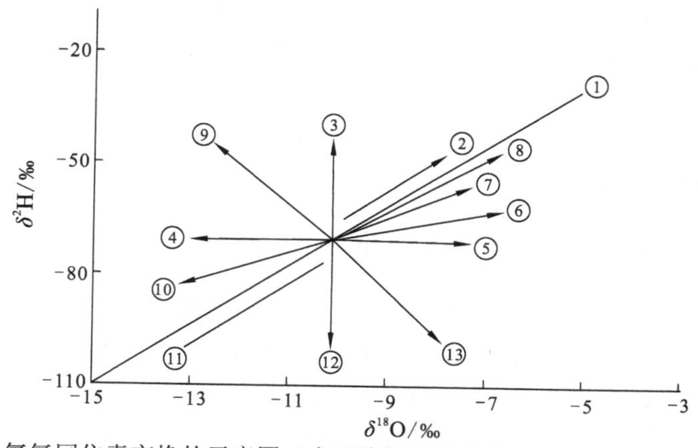

图 2.3　氢氧同位素交换的示意图（十三线图）（改自 Pang et al.，2017）

①全球大气降水线；②水分再循环；③与 H_2S 交换；④与 CO_2 交换；⑤地热系统中水-岩反应；⑥与火山蒸气混合；⑦蒸发过程；⑧与海水混合；⑨与硅酸盐矿物交换；⑩冷凝；⑪与大气降水混合；⑫与烃类交换；⑬与黏土矿物交换

2.4 自然界中稳定氢、氧同位素的组成特征

2.4.1 海水中氢、氧同位素的组成

海水占全球水圈总量的97%，它直接参与各种地质作用，并控制着全球大气降水的同位素组成的分布和演化。

海水的氢、氧同位素组成较稳定。同位素随深度和纬度的变化 δ^2H 值约为 4‰，$\delta^{18}O$ 值为 0.3‰。深层海水的同位素组成非常接近 SMOW 值，不同海洋区 δ 值的变化很小。表层海水的同位素组成变化较大，通常两极地区的 δ^2H 和 $\delta^{18}O$ 值较低，赤道地区较高。影响海水同位素组成的主要因素有蒸发量与降水量之比，冰雪的堆积或融化，海底火山活动，以及海水与海底岩石、洋壳沉积物的同位素交换。

2.4.2 大气降水中氢、氧同位素的组成

大气降水的氢、氧同位素组成有三个重要特征：①δ^2H-$\delta^{18}O$ 值之间呈线性变化；②大多数地区大气降水的 δ^2H 值和 $\delta^{18}O$ 值为负；③δ 值与所处地理位置有关，并随离蒸气源的距离的增加而变负。

全球性或区域性的大气降水的同位素组成的分布很有规律。全球降水的平均 δ^2H 值为 −22‰，$\delta^{18}O$ 值为−1‰。地球两极地区的降水最贫重同位素，δ^2H 为−308‰，$\delta^{18}O$ 为−53.40‰（Craig et al.，1963）。在干旱地区的封闭盆地中，水最富重同位素，δ^2H 为 129.4‰，$\delta^{18}O$ 为 30.80‰（Fontes and Gonfiantini，1967）。

云蒸气和大气降水的同位素组成变化很大，随空间、时间而异。大气降水的同位素组成及其变化规律是研究地下水最重要的基础资料。

1. 降水方程

由于水在蒸发和凝结过程中的同位素分馏，大气降水的氢氧同位素组成出现了线性相关的变化。这一规律最早是由 Craig（1961）在研究北美大陆大气降水时发现，并把这一规律用数学式表示为

$$\delta^2H=\delta^{18}O+10 \tag{2.10}$$

式（2.10）为降水方程。

2. 氘过量参数（d）和降水线斜率（s）的变化

氘过量参数也称氘盈余。同全球降水方程相比，任何地区的大气降水，都可以计算出一个氘的过量参数 d。d 被定义为 $d=\delta^2H-8\delta^{18}O$（Dansgaard，1964）。$d$ 值的大小相当于该地区的降水线斜率 $\Delta\delta^2H/\Delta\delta^{18}O$ 为 8 时的截距，用以表示蒸发过程的不平衡程度。

影响氘过量参数 d 的因素的定量研究非常复杂，它的变化完全依赖于水的蒸发和凝结过程中同位素分馏的实际条件，目前，仅了解到某些局部的规律。

（1）水在平衡条件下蒸发。大部分岛屿和滨海地区，海面上的饱和层蒸气与海水处于同位素平衡状态，这时的 d 值接近于零。但是当海洋高空不平衡蒸气与海面附近的饱和层蒸气

相混合产生降水时，d 值变小，有时出现负值。

（2）海水蒸发速度快，不平衡蒸发非常强烈，空气相对湿度低的地区，如东地中海地区，发现了降水中最大的氘过量参数，其 d 值高达 37‰。某些局部的海水蒸气源，如波斯湾、红海、黑海等地，也见有偏高的 d 值。

降水线斜率 s 变化情况的研究也有待深入。Dansgaard（1964）根据北大西洋沿岸（温带和寒带）的资料指出，降水的同位素温度梯度为 $d\delta^{18}O/dT \approx 0.69‰/℃$，$d\delta^{2}H/dT \approx 5.6‰/℃$，降水线斜率接近于 8。热带和亚热带的岛屿地区，降水线斜率的典型值为 1.6～6。降水量少而蒸发作用强烈的干旱和半干旱地区，其降水线斜率大都小于 8。降水线斜率大于 8 的情况少见。

3. δ^2H-$\delta^{18}O$ 图

根据降水方程，在 δ^2H-$\delta^{18}O$ 图中用来表示降水的 δ^2H 值和 $\delta^{18}O$ 值关系变化的直线，称为降水线。除全球降水线外，不同地区都有反映各自降水规律的降水线。为了更确切地了解一个地区的降水规律，特别是在干旱或半干旱地区，可以得到一条斜率小于全球降水线或大区域降水线的地区降水线，为了便于区别，常称为蒸发线。

δ^2H-$\delta^{18}O$ 图可以直观地得到以下规律。

（1）温度低、寒冷季节、远离蒸气源的内陆、高海拔或高纬度区的大气降水的同位素组成，一般落在降水线的左下方；反之其降水的同位素组成落在降水线的右上方。

（2）偏离全球降水线或大区域降水线，斜率较小的蒸发线（或地区降水线），则落在它们的右下方。斜率越小，偏离降水线越远，反映其蒸发作用越强烈。

（3）蒸发线和降水线的交点，可近似反映蒸气源水的原始平均同位素组成。

（4）两种不同端元水的混合，如经蒸发的水与雨水的混合水体，其同位素组成落在该水的蒸发线和雨水线之间的区域内，它与两种端元水的距离，可近似地反映其混合量。

4. 大气降水的氢氧同位素组成及分布规律

大气降水氢氧同位素组成的分布很有规律，它主要受蒸发和凝结作用所制约。具体地说，降水的同位素组成与地理和气候因素存在直接的关系。Yurtsever（1975）利用降水的平均同位素组成与纬度、高度、温度和降水量作多元回归分析，其线性方程为

$$\delta^{18}O = a_0 + a_1T_m + a_2P + a_3L + a_4H \tag{2.11}$$

式中：T_m 为月平均温度，℃；P 为月平均降水量，mm；L 为纬度；H 为高程，m；a_0、a_1、a_2、a_3、a_4 分别为回归系数。91 个观测站资料经逐步减元回归分析计算得出：$\delta^{18}O$ 值与 T_m 的相关系数为 0.815，与 P 的相关系数为 0.303，与 L 的相关系数为−0.722，与 H 的相关系数为 0.0007。因为大多数观测站的高程都低，相差不大，所以高度效应不明显。但是，总的趋势表明，这些因素均可影响降水的平均同位素组成，其中温度的影响占主导地位。

1）温度效应

大气降水的平均同位素组成与温度存在正相关关系。

Dansgaard（1964）根据北大西洋沿海地区的资料得出，在中−高纬度滨海地区，降水的年平均加权 δ 值与年平均气温（t）的关系为

$$\delta^{18}O=0.695t-13.6 \tag{2.12}$$

$$\delta^{2}H=5.16t-100 \tag{2.13}$$

大气降水的同位素组成与当地气温的关系密切，且呈正相关变化。但这种相关变化在不同地区其变化程度相差很大。

2）纬度效应

大气降水的平均同位素组成与纬度的变化存在相关关系。从低纬度到高纬度，降水的重同位素逐渐贫化。纬度效应主要是温度和蒸气团运移过程同位素瑞利分馏的综合反映。

北美大陆大气降水的纬度效应（Yurtsever，1975）为，纬度每增加 1°，$\delta^{18}O$ 值减少 0.5‰。

3）高度效应

大气降水的 δ 值随地形高程增加而降低称为高度效应，它的大小随地区的气候和地形条件不同而异。在同位素水文地质研究中，常常借助于研究区内大气降水的同位素高度效应，推测地下水补给区的位置和高度。

4）大陆效应

降水的同位素组成随远离海岸线而逐步降低，这一现象称为大陆效应。图 2.4 形象地说明了这一过程。显然，这一情况与潮湿气团在迁移过程中凝结降雨引起的同位素分馏效应有关。

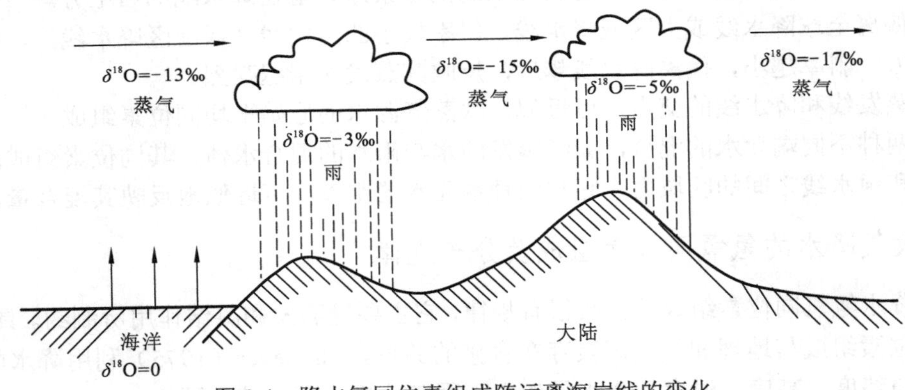

图 2.4　降水氧同位素组成随远离海岸线的变化

5）降水量效应

大气降水的平均同位素组成是空气湿度的函数，因此，雨水的平均同位素组成与当地降水量存在相关关系。根据统计，赤道附近的岛屿地区降水量和 $\delta^{18}O$ 值之间的关系为

$$\delta^{18}O=(-0.015\pm0.0024)P-(0.047\pm0.419) \tag{2.14}$$

$$r=0.874 \tag{2.15}$$

式中：P 为月平均降水量，mm；r 为相关系数。

产生降水量效应的主要原因可能与雨滴降落过程中的蒸发效应和与环境水蒸气的交换有关（Stewart，1975；Ehhait et al.，1963）。

6）季节性效应

地球上任何一个地区的大气降水的同位素组成都存在季节性变化，夏季的 δ 值高，冬季的

δ 值低，这一现象称为季节性效应。各地降水 δ 值的季节性差异程度也不尽相同。一般而言，内陆地区的季节性变化较大。例如，奥地利维也纳属内陆地区，它的降水同位素组成的季节性变化十分明显，据 1961～1971 年资料，夏季和冬季降水的 δ 值相差达 20‰之多。而赤道附近岛屿的降水同位素组成受季节性影响较小。控制大气降水同位素组成的季节性变化的主要因素是气温的季节性变化，同时，降水气团的迁移方向和混合程度在一些地区也有相当的影响。例如，滨海地区存在大陆气团和海洋气团的混合可以导致其同位素组成季节性变化的混乱。

2.4.3　河水和湖泊水中氢、氧同位素的组成

1. 河水

大多数河流具有两种主要补给源：大气降水和地下水。不同地区、不同季节，它们对一条河流的补给量也不相同。

在大气降水形成径流占优势的小河水系中，水的同位素组成反映大气降水的特征，这些水具有明显的季节性变化。大河水系的同位素组成变化特点与之相同，但是因为大河水系是由源头和一系列支流汇集而成的，所以水的同位素组成变化要复杂得多，并且水的同位素季节性变化幅度在一定程度上受到了均一化作用的影响。

高山区的径流往往依赖于冰雪的融化，这种成因的小河流的同位素组成也显示出季节性变化，但其季节性变化恰恰与大气降水的情况相反，在夏季时，冬季储存的大量冰雪逐步融化，冰雪融水与夏季降水相比，同位素 ^{2}H 和 ^{18}O 贫瘠，甚至低于冬季降水。例如，意大利的阿迪杰（Adiqe）河，冬季河水的 $\delta^{18}O$ 值为−11.4‰，夏季河水的 $\delta^{18}O$ 值为−22.21‰。这种与大气降水相反的同位素季节效应，乃是冰雪溶融水成因的河水同位素组成的一个重要特征。

在一些地处高山的河流中，河水的同位素高度效应也十分明显。例如，钦博（Chimbo）河从高程 317 m 到 2 600 m 的 $\delta^{2}H$ 值从−40.1‰减少到−83‰；$\delta^{18}O$ 值从−6.33‰减小到−11.72‰。再如，伊萨尔（Isar）河水 $\delta^{2}H$ 值的高度效应为每百米接近−3.5‰。

不仅如此，纬度和气候因素对河流水系中的同位素组成也会造成明显的影响。上述因素的综合影响，常常造成在一条大河水系中，从源头到各支流，一直到河流的下流，水的同位素组成的变化具有某种明显的规律性。

2. 湖泊水

湖泊水的同位素组成与水源的补给类型和湖泊所处的地理位置、自然环境条件紧密相关。湖泊水的补给，可以源于降水、河水、地下水，在靠近海洋地区，还可以由海水补给。这些不同类型的补给源，都可以给湖泊水的同位素带来差异。在大多数湖泊中，湖泊水直接或间接来源于大气降水，所以它在很大程度上受大气降水的同位素分布规律所支配，像大气降水一样，湖水的同位素组成存在季节性变化，也会存在纬度效应、大陆效应和高度效应。但是，实际湖水的同位素组成并不完全等于原始补给水的同位素组成，由于蒸发作用的影响，都在一定程度上相对富集重同位素，这一现象尤其在纬度低的干旱内陆湖泊中最为突出。在 $\delta^{2}H$-$\delta^{18}O$ 图中，大多数湖泊水的同位素组成落在“蒸发线”上。部分蒸发的湖泊水不仅 δ 值比补给水要大些，而且以低的氘过量参数（d）为特点。

在一些大而深的湖泊中，由于缺乏混合，不仅在湖泊的表层水中出现不均匀，而且在垂直带上湖泊水的同位素组成常常呈季节性或永久性的成层分布现象。

2.4.4 地下水中氢、氧同位素的组成

1. 渗入水

大气降水渗入补给的地下水，其同位素组成会明显接近补给区大气降水的平均同位素组成。但两种情况值得注意：一是在干旱地区，由于浅层蒸发作用，地下水相对富集重同位素，并以其同位素组成落在“蒸发线”上为特征；二是季节性的选择补给。倘若地下水的补给选择夏季的降水，则可出现高于当地降水平均同位素组成的情况，但它的特点是，水的同位素组成只落在当地大气降水线上，而不是蒸发线上。若季节性的补给选择冬季降水或夏季高山冰雪的融水，其结果则是地下水与降水的平均同位素组成相比，重同位素相对亏损。

当补给区的环境因素相当稳定时，地下水的同位素组成的平均值也是稳定的。在这种情况下，大气降水成因的浅层地下水的平均同位素组成和大气降水的平均同位素组成存在某种关系，并可借此确定浅层地下水补给源的位置和高度，甚至可以反映不同气候类型的降水补给特征。

大部分浅层含水层中的古渗入水的氘、氧同位素的含量和氘过量参数都低于当地的现代大气降水，这一同位素组成特征常常归因于第四纪冰期和间冰期寒冷气候条件下的大气降水入渗而形成。由于近代水的混入及不同高程降水入渗的混合，在某些含水层中古渗入水的这一同位素特征并不明显。

2. 沉积水

沉积水是沉积盆地中的沉积物在沉积过程中或沉积之后进入其中的古地下水。它们被埋存于比较封闭的构造中，常与油田共生。由于这种水的含盐量很高，长期以来把这种油田水看作典型海水成因的沉积水，但近年来同位素的研究表明，沉积水的成因比较复杂。

3. 变质水

变质水是在300～600 ℃温度下与遭受脱水作用的变质岩达到同位素平衡，其同位素组成发生变化的水。它的δ值的变化范围估计为：$\delta^2H = -70‰～0$，$\delta^{18}O = 3‰～20‰$。不同地区变质水的同位素组成很不一致，主要取决于原岩类型。

4. 岩浆水及初生水

岩浆水为从岩浆熔融体中分离出来的水或是在岩浆温度下（700～1100 ℃）与岩浆系统或火成岩保持化学和同位素平衡的一种溶液。它可以源于初生水，也可能来自重熔的沉积岩和火成岩。岩浆水的典型值为：$\delta^2H = -75‰～-30‰$，$\delta^{18}O = 7‰～13‰$。

初生水来源于地幔，是以温度在1200 ℃左右时与正常铁镁质岩浆[$\delta^2H =（-75\pm10）‰$；$\delta^{18}O =（6\pm0.5）‰$]处于同位素平衡的水。初生水的估计值为$\delta^2H=（-65\pm20）‰$，$\delta^{18}O =（6\pm1）‰$。

5. 地热水

地热水是指温度高于60 ℃的地下水。地热水的同位素组成一般具有如下特点：①地热水的

$\delta^{18}O$ 值一般高于当地浅层低温地下水的 $\delta^{18}O$ 值，即地热水的 $\delta^{18}O$ 值产生了氧同位素漂移；②地热水的 $\delta^{2}H$ 值一般与当地浅层低温地下水的 $\delta^{2}H$ 值相等，即等于当地大气降水的年平均 $\delta^{2}H$ 值。

地热水大部分源于大气降水，其氧同位素漂移主要是水-岩间的 ^{18}O 交换而引起的。图 2.5 给出了世界上一些著名的中-弱碱性地热水和蒸气的同位素组成，可见其氧同位素均发生了不同程度的漂移。例如，新西兰的怀腊开地热田，其 $\delta^{18}O$ 的漂移值约为 1‰；而美国的索尔顿湖地热水的 $\delta^{18}O$ 漂移值达到了 15‰。事实上，地热水 ^{18}O 的漂移程度主要取决于热水的温度、围岩的 $\delta^{18}O$ 值、水/岩比值及热水在热储中的滞留时间。怀腊开地热田位于火山岩地区，岩石伴有热液蚀变，说明其水/岩比值较大；索尔顿湖地热田的热储层为富含 ^{18}O 的沉积物，水温超过 300℃，同位素交换时水与岩石大体上是等量的。

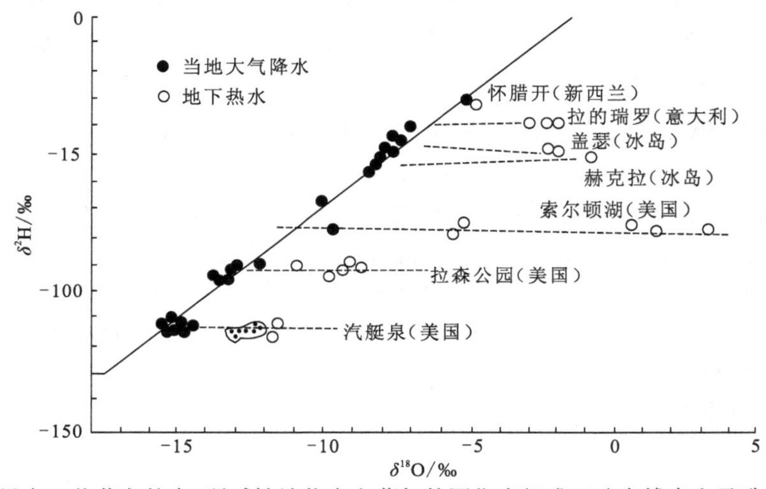

图 2.5　世界上一些著名的中-弱碱性地热水和蒸气的同位素组成（改自钱会和马致远，2005）

当然，也有一些地下热水的 $\delta^{2}H$ 值随着 $\delta^{18}O$ 值的增大而增加。图 2.6 表明，对于黄石公园、拉森公园等酸性热泉，在 $\delta^{18}O$ 富集的同时也伴随着 ^{2}H 含量的增大，其 $\delta^{2}H$-$\delta^{18}O$ 关系曲线为一斜率大约等于 3 的直线，这是地热水在 70～90℃时的蒸发作用造成的。

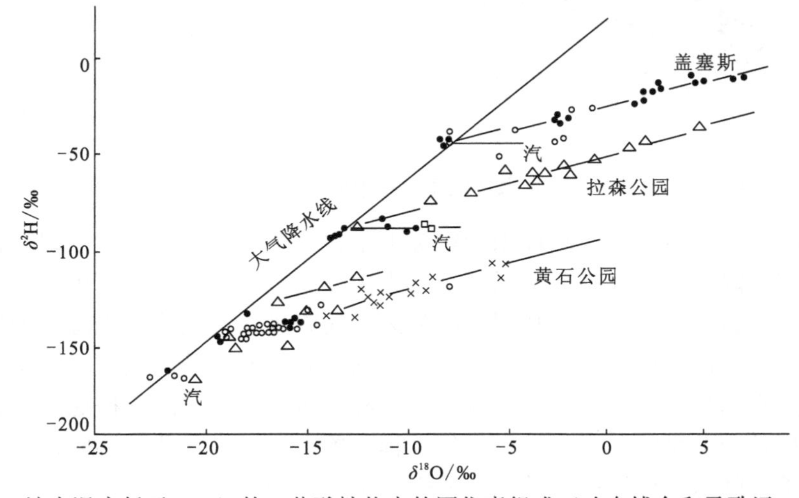

图 2.6　地表温度低于 100℃的一些酸性热水的同位素组成（改自钱会和马致远，2005）

2.5 稳定氢、氧同位素技术方法应用

2.5.1 确定含水层的补给区或补给高程

大气降水的 δ^2H 值和 δ^{18}O 值具有高程效应，据此可确定含水层补给区大气降水的同位素入渗高度（即补给区高程）：

$$H_r = \frac{\delta_s - \delta_p}{\kappa} + h' \tag{2.16}$$

式中：H_r 为同位素入渗高度（或补给区高程），m；h'为取样点高程，m；δ_s 为地下水的同位素组成；δ_p 为取样点附近大气降水的同位素组成；κ 为同位素高度梯度，‰/100 m。

Fontes 等（1967）对法国埃维恩泉水补给高程进行了研究，这个地区的已知参数为 $\delta_p = -9.25‰$；$\delta_s = -10.55‰$；$h' = 385$ m；$\kappa = -0.32‰/100$ m。

通过计算得到含水层的补给高程为 791 m。

根据计算结果与该区水文地质条件加以对比分析，对该泉的补给区位置可提出三种假设（图 2.7）：①补给区位于高程 800 m 左右上覆细粒冰碛层变薄的部位（厚度不超过 10 m）；②整个高原表面和倾斜平面均是补给区；③由前阿尔卑斯灰岩中的岩溶水补给，灰岩出露高程大于 1 000 m。分析结果认为，第一种设想合理，即补给区位于高程 800 m 的高原地带，大气降水通过入渗补给带补给含水层是十分可能的。若是第二种或第三种设想，则与同位素补给高程的计算值相差过大。

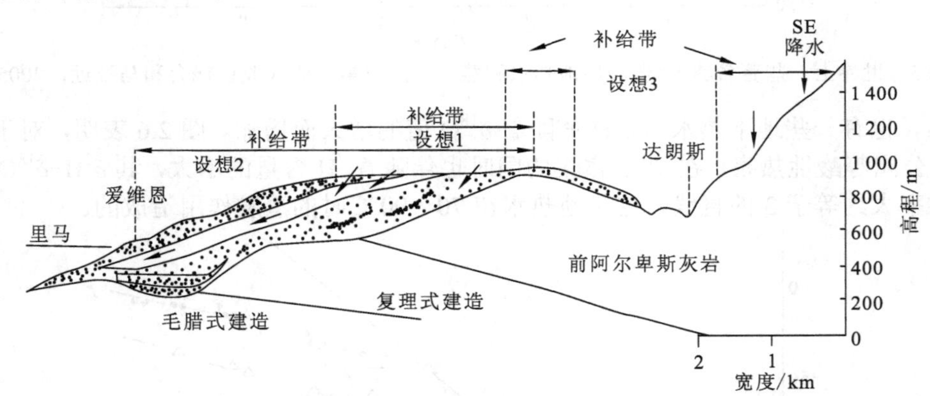

图 2.7 法国埃维恩泉水文地质示意剖面图（改自王恒纯，1991）

需要注意的是，地下水补给高程识别实际上是在一个假定的基础上，即默认地下水同位素高程关系等同于降水同位素高程关系。这首先需要对地下水 ^{18}O 是否也具有这样的效应做出鉴定，目的是判断该地下水是否从属于研究区域的降水系统或另有来源（如深循环），或受到其他来源的混合，否则会发生错误。此外，这种方法要求精确获取“同位素高程梯度”的参数。由于降水同位素还存在季节温度效应和降水量效应，为防止被这些变化所误导，在建立本地的高程效应关系时，需要在不同的高程位置上连续进行几年测验，并考虑降水量加权平均，由此求得降水同位素高程关系（顾慰祖 等，2011）。

2.5.2 确定混合水的混合比例

使用同位素确定混合水的混合比例的前提条件是：①端元混合水样的同位素组成存在明显差异；②发生混合后，水的同位素成分未与岩石相互作用而发生改变。

当地下水是由两种不同类型的水混合而成时，如图 2.8 中的水样 A 和 B，则混合水的同位素组成（M_1）位于 A 和 B 之间的连线上，且混合比例由线段 AM_1 与 M_1B 长度的比值所决定。当地下水是由三种不同类型的水混合而成时，如图 2.8 中的水样 A、B 和 C，则混合水的同位素组成（M_2）位于由点 A、B 和 C 所确定的三角形范围之内，其混合比例取决于三角形 AM_1B、BM_2C 和 AM_2C 面积的相对大小。

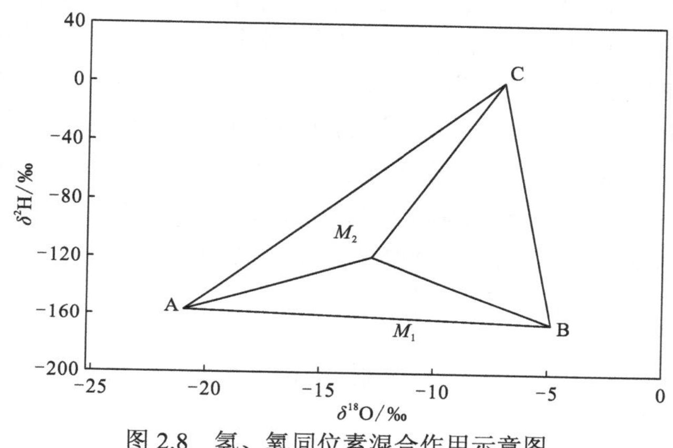

图 2.8 氢、氧同位素混合作用示意图

对于由两种不同类型水混合而成的地下水，若已经测得了端元混合水样 A、B 的同位素组成分别为 δ_A 和 δ_B，地下水的同位素组成为 δ_M。假定水样 A 在地下水中的混合比例为 θ，则水样 B 在地下水中的混合比例为 1−g，因此按照同位素质量守恒关系有

$$\delta_A \times \theta + \delta_B \times (1-g) = \delta_M \tag{2.17}$$

据此可求得

$$\theta = (\delta_M - \delta_B)/(\delta_A - \delta_B) \tag{2.18}$$

对于由三种不同类型的水混合而成的地下水，若测得端元混合水样 A、B、C 中 ^{2}H 和 ^{18}O 的含量依次为 δ^2H_A、δ^2H_B、δ^2H_C 及 $\delta^{18}O_A$、$\delta^{18}O_B$、$\delta^{18}O_C$，地下水中 ^{2}H 和 ^{18}O 的含量分别为 δ^2H_M 及 $\delta^{18}O_M$。假定水样 A 在地下水中的混合比例为 θ_1，水样 B 在地下水中的混合比例为 θ_2，则水样 C 在地下水中的混合比例为 1−θ_1−θ_2。因此，水中 ^{2}H 和 ^{18}O 质量守恒关系分别为

$$\delta^2H_A \times \theta_1 + \delta^2H_B \times \theta_2 + \delta^2H_C \times (1-\theta_1-\theta_2) = \delta^2H_M \tag{2.19}$$

$$\delta^2O_A \times \theta_1 + \delta^2O_B \times \theta_2 + \delta^2O_C \times (1-\theta_1-\theta_2) = \delta^2O_M \tag{2.20}$$

据此可求得水样 A、B 和 C 在地下水中的混合比例。

2.5.3 识别地下水循环模式

氢氧同位素对于示踪山区地下水的来源和流动路径十分有效，这是因为山区的同位素梯度较大且容易测定。香溪河是长江的一个支流，发育有元古宇、寒武系、奥陶系、二叠系和三叠系的灰岩与白云岩，形成了流域内主要的岩溶含水层。寒武系—奥陶系岩溶含水层是流域

内分布最广泛、厚度最大的含水层。两个较大的泉从寒武系—奥陶系岩溶含水层中排泄到地表：①响水洞泉（XSD），流域内最大的泉，海拔 304 m；②水磨溪泉（SMX），在响水洞泉东南方向 1.8 km，海拔 349 m。在响水洞泉西南方向 1.6 km，实施了一个 300 m 深的水文地质钻孔（ZK03）。

Luo 等（2016）通过监测 2014 年 4 月至 2015 年 12 月每次降水事件的降水氢氧同位素组成，以及 2013 年 9 月至 2015 年 12 月的 XSD、SMX 和 ZK03 每月的氢氧同位素组成，计算了这三个地下水样点的补给高程和滞留时间，同时结合水文地球化学特征，识别了地下水循环模式。

δ^2H-$\delta^{18}O$ 图显示（图 2.9），三个地下水点均靠近大气降水线，指示了它们均来源于当地的大气降水。其中，XSD 和 SMX 的变化范围较大，且具有与大气降水线相似的斜率；而 ZK03 的变化范围较小，斜率仅为 1.68，可能指示了深层地下水与围岩长期的氧同位素交换。通过计算，XSD、SMX 和 ZK03 的补给高程分别为 1 060 m、760 m 和 1 400 m；XSD、SMX 和 ZK03 的滞留时间分别为 320 d、230 d 和 2 a。这些指示了 XSD 和 SMX 位于局部水流系统，而 ZK03 处于区域水流系统（图 2.10）。水文地球化学特征可进一步证明以上认识。在 ZK03，地下水样品具有较高浓度的总溶解固体（total dissolved solids，TDS）、Ca^{2+}、Mg^{2+}、Sr^{2+}和 HCO_3^-和更大的 Mg^{2+}/Ca^{2+}比值；而在 XSD 和 SMX，样品具有较高浓度的 NO_3^-、Cl^-和 PO_4^{3-}。

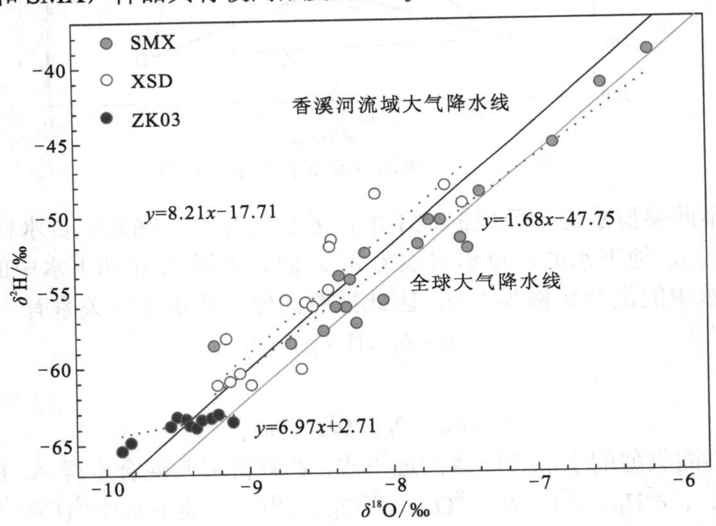

图 2.9 响水洞泉（XSD）、水磨溪泉（SMX）和 ZK03 钻孔的 δ^2H-$\delta^{18}O$ 相关关系图（改自 Luo et al.，2016）

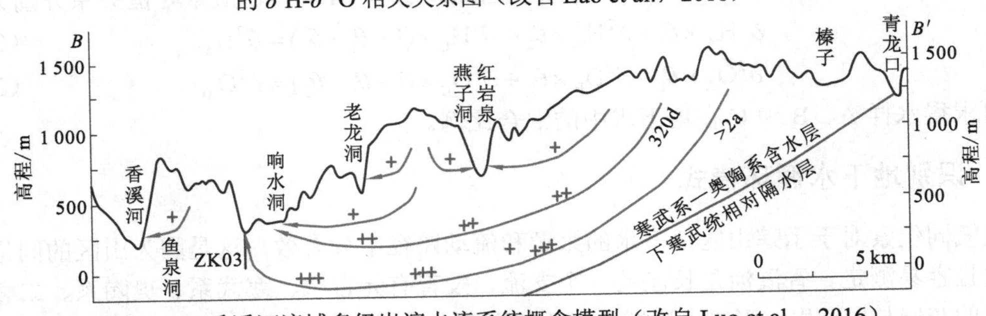

图 2.10 香溪河流域多级岩溶水流系统概念模型（改自 Luo et al.，2016）

2.5.4 量化地表水–地下水相互作用

氢、氧同位素在水量均衡的估算中也是一种十分有用的工具，^{18}O 质量平衡方法被广泛用于量化地下水排泄量、地下水补给量和蒸发量等。鄱阳湖是我国最大的淡水湖，也是国际上最重要的湿地之一。然而，受近年来人类工程活动的影响，鄱阳湖频繁经历极端低水位乃至干旱，不仅造成了当地的供水危机，也危及湿地生态系统。地下水对于维系湖泊的生态状态具有重要作用，因此量化地下水向鄱阳湖的排泄量，对于鄱阳湖的水资源管理至关重要。

Liao 等（2018）基于氧同位素质量和氡质量平衡的方法，对枯水期地下水向鄱阳湖的排泄进行了量化。在枯水期，鄱阳湖水量来源包括 5 条入湖河流、降水、地下水排泄；水量损失包括通过湖口排到长江、蒸发和人工开采。^{18}O 质量平衡是基于入湖水量与出湖水量之间的平衡，以及在这些源汇项中 ^{18}O 的质量平衡来对地下水排泄这一未知量进行量化：

$$\frac{dV}{dt} = G_i + P_{tot} + S_i - X_O - E_{vap} - S_O \tag{2.21}$$

$$\frac{d(V\delta_L)}{dt} = G_i\delta_{G_i} + P_{tot}\delta_{P_{tot}} + S_i\delta_S - X_O\delta_L - E_{vap}\delta_{E_{vap}} - S_O\delta_L \tag{2.22}$$

式中：G_i、P_{tot}、S_i、X_O、E_{vap} 和 S_O 分别代表地下水流入量（即地下水向湖泊的排泄量）、降水量、地表水流入量、人工开采量、蒸发量和地表水流出量；dV/dt 代表均衡期内湖水容积的变化量。式（2.22）中参数右边的 δ 值代表相应端元的 $\delta^{18}O$ 值。

其他参数通过实际测定直接获取或通过经验公式计算获取（表 2.1），地下水排泄为唯一未知量，最后通过均衡计算得到地下水向鄱阳湖的排泄量为 $3.17\times10^7\ m^3/d$，平均地下水排泄强度为 26.62 mm/d，与氡质量平衡法得到的结果[（24.18±6.85）mm/d]非常一致。

表 2.1 鄱阳湖 ^{18}O 质量平衡模型中所用的参数

参数	数值
S_i/（m^3/d）	1.93×10^8
S_O/（m^3/d）	2.45×10^8
X_O/（m^3/d）	6.64×10^6
湖泊面积/km^2	1 192.5
P_{tot}/（mm/d）	2.45
E_{vap}/（mm/d）	1.95
dV/dt/（m^3/d）	2.27×10^7
δ_L/‰	−5.63
δ_S/‰	−5.84
δ_{G_i}/‰	−5.72
$\delta_{P_{tot}}$/‰	−4.64
$\delta_{E_{vap}}$/‰	−19.99

2.5.5 指示劣质地下水成因

地下水中天然来源的砷和氟广泛分布于世界各地，长期饮用富含砷和氟的地下水对人体会有负面的健康效应。在我国北方的大同盆地，地下水存在砷和氟的异常。由于可饮用的地表水资源匮乏，当地大多数居民以地下水为供水水源。因此，需要深入理解地下水中砷和氟的富集机制，来指导当地的供水安全。很多研究表明，地下水中劣质元素的富集与地下水流动特征密切相关。因此，查明大同盆地的地下水流动特征对于解释地下水中砷和氟的富集可能具有一定的指示意义。

Xie 等（2013）采集了 29 件井水样品用于氢氧同位素和氯离子分析，来表征大同盆地地下水的流动特征，进而解释地下水流动对于砷和氟富集的影响。

水化学空间分布特征显示，富集砷的地下水主要分布于大同盆地的东南部；而富集氟的地下水主要分布于盆地的北部和西南部；具有较高 $\delta^{18}O$ 值的地下水主要分布于盆地北部和西南部。高砷地下水样品（As＞50 μg/L）具有更负的氢氧同位素组成（δ^2H 为-92‰～-78‰，$\delta^{18}O$ 为-12.5‰～-9.9‰），而高氟地下水样品（F＞1 mg/L）更偏向于富集重同位素（δ^2H 为-90‰～-57‰，$\delta^{18}O$ 为-12.2‰～-6.7‰）（图 2.11）。

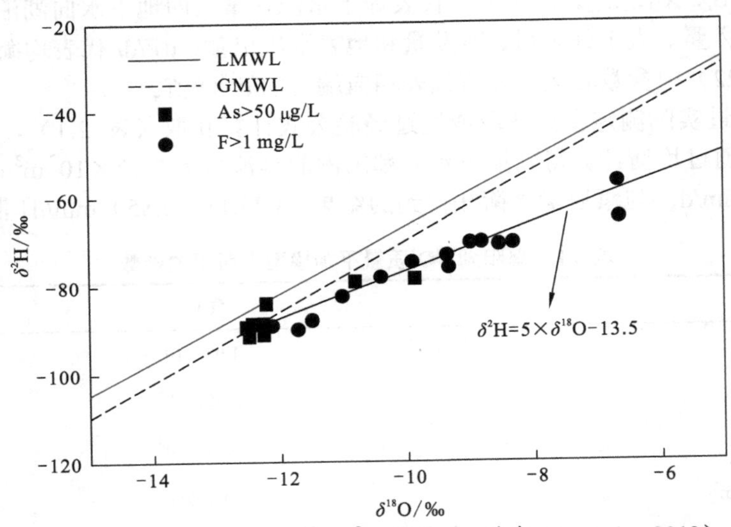

图 2.11 大同盆地地下水 $\delta^{18}O$-δ^2H 关系图（改自 Xie et al.，2013）

LMWL 为地区大气降水线；GMWL 为全球大气降水线

氟的空间分布与 $\delta^{18}O$ 较为一致，即高值区位于盆地的北部和西南部，低值区位于山前和盆地中心。盆地的北部和西南部为区域的地下水排泄区，地下水位埋深浅，蒸发作用较强，使得地下水中的 ^{18}O 富集，也指示了氟的富集可能与强烈的蒸发作用有关。δ^2H-$\delta^{18}O$ 图上的高氟地下水样品沿着一条潜在的蒸发曲线分布，进一步证实了这一过程。盆地的中心广泛存在抽取地下水灌溉活动，指示了盆地中心地下水中低浓度的氟很可能是回灌入渗地下水的稀释作用引起。[F^-]-[Cl^-]关系图进一步指示了这两个过程（图 2.12）：①F^-质量浓度随着 Cl^-质量浓度的升高而升高，指示了蒸发作用的影响；②F^-质量浓度随 Cl^-质量浓度增加并不发生变化，指示了岩盐溶解的影响，很可能是灌溉水入渗对地表岩盐的冲刷。

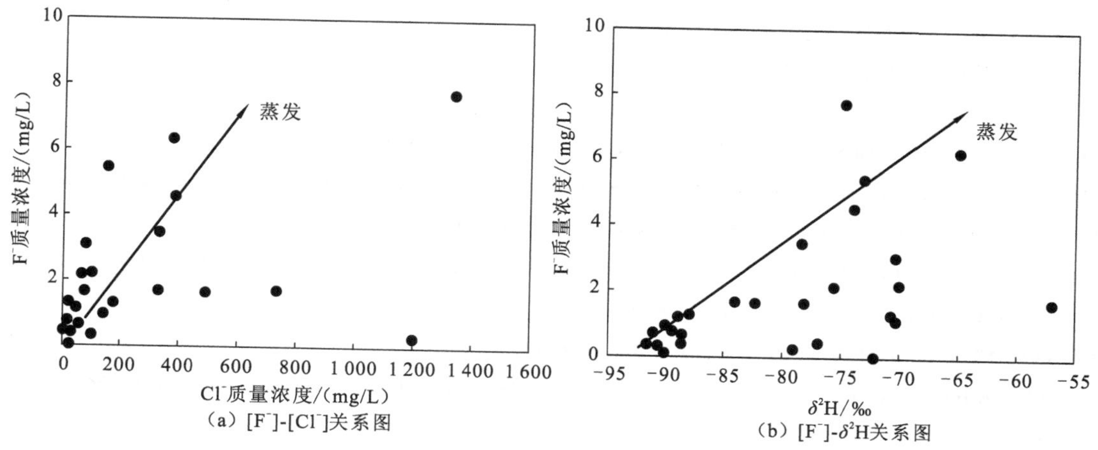

图 2.12 大同盆地地下水中 F^-与 Cl^-和 δ^2H 关系图（改自 Xie et al.，2013）

高砷地下水样品主要分布于 δ^2H-$\delta^{18}O$ 图上的降水线附近，指示了蒸发作用对于砷富集的影响有限。高砷地下水样品具有偏负的同位素组成和较低的 Cl^-质量浓度，这很可能指示了深层地下水回渗补给的影响，因为区内的深层地下水具有偏负的同位素组成和较低的 Cl^-质量浓度。灌溉水回渗会升高地下水位，使地下环境的还原性增强，有利于砷的释放；此外，灌溉水回渗还会使有机碳从地表迁移到地下水中，进一步促进砷的释放。As-[Cl^-]关系图和 As-δ^2H 关系图（图 2.13）进一步指示了垂向灌溉补给对于地下水中砷富集的影响，灌溉过程不会引起地下水中 Cl^-质量浓度和氢氧同位素组成的显著变化。

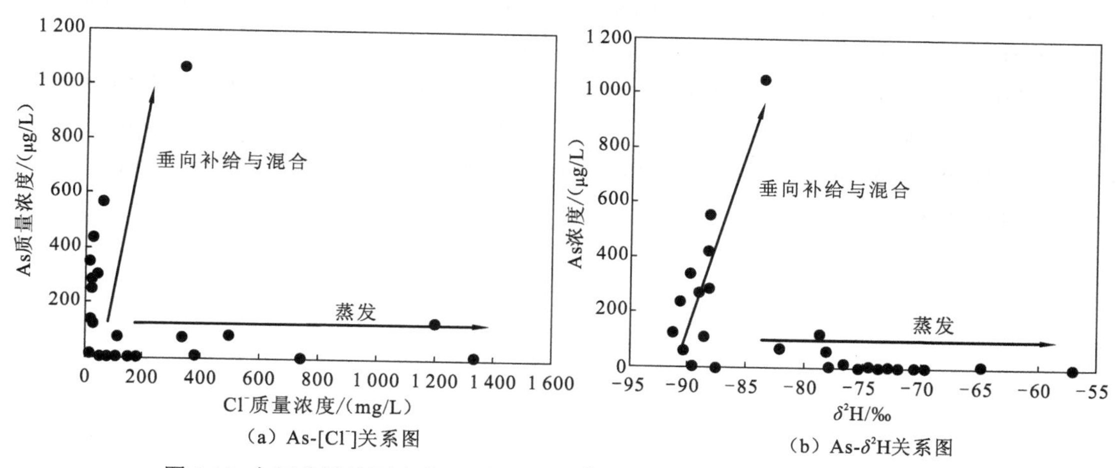

图 2.13 大同盆地地下水中 As 与 Cl^-和 δ^2H 关系图（改自 Xie et al.，2013）

参考文献

顾慰祖, 庞忠和, 王全九, 等, 2011. 同位素水文学[M]. 北京: 科学出版社.

刘存富, 王恒纯, 1984. 环境同位素水文地质学基础[M]. 武汉: 中国地质大学出版社.

刘运德, 甘义群, 余婷婷, 等, 2010. 微量水氢氧同位素在线同时测试技术: 热转换元素分析同位素比质谱法[J]. 岩矿测试, 29(6), 643-647.

钱会, 马致远, 2005. 水文地球化学[M]. 北京: 地质出版社.

王恒纯, 1991. 同位素水文地质概论[M]. 北京: 地质出版社.

张琳, 陈宗宇, 刘福亮, 等, 2011. 水中氢氧同位素不同分析方法的对比[J]. 岩矿测试, 30(2): 160-163.

CRAIG H, 1961. Isotopic variation in meteoric waters[J]. Science, 133(3564): 1702-1703.

CRAIG H, GORDON L, 1965. Isotopic oceanography: deuterium and oxygen-18 variation in the ocean and the marine atmosphere[M]// SCHINK D R, CORLESS J T. Marine geochemistry. Kingston: University of Rhode Island :277-374.

CRAIG H, GORDON L, HORIBE Y, 1963. Isotopic exchange effects in the evaporation of water: 1. Low-temperature experimental results[J]. Journal of geophysical research, 68(17): 5079-5087.

DANSGAARD W, 1964. Stable isotopes in precipitation[J]. Tellus, 16(4): 436-468.

EHHALT D, NAGEL J F, VOGEL J C, 1963. Deuterium and oxygen 18 in rain water[J]. Journal of geophysical research, 68(13): 3775-3780.

FONTES J, GONFIANTINI R, 1967. Comportement isotopique au cours de l'evaporation de deux bassins sahariens[J]. Earth and planetary science letters, 3(67): 258-266.

LIAO F, WANG G C, SHI Z M, et al., 2018. Estimation of groundwater discharge and associated chemical fluxes into Poyang Lake, China: approaches using stable isotopes (δD and δ^{18}O) and radon[J]. Hydrogeology journal, 26(5): 1625-1638.

LUO M M, CHEN Z H, CRISS R E, et al., 2016. Dynamics and anthropogenic impacts of multiple karst flow systems in a mountainous area of South China[J]. Hydrogeology journal, 24(8): 1993-2002.

PANG Z H, KONG Y L, LI J, et al., 2017. An isotopic geoindicator in the hydrological cycle[J]. Procedia earth and planetary science, 17: 534-537.

STEWART M, 1975. Stable isotope fractionation due to evaporation and isotopic exchange of falling water drops: application to atmospheric processes and evaporation of lakes[J]. Journal of geophysical research, 80(9): 1138-1146.

XIE X J, WANG Y X, SU C L, et al., 2013. Effects of recharge and discharge on δ^2H and δ^{18}O composition and chloride concentration of high arsenic/fluoride groundwater from the Datong Basin, Northern China[J]. Water environment research, 85(2): 113-123.

YURTSEVER Y, 1975. Worldwide survey of stable isotopes in precipitation[R]. Report of the Isotope Hydrology Section.Vienna:International Atomic Energy Agency:1-40.

第3章 稳定碳同位素

碳的原子序数为 6，化学符号为 C，相对原子质量为 12.011，是一种非金属元素，位于元素周期表中第二周期 IVA 族。碳是一种常见的变价元素，以单质和化合物的形式广泛存在于大气、地壳和生物体中。自然界中的碳通常可以分为无机碳和有机碳两种，其存在形式主要有自然碳（金刚石、石墨）、氧化碳（碳酸根、重碳酸根、二氧化碳、一氧化碳）和还原碳（煤、甲烷、石油等）。

大气中，碳元素主要以 CO_2 气体的形式存在，还有 CH_4、CO 和其他含碳的有机气体，总量约有 2×10^{12} t。地球上最大的碳储存库是岩石圈和化石燃料，含碳量约占地球上碳总量的 99.9%。碳在岩石圈中主要以碳酸盐的形式存在，总量为 2.7×10^{16} t。碳在水圈中以多种形式存在，在生物圈中则存在着几百种被生物合成的有机物。碳元素更是地球生命赖以存在的基础，是生物圈中最重要的元素之一。大气中的 CO_2 被陆地和海洋中的植物吸收，然后通过生物或地质过程及人类活动，又以 CO_2 的形式返回大气中，从而实现无机过程和有机过程的碳交换循环。

3.1 稳定碳同位素的组成与表达方式

碳元素主要有三种同位素，分别是 ^{12}C、^{13}C、^{14}C，具有相同的质子数（质子数为 6），不同的中子数（中子数分别为 6、7 和 8）。其中 ^{12}C 和 ^{13}C 是稳定同位素，^{14}C 是宇宙成因的放射性同位素。稳定碳同位素以 ^{12}C 为主，其相对丰度为 98.89%；而 ^{13}C 的相对丰度为 1.11%。本章只讨论稳定碳同位素。

稳定碳同位素组成通常以 $\delta^{13}C$ 值来表示。$\delta^{13}C$ 的定义式可表示为

$$\delta^{13}C=\left(\frac{R_{样品}-R_{标准}}{R_{标准}}\right)\times1\,000‰=\left[\frac{\left(\frac{^{13}C}{^{12}C}\right)_{样品}-\left(\frac{^{13}C}{^{12}C}\right)_{标准}}{\left(\frac{^{13}C}{^{12}C}\right)_{标准}}\right]\times1\,000‰ \tag{3.1}$$

某物质的 $\delta^{13}C$ 值为正值，表示该物质相对于标准物质富集重同位素 ^{13}C；反之，其值为负值，则相对标准物质富集轻同位素 ^{12}C。

稳定碳同位素组成通常采用 PDB 标准，$^{13}C/^{12}C=(11\,237.2\pm90)\times10^{-6}$，定义其 $\delta^{13}C=0$。由于 PDB 标准物质已经用完，需要引入新的碳同位素标准物质。目前正在使用的不同标准有美国国家标准局配置的 NBS-18、NBS-19、NBS-20 和 NBS-21。稳定碳同位素组成 δ 值仍然是相对于 PDB 标准报道（表 3.1）。

表3.1 NBS标准物质相对于PDB标准的$\delta^{13}C$值

标准物质名称	标准物质类型	$\delta^{13}C$/‰（PDB）
NBS-18	碳酸盐岩	−5.00
NBS-19	大理石	1.95
NBS-20	石灰岩	−1.06
NBS-21	石墨	−28.10

3.2 稳定碳同位素分析测试技术

稳定碳同位素的分析测试技术可以分为无机碳和有机碳两大类。有机碳的碳同位素分析测试技术在第 13 章中会有详细介绍，这里不做讨论。本节重点介绍无机碳的碳同位素分析测试技术，按照目前受关注的含碳化合物样品类型分别简要介绍。

3.2.1 含碳气体的碳同位素测试方法

1. CO_2

CO_2 的碳同位素比值测定通常采用气体稳定同位素质谱仪完成，接收杯的质量数分别为 44、45 和 46。该同位素测试技术的关键在于如何分离和纯化 CO_2 气体，消除其他混合气体的干扰。采集的气体样品（如大气 CO_2、地热泉释放的 CO_2 和 CH_4、土壤中的 CO_2）中 CO_2 的提取与纯化分离，通常采用线外真空系统冷冻纯化技术和在线气相色谱柱分离技术实现。纯化分离后的 CO_2 气体可通过双路进样或连续流进样方式直接导入气体稳定同位素质谱仪，进行其 $\delta^{13}C$ 值的测定。下面重点介绍几种 CO_2 的线外收集与分离纯化方法。

Craig 早在 1953 年提出了一种从大气圈中采集 CO_2 的方法，采集装置由两个采样瓶串联在一起，收集气体总体积为 10L。将采样瓶连接在真空系统上，在真空泵的动力作用下，采样瓶中的气体被泵抽走，当经过液氮冷冻下的铜制螺旋阱时，CO_2 和 H_2O 被捕集在其中。将 CO_2 转移到样品瓶中，而 H_2O 被冷冻保留在冷阱中，从而实现 CO_2 的分离与纯化。类似的步骤同样可以应用到热泉气体的 CO_2 和 CH_4 的分离中。

Broadmeadow 等（1992）介绍了一种采集森林大气中 CO_2 的收集装置，包括植物和树木呼吸的 CO_2。在机械泵抽气作用下，空气经过一个 PTFE 管进入到 CO_2 收集装置。CO_2 被收集在液氮温度下的冷阱中，收集 10min 后，关闭进口阀门，并将装置抽真空。加热冷阱将释放出的 CO_2 转移收集在侧边的收集管中，密封待同位素质谱测定使用。

Demeny 和 Haszpra（2002）收集了空气中的 CO_2 进行同位素质谱测定。空气经过装有硅胶和高氯酸镁[$Mg(ClO_4)_2$]的冷阱除去水汽后抽入提前抽好真空的 3L 样品玻璃瓶中。将样品玻璃瓶连接在真空线路中，采集的空气进入真空线路，并在 He 流吹扫下冷冻富集在冷阱中，再经由 GC 分离 CO_2 和 N_2O，N_2O 的出峰时间晚于 CO_2 约 30s，当 CO_2 出峰后切换线路将 N_2O 随 He 排出线路。分离 CO_2 气体经过一个−80℃的冷阱收集在液氮冷阱中，经冷阱纯化后收集在样品管中，待同位素质谱测定使用。

2. CO

CO的碳同位素比值测定通常采用气体稳定同位素质谱仪完成，进样气体可为CO（接收杯的质量数分别为28、29和30），也可以转化为CO_2后再进样。

Mak 和 Yang（1998）描述了一种CF-IRMS测定空气样品中CO$\delta^{13}C$值和$\delta^{18}O$值的方法。10 L铝瓶收集空气样品，样品中的CO经改造后的“PreCon”单元预浓缩，以5 mL/min的流速进入系统。在105 mL/min的氦气流吹扫下，经过冷阱1去除空气中的CO_2、H_2O和N_2O及其他可以被冷冻的气体。分离纯化后的CO进入反应器发生氧化反应生成CO_2。CO-CO_2被捕集在液氮温度的冷阱2中1200 s，纯氦气流吹扫400 s以去除样品中的其他空气组分。CO_2在冷阱3中被冷冻富集340 s后，以1.3 mL/min流速经由GC进一步纯化CO_2，除去如N_2O等痕量气体的干扰以保证CO_2的质谱峰形状。纯化后的CO_2经由开口流装置以0.5 mL/min的流速进入IRMS进行同位素比值的质谱测定。整个分析流程需要40 min。此方法仅需要5 nL CO待测气体，可以同时测定其$\delta^{13}C$值和$\delta^{18}O$值。但需要注意的是，此方法测定的CO的$\delta^{18}O$值需要校正。校正公式为$\delta^{18}O_{CO}=2\delta^{18}O_{CO_2}-(2\delta^{18}O_{*CO_2}-\delta^{18}O_{*CO})$，其中$\delta^{18}O_{CO}$为待测气体CO的值，$\delta^{18}O_{CO_2}$为转化后的$CO_2$的测定值，$\delta^{18}O_{*CO}$和$\delta^{18}O_{*CO_2}$分别为参考气体CO的校正值及其产生$CO_2$的值。

Tsunogai等（2002）描述了一种简单快速的CF-IRMS系统用于测定大气圈中CO的$\delta^{13}C$值和$\delta^{18}O$值。定量的空气样品被导入真空系统中，并在液氮温度下被收集在预先装置了30～60目硅胶和30～60目分子筛的柱子中。将此柱子逐渐加热到室温，并用经液氮温度下活性炭阱纯化后的氦气流吹扫。在绝大部分的O_2、Ar、N_2和CH_4气体流出后，CO最后流出并被收集在第二个液氮冷冻装有5A分子筛的柱子中。经$Mg(ClO_4)_2$和烧碱石棉冷阱进一步除去CO中其他痕量气体。将第二个柱子上的液氮去掉，再待剩余的痕量其他气体流出后，将高纯的CO导入−180℃下装有5A分子筛的PLOT毛细管柱，并在分离柱的顶端富集，再将其迅速加热到80℃，同时以0.3 mL/min的氦气流吹扫，将释放出来的CO导入同位素质谱仪。

3.2.2 溶解性无机碳的碳同位素测试方法

大气CO_2溶于水体后在水体中形成溶解性无机碳（dissolved inorganic carbon，DIC），其存在形式为CO_2、H_2CO_3、HCO_3^-、CO_3^{2-}等主要形态的平衡混合物。水体pH控制着DIC不同形态的占比。pH为7～9时，水体中的DIC主要是以HCO_3^-的形式存在。碳同位素样品的前处理方法是DIC碳同位素测试的技术关键，它已由传统的$BaCl_2$沉淀法逐步发展到野外采集水样直接通过连续流系统进行测试。无论是哪种样品前处理方法，最终都会将样品中的碳转化为CO_2的形式进行碳同位素质谱测试分析。通常采用磷酸反应法将DIC或$BaCO_3$沉淀转化为CO_2气体，经过色谱分离提纯后，导入质谱仪进行碳同位素比值测定。

$BaCl_2$沉淀法是DIC碳同位素样品传统的前处理方法。其主要步骤为：采集水样200 mL，经0.45 μm滤膜过滤后，加入6 mL 2 mol/L NaOH溶液调节水样pH使其pH = 12。再加入优级纯$BaCl_2$试剂配制的饱和溶液，均匀搅拌使水样中的DIC完全转化为$BaCO_3$沉淀。过滤沉淀，并用蒸馏水淋洗至淋洗液电导率接近零后，105℃完全烘干，待同位素比值测定使用。但近年来已经有学者指出$BaCl_2$沉淀法在快速沉淀过程中存在同位素分馏。

以 GasBench II-IRMS 为例，介绍 DIC 碳同位素的测试方法[图 3.1(a)]。GasBench II-IRMS 装置包括 GC-PAL 自动进样器、PoraPlot Q 色谱柱（25 m×0.32 mm）、恒温样品盘（控制温度±0.1℃）。测试的具体步骤为：①恒温，调节自动进样器环境温度为 25℃，将顶空样品瓶放入自动进样器中恒温 30 min 左右，拧紧瓶盖。②注酸—充气，利用酸泵向样品瓶中加入脱水 100%磷酸 10 滴（约 0.3 mL），然后向样品瓶中充入高纯氦气，氦气压力约为 4×10^5Pa，充气时间 14 min。③注样，充气完毕之后使用 1 mL 注射器向样品瓶中注入 0.5 mL 水样，开始反应平衡，建议平衡时间大于 4 h。④色谱柱分离，反应平衡结束后，使用自动进样器提取 CO_2 进入色谱柱进行分离[图 3.1（b）]。CO_2 的提取通过氦气作为载气来完成，通过取样针进气口输入氦气，载气流速约 0.8 mL/min，然后通过出气口将氦气与 CO_2 的混合气体输出进入色谱柱分离，整个过程都是在稳定的气流状态下完成。色谱柱温度为 68℃，柱流速为 1.5 mL/min。⑤质谱测试，经色谱柱分离后的 CO_2 经过除水阱干燥后，通过开口分流导入 IRMS 完成 $\delta^{13}C$ 值的测定。每个样品的测试时间约 630 s，测试精度可优于 0.1‰。

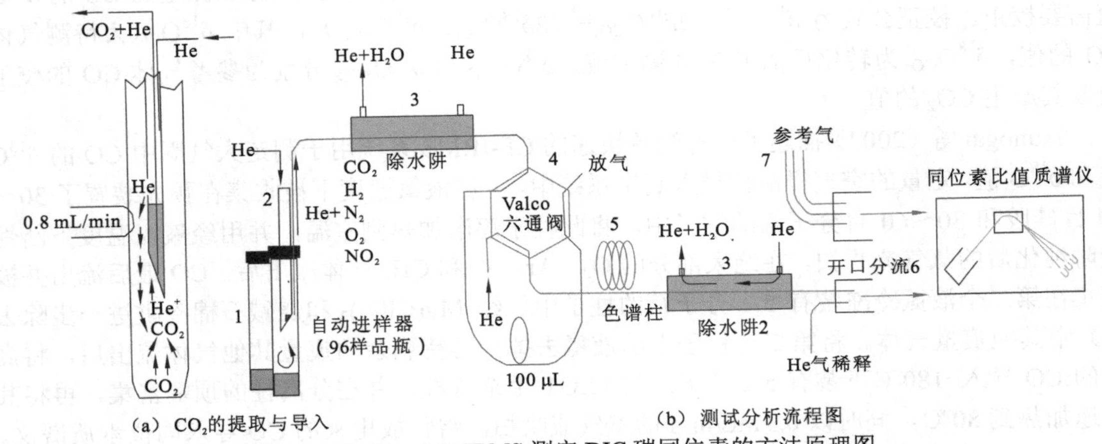

图 3.1 GasBench II-IRMS 测定 DIC 碳同位素的方法原理图

1 为样品瓶；2 为取样针进气口；3 为除水阱；4 为六通阀；5 为色谱柱；6 为开口分流器；7 为参考气通道

3.2.3 碳酸盐岩的碳同位素测试方法

碳酸盐岩样品碳同位素的测试通常采用磷酸法，目前已从传统的线外制样发展为连续流在线测试，方法原理与水中 DIC 的测试相同。但具体步骤略有不同，对于固体样品的步骤则是加样—充气—注酸，即先将碳酸盐岩粉末样品加入顶空样品瓶中，拧紧瓶盖，氦气吹扫后再加入磷酸反应至平衡。

激光微区取样主要应用于碳酸盐岩样品碳、氧同位素分析，是利用高能聚焦激光束与碳酸盐岩样品作用，热分解产生 CO_2 气体，经真空提纯净化后送气体稳定同位素质谱仪分析测定其 $\delta^{13}C$ 值和 $\delta^{18}O$ 值。该技术在很大程度上改善了手工和钻具取样的局限值，减少了测试样品的需求量，提高了其空间分辨率（优于 20 μm），能有效地对碳酸盐岩各细微组分结构分别取样，以满足同位素研究的需要。$\delta^{13}C$ 值和 $\delta^{18}O$ 值的分析精度可达±0.22‰（σ，标准偏差），与常规磷酸法分析精度相当。在样品分析过程中，碳同位素无明显分馏现象，而氧同位素分馏明显，但对同种矿物是一个常量，易于校正。

3.2.4　溶解性有机碳的碳同位素测试方法

测定溶解性有机碳（dissolved organic carbon，DOC）碳稳定同位素的方法主要有湿法氧化法和高温燃烧法两种。原理都是利用常规化学方法将 DOC 转化为 CO_2，使 CO_2 通过气体稳定同位素质谱仪测定碳同位素。

湿法氧化法的前处理步骤：将 20 mL 硼硅酸盐玻璃进样瓶使用马弗炉 500 ℃燃烧 5 h，取 0.5 mL 过滤并酸化至 pH＜2 的水样、50 μL 0.1mol/L $AgNO_3$ 和 0.5 mL 85% H_3PO_4 加入进样瓶，用高纯氦气吹扫 60 min，同时 70 ℃水浴加热 60 min，再用开关式注射器加入 1 mL 氧化剂（2.5 g $Na_2S_2O_8$+100 g H_2O+200 μL H_3PO_4），100 ℃水浴加热 1 h，最后使用 GasBench 与 MAT-253 联用测定进样瓶顶部生成的 CO_2 气体中的 $^{13}C/^{12}C$。后续步骤与 DIC 测试方法基本相同，区别在于 DOC 稳定碳同位素是在 25 ℃的色谱柱温度下测定。

高温燃烧法：先采用磷酸法去除样品中的 DIC，然后使用高温燃烧法氧化 DOC 成 CO_2 气体，之后再提纯进入气体稳定同位素质谱仪测定。

湿法氧化法相比高温燃烧法，湿法氧化法测出的同位素信号会比高温燃烧法强，且只要少量的试剂，可实现快速分析，成本较低。

3.3　稳定碳同位素的分馏机理

碳是一种变价元素，多价态的存在是碳同位素分馏的有利条件。自然界碳主要有两个储库（图 3.2）：有机碳和无机碳，其碳同位素组成差异较大，前者富集轻同位素（$\delta^{13}C<0$），后者富集重同位素（$\delta^{13}C\geqslant0$）。自然界中碳同位素分馏可达到 160‰，在碳的无机循环中，重同位素倾向于富集在无机盐中；而在碳的有机循环中，轻同位素容易摄入有机质中，其平均值约为−25‰。碳同位素的分馏与碳循环过程紧密相关，与大气 CO_2 有密切关系，其分馏机制分为热力学平衡分馏与动力学非平衡分馏。通常热力学平衡分馏发生在 $CO_2+HCO_3^-$ 体系中；而动力学非平衡分馏主要发生在单向进行的物理化学和生物化学过程中。

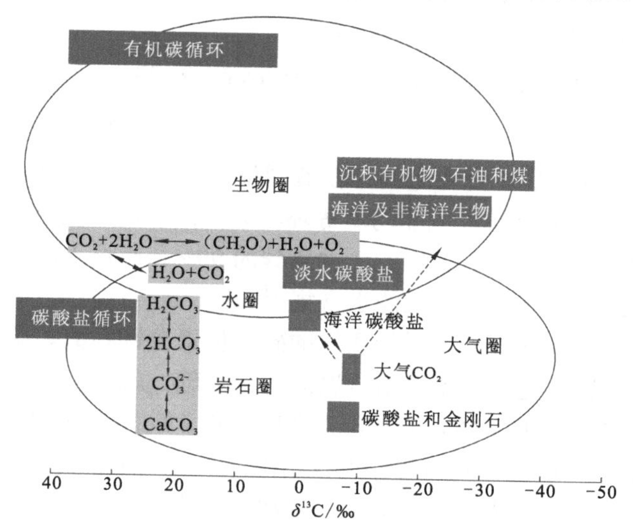

图 3.2　碳的无机循环与有机循环及其重要碳库的 $\delta^{13}C$ 值

3.3.1 碳同位素的热力学平衡分馏

在无机碳 $CO_{2(g)}$-$H_2CO_{3(aq)}$-HCO_3^--$CaCO_{3(s)}$系统中，多种化学相通过一系列化学平衡反应相互转化，而各化学相的相对浓度在很大程度上取决于溶液的pH。碳酸根离子（CO_3^{2-}）能够与二价阳离子如Ca^{2+}结合形成固体矿物，最常见的矿物是方解石和文石。

$$CO_{2(水溶)} + H_2O == H_2CO_3 \tag{3.2}$$

$$H_2CO_3 == H^+ + HCO_3^- \tag{3.3}$$

$$HCO_3^- == H^+ + CO_3^{2-} \tag{3.4}$$

$$Ca^{2+} + CO_3^{2-} == CaCO_3 \tag{3.5}$$

上面每个平衡反应过程都伴生着同位素交换反应，同位素热力学平衡分馏只与温度有关，碳同位素分馏的结果是使固体碳酸盐中富集重同位素^{13}C。

这个分馏过程可分解为三个阶段，产生碳同位素分馏最大的一步反应是$H_2CO_3 \rightleftharpoons HCO_3^- + H^+$，最终使得$CaCO_3$的$\delta^{13}C$值相对$CO_2$偏重10‰（−7‰→3‰）。

第一阶段：大气CO_2溶解阶段。研究表明，在20℃时，大气CO_2的溶解作用是在无明显分馏的情况下进行的，与大气CO_2相比，溶解的CO_2大约贫乏1‰的^{13}C。

$$\underset{(-7‰)}{{}^{12}CO_{2(g)}} + H_2{}^{13}CO_{3(aq)} \rightleftharpoons {}^{13}CO_{2(g)} + \underset{(-8‰)}{H_2{}^{12}CO_{3(aq)}} \tag{3.6}$$

第二阶段：溶解的CO_2和重碳酸盐分馏阶段。在这一阶段，重碳酸盐大约比溶解的CO_2富10‰的^{13}C。

$$\underset{(-8‰)}{H_2{}^{12}CO_{3(aq)}} + H^{12}CO_3^- \rightleftharpoons H_2{}^{12}CO_{3(aq)} + \underset{(2‰)}{H^{13}CO_3^-} \tag{3.7}$$

第三阶段：重碳酸盐和固体碳酸盐（方解石）分馏阶段。在这一阶段中，固体碳酸盐与重碳酸盐只产生微小的分馏（1‰）。

$$\underset{(2‰)}{H^{13}CO_3^-} + Ca^{12}CO_3 \rightleftharpoons H^{12}CO_3^- + \underset{(3‰)}{Ca^{13}CO_3} \tag{3.8}$$

在同一体系中，不同的碳化合物之间存在着同位素的交换，交换程度受各化合物的物化性质和体系所处的温度、pH、均质或非均质等环境条件的影响。通常，正常海水的pH约为8.5，海水中溶解的CO_2主要以HCO_3^-存在，占总碳的99%；而淡水的pH一般为5～7，含碳组分主要为H_2CO_3。因此，海水一般比淡水富集^{13}C。

图3.3概括了CO_2气体与不同地质物质间的碳同位素分馏系数。碳同位素的平衡分馏系数是仅受温度控制的函数，是同位素地质测温的理论基础。就同位素地质温度计来说，方解石-CO_2温度计常用于热液矿床，CO_2可取自不含碳矿物（如石英、硫化物）中的原生包裹体，并测定同沉淀方解石的$\delta^{13}C$值。此温度计也较精确，即使矿化温度高达300℃，误差也小于±20℃。分馏最大的含碳化合物是CO_2-CH_4，通常用来估算火山气、热泉和天然气地热区的温度，但它们之间的碳同位素平衡在常压下需要很长时间才能达到。

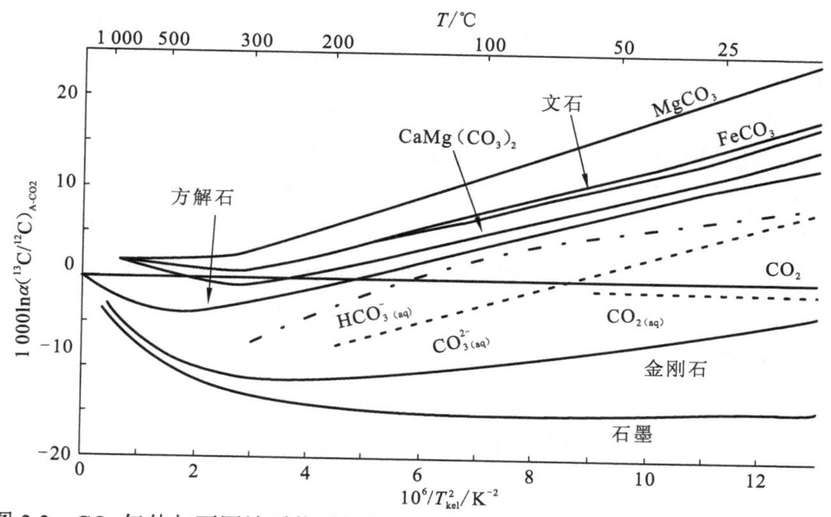

图 3.3 CO_2 气体与不同地质物质间的碳同位素分馏系数（Chacko et al.，2001）

α 为碳同位素的分馏系数；A 为气体

3.3.2 碳同位素的动力学非平衡分馏

碳同位素的动力学非平衡分馏主要发生在单向进行的生物化学过程中，典型的过程包括光合作用和有机物的生物降解反应。

1. 光合作用中的碳同位素动力学非平衡分馏

光合作用通常是指绿色植物（包括藻类）吸收光能，把二氧化碳（CO_2）和水（H_2O）合成富能有机物，同时释放氧的过程。光合作用在碳循环过程中占有重要地位，实现着无机碳和有机碳的转化，作用过程较为复杂，但通常可用如下反应式来表示：

$$6CO_2+6H_2O \longrightarrow C_6H_{12}O_6+6O_2 \tag{3.9}$$

$\delta^{13}C$ 值：−7‰　　　　−28‰～−13‰

光合作用中碳同位素发生了显著的同位素分馏，使得合成的有机化合物相对大气 CO_2 富集轻同位素 ^{12}C。生物碳固定过程可以概化为两个主要过程：①CO_2 的吸收及其在细胞内的扩散；②细胞成分的生物合成。CO_2 从外界环境进入细胞的扩散过程可逆向进行，而酶参与催化的碳固定过程是不能逆向进行的。

$$CO_{2(外部)} \longrightarrow CO_{2(内部)} \longrightarrow 有机分子 \tag{3.10}$$

Park 和 Epstein（1961，1960）基于光合作用碳固定的生物化学过程提出了碳同位素分馏模型。第一步：在光合作用期间，植物优先从大气中吸收质量较轻的 $^{12}CO_2$，并溶解于细胞中。这一阶段分馏变化较大，主要取决于大气中 CO_2 的浓度。第二步：由于酶的作用，植物优先溶解含 ^{12}C 的 CO_2，先把它转化为“磷酸甘油酯”，从而产生分馏，使 ^{13}C 在溶解的 CO_2 中富集。在分馏过程中，必然有一部分富含 ^{13}C 的溶解的 CO_2 从植物的根部或者叶面上排出，因而使植物富含 ^{12}C。排出作用越有效，这一阶段的分馏程度就越大。根据这一分馏模型，可以解释大气 CO_2 和植物之间同位素组成的差别及植物中的 ^{13}C 的变化。

光合作用中碳同位素分馏程度与光合碳循环途径密切相关。根据 CO_2 被固定的最初产物的不同，分为 C_3（卡尔文循环）、C_4（C_4-二羧酸循环）和景天酸代谢（crassulacean acid metabolism，CAM）三种方式。C_3 植物（第一种光合碳循环类型植物）利用一种称为双酞磷酸核酮糖羟基加氧酶（Rubisco）的物质参与反应。这种酶与一个 CO_2 分子反应生成两个三碳化合物（3-磷酸甘油酸分子），即光合作用第二阶段的羧化反应的初级产物是三碳化合物。现今植物界里有 90%的植物属 C_3 植物。C_4 植物（第二种光合碳循环类型植物）则采用了另一种光合作用方式，它们用磷酸烯醇丙酮酸（Phosphoenolpyruvate，PEP）来固定碳，形成苹果酸或天冬氨酸的四碳化合物。CAM 植物（第三种光合碳循环类型植物）以 CAM 为特征，能够采用 C_3 植物和 C_4 植物的两种循环方式。

C_3 长循环，分馏程度大，$\delta^{13}C = -38‰\sim-23‰$；$C_4$ 循环为短循环，同化速率高，但分馏小，$\delta^{13}C = -14‰\sim-12‰$；CAM 循环介于 C_3 与 C_4 之间，其 ^{13}C 的亏损程度也介于 C_3 与 C_4 之间。

2. 微生物氧化-还原作用中的碳同位素动力学非平衡分馏

微生物在有机化合物的氧化还原作用中发挥着重要的作用，不仅是重要的媒介，而且还极大地提高了反应速率。一方面，微生物通过氧化还原反应获取能量，加速氧化还原反应的进行；另一方面，微生物在参与反应的过程中，对于同位素的利用具有选择性，优先选择利用化学能较弱的轻同位素化学键，使得轻同位素较重同位素更易被微生物所利用，进而产生显著的同位素分馏。自然界丰富的有机碳，其碳同位素组成具有较大的范围，这主要是由于碳循环过程离不开微生物的参与，微生物优先利用 ^{12}C，使得剩余的有机碳中更加富集 ^{13}C。

研究表明，当原始有机物的 $\delta^{13}C$ 为-25‰，温度低于 100 ℃时，微生物还原产生的 CH_4 的 $\delta^{13}C$ 值为-80‰～-60‰，富集系数 ε 可达 35‰～55‰。海洋浮游生物的固碳作用比海水中的 HCO_3^- 的 $\delta^{13}C$ 值要低-130‰～-17‰，环境温度越低，其 $\delta^{13}C$ 值就越小。细菌的氧化作用同样可使 CH_4 的 $\delta^{13}C$ 值发生变化，生成物的 CO_2 优先富集 ^{12}C，而且温度越高，分馏的程度就越大。

3.4 自然界中稳定碳同位素的组成特征

稳定碳同位素的组成总变化大于 120‰，但地球外天体物质中可以有非常大的变异（图 3.4）。目前文献中报道的最重的碳酸盐的 $\delta^{13}C$ 值大于 20‰，而最轻的甲烷的 $\delta^{13}C$ 值则小于-100‰。除海洋碳酸盐岩外，其他的含碳化合物的碳同位素组成以负值（$\delta^{13}C<0$）为主，相对富集轻同位素 ^{12}C。从大气圈中的 CO_2 到生物圈中有机碳化合物再到生物燃料和生物成因的甲烷，其碳同位素组成呈现出递减趋势，总体变化规律是氧化态的碳富集 ^{13}C，还原态的碳富集 ^{12}C。大气 CO_2 的 $\delta^{13}C$ 平均值是-7‰。

3.4.1 大气圈中碳同位素的组成

大气中的 CO_2 虽然仅占 0.03%，但具有重要的地球化学研究意义。大气中 CO_2 的碳同位素组成具有明显的区域性和季节变化。海洋上空大气 CO_2 很少受到其他来源的 CO_2 的影响，

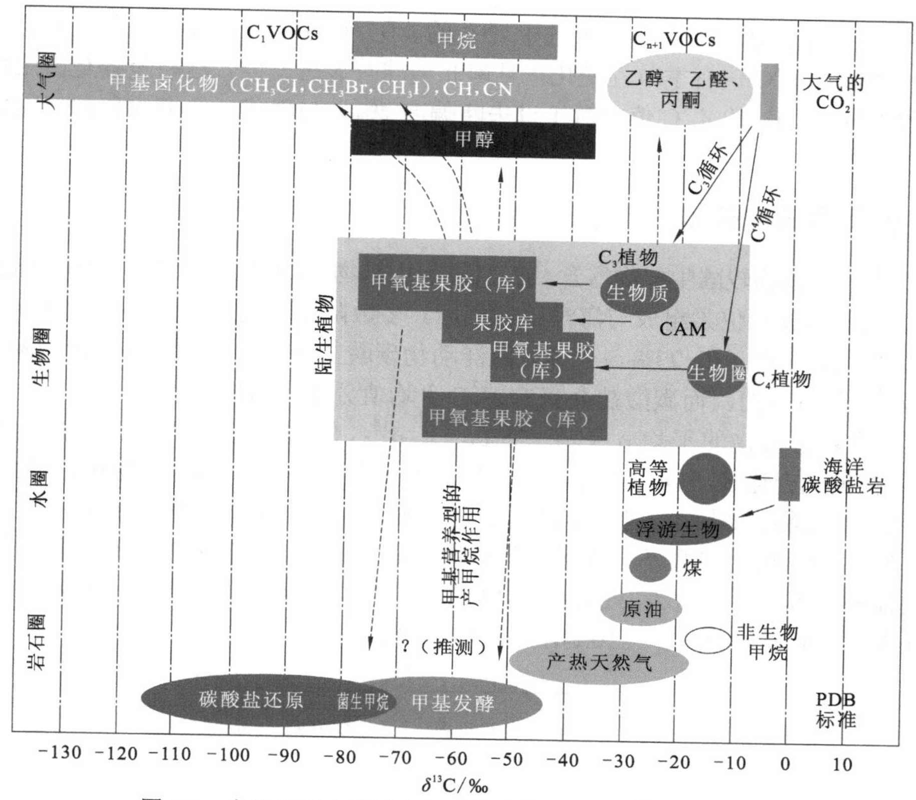

图 3.4　自然界四大圈层中主要含碳化合物的 $\delta^{13}C$ 值分布图

其 $\delta^{13}C$ 值变化范围很窄，平均值为-7.0‰。但在海洋表面的上层空气的 CO_2 因受海洋生物作用的影响，同位素组成接近于海洋生物的平均值，约为-17.95‰。在森林区，通常以 C_3 植物为主，大气 CO_2 的 $\delta^{13}C$ 平均值为-24.03‰；沙漠区主要生长 C_4 植物，大气 CO_2 的 $\delta^{13}C$ 平均值为-9.18‰。而工业城市大气 CO_2 的 $\delta^{13}C$ 平均值为-27.77‰，与工业城市化石燃料燃烧排放的 CO_2 紧密相关。

近年来研究表明，化石燃料燃烧产生 CO_2 的 $\delta^{13}C$ 值对化石燃料具有较好的指示作用，其中燃煤燃烧排放 CO_2 的 $\delta^{13}C$ 值最高，为-24.9‰～-23.7‰；天然气燃烧排放 CO_2 的 $\delta^{13}C$ 值最低且波动范围较大，为-42.0‰～-37.1‰；汽油车尾气 CO_2 的 $\delta^{13}C$ 值居中，为-28.5‰～-26.9‰（肖瑶 等，2016）。

植物通过光合作用和呼吸作用对近地面大气中 CO_2 的稳定碳同位素组成产生影响。其中，光合作用增加了近地面大气中 $^{13}CO_2$ 丰度，而呼吸作用则趋于稀释空气中的 $^{13}CO_2$ 丰度。植物呼吸释放 CO_2 的碳同位素组成（$\delta^{13}C$ 值）受环境变化导致的光合类别和光合产物同位素组成的影响，与大气 CO_2 的同位素组成存在显著差异。近年来，研究表明植物叶片暗呼吸释放 CO_2 碳同位素组成有较大的变异性，变化范围为（-31.9 ± 0.3）‰～（-13.8 ± 1.0）‰，昼夜变化幅度的最大值为 11.5‰；树干、茎暗呼吸释放 CO_2 碳同位素组成变化范围为（-32.1 ± 0.8）‰～（-21.2 ± 0.3）‰，昼夜变化幅度的最大值为 4.0‰；植物根系暗呼吸释放 CO_2 碳同位素组成变化范围为（-33.3 ± 0.5）‰～（-16.3 ± 1.9）‰，昼夜变化幅度的最大值为 5.4‰（柴华 等，2018）。

大气中 CO_2 的平均值为-27‰。大气中 CH_4 的 $\delta^{13}C$ 平均值接近-40‰，其碳同位素与 CH_4 来源有关。CH_4 的 $\delta^{13}C$ 值有季节性变化，且南北半球有显著差异，这种差异是由生物活动引起的。现代大气中 CH_4 的 $\delta^{13}C$ 值相对于过去略偏高 2‰，与现代工业燃煤和油气的燃烧释放有关。

3.4.2 生物圈中碳同位素的组成

生物圈中水生植物较陆生植物富含 ^{13}C，且在水生植物中，海生植物较淡水湖生植物富 ^{13}C；沙漠地区的植物其碳同位素组成与海洋植物相同。多数陆生植物（动物）的 $\delta^{13}C$ 在-34‰～-24‰；海生植物的 $\delta^{13}C$ 在-23‰～-6‰，海洋动物碳酸盐介壳的 $\delta^{13}C$ 为 0。河、湖水生生物有机体的 $\delta^{13}C$ 是可变的，而碳酸盐介壳的 $\delta^{13}C$ 平均值分别为-12‰和-5‰。

地球上的陆生植物的平均 $\delta^{13}C=-25‰$，其 $\delta^{13}C$ 值的大小主要取决于光合循环类型（图 3.5）。根据光合途径不同，可将植物分为三种类型：C_3 植物、C_4 植物和 CAM 植物。C_3 植物主要是常见植物，如树木、小麦、燕麦和稻子等，其 $\delta^{13}C$ 值的变化范围为-35‰～-20‰，平均值为-27‰；C_4 植物多数是一些禾本科植物，如玉米、高粱和黍甘蔗等，其 $\delta^{13}C$ 的变化范围为-17‰～-9‰，平均值为-12‰；CAM 植物多为浆液植物，如芦荟、仙人球、兰花等，其 $\delta^{13}C$ 值的变化范围为-22‰～-10‰，平均值为-17‰。

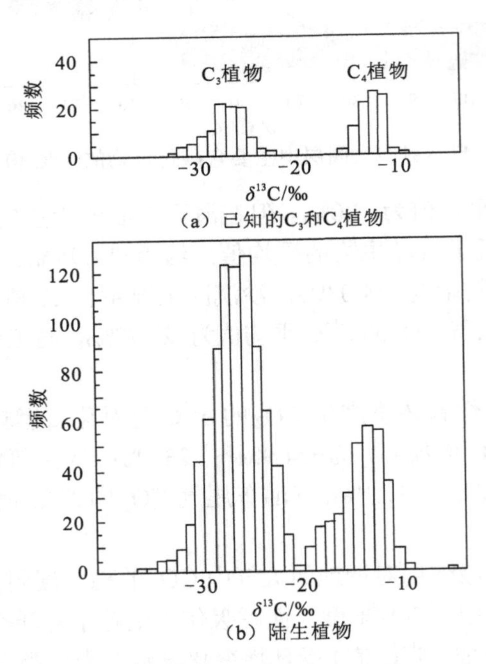

图 3.5 陆生植物碳同位素组成（刘贤赵 等，2014）

植物中的 $\delta^{13}C$ 值除与光合循环类型有关外，还与植物的种属、生长环境（如温度）、所处的纬度及植物的部位有关。多数研究表明，植物不同部位 $\delta^{13}C$ 值差异及变化幅度趋势一致，表现为：叶片＞根系＞树干/茎。例如，土豆的叶子比块茎富集 ^{13}C，麦粒比其叶子富集 ^{13}C。此外，不同有机化合物间的同位素组成存在差异，如蛋白质富集 ^{13}C，类脂化合物贫 ^{13}C 等。

即使是同类化合物，其不同分子同样具有其特征的碳同位素组成，如植物体内不同的氨基酸分子具有不同的 $\delta^{13}C$ 值。

土壤有机物的同位素组成，在很大程度上反映了生长在该土壤上相应植物的同位素组成。在以 C_3 植物和 C_4 植物为主导的地区，土壤有机物的 $\delta^{13}C$ 值为-27‰～-13‰（Finlay and Kendall，2008）。土壤垂向剖面中 $\delta^{13}C$ 值的分布通常表现出，$\delta^{13}C$ 值随着土壤深度的增加而增大的特征。其机制可能有多方面，如土壤微生物的适宜选择性分解的影响，有机物分解过程中的分馏影响，历史时期或地质时期大气 CO_2 发生变化的影响，与具有不同 $\delta^{13}C$ 值的老土壤有机物发生混合的影响等（Ehleringer and Flanagan，2000）。

3.4.3　岩石圈中碳同位素的组成

近代陆相沉积物中有机质的 $\delta^{13}C$ 值变化范围为-38‰～-10‰。土壤腐殖质中的 $\delta^{13}C$ 值与区域的植物类型有关。泥炭的 $\delta^{13}C$ 值与泥炭形成环境及泥炭类型有关。湖泊沉积物的 $\delta^{13}C$ 值变化范围很大（-38‰～-8‰），这种情况与陆地和水生植物相类似。对少数河流沉积物研究表明，其 $\delta^{13}C$ 值的变化与湖泊一致。

碳酸盐岩的碳同位素组成与其沉积环境有密切关系。海相石灰岩的 $\delta^{13}C$ 值为-3.33‰～2.44‰，平均值为（0±1）‰；白云岩的 $\delta^{13}C$ 值为-2.29‰～2.65‰，平均值为 0.82‰；大理岩的 $\delta^{13}C$ 值为 0.63‰～3.06‰，平均值为 1.26‰。然而随着地质时代的不同，海相碳酸盐的 $\delta^{13}C$ 值在剖面上可能存在突变点。淡水相石灰岩的碳同位素组成与海相沉积相比具有较大的变化范围，其 $\delta^{13}C$ 值为-14.10‰～9.82‰，平均值为-2.28‰。据统计，世界各地淡水相石灰岩比海相石灰岩富含轻同位素 ^{12}C。这种明显差异可作为沉积环境的标志。

大多数石油的 $\delta^{13}C$ 值为-32‰～-21‰，石油的 $\delta^{13}C$ 值与近代海相沉积相相比，向轻同位素方向移动 3‰。而与烃相比较，石油的 $\delta^{13}C$ 值（平均值为-30‰～-27‰）低于烃（-26‰～-23‰）。火成岩中分散碳的 $\delta^{13}C$ 值一般为-27‰～-20‰。火成碳酸盐的 $\delta^{13}C$ 值变化范围较大，但平均值比较接近，约为-5.1‰。金刚石为高温高压矿物，其 $\delta^{13}C$ 值为-6.9‰～-3.2‰，平均值为-5.8‰。

古老沉积物和变质沉积物，以及前寒武纪岩石中剩余碳的 $\delta^{13}C$ 值与近代沉积岩基本一致。烃的 $\delta^{13}C$ 值的变化范围是-24.7‰～-20‰，与泥炭相似（$\delta^{13}C$ 为-25‰左右），这说明烃化作用过程没有明显的碳同位素分馏。变质岩中的石墨的碳同位素组成变化较大，受变质温度等因素影响。变质岩中碳酸盐的 $\delta^{13}C$ 平均值为-2‰。火成岩中还原性碳的 $\delta^{13}C$ 平均值为-25‰，碳酸盐矿物的 $\delta^{13}C$ 平均值为-6‰。

3.4.4　水圈中碳同位素的组成

溶解在水中的碳主要有 5 种形态：CO_2、H_2CO_3、HCO_3^-、CO_3^{2-} 和有机碳。各种溶解碳的存在形态、浓度和同位素组成随水的温度和 pH 而变化。海水的 pH 一般为 7.5～8.4，海水中 HCO_3^- 大约是碳组分的 99%；淡水的 pH 为 6～7，含碳组分主要为 H_2CO_3 和 CO_3^{2-}。由于海水与淡水碳化合物的存在形式的差异，它们与大气中 CO_2 的碳同位素分馏也不同，海水通常要比淡水富 ^{13}C。海水较淡水富 ^{13}C 的另一个原因是淡水中更容易混入富 ^{12}C 的生物有机碳。通常，海水的 $\delta^{13}C$ 平均值为（0±2）‰，江河水的 $\delta^{13}C$ 平均值为-10‰，湖泊水的 $\delta^{13}C$ 值为-16‰～

-8‰，地下水的 $\delta^{13}C$ 值为-15‰～-5‰。

1. 海水中碳同位素的组成

海水中 DIC 的碳同位素组成分布在垂直剖面上表现出：表层海水的 $\delta^{13}C$ 值变化较大，最表层水的 $\delta^{13}C$ 值最大（1.39‰～2.24‰），向下随深度加大而减少，直至深 1km 处 $\delta^{13}C$ 值最小（-0.5‰）；1 km 以下的深部海水，出现了 $\delta^{13}C$ 值随深度增大而缓慢增长的趋势，但增长的幅度很小。从赤道到中纬度海洋表层水的 $\delta^{13}C$ 值为 2.0‰～2.2‰，变化较小，但到高纬度区 $\delta^{13}C$ 值明显减小。海水的碳同位素组成的变化可以归于两方面原因：①大气 CO_2 和海水溶解无机碳之间的同位素交换；②海洋底部细菌还原作用使碳同位素发生了分馏（如生成 CH_4）。前者作用的结果，常常导致海水无机碳中富含 ^{13}C，越靠近海水表层，交换程度越高，^{13}C 含量也越高。

海水中溶解的有机碳的碳同位素组成比较稳定，$\delta^{13}C$ 的平均值为-21.8‰。在寒冷北极水中，溶解有机质与微粒有机质的 $\delta^{13}C$ 值，相差 5‰。微粒有机质的 $\delta^{13}C$ 值在-27‰左右，接近于现代浮游生物。

2. 湖泊水中碳同位素的组成

湖泊水中溶解碳主要有两种来源：一是通过河流或沿湖岸边以剥蚀的方式把大量的大陆有机碳和无机碳带入湖泊中；二是通过地下水径流把周围岩石中的无机碳注入湖泊中。因此，湖泊水溶解碳的同位素组成反映当地的大陆和周围岩石含碳物质的碳同位素组成的特征。

此外，湖泊水溶解碳的同位素组成还受两方面影响：一是湖水和湖泊沉积物内生物（主要是细菌作用）活动产生的 CO_2 的影响；二是受地下水带入的无机碳与大气 CO_2 的同位素交换反应的影响。这两种影响的结果常使湖泊水中的 $\delta^{13}C$ 值呈现出季节变化和成层分布特征。

日本中部霞浦湖及其支流 DOC 的碳同位素组成表明，该湖泊有机碳来源存在显著的季节性差异，春季以湖泊内藻类及其他生物体产生的有机质为主，而秋季受到陆地有机质来源影响更为显著。加拿大 Mackenzie 湖水中 DOC 的 $\delta^{13}C$ 值表明，陆生 C_3 植物是其 DOC 的主要补给来源，而水生植物贡献仅为 15%左右；而热岩溶湖泊中 DOC 的 $\delta^{13}C$ 值比河水中 DOC 的 $\delta^{13}C$ 值更接近陆生植物，说明其 DOC 来源也以陆生植物为主，同时说明河流中 DOC 受到水生植物来源的贡献影响（Tank et al.，2011）。

3. 江河水中碳同位素的组成

河流是陆地和海洋之间主要的物质传输通道，河流碳循环是流域碳循环的核心。河流中 DIC 主要包括溶解 CO_2、HCO_3^- 和 CO_3^{2-}，在中性或偏碱性的天然水体中以 HCO_3^- 为主。江河水的溶解碳除降水外，主要取决于地面途径和地下途径的各种来源及江河生态系统，其中土壤岩石圈最为关键。河流中 DIC 的主要来源有土壤有机质的分解、碳酸盐与硅酸盐矿物溶解、水生植物呼吸及大气 CO_2 的溶解，它们具有可以显著区分的碳同位素特征值。

大气 CO_2 的 $\delta^{13}C$ 平均值为-7‰；海相沉积碳酸盐岩的 $\delta^{13}C$ 平均值约为 0；土壤有机质分解产生的 CO_2 的碳同位素值取决于当地植被类型，通常 C_3 植物和 C_4 植物的 $\delta^{13}C$ 平均值分别为-27‰和-13‰。此外，河流 DIC 碳同位素还可能受到水生浮游植物光合作用和呼吸作用的影响。除自然因素影响外，河流 DIC 还可能受到人类活动的影响，如污染排放、水坝拦截等。有研究表明，河流筑坝有利于上游浮游生物和植物生长，进而对河流 DIC 的地球化学过程产生显著影响。

不同尺度的流域对河水 DIC 和 DOC 会有不同程度的影响。图 3.6 为一个小流域（面积 111 km^2）中地质条件相似的三个上游支流集水区，在融雪过程中河水 DIC 的 $\delta^{13}C$-$\delta^{18}O$ 关系。融雪过程中的径流主要源自土壤非饱和带。土壤中 DIC 的形成首先是土壤母质，其次是由根系呼吸和土壤有机质分解形成的 CO_2、融雪下渗水溶解等所生成的 CO_2、HCO_3^-、CO_3^{2-} 进入河水。图 3.6 清楚地反映了集水区因土层厚度不同而发生的 $\delta^{13}C$ 值的显著差异。

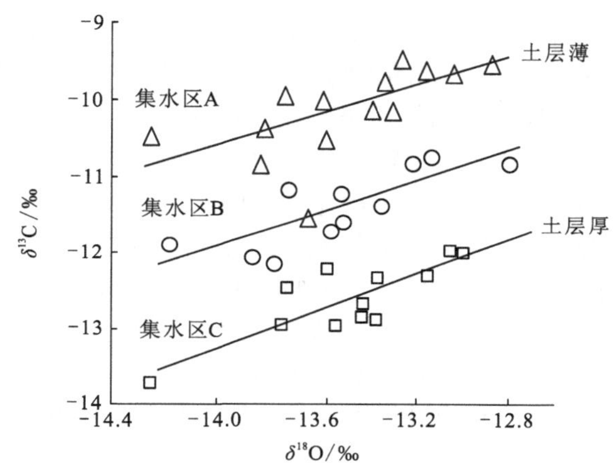

图 3.6　上游支流集水区在融雪过程中河水 DIC 的 $\delta^{13}C$-$\delta^{18}O$ 关系图

（Bullen and Kendall，1998）

4. 地下水中碳同位素的组成

地下水中 DIC 的主要来源有：①大气 CO_2 的溶解，通常条件下，其 $\delta^{13}C$ 值约为-7‰；②土壤 CO_2 和现代生物碳的溶解，其 $\delta^{13}C$ 值一般约为-25‰；③海相石灰岩的溶解，其 $\delta^{13}C$ 值为（0±1）‰；④淡水灰岩的溶解，其 $\delta^{13}C$ 值为负值，变化范围较大。可以看出，不同碳源之间的 $\delta^{13}C$ 值差别较大，因此可以根据地下水样品中的 $\delta^{13}C$ 值大致判断其成因。例如，若地下水的 HCO_3^- 只来自大气，据同位素平衡分馏（20 ℃）计算，其 $\delta^{13}C$ 值为 2‰左右；如果地下水中的 HCO_3^- 是由腐殖酸溶解海相石灰岩生成的 HCO_3^-，其 $\delta^{13}C$ 值则为-13‰左右。实际上，地下水中 HCO_3^- 的成因比较复杂，其 $\delta^{13}C$ 值往往是多解的，这就必须结合地质及水文地质条件进行分析和判断。

有机质主要来源于动植物的腐烂和降解过程，并形成了一系列不同分子大小和电荷数的产物。腐殖质是土壤中最常见的有机物，是地下水中 DOC 的最重要组成部分。除腐殖质外，地下水中 DOC 主要由低分子量的化合物构成，包括大量的纤维素、有机酸等。不同来源的 DOC 具有不同的碳同位素特征值（图 3.7）。

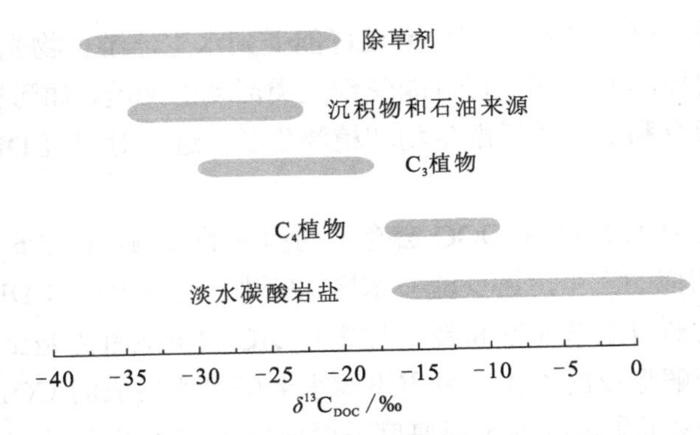

图 3.7 地下水中 DOC 主要碳源的碳同位素组成（$\delta^{13}C_{DOC}$）

陆生植物 $\delta^{13}C$ 的平均值为-25‰，C_3 植物的 $\delta^{13}C$ 平均值为-23‰，C_4 植物的 $\delta^{13}C$ 平均值为-13‰；土壤腐殖质的 $\delta^{13}C$ 值与区域的植物类型有关，泥炭-腐殖土和温带地区土壤有机质 $\delta^{13}C$ 值为（-27±5）‰。垃圾填埋场等污染比较严重的地区，$\delta^{13}C$ 值可达-40‰。沉积物中累积了丰富的有机质，同时富藏在沉积物中的石油是各类工农业产品的前体物。Aravena 等（1996）对地下水沉积物及石油产物中的碳同位素组成的分析表明，其碳同位素组成相对 C_3 植物更加偏负，分布在-35‰～-22‰。在农业区各类除草剂的大量使用对地下水产生不同程度的污染，可能是地下水中有机碳的另一个重要来源。Annable 等（2007）报道了阿特拉津等 5 种除草剂的碳同位素组成，$\delta^{13}C$ 值为-38‰～-20‰。同时，粪肥的使用也是农业区土壤有机质的重要来源，但对于粪肥中碳同位素组成的报道较少，Senbayram 等（2008）对粪肥长期使用对土壤碳同位素组成的影响进行了分析，所采集粪肥样品的 $\delta^{13}C$ 值约为-27.3‰。

3.5 稳定碳同位素技术方法应用

3.5.1 DOC 稳定碳同位素指示地下水补给速率与生物地球化学过程

DOC 是地下水中重要的物质组成，作为生物代谢过程中重要的电子供体，在地下水生物地球化学反应中发挥着重要作用。DOC 的转化与地下水元素的生物循环过程密切相关，研究地下水中的 DOC 来源与转化的生物地球化学过程对认识地下水氧化还原环境变化、微生物过程、元素循环及水循环等都具有重要的指示意义。

石家庄地处华北平原的山前平原地带，在人类活动影响下该地区的地下水环境恶化是整个华北平原乃至众多城市区域发展所面临的典型问题。下面以此为例，介绍 DOC 稳定碳同位素在地下水研究中的应用（张彦鹏，2015）。

从整个研究区范围来看，DOC 碳同位素组成（$\delta^{13}C_{DOC}$ 值）并未表现出非常明显的区域性分布规律（图 3.8）。而唯一显著特征体现在：受黄壁庄水库补给影响较为显著的石家庄市西北部地区的地表水及地下水 $\delta^{13}C_{DOC}$ 值总体明显低于其他区域。地表水沿径流方向进入市区范围后，$\delta^{13}C_{DOC}$ 值明显变大。浅层地下水 $\delta^{13}C_{DOC}$ 值的高值区也主要集中在人为活动更为活跃的市区周边。深层地下水的 $\delta^{13}C_{DOC}$ 值总体高于地表水和浅层地下水。

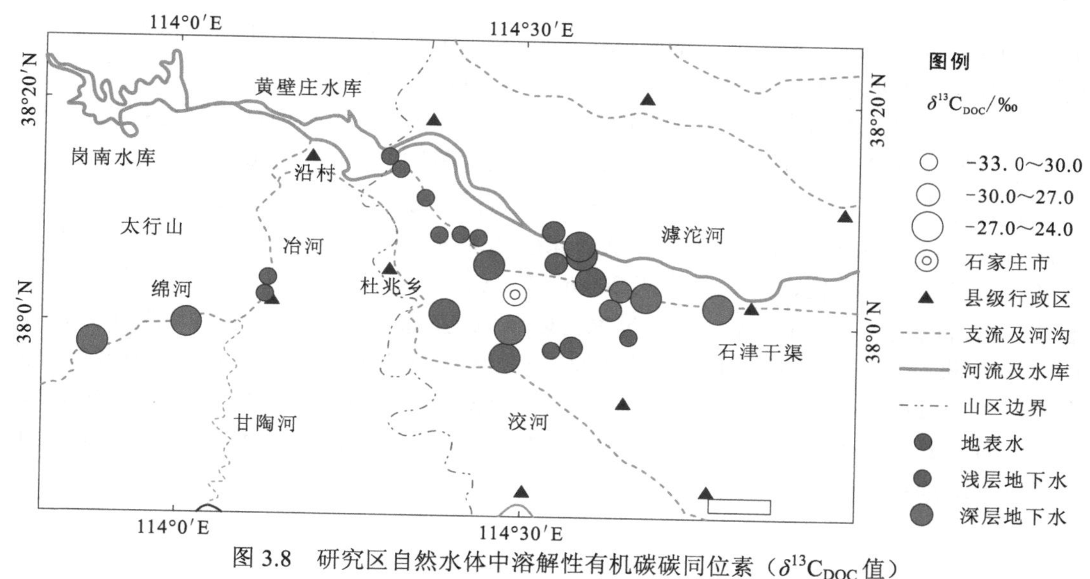

图 3.8 研究区自然水体中溶解性有机碳碳同位素（$\delta^{13}C_{DOC}$值）

1. 稳定碳同位素指示地下水中 DOC 来源与地下水的补给

石家庄地区地下水的 $\delta^{13}C_{DOC}$ 值变化范围为−32.4‰～−24.7‰，平均值为−28.2‰，与沉积物和温带地区土壤中有机质 $\delta^{13}C$ 值分布范围基本一致。研究区浅层地下水受地表环境影响强烈，这表明该地区地下水中的 DOC 主要来源于以 C_3 植物为主的土壤有机质。靠近黄壁庄水库附近浅层地下水中 $\delta^{13}C$ 值相对 C_3 植物来源的 $\delta^{13}C_{DOC}$ 明显偏负，更接近于地表水中 DOC 的碳同位素组成，表明地表水侧向补给可能是该区域地下水中 DOC 的另一个重要来源。地下水中 DOC 来源与地下水补给途径紧密相关，DOC 含量及同位素变化特征在一定程度上可以反映出该地区地下水补给方式及径流特征的变化。

沿村至杜北乡一带，DOC 含量较低，总有机碳（total organic carbon，TOC）含量较高，$\delta^{13}C_{DOC}$ 值偏负，这与黄壁庄水库水中 DOC 特征相似，表明该区域地下水很可能受到黄壁庄水库补给的影响，其 DOC 直接来源于地表，并未受到显著的生物地球化学作用影响。这主要是由于该地区地下水埋深较浅，含水层介质较粗，渗透性好，地下水更替速度快，在氧化条件下包气带中大量的生物地球化学活动受到抑制，DOC 浓度及同位素特征主要受水动力作用影响。沿地下水流向，滹沱河沿岸地下水中 $\delta^{13}C_{DOC}$ 值逐渐偏正，TOC 与 DOC 差异逐渐减小，除受到水动力作用影响外，生物地球化学作用逐渐增强，以上变化特征与局部地下水补给速率减慢有关。该地区地下水以大气降水垂直入渗补给为主，随着地下水埋深的增大，补给途径及赋存时间变长，为该地区 DOC 演化特征的形成提供了必要条件。DOC 碳同位素组成的分布规律与关于地下水更替速率的研究结果具有较好的一致性。地下水更替速率越快，$\delta^{13}C_{DOC}$ 值越偏负，TOC 含量越高；地下水更替速率越慢，DOC 碳同位素组成越偏正，TOC 含量与 DOC 含量越接近。

2. 稳定碳同位素指示氧化还原条件及生物地球化学过程

$\delta^{13}C_{DOC}$ 值与 NO_3^- 质量浓度的关系（图 3.9）表明，沿地下水流向，滹沱河沿岸区域 NO_3^-

质量浓度随着 $\delta^{13}C_{DOC}$ 值增大而逐渐降低，很好地指示地下水中反硝化作用正在进行，而西兆通以东地区地下水中 NO_3^- 质量浓度较低，南墩村 NO_3^- 质量浓度仅有 0.5mg/L 左右，已不存在明显的衰减过程，而 $\delta^{13}C_{DOC}$ 值仍在降低，这表明地下水中生物地球化学过程仍在进行，氧化还原条件持续发生改变。正定西关、北高营与太平庄村一带 NO_3^- 质量浓度明显高于其他地区，并且 $\delta^{13}C_{DOC}$ 值偏正，表明该地区存在显著的 NO_3^- 污染可能主要来源于市政污水。$\delta^{13}C_{DOC}$ 值与 SO_4^{2-} 质量浓度的关系表明，从石家庄西北部至西兆通一带，浅层地下水中 SO_4^{2-} 质量浓度并未发生明显变化，基本保持在 200mg/L 左右，但是 $\delta^{13}C_{DOC}$ 值却显著增大，这是由于沿地下水流向发生了反硝化作用；而吴家营以东地区，深层地下水 SO_4^{2-} 质量浓度明显降低，$\delta^{13}C_{DOC}$ 值逐渐增大，这表明发生硫酸盐还原过程，这与 $\delta^{13}C_{DOC}$ 值和 NO_3^- 质量浓度相关关系具有很好的一致性。综合以上分析可以发现，在滹沱河沿岸地区，沿地下水流向，从吴家营、宋营村一带开始，地下水中生物地球化学作用由反硝化作用向硫酸盐还原作用转变，地下水还原程度逐渐增强。

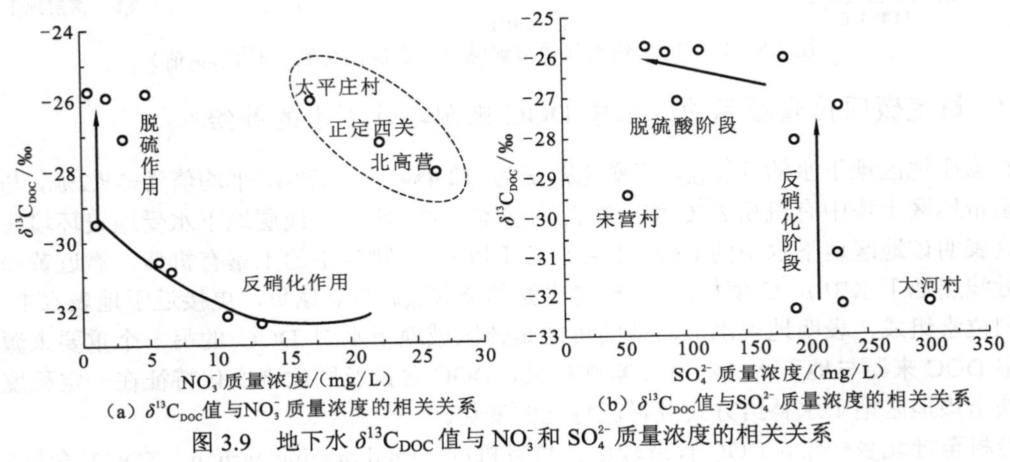

(a) $\delta^{13}C_{DOC}$值与NO_3^-质量浓度的相关关系　(b) $\delta^{13}C_{DOC}$值与SO_4^{2-}质量浓度的相关关系

图 3.9　地下水 $\delta^{13}C_{DOC}$ 值与 NO_3^- 和 SO_4^{2-} 质量浓度的相关关系

3.5.2　河流中 DOC 稳定碳同位素示踪径流过程与途径

DOC 普遍存在于自然环境中，不同的 DOC 来源及生物改造过程使得 DOC 的 $\delta^{13}C$ 值存在不同程度的差异。在水体流动过程中所携带的 DOC 可作为识别径流过程与途径的有效标志物。

Lambert 等（2011）利用稳定碳同位素示踪河流上游流域 DOC 的来源及水的补给径流途径（图 3.10）。通过将不同埋深土壤有机碳（soil organic carbon，SOC）及地下水的碳同位素组成与暴雨径流及基流进行对比，发现在暴雨过程中，径流主要通过最上层土壤补给进入地表水，而随着径流量减小，径流逐渐流经深层土壤层；在非暴雨期，坡体入渗形成的深层地下水成为地表水的主要补给来源。

Lambert 等（2013）分析了法国西部一上游低洼集水区季节性水文过程对河流中 DOC 的影响（图 3.11）。在山坡-河岸带湿地-河流系统中，对比河流与山坡和河岸带土壤中 DOC 的 $\delta^{13}C$ 值在一个完整水文过程中的变化过程，结果表明丰水期随着水位上涨，通过山坡径流携带 ^{13}C 贫化的 DOC 补给河流，同时在丰水期结束前，山坡土壤层中发生了显著的铁的氢氧

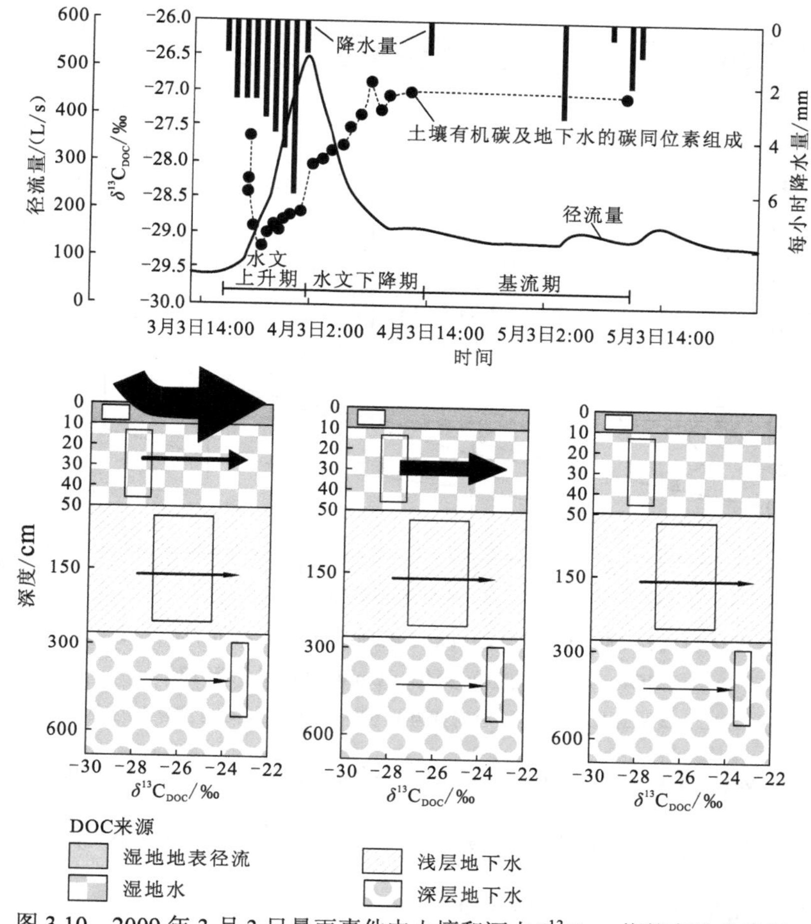

图 3.10　2009 年 3 月 3 日暴雨事件中土壤和河水$\delta^{13}C_{DOC}$值的变化曲线及其反映出的 DOC 来源的变化图（Lambert et al.，2011）

化物及氧化物的还原性溶解，并释放大量 SOC，因此丰水期是河水中 DOC 主要的补给时期，山坡土壤有机质是河水有机质的主要补给来源。

3.5.3　稳定碳同位素指示喀斯特流域化学风化作用

全球气候变化和碳循环密切相关，不同碳库之间碳的转移机制和通量是气候变化研究的核心问题之一。喀斯特流域化学风化过程是海陆物质交换的主要环节，也是全球碳循环中的关键环节。弱酸参与岩石化学反应是地表岩石/矿物风化过程的重要机制之一。碳酸和硫酸参与碳酸盐岩化学风化作用不同，硫酸与碳酸盐矿物反应生成的重碳酸根全部来源于碳酸盐矿物，而碳酸盐矿物再次沉淀后会向大气净释放 CO_2。因此，碳酸盐岩的硫酸风化机制及其与区域碳循环的关系是备受关注的科学问题。下面以李彩（2017）关于乌江喀斯特流域风化侵蚀示踪研究为例，阐述稳定碳同位素对喀斯特流域化学风化作用的指示。

乌江流域发生的主要化学风化作用的反应方程式为

$$Ca_xMg_{(1-x)}CO_3+CO_2+H_2O \longrightarrow xCa^{2+}+(1-x)Mg^{2+}+2HCO_3^- \tag{3.11}$$

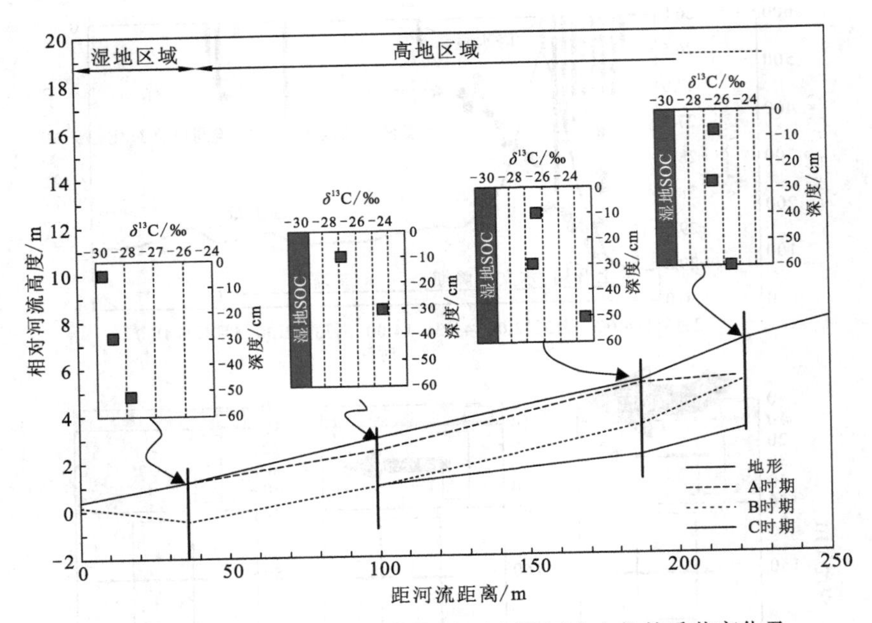

图 3.11 沿 Mercy 湿地-Kerlland 高地剖面河水水位的季节变化及 SOC $\delta^{13}C$ 值的空间变化（Lambert et al.，2013）

A 时期为 9～11 月，B 时期为 12 月～次年 4 月，C 时期为 5～7 月

$$2Ca_xMg_{(1-x)}CO_3 + H_2SO_4 \longrightarrow 2xCa^{2+} + 2(1-x)Mg^{2+} + 2HCO_3^- + SO_4^{2-} \tag{3.12}$$

$$Ca_xMg_{(1-x)}CO_3 + HNO_3 \longrightarrow xCa^{2+} + (1-x)Mg^{2+} + HCO_3^- + NO_3^- \tag{3.13}$$

$$\begin{aligned}&(K, Na, Ca, Mg)\text{硅酸盐} + H_2O + CO_2 \longrightarrow \\ &\qquad (K^+, Na^+, Ca^{2+}, Mg^{2+}) + H_4SiO_4 + HCO_3^- + \text{黏土矿物}\end{aligned} \tag{3.14}$$

从碳酸风化碳酸盐岩的方程式中可以看出，产物 HCO_3^- 一半来自碳酸盐岩，一半来自大气/土壤中的 CO_2。理论上，当只有碳酸风化碳酸盐岩时，HCO_3^-/（Ca^{2+}+Mg^{2+}）的物质的量浓度比值为 2。乌江流域主要植物类型为 C_3 植物，其 $\delta^{13}C$ 平均值为（-28.04±1.21）‰，考虑到 CO_2 扩散产生的同位素分馏，土壤 CO_2 的 $\delta^{13}C$ 值约为-23.6‰。海相沉积碳酸盐岩 $\delta^{13}C$ 平均值为 0。因此碳酸风化碳酸盐岩产生 HCO_3^- 的 $\delta^{13}C$ 值约为-11.8‰。

从硫酸风化碳酸盐岩的方程式中可以看出，产物 HCO_3^- 来自碳酸盐岩，$\delta^{13}C$ 值理论上等于碳酸盐岩 $\delta^{13}C$ 值，即 0，HCO_3^-/（Ca^{2+}+Mg^{2+}）、SO_4^{2-}/（Ca^{2+}+Mg^{2+}）和 SO_4^{2-}/HCO_3^- 的物质的量浓度比值分别为 1、0.5 和 0.5。

从硝酸风化碳酸盐岩的方程式中可以看出，产物 HCO_3^- 来自碳酸盐岩，$\delta^{13}C$ 理论上为 0，HCO_3^-/（Ca^{2+}+Mg^{2+}）、NO_3^-/（Ca^{2+}+Mg^{2+}）和 NO_3^-/HCO_3^- 的物质的量浓度比值都是 1。

理论混合模型方程式为

$$\left(\frac{HCO_3}{Ca+Mg}\right)_{theory} = \rho_{sulf} \times \left(\frac{HCO_3}{Ca+Mg}\right)_{sulf} + \rho_{carb} \times \left(\frac{HCO_3}{Ca+Mg}\right)_{carb} \tag{3.15}$$

$$\left(\frac{SO_4}{Ca+Mg}\right)_{theory}=\rho_{sulf}\times\left(\frac{SO_4}{Ca+Mg}\right)_{sulf}+\rho_{carb}\times\left(\frac{SO_4}{Ca+Mg}\right)_{carb} \tag{3.16}$$

$$\delta^{13}C_{theory}\times\left(\frac{HCO_3}{Ca+Mg}\right)_{theory}=\delta^{13}C_{sulf}\times\rho_{sulf}\times\left(\frac{HCO_3}{Ca+Mg}\right)_{sulf}+\delta^{13}C_{carb}\times\rho_{carb}\times\left(\frac{HCO_3}{Ca+Mg}\right)_{carb} \tag{3.17}$$

$$\rho_{sulf}+\rho_{carb}=1 \tag{3.18}$$

式中：ρ_{sulf}和ρ_{carb}分别为硫酸和碳酸风化碳酸盐岩端元对河水Ca^{2+}和Mg^{2+}的贡献比例。

将以上端元的$\delta^{13}C$值和离子物质的量浓度比值的理论值，以及乌江河水DIC样品同位素组成值绘制在关系图中。乌江河水$\delta^{13}C_{DIC}$平均值为−8.67‰，介于碳酸风化和强酸风化端元之间，表明除碳酸外，硫酸/硝酸也参与了碳酸盐岩风化。乌江上游和下游$\delta^{13}C_{DIC}$平均值分别为−7.90‰和−9.69‰，上游$\delta^{13}C_{DIC}$值较下游偏正，表明上游流域强酸参与化学风化的比例大于下游，这与上游煤矿开采和燃煤有很大关系。乌江河水HCO_3^-/（Ca^{2+}+Mg^{2+}）物质的量浓度比值平均为1.43，介于硫酸风化碳酸盐岩端元[HCO_3^-/（Ca^{2+}+Mg^{2+}）= 1]与碳酸风化碳酸盐岩端元[HCO_3^-/（Ca^{2+}+Mg^{2+}）= 2]之间，证明硫酸参与了化学风化。河水样品点SO_4^{2-}/（Ca^{2+}+Mg^{2+}）和SO_4^{2-}/HCO_3^-摩尔浓度比值分别为0.38和0.30，靠近硫酸风化碳酸盐岩端元（0.5），表明硫酸在化学风化中发挥了重要作用。

从图3.12可以看出，乌江河流数据介于碳酸风化碳酸盐岩和硫酸风化碳酸盐岩端元之间，表明化学风化类型主要是这两个端元的混合。部分采样点的SO_4^{2-}/（Ca^{2+}+Mg^{2+}）和SO_4^{2-}/HCO_3^-摩尔浓度比值大于0.5，偏离了硫酸风化和碳酸风化两个端元的混合线。可能与土壤溶液pH较低（pH＜6.3）时，HCO_3^-与H_2O反应生成H_2CO_3并导致CO_2气体释放有关。乌江上游分布较多的火力发电厂和煤矿，燃煤产生的酸沉降及煤矿酸性废水造成的酸性环境将利于CO_2气体产生，并导致SO_4^{2-}/（Ca^{2+}+Mg^{2+}）和SO_4^{2-}/HCO_3^-物质的量浓度比值偏大。河水样品点NO_3^-/（Ca^{2+}+Mg^{2+}）和NO_3^-/HCO_3^-的物质的量浓度比值平均值分别为0.10和0.08，远小于硝酸风化碳酸盐岩端元，表明硝酸参与碳酸盐岩风化的作用不显著。

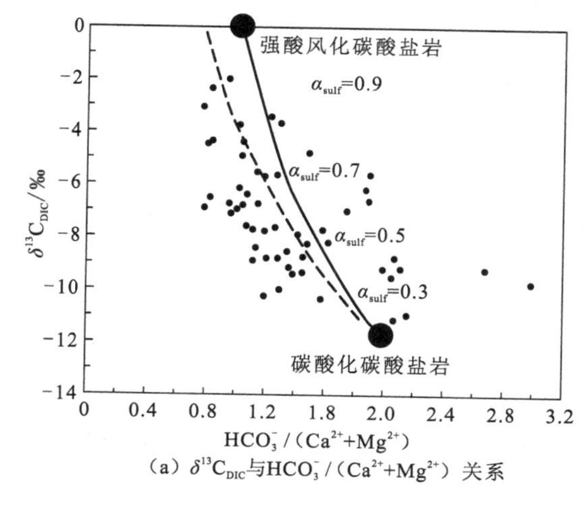

（a）$\delta^{13}C_{DIC}$与HCO_3^-/（Ca^{2+}+Mg^{2+}）关系

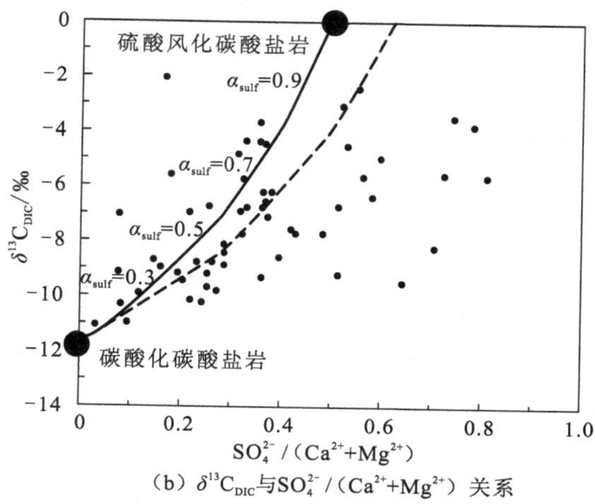

（b）$\delta^{13}C_{DIC}$与SO_4^{2-}/（Ca^{2+}+Mg^{2+}）关系

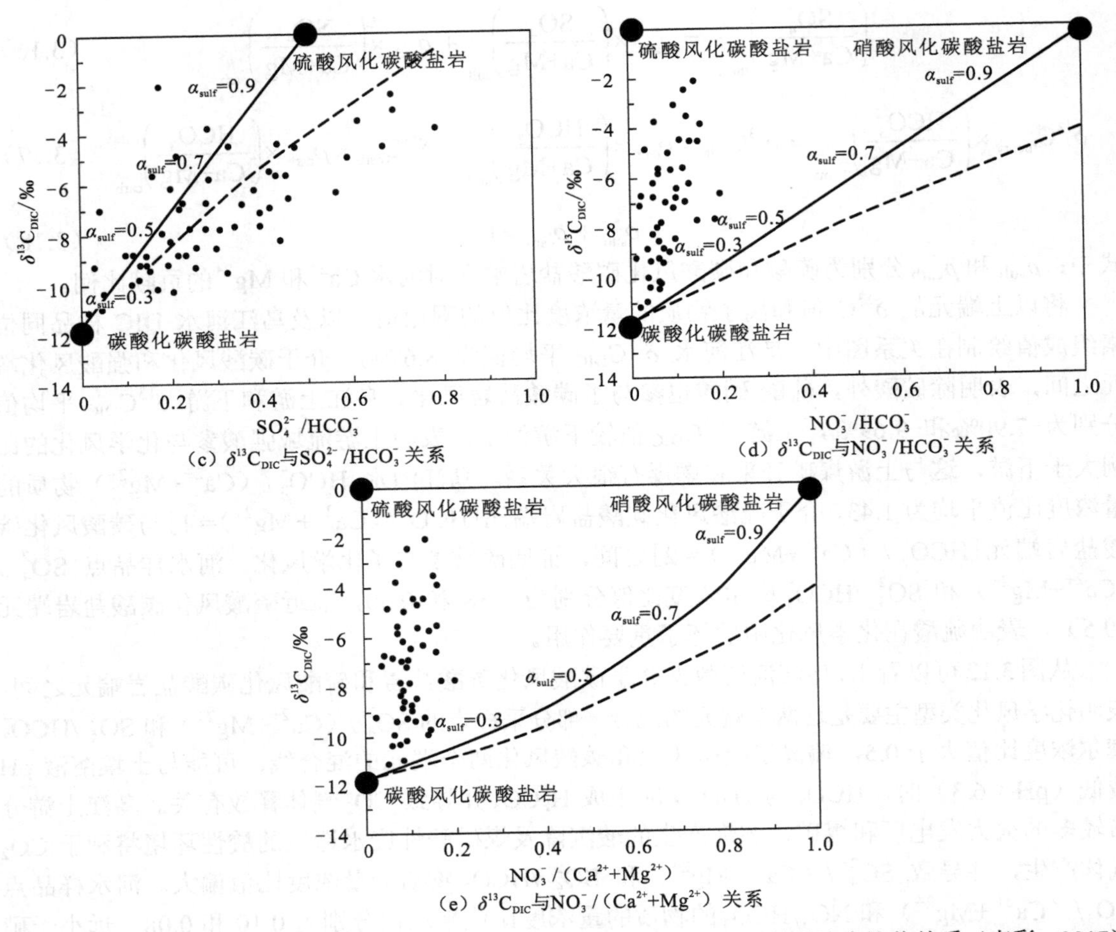

图 3.12　乌江河水 $\delta^{13}C_{DIC}$ 和 HCO_3^-、SO_4^{2-}、NO_3^-、$(Ca^{2+}+Mg^{2+})$ 的物质的量浓度比值关系（李彩，2017）

大气和硅酸盐岩校正，虚线为假设发生 20%方解石沉淀

参 考 文 献

柴华, 钟尚志, 崔海莹, 等, 2018. 植物呼吸释放 CO_2 碳同位素变化研究进展[J]. 生态学报, 38(8): 2616-2624.

李彩, 2017. 乌江喀斯特流域风化、侵蚀示踪研究[D]. 北京: 北京科技大学.

刘贤赵, 张勇, 宿庆, 等, 2014. 现代陆生植物碳同位素组成对气候变化的响应研究进展[J]. 地球科学进展, 29(12): 1341-1354.

肖瑶, 胡敏, 李梦仁, 等, 2016. 汽油车尾气排放 CO_2 的稳定同位素特征[J]. 中国电机工程学报, 36(16): 4497-4504.

张彦鹏, 2015. 多元同位素对石家庄地区地下水地球化学环境演化的指示意义[D]. 武汉: 中国地质大学（武汉）.

张彦鹏, 周爱国, 周建伟, 等, 2013. 石家庄地区地下水中溶解性有机碳同位素特征及其环境指示意义[J]. 水文地质工程地质, 40(3): 12-18.

ANNABLE W K, FRAPE S K, SHOUAKAR-STASH O, et al., 2007. ^{37}Cl, ^{15}N, ^{13}C isotopic analysis of common agro-chemicals for identifying non-point source agricultural contaminants[J]. Applied geochemistry, 22(7): 1530-1536.

ARAVENA R, FRAPE S K, VANWARMERDAM E M, et al., 1996. Use of environmental isotopes in organic contaminants research in groundwater systems[C]// Isotopes in Water resources management. V. 1. Proceedings of a symposium.[S.l.][s.n.]: 31-42.

BROADMEADOW M S J, GRIFFITHS H, BORLAND C M M, 1992. The carbon isotope ratio of plant organic material reflects temporal and spatial variations in CO_2 within tropical forest formations in trinidad[J]. Oecologia, 89(3): 435-441.

BULLEN T D, KENDALL C, 1998. Tracing of weathering reactions and water flowpaths: a multi-isotope approach[M]// KENDALL C, Mc DONNELL J J. Isotope tracers in catchment hydrology. Netherlands: Elsevier: 611-646.

CHACKO T, COLE D R, HORITA J, 2001. Equilibrium oxygen, hydrogen and carbon fractionation factors applicable to geologic systems[J]. Reviews in mineralogy and geochemistry, 43(1): 1-81.

CLARK I D, FRITZ P, 1997. Environmental isotopes in hydrogeology[M]. New York: CRC Press.

CRAIG H, 1953. The geochemistry of the stable carbon isotopes[J]. Geochimica et cosmochimica acta, 3(2): 53-92.

DEMENY A, HASZPRA L, 2002. Stable isotope compositions of CO_2 in background air and at polluted sites in hungary[J]. Rapid communications in mass spectrometry, 16(8): 797-804.

EHLERINGER J R, FLANAGAN B L B, 2000. Carbon isotope ratios in belowground carbon cycle processes[J]. Ecological applications, 10(2): 412-422.

FINLAY J C, KENDALL C, 2008. Stable isotope tracing of temporal and spatial variability in organic matter sources to freshwater ecosystems[J]. Emergency medicine journal, 26(3): 183-186.

LAMBERT T, PIERSON-WICKMANN A C, GRUAU G, et al., 2011. Carbon isotopes as tracers of dissolved organic carbon sources and water pathways in headwater catchments[J]. Journal of hydrology (Amsterdam), 402(3/4): 228-238.

LAMBERT T, PIERSONWICKMANN A C, GRUAU G, et al., 2013. Hydrologically driven seasonal changes in the sources and production mechanisms of dissolved organic carbon in a small lowland catchment[J]. Water resources research, 49(9): 5792-5803.

MAK J E, YANG W, 1998. Technique for analysis of air samples for ^{13}C and ^{18}O in carbon monoxide via continuous-flow isotope ratio mass spectrometry[J]. Analytical chemistry, 70(24): 5159-5161.

MELILLO J M, ABER J D, LINKINS A E, et al., 1989. Carbon and nitrogen dynamics along the decay continuum: plant litter to soil organic matter[J]. Plant and soil, 115(2): 189-198.

PARK R, EPSTEIN S, 1960. Carbon isotope fractionation during photosynthesis[J]. Geochimica et cosmochimica acta, 21(1): 110-126.

PARK R, EPSTEIN S, 1961. Metabolic fractionation of ^{13}C and ^{12}C in plants[J]. Plant physiology, 36(2): 133-138.

SENBAYRAM M, DIXON L, GOULDING K W, et al., 2008. Long-term influence of manure and mineral nitrogen applications on Plant and soil ^{15}N and ^{13}C values from the Broadbalk Wheat Experiment[J]. Rapid communications in mass spectrometry, 22(11): 1735-1740.

TANK S E, LESACK L F W, GAREIS J A L, et al., 2011. Multiple tracers demonstrate distinct sources of dissolved organic matter to lakes of the mackenzie delta, western canadian arctic[J]. Limnology and oceanography, 56(4): 1297-1309.

TSUNOGAI U, NAKAGAWA F, KOMATSU D D, et al., 2002. Stable carbon and oxygen isotopic analysis of atmospheric carbon monoxide using continuous-flow isotope ratio MS by isotope ratio monitoring of CO[J]. Analytical chemistry, 74(22): 5695-5700.

第 4 章　稳定氮同位素

氮的原子序数为 7，化学符号为 N，相对原子质量约为 14.007，是一种非金属元素，位于元素周期表中第二周期第 VA 族。氮元素是一种变价元素，化合价态从-3 价到+5 价，主要存在形式有硝酸根（NO_3^-）、亚硝酸根（NO_2^-）、氮气（N_2）、铵根（NH_4^+）、氨气（NH_3）、二氧化氮（NO_2）、一氧化氮（NO）、一氧化二氮（N_2O）和氨基酸等有机氮。

地球上最大的氮储库就是 N_2，约占空气体积的 78%。N_2O 是温室气体之一。氮在地壳中的质量分数是 0.004 6%，总量约达到 4×10^{12} t。含氮矿物少见，主要有钠硝石（$NaNO_3$）、硝石（α-KNO_3）、鸟粪石（$NH_4MgPO_4 \cdot 6H_2O$）、陨氮钛石（TiN）、氧氮硅石（Si_2N_2O）等，其中硝石是最主要的含氮矿藏。

氮是生物有机体的基本组成元素，多与碳、氢、氧等元素相结合存在生命体中。氮元素是重要的生命元素，是脱氧核糖核酸、氨基酸、酶等的重要组成元素；同时，氮也是重要的营养元素，植物的生长离不开氮，人体健康也离不开氮。大气氮、生物氮和岩石中的氮都可能进入水圈，水圈是氮生物地球化学循环的重要介质。地下水中的氮主要以溶解态的 NO_3^-、NO_2^- 和 NH_4^+ 形式存在。

4.1　稳定氮同位素的组成与表达方式

氮同位素的种类很多，质子数为 7，中子数不定，主要有 7 种，表示符号为 ^{12}N、^{13}N、^{14}N、^{15}N、^{16}N、^{17}N 和 ^{18}N。然而绝大多数氮同位素都为放射性同位素，而且半衰期极短（11 μs～10min），稳定同位素仅有 ^{14}N 和 ^{15}N 两种。^{14}N 的原子量为 14.003 074 0，同位素丰度为 99.634%；^{15}N 的原子量为 15.000 108 9，同位素丰度为 0.366%。

稳定氮同位素 ^{14}N 和 ^{15}N 具有相同的电子数和电子结构，因而它们具有极为相似的化学性质；但由于 ^{14}N 和 ^{15}N 的质量差异，又在一定程度表现出不同的物理化学行为。在氮转化的物理、化学和生物化学反应过程中，^{14}N 和 ^{15}N 的质量差异，不会改变氮的物理化学作用方向或者化学、生物化学反应类型，但会影响分子扩散速率和化学反应速率，轻同位素 ^{14}N 较重同位素 ^{15}N 运动快，导致氮同位素分馏，从而使不同物质具有不同的 $^{15}N/^{14}N$ 比例。

氮稳定同位素组成通常采用 $\delta^{15}N$ 值来表示。$\delta^{15}N$ 值的定义式可表示为

$$\delta^{15}N=\left(\frac{R_{样品}-R_{标准}}{R_{标准}}\right)\times1\,000‰=\left[\frac{\left(\frac{^{15}N}{^{14}N}\right)_{样品}-\left(\frac{^{15}N}{^{14}N}\right)_{标准}}{\left(\frac{^{15}N}{^{14}N}\right)_{标准}}\right]\times1\,000‰ \tag{4.1}$$

某物质的 $\delta^{15}N$ 值为正，说明该物质较标准物质富集重同位素 ^{15}N；反之，其值为负，则富集轻同位素 ^{14}N。氮同位素的国际标准通常采用大气 N_2，其“绝对”同位素比值为 $^{15}N/^{14}N = (3\,676.5 \pm 8.1) \times 10^{-6}$，定义其 $\delta^{15}N = 0$。

4.2　稳定氮同位素分析测试技术

4.2.1　水体中硝酸盐的氮、氧同位素测试方法

硝酸盐同位素测试方法一直在发展之中，从早期只能测试氮同位素的蒸馏法、扩散法和燃烧法，发展到可同时测试氮、氧同位素的生物转化法和化学转化法。本小节主要介绍目前测定水体中硝酸盐氮、氧同位素比值（$\delta^{15}N$ 值和 $\delta^{18}O$ 值）较成熟的三种方法。

1. 基于阴离子交换树脂预处理法的 $AgNO_3$ 法

该方法是利用阴离子交换树脂吸附和富集 NO_3^-，然后用 HCl 洗脱，用 Ag_2O 中和含有洗脱液的 NO_3^-，形成 AgCl 沉淀，除去 Cl^-；溶液中的 NO_3^- 以 $AgNO_3$ 的形式存在，过滤去除固体 AgCl 和过量的 Ag_2O，剩下 $AgNO_3$ 冷冻干燥。纯化后的 $AgNO_3$ 样品，或者经高温燃烧转变为待测气体 N_2 和 CO_2，质谱测定其 $\delta^{15}N$ 值和 $\delta^{18}O$ 值；或者是利用元素分析仪高温热解转化为待测气体 N_2 和 CO，质谱测定其 $\delta^{15}N$ 值和 $\delta^{18}O$ 值。氮氧同位素测试精度为 ±0.5‰。该方法最大的问题在于：前处理耗时较长，成本较高，特别是对于低浓度硝酸盐样品需要较大体积的水样；高浓度的 Cl^-、SO_4^{2-}、DOC 等对阴离子交换树脂吸附 NO_3^- 存在较大的干扰，增加了高纯 $AgNO_3$ 制备的难度。

2. 生物转化法

生物转化法，即反硝化细菌法，将缺乏 N_2O 活性酶的反硝化细菌加入水样中，反硝化细菌将水中的硝酸盐全部转化成 N_2O 气体，然后将分离纯化出来的 N_2O 气体直接导入气体质谱仪测定 $\delta^{15}N$ 值和 $\delta^{18}O$ 值。一种方法可以采用手动提取，通过氦气吹扫先经 70 ℃冷阱除水，再用液氮冷阱捕集 N_2O 并将其导入带有气相色谱仪的质谱仪，经气相色谱分离之后进行同位素测试。另一种方法是在线提取纯化，提取纯化系统与同位素比值质谱仪相连，经六通阀控制提取和纯化过程，纯化后的 N_2O 气体直接输入带有气相色谱仪的同位素比质谱仪进行同位素分析。例如，可采用痕量气体分析仪（TraceGas）在线提取和纯化 N_2O 气体（图 4.1），该仪器以氦气为载气，利用含高氯酸镁及碱石棉的水阱除去水分和 CO_2，再用液氮捕集浓缩 N_2O 气体，然后加热释放，经 Porapak Q 色谱柱分离后由氦气带入同位素比值质谱仪进行测定。氮同位素测试精度可优于 ±0.2‰。

生物转化法省去了复杂的样品前处理步骤，缩短了分析时间，降低了分析成本，并且所需样品量少，且同时适用于海水和淡水 NO_3^- 的氮氧同位素测试，是较先进的硝酸盐氮氧同位素测试方法。然而这种方法存在生化反应复杂、普适性差和菌种性状易退化等难以控制的问题。

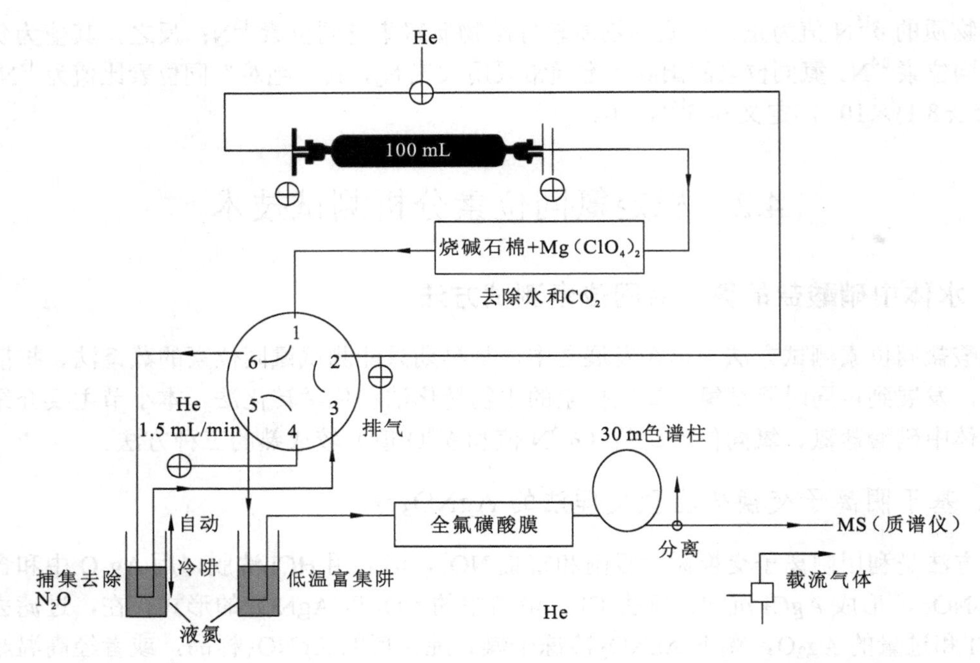

图 4.1　痕量气体分析仪（TraceGas）在线提取和纯化 N_2O 气体的过程示意图

3. 化学转化法

化学转化法通常采用的是镉还原和叠氮化物两步法，即在弱碱性条件下，NO_3^- 经镀铜镉粒还原成 NO_2^-，这个反应时间应超过 80 min，然后在酸性缓冲介质中的 NO_2^- 与叠氮化物（N_3^-）反应生成 N_2O。在化学转化产生的 N_2O 分子中，氧原子完全由参加反应的样品 NO_2^- 提供；而两个氮原子的来源则不同，一个来自样品中的 NO_2^-，另一个却是由加入试剂的 N_3^- 提供。因为镀铜镉粒还原得到的 NO_2^- 的氮、氧同位素比值与水样中的 NO_3^- 相同，所以存在一定的相关性。因此，在 N_3^- 的氮同位素比值恒定时，反应产生的 N_2O 氮、氧同位素比值与水样中 NO_3^- 的氮氧同位素比值呈线性相关，其氮和氧的相关曲线的理论斜率分别为 0.5 和 1.0。

该方法准备工作简单，测试成本非常低，镉可重复利用，能够分析低浓度（0.5 μmol/L）和小体积的水样，不受高浓度和有毒物质的干扰，可实现高效的样品自动化分析。但需要指出的是，当混合溶液中的 NO_2^-/NO_3^- 比值非常大时，利用这个方法测定 NO_3^- 的同位素结果不准确。化学转化法与生物转化法相比具有反应稳定、反应机理简单和实验操作易掌握等优点，缺点是使用高毒、易爆的叠氮化钠试剂，测试时危险较大，必须在通风橱内进行。

4.2.2　水体中铵态氮的氮同位素测试方法

传统的铵态氮氮同位素测试是采用蒸馏法、扩散法、离子交换柱法等方法将水样中 NH_4^+ 提取并制备为铵盐，然后在真空条件下由湿法氧化（次溴酸钠氧化 NH_4^+）或干法燃烧（氧化铜催化燃烧氧化 NH_4^+）将 NH_4^+ 转化为 N_2，供质谱测试分析测定其 $\delta^{15}N$ 值。但这种方法局限性大，缺点显著，不易推广。

目前通常采用化学转化法进行水体中 NH_4^+ 的氮同位素测定。即在强碱条件下（pH = 12）利用 BrO^- 将水体中的 NH_4^+ 氧化为 NO_2^-，再利用 N_3^- 将生成的 NO_2^- 转化为 N_2O，导入气体稳定同位素质谱仪测定其 $\delta^{15}N$ 值，其测试流程图如图 4.2 所示。

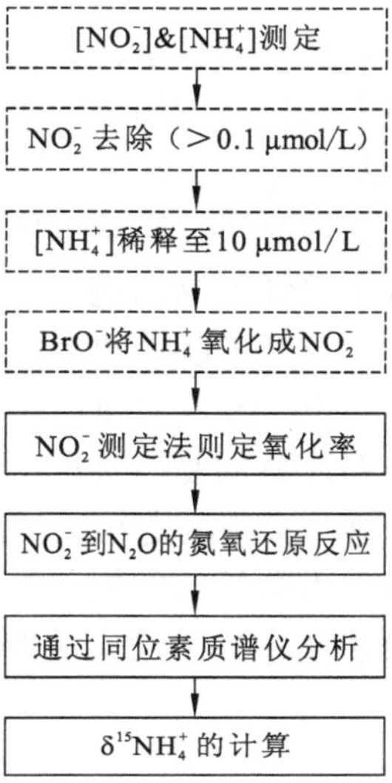

该方法要求测试原始水样中不能含有 NO_2^-，若 NO_2^- > 0.1 μmol/L，可以用磺胺酸去除。此外，除短链脂肪族氨基酸对测试有影响外，其余含氮组分对测试均不构成影响。在一般天然水样中短链脂肪族氨基酸含量可以忽略不计，但是在含量高的土壤等样品中应用此法应慎重考虑。若取水样 20 mL，则该方法测试水样中 NH_4^+ 浓度范围为 0.5～10 μmol/L，测试精度为 0.3‰。但是该方法使用了 NaN_3，因此可以寻求较为安全的代替试剂，如盐酸羟胺（$NH_2OH \cdot HCl$）。次溴酸钠氧化-盐酸羟胺还原法目前已利用痕量气体同位素比值质谱法（trace gas isotope radio mass spectrometer，TraceGas-IRMS）联用技术实现了在线连续流的高精度测试。

$[NO_2^-]$&$[NH_4^+]$测定

NO_2^- 去除（>0.1 μmol/L）

$[NH_4^+]$稀释至10 μmol/L

BrO^-将NH_4^+氧化成NO_2^-

NO_2^-测定法则定氧化率

NO_2^-到N_2O的氮氧还原反应

通过同位素质谱仪分析

$\delta^{15}NH_4^+$的计算

图 4.2　水体的 NH_4^+ 化学转化法的测试流程图（Zhang et al.，2007）

4.2.3　土壤样品的氮同位素测试方法

1. 土壤中无机氮的氮同位素测试方法

土壤中无机氮的氮同位素比值的测定，首先应采用中性盐溶液交换、浸取土壤吸附的铵等无机氮。通常采用的是 2 mol/L KCl 溶液，以水土体积比为 10∶1 或 5∶1 混合、振荡提取。提取液经过滤后分别进行各种形态无机氮含量及其氮同位素比值的测定。一般可采用氧化镁-达氏合金蒸气蒸馏法、微扩散法和化学转化法从土壤提取液中分离出不同形态的无机氮，并制备成供同位素质谱仪测定的样品。

氧化镁-达氏合金蒸气蒸馏法是分离和测定土壤提取液中 NH_4^+、NO_3^- 和 NO_2^- 的传统方法，但采用此方法分离和制备土壤提取液中不同形态氮的样品并测定其氮同位素比值时，实验过程冗长，操作步骤繁多，特别是高温蒸馏过程中引起有机氮分解和同位素分馏，以及所需样品量较大，不适于自然丰度的样品测试等，限制了该方法的应用。

微扩散法是在一个较小体积的密闭容器内测定土壤提取液 NH_4^+ 和 NO_3^- 的方法。对于 NH_4^+，可在样品中加入 MgO 等碱性试剂，将 NH_4^+ 转化为 NH_3，用含弱酸性吸收液的滤纸吸收；对于 NO_3^-，则需先完成样品中的 NH_4^+ 扩散吸收后，加入达氏合金将 NO_3^- 还原为 NH_4^+，再转化为 NH_3 而被吸收。扩散培养完成后，将滤纸片取出，在无氨环境中干燥后，放入锡箔杯中包好。通过 EA-IRMS 测定滤纸样品中的氮同位素比值，即为样品的 $\delta^{15}N$ 值。相比蒸气蒸馏法，微扩散法操作简便，样品制备步骤简单，对所需样品总氮量要求较低，适用于自然丰度的样品测试，以显著的优点逐渐取代传统的蒸气蒸馏法。然而该方法同样不能直接测定 NO_2^- 的氮同位素比值。

化学转化法是通过化学转化将土壤提取液中的三种无机态氮分别转化为 N_2O 气体，供同位素质谱仪测定。同时，利用微量气体预浓缩装置-同位素比值质谱联用技术，可实现微量 N_2O 气体氮同位素组成的快速高精度测试。

2. 土壤中有机氮的氮同位素测试方法

相比传统的真空热解法或次溴酸氧化法，利用元素分析仪的高温燃烧法具有高效便捷的优点，简化了烦琐的前处理过程，降低了人为操作的误差，已成为固体样品（土壤或植被）全氮含量及其同位素比值测定的通用方法。

将准确称量的固体粉末样品（土壤样品一般在 20～35 mg，约 20～80 μgN；植物样品一般 2～3.5 mg）放入锡箔杯后紧密包裹成小球状。当含有样品的锡箔小球经自动进样器送入高温氧化管时，在高浓度的氧气条件下瞬间高温氧化分解，生成多种成分的混合气体，其中含氮氧化物经过高温铜还原管被还原为 N_2，生成的 N_2 及其他杂质气体随 He 载气流通过化学阱除去水分和 CO_2，再经色谱柱分离，一部分气体进入热导检测器测定氮的含量，另一部分气体进入 IRMS 测定氮同位素比值，实现氮的质量分数和同位素比值的同步测定。

需要注意的是，称取的固体样品量不宜过多，样品量过大可能导致燃烧不完全，产生同位素分馏，影响测定结果的准确性。此外，需在测试约 60 个土壤样品或 100 个植物样品后及时更换元素分析仪的氧化管中的衬管，以减小积灰对样品氧化能力的影响。同时注意及时更换管内的填充剂，以保证燃烧效率。

4.3 稳定氮同位素的分馏机理

氮同位素的分馏与氮的生物地球化学循环过程紧密相关（图 4.3）。氮的生物固定是氮循环最基本的过程，固氮微生物将游离态的大气 N_2 固定转化为 NH_3。氮固定后，就能够被生物体所吸收利用转化为生物量。当微生物或植物衰老死亡腐败分解后，氮就转化成为土壤有机氮。在微生物矿化作用下，有机氮降解为 NH_4^+。NH_4^+ 在硝化过程中被微生物利用获取能量，

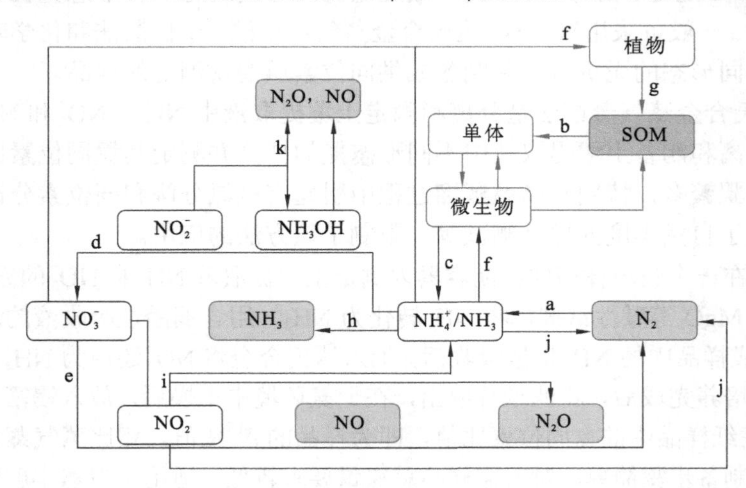

图 4.3　陆地生态系统氮循环的主要过程示意图（Denk et al.，2017）

绿色表示有机氮，黑色表示土壤中的无机氮化合物，黄色表示含氮气体

a 为生物氮固定；b 为降解；c 为矿化作用；d 为消化作用；e 为反硝化作用；f 为固定和植物吸收；g 为死亡分解；h 为挥发；i 为硝酸盐异化还原为铵；j 为氨厌氧氧化；k 为非生物作用下产生 NO

并氧化生成 NO_2^- 和 NO_3^-。土壤中的 NO_3^- 在淋滤作用下可进入地下水，而 NH_4^+ 在高 pH 土壤中可以 NH_3 形态挥发到大气中。同时在无氧条件下，NO_3^- 可代替 O_2 作为可供选择的电子受体，经反硝化作用逐级被还原生成 NO_2^-、NO、N_2O 和 N_2。异化硝酸盐还原为铵和厌氧氨氧化是另外两个重要的过程。在异化硝酸盐还原为铵的过程中，NO_3^- 先被还原生成 NO_2^- 再被还原生成 NH_4^+，同时释放出 N_2O。厌氧氨氧化过程中，NH_4^+ 和 NO_2^- 反应生成 N_2。

需要特别说明的是，下文采用同位素效应来描述氮循环主要过程中的氮同位素分馏。所给出的同位素效应值是基于文献中的土壤培养实验、纯培养基实验和地下水样品的野外观测采用的不同方法计算得出，具体的算法参考 Denk 等（2017）。

4.3.1　生物固氮作用

生物固氮作用是固氮微生物（如固氮菌、固氮蓝藻、根瘤菌等）利用生物体内的氮化酶催化大气 N_2 转化为 NH_3 的过程，是土壤氮素的重要来源之一。固氮作用必须有固氮酶，必须有电子和质子供体、能量供给及厌氧环境。N_2 分子具有键能很高的三键，N≡N 键的断裂需要大量能量，所以过程很缓慢，所需能量由有机碳源和丙酮酸提供。

生物固氮作用的氮同位素分馏主要通过室内固氮菌及其他自由活菌种的纯培养基实验确定。实验结果显示，除 Hoering 和 Ford（1960）测定的固氮菌[（3.7±3.5）‰]外，其他所有实验的生物固氮作用显示出微弱的正向同位素效应，如 Anabaena 蓝藻细菌的 $\delta^{15}N$ 值为 0.6‰（Minagawa et al.，1986）、1.4‰～2.5‰（Bauersachs et al.，2009）和 2.35‰（Macko et al.，1987）。与其他过程相比，生物固氮作用的同位素效应并不随着温度升高或培养条件的变化发生显著变化（Bauersachs et al.，2009）。然而，非典型硝化酶的实验呈现出显著的同位素效应，可达−7.99‰。Minagawa and 和 Wada（1986）在关于共生植物氮固定作用的同位素效应研究中发现了微弱的反向同位素效应。例如，金合欢树叶和枝干的同位素效应分别为（0.7±0.3）‰和（1.1±1.1）‰，红三叶草为（1.8±0.3）‰，羽叶满江红为（1.9±0.3）‰。

综上，纯培养基实验显示出的微弱正向同位素效应[平均值 =（−2.34±2.02）‰]，显著不同于共生植物微弱的反向同位素效应[（1.03±1.20）‰]。已有研究报道的生物固氮作用的同位素效应的总平均值为（−2.02±2.18）‰。

4.3.2　同化作用

同化作用指绿色植物和微生物吸收营养氮（NH_4^+、NO_3^-、NO_2^-）转化为生物体中有机氮的过程。同化作用实现了无机氮向有机氮的转化，这种转化首先是含氮氧化物通过硝酸盐或亚硝酸盐还原酶的作用还原为 NH_4^+，然后通过绿色植物或微生物作用同化成有机氮。

由于 ^{15}N 和 ^{14}N 的质量差异，同化作用通常较 ^{15}N 优先同化 ^{14}N，使得生物体较无机氮化合物贫 ^{15}N。已有实验研究（Wada and Hattori，1978；Delwiche and Steyn，1970；Brown and Drury，1967）测定的分馏系数 α（无机氮化合物/有机氮）的平均值为 1.008 2（$n=16$），表明同化作用使微生物中的 ^{15}N 较无机氮化合物贫 8.2‰。Mariotti 等（1980）汇编的土壤微生物同化作用产生的氮同位素分馏值变化范围为−1.6‰～1‰，平均值为−0.52‰。

基于已有研究结果（图 4.4），发现微生物和植物吸收 NO_3^- 的同位素效应平均值分别为

（−5.85±3.69）‰和（−7.27±4.07）‰，二者之间没有显著差异（$p>0.42$），总平均值为（−5.9±3.7）‰（中值为−5.4‰）。而微生物和植物吸收 NH_4^+ 的同位素效应平均值分别为（−10.2±7.94）‰和（−7.5±0.94）‰，二者之间也没有显著差异（$p>0.41$），总平均值为（−9.4±6.6）‰（中值为−8.0‰）。总的来看，微生物和植物对 NH_4^+ 吸收过程产生的同位素效应略显著于对 NO_3^- 的吸收过程。

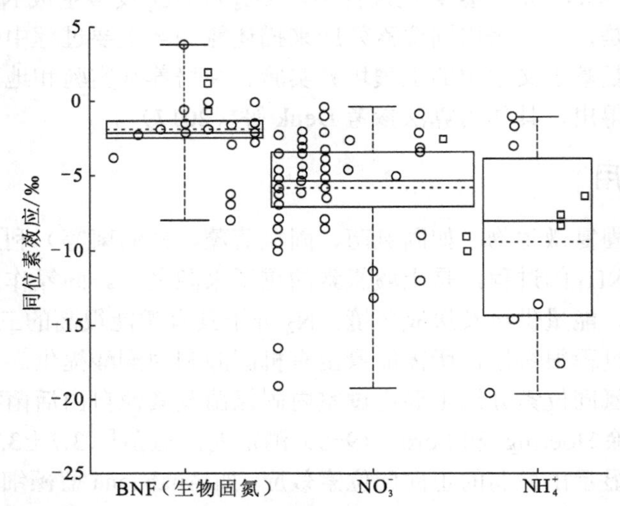

图 4.4 生物固氮作用和同化作用产生的氮同位素分馏（以同位素效应来表示）（Denk et al.，2017）

○表示微生物作用的培养基实验结果，□表示植物作用

4.3.3 矿化作用

矿化作用是指含氮有机物经微生物降解转化为 NH_3 的过程，又称为氨化作用。土壤中复杂含氮有机物质在土壤微生物的作用下，经氨基化作用逐步分解为简单有机态氨基化合物，再经氨化作用转化成氨和其他较简单的中间产物。矿化作用释出的氨大部分与有机或无机酸结合成铵盐，或被植物吸收，或在微生物作用下氧化成硝酸盐。

矿化作用形成的铵盐比原来的有机氮贫 ^{15}N。土壤培养实验表明，矿化形成的 NH_4^+ 的 $\delta^{15}N$ 值要比原来的有机氮降低 5‰～7‰。Focht（1973）通过理论计算得到的 ^{15}N 贫化程度为 4.6‰。Kendall（1998）认为，受硝化作用的影响，矿化作用通常在土壤有机质和土壤 NH_4^+ 中引起很小的分馏（±1‰）。

4.3.4 硝化作用

硝化作用是铵氧化成硝酸盐的过程，主要是自养型有机体为获取代谢能量而进行的多步氧化过程，反应途径可表示为

$$\begin{array}{ccccccc} & & N_2O & & NO_3^- & & \\ & & \uparrow & & \uparrow & & \\ NH_4^+ & \longrightarrow & NH_2OH & \longrightarrow & NO_2^- & \longrightarrow & N_2O \end{array} \tag{4.2}$$

硝化过程的第一步主要由亚硝化细菌将 NH_4^+ 通过中间反应产物 NH_2OH 氧化生成 NO_2^-；

第二步是硝化细菌将 NO_2^- 氧化生成 NO_3^-。在 NH_2OH 氧化为 NO_2^- 的过程中，N_2O 通过 NH_2OH 或 NO_2^- 的化学分解而形成。同时中间产物 NH_2OH 和 NO_2^- 也可通过非生物反应释放出 N_2O。

根据统计力学和动力学分馏原理从理论上计算得出，第一步硝化产物 NO_2^- 较反应物 NH_4^+ 贫 ^{15}N 约 28‰，而第二步则 NO_2^- 比 NH_4^+ 富 ^{15}N 约为 11‰，但是总的过程硝化产物 NO_3^- 贫 ^{15}N 约 18‰。已获得的实验和经验数据支持了上面的理论计算结果。Delwiche 和 Steyn（1970）发现由 NH_4^+ 硝化形成的 NO_2^- 贫 ^{15}N 为 26‰～38‰；Freyer 和 Aly（1975）观测到总过程的硝化产物贫 ^{15}N 约 18‰，与理论计算结果一致。然而也有变化较大的情况。例如，Miyake 和 Wada（1971）发现 NH_4^+ 在海洋细菌作用下氧化生成的 NO_3^- 贫 ^{15}N 为 5‰～21‰；Shear 和 Kohl（1986）测得土壤硝化作用的产物贫 ^{15}N 为 12‰～29‰。

近十几年来，学者对硝化作用氮同位素分馏开展了更为细致的研究，分别刻画了硝化过程中各个反应过程的氮同位素分馏情况。图 4.5 汇总了硝化作用的不同反应过程中氮同位素分馏的报道值。其中，土壤 NH_4^+ 氧化生成 NO_2^- 过程中同位素效应平均值为（−29.6±4.9）‰（中值为−27.2‰）；NH_4^+ 氧化生成 N_2O 的过程表现出更显著的同位素分馏（−64‰～−49.6‰），同位素效应平均值为（−56.6±7.3）‰（中值为−57‰）；而 NH_2OH 氧化生成 N_2O 过程的同位素效应变化范围为−26.3‰～5.7‰，平均值为（−5.8±10.2）‰；NO_2^- 氧化生成 NO_3^- 过程的同位素效应平均值为（13.0±1.5）‰。

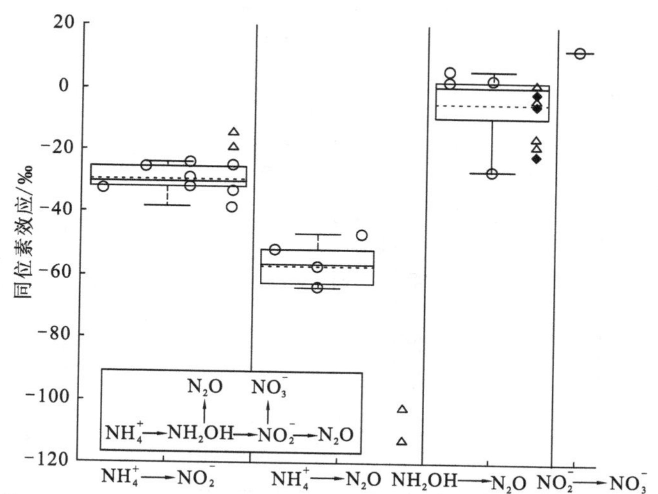

图 4.5 硝化作用的不同反应过程中氮同位素分馏（以同位素效应来表示）（Denk et al.，2017）

○表示微生物培养基实验结果，◆表示非生物反应，△为统计计算时的被忽略点

综上所述，硝化过程是一个较为复杂的多步氧化过程，各个反应过程中氮同位素分馏特征不尽相同，但总的硝化过程是以贫 ^{15}N 为主要特征。

4.3.5 反硝化作用

反硝化作用是指反硝化菌将硝酸盐还原为氮气的过程。它是一个多步反应逐级脱氮的过程，中间可形成多种氮氧化合物。反硝化作用的发生需满足四个条件：①氮的氧化物（NO_3^-、NO_2^-、NO 和 N_2O）作为最终电子受体；②存在具有代谢能力的细菌；③具有可用的电子供体；④厌氧条件或 O_2 获取受到限制。绝大多数反硝化微生物都是异养型细菌，以有机碳作为电子供体，在厌氧条件下，以 NO_3^- 作为电子受体，将 NO_3^- 还原为 N_2。少数反硝化微生物为自养型细菌，以还原性无机组分如 Mn^{2+}、Fe^{2+}和 HS^-作为电子供体将 NO_3^-还原为 N_2。

反硝化作用由于贫 ^{15}N 的 N_2 损失使剩余硝酸盐的 $\delta^{15}N$ 值随 NO_3^- 浓度的减少而呈指数增加，同时系统的酸度下降。对地下水反硝化作用，Vogel 等（1981）测得的富集系数 $\varepsilon_{N_2-NO_3^-}$ 约为-35‰；对海洋反硝化作用，Cline 和 Kaplan（1975）测得的富集系数 $\varepsilon_{N_2-NO_3^-}$ 为-40‰～-30‰；Mariotti 等（1982）总结实验室测得的富集系数变化范围为-33‰～-10‰，分馏程度受细菌代谢的实验条件所控制。不同研究者在不同条件下得到的分馏系数差异很大，说明在反硝化过程中影响氮同位素分馏的因素很多，如微生物种类与数量、温度、可利用水分、底物有效性、NO_3^-浓度等。

基于已报道的硝酸盐还原过程的培养基实验和水样、土样研究数据[图 4.6（a)]，该过程中真菌培养基实验条件下的氮同位素效应最强，其变化范围为-45.6‰～-30.9‰，平均值为（-37.8±6.6）‰；其次是土壤培养样品，变化范围为-52.8‰～-10‰，平均值为（-31.4±11.8）‰；再次是细菌培养基实验条件，变化范围为-36.7‰～-10‰，平均值为（-25.2±8.4）‰；水样的氮同位素效应最弱，其变化范围为-38‰～-2.6‰，平均值为（-17.8±10.3）‰。

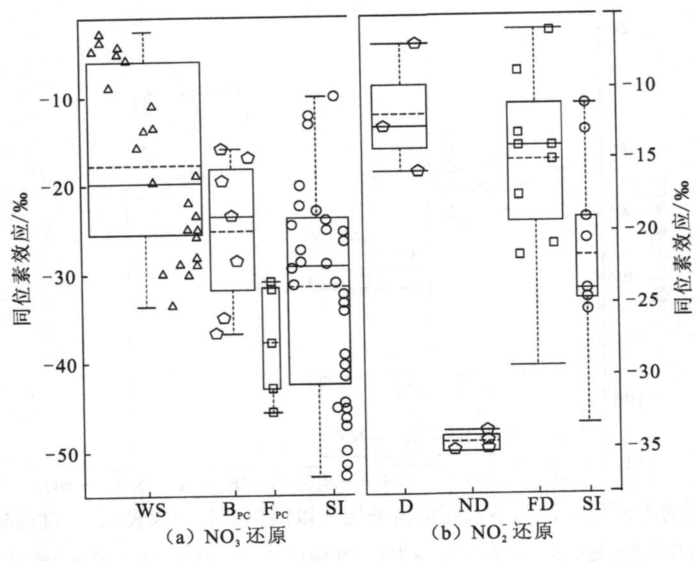

图 4.6　不同条件下 NO_3^-还原和 NO_2^-还原过程的同位素效应（Denk et al.，2017）

WS 为水样中 NO_3^-还原研究；B_{PC} 为细菌纯培养基 NO_3^-还原研究；F_{PC} 为真菌纯培养基 NO_3^-还原研究；SI 为土壤培养研究；D 为细菌培养基反硝化研究；ND 为异养型细菌培养基反硝化研究；FD 为真菌反硝化研究

基于已报道的亚硝酸盐还原过程的培养基实验和水样、土样研究数据[图 4.6（b）]，细菌纯培养基反硝化实验条件下氮同位素效应变化范围为-15.8‰～-6.9‰，平均值为（11.8±4.52）‰；真菌纯培养基反硝化实验条件下的同位素效应变化范围为-29.3‰～-6.0‰，平均值为（15.1±7.0）‰。而异养型细菌反硝化过程同位素效应的变化范围狭窄为-35.1‰～-33.7‰，平均值为（34.45±0.66）‰。土壤培养实验中的同位素效应变化范围为-33.2‰～

−1.2‰，平均值为（21.7±6.7）‰。

4.3.6 氨挥发作用

氨挥发是指 NH_3 从表层土壤挥发到大气中的过程。氨挥发是一个物理化学过程，在水溶液中，NH_4^+ 与 NH_3、OH^- 存在化学平衡关系：

$$NH_4^+ + OH^- \longrightarrow NH_3 \uparrow + H_2O \tag{4.3}$$

氨挥发受 pH 影响很大，碱性条件有利于氨的挥发，且 pH 越大挥发越强烈。氨挥发过程中的同位素分馏是由不含氮化合物之间的平衡分馏与 NH_3 扩散挥发的动力学分馏共同控制。

（1）溶液中 NH_4^+ 与 NH_3 之间的同位素交换：

$$^{14}NH_{4(aq)}^+ + ^{15}NH_{3(g)} = ^{15}NH_{4(aq)}^+ + ^{14}NH_{3(g)} \tag{4.4}$$

（2）NH_3 扩散挥发引起的动力学分馏：

$$^{14}NH_{4(aq)}^+ + ^{15}NH_{3(g)} \longrightarrow ^{15}NH_{4(aq)}^+ + ^{14}NH_{3(g)} \uparrow \tag{4.5}$$

氨挥发作用会产生显著的同位素分馏，使得剩余 NH_4^+ 因贫 ^{15}N 的 NH_3 损失而富集 ^{15}N，其 $\delta^{15}N$ 值显著增高。Urey（1947）通过理论计算得到该过程中的氮同位素平衡分馏系数 $\alpha_{NH_4^+-NH_3} = 1.034$。Mariotti 等（1984）和 Kirshenbaum 等（1947）测定的富集系数 $\varepsilon_{NH_4^+-NH_3} = 25‰$～35‰。在施化肥和粪肥的农田及堆肥处，氨挥发可导致有机质的 $\delta^{15}N$ 值大于 20‰（Kendall，1998）。

4.3.7 吸附和解吸反应

吸附和解吸反应是指含氮离子与黏土、土壤有机质或其他带电荷物质的表面发生同位素吸附或解吸。自然界中与氮有关的离子交换主要发生在 NH_4^+、NO_3^-、NO_2^- 等离子与黏土或土壤之间，其中以 NH_4^+ 与黏土或土壤的交换最为容易。研究表明，黏土优先吸附 ^{15}N，使交换后剩余溶液中的 NH_4^+ 贫 ^{15}N，交换系数变化在 1.001～1.025 7。阳离子交换树脂对 NH_4^+ 吸附与黏土相似，优先吸附重同位素的 NH_4^+，使交换后溶液中的 NH_4^+ 贫 ^{15}N，交换系数为 1.000 78；而阴离子交换树脂则优先吸附轻同位素的 NO_3^-，使交换后溶液中的 NO_3^- 富 ^{15}N，交换系数为 0.997 0（Kreitler and Jones，1975）。

4.3.8 氮同位素分馏小结

氮同位素分馏可以分为动力学分馏和平衡分馏两大类，其中前者以生物作用为主，包括氮循环转化过程中的生物固氮作用、同化作用、矿化作用、硝化作用和反硝化作用；后者以非生物作用为主，包括氨挥发作用、吸附和解吸反应中的同位素交换反应。表 4.1 汇总了氮循环过程中不同作用所产生的氮同位素分馏系数，可以看出 7 种作用的分馏系数 $\alpha_{产物-反应物}$ 平均值均小于 1，表明在氮循环转化过程中 ^{14}N 较 ^{15}N 更优先参加反应，使得产物较反应物富集 ^{14}N。其中，固氮作用、同化作用、矿化作用等过程产生的分馏较小，而硝化作用、反硝化作用和氨挥发作用则是影响水土环境中氮同位素组成变化最直接和最重要的过程。矿化作用、硝化作用、反硝化作用及氨挥发作用产生的同位素分馏更显著。

表 4.1 氮循环过程中的同位素分馏系数（$\alpha_{产物-反应物}$）

转化作用类型		平均值	最大值	最小值
生物作用	生物固氮作用	0.998 7	1.003 7	0.991 0
	氨同化作用	0.995 0	0.995 0	0.995 0
	矿化作用	0.997 5	1.000 0	0.995 0
	硝化作用	0.975 6	0.975 6	0.975 6
	反硝化作用	0.981 8	1.000 0	0.980 4
非生物作用	氨挥发	0.976 1	0.980 4	0.973 9
	吸附和解吸反应	0.998 6	0.998 6	0.998 6

4.4 自然界中稳定氮同位素的组成特征

自然界中含氮物质的 $\delta^{15}N$ 值通常在-50‰～50‰变化（图 4.7），变化范围达到了 100‰，大多数 $\delta^{15}N$ 值集中在-10‰～20‰。岩石圈中氮同位素数据很少，火成岩的 $\delta^{15}N$ 值为-16‰～31‰；水圈中的氮以海水中的氮为代表，$\delta^{15}N$ 值为-8‰～10‰；植物中的 $\delta^{15}N$ 值为-10‰～22‰；石油和煤的 $\delta^{15}N$ 值为 0～15‰；天然气的 $\delta^{15}N$ 值变化极大，为-20‰～45‰；地外物质中的 $\delta^{15}N$ 值变化范围最大，为-40‰～100‰，而火星大气的 $\delta^{15}N$ 值高达 700‰。

4.4.1 岩石圈中氮同位素的组成

煤的 $\delta^{15}N$ =（-2.5±6.3）‰，与有机物的来源和煤的变质程度有关。原油相对原岩干酪根贫 ^{15}N，但成熟和运移过程中又使 ^{15}N 富集。美国南部某地三个互相重叠的油气藏研究表明，热成熟时有机分子中的 ^{14}N 有限丢失。逸出的 ^{14}N 进入溶液或被黏土矿物吸附，原油则富集 ^{15}N。干酪根的平均 $\delta^{15}N$ =（3.2±0.3）‰，泥岩中 NH_4^+的 $\delta^{15}N$ =（3.0±1.4）‰，两者相似。沥青的 $\delta^{15}N$ 值随深度加深由约 3.5‰增加到 5.1‰。在深部油气藏的砂岩（＞100 ℃），原油的 $\delta^{15}N$ =（5.2±0.4）‰，与其生油岩中沥青的 $\delta^{15}N$ 一致。在浅部油气藏砂岩（＜90 ℃）中，NH_4^+ 的 $\delta^{15}N$ 没有受到流体的影响，生油和不生油砂岩中的 NH_4^+ 的 $\delta^{15}N$ 为（-1.2±0.8）‰。

氮在天然气中是常见的组分，$\delta^{15}N$ 值一般为-11.5‰～18‰，而极端值可分别为-47.6‰和 45.7‰。德国北部气田的测定结果给出 $\delta^{15}N$ 为三组：-10‰、5‰和 17‰。未经运移的天然气的 $\delta^{15}N$ 随成熟度提高而增加；经过运移的天然气，迁移距离越长，$\delta^{15}N$ 值越小。

不同类型硝酸盐矿床的氮同位素组成明显不同（图 4.8）。盐湖沉积形成的乌宗布拉克钾硝石矿床 $\delta^{15}N$ 值最高，$\delta^{15}N$ = 15.0‰～27.6‰，平均值为 22.7‰。其次是液-固共存的大洼地钾硝石矿床，$\delta^{15}N$ = 2.9‰～6.3‰，平均值为 6‰。小草湖、库姆塔格、吐峪沟及沙尔钠硝石矿床的 $\delta^{15}N$ 值相近，$\delta^{15}N$ = 0.7‰～6.0‰，平均值为 3.5‰，与大气及大气成因硝酸盐的 $\delta^{15}N$ 值相似。

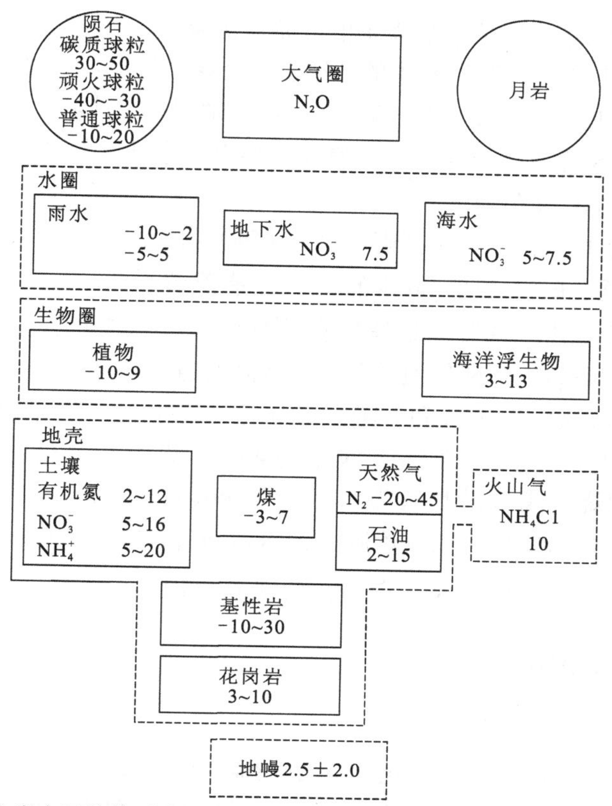

图 4.7　氮同位素在天然物质中的一般分布（以 $\delta^{15}N$，‰表示）（据郑淑惠，1986）

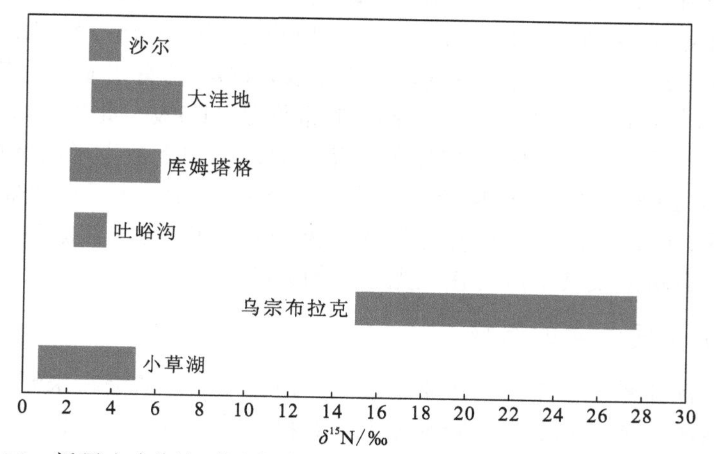

图 4.8　新疆吐哈盆地不同类型硝酸盐矿床的 $\delta^{15}N$ 分布图（秦燕，2010）

4.4.2　大气圈中氮同位素的组成

大气氮的氮同位素组成在空间垂向上分布均匀，具有稳定的 $\delta^{15}N$ 值（0～2‰），因此大气氮通常用作氮同位素标准。N_2O 是一种重要的温室气体，它由细菌作用产生，在平流层中因光化学反应而破坏。各地土壤生成的 N_2O 的 $\delta^{15}N$ 值不同，一般为负值。

大气中人为源 NO_x 的 $\delta^{15}N$ 值一般为正值。通常认为 NO_x 的 $\delta^{15}N$ 值主要与燃料初始的含氮量及氮在高温氧化过程中 NO_x 所发生的分馏有关。移动源如汽车排放的 $\delta^{15}N$ 值要低于固定源电厂排放的 $\delta^{15}N$ 值。大气中 NO_x 的天然源，包括闪电生成、土壤生物作用排放和生物体转化排放等，其 $\delta^{15}N$ 值并不确定。但通常认为原有状态地区的 $\delta^{15}N_{NO_3}$ 值要低于高污染地区，天然源较人为源的 $\delta^{15}N$ 值要低。

大气氮通常以湿沉降（降水，包括雨、雪、雾等）和干沉降（气态浮质和液、固态微粒）的方式转移到地球表面。研究表明，降水的 $\delta^{15}N_{NO_3}$ 有季节周期，一般春季、夏季有低值而冬季有高值。然而，百慕大群岛的降水却是冬季 $\delta^{15}N$ 值较低（−5.9‰），暖季较高（−2.1‰）。大气干沉降中 NO_3^- 和 NH_4^+ 的 $\delta^{15}N$ 值通常要比湿沉降的值偏高。Widory 等（2007）研究分析了法国直径小于 10 μm 微粒中 NO_3^- 和 NH_4^+ 的 $\delta^{15}N$ 值，发现由不同燃料所形成的微粒以重油的值最低（$\delta^{15}N = -7.8‰$），无铅柴油的 $\delta^{15}N$ 值为 4.6‰，煤的 $\delta^{15}N$ 值为 5.3‰，天然气的 $\delta^{15}N$ 值为 7.7‰，而垃圾焚烧形成的 $\delta^{15}N$ 值为 6.7‰。Yeatman 等（2001）对英国和爱尔兰沿海气溶胶的测试结果显示，靠近畜牧场的气溶胶的 $\delta^{15}N_{NH_4}$ 值和 $\delta^{15}N_{NO_3}$ 值分别为 13.5‰和 10.6‰，靠近公路的气溶胶 $\delta^{15}N_{NH_4}$ 值和 $\delta^{15}N_{NO_3}$ 值分别为 3.6‰和 11‰。

4.4.3 水圈中氮同位素的组成

1. 海水中氮同位素的组成

大洋深层水中溶解硝酸盐的 $\delta^{15}N$ 值为 6‰～8‰。脱氮反应是保持大洋水 $\delta^{15}N$ 高于大气的主要机理。海洋颗粒有机氮（particulate organic nitrogen，PON）的 $\delta^{15}N$ 值为 3‰～13‰，相对陆地来源颗粒有机物（−6.6‰～5.2‰）富集 ^{15}N。荷兰须德海某河口湾的 PON 的 $\delta^{15}N$ 值表明，内陆 80 km 处 $\delta^{15}N$ 值为（1.5±0.2）‰，向北海变为（8.0±1.8）‰，有增加趋势。

无论是陆地还是海洋，由于有机物的季节性生长，PON 都有明显的季节变化。春天和初夏，生物繁盛时，$\delta^{15}N$ 低，而夏秋则 $\delta^{15}N$ 高，在北海达 11.5‰。此外，海洋 PON 含量及其同位素组成呈现出显著的垂向变化。PON 的含量从表层水向下数十米内增加，其 $\delta^{15}N$ 值减小，达到最低值约 2.9‰，随后 $\delta^{15}N$ 增加，直到约 500 m 时，达到 13‰；PON 含量在约 500 m 以下保持不变直到洋底，其 $\delta^{15}N$ 也保持不变直到洋底。这与浮游生物在大洋表层营养层中产生海洋颗粒有机质及其下沉时在无光层中的分解有关。

2. 江河水中氮同位素的组成

硝酸盐是目前河流系统中重要的污染物之一。河流硝酸盐的潜在来源可分为天然硝酸盐和非天然硝酸盐两种。前者源于大气降水和天然有机氮的降解与硝化作用，后者则与化肥、污水、粪便等人类活动密切相关。河水中硝酸盐的氮同位素组成一方面受硝酸盐来源的控制，另一方面受氮循环过程中物理、化学、生物作用的同位素分馏影响。河水中硝酸盐的来源与转化过程的影响因素较多，与集水区内温度、降水量等气候因素、土地利用、固氮植物的分布、地下水的补给、河岸与河底生物带的分布和人类活动情况等有关。

在硝酸盐来源和氮循环过程同位素分馏的共同控制下，世界大江大河硝酸盐含量及其同位素组成呈现出不同的特征。中国黄河干流河水硝酸盐的 $\delta^{15}N$ 值为−3.3‰～6.2‰，平均值为

（3.2±4.5）‰；黄河支流沁河河水硝酸盐的 $\delta^{15}N$ 值为 0.2‰～17.5‰，平均值为（8.3±4.6）‰。长江干流河水硝酸盐的 $\delta^{15}N$ 值为 7.3‰～12.9‰，平均值为 10.2‰；支流水体中硝酸盐 $\delta^{15}N$ 范围较窄，大部分支流的 $\delta^{15}N$ 值为 9‰～12‰。长江颗粒物有机氮的 $\delta^{15}N_{PON}$ 值为 2.8‰～6.0‰。美国密西西比河干流硝酸盐的 $\delta^{15}N$ 值为−1.4‰～15.5‰，平均值为（7.3±3.21）‰；大型支流硝酸盐的 $\delta^{15}N$ 值为 2.8‰～12.4‰，平均值为（7.5±2.46）‰；以农业耕作和畜牧业为主要流域的小型支流硝酸盐的 $\delta^{15}N$ 值为 5.3‰～13.4‰，平均值为（9.6±2.54）‰；以农业耕作为主要流域的小型支流硝酸盐的 $\delta^{15}N$ 值为 3.1‰～12.3‰，平均值为（7.2±2.66）‰；以城市用地为主要流域的小型支流硝酸盐的 $\delta^{15}N$ 值为−1.2‰～15.5‰，平均值为（3.8±4.81）‰；以未开发用地为主的小型支流硝酸盐的 $\delta^{15}N$ 值为−1.4‰～8.1‰，平均值为（4.2±2.88）‰。

3. 地下水中氮同位素的组成

地下水中的氮主要以 NO_3^-、NO_2^- 和 NH_4^+ 形态存在，其中 NO_3^- 和 NH_4^+ 最为稳定，主要形成于生物地球化学循环作用。在天然条件下，地下水中 NO_3^- 质量浓度通常很低，其质量浓度背景值一般小于 10 mg/L。然而，在人类活动影响下，地下水中 NO_3^- 浓度显著增加。影响氮循环的人类活动包括人工固氮生产化肥、种植豆科植物和其他固氮作物、生物燃料（煤、石油和天然气）的燃烧、工业废水和生活污水排放、人口剧增和畜禽养殖业发展排放大量粪便、森林砍伐和焚烧、垦荒造田灌溉等。这些活动释放的及自然作用产生的各种形式的氮成为地下水中氮的潜在来源，影响地下水中氮的形态、浓度及其同位素组成特征。

1）地下水中 NO_3^- 的氮同位素组成（$\delta^{15}N_{NO_3^-}$）

农业地区地下水硝酸盐的 $\delta^{15}N$ 值具有较大的变化范围，为−8.3‰～65.5‰。地下水中硝酸盐氮同位素组成及其变化受地下水氮来源和地球化学及水文地质条件控制的氮迁移转化过程的共同影响（图 4.9）。

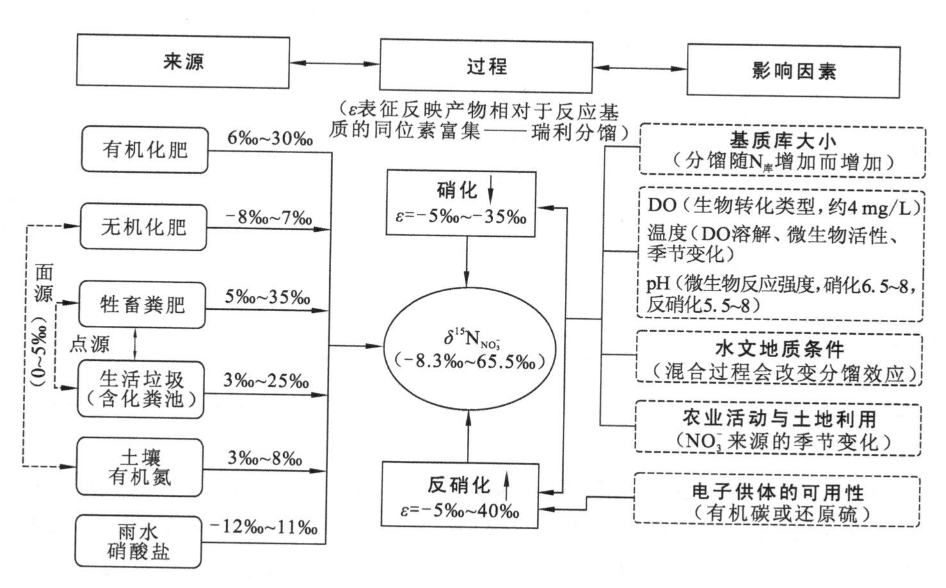

图 4.9 农业地区地下水 $\delta^{15}N_{NO_3^-}$ 值变化的影响因素示意图（Nikolenko et al.，2018）

地下水硝酸盐的主要来源包括有机化肥、无机化肥、牲畜粪肥、生活垃圾（含化粪池）、土壤有机氮和雨水硝酸盐，尽管它们的 $\delta^{15}N$ 值范围可能会有重叠，但仍有显著的不同。例如，通常无机化肥的 $\delta^{15}N$ 值最低，其次是土壤有机氮，动物粪便或生活污水的 $\delta^{15}N$ 值最高。地下水的硝酸盐的氮同位素组成实际上是不同来源的硝酸盐混合的结果，硝酸盐来源的氮同位素组成及其贡献比例直接影响地下水中硝酸盐的氮同位素组成特征。

地下水介质中所发生的物理化学和生物化学作用控制着硝酸盐的迁移与转换过程，同时在此过程中特别是硝化过程和反硝化过程会发生显著的氮同位素分馏，改变了氮源和地下水中硝酸盐的氮同位素组成。反硝化作用的结果使地下水中硝酸盐的 $\delta^{15}N$ 值显著升高；而硝化作用会使地下水中的硝酸盐相对初始氨氮的 $\delta^{15}N$ 值减小 5‰～35‰。影响硝化和反硝化过程的主要影响因素包括基质库大小、地下水的溶解氧（dissolved oxygen，DO）、温度和 pH、水文地质条件和农业活动与土地利用等。

2）地下水中 NH_4^+ 的氮同位素组成（$\delta^{15}N_{NH_4^+}$）

相对于地下水 NO_3^- 氮同位素组成的研究，地下水 NH_4^+ 氮同位素组成的研究较少。表 4.2 汇总了已报道的农业地区地下水 NH_4^+ 的 $\delta^{15}N$ 值，可以看出地下水 NH_4^+ 的 $\delta^{15}N$ 值变化范围为 -8.5‰～23.8‰，显著小于地下水 NO_3^- 的 $\delta^{15}N$ 变化范围。地下水中 NH_4^+ 氮同位素组成的变化与 NO_3^- 类似，同样受 NH_4^+ 来源及其产生和消耗过程中氮同位素分馏控制（图 4.10）。

表 4.2　地下水 NH_4^+ 氮同位素实例研究结果值汇总表

地区	$\delta^{15}N_{NO_4^+}$/‰	NH_4^+/（mg/L）	影响过程
四川盆地（Li et al.，2007）	农田地的井水：-6.7～5.1（平均值＝-1.2±3） 农家庭院的井水：5.4～23.8（平均值＝9.7±6.1） 泉水（平均值＝-8.5±1.5）	0.1～0.3	尿素挥发（Vu）
贵阳（Liu et al.，2006）	夏季：0.04～1（平均值＝0.64） 冬季：-1.7～3.9（平均值＝1.2）	夏季：0.04～3.6（平均值＝0.8） 冬季：0.04～18（平均值＝4.1）	硝化作用，挥发作用（N，V）
美国俄勒冈州拉松（Hinkle et al.，2007）	2.5～3.9（平均值＝3.5）	（>0.02）～38（平均值＝4.3）	有机氮的矿化作用（M）
遵义地区（Li et al.，2010）	-1.1～5.2（平均值＝1.9）	夏季：bdl～1.7 冬季：bdl～1.3	硝化作用（N）

注：bdl 指低于检出限。

地下水 NH_4^+ 来源中雨水具有最负的 $\delta^{15}N$ 值，而动物粪便和生活污水具有最正的 $\delta^{15}N$ 值；同时有机氮相对于无机合成氨肥具有略偏正的 $\delta^{15}N$ 值。因此，动物粪便和生活污水（含化粪池）的污染通常使地下水中 NH_4^+ 具有较高的 $\delta^{15}N$ 值。然而，NH_4^+ 在迁移转化过程中由于矿化作用、吸附作用、挥发作用、硝化作用、厌氧氨氧化作用和 NO_3^- 异化还原生成 NH_4^+（dissimilatory

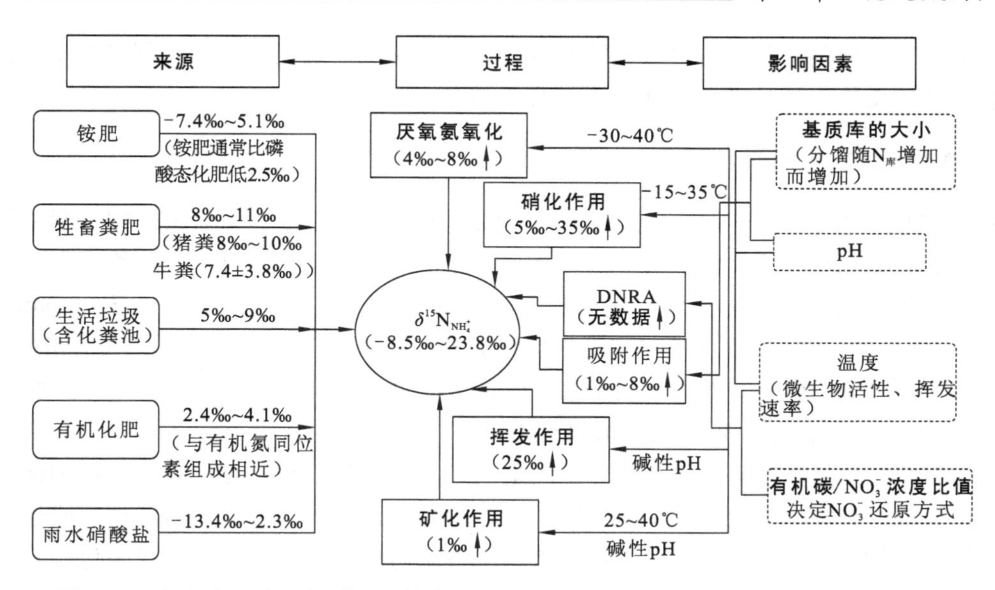

图 4.10 农业地区地下水 $\delta^{15}N_{NH_4^+}$ 值变化的影响因素示意图(Nikolenko et al., 2018)

nitrate reduction to ammonium, DNRA)作用都会使其同位素组成发生显著变化。这些作用可能产生的氮同位素分馏值如图 4.10 所示,挥发作用和硝化作用会使剩余的 NH_4^+ 富集 ^{15}N;吸附和矿化作用的影响较小,而 DNRA 对 NH_4^+ 同位素的影响不明确。由这些过程所产生的氮同位素分馏程度受环境条件的影响,包括基质库大小、pH、温度及有机碳/NO_3^-浓度比值等。

4.4.4 生物圈中氮同位素组成

在自然生态系统中,植物的氮源主要包括大气、土壤、雨水中的氮及动植物腐殖体和牲畜排泄物中的含氮物质。由于氮同位素的分馏,植物-土壤-大气系统中各种氮源的 $\delta^{15}N$ 值明显不同。大多数含氮物质的 $\delta^{15}N$ 值集中在-10‰~20‰,其变化区间与土壤 $\delta^{15}N$ 值的分布范围基本一致。其中,$\delta^{15}N<0$ 的分布与雨水的 $\delta^{15}N$ 范围较接近。

在生物组织的 $\delta^{15}N$ 值分布范围内,固氮植物的 $\delta^{15}N$ 值与大气 N_2 的 $\delta^{15}N$ 值相近,为(0±2)‰;非固氮植物具有较大变化范围的 $\delta^{15}N$ 值,为-10‰~9‰;动物组织的 $\delta^{15}N$ 直接取决于其食物中的同位素组成,但在此过程中同样存在同位素的富集现象,沿营养级每上升一级,富集 2‰~3‰,即食草类动物的 $\delta^{15}N$ 要比其所吃食物富集 3‰~4‰。

1. 陆生植物的氮同位素组成

陆生植物按氮代谢方式可以分为固氮植物和非固氮植物两大类。固氮植物,如豆类、苜蓿等,同化大气氮,其 $\delta^{15}N$ 值变幅很小,约为-3‰~1‰,与大气氮的 $\delta^{15}N$ 值相近。非固氮植物则只是使用对植物有效的其他类型的氮,包括无机氮(NH_4^+和 NO_3^-)和有机氮(如氨基酸),$\delta^{15}N$ 值变化范围较大。但是,对大多数陆生植物而言,$\delta^{15}N$ 值的变化范围约为-6‰~5‰。

植物的 $\delta^{15}N$ 值不仅取决于其具有不同氮同位素组成的氮源,还受其生长环境的影响。除了受温度、降水、大气 CO_2 浓度和海拔等影响外,其他气候环境因子如光照、土壤条件(土壤母质、土壤水分、pH、土壤氮营养状况和土壤 $\delta^{15}N$ 值等)、盐分胁迫和环境污染等均会间

接影响植物的 $\delta^{15}N$ 值，并且这些因素随纬度、坡向和季节等也会发生不同程度的变化，从而使植物 $\delta^{15}N$ 值受气候环境变化的影响变得更加复杂。

2. 水生植物的氮同位素组成

水生植物包括由其所生成的有机物，其同位素组成的变化范围比陆生植物的变化范围要大得多，也更难预测。淡水水生植物的 $\delta^{15}N$ 值是-15‰～20‰。然而，天然条件下水边带的水生植物及草本沼泽的 $\delta^{15}N$ 值可能达到极端值，范围在-1‰～7‰。在美国 Everglades 湿地的 1 000 多种水生生物中，周丛植物和附生植物类型的藻类 $\delta^{15}N$ 平均值与大型植物的 $\delta^{15}N$ 平均值相同，均为 2‰，$\delta^{15}N$ 值都可高达 15‰。然而两者的 $\delta^{15}N$ 低值却很不同，大型植物的 $\delta^{15}N$ 值可低到-13‰，而藻类的 $\delta^{15}N$ 最低值只有-7‰。

非固定型淡水水生植物的氮源是溶解性无机氮（dissolved inorganic nitrogen，DIN），其 $\delta^{15}N_{DIN}$ 在环境中有很大的变幅（Kendall et al.，2007）。其典型低值是固氮作用或化石燃料燃烧生成氮，$\delta^{15}N_{DIN}$ 达-10‰～5‰，其典型高值是动物排泄物或经受强烈反硝化作用生成的氮，$\delta^{15}N_{DIN}$ 可超过 30‰。

3. 土壤中氮同位素组成

土壤中总氮的 $\delta^{15}N$ 值的变化范围为-10‰～15‰。从地区或全球尺度来看，土壤 $\delta^{15}N$ 值随年平均降水量的增大和年平均气温的减小而减小。耕作土壤的 $\delta^{15}N$ 值[（0.65±2.6）‰]略低于未耕作土壤的 $\delta^{15}N$ 值[（2.73±3.4）‰]。土壤总氮的 $\delta^{15}N$ 值，不能近似为对作物生长有效氮的 $\delta^{15}N$ 值，因为土壤中大部分的氮结合在有机物中，并非直接有效于各种作物。

土壤中的 DIN 主要是 NO_3^-，仅占土壤总氮的约 1%，这是一个很小的土壤氮库，但对于环境变化的响应却很灵敏。土壤硝酸盐 $\delta^{15}N$ 值的变化范围为-10‰～15‰，但大部分土壤硝酸盐的 $\delta^{15}N$ 值集中在 2‰～5‰。非耕地土壤水中硝酸盐的 $\delta^{15}N$ 值大约要比耕地的 $\delta^{15}N$ 值高 1.5‰，但两者比土壤有机物的 $\delta^{15}N$ 值都要低 4‰以上。无论是土壤无机氮还是有机氮的氮同位素组成，都受到地形位置、排水条件、植被覆盖、植物凋落物、土壤利用、气温和降水等许多因素的强烈影响。

土壤中由化肥产生的 NO_3^- 的 $\delta^{15}N$ 平均值约为（4.7±5.4）‰，显著区别于由动物排泄物产生的 NO_3^- 的 $\delta^{15}N$ 平均值（14.0±8.8）‰。但两者与降水和天然土壤中硝酸盐的 $\delta^{15}N$ 值却有重叠。地形对土壤中硝酸盐的氮同位素组成有较大影响。在平坡或缓坡地及谷底的土壤，往往发生较高程度的固化或发生较强的硝化作用。土壤中的硝酸盐相比土壤氨基盐，前者更易于被树木根系所同化。在灌木和树林下表土的 $\delta^{15}N$ 值，要比开敞地的低。土壤总氮和溶解无机氮的 $\delta^{15}N$ 值，一般都随深度的增加而增大。

土壤 $\delta^{15}N$ 值实际取决于三方面的因素，即氮输入的同位素组成，氮的输出损失，在氮转化过程中的分馏。困难是在土壤中所发生的分馏很难测定，因而常用观测到的分馏值（$\delta^{15}N_{基质}-\delta^{15}N_{产物}$）来代替（Evans，2007）。图 4.11 是一个土壤氮转化的概念模型及主要转化作用中所产生的同位素分馏值。

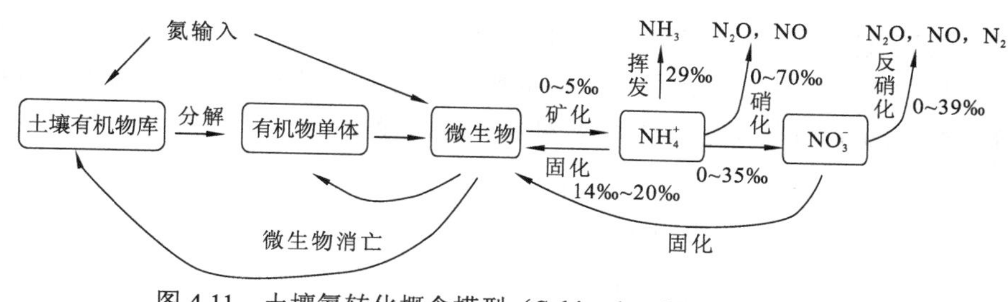

图 4.11 土壤氮转化概念模型（Schimel and Bennet，2005）

4.5 稳定氮同位素技术方法应用

4.5.1 地下水中不同来源硝酸盐同位素特征值的端元模型

同位素用于源解析的基本前提是不同来源具有可显著区分的同位素特征端元值。地下水中硝酸盐的主要来源包括有机化肥、无机化肥、牲畜粪肥、生活污水（含化粪池）、土壤含氮有机物和雨水硝酸盐。图 4.12 为硝酸盐来源的氮同位素组成的典型值域，其中，雨水 NO_3^-（$\delta^{15}N=-12‰\sim11‰$）和无机化肥（$\delta^{15}N=-8‰\sim7‰$）中 $\delta^{15}N$ 值较轻，土壤含氮有机物经过微生物硝化作用的 $\delta^{15}N$ 值为 3‰～8‰，有机化肥、牲畜粪肥和生活污水中 $\delta^{15}N$ 值较大，可达 25‰～35‰。可以看出尽管不同来源的硝酸盐具有不同的 $\delta^{15}N$ 值，但存在部分重叠现象。

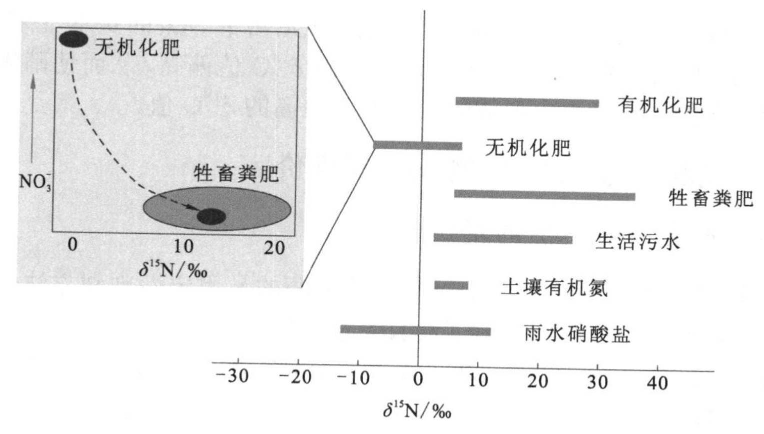

图 4.12 地下水中不同来源硝酸盐的 $\delta^{15}N$ 值及反硝化作用对来源 $\delta^{15}N$ 值的改变

无机化肥（尿素、氨肥、硝酸盐）通常以固定大气 N_2 的方法来合成，合成过程中发生较小的同位素分馏，其 $\delta^{15}N$ 平均值接近大气 N_2[（0±3）‰]；而有机化肥 $\delta^{15}N$ 值偏正，由于排泄物中尿素富集轻同位素及 ^{14}N 的 NH_3 易挥发，剩余物富集 ^{15}N。因此利用 $\delta^{15}N$ 值可以区分无机化肥和有机化肥来源。然而由于重叠的 $\delta^{15}N$ 值，无机化肥与雨水硝酸盐，有机化肥、牲畜粪肥与生活污水却很难区分。同时，由于反硝化作用的影响，会改变硝酸盐来源的初始同位素组成，单独应用氮同位素进行来源区分更加困难。

因此，单独应用氮同位素并不能很好地识别地下水中硝酸盐的来源，存在许多的不确定性。而硝酸盐的氮氧同位素组成的同时应用在一定程度上解决了端元区分的问题，能够更准确地判定硝酸盐的来源。图 4.13 是不同来源的硝酸盐氮氧同位素组成（$\delta^{15}N$ 和 $\delta^{18}O$）的典型值域，结合硝酸盐的 $\delta^{18}O$ 值可进一步对不同来源的硝酸盐进行区分。

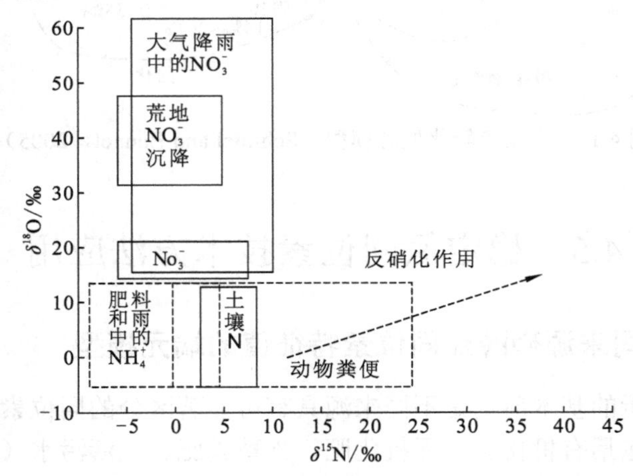

图 4.13　不同来源硝酸盐的 $\delta^{15}N$ 和 $\delta^{18}O$ 典型值域（Kendall，1998）

大气来源硝酸盐具有明显偏正的氧同位素组成，大气沉降中 NO_3^- 的 $\delta^{18}O$ 平均值为（43.6±14.6）‰，大气降水中 NO_3^- 的 $\delta^{18}O$ 值变化范围为 20‰～70‰，显著区分于其他硝酸盐来源。源自大气中的氮、氧经人工合成形成的硝酸态氮肥的 $\delta^{18}O$ 值为 18‰～22‰，高于土壤有机氮硝化形成的 NO_3^-。同时分析牲畜粪肥和生活污水 NO_3^- 的 $\delta^{15}N$ 值和 $\delta^{18}O$ 值，有可能分辨出二者区别。粪肥堆放在地表因蒸发作用导致 $\delta^{18}O$ 值偏高，从而使硝化形成的 NO_3^- 比下水管道中未受蒸发的生活污水中形成的 NO_3^- 具有更高的 $\delta^{18}O$ 值。

4.5.2　地下水中硝酸盐污染源的定性与定量评价

1. 地下水硝酸盐来源识别的定性分析

图解法是判别地下水中硝酸盐污染类型及其来源的常用定性判别方法。邵益生和纪杉（1993）总结了依据 $\delta^{15}N$-[NO_3^-]判别地下水 NO_3^- 混合源的图解法（图 4.14）。图中 G 表示天然土壤 NO_3^-；A、B 和 C 表示三种典型的污染源，分别为粪便源 NO_3^-、生活污水源 NO_3^- 和氮肥或工业污水源 NO_3^-。由于粪便源、生活污水源和氮肥或工业污水源的 NO_3^- 具有显著不同的 $\delta^{15}N$ 范围值，在纵坐标方向上三者明显分区。可根据地下水样品投影点在图 4.14 上的分布形状判别其污染类型和污染源，具体分析如下。

（1）如图 4.14（a）所示，地下水样品投影点集中分布呈孤岛状，说明 NO_3^- 污染来源单一，此时可直接应用 $\delta^{15}N$ 值简单对比法确定污染来源：落在 A 区为粪便源，落在 B 区为生活污水源，落在 C 区则为氮肥或工业污水源。

（2）如图 4.14（b）所示，地下水样品投影点呈不规则面状分布，说明 NO_3^- 污染是面状点源混合型，受到粪便源、生活污水源和氮肥或工业污水源三者的共同影响。此时可先用统计分析法求出 $\delta^{15}N$ 值的频率分布，然后根据频率大小依次确定污染源及各自占比。

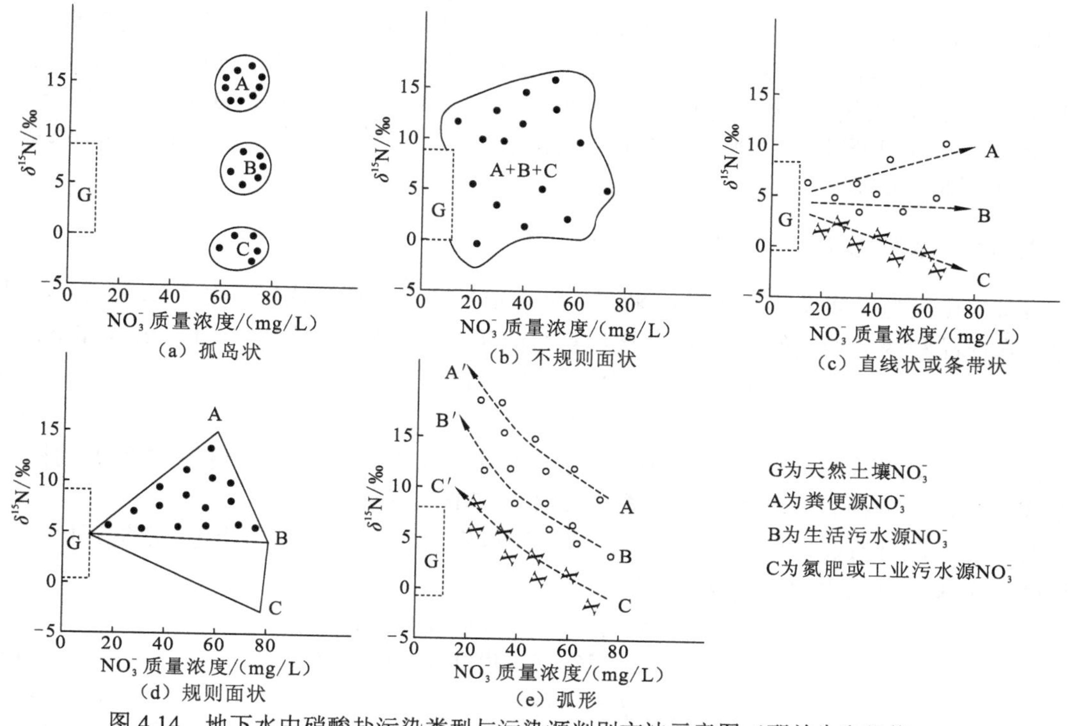

图 4.14　地下水中硝酸盐污染类型与污染源判别方法示意图（邵益生和纪彬，1993）

（3）如图 4.14（c）所示，地下水样品投影点呈直线状或条带状分布，则说明地下水 NO_3^- 是二源混合结果。此时可根据线（带）的端元确定污染源的类型，并根据杠杆原理求出混合比例。当地下水样品投影点分布在 GA 两端元的连线上时，表现出随着地下水中 NO_3^- 浓度的增加，其 $\delta^{15}N$ 值同步升高，趋向粪便源的同位素组成，这是粪便源污染的典型特征；当地下水样品投影点分布在 GB 两端元的连线上时，表现随着地下水中 NO_3^- 浓度的增加，其 $\delta^{15}N$ 值基本不变，这是生活污水源污染的一般特征；地下水样品投影点分布在 GC 两端元的连线上时，表现出随着地下水中 NO_3^- 浓度的增加，其 $\delta^{15}N$ 值反而降低，由氮肥或工业废水源造成的污染可能会出现这种情况。

（4）如图 4.14（d）所示，地下水样品投影点成规则面状分布，说明地下水 NO_3^- 存在多源混合。若呈三角形则为三源混合（如 ABG）；若呈四边形则为四源混合（如 ABCG）。虽然此种情况比较复杂，但根据多元组分的混合规则仍可对地下水中 NO_3^- 来源进行定性判别，甚至根据质量守恒方程组定量计算出各种来源的混合比例。

（5）如图 4.14（e）所示，地下水样品投影点呈弧线分布，表现出随着 NO_3^- 浓度的减小其 $\delta^{15}N$ 值升高的趋势，这表明地下水中存在反硝化作用，改变了初始的氮同位素组成。此时，需要通过图解或回归分析恢复反硝化作用前硝酸盐污染源的初始 $\delta^{15}N$ 值。显然在同一分馏线上，NO_3^- 浓度最高的样品，其 $\delta^{15}N$ 值最可能反映出污染源 $\delta^{15}N$ 值的初始特征。

此外，通常还可以将地下水样品点投影在潜在硝酸盐来源的 $\delta^{15}N$ 与 $\delta^{18}O$ 关系的端元图（图 4.13）中，通过对比分析样品点和硝酸盐来源的氮氧同位素组成来进行地下水 NO_3^- 来源的定性判别。若地下水样品点落在某一来源端元的氮氧同位素组成区间内，则表明该端元是最主要的贡献来源；若地下水样品点落在两个或多个来源端元的区间范围内，则表明地下水 NO_3^- 是多源混合的结果。值得注意的是，在解释氮同位素组成特征时，必须充分考虑从水文地质条件，并综合水化学、微生物和其他多种同位素（如 $\delta^{11}B$、$\delta^{34}S$ 和 $\delta^{18}O$、$\delta^{13}C_{DIC}$ 和 $^{87}Sr/^{86}Sr$ 等）的分析，有助于阐明水文地质系统中可能发生的氮迁移转化过程及其对来源识别的影响，进而帮助识别污染来源。

2. 地下水硝酸盐来源识别的定量计算

质量平衡模型是实现不同硝酸盐来源贡献率定量评价的理论依据。对于二元混合，可根据地下水样品和两个端元的 $\delta^{15}N$ 值直接计算得出两种来源的贡献比例。计算公式如下：

$$\delta^{15}N_{样品} = \delta^{15}N_A f_A + \delta^{15}N_B f_B \tag{4.6}$$

$$f_A + f_B = 1 \tag{4.7}$$

式中：$\delta^{15}N_{样品}$、$\delta^{15}N_A$ 和 $\delta^{15}N_B$ 分别为地下水样品中 NO_3^- 和来源 A 及来源 B 中 NO_3^- 的氮同位素组成；f_A 和 f_B 分别为两种不同的硝酸盐来源 A 和 B 的贡献比例。

对于三元混合情况，可基于硝酸盐的氮氧同位素建立质量守恒方程组，定量评价三种不同硝酸盐来源的贡献比例。计算公式如下：

$$\delta^{15}N_{样品} = \delta^{15}N_A f_A + \delta^{15}N_B f_B + \delta^{15}N_C f_C \tag{4.8}$$

$$\delta^{18}O_{样品} = \delta^{18}O_A f_A + \delta^{18}O_B f_B + \delta^{18}O_C f_C \tag{4.9}$$

$$f_A + f_B + f_C = 1 \tag{4.10}$$

式中：$\delta^{15}N$ 样品和 $\delta^{18}O$ 样品为地下水样中 NO_3^- 及其三种不同硝酸盐来源的 $\delta^{15}N$ 值和 $\delta^{18}O$ 值；角标样品和 A、B、C 分别为地下水样品和任意 3 种 NO_3^- 来源；f_A、f_B 和 f_C 分别为不同来源 NO_3^- 的贡献比例。

Phillips（2002）认为在理论上，如果水体中的硝酸盐污染源不大于三个，就可以用质量平衡模型来量化各个污染源对水体硝酸盐污染的贡献比例。Moore 和 Semmens（2008）指出 Phillips 等提出的模型没有考虑一些重要的不确定来源，包括硝酸盐 $\delta^{15}N$ 值和 $\delta^{18}O$ 值的时空变异性、反硝化作用中同位素分馏作用及最终的汇含有很多来源。针对 Moore 等的观点，Parnell 等（2010）开发了一个基于 R 统计软件的稳定同位素混合模型（stable isotope analysis in R，SIAR）。该模型基于狄利克雷分布，在贝叶斯框架下构建了一个逻辑先验分布，将上述三个不确定性都考虑在内。通过定义 K 个来源 N 个混合物的 J 个同位素，考虑上述的不确定性，SIAR 模型可以表示为

$$X_{ij} = \sum p_k \left(S_{ij} + C_{ij}\right) + \varepsilon_{ij} \tag{4.11}$$

$$S_{ij} = N\left(\mu_{ij}, \omega_{jk}^2\right) \tag{4.12}$$

$$C_{ij} = N\left(\lambda'_{ij}, \omega\tau'^2_{jk}\right) \tag{4.13}$$

$$\varepsilon_{ij} = N\left(0, \sigma_j^2\right) \tag{4.14}$$

式中：X_{ij} 为第 i 个混合物的第 j 种同位素值，$i=1, 2, 3, \cdots, N$；$j=1, 2, 3, \cdots, J$；P_k 为需要用 SIAR 模型估算的第 k 个来源的比例；S_{ij} 为第 i 个来源的第 j 种同位素值的 δ 值，服从平均值为 μ，方差为 ω 的正态分布；C_{ij} 为第 i 个来源的 j 同位素的分馏系数，服从以平均值为 λ'，方差为 τ' 的正态分布；ε_{ij} 为残余误差，表示其他各个混合物间无法量化的方差，其

平均值和方差通常情况下为 0。

SIAR 模型已被成功用于污染水体中 NO_3^- 多种来源的定量评价中。例如，Xue 等（2012）成功运用 SIAR 模型评价了 6 个潜在污染源（降水、硝态氮肥、铵态氮肥、土壤氮、粪便和污水）对欧洲 Belgium 北部 Flanders 农业区的 6 条典型河流 NO_3^- 的贡献比例。结果表明，粪便和污水的贡献比例最高，土壤氮、硝态氮肥和铵态氮肥的贡献比例居中，降水贡献比例最低。

4.5.3 地下水中硝酸盐反硝化作用的判别

在野外场地研究中，有时可观测到地下水中 NO_3^- 浓度沿着地下水流动方向不断降低。其原因可能是地下水与其他不含硝酸盐的水体发生混合作用而被稀释，也可能是发生了反硝化作用。反硝化作用是将水体中 NO_3^- 还原为 N_2 或 N_2O，是水体自然净化的重要途径，也是地下水 NO_3^- 污染防控的重要研究内容。

反硝化作用发生的两个重要条件是缺氧环境和有机碳源。一般反硝化作用都发生在承压含水层中，然而在潜水含水层特殊的微环境下也可能发生反硝化作用。有机碳源是地下水中发生反硝化作用最受限制的因子。尽管地下水发生的反硝化作用通常是异养反硝化作用，但当地下水有机碳缺乏时，也有可能发生自养反硝化作用，即 Fe^{2+} 或还原硫如 FeS_2 将 NO_3^- 还原为 N_2。无论是哪种反硝化作用，其结果都会使地下水中的 NO_3^- 浓度减少，$\delta^{15}N$ 值增加。

在反硝化作用中，剩余 NO_3^- 的 $\delta^{15}N$ 值和 $\delta^{18}O$ 值的变化都遵循瑞利分馏，可以用瑞利方程来表示：

$$\delta_t \approx \delta_0 + \varepsilon_{p\text{-}s} \ln(C_t/C_0) \tag{4.15}$$

式中：δ_t 和 δ_0 分别为地下水 NO_3^- 在时刻 t 和初始时的同位素组成；C_0 和 C_t 分别表示反硝化作用初始和 t 时刻的 NO_3^- 浓度值，而 C_t/C_0 则表示 NO_3^- 的剩余份额；$\varepsilon_{p\text{-}s}$ 表示反应物 p 相对于生成物 s 的富集系数。

因此，可以采用图解法区分反硝化作用与混合作用。地下水 NO_3^- 的 $\delta^{15}N_{NO_3^-}$ 与 NO_3^- 质量浓度的关系图[图 4.15（a）]上，上方曲线表示反硝化作用，下方实线表示混合的稀释作用。即混合作用在 $\delta^{15}N_{NO_3^-}$ 与浓度倒数 1/[NO_3^-]关系图上为一直线[图 4.15（b）]，而反硝化作用则在 $\delta^{15}N_{NO_3^-}$ 与浓度对数 ln[NO_3^-]关系图上为一直线[图 4.15（c）]。

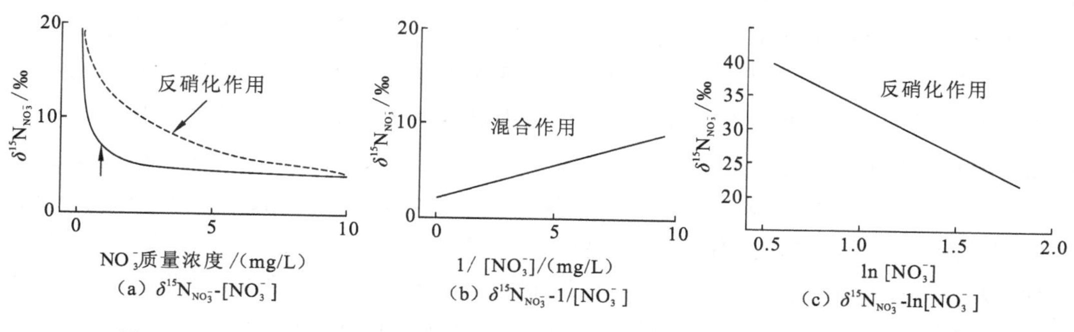

图 4.15 地下水中硝酸盐同位素组成与硝酸盐浓度的关系图（Mariotti et al.，1988）

除了上述图解法，还可通过同时测定硝酸盐中的氮氧同位素组成关系来识别地下水中的反硝化作用。反硝化作用过程中所产生的氮氧同位素分馏都遵循动力学分馏，剩余NO_3^-的$\delta^{15}N$值和$\delta^{18}O_{NO_3^-}$值满足瑞利公式，表现为随着NO_3^-浓度的减少，其$\delta^{15}N$值和$\delta^{18}O_{NO_3^-}$值同时增加且呈线性相关，且二者的富集系数比值（$\varepsilon_N/\varepsilon_O$）的斜率在1.3～2.1变化（图4.16）。例如，Bottcher等（1990）最早应用NO_3^-的$\delta^{15}N$和$\delta^{18}O_{NO_3^-}$研究德国某一农业区地下水中的反硝化作用，发现$\delta^{15}N$值和$\delta^{18}O_{NO_3^-}$值沿着水流方向变化且呈线性相关，斜率（$\varepsilon_N/\varepsilon_O$）为2.1。Fukada等（2003）研究了德国Torgu砂砾含水层中的反硝化作用，发现硝酸盐的氮同位素分馏富集系数$\varepsilon_{N-NO_3^-}$为-13.62‰，氧同位素分馏富集系数$\varepsilon_{O-NO_3^-}$为-9.8‰，$\varepsilon_N/\varepsilon_O=1.3$。$\varepsilon_N/\varepsilon_O$比值随场地条件不同而异。因此，当沿着水流方向，随着NO_3^-浓度减小，其$\delta^{15}N$值和$\delta^{18}O_{NO_3^-}$值呈现线性正相关关系，则说明发生了反硝化作用。

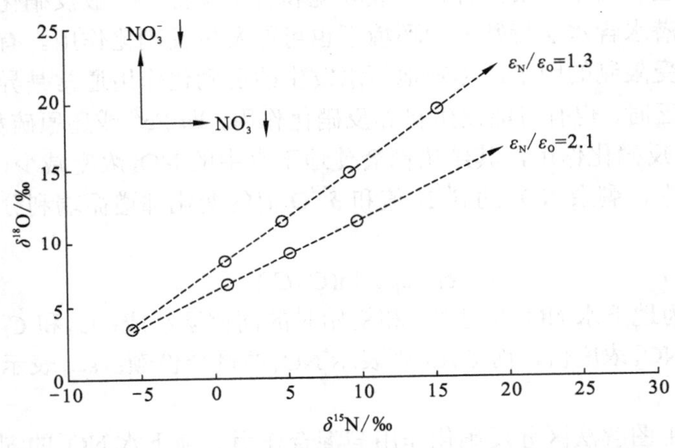

图4.16　反硝化作用下剩余NO_3^-的氮氧同位素组成关系图

对于浅层地下水，河岸带是地下水与地表水相互作用的过渡带。含NO_3^-的地下水向河流排泄将对河流NO_3^-浓度变化产生重要影响。对于湿地型河岸带，沉积物中富含有机质，有利于反硝化作用的发生，使NO_3^-浓度衰减，但是衰减程度取决于地质、水文地质和生物化学条件。美国马里兰州Delmarva岛屿上的一个农业区两侧河流呈现出显著不同的NO_3^-浓度，就是一个典型的例子。该农业区一侧的河流NO_3^-质量浓度很低，为2～3 mg/L，而另一侧河流的NO_3^-质量浓度则较高，为9～10 mg/L，是什么原因导致两条河的NO_3^-浓度不同呢，Bohlke和Denver（1995）研究表明是反硝化作用的结果。NO_3^-浓度较低的河流，其NO_3^-的$\delta^{15}N$值较高，为7‰～10‰，而NO_3^-浓度较高的河流其$\delta^{15}N$值则较低，为4‰～5‰。控制因素是下伏海相地层的埋藏深度（图4.17）。海相地层埋藏浅，较多的地下水流通过海相地层，由于海相地层富含有机质，反硝化作用显著，导致排向河流的地下水NO_3^-浓度降低；而海相地层埋藏深，通过海相地层的地下水流较少，反硝化作用弱，导致排向河流的地下水NO_3^-浓度较高。

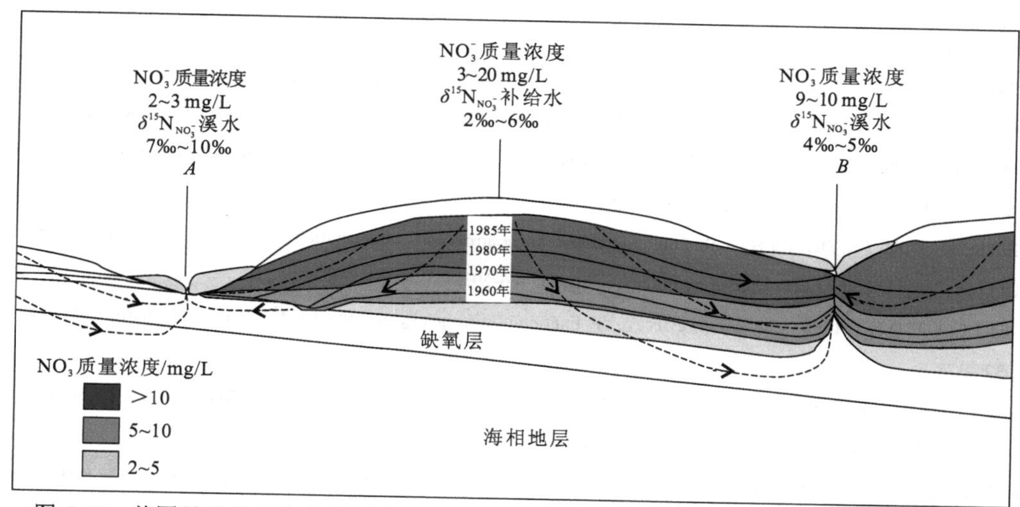

图 4.17 美国马里兰州农业区因浅层地下水排泄导致两侧河流不同 NO_3^-浓度的成因示意图（Bohlke and Denver.，1995）

参 考 文 献

秦燕, 2010. 新疆吐-哈地区硝酸盐矿床氮、氧同位素研究及矿床成因[D]. 北京: 中国地质科学院.

邵益生, 纪杉, 1993. 水土环境中氮同位素分馏机理[C]//王东生, 徐乃安. 中国同位素水文地质学之进展(1988—1993)第二届全国同位素水文地质方法学术讨论会论文集. 天津: 天津大学出版社.

郑淑惠, 1986. 稳定同位素地球化学分析[M]. 北京: 北京大学出版社.

BAUERSACHS T, KREMER B, SCHOUTEN S, 2009. A biomarker and δ^{15}N study of thermally altered Silurian cyanobacterial mats[J]. Organic geochemistry, 40(2): 149-157.

BOHLKE J K, DENVER J M, 1995. Combined use of groundwater dating, chemical, and isotopic analyses to resolve the history and fate of nitrate contamination in two agricultural watersheds, atlantic coastal plain, maryland[J]. Water resources research, 31(9): 2319-2339.

BÖTTCHER J, STREBEL O, VOERKELIUS S, et al., 1990. Using isotope fractionation of nitrate-nitrogen and nitrate-oxygen for evaluation of microbial denitrification in a sandy aquifer[J]. Journal of hydrology, 114(3): 413-424.

BROWN L L, DRURY J S, 1967. Nitrogen-isotope effects in the reduction of nitrate, nitrite, and hydroxylamine to ammonia. I. In sodium hydroxide solution with Fe(II)[J]. The journal of chemical physics, 46(7): 2833-2837.

CLINE J D, KAPLAN I R, 1975. Isotopic fractionation of dissolved nitrate during denitrification in the eastern tropical North Pacific Ocean[J]. Marine chemistry, 3(4): 271-299.

DELWICHE C C, STEYN P L, 1970. Nitrogen isotope fractionation in soils and microbial reactions[J]. Environmental science and technology, 4(11): 929-935.

DENK T R A, MOHN J, DECOCK C, et al., 2017. The nitrogen cycle: a review of isotope effects and isotope modeling approaches[J]. Soil biology and biochemistry, 105: 121-137.

EVANS R D, 2007. Soil nitrogen isotope composition[J]. Stable isotopes in ecology and environmental science, 2: 83-98.

FOCHT D D, 1973. Isotope fractionation of ^{15}N and ^{14}N in microbiological nitrogen transformations: a theoretical model 1[J]. Journal of environmental quality, 2(2): 247-252.

FREYER H D, ALY A I M, 1975. Nitrogen-15 studies on identifying fertilizer excess in environmental systems[C]// International Atomic Energy Agency. Symposium on Isotope Ratios as Pollutant Source and Behaviour Indicators, Vienna (Austria), 18 Nov, 1974.

FUKADA T, HISCOCK K M, DENNIS P F, 2003. A dual isotope approach to identify denitrification in groundwater at a river-bank infiltration site[J]. Water research, 37(13): 3070-3078.

HINKLE S R, BÖHLKE J K, DUFF J H, et al., 2007. Aquifer-scale controls on the distribution of nitrate and ammonium in ground water near La Pine, Oregon, USA[J]. Journal of hydrology, 333(2/4): 486-503.

HOERING T C, FORD H T, 1960. The isotope effect in the fixation of nitrogen by azotobacter[J]. Journal of american chemical society, 82(2): 376-378.

KENDALL C, 1998. Tracing nitrogen sources and cycling in catchments[M]//KENDALL C, MCDONNELL J J. Isotope tracers in catchment hydrology. Netherlands: Elsevier Science: 519-576.

KENDALL C, ELLIOTT E M, WANKEL S D, 2007. Tracing anthropogenic inputs of nitrogen to ecosystems[J]. Stable isotopes in ecology and environmental science, 2: 375-449.

KIRSHENBAUM I, SMITH J S, CROWELL T, 1947. Separation of the nitrogen isotopes by the exchange reaction between ammonia and solutions of ammonium nitrate[J]. The journal of chemical physics, 15(7): 440-446.

KREITLER C W, JONES D C, 1975. Natural soil nitrate: the cause of the nitrate contamination of ground water in runnels county, texas[a][J]. Groundwater, 13(1): 53-62.

LI X, MASUDA H, KOBA K, et al., 2007. Nitrogen isotope study on nitrate-contaminated groundwater in the Sichuan Basin, China[J]. Water, air, and soil pollution, 178(1/4): 145-156.

LI S L, LIU C Q, LANG Y C, et al., 2010. Tracing the sources of nitrate in karstic groundwater in Zunyi, Southwest China: a combined nitrogen isotope and water chemistry approach[J]. Environmental earth sciences, 60(7): 1415-1423.

LIU C Q, LI S L, LANG Y C, et al., 2006. Using δ^{15}N-and δ_{18}O-values to identify nitrate sources in karst ground water, Guiyang, Southwest China[J]. Environmental science and technology, 40(22): 6928-6933.

LIU D, FANG Y, TU Y, et al., 2014. Chemical method for nitrogen isotopic analysis of ammonium at natural abundance[J]. Analytical chemistry, 86: 3787-3792.

MACKO S A, FOGEL M L, HARE P E, 1987. Isotopic fractionation of nitrogen and carbon in the synthesis of amino acids by microorganisms[J]. Chemical geology, 65(1): 79-92.

MARIOTTI A, PIERRE D, VEDY J C, 1980. The abundance of natural nitrogen 15 in the organic matter of soils along an altitudinal gradient (Chablais, Haute Savoie, France)[J]. Catena, 7(4): 293-300.

MARIOTTI A, MARIOTTI F, CHAMPIGNY M L, 1982. Nitrogen isotope fractionation associated with nitrate reductase activity and uptake of NO_3^- by pearl millet[J]. Plant physiology, 69(4): 880-884.

MARIOTTI A, LANCELOT C, BILLEN G, 1984. Natural isotopic composition of nitrogen as a tracer of origin for suspended organic matter in the Scheldt estuary[J]. Geochimica et cosmochimica acta, 48(3): 549-555.

MARIOTTI A, LANDREAU A, SIMON B, 1988. ^{15}N isotope biogeochemistry and natural denitrification process in groundwater: Application to the chalk aquifer of northern France[J]. Geochimica et cosmochimica acta, 52: 1869-1878.

MINAGAWA M, WADA E, 1986. Nitrogen isotope ratios of red tide organisms in the East China Sea: a characterization of biological nitrogen fixation[J]. Marine chemistry, 19(3): 245-259.

MIYAKE Y, WADA E, 1971. The isotope eflfect on the nitrogen in biochemical, oxidation-reduction reactions[J]. Records of oceanographic works, 11(1): 1-6.

MOORE J W, SEMMENS B X, 2008. Incorporating uncertainty and prior information into stable isotope mixing models[J]. Ecology letters, 11(5): 470-480.

NIKOLENKO O, JURADO A, BORGES A V, et al., 2018. Isotopic composition of nitrogen species in groundwater under agricultural areas: A review[J]. Science of the total environment, 621: 1415-1432.

PARNELL A C, INGER R, BEARHOP S, 2010. Source partitioning using stable isotopes: coping with too much variation[J]. PloS one, 5(3): e9672.

PHILLIPS I R. 2002. Phosphorus sorption and nitrogen transformation in two soils treated with piggery wastewater[J]. Soil research, 40(2): 335-349.

SCHIMEL J P, BENNETT J, FIERER N, 2005. Microbial community composition and soil nitrogen cycling: is there really a connection?[M]//BARDGETT R D, HOPKINS D W, USHER M B. Biological diversity and function in soils. Cambridge: Cambridge University Press: 171-188.

SHEARER G, KOHL D H, 1986. N_2-fixation in field settings: estimations based on natural ^{15}N abundance[J]. Functional plant biology, 13(6): 699-756.

UREY H C, 1947. The thermodynamic properties of isotopic substances[J]. Journal of the chemical society (resumed), 85: 562-581.

VOGEL J C, TALMA A S, HEATON T H E, 1981. Gaseous nitrogen as evidence for denitrification in groundwater[J]. Journal of hydrology, 50: 191-200.

WADA E, HATTORI A, 1978. Nitrogen isotope effects in the assimilation of inorganic nitrogenous compounds by marine diatoms[J]. Geomicrobiology journal, 1(1): 85-101.

WIDORY D, 2007. Nitrogen isotopes: tracers of origin and processes affecting PM_{10} in the atmosphere of Paris[J]. Atmospheric environment, 41(11): 2382-2390.

XUE D, DE BAETS B, VAN CLEEMPUT O, 2012. Use of a bayesian isotope mixing model to estimate proportional contributions of multiple nitrate sources in surface water[J]. Environmental pollution, 161: 43-49.

YEATMAN S G, SPOKES L J, DENNIS P F, 2001. Comparisons of aerosol nitrogen isotopic composition at two polluted coastal sites[J]. Atmospheric environment, 35(7): 1307-1320.

ZHANG L, ALTABET M A, WU T, et al., 2007. Sensitive measurement of NH_4^+ $^{15}N/^{14}N$ ($\delta^{15}NH_4^+$) at natural abundance levels in fresh and saltwaters[J]. Analytical chemistry, 79: 5297-5303.

第5章　稳定硫同位素

硫的原子序数为16，化学符号为S，相对原子质量为32.066，是一种非金属元素，位于元素周期表中第三周期第VIA族，是氧族元素之一，介于氧和硒之间。硫元素是一种变价元素，化合价态从−2价到+6价，主要存在形式有硫化亚铁（FeS）、硫化氢（H_2S）、二硫化亚铁（FeS_2）、硫代硫酸根（$S_2O_3^{2-}$）、二氧化硫（SO_2）、亚硫酸根（SO_3^{2-}）、硫酸根（SO_4^{2-}）和有机硫等。硫因具有氧化态和还原态而表现出活跃的氧化还原性质，在元素生物地球化学循环中具有重要意义。

硫在自然界中分布较广，其中岩石圈是最大的硫储库。硫在地壳中的质量分数为0.048%，存在形式有游离态和化合态。单质硫主要存在火山周围。以化合态存在的硫多为矿物，可分为硫化物矿[黄铁矿（FeS_2）、黄铜矿（$CuFeS_2$）、方铅矿（PbS）、闪锌矿（ZnS）等]和硫酸盐矿{石膏（$CaSO_4 \cdot 2H_2O$）、芒硝（$Na_2SO_4 \cdot 10H_2O$）、重晶石（$BaSO_4$）、天青石（$SrSO_4$）、矾石[$(AlO)_2SO_4 \cdot 9H_2O$]、明矾石[$K_2SO_4 \cdot Al_2(SO_4)_3 \cdot 24H_2O$]等}。在煤中通常也含有少量的硫。大气圈中硫含量非常少。硫是生物圈中主要化学元素之一，作为一种微量的营养元素参与生物体的新陈代谢过程。生物圈的作用实现了硫在各储库间的迁移与转化。

5.1　稳定硫同位素的组成与表达方式

在自然界中硫存在4种稳定同位素，分别是^{32}S、^{33}S、^{34}S和^{36}S，其相对丰度分别为94.99%、0.75%、4.25%和0.01%。关于硫同位素组成通常用δ值来表示，$\delta^{33}S$、$\delta^{34}S$和$\delta^{36}S$的定义式分别为

$$\delta^{33}S=\left[\frac{\left(\frac{^{33}S}{^{32}S}\right)_{样品}}{\left(\frac{^{33}S}{^{32}S}\right)_{标准}}-1\right]\times1\,000‰ \tag{5.1}$$

$$\delta^{34}S=\left[\frac{\left(\frac{^{34}S}{^{32}S}\right)_{样品}}{\left(\frac{^{34}S}{^{32}S}\right)_{标准}}-1\right]\times1\,000‰ \tag{5.2}$$

$$\delta^{36}S=\left[\frac{\left(\frac{^{36}S}{^{32}S}\right)_{样品}}{\left(\frac{^{36}S}{^{32}S}\right)_{标准}}-1\right]\times1\,000‰ \tag{5.3}$$

然而，天然物质中硫同位素组成通常用 $\delta^{34}S$ 表示，硫同位素国际标准物质是铁陨石中的陨硫铁（canyon diablo troilite，CDT）。其 $^{34}S/^{32}S = 0.0450045$，$\delta^{34}S = 0$。由于近 30 年来的使用，CDT 已经缺乏，国际原子能机构推荐维也纳陨硫铁（Vienna canyon diablo troilite，VCDT）替代 CDT 作为硫同位素标准物质。

对于自然界中各种过程通常认为其所引起的硫同位素分馏遵循质量相关分馏，因此绝大多数物质的硫同位素组成 $\delta^{33}S$ 值、$\delta^{34}S$ 值和 $\delta^{36}S$ 值间存在定量关系，即 $\delta^{33}S = 0.515\delta^{34}S$；$\delta^{36}S = 1.9\delta^{34}S$。然而自 2000 年地球科学家相继在火星陨石、月球等地外物质中发现了非质量相关的硫同位素分馏现象，并将这一现象与太阳系早期大气成分及其演化、古代大气氧化条件、地球各圈层的相互作用、地球早期硫循环等一系列重大地球科学问题联系起来，为许多重要假说的解释提供了一个新思路。

通常采用 $\Delta^{33}S$ 和 $\Delta^{36}S$ 来表示非质量相关硫同位素分馏的大小，其定义式分别为

$$\Delta^{33}S(‰)=\delta^{33}S-1000\times\left[\left(1+\frac{\delta^{34}S}{1000}\right)^{0.515}-1\right] \tag{5.4}$$

$$\Delta^{36}S(‰)=\delta^{36}S-1000\times\left[\left(1+\frac{\delta^{34}S}{1000}\right)^{1.90}-1\right] \tag{5.5}$$

当 $\Delta^{33}S\neq0$ 和 $\Delta^{36}S\neq0$ 时，则认为具有非质量相关的硫同位素分馏效应。

5.2 稳定硫同位素分析测试技术

稳定硫同位素分析测试技术主要包括不同的含硫物质（单质硫、硫化物或硫酸盐等）的 $\delta^{34}S$ 值和多硫同位素组成（$\Delta^{33}S$ 和 $\Delta^{36}S$）的测定。按分析测试过程基本可分为样品制备和同位素质谱测试两部分。

5.2.1 硫同位素样品制备方法

硫同位素质谱测试的进样气体通常为 SO_2 或 SF_6。目前通常以 SO_2 为进样气体进行 $\delta^{34}S$ 值的测定，但 $\delta^{33}S$ 值、$\delta^{34}S$ 值和 $\delta^{36}S$ 值同时测定时，SF_6 被证明是更为理想的质谱测试气体。

1. SO_2 法

采用化学氧化法将硫化物样品转化为 SO_2 气体，这是最常用的方法，常用的氧化剂为 CuO、Cu_2O 或 V_2O_5，其转化反应是定量的。反应温度对转化率的影响最大，如磁黄铁矿与 CuO 反应的最佳温度为 1 050 ℃。硫化物与氧化剂的量比、反应时间也具有重要影响。有研究指出，上述反应的最佳条件为硫化物/氧化剂为 1/6，反应时间为 10 min。这一转化反应还伴随有生成 SO_3 的副反应。由于 SO_2 和 SO_3 之间会发生同位素分馏，减少 SO_3 的生成量非常重要。SO_3 主要在低温阶段生成，因此制备 SO_2 时是当反应炉加热至预定反应温度后，将装有样品和氧化剂混合物的反应管突然放入反应炉，达到快速升温、跳过低温阶段的目的。此

外还应注意管道吸附、管道内的动力学分馏效应、氧化剂纯化等因素。

为了克服转化率不高的问题，可使硫化物与 1∶1 的 HCl 反应生成 H_2S，然后转化为 Ag_2S，再将其转化为 SO_2。典型反应过程如下：

$$MS+2HCl = MCl_2 + H_2S \tag{5.6}$$

$$H_2S+Cd(CH_3COO)_2 = CdS\downarrow +2HCH_3COO \tag{5.7}$$

$$CdS + 2AgNO_3 = Ag_2S + Cd(NO_3)_2 \tag{5.8}$$

$$Ag_2S + 2CuO = SO_2 + 2Ag+2Cu \tag{5.9}$$

2. 还原法

对于硫酸盐和总硫的提取，可采用合适的酸加还原剂的方法提取并制备为 Ag_2S。在氮气流保护下，以 HI、H_3PO_4 和 HCl 三酸混合物为还原剂，将样品与反应剂混合后长时间加热，使 S 和 SO_4^{2-} 还原为 H_2S（Thode et al.，1961）。然后将 H_2S 转化为 Ag_2S，进而化学氧化生成 SO_2，再送质谱分析。此方法也可用于从岩石中提取微量硫。此外，Sn^{2+}-H_3PO_4 溶液也被用作还原剂并称为 Kiba 试剂（Sasaki et al.，1979）。

此外，硫酸盐样品还可采用碳还原法和热分解法制备 SO_2。碳还原法是将硫酸盐和石墨粉混合，并在真空系统中加热，形成 BaS 和 CO_2，再用 $AgNO_3$ 将 BaS 中的 S^{2-} 置换成 Ag_2S，然后直接燃烧获得 SO_2。热分解法是将样品与光谱纯石英粉混合，用氢氧焰加热到 1 600 ℃，即可生成 SO_2，同时用 700 ℃的热铜炉吸收过剩 O_2。化学反应式为

$$2SiO_2 + 2BaSO_4 = 2BaSiO_3 + 2SO_2 + O_2 \tag{5.10}$$

$$2Cu + O_2 = 2CuO \tag{5.11}$$

3. SF_6 法

硫酸盐需先转化为硫化物形式再进行氟化反应。可采用 HI+H_3PO_2+HCl 三酸混合物为还原剂将制取的 $BaSO_4$ 沉淀转化为气态 H_2S。之后以 N_2 为载气，将 H_2S 气体通入 $AgNO_3$ 溶液中，在黑暗条件下反应一周时间，使 Ag_2S 沉淀完全。离心去除上清液后，采用 20 mL 的 1 mol/L 的 NH_4OH 清洗后使用 Milli-Q 水连续冲洗 Ag_2S 沉淀。

将硫化物与强氧化剂 BrF_5 反应生成 SF_6（Puchelt et al.，1971），化学反应式为

$$5MS+8BrF_5 = 4Br_2 + 5MF_2 + 5SF_6 \tag{5.12}$$

SF_6 法提取硫化物中的硫可采用线外分离装置，也可利用气相色谱在线分离。即称取 3 mg 烘干后的 Ag_2S 用铝箔包裹置入 250 ℃镍杯中与超出 10 倍量的 F_2 反应 8 h，之后经过液态氮捕捉和−110 ℃下乙醇喷雾分离氟化氢（HF），将形成的 SF_6 与 F_2 分离。使用溴化钾（KBr）将 F_2 钝化后，蒸馏得到的 SF_6 进入 GC 的进样定量环。最后的步骤在装有两个特殊色谱柱的气相色谱热导检测器（gas chromatography thermal conductivity detector，GC-TCD）上进行，其中一个柱子装有 5A 分子筛，直径为 1/8 in①，长度 6 ft②；另一个为直径 1/8 in 和长度 12 ft

① 1 in=2.54 cm。
② 1 ft=3.048×10^{-1} m。

的 HayeSep-Q™柱子。在氦气吹扫下 SF_6 从柱中洗脱出来，并且使用液氮和螺旋捕集器将 SF_6 从氦中冻结分离。

该方法的显著优点体现在：所测气体 SF_6 的分子量大，质谱背景值小，灵敏度高，能够测定小到 30 mg 的微量样品；制备过程中不生成 SO_3，可保证无同位素分馏；质谱管壁对 SF_6 的黏滞效应远小于 SO_2；质谱测定精度高，可达±0.07‰；氟只有一个同位素，故没有对测试的谱峰干扰，且几乎没有记忆效应。然而，SF_6 法需要采用氟化真空线，能达到这个条件的实验室较少，因而限制了此方法的应用。

5.2.2 硫同位素比值的质谱测试方法

1. 气体稳定同位素质谱

IRMS 测定硫同位素比值是最成熟、最广泛的方法。该方法要求样品以气体形式（SO_2 或 SF_6）进样。传统方法是采用离线氧化还原制样方法将硫化物转化为 SO_2 气体，双路进样。现在也可联用样品前处理装置连续流进样，简化复杂的前处理过程，降低人为操作的实验误差。该方法可用于测定混合气体、固体、液体、液态有机物或无机气体中的硫同位素。

EA-IRMS 是最便捷高效的测试方法，同时降低了样品的需求量，可低至 300 μg，测试精度可达 0.2‰。该方法基于“动态瞬间燃烧”原理，将硫化物样品包裹于锡杯中，由自动进样器将其送入填充氧化剂三氧化钨（WO_3）及还原剂铜（Cu）的反应管中，样品落入反应管的同时送入氧气，此时反应管中富集纯氧，样品与锡迅速熔化燃烧，生成 SO_2 和 SO_3；SO_3 在 Cu 的还原下生成 SO_2，之后被氦气流载入质谱仪进行 $\delta^{34}S$ 值的测定。不同于硫化物的测试，硫酸盐通常以 $BaSO_4$ 形式进入元素分析仪，在 1 030 ℃ V_2O_5 催化作用下与 O_2 发生燃烧反应，产生 SO_2 气体。多硫同位素组成将 SF_6 以 $^{32}SF_5^+$、$^{33}SF_5^+$、$^{34}SF_5^+$ 和 $^{36}SF_5^+$ 电桥的形式采用 MAT 253 双路进样导入 IRMS 进行 $\delta^{34}S$ 值、$\delta^{33}S$ 值和 $\delta^{36}S$ 值的同时测定。

2. 热电离质谱

TIMS 测定硫同位素比值的基本原理是：将硫化物制备成 As_2S_3 溶液，在 Re 带上加热到 1 000 ℃，对产生的 AsS^+ 进行信号采集。它相对其他测试方法来说，可以测试微量样品，最低到 0.2 μg，对含量高的样品分析精度可达 0.1‰。虽然它有测试低含量硫样品的优势，但是样品制备过程复杂，测试耗时长（一次测试耗时 55 min），而且在测试过程中可能需要使用 ^{33}S-^{36}S 同位素稀释剂来校正仪器分馏（Mann and Kelly，2010）。这对快速精确分析硫化物或硫酸盐样品来说并不合适，因此目前并未被广泛使用。

3. 二次离子质谱

二次离子质谱（secondary ion mass spectrometry，SIMS）也称离子探针，是一种固体原位分析技术。二次离子质谱法测试硫化物中的硫同位素的方法已经非常成熟，因为其在高真空条件下完成离子化和后期的传输和分析过程，所以缺少来自空气中的氧和氢的多原子离子对硫信号的干扰。而且相对等离子体质谱的氩气辅助电离来说，SIMS 又没有来自 ^{36}Ar 对 ^{36}S 的干扰（现有分析技术的分辨率无法区分此干扰，质量分辨率 $m'/\Delta m' = 76\ 526$），因此可以

同时测定 $\delta^{36}S$ 值。干扰的减少对硫同位素测定来说可以提高测试准确度和精度并获得高灵敏度。内标黄铁矿 UWPy-1 的 $\delta^{33}S$ 值、$\delta^{34}S$ 值和 $\delta^{36}S$ 值的测试外精度分别为 0.2‰、0.1‰和 0.9‰，空间分辨率为 20 μm（Ushikubo et al.，2014），也有报道最高空间分辨率可达 10 μm（Hauri et al.，2016）。

4. 电感耦合等离子体质谱与激光联用技术

ICP-MS 在测定硫同位素比值时的难点在于来自溶液和空气中的氮、氧和氢等多原子离子对硫信号的干扰。因此一般用两种方式来减少干扰对比值测试的影响。一种是在四级杆质谱中加碰撞反应池，通过加入碰撞气体（氦气、氢气和氙）来发生电荷转移。例如，O^{2+} 与氙的反应得到 O_2 和 Xe^+，减少与硫同位素质量相近的多原子离子的数量，从而减少干扰获得精度较高的的数据。另一种是提高质谱的分辨率来将这些干扰信号与硫信号分开。例如，使用 ICP-SFMS，当质量分辨率达到 1 800 时，已经可以完全将多原子离子对 ^{32}S 和 ^{34}S 的干扰分离。

5. 多接收电感耦合等离子体质谱及其与激光联用技术

MC-ICP-MS 与 EA-IRMS 相比，进样主要为溶液样品，因此在进样前需要对样品进行前处理。对于可溶解的硫酸盐（如石膏），直接在 18.2 MΩ·cm 的 Milli-Q 去离子水中加热溶解即可，然后用阳离子交换树脂进行纯化（Craddock et al.，2008）。对于基体较为复杂的样品，如沉积物孔隙水或土壤水（硫以硫酸根形式存在），除阳离子外，阴离子的成分也较为复杂，可以使用阴离子交换膜来进行提纯（Hanousek et al.，2016）。而溶液进样方式，又可细分为湿法进样（即用常规的 PFA 雾化器和石英雾化室进行进样）和干法进样（即将溶液雾化之后再通过膜去溶装置进入等离子体）。干法进样能提高仪器的灵敏度，还可以较大幅度地减少等离子体中 H_2O、N_2、CO_2 等的进入量进而降低潜在的谱学干扰，但在有基体存在的情况下，干法进样会引起更明显的基体效应（Liu et al.，2016）。

硫同位素测试是通过标准-样品匹配（standard sample bracketing，SSB）法进行仪器的质量歧视校正。实际上，SSB 法被广泛应用于稳定同位素的质量歧视校正中（Albarède et al.，2004）。其前提假设是：在样品与标样性质一样的情况下，测试过程中样品和标样的质量歧视随时间有同样的响应。基于此，就能通过样品前后的标样来校正样品的质量歧视。因此，在测试过程中，保证样品和标样具有相同的性质至关重要。样品和标样的性质一致主要包括基体和浓度的一致。

使用溶液进样的 MC-ICP-MS 测定硫同位素可获得比传统方法高很多的内精度（RSE 优于 0.1‰）（Craddock et al.，2008；Clough et al.，2006）。Clough 等（2006）最早使用 MC-ICP-MS 方法测定几个硫化物标样和含硫水样的 $\delta^{34}S$ 值，测试过程中使用了硅同位素作为内标校正质量歧视效应，相对于 SSB 法可以缩短测试时间。他认为膜去溶能够减少多原子离子干扰，仪器使用了中和低分辨率，但当时并没有很好的测试外精度。随后 Craddock 等（2008）详述了固体硫化物样品的前处理过程，以及测试过程中的基体效应，说明了前处理的重要性。此外，他尝试利用添加基体元素的溶液气溶胶来作为标准校正激光剥蚀测定固体样品中 $\delta^{34}S$ 值，能够获得很好的测试外精度。

激光与多接收等离子体质谱联用技术（laser ablation multi collector inductively coupled plasma mass spectrometer，LA-MC-ICP-MS）原位分析矿物中硫同位素的发展几乎与溶液进样的 MC-ICP-MS 技术同时起步。Mason 等（2006）对比了两套 LA-MC-ICP-MS 测定硫化物、硫酸盐和单质硫中硫同位素组成的结果。其中分辨率低的仪器 GV Instruments Isoprobe 利用碰撞反应池来减少多原子离子干扰，并同时利用氯元素作为内标来校正仪器质量歧视效应；另一组仪器中 Neptune 可以使用高分辨率分开干扰，同时用膜去溶导入硅元素气溶胶来校正仪器质量歧视效应。两组仪器均获得误差范围内的值，但是前者由于无法排除 $^{32}S^{1}H^{+}$对 ^{33}S 的干扰而无法得到准确的 $\delta^{33}S$ 值。氯和硅的加入都有一定的校正效果，但是也可能出现过度校正的情况。此外，他们同时提到了用粉末压片的方法制备标准样品，这也是现在 LA-MC-ICP-MS 方法制备标样的主要方法。当前测试外精度已有很大的提高，多优于 0.3‰。因为受干扰影响，在高分辨率下离子通透率降低，所以需要降低空间分辨率来获得足够的灵敏度，而且线剥蚀方式能减小基体效应。

5.3 稳定硫同位素的分馏机理

硫是一种变价元素，在不同环境下可形成负价硫化物、零价硫，直至正六价硫酸盐，这种性质有利于硫同位素的分馏。硫同位素的分馏与硫的生物地球化学循环过程密切相关。硫同位素的分馏机制可分为热力学分馏和动力学分馏。前者存在于同位素交换反应中，通常发生在地球深部封闭的高温环境中，交换的结果使重同位素富集在化合价高的含氧化合物中，如 SO_4^{2-}。后者主要发生在地球浅部低温环境中的单向化学及生物化学反应过程中。例如，硫化合物的微生物转化过程，分馏结果使生成物中富集轻同位素 ^{32}S。

5.3.1 硫同位素的热力学平衡分馏

热力学平衡分馏是硫同位素分馏效应的主要形式之一。这种分馏作用主要发生在自然界的各种热液体系中。在同位素交换反应中，高氧化态硫总是富集 ^{34}S，如：

$$^{32}SO_4^{2-} + ^{34}SO_2 \rightleftharpoons ^{34}SO_4^{2-} + ^{32}SO_2, \quad \alpha = 1.015(250\ ℃) \tag{5.13}$$

不同价态硫化物处于同位素平衡状态时，^{34}S 富集次序是

$$SO_4^{2-} > SO_3^{2-} > SO_2 > SCO > S_x > H_2S \approx HS > S^{2-} \tag{5.14}$$

硫的价态越高，含硫化合物越富 ^{34}S。根据矿物的生成热、自由能、晶格能和结构类型的研究得出下列矿物的键强度顺序：黄铁矿＞闪锌矿＞黄铜矿＞方铅矿，与自然界同位素平衡时共生矿物的 $\delta^{34}S$ 值大小顺序一样。在同一温度下，不同含硫化合物之间硫同位素的富集系数很不一样。硫的价态差别越大，它们之间的硫同位素分馏系数也越大。温度越低，含硫化合物之间的分馏系数越大。高温时，分馏系数趋于一致。

气液相含硫化合物之间容易发生同位素交换，它们的分馏系数可以根据 Bottinga 和 Javoy（1987）的计算公式：$\alpha_{A\text{-}B}=\beta_A/\beta_B$，$\beta = (^{34}S/^{32}S)_{化合物}/(^{34}S/^{32}S)_S$，以及相应 β 值的资料计算出来。Ohmoto 和 Rye（1979）对热液系统中水溶含硫化合物的同位素分馏做过系统研究，结论：热

液系统中含硫化合物的同位素组成，是系统中全硫平均同位素组成、温度、氧逸度、酸碱度及碱金属离子强度等因素的函数。温度从两方面影响含硫化合物同位素组成。一是温度影响含硫化合物之间的同位素交换速率和交换程度；二是温度会改变系统中含硫化合物的同位素组成发生相应的变化。pH、氧逸度和碱金属离子强度，通常称为物理化学条件，这些因素会影响系统中各含硫化合物的摩尔分数，进而影响其硫同位素组成。

5.3.2 硫同位素的动力学非平衡分馏

硫酸盐的同位素动力学非平衡分馏主要存在于单向的化学和生物化学作用过程中。常见的硫酸盐单向化学反应主要有硫酸盐矿物的沉淀、溶解及吸附和解吸过程，这类反应的动力学同位素分馏作用极小。例如，石膏或硬石膏的溶解，没有显著的硫同位素分馏；在 SO_4^{2-} 的吸附过程中，溶解与吸附的 SO_4^{2-} 间硫同位素的分馏估计只有-0.3‰。单向的化学反应还见于还原态硫（S^0、HS^-、H_2S、FeS_2）的氧化作用，如黄铁矿在酸性条件下可氧化为 SO_4^{2-}，这个过程中硫同位素的分馏较小。Fry 等（1988）研究指出 HS^- 的非生物氧化作用形成的 SO_4^{2-} 的 $\delta^{34}S$ 值较反应物 HS^- 低约 5‰。在生物化学反应中，硫化物氧化生成的硫酸盐的 $\delta^{34}S$ 值与原始的硫化物的 $\delta^{34}S$ 值接近相等，所引起的动力学分馏很小，分馏系数接近 1。

实际上，非常显著的硫同位素分馏主要发生在硫酸盐还原过程中，包括高温条件下的热化学硫酸盐还原作用和低温条件下的细菌硫酸盐还原作用。

1. 热化学硫酸盐还原作用

与微生物还原作用不同，热化学硫酸盐还原作用是一种将硫酸盐还原为硫化物的非生物过程，还原作用的进行需有较高的活化能，主要的控制因素不是微生物而是温度。关于热化学硫酸盐还原作用发生的温度下限曾是有争议的关键问题。自然过程中已有越来越多的证据表明在温度低至 100 ℃时，溶解的硫酸盐能够被有机化合物还原，但需要足够的还原时间。通常，热化学硫酸盐还原作用产生的硫同位素分馏程度要小于微生物作用。Kiyosu 和 Krouse（1989）实验研究表明，在 100～200℃下硫同位素的分馏值为 10‰～20‰。由于 $^{34}S—O$ 键和 $^{32}S—O$ 键断裂时需要的能量不同，如果 $^{32}SO_4^{2-} \longrightarrow H_2{}^{32}S$ 的反应速率为 k_1，$^{34}SO_4^{2-} \longrightarrow H_2{}^{34}S$ 的反应速率为 k_2，则 $k_1/k_2 = 1.022$。可见，$^{32}SO_4^{2-}$ 的还原速率相对要快 22‰，还原速率不同，可造成明显的同位素分馏。

2. 细菌硫酸盐还原作用

细菌硫酸盐还原作用是在低温环境下硫酸盐中硫氧同位素显著分馏的主要原因。到目前为止已知可以还原硫酸盐的细菌种类超过 100 种。这些生物体通过在氧化有机碳或 H_2 的同时还原硫酸盐的过程中获得自身生长所需的能量。尽管酶的作用及相关的生物化学过程是以细菌为媒介的反应，反应途径非常复杂，但是从本质上也可以看作不可逆的动力学反应。

细菌硫酸盐还原反应的途径主要由四个酶催化的步骤组成（图 5.1）：①硫酸盐（SO_4^{2-}）进入细菌细胞内；②在细胞内部，硫酸盐经三磷酸腺苷（adenosine triphosphate，ATP）而活化，生成腺苷酰硫酸（adenosine phosphosulfate，APS）；③APS 进而被还原为亚硫酸盐（SO_3^{2-}）；④亚硫酸盐在还原酶作用下还原为硫化物（H_2S）。亚硫酸盐还原生成硫化物的过程可能是一步反应也可能是多步反应。Chambers 等（1975）利用 ^{35}S 标记亚硫酸的研究表明，亚硫酸盐到硫化物的还原反应是一步完成的，没有中间产物的生成。然而，其他的研究表明亚硫酸盐到硫化物的还原反应中会有如连三硫酸盐、硫代硫酸盐的中间产物生成。除最后一步反应外，Rees（1973）将这些反应过程都看作可逆的，认为在通常情况下最后一步的反应非常迅速，逆反应可被忽略不计。然而 Brunner 和 Bernasconi（2005）则认为，由于从亚硫酸盐到硫化物的还原过程中伴随着一些中间产物的生成，其逆反应有可能发生。

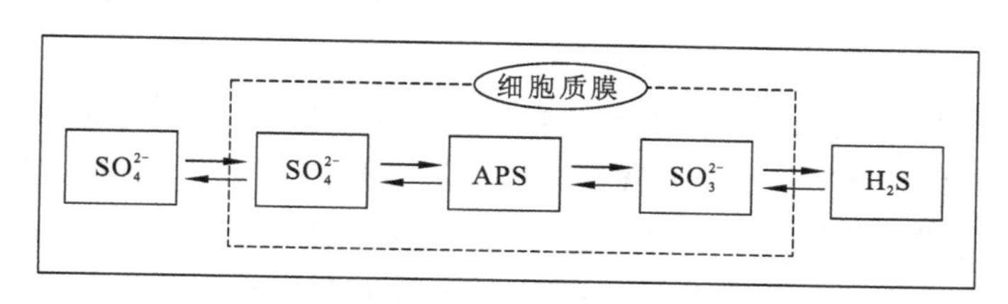

图 5.1 细菌硫酸盐还原反应途径的示意图（Rees，1973）

虚线箭头表示在亚硫酸盐还原为硫化物的过程中可能存在硫化物氧化为亚硫酸盐的逆反应

细菌硫酸盐还原反应的同位素分馏程度变化很大，常在-46‰～-3‰（Rees，1973），但研究发现，某些现代海洋沉积硫化物的 $\delta^{34}S$ 值比共生的海相硫酸盐不只低 46‰，甚至达到了 70‰，原因是细菌还原硫酸盐过程中产生了中间产物，如 S^0、$S_2O_3^{2-}$、SO_3^{2-} 等，在微生物作用下发生进一步歧化反应（张伟 等，2007）。细菌还原硫酸盐过程 S—O 键的破裂限制了整个反应的速率，控制着整个过程的同位素分馏程度。硫同位素动力学分馏的结果导致所还原形成的硫化物显著地富集 ^{32}S，而剩余的硫酸盐富集 ^{34}S。

在细菌还原硫酸盐的过程中，硫同位素分馏大小与反应的细菌种属、电子供体类型、反应速率、体系开放与封闭程度、温度和 pH 等有关。

（1）细菌种属的影响。Detmers 等（2001）研究了 32 种硫酸盐还原细菌的硫同位素分馏，发现那些能将碳源完全氧化成 CO_2 的硫还原细菌，相对那些将碳源最终氧化成醋酸盐的硫还原细菌，能导致更显著的硫同位素分馏。前者的同位素分馏为 25‰，后者的同位素分馏为 9.5‰。他们认为这是与其新陈代谢途径和硫酸盐通过细胞膜的运转方式有关。

（2）电子供体的影响。碳源是微生物繁育的生长基质，也是硫酸盐还原过程中必要的电子供体，不同类型的碳源影响还原细菌的数量及活性，并进一步影响硫同位素分馏（张伟 等，2007）。Kleikemper 等（2004）的研究显示，在初始盐浓度条件相同而碳源不同的实验条件下，硫酸盐还原细菌的还原速率变化很大，同位素富集系数在 16.1‰～36.0‰；在相同碳源的情况下，纯培养得到的菌株比从环境中富集培养的菌株引起更大的分馏；接种于富含石油烃基质的培养基中的硫同位素分馏要比接种于有机酸类型的培养基大。Rees（1973）指出，作为细菌营养物的乳酸盐，当浓度变化时，会影响硫化氢的产生速率，但不会明显改变总的硫同位素分馏效应。Kemp 和 Thode（1968）发现，当电子供体是分子氢时，分馏程度随还原速率加快而增大；当电子供体是有机物时，硫同位素的分馏效应最强，分馏程度随还原速率降低而升高。

（3）反应速率对分馏程度的影响。一般说来，还原硫酸盐的反应速率越快，体系达到平衡的时间越短，同位素分馏就越小。反之，在长时间内向一个方向进行的不可逆反应，导致的同位素分馏就很大。Habicht 和 Canfield（1997）研究证实，硫同位素分馏程度与反应速率有显著负相关。细菌硫酸盐还原反应的中间产物之一 SO_3^{2-} 在细菌作用下发生以下歧化反应：

$$4SO_3^{2-}+2H_2O \rightleftharpoons H_2S+3SO_4^{2-} \tag{5.15}$$

亚硫酸盐歧化反应的速率影响硫同位素分馏，分馏大小与歧化反应速率呈反比关系。亚硫酸盐的歧化反应速率越小，SO_3^{2-} 和 H_2S 之间及 SO_3^{2-} 和 SO_4^{2-} 之间的同位素分馏越大。Habicht 等（1997）测得歧化过程中亚硫酸盐和硫化氢之间的平均硫同位素分馏为 28‰，硫酸盐和亚硫酸盐之间的平均硫同位素分馏为 9‰。

（4）体系是开放状态还是封闭状态对硫酸盐还原过程的同位素分馏程度有重要影响。开放体系中，硫酸盐得到不断的补充，硫酸盐浓度不随反应的进行而下降，同时还原形成的 H_2S 能够与金属离子结合成硫化物从体系中不断移出，体系中 H_2S 的浓度不随反应进行而升高。在这种情况下，只要环境条件不发生较大变化，同位素分馏会保持在一定范围内变化，同位素分馏系数常为恒定值。如果原始硫酸盐的总量很小，或补充很缓慢，造成对硫酸盐封闭的环境，在该环境下有两种不同的情形。一种是系统对 H_2S 是开放的：反应开始时，产物富集 ^{32}S，随着反应进行，产物的 $\delta^{34}S$ 值逐渐增大；反应结束时，产物的 $\delta^{34}S$ 值会大于底物的最初值。另一种是系统对 H_2S 也是封闭的：H_2S 初期富集 ^{32}S，但反应结束时，产物 H_2S 的 $\delta^{34}S$ 值会等于底物的最初值。

（5）温度和 pH 对分馏作用的影响。当硫酸盐物质的量浓度为 0.06 mol/L，乳酸盐物质的量浓度为 0.01 mol/L，温度在 35.4 ℃时，pH 由 6.2 变到 8.2，还原速率未发现有明显变化。温度的影响很复杂。当电子供体是分子氢时，随温度升高还原速率加快，分馏程度也相应增高。当电子供体是有机物时，在低温下，随温度升高分馏作用增大，还原速率也加快；而在高温下，分馏效应正好相反，随温度升高而降低。

5.3.3 硫同位素的非质量相关分馏

关于非质量硫同位素分馏形成的机制尚有争议。Hulson 和 Thode（1965）认为不含陨硫铁微粒的陨石铁相中的非质量硫同位素异常是宇宙射线与铁相互作用时所产生的碎裂反应所致。Clayton 和 Ramadurai（1997）认为陨石中非质量硫同位素分馏效应是核事件过程中保存了早期太阳系硫同位素组成不均一特征引起的。Rai 等（2005）和 Farquhar 等（2000a）认为无球粒陨石中硫同位素异常源于太阳前星云的气相反应。太古宇沉积样品中的非质量硫同位素分馏是由波长 190～220 nm 或＜220 m 深紫外光照射下的 SO_2 光分解反应产生的（Pavlov and Kasting，2002；Farquhar et al.，2000b）。Romero 和 Thiemens（2003）认为对流层气溶胶中的非质量硫同位素分馏效应是平流层传输给对流层的结果，也可能与激发态 SO_2^* 的产生，以及随后激发态 SO_2^* 与 SO_2 反应（在 SO_2 浓度非常高的条件下）生成 SO_3 和 SO 有关，生成的 SO_3 随后在现代富氧的条件下迅速转化为 H_2SO_4 气溶胶，从而使非质量同位素信号得以迁移和保存（Savarino et al.，2003）。Baroni 等（2007）认为 SO_3 光解反应（$SO_3 \longrightarrow SO_2+O$）是平流层产生非质量硫同位素分馏效应的途径。Ohmoto 等（2006）认为富含硫的海水与沉积岩中的有机质之间发生反应也可能产生非质量硫同位素分馏现象。

5.4　自然界中稳定硫同位素的组成特征

Thode 等（1949）和 Trofimova（1949）首先发现了自然界中硫同位素丰度具有较大范围的变化，即-65‰～120‰，总变化范围可达 180‰。图 5.2 总结了自然界中重要硫储存库中一些含硫物质的 $\delta^{34}S$ 值的变化范围。在岩石圈中，沉积岩的 $\delta^{34}S$ 值具有最大的变化范围，为-40‰～50‰，高达 90‰；其次是变质岩，为-40‰～20‰；花岗岩具有相对偏负的 $\delta^{34}S$ 值，为-8‰～1‰；而蒸发硫酸盐则具有偏正的 $\delta^{34}S$ 值，可高达 30‰。现代海水具有相对一致的 $\delta^{34}S$ 值，约为 20‰。大气圈中自然成因的含硫化合物的 $\delta^{34}S$ 值为-30‰～20‰：细菌作用生成的 H_2S 和 DMS（二甲基硫醚）具有较大范围的 $\delta^{34}S$ 值，为-30‰～10‰；DMS、海洋植物腐烂生成的硫化合物和海洋溅沫具有较高的 $\delta^{34}S$ 值，约为 20‰；火山成因硫的 $\delta^{34}S$ 值在-5‰～8‰。人类成因的含硫化合物也具有较大范围的 $\delta^{34}S$ 值，为-25‰～30‰：欧洲中部人类成因的硫的 $\delta^{34}S$ 值为 0（-2‰～5‰）；化石燃料燃烧生成的硫的 $\delta^{34}S$ 值为-10‰～30‰；石膏加工成因的硫的 $\delta^{34}S$ 值较正，为 10‰～30‰；矿石熔炼成因的硫的 $\delta^{34}S$ 值为-25‰～25‰。

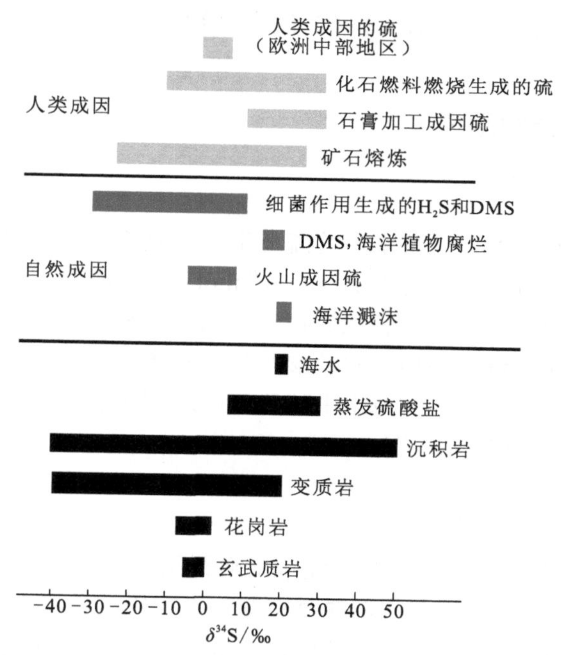

图 5.2　自然界中不同含硫物质的硫同位素组成（改自 Hoefs，2009）

5.4.1　大气圈中硫同位素的组成

大气圈中的硫按其来源可分为天然硫和人工硫两种。天然来源的硫主要包括生物作用产生的二甲基硫化合物和 H_2S、海洋产生的硫酸盐气溶胶及火山喷发释放的 SO_2 等气体。人工来源的硫主要是化石燃料的燃烧和冶炼及矿石的融化。

生物作用产生的硫，一方面是水生环境（海洋、湖泊、河流、沼泽等）里微生物通过还原作用会排放硫，另一方面是由陆地动植物组织中的含硫物质经生物作用分解而生成，主要

以 H_2S 等形式释放出来。生物成因的硫普遍富集轻同位素 ^{32}S，通常具有相对低的 $\delta^{34}S$ 值，为-30‰～10‰。海相成因的大气 SO_4^{2-} 的 $\delta^{34}S$ 值为 15‰～21‰，取决于 SO_4^{2-} 是来自海水溅沫（20‰）还是有机硫气体。火山成因的硫，由火山喷发产生，$\delta^{34}S$ 值在-10‰～10‰。陆地天然来源的大气硫 $\delta^{34}S$ 值通常较海相来源偏负。

陆地产生的硫化物气体主要以人类排放为主，其中硫的主要来源是化石燃料的燃烧及含硫矿物的冶炼过程。煤、石油、天然气和含硫矿石的 $\delta^{34}S$ 值变化范围为-40‰～30‰。综合对比我国 15 个省（自治区）的煤的硫同位素组成和硫含量测定数据，洪业汤等（1992）指出，中国北方煤以相对高的 $\delta^{34}S$ 值和低的含硫量为特征，而南方煤则以相对低的 $\delta^{34}S$ 值和高的含硫量为特征。化石燃料燃烧产生的 SO_2 的 $\delta^{34}S$ 值为-20‰～20‰；熔炼含硫矿物产生的 SO_2 的 $\delta^{34}S$ 值为-30‰～20‰；石膏加工的粉尘的 $\delta^{34}S$ 值在 10‰～30‰。

化石燃料在燃烧过程中会发生明显的硫同位素分馏。由于动力学同位素效应，燃烧释放的气体产物总是相对初始燃料富集 ^{32}S，而另一种燃烧产物固体颗粒则比初始燃料富集 ^{34}S。例如，张鸿斌等（2002）研究发现，珠江三角洲地区煤的 $\delta^{34}S$ 值为 8.1‰～10.5‰，其燃烧产物 SO_2 的 $\delta^{34}S$ 值为 4.1‰～5.7‰，颗粒物的 $\delta^{34}S$ 值为 11.8‰～12.3‰；湘桂走廊地区煤的 $\delta^{34}S$ 值为-13.0‰～5.4‰，其燃烧产物 SO_2 的 $\delta^{34}S$ 值为-19.4‰～1.7‰，颗粒物的硫同位素组成范围为-6.4‰～10.1‰。

5.4.2 水圈中硫同位素的组成

1. 海洋中硫同位素组成

海洋是一个重要的硫储存库，海水中的硫几乎只以硫酸盐的形式存在，现代海洋中含硫酸盐 1.3×10^{15} t，平均物质的量浓度为 900×10^{-6} mol/L。硫酸盐在海洋中的平均滞留时间为 10^7 a。海洋中硫酸盐主要来源于河流和地幔喷气，这两种来源的硫的同位素值都较海水中硫酸盐的同位素值低，但由于细菌还原海水硫酸盐形成富集 ^{32}S 的硫化物沉淀于沉积物中，剩余海水硫酸盐的 $\delta^{34}S$ 值升高，因此，海水中硫酸盐的总 $\delta^{34}S$ 值保持稳定。现代海洋中硫酸盐的 $\delta^{34}S$ 值非常稳定，平均为 20‰左右。

2. 河水中硫同位素组成

河水中 SO_4^{2-} 的浓度及其同位素组成受流域地质背景、水文条件和人类活动等多种因素的综合影响。河水 SO_4^{2-} 来源及其贡献比例的时空变化直接影响着河水 SO_4^{2-} 的硫同位素组成特征。其潜在来源主要包括：①大气沉降（特别是酸雨）；②围岩与土壤中蒸发岩的溶解；③硫化物如黄铁矿等的氧化；④土壤有机硫的矿化；⑤人类活动的输入，包括农业化肥、生活污水、工业废水、矿山废水等。

Hitchon 和 Krouse（1972）报道加拿大西北部 Mckenzie 河水中 SO_4^{2-} 的 $\delta^{34}S$ 值在-20‰～20‰变化，与流域盆地岩性之间存在一定的关系，特别是流过深部古生界蒸发岩后排出的河水，其 $\delta^{34}S$ 值都是正值，而通过盆地下伏白垩系岩石排出的河水的 $\delta^{34}S$ 值却为负值，受硫化物矿物的氧化所致。张东等（2013）报道了黄河干流河水 SO_4^{2-} 的 $\delta^{34}S$ 和 $\delta^{18}O$ 平均值为 8.9‰和 10.4‰；支流沁河 SO_4^{2-} 的 $\delta^{34}S$ 和 $\delta^{18}O$ 平均值为 9.8‰和 9.7‰；支流伊洛河 SO_4^{2-} 的 $\delta^{34}S$ 和

$\delta^{18}O$ 平均值为 10.4‰和 6.5‰。他们指出蒸发盐类矿物溶解和土壤硫酸盐溶解等自然风化过程是控制区域河水硫酸盐的重要过程，人类活动对伊洛河河水硫酸盐的贡献不容忽视。黄雨榴等（2015）和李小倩等（2014a）研究了长江干流河水硫酸盐的硫氧同位素的空间组成特征及其季节变化。丰水期时，SO_4^{2-} 质量浓度的变化范围为 28.8～48.9 mg/L，平均值为 37.6 mg/L，其 $\delta^{34}S$ 值的变化范围为−3.5‰～5.6‰，平均值为 1.5‰，$\delta^{18}O$ 值的变化范围为 3.7‰～9.2‰，平均值为 6.6‰，表明大气降水（酸雨）和硫化物氧化是控制丰水期长江干流河水硫、氧同位素组成及其来源的主要机制。而长江干流河水枯水期时 SO_4^{2-} 质量浓度的变化范围为 7.5～59.2 mg/L，平均值为 45.9 mg/L，其 $\delta^{34}S$ 值的变化范围为 7.1‰～15.1‰，平均值为 9.0‰，显著高于丰水期，受蒸发岩溶解和人类活动的影响，表明了长江河水硫酸盐来源的季节变化。Killingsworth 和 Bao（2015）研究了 1900～2012 年密西西比河河水 SO_4^{2-} 浓度及其 $\delta^{34}S$ 值的变化，指出自工业革命至今河水 SO_4^{2-} 输入量从 7.0 Tg/a 增加至 27.8 Tg/a，$\delta^{34}S$ 值的变化范围为−14.8‰～4.1‰，其平均值从−5.0‰增加至−2.7‰，表明了人类活动输入的 SO_4^{2-} 的影响，煤矿的开采与燃烧是现代密西西比河硫酸盐的主要人类活动来源。

3. 湖泊水中硫同位素的组成

湖泊水中 SO_4^{2-}的 $\delta^{34}S$ 值的变化范围很宽，一般为−5.5‰～27‰，其最低值发现于苏联的北高加索塔什罗布斯卡咸水湖，而最高值发现于美国的 Green 湖。湖泊水的硫同位素组成取决于湖泊的补给水源（河水或地下水），也取决于湖泊中的生物地球化学作用。具体地说，影响湖水硫同位素组成变化的重要因素就是含硫化合物来源和湖泊底部硫酸盐的还原作用。

湖中滞留水的硫酸盐，其 $\delta^{34}S$ 值的变化主要受细菌硫酸盐还原作用的影响，这在一些较深的湖泊中，尤其是在湖水的底部最为明显。例如，在永久性成层、局部混合的 Green 湖底部水中，Chebotarev 等（1975）和 Deevey 等（1963）发现底部淤泥贫 ^{34}S，而湖水中 SO_4^{2-} 明显富集 ^{34}S，同时观察到硫酸盐和硫化物之间的分馏高达 55‰。在英格兰南部的一些湖泊中，底层水 SO_4^{2-} 的 $\delta^{34}S$ 值明显高于表层水，前者 $\delta^{34}S$ 值为 9‰～10‰，后者 $\delta^{34}S$ 值为 7‰，这也是底层水中硫酸盐还原造成的。Chebotarev 等（1975）还注意到，在 SO_4^{2-} 浓度较低的湖水中，同位素分馏程度较轻，分馏系数为 1.005～1.016。而在一些 SO_4^{2-} 浓度较高的湖泊中，硫同位素组成通常与注入湖泊中的河流大致相同。一般含气性好的水体，硫酸盐还原将受到抑制，所以硫酸盐的硫同位素组成变化不大。

4. 地下水中硫同位素的组成

地下水中 SO_4^{2-} 有多种来源，包括通过大气沉降而获得的硫酸盐（如化石燃料燃烧生成的 SO_4^{2-}、海水飞溅出的 SO_4^{2-}、有机硫气溶胶等）、硫酸盐矿物的溶解（如石膏）、硫化物矿物的氧化（如黄铁矿）、土壤中的有机硫和人类活动影响等。但在一个具体的流域中，地下水的硫酸盐通常是以一种或几种来源为主。地下水中硫酸盐的硫同位素组成特征受其来源和生物地球化学过程的共同影响。

冲积含水层系统中的硫通过地下水和地表水的流动、沉积物和生物量的迁移、大气沉降及气体扩散的形式实现硫的输入与输出。在这些过程中，大气沉降、硫酸盐矿物的溶解和沉淀、有机硫的矿化与生物体吸收利用 SO_4^{2-} 及硫化物的氧化作用都不会发生显著的硫同位素分馏，因此地下水中 SO_4^{2-} 的硫同位素组成反映的是不同来源硫的混合结果。然而细菌硫酸盐还原作用会显著改变地下水中 SO_4^{2-} 的硫同位素组成，使其 $\delta^{34}S$ 值显著增加，这种现象常发生在还原环境的深层地下水中。

5.4.3 生物圈中硫同位素的组成

硫酸盐硫被微生物、细菌和海藻同化的作用是水体中硫循环的第一个阶段，硫酸盐溶液中发育的有机体——异养菌、酵母菌及海藻的总硫略微富集 ^{32}S。海藻与有机体的大部分硫为不能烧尽的残渣硫，也就是它们在有机体中以游离硫酸盐的形式或有机化合物的硫酸盐类形式存在。淡水生物的硫同位素组成随淡水中硫酸盐的 $\delta^{34}S$ 值而定；海洋生物的 $\delta^{34}S$ 值为13‰～20‰。细菌活动中可造成硫同位素显著分馏，硫酸盐还原细菌对自然界所发生的硫同位素分馏起主要作用，且这种作用是单阶段完成的，在河口湾及沿海岸的沉积物中，当硫化氢强烈形成时，与海水硫酸盐相比，它的 ^{32}S 可富集40‰。

5.4.4 岩石圈中硫同位素的组成

岩石中的硫存在于火成岩、变质岩和沉积岩中。火成岩如花岗岩和玄武岩通常硫含量很低，而变质岩和沉积岩含有蒸发类 SO_4^{2-}、还原性无机硫化合物或有机硫，构成地壳的主要硫储存库。地球历史上，海相蒸发岩中硫酸盐的 $\delta^{34}S$ 值为10‰～35‰。除蒸发岩类外，灰岩也含有大量的硫酸盐，能够在水岩相互作用或风化过程中释放出来。许多细颗粒沉积岩含大量的还原性无机硫。黄铁矿通常是由细菌硫酸盐还原形成的，这个过程伴随很大的硫同位素分馏。沉积物中的硫化物，常常分散在海相沉积物中，相对于海洋 SO_4^{2-} 是贫 ^{34}S 的。依据环境条件，微生物硫酸盐还原过程中产生的硫矿物的 $\delta^{34}S$ 值可以较初始 SO_4^{2-} 低50‰以上，通常在-30‰～5‰。火成岩的 $\delta^{34}S$ 通常高于硫化物，总的范围很窄，变化在0～5‰。变质岩的 $\delta^{34}S$ 与火成岩相似，然而，对于富含硫化物的变质岩，其 $\delta^{34}S$ 值变化很大，典型值为-10‰～25‰。

5.5 稳定硫同位素技术方法应用

5.5.1 解析大气中硫的来源

大气环境中的硫来自天然源释放和人为活动排放，是造成酸雨污染的主要空气污染物。SO_2 是人为排放的主要硫化合物，也是大气环境中的主要致酸前体物。大气 SO_2 等低氧化态的硫化合物的化学性质相对活泼，在大气中很快就被氧化，最终通过气相的均相氧化或液相的多相氧化形成硫酸盐。硫酸盐是大气中主要的气溶胶粒子之一，也是大气中云凝结核的主要成分。对流层的硫酸盐气溶胶引起酸雨污染，通过直接和间接辐射强迫影响全球气候，同时还对人类的呼吸系统产生威胁。因此，确定不同地区大气硫来源的相对组成及其在源汇间的迁移转化对定量评估区域环境硫酸盐气溶胶的物理和化学效应，了解大气 SO_2 和硫酸盐气溶胶对全球环境的影响具有十分重要的意义。

由于稳定硫同位素组成的“指纹”特征，硫同位素示踪技术已被广泛地应用到大气环境中的硫源解析等研究。张苗云等（2011）对浙江中部地区金华市的大气环境进行了连续的观测，刻画了区内大气 SO_2 和气溶胶硫酸盐的硫同位素组成及变化规律，指出单一的控制因素并不能完全解释研究区域大气 SO_2 硫同位素的季节性变化，认为同位素平衡分馏的温度效应和夏季富轻同位素的生物成因硫的大量释放，可能是引起这种季节性变化的主要控制因素。本小节以此为例阐述硫同位素对大气硫来源的解析。

金华市位于浙江省中部地区，钱塘江上游，衢盆地东缘，多丘陵盆地，地势南北高、中部低，属典型的亚热带季风气候，四季分明，湿润多雨。基于金华市区 2004～2005 年空气质量自动监测系统 SO_2 监测数据的统计分析，得到浙江中部地区环境空气中 SO_2 日均值质量浓度为 0.004～0.204 mg/m^3，年平均值为 0.046 mg/m^3，并且表现出较明显的季节性变化，SO_2 浓度冬春季比较高，夏秋季较低，其中 12 月 SO_2 浓度最高，而在 6 月、7 月达到最低。

大气 SO_2 的 $\delta^{34}S$ 值变化范围在 1.0‰～7.5‰，年均值为（4.7±2.3）‰，而气溶胶 $\delta^{34}S$ 值变化范围在 6.4‰～9.8‰，年均值为（8.1±1.0）‰，如图 5.3 所示。气溶胶 $\delta^{34}S$ 值均大于相应的大气 SO_2 的 $\delta^{34}S$ 值，两者的年均值相差 3.4‰。这种现象也符合燃煤硫同位素的分馏规律，即燃煤释放出的 SO_2 总是比原煤相对富集轻 ^{32}S，而释放出的颗粒物总是比原煤相对富集 ^{34}S。大气 SO_2 的 $\delta^{34}S$ 值呈现出明显的季节性变化，冬季 $\delta^{34}S$ 值最高，春末到夏初的 $\delta^{34}S$ 值最低，秋季比夏季稍高。而气溶胶 δ^{34} 值全年的变化幅度不大，基本围绕在年均值附近上下波动，春季的 $\delta^{34}S$ 值稍高，冬季、夏季和秋季的 $\delta^{34}S$ 值则几乎一致。

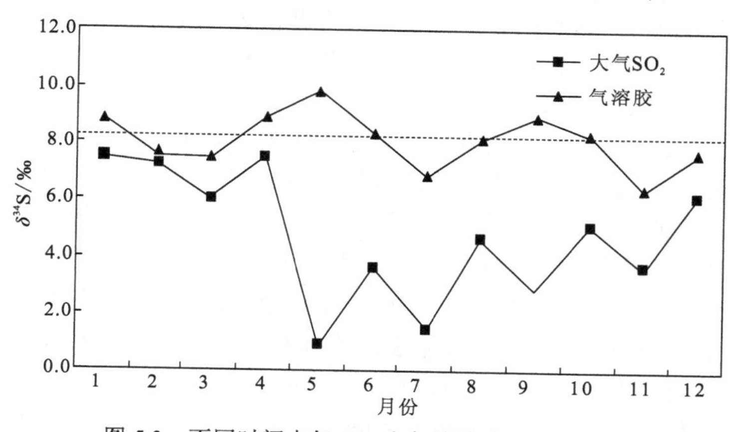

图 5.3 不同时间大气 SO_2 和气溶胶硫同位素组成

研究区域内大气降水的硫同位素 $\delta^{34}S$ 值变化范围在 0.5‰～14.2‰，平均值约为 5.0‰，同时 $\delta^{34}S$ 值也存在冬季高、夏季低的季节波动现象。这与大气 SO_2 硫同位素组成的季节变化特征是一致的。大气 SO_2 年均 $\delta^{34}S$ 值比气溶胶年均 $\delta^{34}S$ 值更接近大气降水年均 $\delta^{34}S$ 值，这些说明大气 SO_2 对降水硫同位素组成的影响更明显，也就是说降水硫同位素的组成中大气 SO_2 的相对贡献可能要大于气溶胶。

大气环境硫同位素季节性变化的控制因素主要有两种解释：一种是富轻同位素特征的生物成因硫的作用，由于它们在夏季的大量释放降低了大气中硫同位素的组成，从而形成冬季富重硫同位素、夏季富轻硫同位素的季节变化特征；另一种是硫酸盐离子形成过程中 HSO_3^--SO_2 反应体系同位素平衡分馏引起的温度效应。他们指出 HSO_3^--SO_2 反应体系硫的同位素分馏系数从 25 ℃的 1.017 3 减小到 70 ℃的 1.010 7，相当于下降 0.145‰ / ℃。另外，理论计算表明

SO_3^{2-}-SO_2 反应体系的硫同位素也存在温度效应，随着温度升高硫同位素下降 0.08‰ / ℃。按照落在 0.08～0.145‰ / ℃的 0.10‰ / ℃的温度梯度系数估算，同位素平衡分馏的温度效应能够引起 2‰～3‰的季节性变化。浙江中部地区大气 SO_2 冬季的 $\delta^{34}S$ 值为 7.0‰，夏季的 $\delta^{34}S$ 值为 3.3‰，而浙江中部地区冬季和夏季的温差在 15～20 ℃，因此可以认定单一的因素还不能完全解释大气 SO_2 硫同位素的季节性变化。同位素平衡分馏的温度效应和夏季富轻同位素的生物成因硫的大量释放可能是引起这种季节性变化的主要控制因素。

5.5.2 示踪地下水中硫酸盐来源及其生物地球化学过程

硫酸盐参与的生物地球化学过程对地下水中氧化还原环境及其他生物代谢过程的发生具有重要影响。硫酸盐还原作用通常与污染物（硝酸盐、有机物和砷等）的迁移转化紧密联系在一起。应用硫酸盐的硫氧同位素及其与 SO_4^{2-} 浓度的关系可以很好地指示细菌硫酸盐还原作用的发生，进而揭示与其相关的生物地球化学过程及其环境意义。本小节以地下水砷的富集为例，阐述硫同位素对地下水中生物地球化学过程的示踪研究。

大同盆地是一个新生代断陷盆地，地处半干燥气候带，年均降水量为 300～400 mm，年均蒸发量约为 2 000 mm。该盆地三面环山，南侧是恒山，西边是管涔山，北侧为洪涛山。盆地由上新统到更新统的松散沉积物组成，沉积物的粒径从盆地边缘向中心递减，盆地边缘的沉积物大部分是冲洪积物砾石和粗砂，盆地中部为湖积物砂壤土、淤泥、粉质黏土及黏土，含有较高的有机物。沉积物中存在含量不等的石英、伊利石、蒙脱石、长石和方解石。由于强烈的蒸发作用及较高的地下水水位，盐碱土，岩盐、芒硝和石膏等蒸发岩会短暂地在盆地中部的地表沉积。该地区地下水主要有三种来源：①大气降水从垂向上补给地下水；②侧向补给来源于山前地带；③灌溉回渗水。排泄途径主要是蒸散作用和人工抽取。在本研究区，高砷浓度主要出现在埋深小于 60 m 的浅层地下水中，主要沿黄水河和桑干河分布。

为揭示影响砷迁移转化的生物地球化学过程，Xie 等（2013）分别从水化学和同位素的角度对研究区的地下水进行了研究分析。地下水的水化学组成表明高砷地下水（As＞10 μg/L）主要为 Na-HCO_3 型和 Na-Cl 型水。大部分水样的 SO_4^{2-} 和 NO_3^- 浓度较低，NH_4^+和 HS^-的浓度较高。水样的 pH 为中性偏碱性（7.5～8.6），电导率（electric conductivity，EC）较高，均值为 2.1 mS/cm，氧化还原电位（oxidation-reduction potential，ORP）为-201.5～173.9 mV，均值为-24.5 mV。铁和锰的质量浓度较高，分别为 111.4 μg/L 和 76.7 μg/L。地下水中砷的质量浓度在 0.9～1 050 μg/L，均值为 189 μg/L，远远超出了世界卫生组织（World Health Organization，WHO）推荐的 10 μg/L 的饮用水标准。

地下水中 HS^-、Fe^{2+}和锰的浓度较高的同时 NO_3^-和 SO_4^{2-} 浓度较低，存在厌氧微生物作用。在厌氧条件下，微生物主导的 Fe^{3+}、SO_4^{2-} 和 NO_3^-的还原出现在含有机质的含水层中，土著微生物将 Fe^{3+}、SO_4^{2-} 和 NO_3^- 作为电子受体用于氧化有机质产生重碳酸根。因此，微生物主导的 Fe^{3+}、SO_4^{2-} 和 NO_3^-的还原会导致砷、铁、HS^-和 HCO_3^-的浓度升高，NO_3^-和 SO_4^{2-} 浓度降低。地下水样中砷浓度和 HS^-、HCO_3^- 的相关性不明显，砷浓度和铁浓度为负相关，可能是 $FeCO_3$ 和无定形 FeS 的形成导致。即使地下水中无定形 FeS 已经过饱和，HS^-仍可以通过与 FeOOH 的反应被消耗，生成的 $FeCO_3$ 和无定形 FeS 能够吸附部分砷。

由图 5.4 可以看出，所有的地下水样品均落在三条平行线附近。不同的直线代表不同来

源的 SO_4^{2-} 中 $\delta^{34}O_{SO_4^{2-}}$ 和 $\delta^{18}O_{SO_4^{2-}}$ 的演化过程。每条直线的 $\delta^{34}O_{SO_4^{2-}}$ 和 $\delta^{18}O_{SO_4^{2-}}$ 值最低的点表示不同来源 SO_4^{2-} 的硫、氧同位素特征：线 I 表示来源于大气降水 SO_4^{2-} 的同位素组成特征；线 II 表示含水层和非饱和带中的有机质分解过程中释放的 SO_4^{2-} 的同位素组成特征；线 III 表示来源于陆地蒸发岩的 SO_4^{2-} 同位素组成特征。$\delta^{34}O_{SO_4^{2-}}$ 和 $\delta^{18}O_{SO_4^{2-}}$ 的关系表明，陆地蒸发岩的溶解是地下水中 SO_4^{2-} 的一个重要来源。

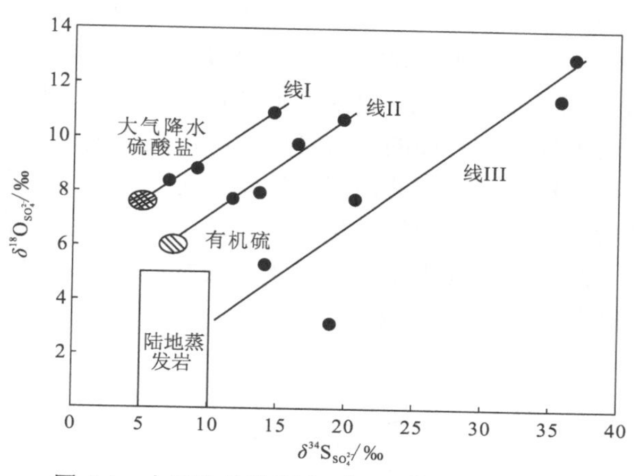

图 5.4　大同盆地地下水 $\delta^{18}S_{SO_4^{2-}}$ 和 $\delta^{34}S_{SO_4^{2-}}$ 组成

尽管硫化物矿物是砷的潜在来源，但 $\delta^{34}O_{SO_4^{2-}}$ 的数据表明该含水层中没有大量的硫化物的氧化。SO_4^{2-} 中 $\delta^{34}O_{SO_4^{2-}}$ 的范围为 7.0‰～36.8‰，同位素值的波动可能与盆地中的多级氧化还原循环和地下水的混合有关。$\delta^{34}O_{SO_4^{2-}}$ 和 $\delta^{18}O_{SO_4^{2-}}$ 的正相关关系指示微生物作用主导了 SO_4^{2-} 的还原，原因是硫酸盐被细菌还原为硫化物会产生明显的硫、氧同位素分馏。细菌还原 SO_4^{2-} 会导致氧的动力学分馏，且与硫的同位素动力学分馏趋势一致。砷质量浓度（>10 μg/L）与 $\delta^{34}O_{SO_4^{2-}}$ 和 $\delta^{18}O_{SO_4^{2-}}$ 均呈现正相关性（图 5.5），表明砷在地下水中的富集与 SO_4^{2-} 微生物还原过程有关。

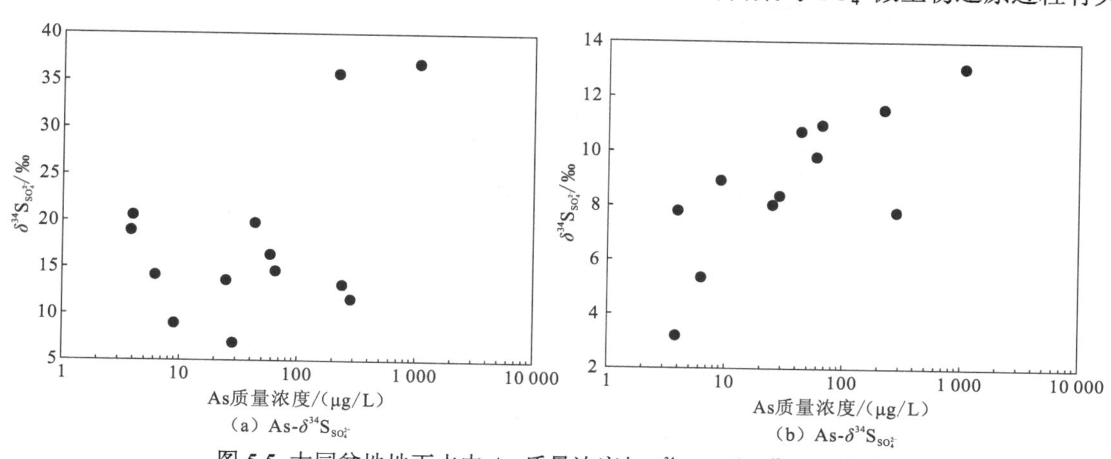

图 5.5 大同盆地地下水中 As 质量浓度与 $\delta^{34}S_{SO_4^{2-}}$ 和 $\delta^{18}S_{SO_4^{2-}}$ 关系图

5.5.3 硫同位素在矿区地下水污染研究中的应用

矿山资源开采与生态环境的矛盾日益凸显，酸性矿山废水与水-土重金属污染已引起广泛关注。矿石中还原性硫的氧化产生硫酸（H_2SO_4）是酸性矿山废水形成的主要原因。硫酸盐的硫氧同位素能够为示踪酸性矿山废水对地下水的污染提供重要的分析工具。本小节以广西合山煤矿区为例说明硫氧同位素在示踪酸性矿山废水对地下水污染中的应用（李小倩 等，2014b）。

广西合山具有“煤都”之称，是广西最大的矿区，储煤面积约 264 km^2，拥有百年煤矿开采历史，采煤形成的采空区约 46.82 km^2，遗留下 960 余个露天堆放的煤矸石堆，煤矸石总量约 6 000×10^4 m^3。合山煤多数属高硫、高灰、低热值的动力煤，煤矿开采形成的含高浓度 SO_4^{2-} 的矿山酸性废水，成为地下水污染的重大隐患。区内最大的地表水系为红水河，属珠江干流西江的支流，沿合山煤田西缘由西北向东南蜿蜒穿过矿区，主要分布着里兰、东矿、河里、石村、溯河、柳花岭、马鞍、上塘等大型矿区。地下水样品均取自矿区民用井现场抽取的浅层地下水（埋深 5～20 m），地表水取自红水河河水，矿井水取自正在开采的东矿三矿2 号井矿井水的排泄口和排泄渠，如图 5.6 所示。

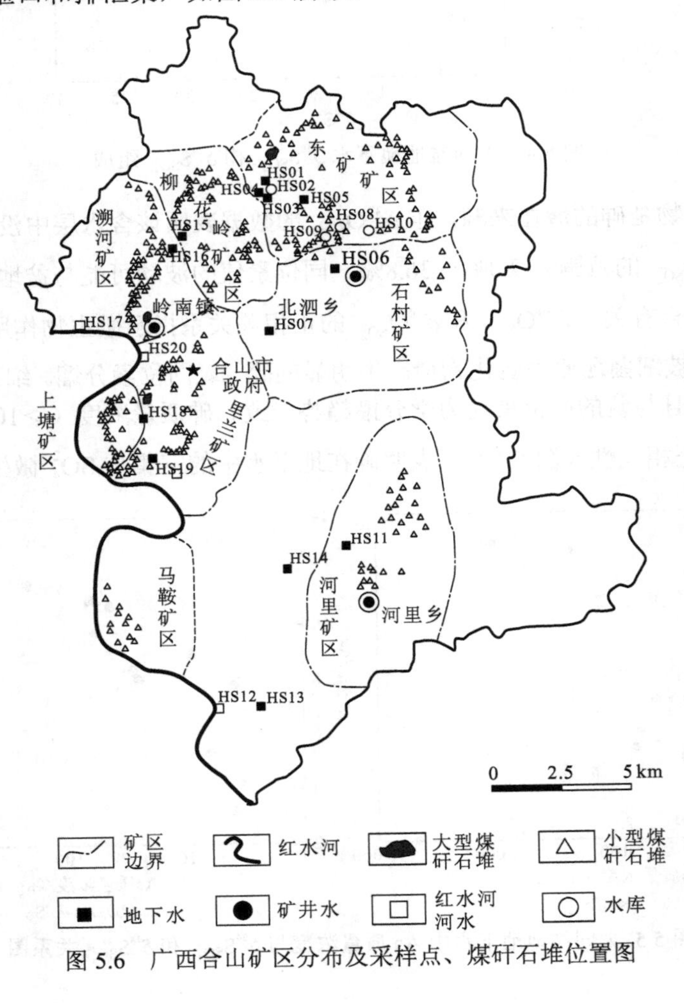

图 5.6 广西合山矿区分布及采样点、煤矸石堆位置图

1. 酸性矿山废水的特征及其产生机制

酸性矿山废水的 pH 为 3.51～5.92，TDS 平均质量浓度为 4 891 mg/L，SO_4^{2-} 平均质量浓度高达 4 014 mg/L，水化学类型为 SO_4-Ca·Mg。废水中硫酸盐的硫氧同位素组成显著偏负，$\delta^{34}S$ 值为−29.4‰，$\delta^{18}O$ 值为−1.65‰，与矿区煤矸石样品的 $\delta^{34}S$ 值（−30.2‰）相近，表明其主要源自硫化物的氧化产物。煤矸石中的硫以还原态硫为主，主要赋存在黄铁矿中，煤矿开采活动使埋藏在地层内部还原环境中的煤矸石暴露在氧气和水中，促进了黄铁矿氧化。黄铁矿的氧化过程并不发生硫同位素的显著分馏，因此黄铁矿氧化生成的硫酸盐具有与黄铁矿相同的硫同位素组成，这为酸性矿山废水产生机制的分析提供了依据。

黄铁矿氧化生成 SO_4^{2-} 主要有两种反应途径，可用如下两个端元反应来表示，其氧化剂分别为 O_2[式（5.16）]和 Fe^{3+}[式（5.17）]。在氧气充足条件下 FeS_2 的氧化以 O_2 作为主要氧化剂发生反应式（5.14），反应过程缓慢，在微生物氧化铁杆菌的作用下可提高反应速率。相对于 O_2 氧化，Fe^{3+}无论是好氧还是厌氧条件下都可通过反应式（5.17）迅速氧化 FeS_2。特别是在 pH＜3 时，反应式（5.17）是依赖于 Fe^{3+}浓度的限速反应，而酸性条件下反应式（5.16）在细菌作用下氧化 Fe^{2+}的反应速率可加速数个量级，Fe^{3+}对 FeS_2 的氧化速率受微生物作用的影响。

$$FeS_2 + 7/2O_2 + H_2O \longrightarrow Fe^{2+} + 2SO_4^{2-} + 2H^+ \tag{5.16}$$

$$FeS_2 + 14Fe^{3+} + 8H_2O \longrightarrow 15Fe^{2+} + 2SO_4^{2-} + 16H^+ \tag{5.17}$$

$$Fe^{2+} + 1/4O_2 \longrightarrow Fe^{3+} + 1/2H_2O \tag{5.18}$$

黄铁矿氧化生成硫酸盐的 $\delta^{18}O_{SO_4^{2-}}$ 值依赖于黄铁矿氧化途径及其氧源（O_2 或 H_2O）的同位素组成。反应途径为反应式（5.16）时，SO_4^{2-} 中的氧分别来自 O_2（87.5%）和 H_2O（12.5%）；反应途径为反应式（5.17）时，SO_4^{2-} 中的氧完全来自 H_2O。因此，FeS_2 氧化生成 SO_4^{2-} 的 $\delta^{18}O_{SO_4^{2-}}$ 值可表示为

$$\delta^{18}O_{SO_4^{2-}} = x(\delta^{18}O_{H_2O} + \varepsilon_{SO_4^{2-}-H_2O}) + (1-x)\times[0.875(\delta^{18}O_{O_2} + \varepsilon_{SO_4^{2-}-H_2O}) + 0.125(\delta^{18}O_{H_2O} + \varepsilon_{SO_4^{2-}-H_2O})] \tag{5.19}$$

式中：x 为黄铁矿氧化反应途径[式（5.17）]所占比例；$1-x$ 则为反应途径式（5.16）所占比例；$\varepsilon_{SO_4^{2-}-H_2O}$ 和 $\varepsilon_{SO_4^{2-}-O_2}$ 分别为 SO_4^{2-} 与 H_2O 和 SO_4^{2-} 与 O_2 的氧同位素的动力学分馏的富集系数，$\delta^{18}O_{O_2}$值为 23.8‰。相关实验研究表明，O_2 和 Fe^{3+}氧化黄铁矿无论在是否有微生物作用下其 $\varepsilon_{SO_4^{2-}-H_2O}$ 值为 2.6‰～4.1‰，而 $\varepsilon_{SO_4^{2-}-O_2}$ 值为−11.4‰～−9.8‰。若取 $\varepsilon_{SO_4^{2-}-H_2O}$ 和 $\varepsilon_{SO_4^{2-}-O_2}$ 值分别为 4.1‰和−11.2‰，并将矿井水测定的 $\delta^{18}O_{H_2O}$ 和 $\delta^{18}O_{SO_4^{2-}}$ 值代入式（5.19），计算得到 x 分别为 97.8%和 99.1%，即矿井水中 SO_4^{2-} 中的 O 几乎完全来自 H_2O。这表明 Fe^{3+}对 FeS_2 的氧化起重要作用，反应途径式（5.17）是矿井水中 SO_4^{2-} 生成的主要途径。

2. 合山矿区地下水硫酸盐来源解析

地下水硫酸盐的来源通常包括蒸发岩的溶解、硫化物氧化、大气降水及人类活动，其中蒸发岩中硫酸盐的同位素组成通常明显富集重同位素（$\delta^{34}S$ 可达 28‰），而硫化物氧化生成的硫酸盐明显富集轻同位素（$\delta^{34}S<0$）。矿区地下水硫酸盐的 $\delta^{34}S$ 值（−18.1‰～−4.2‰）均小于 0，表明硫化物氧化为其主要来源。

在硫酸盐的硫氧同位素组成关系图[图 5.7（a）]和 $\delta^{34}S_{SO_4^{2-}}$ 与 SO_4^{2-} 物质的量浓度关系图[图 5.7（b）]中，可明显看出矿区地下水样品点均落在一个三角形区域内，表明矿区地下水 SO_4^{2-} 主要有三个来源。三个来源的典型特征分别为：①具有显著偏负的 $\delta^{34}S_{SO_4^{2-}}$ 值（约为-30‰）和 $\delta^{18}O_{SO_4^{2-}}$ 值（约为-2‰），且 SO_4^{2-} 物质的量浓度高，为酸性矿山废水来源；②具有相对偏正的 $\delta^{34}S_{SO_4^{2-}}$ 值（约为-4‰）和 $\delta^{18}O_{SO_4^{2-}}$ 值（约为 5‰），且 SO_4^{2-} 物质的量浓度低，为红水河河水来源；③具有较偏负的 $\delta^{34}S_{SO_4^{2-}}$ 值（约为-7‰）和偏正的 $\delta^{18}O_{SO_4^{2-}}$ 值（约为 14‰），且 SO_4^{2-} 物质的量浓度高，代表煤矸石在有氧条件下 O_2 氧化生成 SO_4^{2-} 的特征，为地面煤矸石淋滤液来源。因此，可以看出合山矿区地下水中的 SO_4^{2-} 主要源自酸性矿山废水、红水河河水入渗和煤矸石淋滤液入渗，受矿山开采活动的强烈影响。

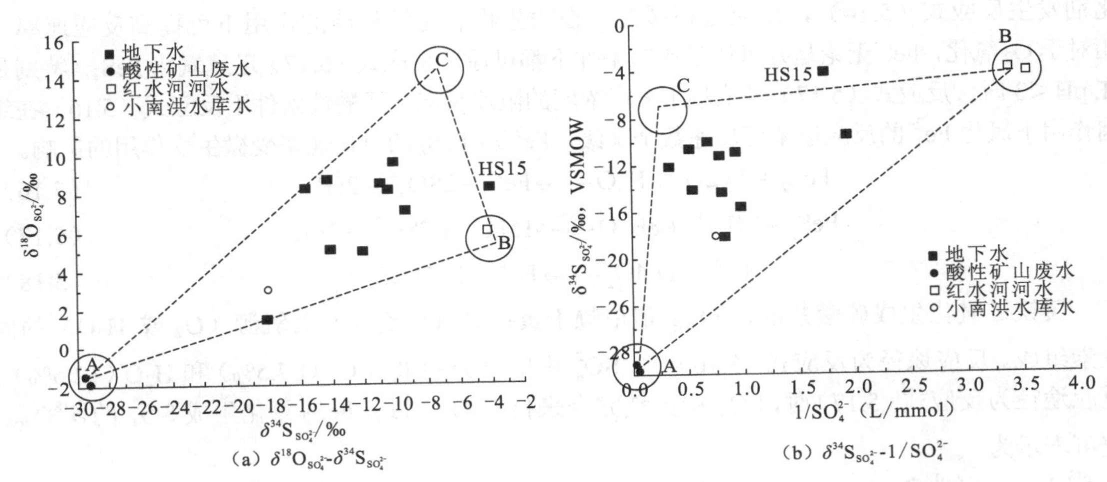

图 5.7 合山矿区地下水硫酸盐同位素组成及其浓度关系（李小倩 等，2014b）

3. 酸性矿山废水对矿区地下水污染的影响

基于矿区地下水 SO_4^{2-} 来源的分析，可利用质量平衡的三元混合模型来计算三个来源对矿区地下水 SO_4^{2-} 的贡献比例，进而量化酸性矿山废水对矿区地下水污染的影响。混合模型可利用硫氧同位素或硫同位素与 SO_4^{2-} 浓度建立三元一次方程组。计算三个端元来源对矿区地下水硫酸盐的贡献比例，公式如下：

$$\delta^{34}S_A \times \rho_A + \delta^{34}S_B \times \rho_B + \delta^{34}S_C \times \rho_C = \delta^{34}S_{样品} \tag{5.20}$$

$$(SO_4^{2-})_A \times \Omega_A + (SO_4^{2-})_B \times \Omega_B + (SO_4^{2-})_C \times \Omega_C = (SO_4^{2-})_{样品} \tag{5.21}$$

$$\Omega_A + \Omega_B + \Omega_C = 1 \tag{5.22}$$

$$\rho_A = (SO_4^{2-})_A \times \Omega_A / (SO_4^{2-})_{样品} \tag{5.23}$$

$$\rho_B = (SO_4^{2-})_B \times \Omega_B / (SO_4^{2-})_{样品} \tag{5.24}$$

$$\rho_C = (SO_4^{2-})_C \times \Omega_C / (SO_4^{2-})_{样品} \tag{5.25}$$

或：

$$\delta^{34}S_A \times \rho_A + \delta^{34}S_B \times \rho_B + \delta^{34}S_C \times \rho_C = \delta^{34}S_{样品} \tag{5.26}$$

$$\delta^{18}O_A \times \rho_A + \delta^{18}O_B \times \rho_B + \delta^{18}O_C \times \rho_C = \delta^{34}S_{样品} \tag{5.27}$$

$$\rho_A + \rho_B + \rho_C = 1 \tag{5.28}$$

式中：ρ_A、ρ_B、ρ_C 分别为酸性矿山废水、红水河河水和煤矸石淋滤液对地下水样品硫酸盐的贡献比例；Ω_A、Ω_B、Ω_C 分别为酸性矿山废水、红水河河水和煤矸石淋滤液占地下水的体积分数。

无论是根据 $\delta^{34}S_{SO_4^{2-}}$ 与 SO_4^{2-} 浓度的关系[式（5.20）～式（5.25）]还是 $\delta^{34}S_{SO_4^{2-}}$ 与 $\delta^{18}O_{SO_4^{2-}}$ 的关系[式（5.26）～式（5.28）]，这两种方式计算表明它们的贡献比例近似相同，相互验证了三元混合模型的合理性。计算结果表明，除 HS15 未受到酸性矿山废水的显著影响外，其他地下水均受到不同程度的酸性矿山废水的入渗影响。酸性矿山废水对地下水 SO_4^{2-} 的贡献比例为 16%～52%，平均贡献比例为 30%，如图 5.8 所示。

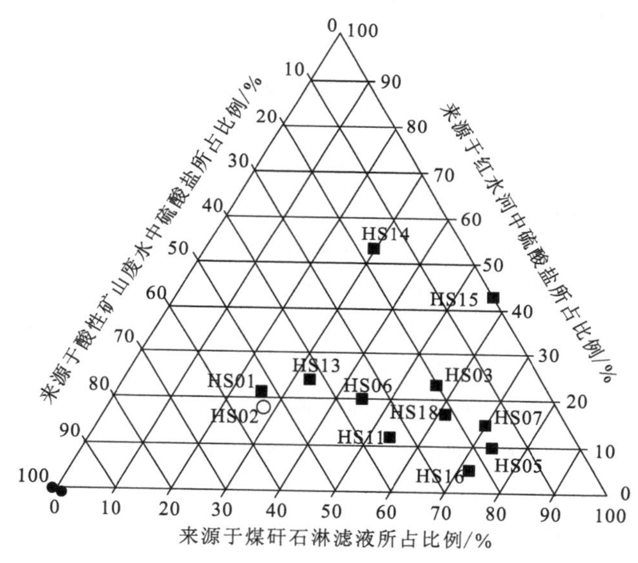

图 5.8 合山矿区地下水硫酸盐来源贡献比例的三线图（李小倩 等，2014b）

尽管研究区某些地下水样品受到酸性矿山废水的显著影响，但所有地下水样品的 pH 都近中性，微量重金属的检出浓度较低，主要是由于碳酸盐地层作为天然的 HCO_3^- 缓冲系统对酸性物质的中和能力及对微量元素的吸附和沉淀作用。

由于酸性矿山废水高 SO_4^{2-} 浓度（>4 000 mg/L）和显著偏负的 $\delta^{34}S$ 值（<−29‰）的独特特征，即使地下水只混合了很少比例的酸性矿山废水，也很容易使地下水硫酸盐的浓度及其同位素组成发生明显改变。因此，硫酸盐的硫氧同位素不仅能够指示酸性矿山废水的产生机制与氧化途径，还能够灵敏地示踪酸性矿山废水对地下水的污染，为评价矿山开采活动对地下水的污染提供有效的工具。

参考文献

黄雨榴，李小倩，刘运德，等, 2015. 长江干流枯水期河水硫酸盐同位素组成特征及其来源解析[J]. 地质学报, 89(b10): 269-271.

洪业汤，张鸿斌，朱詠煊，等, 1992. 中国煤的硫同位素组成特征及燃煤过程硫同位素分馏[J]. 中国科学 8: 868-873.

李小倩，刘运德，周爱国，等, 2014a. 长江干流丰水期河水硫酸盐同位素组成特征及其来源解析[J]. 地球科学-中国地质大学学报, 39(11): 1647-1654.

李小倩，张彬，周爱国，等, 2014b. 酸性矿山废水对合山地下水污染的硫氧同位素示踪[J]. 水文地质工程地质, 41(6): 103-109.

张东，黄兴宇，李成杰, 2013. 硫和氧同位素示踪黄河及支流河水硫酸盐来源[J]. 水科学进展, 24(3): 418-426.

张鸿斌，胡霭琴，卢承祖，等, 2002. 华南地区酸沉降的硫同位素组成及其环境意义[J]. 中国环境科学, 22(2): 165-169.

张苗云，王世杰，马国强，等, 2011. 大气环境的硫同位素组成及示踪研究[J]. 中国科学: 地球科学, 2: 216-224.

张伟，刘丛强，梁小兵, 2007. 硫同位素分馏中的生物作用及其环境效应[J]. 地球与环境, 35(3): 223-227.

ALBARÈDE F, TELOUK P, BLICHERT-TOFT J, et al., 2004. Precise and accurate isotopic measurements using multiple-collector ICPMS[J]. Geochimica et cosmochimica acta, 68(12): 2725-2744.

BARONI M, THIEMENS M H, DELMAS R J, et al., 2007. Mass-independent sulfur isotopic compositions in stratospheric volcanic eruptions[J]. Science, 315(5808): 84-87.

BOTTINGA Y, JAVOY M, 1987. Comments on stable isotope geothermometry: the system quartz-water[J]. Earth and planetary science letters, 84(4): 406-414.

BRUNNER B, BERNASCONI S M, 2005. A revised isotope fractionation model for dissimilatory sulfate reduction in sulfate reducing bacteria[J]. Geochimica et cosmochimica acta, 69(20): 4759-4771.

CHAMBERS L A, TRUDINGER P A, SMITH J W, et al., 1975. Fractionation of sulfur isotopes by continuous cultures of desulfovibrio desulfuricans[J]. Canadian journal of microbiology, 21(10): 1602-1607.

CHEBOTAREV E N, MATROSOV A G, KUDRIAVTSEVA A I, et al., 1975. Fractionation of stable sulfur isotopes during microbiological processes in Slavyansk lakes[J]. Mikrobiologiia, 44(2): 304-308.

CLAYTON D, RAMADURAI S, 1977. On presolar meteoritic sulphides[J]. Nature, 265(5593): 427-428.

CLOUGH R, EVANS P, CATTERICK T, et al., 2006. Delta ^{34}S measurements of sulfur by multicollector inductively coupled plasma mass spectrometry[J]. Analytical chemistry, 78(17): 6126-6132.

CRADDOCK P R, ROUXEL O J, BALL L A, et al., 2008. Sulfur isotope measurement of sulfate and sulfide by high-resolution MC-ICP-MS[J]. Chemical geology, 253(3): 102-113.

DEEVEY E S, NOBOYUKI N, MINZE S, 1963. Fractionation of sulfur and carbon isotopes in a meromictic lake[J]. Science, 139(3553): 407-408.

DETMERS J, BR ÜCHERT V, HABICHT K S, et al., 2001. Diversity of sulfur isotope fractionations by sulfate-reducing prokaryotes[J]. Applied and environmental microbiology, 67(2): 888-894.

FARQUHAR J, BAO H, THIEMENS M H, 2000a. Atmospheric influence of earth's earliest sulfur cycle[J]. Science, 289(5480): 756-759.

FARQUHAR J, SAVARINO J, JACKSON T L, et al., 2000b. Evidence of atmospheric sulphur in the martian regolith from sulphur isotopes in meteorites[J]. Nature, 404(6773): 50-52.

FLIEGEL D, WIRTH R, SIMONETTI A, et al., 2011. Tubular textures in pillow lavas from a Caledonian west Norwegian ophiolite: a combined TEM, LA-ICP-MS, and STXM study[J]. Geochemistry, geophysics, geosystems, 12(2): 1-21.

FRY B, RUF W, GEST H, et al., 1988. Sulfur isotope effects associated with oxidation of sulfide by O_2 in aqueous solution[J]. Isotope geoscience, 73(3): 205-210.

HABICHT K S, CANFIELD D E, 1997. Sulfur isotope fractionation during bacterial sulfate reduction in organic-rich sediments[J]. Geochimica et cosmochimica acta, 61(24): 5351-5361.

HANOUSEK O, BERGER T W, PROHASKA T, 2016. MC ICP-MS $\delta^{34}S$ VCDT measurement of dissolved sulfate in environmental aqueous samples after matrix separation by means of an anion exchange membrane[J]. Analytical and bio-analytical chemistry, 408(2): 399-407.

HAURI E H, DOMINIC P, WANG J H, et al., 2016. High-precision analysis of multiple sulfur isotopes using NanoSIMS[J]. Chemical geology, 420: 148-161.

HITCHON B, KROUSE H R, 1972. Hydrogeochemistry of the surface waters of the Mackenzie River Drainage Basin, Canada-III. Stable isotopes of oxygen, carbon and sulphur[J]. Geochimica et cosmochimica acta, 36(12): 1337-1357.

HOEFS J, 2009. Stable isotope geochemistry[J]. Reviews of geophysics, 13(3): 102-107.

HULSTON J R, THODE H G, 1965. Cosmic-ray-produced ^{36}S and ^{33}S in the metallic phase of iron meteorites[J]. Journal of geophysical research, 70(18): 4435-4442.

KEMP A L W, THODE H G, 1968. The mechanism of the bacterial reduction of sulphate and of sulphite from isotope fractionation studies[J]. Geochimica et cosmochimica acta, 32(1): 71-91.

KILLINGSWORTH B A, BAO H M, 2015. Significant human impact on the flux and $\delta^{34}S$ of sulfate from the largest river in North America[J]. Environmental science and technology, 49(8): 4851-4860.

KIYOSU Y, KROUSE H R, 1989. Carbon isotope effect during abiogenic oxidation of methane[J]. Earth and planetary science letters, 95(3): 302-306.

KLEIKEMPER J, SCHROTH M H, BERNASCONI S M, et al., 2004. Sulfur isotope fractionation during growth of sulfate-reducing bacteria on various carbon sources[J]. Geochimica et cosmochimica acta, 68(23): 4891-4904.

LIU C H, BIAN X P, YANG T, et al., 2016. Matrix effects of calcium on high-precision sulfur isotope measurement by multiple-collector inductively coupled plasma mass spectrometry[J]. Talanta, 151: 132-140.

MANN J L, KELLY W R, 2010. Measurement of sulfur isotope composition ($\delta^{34}S$) by multiple-collector thermal ionization mass spectrometry using a ^{33}S-^{36}S double spike[J]. Rapid communications in mass spectrometry, 19(23): 3429-3441.

MASON P R D, KOSLER J, HOOG J C M D, et al., 2006. In-situ determination of sulfur isotopes in sulfur-rich materials by laser ablation multiple-collector inductively coupled plasma mass spectrometry (LA-MC-ICP-MS)[J]. Journal of analytical atomic spectrometry, 21(2): 177-186.

OHMOTO H, RYE R O, 1979. Isotopes of sulfur and carbon[M]. BARNES H L. Geochemistry of hydrothermal ore. deposits. New York:Wiley:509-567.

OHMOTO H, WATANABE Y, IKEMI H, et al., 2006. Sulphur isotope evidence for an oxic Archaean atmosphere[J]. Nature, 442(7105): 908-911.

PAVLOV A A, KASTING J F, 2002. Mass-independent fractionation of sulfur isotopes in Archean sediments: strong evidence for an anoxic Archean atmosphere[J]. Astrobiology, 2(1): 27-41.

PUCHELT H, SABELS B R, HOERING T C, 1971. Preparation of sulfur hexafluoride for isotope geochemical analysis[J]. Geochimica et cosmochimica acta, 35(6): 625-628.

RAI V K, JACKSON T L, MARK H T, 2005. Photochemical mass-independent sulfur isotopes in achondritic meteorites[J]. Science,

309(5737): 1062-1065.

REES C E, 1973. A steady-state model for sulphur isotope fractionation in bacterial reduction processes[J]. Geochimica et cosmochimica acta, 37(5): 1141-1162.

ROMERO A B, THIEMENS M H, 2003. Mass-independent sulfur isotopic compositions in present-day sulfate aerosols[J]. Journal of geophysical research, 108(D16): 4524-4530.

SASAKI A, ARIKAWA Y, FOLINSBEE R E, 1979. Kiba reagent method of sulphur extraction applied to isotopic work[J]. Geological survey of Japan, 30: 241–245.

SAVARINO J, ROMERO A, DAI J C, et al., 2003. UV induced mass-independent sulfur isotope fractionation in stratospheric volcanic sulfate[J]. Geophysical research letters, 30(21): 2131.

THODE H G, MACNAMARA J, COLLINS C B, 1949. Natural variations in the isotopic content of sulphur and their significance[J]. Canadian journal of research, 27(4): 361-373.

THODE H G, MONSTER J, DUNFORD H B, 1961. Sulphur isotope geochemistry[J]. Geochimica et cosmochimica acta, 25(3): 159-174.

USHIKUBO T, WILLIFORD K H, FARQUHAR J, et al., 2014. Development of in situ sulfur four-isotope analysis with multiple Faraday cup detectors by SIMS and application to pyrite grains in a Paleoproterozoic glaciogenic sandstone[J]. Chemical geology, 383: 86-99.

XIE X J, WANG Y X, ELLIS A, et al., 2013. Multiple isotope (O, S and C) approach elucidates the enrichment of arsenic in the groundwater from the Datong Basin, Northern China[J]. Journal of hydrology, 498(18): 103-112.

第 6 章　稳定氯、溴同位素

氯和溴均属元素周期表中 VIIA 族元素，即卤族元素。二者的原子半径十分相近（Cl 为 181 pm，Br 为 196 pm），地球化学性质也较为相似。

在自然界中，氯有四种主要的价态，即-1、+1、+3 和+5，其中主要以-1 价氯离子的形式赋存。海水是氯最主要的储库，此外还赋存于岩石（地幔和地壳）、土壤、咸水（盐湖、内陆海、地下卤水等）、淡水（地下水、湖泊、河流等）、冰盖和大气圈的对流层和平流层中。无机氯盐进入水圈后，将会随水循环而发生迁移。在水圈中，氯在不同水体中的质量分数顺序如下：海水（97%）、冰川（2%）、深层地下水（0.4%）、浅层地下水（0.3%）、湖泊（0.01%）、土壤水（0.005%）、河流（0.001%）、大气（0.001%）。溴在地壳中的丰度为 0.7 mg/kg，其也有四种主要的价态，即-1、+1、+3 和+5，其中-1 价态最为常见。溴属于亲水亲气元素，主要以 Br^-形式存在，集中赋存于自然界水体中，并能为生物体所吸收。溴的天然资源主要存在于海水、地下浓缩卤水和古海洋的沉积物岩盐矿及盐湖水中。海水中溴的质量浓度约为 65 mg/L，某些地区地下卤水溴的质量浓度为 200～300 mg/L，某些盐湖水中溴的质量浓度则高达 2 000～12 000 mg/L。

氯是一种保守元素，其在水体中难以被黏土矿物吸附也不易被生物所积累。氯同位素分馏现象主要由物理作用产生，如扩散作用、离子渗透作用等。地下水中氯同位素可以有效地研究地下水中溶质氯的起源及迁移机制，从而揭示地下水的运动规律、探讨人为活动影响下地下水的补给、径流、排泄条件的变化，是一种灵敏的指示剂。虽与氯性质相似，但溴与氯相比具有三个独特的性质，即：①在海水蒸发过程中，溴被浓缩在卤水中，与钾、镁盐共沉淀，形成钾盐、光卤石和水氯镁石；②溴比氯更容易被氧化；③有机溴化物比有机氯化物更容易被有机体新陈代谢。溴的上述特殊性质都能引起显著的溴同位素分馏，预示着溴同位素可以提供有关地下水的溶质来源及其水文地球化学过程的更为有效的指示信息。

6.1　稳定氯、溴同位素分析测试技术

6.1.1　氯、溴同位素分析测试技术的发展历程

1. 稳定氯同位素测试技术的发展历程

稳定氯同位素的研究已有 100 余年的历史，在现代 IRMS 尚未普及之前，由于氯原子量比重测量法（Richards and Wells，1905）、传统质谱法（Nier and Hanson，1936；Aston，1931，1920a）等技术的精度很低，一直认为自然界中 $^{37}Cl/^{35}Cl$ 比值几乎为一个常数。在 20 世纪 40 年代，双离子接收杯质谱仪的发展使得测定化学分馏实验过程中的氯同位素变化成为可能（Nier，1955，1947）。Hoering 和 Parker（1961）利用电子轰击氯化氢（HCl）气体，通过产

生的 $^{1}H^{37}Cl^{+}$、$^{1}H^{35}Cl^{+}$离子流强度测定了 81 个天然样品（包括水样和岩矿样）的 $^{37}Cl/^{35}Cl$ 比值，发现自然界中的氯同位素组成没有明显的变化；由于 HCl 气体质量较轻，在测定过程中产生较大的质量分馏效应，该法难以得到较高的精度；此外 HCl 气体的腐蚀性和质谱“记忆效应”，使该方法的应用受到了限制。20 世纪 80 年代以来，研究人员对测试技术做了许多方面的工作，用经过改进的备有电子轰击型离子源的 VG602C 型质谱仪测定 CH_3Cl^{+}，精度为±0.24‰，并首次观测到了自然界中的氯同位素存在明显变化（Kaufmann et al.，1984）。Long 等（1993）对 Kaufmann 等（1984）的实验流程做了重大改进，将测试精度提高到±0.09‰。滑铁卢大学 Shouakar-Stash 等（2005a）建立了 CF-IRMS 测定无机氯同位素，其将 GC 与气体稳定同位素比值质谱仪联用，大大降低了样品用量（仅需 1.4 μmol 的 Cl^{-}），精度达到±0.07‰。Fietzke 等（2008）建立了 LA-MC-ICP-MS 测定稳定氯同位素方法，测试精度可达±0.06‰，用样量仅需 1 μg 的 Cl^{-}。

此外，热电离质谱技术（TIMS）也被广泛用于稳定氯同位素的研究中。Shields 等（1962）创立了基于 Cl^{-}的负热电离质谱法，该方法通过直接测定高温电离氯化物产生的 Cl^{-}，从而得到 $^{37}Cl/^{35}Cl$ 比值。Vengosh 等（1989）利用该原理，直接测定了海水的氯同位素组成，精度为±2‰。此方法虽对样品用量具有较高的敏感性，但在测定比值过程中，必须将样品消耗完全之后才能测定下一个样品，因此在测定大量样品时非常耗时；此外由于氯的相对质量较小，质谱测定过程中产生的质量分馏效应较大，限制了此方法的进一步发展和应用。基于 Cs_2Cl^{+}的正热电离质谱法由肖应凯等于 1992 年首次建立（Xiao and Zhang，1992）。在测定前，将样品溶解在亚沸蒸馏水中，然后将其依次通过钡型阴离子交换柱和氢型阳离子交换柱，以去除溶液中的 SO_4^{2-} 和其他阳离子，此时接收的液体为 HCl 溶液。利用光谱纯 Cs_2CO_3 试剂中和该 HCl 溶液，生成的 CsCl 即为待测溶液。将石墨 CsCl 溶液共同涂在真空、高温条件下的钽带上，用 1.1 A 的电流将样品加热 2 min，此时样品被蒸干待测。由于铯为单一核素且质量数较大（133），在测试过程中质量分馏效应较小，大大提高了测试精度，达到了±0.34‰。Magenheim 等（1994）进一步改进实验方法，将其测定精度提高到±0.25‰。1995 年，肖应凯等通过改进测试方法，将精度提高至±0.09‰（Xiao et al.，1995）。

2. 稳定溴同位素测试技术的发展历程

稳定溴同位素的研究也有近 100 年的历史。Aston（1920b）在 The mass-spectra of chemical elements 中首次提出溴稳定同位素的测试方法。Blewett（1936）使用一种 Dempster 型质谱仪，通过分析正负离子（Br^{+}、Br_2^{+}、Br^{2+}和 Br^{-}）进行稳定溴同位素测定，该方法的测试精度为±25‰。Williams 和 Yuster（1946）使用 Nier 型质谱仪，根据电子轰击溴气体形成的正离子（Br^{+}、Br_2^{+}和 Br^{2+}）测定了溴同位素，测试精度提高到±4‰。Cameron 和 Lippert（1995）开发了负热电离质谱计测定溴同位素的方法，并研究了自然界中溴同位素组成。Catanzaro 等（1964）利用负热电离质谱计测定了溴稳定同位素，测试精度达到了±1.8‰。刘卫国等（1993）用正热电离质谱计，以测量正离子 $CsBr^{+}$为基础，测定了溴化钾中的溴稳定同位素组成。该方法要求用样量仅为 4～32 μg，测试精度达到了±0.11‰。但分析过程较长，每个样品需要 1.5h。

Willey和Taylor（1978）首次提出以分析溴甲烷（CH_3Br）气体为基础，使用DI-IRMS测定了溴稳定同位素组成。Eggenkamp和Coleman（2000）对溴分离技术进行改进，将分离纯化后的Br^-转化为AgBr沉淀，接着与CH_3I反应生成CH_3Br，经色谱分离后用IRMS进行测定。该方法用样量为2～8 mg，测试精度达到了±0.18‰。Shouakar-Stash等（2005b）用CF-IRMS技术测定了溴稳定同位素，用样量仅为0.2 mg的AgBr，内部精度优于±0.03‰，外部精度优于±0.06‰（$n = 12$），样品分析时间也大为缩短，由DI-IRMS技术的75 min缩短为16 min。

在同位素比值质谱法迅速发展的同时，Gelman 和 Halicz（2011）开发了 MC-ICP-MS 测定无机溴同位素的方法，该方法将分离装置与 MC-ICP-MS 直接相连，以分析分离后产生的溴气为基础，样品用量为 0.02 mg，测试精度为±0.1‰。Zakon 等（2014）将离子色谱（ion chromatography，IC）与 MC-ICP-MS 联用，在质谱分析之前利用 IC 进行溴离子的在线分离和纯化，大大简化了分析流程，样品仅为 0.6 nmol 的溴。

6.1.2　氯、溴同位素样品前处理

1. 氯同位素样品的前处理

氯同位素样品前处理的目的是将地下水中的Cl^-制备成适于仪器测试的CH_3Cl气体。在进行样品的前处理时，所取的水样量与水中的Cl^-含量有关，总的要求是确保水中至少含有3 mg 的 Cl^-。若水样中质量浓度小于 3 mg/L，为方便操作应将水样进行浓缩。水样浓缩时，温度应不高于 60 ℃。样品前处理过程参考 Long 等（1993）、Kaufmann 等（1984）及 Taylor 和 Grimsrud（1969）的制样原理。该过程主要包括制备 AgCl 沉淀和制备 CH_3Cl 气体两部分内容。

1）AgCl 沉淀的制备

（1）酸化水样。将水样放在烧杯中，加几滴浓 HNO_3 酸化至 pH<2，慢慢加热微沸数分钟，去除水中的 CO_2。

（2）去除 SO_4^{2-}。加入 1 mL 饱和 $Ba(NO_3)_2$ 溶液，并不断用玻璃棒搅动，然后微沸，静置 2 h 左右。向上清液中再滴加一滴饱和 $Ba(NO_3)_2$，检查 SO_4^{2-} 是否沉淀完全。待 $BaSO_4$ 沉淀下来后过滤，保留滤液。

（3）生成 AgCl 沉淀。向经前处理后的水样（即滤液）中慢慢加入过量的 $AgNO_3$ 溶液，使之生成 AgCl 沉淀。立即用铝箔纸（或锡纸）包住烧杯，防止光解作用对 AgCl 产生的影响。将烧杯置于暗处，至少静置 2 h。待溶液澄清后，加入几滴 $AgNO_3$ 溶液，检查沉淀是否完全。这一步骤要尽量快，以减少曝光时间。

（4）纯化洗涤 AgCl 沉淀。用 0.01 mol/L 的稀 HNO_3 反复洗涤 AgCl 沉淀 3 次，弃去上清液。在 AgCl 沉淀中加入过量的浓 NH_4OH，将 pH 调到大于 10，轻轻摇动直至沉淀完全溶解。再缓慢加入适量浓 HNO_3，使其 pH 小于 2，此时再次出现 AgCl 沉淀。弃去上层清液。如此，反复该过程 2～3 次，不断纯化 AgCl 沉淀。最后，用稀 HNO_3 漂洗 3 次。

（5）烘干备用。将纯化后的 AgCl 沉淀置于 40 ℃条件下烘干，避光储存，备用。

2）CH_3Cl 气体的制备

在红光下，利用小药匙取 0.5 mg AgCl 放于螺纹口玻璃管中，随后向玻璃管中通入超纯氦气约 30 s，以驱走管中的空气。在停止通气后迅速向管内加入 20 μL CH_3I 液体，立

即盖上瓶盖。将玻璃管用铝箔纸（或锡纸）包裹，放置于 80℃烘箱中，待反应约 48 h 后取出。此时玻璃管中的气体为反应生成的 CH_3Cl 与 CH_3I 的混合气体。取出的样品应尽快送至质谱仪上进行氯同位素的测试。若条件不允许，则将样品置于 4℃冰箱保存，否则会发生同位素分馏，影响测试结果。注意瓶盖内需用聚四氟乙烯/硅胶垫，以确保管内的密封性。

2. 溴同位素样品的前处理

溴同位素样品的前处理包括三个重要的步骤：溴和氯的蒸馏分离；溴化银的制备；溴甲烷的制备。其中，溴和氯的蒸馏分离尤其重要，因为天然样品中溴浓度相比氯非常低。溴的转化过程为：Br^-在加热条件下被酸性 $K_2Cr_2O_7$ 氧化成 Br_2 蒸发出来，Cl^-不能被氧化而残留在溶液中；产生的 BrO^-在碱性条件下被锌还原为 Br^-；Br^-与 $AgNO_3$ 作用，产生 AgBr 沉淀；AgBr 与 CH_3I 反应生成 CH_3Br。

1）溴和氯的分离

组装的溴和氯蒸馏装置如图 6.1 所示，主要由以下几部分组成：500 mL 三颈圆底烧瓶，125 mL 锥形烧瓶，砂芯气扩散管，圆底半球加热装置，分液漏斗，冷却浴锅。

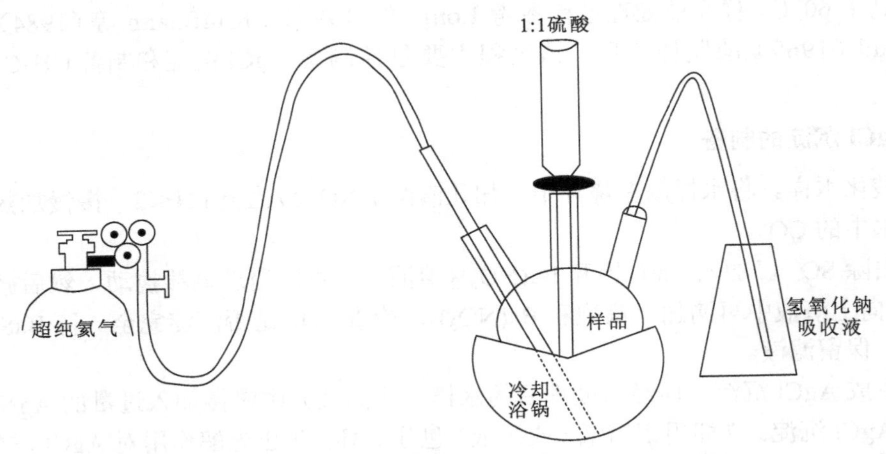

图 6.1　溴和氯分离装置示意图（改自 Du et al.，2013）

先将含溴量为 1～10 mg 的水样用去离子水定容至 100 mL，加入三颈圆底烧瓶中，再往其中加入 20 mL 重铬酸钾溶液。三颈圆底烧瓶的三个口分别与砂芯气扩散管、分液漏斗和玻璃弯管连接。其中，分液漏斗中加入有 80 mL 1∶1 硫酸溶液，玻璃弯管将三颈圆底烧瓶与锥形烧瓶吸收装置连接。锥形烧瓶中装有 150 mL KOH 溶液，用以吸收反应产生的溴气。砂芯气扩散管另一端与氦气钢瓶连接。将分液漏斗的活塞打开，让硫酸溶液流入烧瓶中，关闭活塞，检查整个装置所有连接处，确保装置的密封性。将超纯氦气钢瓶阀门打开，充入稳定氦气流，在整个分离期间保持其流量在 100 mL/min 左右。最后将锥形烧瓶中的 KOH 溶液转移到烧杯中，加入 0.5 g 锌粉，煮沸 10 min，使溶液中的所有 BrO^-离子还原为 Br^-。然后利用 0.22 μm 微孔滤膜过滤。溴全部以 Br^-的形式保存在溶液中，备用。

2）溴化银的制备

往分离后的溶液中加入浓硝酸，将其酸化至 pH 约为 2。然后向溶液中加入 KNO_3，以增强溶液的离子强度，促使后续 AgBr 小晶体的形成。然后向其中加入 2 mL $AgNO_3$ 溶液（$c_{AgNO_3}=0.2\,mol/L$），使溴以 AgBr 的形式沉淀下来。将烧杯放在暗处 24 h，使沉淀完全。再用 $AgNO_3$ 检验 AgBr 沉淀是否完全，若沉淀不完全，则继续加入足量的 $AgNO_3$，直至沉淀完全，待其澄清。利用 5% HNO_3 冲洗两次（不用超纯水，因为冲洗液中应含有电解液避免沉淀变成胶状，而 HNO_3 不与沉淀物反应且在干燥后没有残留）。然后将样品放入 80 ℃烘箱烘干，放置一夜。将烘干样品存放在暗处，备用。

3）溴甲烷的制备

称取制备的 AgBr 样品，放入 8 mL 安瓿螺纹小瓶中，反应将在瓶中进行。然后向瓶中通入超纯氦气约 1 min 以赶走瓶中空气。停止通气后，迅速加入一定量的 CH_3I 液体，再迅速拧紧瓶盖。最后将安瓿瓶置于 80 ℃恒温条件下反应 56 h。每个样品做 3 个平行样（也可酌情添加平行样个数）。56 h 后拿出立刻进行质谱测试。

6.1.3　氯、溴同位素在线分析测试技术

1. 氯同位素在线分析测试技术

氯同位素的质谱分析利用德国 Finnigan 公司生产的气体稳定同位素比值质谱仪 MAT253，测试时利用其附属装置 GasBench II 与其连接。该方法的原理是（图 6.2）：混合气体（CH_3Cl 和 CH_3I）被氦气载入 GasBench II 中，通过切换八通阀（VALCO），混合气被导入 GC 柱从而实现在线分离。分离后的 CH_3Cl 气体经进一步除水纯化后，再通过开口分流接口（open split）导入同位素质谱仪的离子源内，利用 $m/z=50$ 和 52 两个法拉第杯接收产生的离子流信号，从而换算成 $^{37}Cl/^{35}Cl$ 比值。通过对比同位素标准的 $^{37}Cl/^{35}Cl$ 比值，换算成 $\delta^{37}Cl$ 值。对同一样品进行多次测定后，取其平均值作为样品的 $\delta^{37}Cl$ 值。分析标准采用国际标准氯同位素物质 ISL-354。

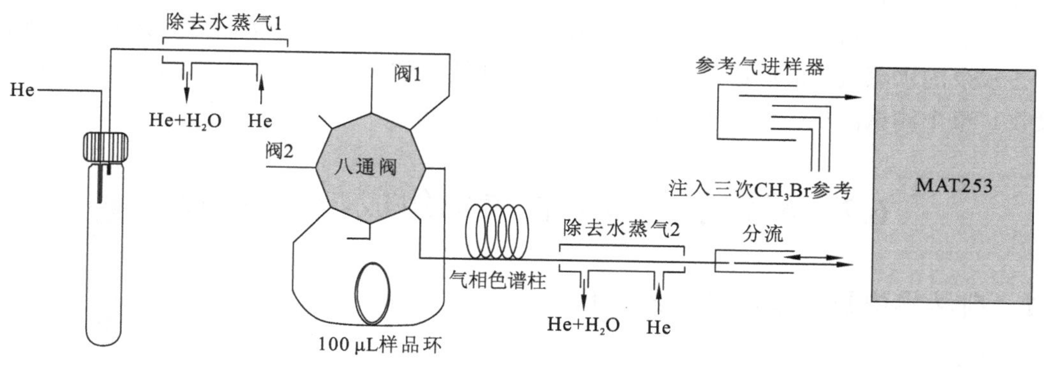

图 6.2　GasBench II 连接 MAT 253 质谱仪示意图（改自 Du et al.，2013）

质谱分析分为以下三个步骤。

（1）样品引进。利用自动进样器引进样品，参数设置为：体积为100 μL，载气He压力设

定为12 ppsi（pounds per square inch）①，氦气冲洗时间为6 min。同时，进样的注射器也要用氦气冲洗，以防止样品间的交叉污染。

（2）色谱分离。当转换八通阀时，定量环中的样品被载气携带进入色谱柱，色谱柱恒温箱温度维持120 ℃，碘甲烷和氯甲烷在色谱柱中分离。

（3）质谱测定。在利用氦气冲洗真空管期间，通过参考气通道的开口分流接口引进一系列参考脉冲（即实验室纯CH_3Cl参考气），每组脉冲持续3 s。在6 min之后，打开样品通道的开口分流接口将样品引入质谱仪内。一旦仪器检测到$CH_3{}^{35}Cl^+$峰，即关闭开口分流接口以阻止CH_3I的污染。整个过程持续800 s，氯的样品量仅需7～15 μmol。其中参考气和样品进入质谱仪的顺序可以互换。

2. 溴同位素在线分析测试技术

溴同位素的质谱分析采用与氯同位素相同的装置（即 GasBench II-IRMS），原理也相同（图 6.2）。混合气体（CH_3Cl、CH_3Br 和 CH_3I）被氦气载入 GasBench II 中，通过切换八通阀，混合气被定量导入色谱柱中，从而实现了在线分离。分离后的 CH_3Br 气体经进一步除水纯化后，再通过开口分流接口导入同位素质谱仪的离子源内，利用 $m/z = 94$ 和 96 两个法拉第杯接收产生的离子流信号，从而换算成 $^{79}Br/^{81}Br$ 比值。通过对比溴同位素标准的 $^{79}Br/^{81}Br$ 比值，换算成 $\delta^{81}Br$ 值。对同一样品进行多次测定后，取其平均值作为样品的 $\delta^{81}Br$ 值。分析所采用的标准是标准平均海水溴（standard mean ocean bromine，SMOB）。

质谱分析分为以下三个步骤。

（1）样品引进。通过自动进样器引进样品，体积100 μL，载气氦气压力设定为12 ppsi，氦气冲洗6 min。同时，为防止样品间的交叉污染，进样的注射器也用氦气冲洗。

（2）色谱分离。混合气由载气带入全氟磺酸树脂阱（除水装置），除去其中的水蒸气，随后混合气进入八通阀，该八通阀能实现多次定量进样，定量环中的样品由载气吹进色谱柱，色谱柱恒温箱温度维持120 ℃，CH_3I、CH_3Br和CH_3Cl在色谱柱中分离。

（3）样品测定。利用氦气冲洗真空的同时，先引入两次CH_3Br参考气（每个参考气持续3 s），再分析样品，最后再分析三个参考气。CH_3Br从色谱柱中分离后再次通过全氟磺酸树脂阱，以除去残余的水蒸气，最后通过分流装置，导入质谱仪的离子源区。通过$m/z = 94$，96法拉第杯接收。整个测试流程持续850 s。样品于577 s左右出峰。

6.2 稳定氯、溴同位素的组成与分馏机理

6.2.1 自然界中氯、溴同位素的组成

1.自然界中氯同位素的组成

氯同位素组成利用 δ 符号表示，其定义为待测样品的 $^{37}Cl/^{35}Cl$ 比值相对于标准样品

① 1 ppsi=6.894 76×10³ Pa。

$^{37}Cl/^{35}Cl$ 比值的千分偏差。计算公式如下：

$$\delta^{37}Cl=\frac{R_{样品}-R_{标准}}{R_{标准}}\times 1\,000‰=\frac{(^{37}Cl/^{35}Cl)_{样品}-(^{37}Cl/^{35}Cl)_{标准}}{(^{37}Cl/^{35}Cl)_{标准}}\times 1\,000‰ \tag{6.1}$$

对于标准物质的研究始于 20 世纪 80 年代。Kaufmann 等（1984）采集了世界上各地区不同深度的海水，发现其氯同位素组成十分相近，因此建议采用标准平均海水氯（standard mean ocean chloride，SMOC）作为稳定氯同位素的标准。Godon 等（2004）通过分析 24 个不同地理位置和不同深度的海水样品的氯同位素，证实了海水氯同位素的均一性。Liu 等（2013）通过分析中国沿海不同区域海水的氯同位素组成，发现其标准偏差在 0.01‰以内。因为 SMOC 被广泛作为全世界统一的标准，所以定义 $\delta^{37}Cl_{海水}=0$。凡是样品的 $\delta^{37}Cl$ 小于 0，则认为该样品比海水富 ^{35}Cl；凡是样品的 $\delta^{37}Cl$ 大于 0，则认为该样品比海水富 ^{37}Cl。

在自然界中，$\delta^{37}Cl$ 值的变化区间可达−8‰～8‰，但主体位于−2‰～2‰。不同天然物质的稳定氯同位素组成如图 6.3 所示。总体上，较为偏正的 $\delta^{37}Cl$ 值主要位于矿物和岩石中，而较为偏负的 $\delta^{37}Cl$ 值则主要位于海相和湖相沉积来源的孔隙水（包括地层水、地盾卤水、第四系孔隙水等）中。其中后者被广泛研究，对此 Eggenkamp（2014）收集了已有文献中 324 个沉积来源孔隙水的 $\delta^{37}Cl$ 值，整合后发现：大多数样品的 $\delta^{37}Cl$ 值为负（图 6.4），中值为−0.23‰，平均值为−0.37‰；在氯浓度较低时 $\delta^{37}Cl$ 值变化较大，而氯浓度较高时 $\delta^{37}Cl$ 值均趋近于 0，这是因为氯浓度较低时，物理过程会引起更大的同位素分馏。

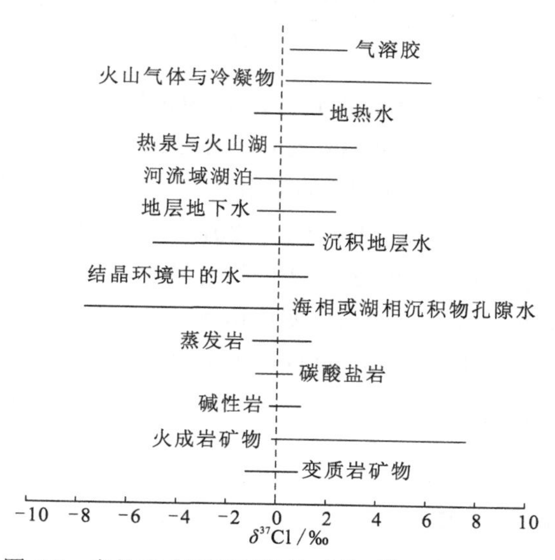

图 6.3 自然界中不同天然物质的 $\delta^{37}Cl$ 值变化区间

（改自 Shouakar-Stash，2008）

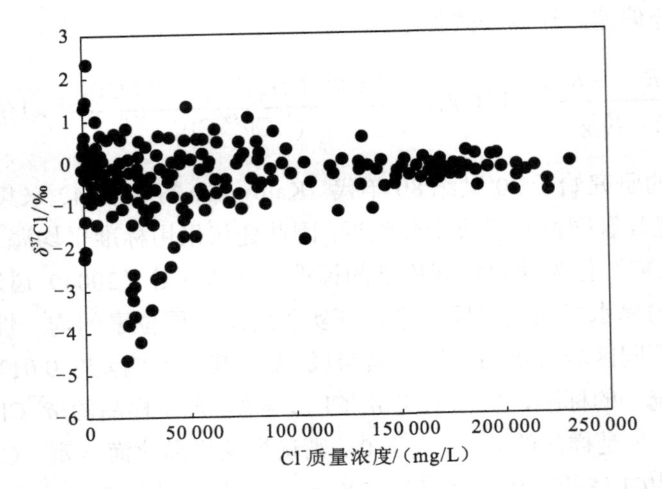

图 6.4　已有文献报道中沉积来源孔隙水的 δ^{37}Cl 与 Cl^- 质量浓度关系汇总图（改自 Eggenkamp，2014）

2.自然界中溴同位素的组成

溴同位素组成利用 δ 符号表示，其定义为待测样品的 $^{81}Br/^{79}Br$ 比值相对于标准样品 $^{81}Br/^{79}Br$ 比值的千分偏差。计算公式如下：

$$\delta^{37}\mathrm{Br}=\frac{R_{样品}-R_{标准}}{R_{标准}}\times 1\,000‰=\frac{(^{81}\mathrm{Br}/^{79}\mathrm{Br})_{样品}-(^{81}\mathrm{Br}/^{79}\mathrm{Br})_{标准}}{(^{81}\mathrm{Br}/^{79}\mathrm{Br})_{标准}}\times 1\,000‰ \tag{6.2}$$

美国国家标准与技术研究院（National Institute of Standards and Technology，NIST）研制出溴同位素国际标准 NIST SRM 977（standard reference material 977），给出其 $^{81}Br/^{79}Br$ 的标准值为 1.027 84±0.001 05。然而，该标准物质的应用不广，大多数研究者都是利用实验室采集的海水 SMOB 作为稳定溴同位素的标准（Du et al.，2013；Eggenkamp and Coleman，2000）。

与氯同位素相比，自然界中溴同位素组成的报道较少，目前几乎未有对大气圈、岩石圈溴同位素组成的分析，水圈中溴同位素总体变化达到 4.8‰（−1.5‰～3.35‰），主要也集中在沉积盆地的地层水和地盾卤水中。Eggenkamp（2014）收集了已有文献中 128 个地层水的 δ^{81}Br 值（图 6.5），整理后发现：与 δ^{37}Cl 值相反，绝大多数样品的 δ^{81}Br 值为正，中值为 0.37‰，平均值为 0.57‰。

6.2.2　扩散过程的同位素分馏

元素的不同同位素间的质量差异，会导致其在扩散作用中发生同位素分馏。扩散作用为物理过程，对于氯和溴同位素会导致相似的同位素分馏效应（Shouakar-Stash，2008），但分馏程度可能存在差异。在单纯的扩散作用过程中，由于 ^{35}Cl 与 ^{37}Cl（或 ^{79}Br 与 ^{81}Br）的活动性差异，从储存库中弥散出来的氯将富集轻同位素 ^{35}Cl 或 ^{79}Br。

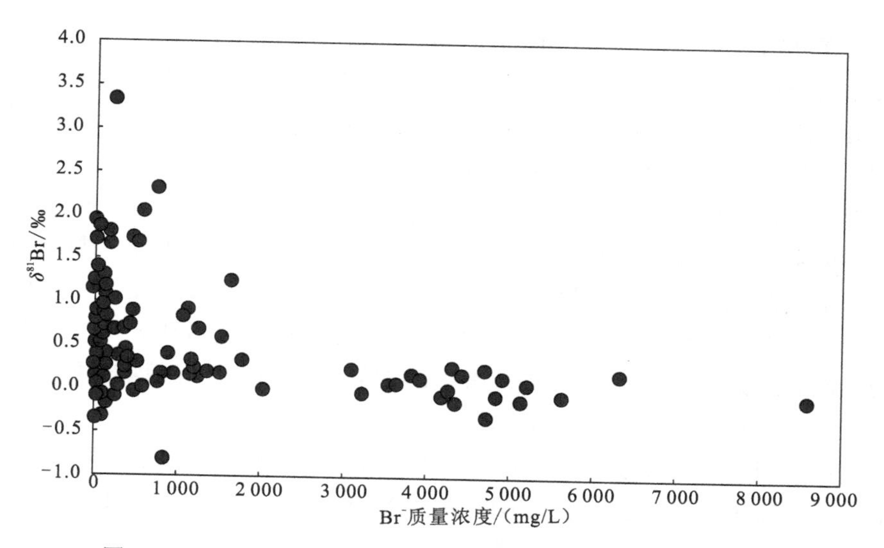

图 6.5　已有文献报道中沉积来源孔隙水的 δ^{81}Br 与 Br^-质量浓度关系汇总图（改自 Eggenkamp，2014）

Madorsky 和 Strauss（1948）利用“逆流电子迁移法”富集氯同位素，模拟了地下水扩散过程中氯同位素的分馏情况，发现在 33 g/L 的 NaCl 溶液中，^{35}Cl 的扩散系数是 ^{37}Cl 的 1.001～1.002 倍，也证明了 ^{35}Cl 比 ^{37}Cl 有着更快的迁移速率。Cameron 等（1956）用融化的 $PbBr_2$ 中 Br 的扩散测量了溴同位素效应，确定了在 373 ℃条件下溴同位素分馏系数为 1.0011。Lundén 和 Lodding（1960）用熔化 $ZnBr_2$ 测量了溴同位素效应，发现在 610～650 ℃条件下溴同位素分馏系数为 1.0009。Eggenkamp 和 Coleman（2009）在实验室内测定了扩散过程中氯和溴的同位素分馏系数和有效扩散系数，并研究了扩散作用随温度、反应时间和浓度的变化规律，结果表明：温度对扩散作用的影响较大，对同位素分馏的影响较小；溴在 2 ℃时分馏系数为 1.00098±0.00009，在 21 ℃时分馏系数为 1.0064±0.00013，在 80 ℃时分馏系数为 1.00078±0.00018，氯的分馏系数是溴的两倍；浓度对同位素分馏无明显影响。Stotler 等（2010）研究加拿大地盾含水层时发现，结晶地质条件下地下水中氯和溴随着深度加深而富集轻同位素，且同位素组成的变化范围随着深度加深也变大，他们用扩散机理来解释这一现象，认为同位素在扩散过程中会发生同位素分馏，扩散的离子比剩余流体更富集轻同位素，这就会导致离溶质的距离越远其同位素值越偏负。

根据氯或溴来源的不同，理论上有三种不同的扩散模式（Eggenkamp，2014，1994）：从恒定浓度氯（或溴）源开始的扩散，氯（或溴）源瞬时释放后的扩散，以及从持续流入氯（或溴）源开始的扩散。

6.2.3　离子渗透过程的同位素分馏

溶质通过黏土的过程中，由于同位素迁移速率的差异，受到黏土表面所带负电荷排斥作用不同，会产生同位素分馏。离子渗透过程同样为物理过程，原理上对于氯和溴同位素会导致相似的同位素分馏效应（Shouakar-Stash，2008）。在离子渗透过程中，由于 ^{35}Cl（或 ^{79}Br）受到黏土表面的排斥力更大，会导致穿过黏土半透膜的 ^{37}Cl（^{81}Br）相对富集。

Campbell（1985）曾在实验室观察到离子渗透作用所引起的氯同位素分馏现象，发现当 NaCl 在压力作用下通过渗透率为 42%的黏土饱和多孔介质时，透过的水中 ^{37}Cl 含量较原溶液高。实验表明，若 NaCl 溶液为有限氯库，那么随着时间的延长，进入多孔介质的氯将接近原氯库的同位素组成；若 NaCl 溶液为无限氯库，则多孔介质中氯同位素的比值将较原氯库富集 ^{37}Cl，随着时间的延长该比值始终保持不变。对于这一现象，Lavastre 等（2005）及 Phillips 和 Bentley 等（1987）给予了合理的解释：^{35}Cl 的迁移速率高于 ^{37}Cl，当含氯流体通过黏土矿物半透膜（或渗透膜）时，轻同位素 ^{35}Cl 更容易受到黏土沉积物表层负电荷的排斥，因此在渗出液中会相对富集 ^{37}Cl 而亏损 ^{35}Cl。

由于溴同位素间质量差异较小，在离子渗透过程中还未发现可测量的同位素分馏效应。例如，Stotler 等（2010）测定了加拿大地盾 50 个地下水和芬诺斯堪迪亚地盾 18 个地下水的氯和溴同位素组成，发现两个同位素组成之间具有正相关性（$r^2 = 0.36$），指示了同一个物理过程的影响；其中，在一个蛇纹岩存在的区域，$\delta^{37}Cl$ 值变化范围较大，而 $\delta^{81}Br$ 值分布在一个很小的区间，认为是因为穿透蛇纹岩的离子渗透过程对于氯同位素有显著的分馏效应，而对于溴同位素则并未发生分馏。

6.2.4 岩盐沉淀与溶解过程的同位素分馏

卤水在蒸发析盐过程中，氯会以盐类矿物沉积下来。在盐类矿物的结晶过程中，氯同位素受其化合物键能的差异影响会产生分馏现象。

饱和溶液和盐类矿物之间的氯同位素分馏已被广泛研究。Hoering 和 Parker（1961）首次研究了石盐与其饱和溶液之间的氯同位素分馏，得到的分馏因子（1.0002±0.0003）说明沉积石盐的 ^{37}Cl 比饱和溶液更为富集。Eggenkamp 等（1995）测定了氯化钠、氯化钾和氯化镁饱和溶液与对应沉积盐类之间的平衡分馏因子，发现氯化钠盐中的 ^{37}Cl 比液相富集（0.26±0.07）‰，而氯化钾和氯化镁盐类中的 ^{37}Cl 比相应液相分别贫化（0.09±0.07）‰和（0.06±0.10）‰，说明在蒸发早期，海相卤水中的 $\delta^{37}Cl$ 先减小，而在钾盐和镁盐沉积后开始逐渐增大。而在我国塔里木盆地和柴达木盆地的研究则显示（Luo et al.，2014，2012；谭红兵等，2009；Tan et al.，2006，2005），在钾盐和镁盐沉积后，卤水的 $\delta^{37}Cl$ 仍继续减小，但分馏程度降低，这既可能是陆相和海相盐类沉积差异的结果，也可能是不同实验设置的结果（Eggenkamp，2015）。

由于超过 95%的溴在蒸发作用的晚期才随钾盐和镁盐开始析出至固相，这一过程中溴的同位素分馏一般认为可忽略不计。Eggenkamp 等（2016）通过室内实验测定了一系列溴盐与其饱和溶液的平衡分馏因子，其中对于 NaBr、KBr 和 $MgBr_2$，分馏因子分别仅为-0.07±0.05、0.00±0.01、0.06±0.06，进一步证实了岩盐沉淀过程中仅会发生相当小的溴同位素分馏。

6.3　稳定氯、溴同位素技术方法应用

6.3.1　示踪地下水的起源及演化过程

1. 俄罗斯西伯利亚地台地下水的形成与演化

西伯利亚地台总面积 $4\times10^6 km^2$，包含巨厚的沉积岩（最大 5 km，一般在 2～3.5 km），下伏结晶岩基底。沉积岩年代从寒武系至侏罗系，但大多由寒武系沉积岩组成，主要为陆源碳酸盐岩、蒸发岩（石膏、石盐等）。西伯利亚地台西南部存在较厚的岩盐层，厚度从数米至 100 m，并与碳酸盐岩地层互层。北部主要由震旦系陆源碳酸盐岩组成，下伏太古宇的结晶基地，深度在 2 500 m 以上（图 6.6）。其中，在上泥盆统至下石炭统之间发育有大量的金伯利岩管道，但未发现有岩盐。在第四纪时期，地层的深部冷却使得地台东北部有超过 1 400 m 冻土岩带形成，由含冰冻土、干冻土和沉积岩组成，这些均被负温卤水所饱和。其中，含冰冻土厚度为 550～800 m，岩层温度为-8.75～-2.9 ℃。

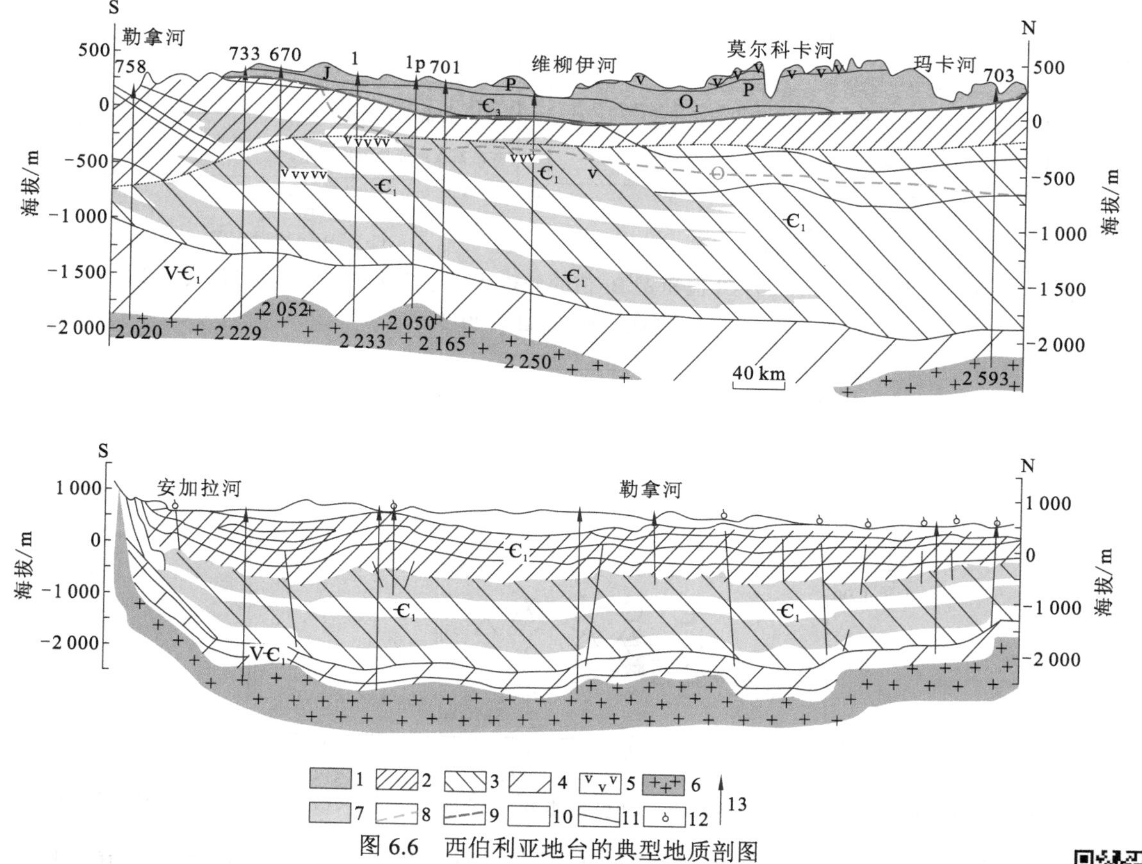

图 6.6　西伯利亚地台的典型地质剖图

1.淡水；2.永久冻土含水层，Na-Cl 型咸水和卤水；3.含水层，Mg-Na-Ca-Cl 型卤水；4.含水层，Ca-Cl 型卤水；5.圈闭；6.基地；7.岩盐；8.0 ℃等温线；9.多年冻土下限；10.水化学分区界线；11.岩性界线；12.钻孔，上为编号下为深度，单位 m；13.卤水排泄；P 为二叠系；O_1 为下奥陶统；$Є_1$ 为下寒武统

西伯利亚地台地下水 $\delta^{37}Cl$ 值和 $\delta^{81}Br$ 值的总体变化范围分别为-1.67‰～1.54‰和-0.80‰～3.35‰（图 6.7）。其中，在 Ca-Cl 型卤水中，氯和溴稳定同位素展现出了较大的变化区间，分别为-1.67‰～1.26‰（离散点数值为 2.93‰）和-0.8‰～1.47‰（离散点数值为 2.27‰）(图 6.8）。区内 Ca-Cl 型卤水具有很高的盐度（最高达 626 g/L），氯溴比为 25～83，是典型的海水蒸发成因。而 Na-Cl 型卤水相对 Ca-Cl 型卤水呈现出更小的氯同位素变化区间和更大的溴同位素变化区间，分别为-0.29‰～1.54‰（1.83‰）和-0.07‰～3.35‰（3.42‰）。Na-Cl 型卤水的盐度变化为 44～318 g/L，氯溴比达 8000，是典型的岩盐溶解成因。

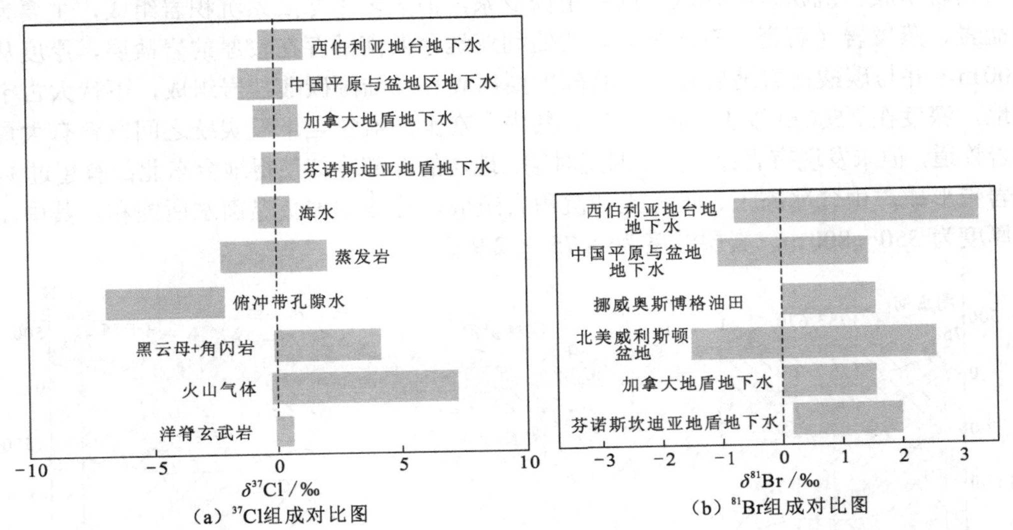

图 6.7 西伯利亚地台地下水 $\delta^{37}Cl$ 值和 $\delta^{81}Br$ 值的分布及其与已报道的氯、溴同位素组成的对比（改自 Alexeeva et al.，2015）

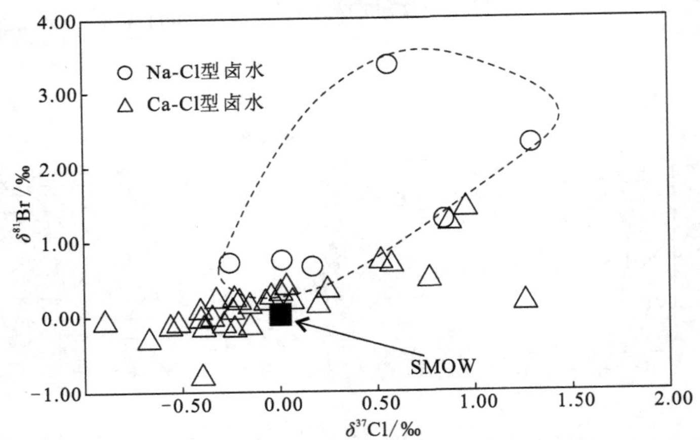

图 6.8 西伯利亚地台 Ca-Cl 型卤水与 Na-Cl 型卤水 $\delta^{37}Cl$-^{81}Br 关系图（改自 Alexeeva et al.，2015）

Ca-Cl 型卤水中，^{37}Cl 和 ^{81}Br 呈现较好的正相关性（$R^2 = 0.62$）（图 6.9），指示 Ca-Cl 型卤水中 Cl 和 Br 具有共同的来源，以及原生埋藏水所经历的地球化学演化对 Cl 和 Br 具有相似程度的影响。而 Na-Cl 型卤水富集重同位素 ^{81}Br，经历了岩盐溶解和后续的蒸发浓缩。

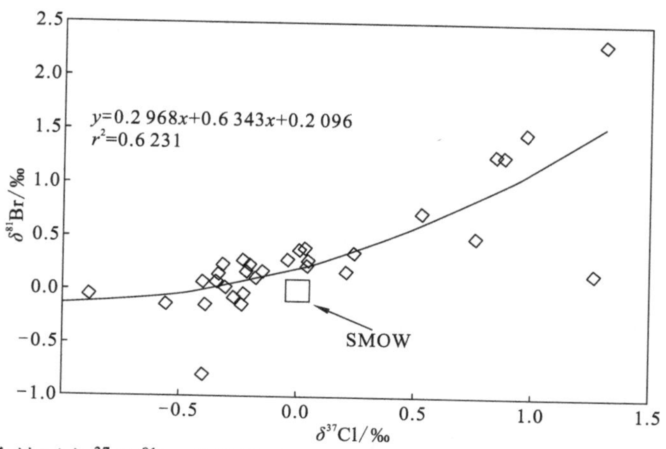

图 6.9　西伯利亚地台地下水 ^{37}Cl-^{81}Br 关系图（SMOW：标准平均海水）（改自 Alexeeva et al.，2014）

Ca-Cl 型卤水可被分为两组（图 6.10），一组为深部高盐度卤水，具有高浓度的 Cl^-和 Br，以及较小的 δ^{37}Cl 值和 δ^{81}Br 值变化范围，分别为−0.53‰～0.04‰和−0.13‰～0.38‰；另一组为稀释型卤水，具有低浓度的 Cl^-和 Br^-，以及较大的 δ^{37}Cl 值和 δ^{81}Br 值变化范围，分别为−0.40‰～1.30‰和−0.80‰～2.31‰。

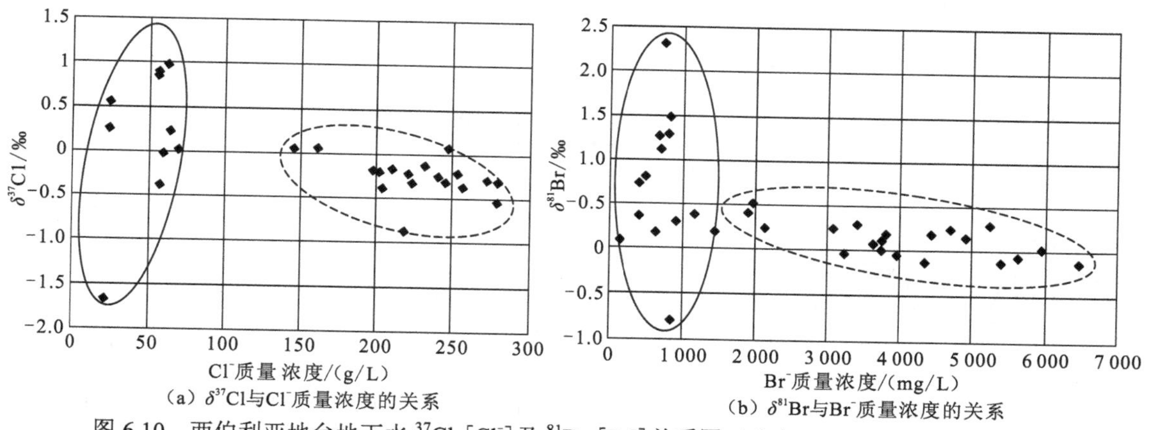

（a）δ^{37}Cl与Cl^-质量浓度的关系　（b）δ^{81}Br与Br^-质量浓度的关系

图 6.10　西伯利亚地台地下水 ^{37}Cl-[Cl^-]及 ^{81}Br-[Br^-]关系图（改自 Alexeeva et al.，2015）

2. 河北平原地层水的形成演化

河北平原隶属于华北平原，位于华北平原的中北部，处于黄河下游，北起燕山，东临渤海，南至黄河与鲁北平原、豫北平原相接。河北平原属大陆性半干旱季风气候区，年平均气温12～13 ℃，多年平均降水量为500～600 mm，夏季降水量最多而冬季降水量最少，秋季降水量稍多于春季，水面蒸发量为1 100～1 800 mm，在沧州及冀东南一带蒸发量达到最大值。平原内地势平缓，地形由西北、西、西南向渤海方向倾斜。河北平原属于华北断坳的一部分，以深大断裂及次级构造线为边界，并考虑是否缺失古近系，在华北断坳带范围内划分了六个三级构造区，即冀中坳陷、沧县隆起、临清坳陷、内黄隆起、黄骅坳陷和埕宁隆起，并且以断裂为其控制边界。研究区内主要为冀中坳陷、沧县隆起和黄骅坳陷，如图6.11所示。

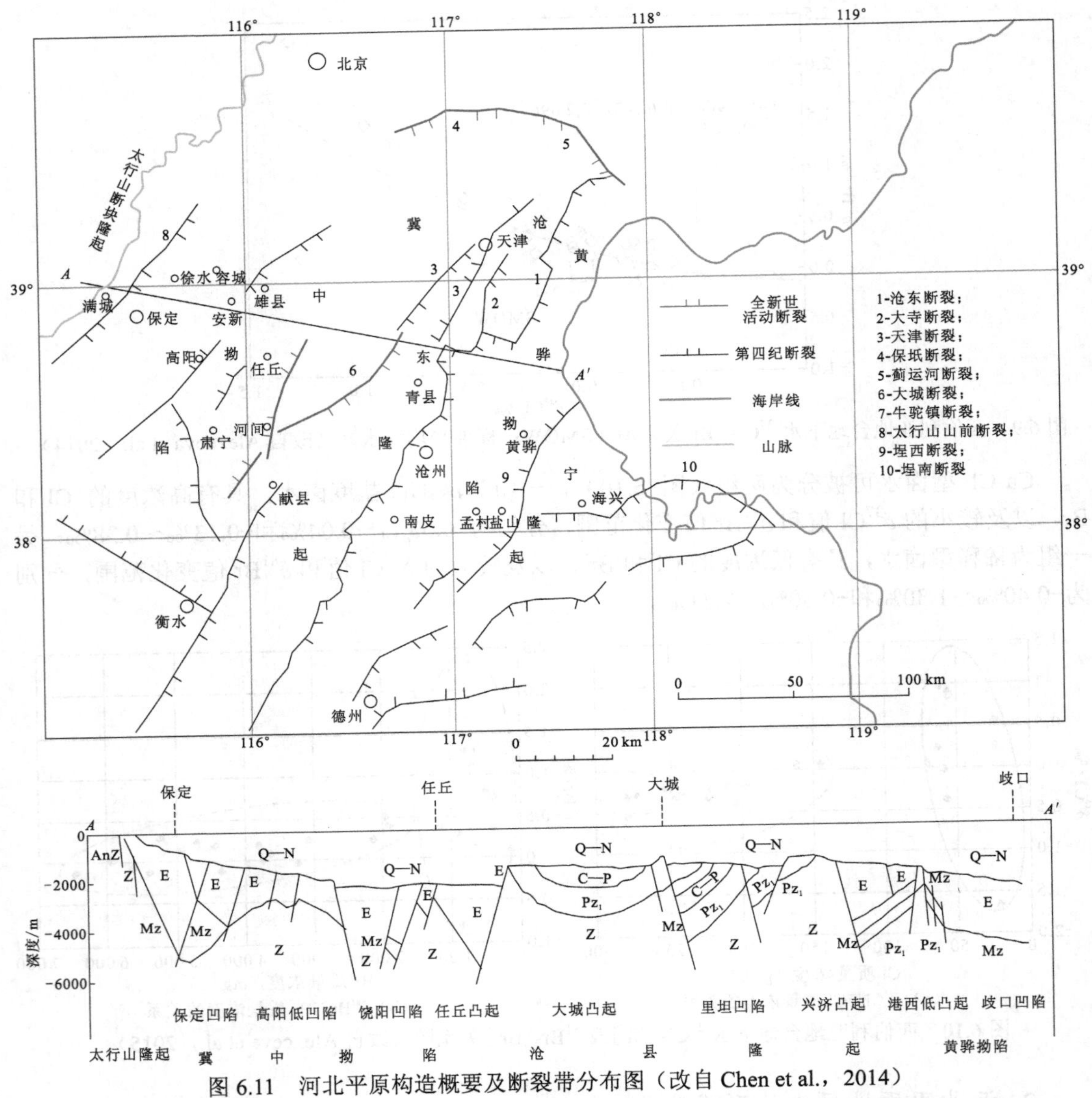

图 6.11　河北平原构造概要及断裂带分布图（改自 Chen et al.，2014）

Z 为震旦系；Mz 为中生界；E 为近古系；Q—N 为新近系—第四系；Pz_1 为下古生界；C—P 为石炭系—二叠系

（1）冀中坳陷：为北北东向坳陷，南北分别以涿州市—宝坻断裂带和石家庄—衡水断裂带为界，东临沧县隆起。

（2）沧县隆起：为北北东向隆起，位于黄骅坳陷与冀中坳陷之间，东西受沧东断裂和大城断裂控制。主要由寒武系、奥陶系、石炭系、二叠系及侏罗系构成，缺失古近系，自新近系以来接受沉积，第四系沉积物厚约 400 m。其中心地带位于沧县西部。

（3）黄骅坳陷：其西与沧东断裂、沧县隆起相邻，东部进入渤海湾，北以宝坻—乐亭断裂与唐山隆起相接，南以埕西断裂和埕宁隆起为分界。其基底由侏罗系、白垩系组成，新近系底板埋深 1 600～3 200 m，中心地带在岐口东北海域。

河北平原是在古生代及其前地层基底上的中生代、新生代断陷盆地，盖层中巨厚的碎屑岩沉积层和基底中碳酸盐岩系提供了巨大的地下水库容，并且具有较高的区域平均地温梯度值，这是河北平原地下热水形成及赋存的有利条件。河北平原地层水赋存于三组地层中：①新近系；②古近系；③震旦系及下古生界碳酸盐岩系。

新近系是华北盆地转变为全区接近于统一的拗陷背景下沉积的一套巨厚以河流相为主的砂岩层与泥质岩层的互层堆积，分布全区。下段为馆陶组，上段为明化镇组。古近系是一套以湖相为主、湖相与河流相叠置的一套半咸水-淡水沉积，砂岩多呈透镜状，泥质胶结，通透性差，富水性不好。由碳酸盐组成的古生界及中、新元古界基底的隆起部位，产生了大量的节理和裂隙，地下水径流的溶蚀作用使其形成了许多溶洞和溶隙，成为地层水径流的通道和储存场所，主要分布于平原中基底隆起的顶部，靠近边界断裂的地带。

在[Cl^-]-[Br^-]关系图上，河北平原地层水位于海水和区域大气降水的混合线上，具有较低的TDS、Br^-质量浓度和较高的Cl^-/Br^-比值（图6.12），一般由地表端元淡水和地下咸水的混合作用而形成。其中，黄骅拗陷的地层水样品相对于冀中拗陷更为靠近海水点，这与两者的地理位置吻合，即黄骅拗陷更靠近海岸。这说明河北平原地层水更可能是地表端元淡水和海水的混合物，而黄骅拗陷样品受海水影响更大。大多数地层水样品均位于海水蒸发曲线延长线的左上方，指示了它们在演化过程中可能受到了岩盐溶解的影响。

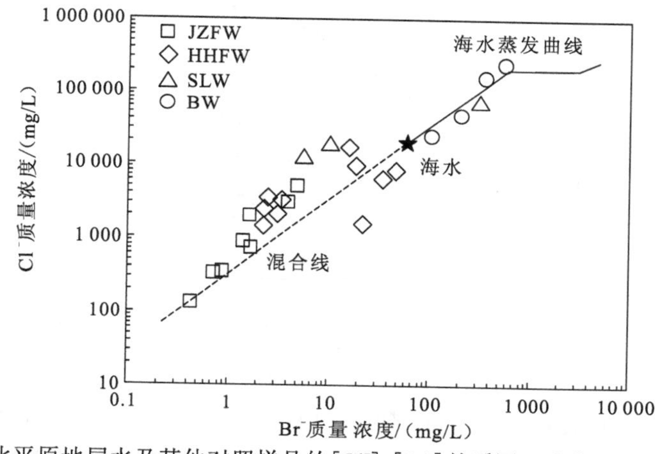

图 6.12　河北平原地层水及其他对照样品的[Cl^-]-[Br^-]关系图（改自 Chen et al.，2014）

JZFW 为冀中拗陷地层水；HHFW 为黄骅拗陷地层水；SLW 为盐湖水；BW 为卤水

在δ^2H-δ^{18}O关系图（图6.13）上，河北平原地层水样品靠近全球大气降水线（GMWL）但均位于其右下方，并位于潜在的蒸发线上，指示了它们起源于大气降水并经历了一定程度的蒸发作用。此外，部分河北平原地层水样品位于海水样品和大气降水的混合线上，指示它们可能受到了海水混入的影响。

综合水化学、氢氧同位素和氯溴同位素的结果可知，经历了更大程度蒸发作用的地层水样品具有较正的溴和氯同位素组成，而经历了更大程度与海水混合的地层水样品具有较负溴和氯同位素组成。由图 6.14 可知，冀中拗陷地层水样品比黄骅拗陷更富集 ^{81}Br，经历了更大程度的蒸发，在 δ^{81}Br-δ^{37}Cl 关系图上具有更靠近现代盐湖的趋势。而更靠近海岸的黄骅拗陷地层水则经历了更大程度的海水混合，在 δ^{81}Br-δ^{37}Cl 关系图上具有更靠近现代海水的趋势。

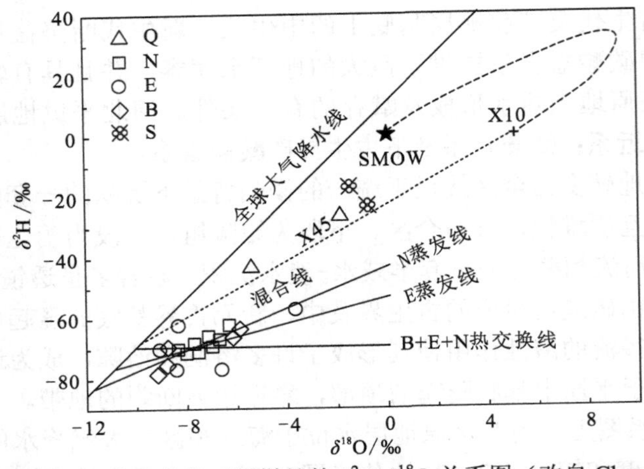

图 6.13 河北平原地层水及其他对照样品的 δ^2H-δ^{18}O 关系图（改自 Chen et al.，2014）

Q 为第四系卤水；N 为河北平原新近系地层水；E 为河北平原古近系地层水；B 为河北平原基岩地层水；S 为海水

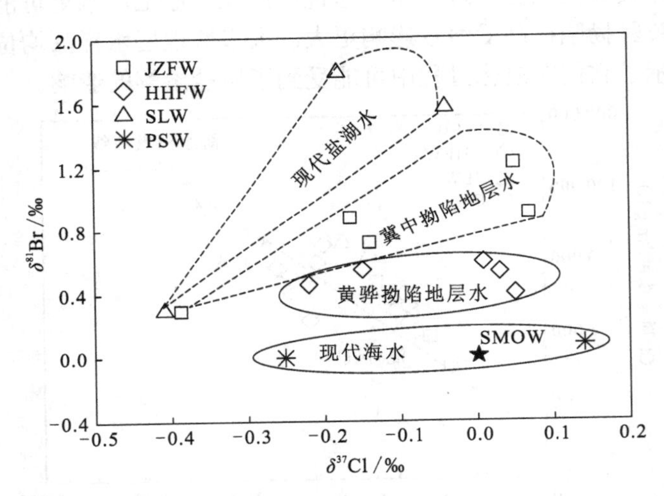

图 6.14 不同类型天然水体的 δ^{81}Br-δ^{37}Cl 关系图（改自 Chen et al.，2014）

JZFW 为冀中拗陷地层水；HHFW 为黄骅拗陷地层水；SLW 为现代盐湖水；PSW 为现代海水

基于上述氯溴同位素研究结果，河北平原地层水形成演化过程的概念模型如图 6.15 所示。早期，冀中拗陷和黄骅拗陷的地表河水或湖水经历了较为强烈的蒸发过程，使得残留水体的 ^{37}Cl 和 ^{81}Br 富集，并随着沉积演化过程而封存在地下。后期，海水入侵过程使得原先封存在地下的蒸发河湖水与海水发生混合，从而富集 ^{35}Cl 和 ^{79}Br（即趋近海水）。其中，黄骅拗陷更靠近渤海，与海水的混合程度更高，其同位素组成更接近海水；而冀中拗陷靠近内陆，与海水的混合程度小而受前期蒸发的影响更大，其同位素组成更接近现代盐湖水。此外，相比于溴同位素，氯同位素在地层水演化过程中更易受到扩散、离子渗透、水–岩相互作用等过程的影响，因此氯同位素组成较为分散，而溴同位素组成具有更显著的规律性。

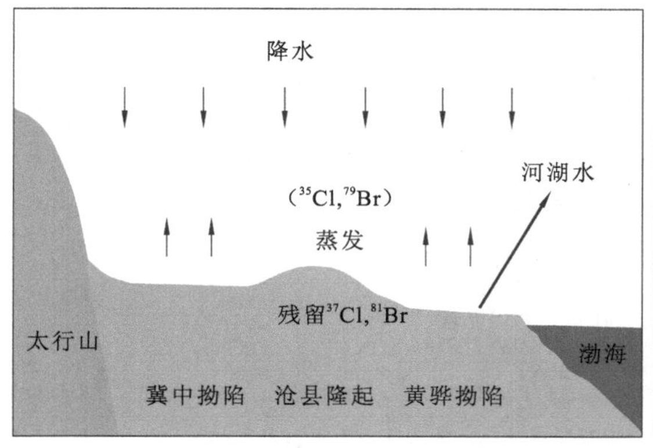

(a) 地表河水或湖水经历强烈的蒸发

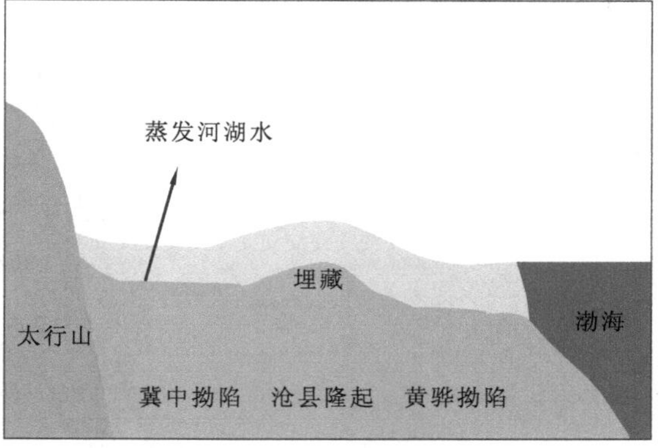

(b) 沉积过程中残留水被封存

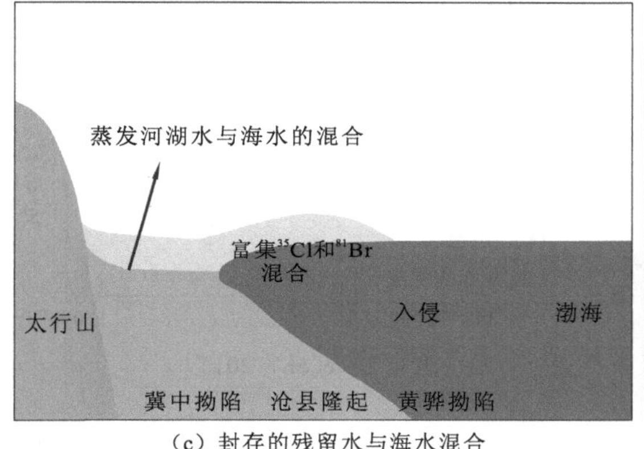

(c) 封存的残留水与海水混合

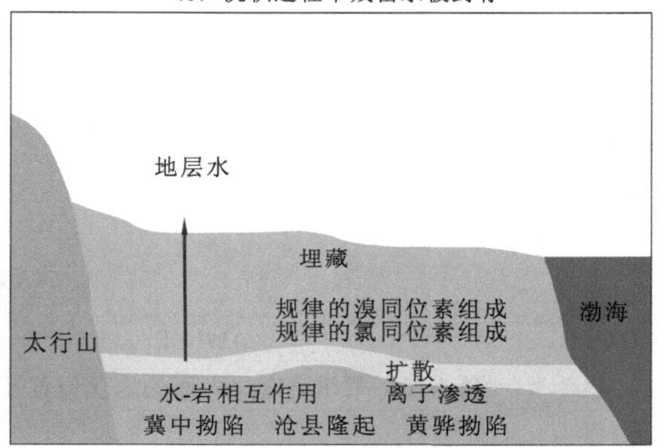

(d) 混合地层水发生演化

图 6.15 基于 ^{81}Br 和 ^{37}Cl 指示的河北平原地层水形成演化的概念模型(改自 Chen et al., 2014)

6.3.2 示踪地下水中盐分来源与迁移过程

1. 莱州湾海岸平原第四系含水层中溴的来源与归趋

莱州湾位于山东半岛北部和渤海南部(图 6.16),年平均降水量和蒸发量约为 630mm 和 1 640mm。莱州湾南岸由鲁中山脉北坡多个河流冲积而成,沉积相自南向北依次为冲-洪积相、冲-海积相和海积相,岩性由南部的砾石和粗砂逐渐过渡为细砂、粉砂、粉砂质黏土和淤泥质黏土。

第四系松散沉积物构成了研究区的主要含水层,含水层厚度由南部的 30～50m 逐渐过渡至近海岸的 300m。浅部含水层的矿物相包括石英、钙长石、钠长石、斜长石、辉石、黑云母、文石、白云石、方解石、高岭石,仅局部存在蒸发岩。石膏在海岸咸卤水带广泛分布,而硅酸盐岩则为淡水区的主要岩相。

上更新世以来,研究区曾发生三次大规模的海水入侵。相应地,卤水分布在三个含水层,深度分别为 0～15m、33～42m、59～74m(图 6.17)。天然条件下,地下水的补给主要来自降水入渗和南部地下水的缓慢径流。地下水由南向北朝着海岸线缓慢地流动,在水力弥散效应下,存在卤水—咸水—淡水的渐进性分区。20 世纪 70 年代以来,南部地下淡水的开采速

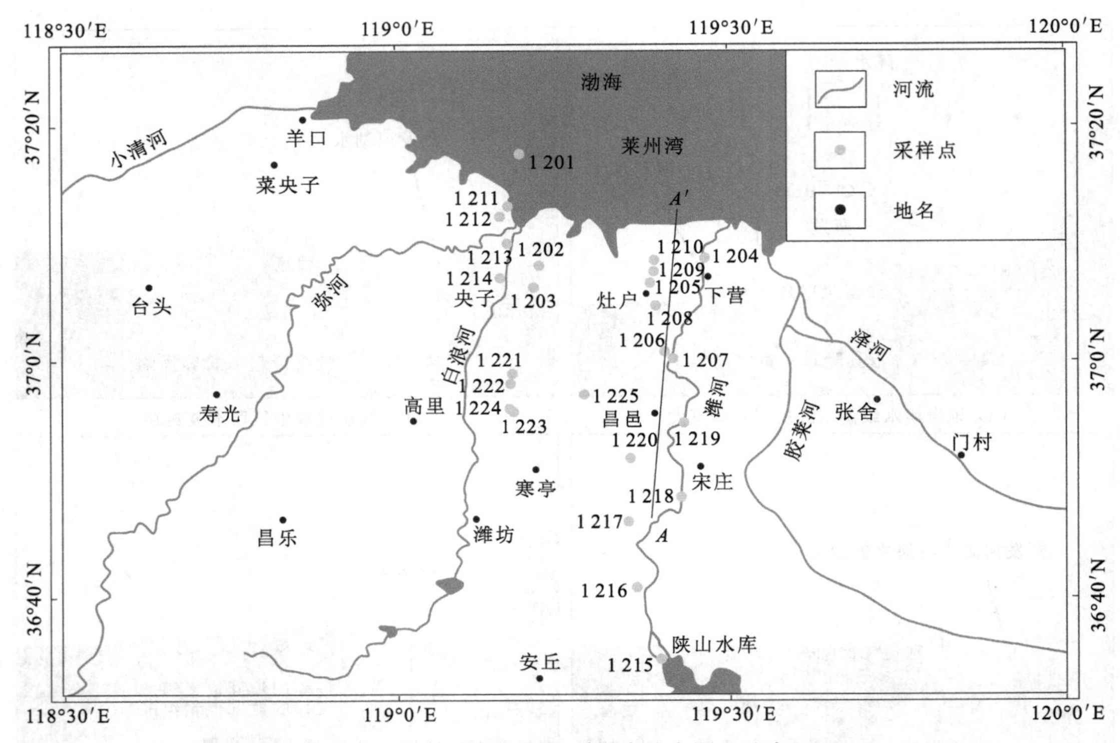

图 6.16　莱州湾海岸平原的地理位置及采样点分布图（改自 Du et al.，2015）

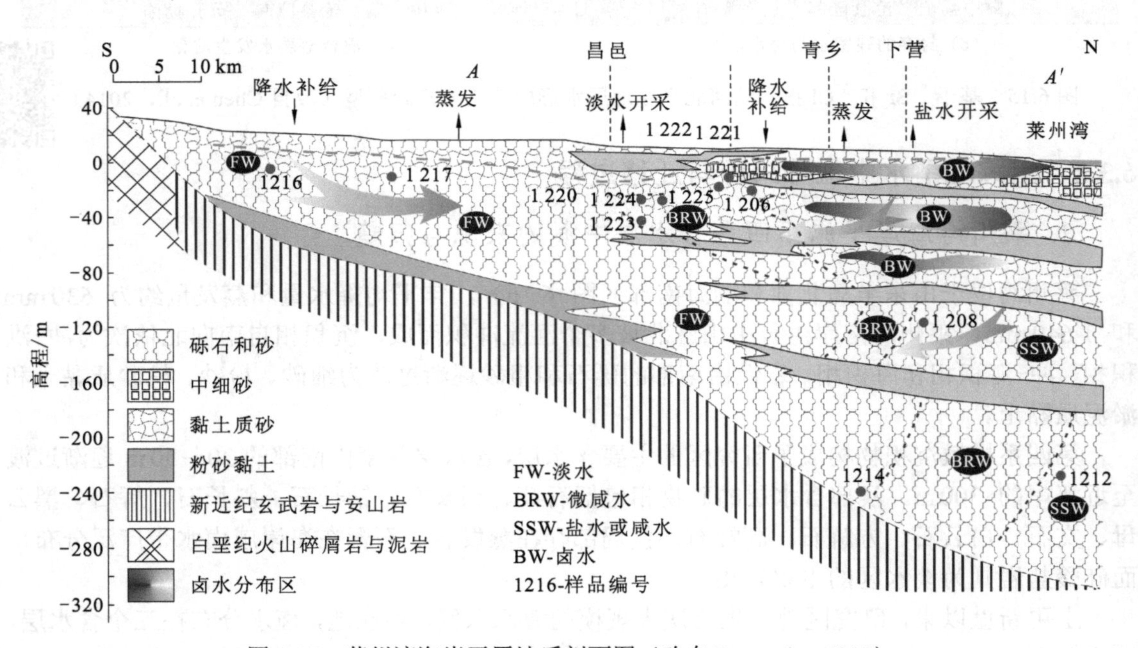

图 6.17　莱州湾海岸平原地质剖面图（改自 Du et al.，2015）

率迅速增大，造成了几个降落漏斗的形成，尤其在昌邑附近。此外，北部卤水的大规模开采也形成了卤水区的几个降落漏斗，如下营等地。

从海岸至内陆，采集地下卤水、咸水和淡水样品（图 6.18），分析这些样品的稳定溴同位素组成及 Br 的质量浓度等相关指标。

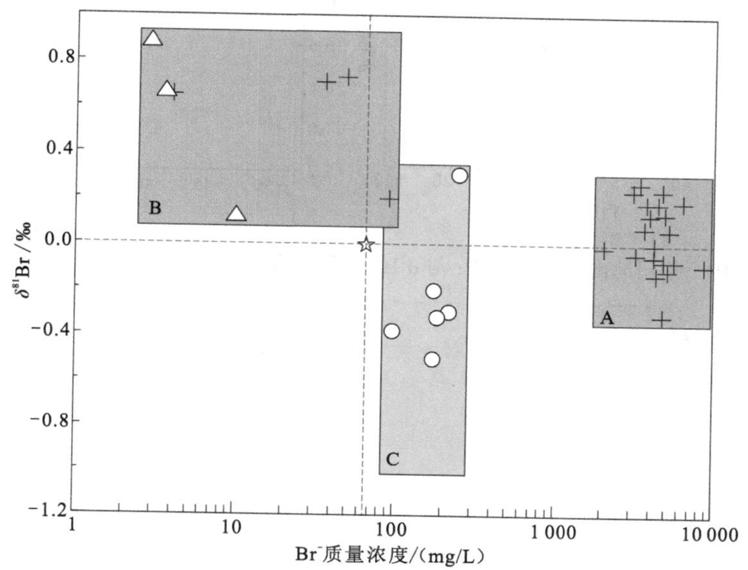

图 6.18 不同水体 δ^{81}Br-[Br⁻]关系图（改自 Du et al.，2015）

A 区为西伯利亚海水蒸发成因深层卤水；B 区十字形为西伯利亚岩盐溶解成因深层卤水，三角形为北亚平宁盆地岩盐溶解成因盐水；C 区为研究区浅层卤水

Shouakar-Stash 等（2007）报道的西伯利亚地台海水蒸发成因地层水的 δ^{81}Br 值为 −0.31‰～0.27‰。莱州湾南岸 7 个卤水样品的 δ^{81}Br 为−0.97‰～0.31‰，其中 6 个样品的 δ^{81}Br 值位于−0.50‰～0.31‰，与西伯利亚地台海水蒸发成因地层水的 δ^{81}Br 值非常接近，指示了它们很可能来源于海水蒸发。Shouakar-Stash 等（2007）报道的西伯利亚地台岩盐溶解成因地层水的 δ^{81}Br 值为 0.20‰～0.73‰。Boschetti 等（2011）报道了意大利北亚平宁盆地的一组盐水样品是三叠系蒸发岩溶解成因，其 δ^{81}Br 值区间为 0.12‰～0.88‰。莱州湾南岸 7 个卤水样品中仅有 1 个位于以上区间，说明岩盐溶解不是卤水中盐分的主要来源，且这些卤水样品的 γNa/γCl 值为 0.60～0.67，进一步排除了岩盐溶解成因。此外，基于溴同位素与氢氧同位素的关系（图 6.19），δ^{81}Br 与 δ^{2}H 和 δ^{18}O 均呈现出较好的负相关性，可判断出卤水还受后期淡水稀释作用的影响。这是由于更负的 δ^{2}H 和 δ^{18}O 指示了更多大气降水的混合，而大气来源淡水的 δ^{81}Br 值一般较偏正（Gwynne et al.，2013；Shouakar-Stash，2008）。

莱州湾南岸 5 个微咸水样品的 δ^{81}Br 值为 0.22‰～0.79‰。通过淡水与卤水的两端元混合模拟（图 6.20），识别出混合作用不能完全解释微咸水偏正的溴同位素组成。这很可能是海相气溶胶的输入所引起的，原因包括：①微咸水区地层渗透性相对卤水区更强，其具有较高的 ^{3}H（1.8～15.3 TU）和 ^{14}C 含量（60～107 pmc），指示了现代大气降水的输入；②Gwynne 等（2013）和 Horst 等（2013）的研究结果显示一些大气过程（如气溶胶酸化、溴甲烷光解

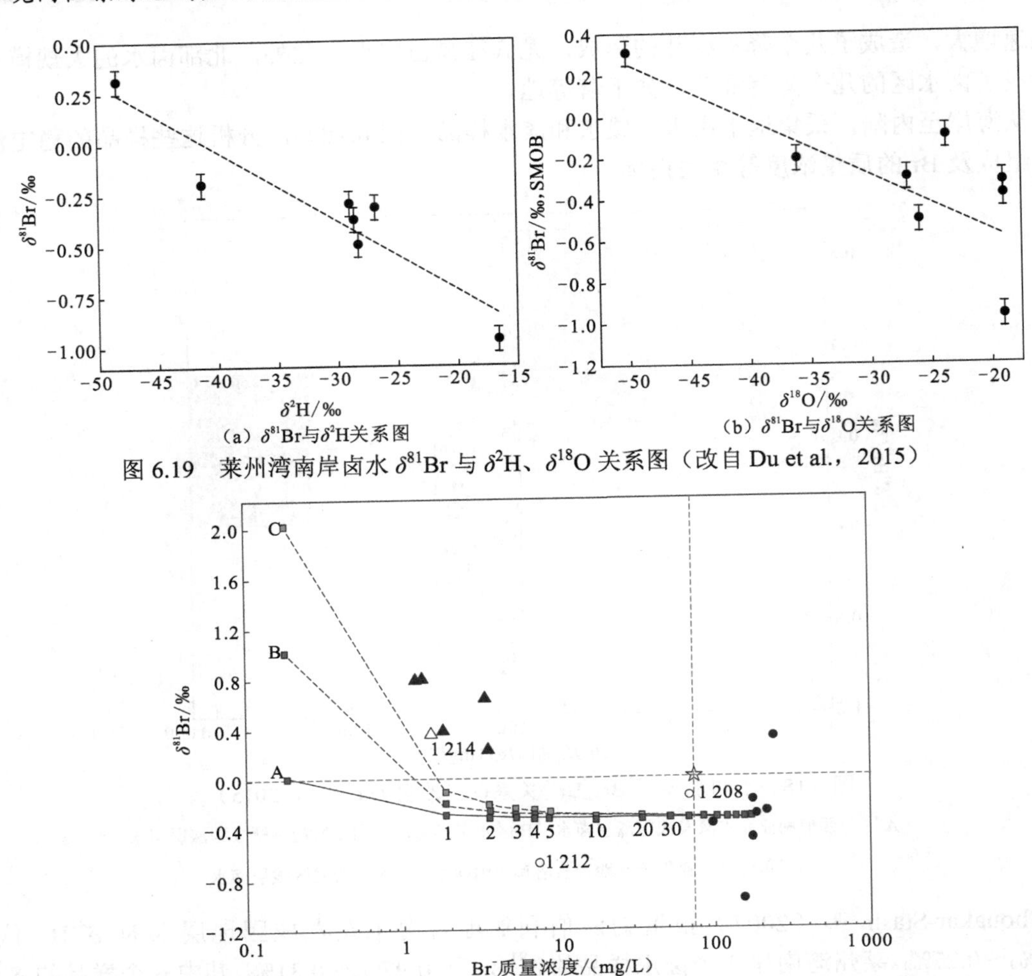

图 6.19 莱州湾南岸卤水 δ^{81}Br 与 δ^{2}H、δ^{18}O 关系图（改自 Du et al.，2015）

图 6.20 莱州湾南岸淡水端元与卤水端元的混合拟合（改自 Du et al.，2015）

A、B、C 代表混合盐水和淡水之间的界线，并且分别对应的淡水端元的 δ^{81}Br 值为 0、1.0‰和 2.0‰

等）会富集溴，进而导致海相气溶胶迁移过程中的溴同位素分馏，使得大气来源淡水的 δ^{81}Br 值相对海水偏正。此外，弥散作用和人类活动不是引起微咸水中溴同位素分馏的主要过程。

2. 贵阳市喀斯特地区地表水-地下水系统中氯的来源

贵阳市地表水-地下水系统是一个典型的喀斯特水文系统，受人类活动的影响，已被严重污染。Liu 等（2008）在研究区不同季节分别采集地表水、地下水、雨水和污水样品，分析这些样品的稳定氯同位素组成及其他相关指标，以此来揭示地表水-地下水系统中氯的来源。

地下水和地表水中的氯离子浓度在冬季显著高于夏季：在冬季，地下水和地表水中的 Cl^- 质量浓度分别为 2.5～138.0 mg/L 和 11.0～63.5 mg/L；在夏季，地下水和地表水中的 Cl^- 质量浓度分别为 0.4～41.9 mg/L 和 4.6～12.4 mg/L。在人口密集的区域，地下水样品具有更高质量浓度的 Cl^-（图 6.21）；沿着南明河的地下水中 Cl^- 质量浓度高于其他区域，指示了工业区和居民区废水排放的影响。

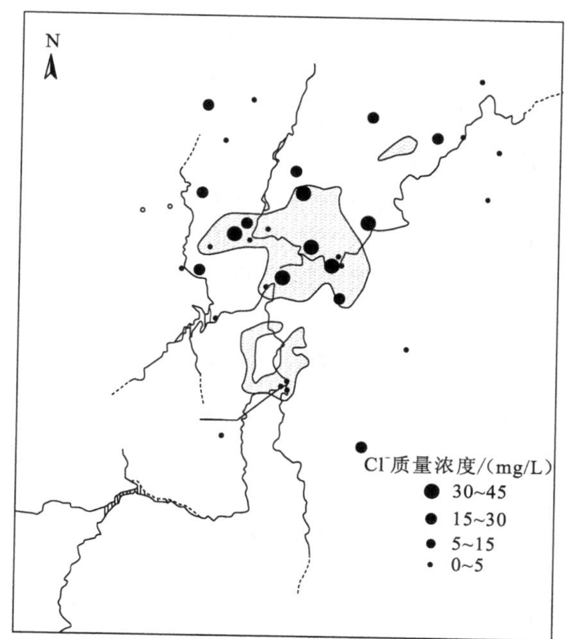

图 6.21　贵阳市冬季地下水中 Cl^-质量浓度的空间分布（改自 Liu et al.，2008）

两个雨水样品的氯同位素组成分别为-4.07‰和-2.64‰，在所有水样中最偏负。在夏季，地下水样品中的 δ^{37}Cl 值较冬季更小，前者为-1.46‰～0.29‰，而后者为 0～2.03‰。与地下水相似，夏季地表水样品的 δ^{37}Cl 值也比冬季的更低。两个季节的污水样品的 δ^{37}Cl 值非常相似（0.08‰和 0.15‰）。

许多研究者运用 δ^{37}Cl-1/[Cl^-]关系图来阐述两个或多个端元的混合过程，本研究区的 δ^{37}Cl-1/[Cl^-]关系如图 6.22 所示。其显示出了至少三个端元的混合，即古卤水、市政废水和

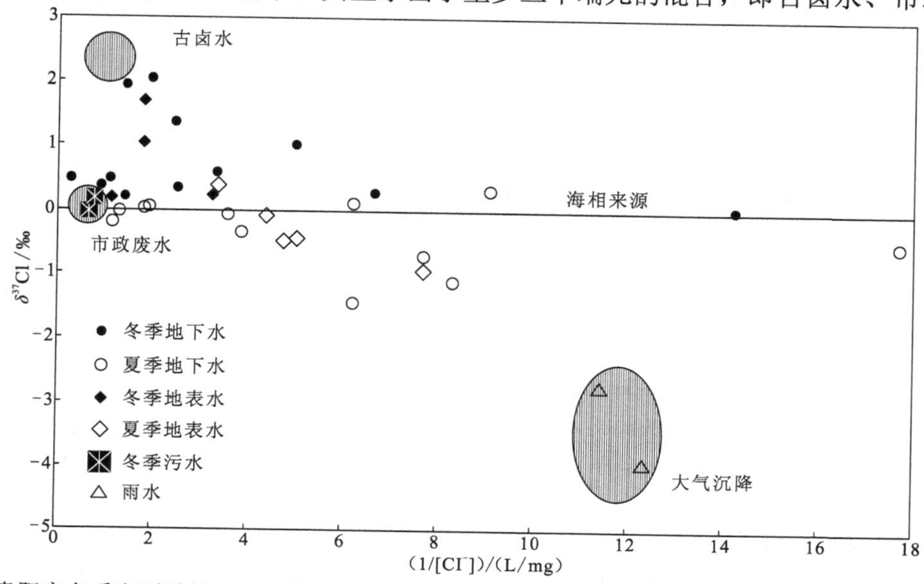

图 6.22　贵阳市冬季和夏季地表水、地下水、冬季污水及雨水的 δ^{37}Cl-1/[Cl^-]关系图（改自 Liu et al.，2008）

大气沉降。其中，具有较高 δ^{37}Cl 值（最高达 2.03‰）的地下水中的 Cl^- 很可能来源于高度浓缩的古卤水或者碎屑岩中黏土和云母结合的 Cl^-，因为已有的室内和野外地球化学研究显示这两个端元具有较高的 δ^{37}Cl 值。市政废水中的氯离子来源于城市居民对食用盐的使用，其根本上是海相来源，因此其 δ^{37}Cl 值接近于 0；大气沉降中的 Cl^- 具有很低的 δ^{37}Cl 值，其来源于工业活动直接排放的 HCl 气体，而不是因为酸化气溶胶中 HCl 的挥发；雨水样品的 Cl^-/Na^+ 比值显著高于原始海盐，进一步证明了这一认识。总体上，夏季所取水样的 δ^{37}Cl 值大多为负值，这是因为夏季的地表水和地下水接受显著的大气降水补给。

参考文献

刘卫国，肖应凯，祁海平，等，1993．高精度正热电离质谱法测定 Br 同位素[J]．盐湖研究(3): 57-61.

谭红兵，马海州，张西营，等，2009．蒸发岩序列中氯化物盐的氯同位素分馏效应及应用:兼论塔里木盆地、柴达木盆地古代岩盐的沉积阶段[J]．岩石学报, 25(4): 955-962.

ALEXEEVA L P, ALEXEEV S V, KONONOV A M, et al., 2015. Halogen isotopes (^{37}Cl and ^{81}Br) in brines of the Siberian Platform[J]. Procedia earth and planetary science, 13: 47-51.

ASTON F W, 1920a. The mass spectra of the chemical elements[J]. Philosophical magazine, 39: 611-625.

ASTON F W, 1920b. The mass-spectra of chemical elements (part 2)[J]. Philosophical magazine, 40: 628-634.

ASTON F W, 1931. The isotopic constitution and atomic weights of selenium, bromine, boron, tungsten, antimony, osmium, ruthenium, tellurium, germanium, rhenium and chlorine[J]. Proceedings of the royal society of London A, 132(820): 487-498.

BLEWETT P J, 1936. Mass spectrograph analysis of bromine[J]. Physical review, 49(12): 900-903.

BOSCHETTI T, TOSCANI L, SHOUAKAR-STASH O, et al., 2011. Salt waters of the Northern Apennine Foredeep Basin (Italy): origin and evolution[J]. Aquatic geochemistry, 17(1): 71-108.

CAMERON A E, LIPPERT E L, 1955. Isotope composition of bromine in nature[J]. Science, 121(3135): 136-137.

CAMERON A E, HERR W, HERZOG W, et al., 1956. Isotopen-Anreicherung beim Brom durch electrolytische Überführung in geschmolzenem Bleibromid[J]. Zeitschrift für natuforschung A, 11(3): 203-205.

CAMPBELL D J, 1985. Fractionation of through semipermeable membranes[D]. Arizona: University of Arizona.

CATANZARO E J, MURPHY T J, GARNER E L, 1964. Absolute isotopic abundance ratio and the atomic weight of bromine[J]. Journal of research of The National Bureau of Standards (U. S.), 68A: 593-599.

CHEN L Z, MA T, DU Y, et al., 2014. Origin and evolution of formation water in North China Plain based on hydrochemistry and stable isotopes (^{2}H, ^{18}O, ^{37}Cl and ^{81}Br)[J]. Journal of geochemical exploration, 145: 250-259.

DU Y, MA T, YANG J, et al., 2013. A precise analytical method for bromine isotopes in natural waters by GasBench II-IRMS[J]. International journal of mass spectrometry, 338: 50-56.

DU Y, MA T, CHEN L Z, et al., 2015. Genesis of salinized groundwater in quaternary aquifer system of coastal plain, Laizhou Bay, China: Geochemical evidences, especially from bromine stable isotope[J]. Applied geochemistry, 59: 155-165.

EGGENKAMP H G M, 1994. δ^{37}Cl: the geochemsitry of chlorine isotopes[D]. Utrecht: Utrecht University.

EGGENKAMP H G M, 2014. Geochemistry of stable chlorine and bromine isotopes[M]. Berlin Heidelberg: Springer.

EGGENKAMP H G M, 2015. Comment on "Stable isotope fractionation of chlorine during the precipitation of single chloride minerals"[J]. Applied geochemistry, 54: 111-116.

EGGENKAMP H G M, COLEMAN M L, 2000. Rediscovery of classical methods and their application to the measurement of stable bromine isotopes in natural samples[J]. Chemical geology, 167(3/4): 393-402.

EGGENKAMP H G M, COLEMAN M L, 2009. The effect of aqueous diffusion on the fractionation of chlorine and bromine stable isotopes[J]. Geochimica et cosmochimica acta, 73(12): 3539-3548.

EGGENKAMP H G M, KREULEN R, GROOS A F K V, 1995. Chlorine stable isotope fractionation in evaporites[J]. Geochimica et cosmochimica acta, 59(24): 5169-5175.

EGGENKAMP H G M, BONIFACIE M, ADER M, et al., 2016. Experimental determination of stable chlorine and bromine isotope fractionation during precipitation of salt from a saturated solution[J]. Chemical geology, 433: 46-56.

FIETZKE J, FRISCHE M, HANSTEEN T H, et al., 2008. A simplified procedure for the determination of stable chlorine isotope ratios ($\delta^{37}Cl$) using LA-MC-ICP-MS[J]. Journal of analytical atomic spectrometry, 23(5): 769-772.

GELMAN F, HALICZ L, 2011. High-precision isotope ratio analysis of inorganic bromide by continuous flow MC-ICPMS[J]. International journal of mass spectrometry, 307(1/3): 211-213.

GODON A, JENDRZEJEWSKI N, EGGENKAMP H G M, et al., 2004. A cross-calibration of chlorine isotopic measurements and suitability of seawater as the international material[J]. Chemical geology, 207(1/2): 1-12.

GWYNNE R, FRAPE S K, SHOUAKAR-STASH O, et al., 2013. ^{81}Br, ^{37}Cl and ^{87}Sr studies to assess groundwater flow and solute sources in the southwestern Great Artesian Basin, Australia[J]. Procedia earth and planetary science, 7: 330-333.

HOERING T C, PARKER P L, 1961. The geochemistry of the stable isotopes of chlorine[J]. Geochimica et cosmochimica acta, 23(3/4): 186-199.

HORST A, THORNTON B F, HOLMSTRAND H, et al., 2013. Stable bromine isotopic composition of atmospheric CH_3Br[J]. Tellus B: chemical and physical meteorology, 65(1): 1-9.

KAUFMANN R S, LONG A, BENTLEY H W, et al., 1984. Natural chlorine isotope variations[J]. Nature, 309(5966): 338-340.

LAVASTRE V, JENDRZEJEWSKI N, AGRINIER P, et al., 2005. Chlorine transfer out of a very low permeability clay sequence (Paris Basin, France): ^{35}Cl and ^{37}Cl evidence[J]. Geochimica et cosmochimica acta, 69(21): 4949-4961.

LIU C Q, LANG Y C, SATAKE H, et al., 2008. Identification of anthropogenic and natural inputs of sulfate and chloride into the karstic ground water of Guiyang, SW China: combined $\delta^{37}Cl$ and $\delta^{34}S$ approach[J]. Environmental science and technology, 42(15): 5421-5427.

LIU Y D, ZHOU A G, GAN Y Q, et al., 2013. An online method to determine chlorine table isotope composition by continuous flow isotope ratio mass spectrometry (CF-IRMS) coupled with a GasBench II[J]. Journal of Central South University, 20(1): 193-198.

LONG A, EASTOE C J, KAUFMANN R S, et al., 1993. High-precision measurement of chlorine stable isotope ratios[J]. Geochimica et cosmochimica acta, 57(12): 2907-2912.

LUNDÉN A, LODDING A, 1960. Iostopenanreicherung bei Brom durch electrolytische Überfübrung in geschmolzenem Zinkbromid[J]. Zeitschrift für natuforschung A, 1960, 15a: 320-322.

LUO C G, XIAO Y K, MA H Z, et al., 2012. Stable isotope fractionation of chlorine during evaporation of brine from a saline lake[J]. Chinese science bulletin, 57(15): 1833-1843.

LUO C G, XIAO Y K, WEN H J, et al., 2014. Stable isotope fractionation of chlorine during the precipitation of single chlorine minerals[J]. Applied geochemistry, 47: 141-149.

MADORSKY S L, STRAUSS S, 1948. Concentration of isotopes of chlorine by the counter-current electromigration method[J]. Journal of research of the National Bureau of Standards, 38(2): 185-189.

MAGENHEIM A J, SPIVACK A J, VOLPE C, et al., 1994. Precise determination of stable chlorine isotopic ratios in low-concentration natural samples[J]. Geochimica et cosmochimica acta, 58(14): 3117-3121.

NIER A O, 1947. A mass spectrometer for isotope and gas analysis[J]. Review of scientific instruments, 49(7): 1662-1665.

NIER A O, 1955. Determination of isotopic masses and abundances by mass spectrometry[J]. Science, 121(3152): 737-744.

NIER A O, HANSON E E, 1936. A mass-spectrographic analysis of the ions produced in HCl under electron impact[J]. Physical review, 50(8): 722-726.

PHILLIPS F M, BENTLEY H W, 1987. Isotopic fractionation during ion filtration: I theory[J]. Geochimica et cosmochimica acta, 51(3): 683-695.

RICHARDS T W, WELLS R C, 1905. A revision of the atomic weights of sodium and chlorine[J]. Journal of the american chemical society, 27(5): 459-529.

SHIELDS W R, MUPRHY T J, GARNER E L, et al., 1962. Absolute isotopic abundance ratio and the atomic weight of chlorine[J]. Journal of the American chemical society, 84(9): 1519-1522.

SHOUAKAR-STASH O, 2008. Evaluation of stable chlorine and bromine isotopes in sedimentary Formation fluids[D]. Waterloo: University of Waterloo.

SHOUAKAR-STASH O, DRIMMIE R J, FRAPE S K, 2005a. Determination of inorganic chlorine stable isotopes by continuous flow isotope ratio mass spectrometry[J]. Rapid communications in mass spectrometry, 19(2): 121-127.

SHOUAKAR-STASH O, FRAPE S K, DRIMMIE R J, 2005b. Determination of bromine stable isotopes using continuous-flow isotope ratio mass spectrometry[J]. Analytical chemistry, 77(13): 4027-4033.

SHOUAKAR-STASH O, ALEXEEV S V, FRAPE S K, et al., 2007. Geochemistry and stable isotope signatures, including chlorine and bromine isotopes, of the deep groundwaters of the Siberian Platform, Russia[J]. Applied geochemistry, 22(3): 589-605.

STOTLER R L, FRAPE S K, SHOUAKAR-STASH O, 2010. An isotopic survey of δ^{81}Br and δ^{37}Cl of dissolved halides in the Canadian and Fennoscandian Shields[J]. Chemical geology, 274(1-2): 38-55.

TAN H B, MA H Z, XIAO Y K, et al., 2005. Characteristics of chlorine isotope distribution and analysis on sylvinite deposit formation based on ancient salt rock in western Tarim basin[J]. Science China (series. D), 48(11): 1913-1920.

TAN H B, MA H Z, WEI H Z, et al., 2006. Chlorine, sulfur and oxygen isotopic constraints on ancient evaporite deposit in the Western Tarim Basin, China[J]. Geochemical journal, 40 (6): 569-577.

TAYLOR J W, GRIMSRUD E P, 1969. Chlorine isotopic ratios by negative ion mass spectrometry[J]. Analytical chemistry, 41(6): 805-810.

VENGOSH A, CHIVAS A, MCCULLOCH M, 1989. Direct determination of boron and chlorine isotope compositions in geological materials by negative thermal-ionization mass spectrometry[J]. Chemical geology, 79(4): 333-343.

WILLEY J F, TAYLOR J W, 1978. Capacitive integration to produce high precision isotope ratio measurement on methyl chloride and bromide[J]. Analytical chemistry, 50(13): 1930-1933.

WILLIAMS D, YUSTER P, 1946. Isotopic Constitution of Tellurium, Silicon, Tungsten, Molybdenum, and Bromine[J]. Physical review, 69(11/12): 556-567.

XIAO Y K, ZHANG C G, 1992. High precision measurement of chlorine by thermal ionization mass spectrometry of the Cs_2Cl^+ ion[J]. International journal of mass spectrometry and ion processes, 116(3): 183-192.

XIAO Y K, ZHOU Y M, LIU W G, 1995. Precise measurement of chlorine isotopes based on Cs_2Cl^+ by thermal ionization mass spectrometry[J]. Analytical letters, 28(7): 1295-1304.

ZAKON Y, HALICZ L, GELMAN F, 2014. Isotope analysis of sulfur, bromine, and chlorine in individual anionic species by ion chromatography/multicollector-ICPMS[J]. Analytical chemistry, 86(13): 6495-6500.

第 7 章　稳定钙同位素

钙（Ca）是一种金属元素，在地球化学储库（如地球表面的水圈和生物圈）内易发生迁移。它是地壳丰度第五的元素，是地球上最丰富的碱金属元素，是海洋和陆地生物必不可少的营养物质，在自然系统中可形成一系列的次生矿物（方解石、白云石、磷酸岩和石膏），并且是形成许多生物体基础结构必不可少的元素之一。富含钙的贝壳和生物骨骼是海洋钙的主要来源，也是海洋地球化学演化的重要记录载体。通过原生含钙硅酸岩矿物的风化和碳酸岩矿物的溶解与沉淀，钙可长期调节全球碳循环，进而影响地质时间尺度的地球气候特征。因此，钙是联系全球岩石圈、水圈、生物圈和大气圈的地球化学循环的关键元素。

由于钙广泛参与地球表生系统的一系列基础地球化学过程，其生物地球化学循环已成为环境地球科学领域研究的重要内容。在早期，通过探究与钙地球化学性质相类似的同位素，如 $^{87}Sr/^{86}Sr$，来示踪钙的生物地球化学循环。在过去的 10～15 年中，建立了高精度钙同位素（主要为 $\delta^{44/40}Ca$ 或 $\delta^{44/42}Ca$）测试方法，极大地促进了钙同位素地球化学研究的发展。

7.1　稳定钙同位素分析测试技术

钙同位素主要由五种稳定同位素（^{40}Ca、^{42}Ca、^{43}Ca、^{44}Ca、^{46}Ca）和一种放射性同位素（^{48}Ca，0.187%）组成，其中，^{40}Ca 在自然界中的丰度约为 97%（表 7.1）。放射性同位素，^{48}Ca 由于其较长的半衰期（$>6\times10^{8}$ a），常被看作稳定同位素。

表 7.1　钙同位素基本信息表

同位素	原子质量	相对丰度/%
^{40}Ca	39.962 590 9	96.941
^{42}Ca	41.958 618	0.647
^{43}Ca	42.958 766	0.135
^{44}Ca	43.955 482	2.086
^{46}Ca	45.953 69	0.004
^{48}Ca	47.952 522 8	0.187

7.1.1　钙同位素标准

在构建钙同位素测试分析方法早期，国际上尚无公认的同位素标准，常将 CaF_2 作为实验室测试标准（Russell et al.，1978），且一直沿用至 2000 年（Lemarchand et al.，2004；Nägler et al.，2000）。与此同时，部分实验室采用海水等作为标准进行钙同位素分析（Zhu and

Macdougall，1998），但由于海水钙同位素可随时间发生变化，被认为并不适合选其作为标准（DePaolo，2004）。此外，选取海水作为钙同位素标准，需要完成较为烦琐复杂的前处理过程将钙从海水中分离出来，增加了分析的不确定性。

多种现存钙同位素标准组成差异用符号 Δ 表示：

$$\Delta^{\frac{n_1}{m_1}}\mathrm{Ca}_{i_1-j_1}=\Delta^{\frac{n_1}{m_1}}_{i_1-j_1}=\delta^{\frac{n_1}{m_1}}\mathrm{Ca}_{i_1}-\delta^{\frac{n_1}{m_1}}\mathrm{Ca}_{j_1}=\left(\delta_{i_1}-\delta_{i_1}\right) \tag{7.1}$$

式中：n_1、m_1 为不同 Ca 同位素原子质量，i_1、j_1 为不同钙同位素标准物质。

尽管一直以来尚无统一的钙同位素标准，但自 1999 年，许多实验室采用 NIST 标准材料 SRM-915a（碳酸钙）为钙同位素标准（Eisenhauer et al.，2004；Hippler et al.，2003；Halicz et al.，1999），但该标准仍存在均质性及纯度等问题（Galy et al.，2003），且 SRM-915a 也被逐渐消耗殆尽。由 SRM-915a 演化而成的 SRM-915b 也是 NIST 的碳酸岩标准，被部分实验室用作钙同位素标准，但二者具有不同的钙同位素特征。Heuser 和 Eisenhauer（2008）使用 TIMS 测定二者同位素差值 $\Delta^{44/40}_{915b-915a}$ 为 0.72‰（$\Delta^{44/42}_{915b-915a}=0.34‰$）（表 7.2）。此外，也有学者选用，如 NIST SRM 1486（Heuser and Eisenhauer，2008）、HPS Ca 溶液（Blättler et al.，2011）及骨粉（Reynard et al.，2011），作为各自实验室钙同位素测试标准。多种钙同位素标准测试值同 SRM 915a 的差值见表 7.2。需要注意的是，SRM 915a 和 SRM 915b 均为非纯碳酸钙，二者均含有一定量的锶（其中，SRM 915b Sr 浓度为 150 μg/g），可影响钙同位素测定。

表 7.2　多种钙同位素标准差值转换参考值（‰）

标准	$\delta^{44/40}\mathrm{Ca}_{\mathrm{SRM\ 915a}}$	$\delta^{44/42}\mathrm{Ca}_{\mathrm{SRM\ 915a}}$
SRM 915a	0.00	0.00
海水	1.88	0.92
SRM 915b	0.72	0.34
CaF_2	1.44	0.70
SRM 1486	−1.01	−0.49
BSE	1.03	0.50
$CaCO_3$	1.02	0.50
HPS Ca 溶液	0.34	0.17
骨粉	−0.84	0.41

7.1.2　钙同位素样品前处理

1. 碳酸岩样品

以碳酸岩为主的样品常依据样品实际组成选取相应的酸性溶液，分离提取固相钙组分，最常用的酸性介质为盐酸、硝酸及乙酸。如果样品含有部分有机组分，常用 H_2O_2-HNO_3 混合液或是超纯水超声-HNO_3 作为前处理溶液（Hippler et al.，2003，2006）。生物成因的 $CaCO_3$ 在进行钙同位素分析前，需去除内部的有机组分，依据实际样品材质，常采用两种方法：

H_2O_2-NaOH 法及 NaClO 法。前者将样品在 pH＝8～9（氨水调节，以免去除钙质结核）的超纯水中超声 2 min，重复多次后，在 80 ℃ NaOH-H_2O_2 水浴中超声 30 min，用超纯水清洗多次，将样品溶解于 0.5 mol/L HCl 中（Gussone and Filipsson，2010；Gussone et al.，2005）。后者则将样品浸泡于 pH＝8～9 NaClO 溶液中 24 h，以去除有机组分，最后再将样品溶于 0.5 mol/L HCl 中（Gussone et al.，2006；Böhm et al.，2006）。

2. 硅酸岩样品

针对硅酸岩样品，常采用全溶法对全岩进行溶解。针对长英质和铁镁质岩石，先将粉末状样品溶于 HF 和 HNO_3 混合液中，120 ℃电热板蒸干，再加入 1 mL $HClO_4$ 用于去除样品中有机组分及次生 CaF_2，190 ℃条件下蒸干，残留物再次溶于 6 mol/L HCl、H_3BO_3 溶液中，蒸干，残留物最终溶于 6 mol/L HCl 中。针对超铁镁质岩石，在完成上述前处理过程前，需加 160 ℃ 8.8 mol/L HBr 溶液溶解 72 h（Amini et al.，2009）。

3. 钙的化学分离

为避免钙化学淋滤分离过程中发生同位素分馏，在完成钙分离前，将样品用酸性溶液溶解，依据后续不同的测试分析方法，滴加相应已知浓度及同位素比值的同位素双稀释剂。基于树脂 Ca—H 阳离子交换，完成样品钙的分离纯化。最为常用的阳离子交换树脂为 AG50W-X8（200～400 目），其淋洗液常选用 HCl、HNO_3 及 HBr。在化学分离过程中，锶与钙的化学分离常有一定的重合性，因此，为避免锶在后续同位素测试分析中对钙同位素产生影响，常需用锶专用树脂（Sr spc SPS，50～100 目）先分离样品锶组分。

7.1.3　钙同位素测试分析

目前，钙稳定同位素主体上采用 TIMS 及 MC-ICP-MS 两种方法完成测定。TIMS 测定结果常用 $\delta^{44/40}$Ca 或 δ^{44}Ca 表示。由于 $^{40}Ar^+$的干扰，MC-ICP-MS 较难准确测量 ^{40}Ca，其结果常用 $\delta^{44/42}$Ca 表示。钙稳定同位素组成用 δ 表示：

$$\delta^{\frac{n_1}{m_1}}\mathrm{Ca}_{标准} = \delta^{n}\mathrm{Ca} = \left[\frac{({}^{n_1}\mathrm{Ca}/{}^{m_2}\mathrm{Ca})_{样品}}{({}^{n_1}\mathrm{Ca}/{}^{m_2}\mathrm{Ca})_{标准}} - 1\right] \times 1\,000\ ‰ \tag{7.2}$$

δ 的单位为‰，通常采用重核素（$n_1={}^{44}$Ca 或 ^{42}Ca）和轻核素（$m_2={}^{40}$Ca）的比值表示，其中重核素为分子，轻核素为分母。在文献中通常用 δ^{44}Ca 表示 $\delta^{44/40}$Ca，而 ^{44}Ca/^{42}Ca 比值通常用 $\delta^{44/42}$Ca 表示。

1. 热电离质谱法

通过采用双稀释剂法，TIMS 可完成钙同位素组成的精准测定。多种双稀释剂体系均已被成功应用于钙同位素测试（Fantle and Bullen，2009）。双稀释剂是将两种纯相钙同位素混合，主要用于校正样品前处理及质谱仪测试过程中所产生的同位素质量分馏。TIMS 双稀释剂法测定钙同位素最早出现于 20 世纪 70 年代末（Russell et al.，1978），随后被广泛采用（Gopalan et al.，2006；Skulan et al.，1997；Marshall and Depaolo，1989）。

虽然双稀释剂的前期制备及后期校准均较为费时，但它却是 TIMS 完成钙同位素精准测试的唯一较为实用的方法。但同时，双稀释剂法也可产生部分系统误差。在 TIMS 双稀释剂法中，最终的同位素比值（$^{44}Ca/^{40}Ca$ 或 $^{44}Ca/^{42}Ca$）是经过一系列同位素迭代计算得到，同时，为仪器测试所产生的质量分馏假定一种计算法则，如线性、指数或幂指数。双稀释剂的同位素迭代计算中需要有一个计算起点，称其为“常”点（normal）。放射性衰变所产生的 ^{40}Ca 可改变“常”点 $^{n}Ca/^{40}Ca$ 比值，若不能精确估算此衰变影响，则将会影响后续迭代计算所得的最终 $^{44}Ca/^{40}Ca$ 比值。K/Ca 比值对迭代计算 $\delta^{44/42}Ca$ 比值的影响如图 7.1 所示，采用 ^{42}Ca-^{48}Ca 双稀释剂法，不同 K/Ca 比值的固相介质中，$\delta^{44/42}Ca$ 随着时间的变化趋势不同。全岩 K/Ca 比值为 0.1（碱性）～5（酸性）（Hartmann et al.，2012），在 10 亿年（10 Ga）时间尺度，其影响程度小于 0.3‰，而对于高 K/Ca 矿物来说，其影响要大得多（如 K/Ca=100，$\Delta^{44}Ca \approx -5.5‰$）。

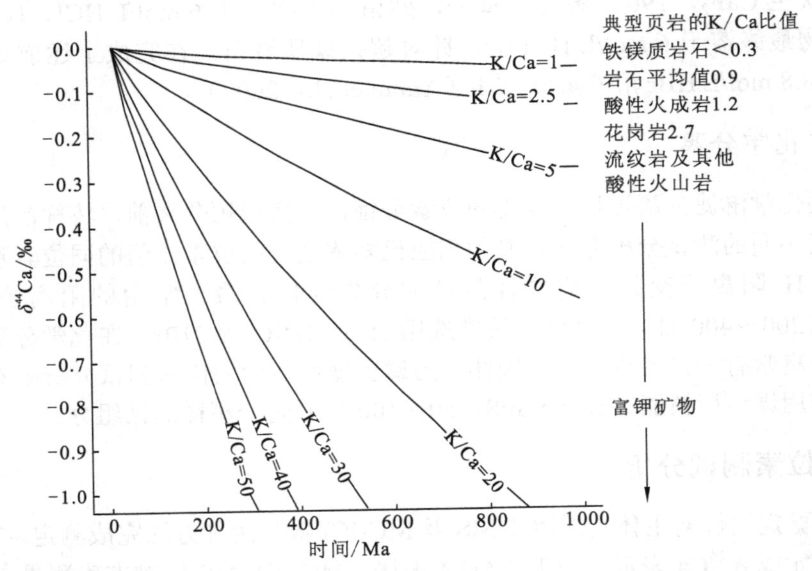

图 7.1　测试过程中放射性衰变所产生 ^{40}Ca 对均质介质钙同位素测试结果影响图

图中曲线表示 K/Ca（1～50）随时间的变化。$^{44}Ca/^{40}Ca$“常”点样品和受放射性成因影响的样品 $^{44}Ca/^{40}Ca$ 比值的差值以‰表示。峰衰减及合成的算法同 Fantle 和 Bullen （2009），^{40}Ca 计算样品的摩尔分数为 0.985（Hartmann et al.，2012；Wedepohl，1995）

通常，TIMS 在进行钙同位素测试分析时，每条 Ta 或 Re 样品带上需搭载 200 ng～10 μg 的钙（以硝酸或氯化物的形式）（Fantle and Bullen，2009）。Ta_2O_5 和磷酸常被用作激发剂，用于增强及稳定电离离子束。虽然近期研究表明，TIMS 外部精度优于 0.04‰，但在实际测试中，上述精度常难以达到，实际外部重现性常优于 0.2‰（Lehn et al.，2013）。

2. 多接收杯电感耦合等离子体质谱法

虽然大部分实验室采用双稀释剂-TIMS 测定钙同位素比值，但也有不少研究使用 MC-ICP-MS 测定钙同位素比值。其样品的制备和纯化方法虽然同 TIMS 相似，但 MC-ICP-MS 测定时所遇到的问题与 TIMS 大不相同。MC-ICP-MS 的优点在于，其不需要用双稀释剂来校正仪器分析所产生的同位素质量分馏，但由于钙同位素会在色谱纯化过程中发生分馏，因此需要色谱分离纯化过程中保证足够高的回收率（Russell and Papanastassiou，1978）。

使用氩气等离子体质谱仪测定钙同位素比值时最容易受到 $^{40}Ar^{+}$的影响，从而增加了 ^{40}Ca 测量的复杂性，虽然可通过减少等离子体中 Ar 放射频率的方法实现 ^{40}Ca 的精确测定（Fietake et al.，2004），但该方法并未广泛使用。更常见的是，完成 ^{42}Ca、^{43}Ca、^{44}Ca 及 ^{48}Ca 的准确测试，再用 $^{44}Ca/^{42}Ca$ 或 $^{43}Ca/^{42}Ca$ 表示 Ca 同位素测试结果，文献中常分别表示为 $\delta^{44/42}Ca$ 和 $\delta^{43/42}Ca$。

使用 MC-ICP-MS 完成 $^{44}Ca/^{42}Ca$ 和 $^{43}Ca/^{42}Ca$ 分析时需要注意三个问题。第一，由于未对 ^{40}Ca 进行测量，致使大部分钙损失（^{40}Ca 约占天然 Ca 的 97%），为获得较稳定的离子束，则需要向质谱仪中引入 mg/L 浓度级的钙。MC-ICP-MS 可分析的钙浓度在 5～10 mg/L，其引入速率为 50～100 μL/min，所需样品钙的质量为 5～30 μg（假设分析时间为 20～30 min）。与 MC-ICP-MS 测定的其他质量浓度低于 200 μg/L 元素相比，其完成钙同位素测试所需样品量较大。该方法所需样品量要比 TIMS 高出 25 倍。在样品分析期间，为减弱如此高浓度样品所产生的记忆效应，仪器需要较长的冲洗时间，且在进样锥处易形成 CaO 晶体，进而可能影响仪器灵敏度。第二，多原子离子的干扰，如 Ca 质量数为 42 和 44 时，$^{40}ArH_2^{+}$、$^{14}N_3^{+}$ 和 $^{12}C^{16}O_2^{+}$ 所产生的干扰，大小取决于实际测试时的仪器设置。有研究表明，多个脱氮雾化器的使用可将多原子离子干扰降至最低，提高仪器灵敏度（Wieser et al.，2004）。第三，飞行管中大量 $^{40}Ar^{+}$和 $^{40}Ca^{+}$离子的反向散射（约为 5 nA）（Halicz et al.，1999），会造成基线不稳，可通过优化多接收杯结构使该部分干扰最小化。

使用 MC-ICP-MS 进行测量时，其仪器偏差是通过钙同位素标准样品进行校正，并不是通过双稀释剂法进行，这意味着，在进行样品分析时，每组样品必须添加至少一个标准样品（常选用 SRM 915a），通常会添加多个，除需要消耗大量标准样品外，也较为耗时。例如，Tipper 等（2008b）对一个样品的 $^{44}Ca/^{42}Ca$ 和 $^{43}Ca/^{42}Ca$ 进行了 3 次连续重复测量，每次重复测量后均进行 200 s 的标准样品测试，包括多次循环的冲洗时间、样品引入时间和样品稳定时间，因此一个钙同位素样品分析大约需要 1 h。在分析过程中重复这一过程 2～3 次是获得最佳外部重现性的必经过程。因此，对于一个样品，其测量时间大约需要 3 h。尽管存在上述问题，但在最优条件下，MC-ICP-MS 测定 $^{44}Ca/^{42}Ca$ 比值的外部重现性可达 0.03‰～0.06‰（^{44}Ca＜0.12‰），与 TIMS 测试精度相当（Tipper et al.，2008b）。

3. TIMS 和 MC-ICP-MS 方法测定 Ca 同位素结果对比

TIMS和MC-ICP-MS对钙同位素的测试精度基本一致，但由于测试技术及干扰因素不同，TIMS测定结果常表示为$^{44}Ca/^{40}Ca$，而MC-ICP-MS表示为$^{44}Ca/^{42}Ca$，因此很难对二者结果进行严格对比。为进一步明确量化二者测试分析结果的差异，此处选取海水作为类比对象，同时遵循质量守恒定律，将MC-ICP-MS $^{44}Ca/^{42}Ca$测试结果转化为$^{44}Ca/^{40}Ca$（$\delta^{44}Ca$），公式如下：

$$\delta^{44}Ca=\left[\left(\frac{\delta^{44/42}Ca}{1000}+1\right)^{Z_{Ca}}-1\right]\times 1000‰ \tag{7.3}$$

式中：Z_{Ca} 为

$$Z_{Ca}=\left(\frac{1/m_{40}-1/m_{44}}{1/m_{42}-1/m_{44}}\right) \tag{7.4}$$

当 δ 的范围很小时，可参考 Sime 等（2005）将等式表示为

$$\delta^{44}Ca=\left(\frac{1/m_{40}-1/m_{44}}{1/m_{42}-1/m_{44}}\right)\times\delta^{44/42}Ca \tag{7.5}$$

选取 SRM 915a 作为参考标准，TIMS 测得海水 $\delta^{44}Ca$ 中值为（1.90±0.18）‰，MC-ICP-MS 测得中值为（1.95±0.25）‰（图 7.2）。TIMS 测得海水 $\delta^{44}Ca$ 数据变化范围较窄，超过 40%的数据分布在 1.8‰～1.9‰。

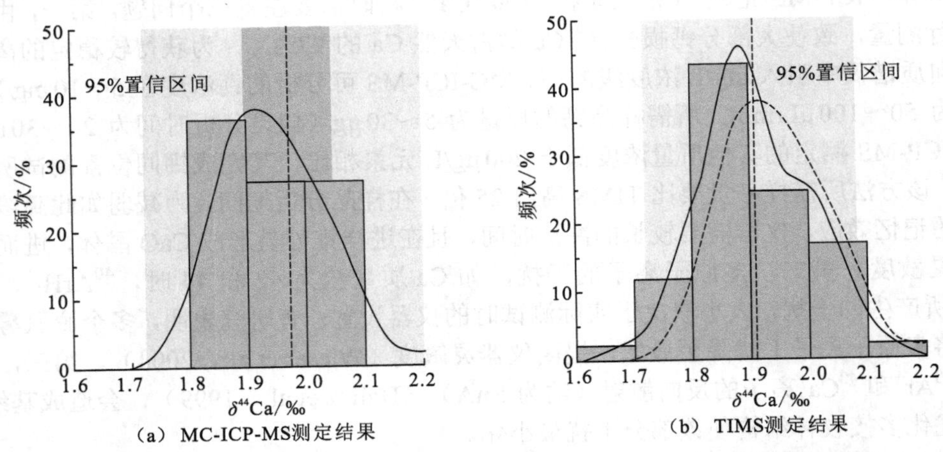

图 7.2 用 MC-ICP-MS 和 TIMS 测定海水钙同位素组成的直方图和概率密度（$\delta^{44}Ca$ 相对于 SRM 915a）（Fantle and Tipper，2014）

垂向虚线表示平均值，浅灰区为 95%置信区间，暗灰色区域是均值的两个标准差，在图（a）中虚曲线是图（b）中 MC-ICP-MS 测试结果分布线

7.2 碳酸岩沉淀过程中钙同位素的分馏机理

已有研究详细探究了不同碳酸岩矿物，如方解石、文石、球霰石，在不同参数条件（温度、沉淀速率等）下，发生沉淀过程中的钙同位素分馏特征。在既定 pH 条件下，方解石沉淀过程中，钙同位素分馏程度（$\Delta^{44}Ca_{方解石-液相}$）程度为-0.6‰～-1.0‰，随温度变化，钙同位素分馏速率为 0.015‰/℃（Marriott et al.，2004）（图 7.3）。Tang 等（2008）研究发现，在 5℃、25℃、40℃温度条件下，方解石沉淀过程中 $\Delta^{44}Ca_{方解石-液相}$为-1.4‰～-0.5‰，并随着沉淀速率的加快而升高，低温环境中钙同位素分馏程度高于高温环境（图 7.3）。反应体系中液相离子强度的变化对固-液钙同位素分馏影响较小，碳酸岩沉淀速率及环境温度变化是影响钙同位素分馏的主要因素（Tang et al.，2012）。也有研究表明，固相钙同位素分馏程度随温度的变化速率为（0.010‰～0.016‰）/℃（Reynard et al.，2011）。

Druhan 等（2013）选取野外试验场地开展了钙同位素分馏主控因素探究，设定人为输入有机碳，促使天然微生物利用该部分有机质，降解形成无机碳并与地下水中的钙发生沉淀，形成碳酸岩。实验结果表明，在 100 天的实验周期内，地下水中钙浓度从 6 mmol/L 降至 1 mmol/L，钙同位素（$\delta^{44}Ca$）从 1.0‰升至 2.5‰，除碳酸岩沉淀过程对钙同位素分馏产生影响外，地下水动力学参数，如地下水流速等，也会对钙同位素的分馏产生影响。

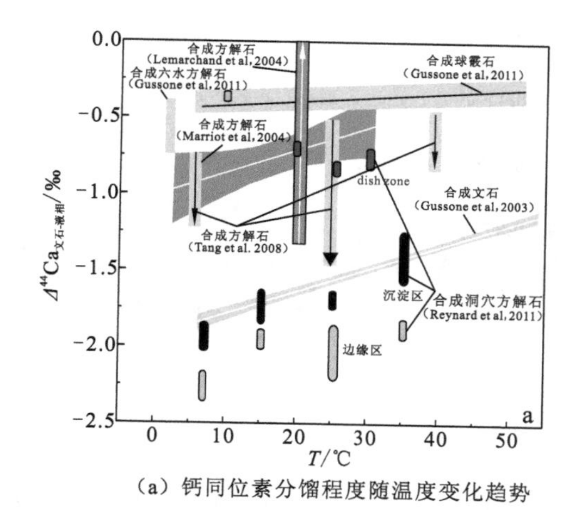

(a) 钙同位素分馏程度随温度变化趋势

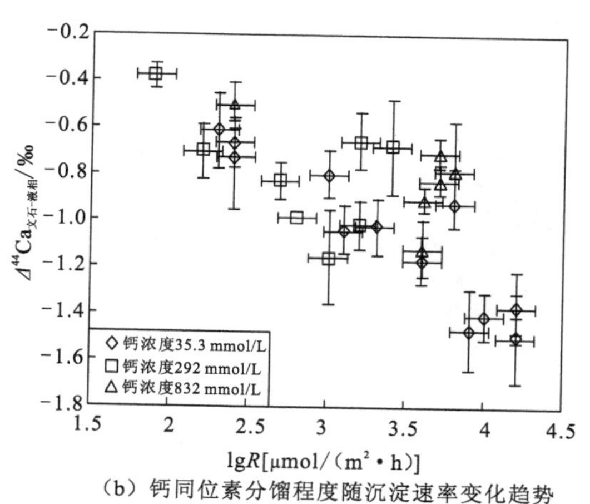

(b) 钙同位素分馏程度随沉淀速率变化趋势

图 7.3 钙同位素分馏程度随温度及沉淀速率变化趋势（Tang et al.，2008）

箭头表示在给定温度条件下，钙同位素分馏程度随沉淀速率升高的变化趋势

在温度为 10～50 ℃的环境条件下，文石沉淀所形成的固相钙同位素相对液相富集轻同位素（^{40}Ca），二者钙同位素组成差值（Δ^{44}Ca $_{文石-液相}$）为−1.8‰～−1.2‰，温度效应影响文石钙同位素分馏的速率约为 0.015‰/℃（Gussone et al.，2003）。与上述方解石沉淀过程相比，文石沉淀过程中钙同位素分馏程度更大。在 30～40 ℃硬石膏沉淀过程中，钙同位素分馏程度（Δ^{44}Ca $_{硬石膏-液相}$）约为−1‰，固相富集轻同位素，同时符合同位素瑞利分馏模型（Gussone et al.，2016）。在 25 ℃、pH＝5.6±0.2、离子强度为 0.5～0.6 的环境条件下，石膏沉淀过程中钙同位素分馏程度（Δ^{44}Ca $_{石膏-液相}$）为−2.25‰～−0.80‰（Harouaka et al.，2014）。

7.3 不同风化端元影响下河水钙同位素组成特征

钙同位素比值（$\delta^{44/40}$Ca）的高精度测试，为直接示踪硅酸岩及碳酸岩风化对不同体系钙贡献量提供了方法保证。部分研究者将研究体系中钙同位素的变化，解释为源区矿物溶解与混合过程，即从基岩矿物源中释放出来的钙具有独特的 δ^{44}Ca 值、钙浓度、溶解度、溶解速率及相对丰度（Moore et al.，2013；Jacobson and Holmden，2008）。例如，Moore 等（2013）对新西兰南阿尔卑斯西部的研究强调了流经片岩的河流中混合过程的重要性，与基岩相比，河流具有较高 δ^{44}Ca 值和较低 Sr/Ca 比值的特征，指示了河流多种钙源的混合特征。同位素分馏过程并不能解释河流和基岩间钙同位素的组成差异，因为钙参与矿物的溶解沉淀，如方解石及含钙黏土矿物的沉淀与形成，在研究区域内均未发生。相反，河流的 δ^{44}Ca 值及 Sr/Ca 组成特征，可通过硅酸岩基岩与地热成因方解石二端元混合模式予以解释。混合模型计算结果表明，尽管基岩中含有少量方解石，但河流水体中 60%～90%的钙源自该部分方解石的溶解。

Jacobson 等（2015）针对冰岛冰川源及非冰川源河流开展钙通量及其同位素研究，探究玄武岩及碳酸岩风化过程对不同源河水钙输入量的影响。测试结果发现，冰岛冰川源及非冰川源河流的钙化学及其同位素组成明显不同，基于此，提出端元混合假说用于解释所观测到的区域间不同的钙同位素组成特征。两个混合端元分别为玄武岩和方解石风化端元，如图 7.4

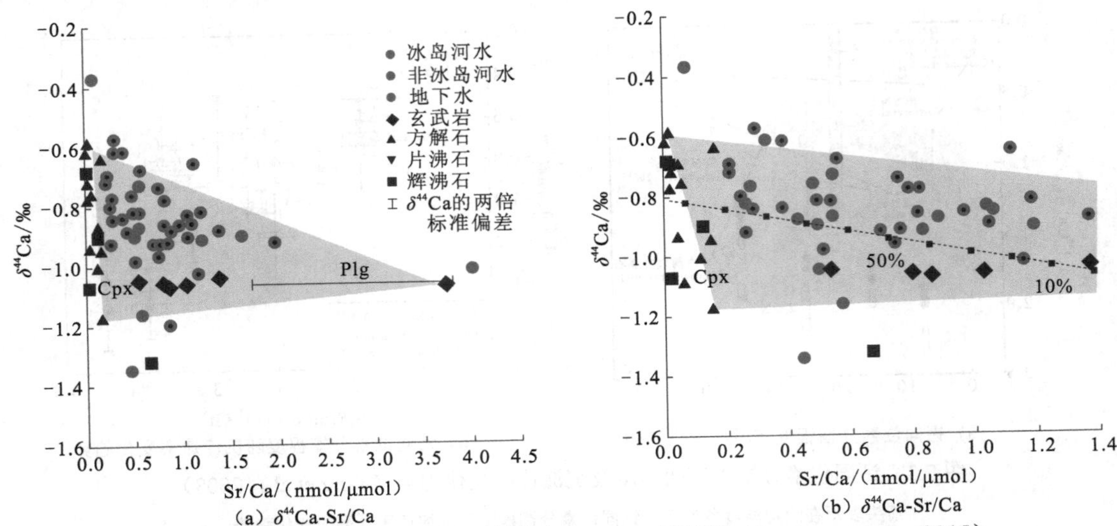

（a）δ^{44}Ca-Sr/Ca （b）δ^{44}Ca-Sr/Ca

图 7.4 冰岛河水、岩石和矿物 $\delta^{44/40}$Ca 与 Sr/Ca 关系图（Jacobson et al.，2015）

Cpx 为单斜辉石；Plg 为斜长石

（a）和（b）横坐标刻度不同。图中阴影区域代表玄武岩和方解石的数据范围所定义的混合域。（b）中包括连接玄武岩和方解石平均值的双组分混合线。百分率表示方解石风化对河流钙通量的贡献比例

所示。同时，由于方解石 δ^{44}Ca 值及玄武岩 Sr/Ca 比值的多变性，两个端元间也可存在多条潜在混合线。构建二端元混合方程，用于计算玄武岩和方解石风化对河流钙通量的贡献比例。为简化端元混合模拟计算，模型中未考虑其他地球化学过程（实际则有可能发生），因此，假设混合过程中钙和锶均表现出较为保守的地球化学行为特征。图 7.4（b）基于玄武岩和方解石的二端元混合模型，玄武岩和方解石风化对河流钙通量的贡献率计算如下（Moore et al.，2013）：

$$(\mathrm{Sr/Ca})_{\mathrm{mix}} = \gamma_{\mathrm{Cal}}(\mathrm{Sr/Ca})_{\mathrm{Cal}} + (1+\gamma_{\mathrm{Cal}})(\mathrm{Sr/Ca})_{\mathrm{bas}} \tag{7.6}$$

$$\delta^{44}\mathrm{Ca}_{\mathrm{mix}} = \gamma_{\mathrm{Cal}}\delta^{44}\mathrm{Ca}_{\mathrm{Cal}} + (1+\gamma_{\mathrm{Cal}})\delta^{44}\mathrm{Ca}_{\mathrm{bas}} \tag{7.7}$$

式中：γ 为钙的摩尔分数；下标 mix、cal 和 bas 分别表示混合产物、方解石和玄武岩端元。通过将实测数据点正交外推到混合线上的最近位置，可以粗略估计两个端元对河流钙的贡献比例。从图 7.4（b）可看出，河水样品沿混合线向方解石端元展布；量化计算结果表明，方解石风化为非冰川源河流及冰川源河流分别提供了 0～65%及 25%～90%的钙通量。

7.4 不同环境介质中稳定钙同位素组成特征

7.4.1 雨水和灰尘中钙同位素的组成

尽管与全球钙循环相关，但雨水和灰尘中钙同位素数据相对不足（Hindshaw et al.，2011；Holmden and Bélanger，2010）。雨水样品的δ^{44}Ca值变化范围较宽（2.35‰），中值为0.72‰（图 7.5）。雨水和灰尘的钙同位素组分中值相比硅酸岩中值（0.94‰）更接近于碳酸岩中值（0.60‰）。这同前期研究认为全球范围内干湿沉降钙的主要来源为碳酸岩灰尘相一致（Schmitt and Stille，2005；Capo and Chadwick，1999）。

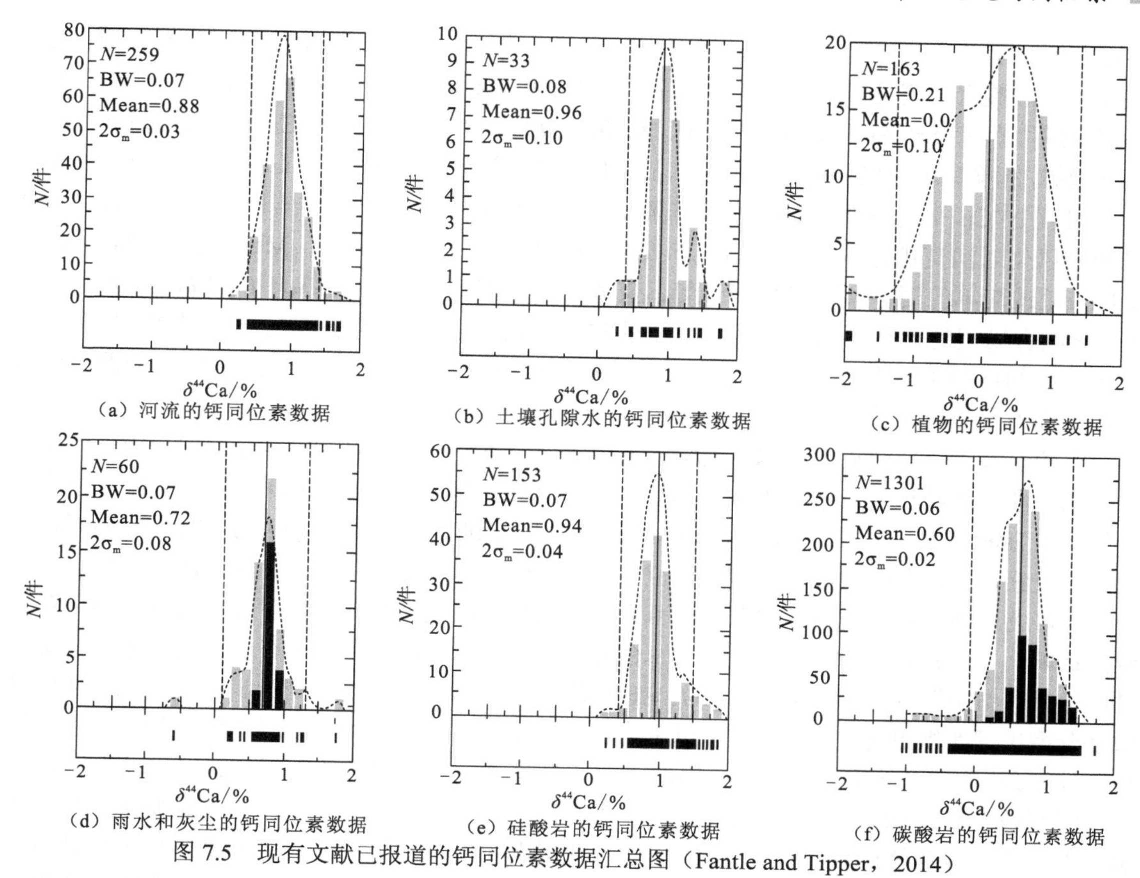

（a）河流的钙同位素数据
（b）土壤孔隙水的钙同位素数据
（c）植物的钙同位素数据
（d）雨水和灰尘的钙同位素数据
（e）硅酸岩的钙同位素数据
（f）碳酸岩的钙同位素数据

图 7.5 现有文献已报道的钙同位素数据汇总图（Fantle and Tipper，2014）

碳酸岩数据分为全新统（黑色）海相碳酸岩及整个地质时期碳酸岩（灰色）两部分。图中，垂向虚线为 δ^{44}Ca 95%置信区间范围。N 为样品数，BW 为水平虚线 δ^{44}Ca 概率密度函数计算时所用带宽，$2\sigma_m$ 为平均标准误差

目前，针对干沉降灰尘源沉积物中钙同位素的研究较少，也尚无文献报道干沉降沉积物演化过程及沉降过程中固相钙同位素组成变化特征。Fantle 等（2012）测定了 Nevada 沙漠盆地表面沉积物钙同位素组成，认定其为干沉降灰尘初始 δ^{44}Ca 值。灰尘中主要可溶组分是方解石，溶解组分的平均同位素含量[（0.78±0.08）‰]与雨水（0.72‰）和河流（0.88‰）（图 7.5）相近，虽然样本量较少，但二者较为相近的同位素组成，说明雨水 δ^{44}Ca 值可能同半干旱区的方解石循环有关。Ewing 等（2008）测定 Atacama 沙漠土壤钙同位素组分，发现土壤 δ^{44}Ca 值范围为-0.9‰～1.6‰。虽然该区域干沉降并非其主要来源，但该同位素组成也在一定程度上揭示了干旱及极端干旱区灰尘的钙同位素组成特征。

7.4.2 河流中钙同位素的组成

河流的 δ^{44}Ca 值主要受溶解性 $Ca^{2+}_{(aq)}$ 影响，变化范围较小。在河流数据集中，95%的 δ^{44}Ca 值集中分布于 1.1‰附近，同硅酸岩变化范围较为相似。河流 δ^{44}Ca 平均值为 0.86‰，与流量较大河流的钙同位素平均值相近（Tipper et al.，2010a）。影响河流钙同位素组成特征的主要因素仍有待研究。虽有学者认为混合过程是其影响因素之一（Moore et al.，2013），但此过程

不足以解释河流钙同位素全球尺度的变化特征。由于陆源钙循环过程中发生同位素分馏，对有碳酸岩、硅酸岩及蒸发岩盐参与所形成的钙同位素组成特征的解释，要远复杂于单一放射性成因的锶同位素（$^{87}Sr/^{86}Sr$）（Tipper et al.，2010，2008a）。虽然河流 $\delta^{44}Ca$ 值并没有统一的时空演变趋势，但全球河流钙同位素平均值明显偏向于亚洲河流同位素组成（Gaillardet et al.，1999）。

河流 $\delta^{44}Ca$ 平均值介于碳酸岩和硅酸岩之间，但其更接近于硅酸岩而不是碳酸岩。全球硅酸岩风化对河流钙输入贡献在10%～26%（Gaillardet et al.，1999；Meybeck，1987），基于此，通过简单的同位素质量平衡计算，全球河流 $\delta^{44}Ca$ 值应为0.63‰～0.69‰。需要指出的是，该混合模型的计算平均值同现有数据的实际平均值存在一定的差异，表明碳酸岩-硅酸岩混合端元的钙同位素取值存在一定问题，或风化过程中存在一定程度的钙同位素分馏，但现有数据尚不足以回答上述问题（Hindshaw et al.，2011）。

有两个过程可能驱动自然水体富集重同位素（^{44}Ca）。其一为次生碳酸岩的形成，如碳酸岩、钙华和钙质结核（Tipper et al.，2006）。研究证明非生物成因$CaCO_3$沉淀促使固相富集轻同位素（Tang et al.，2012；Gussone et al.，2011）。因此，汇水区$CaCO_3$的沉淀促使固相富集轻钙同位素，液相介质相对富集重钙同位素。如果钙同位素可被用来示踪陆源次生碳酸岩的形成，这将成为刻画陆源碳循环的重要工具之一，尤其是探究陆源碳酸岩对硅酸岩风化循环和气候的影响。Tipper等（2006）研究发现$CaCO_3$沉淀所形成的钙华比周围石灰岩及河流更富集轻钙同位素。由于温度、水化学环境及沉淀速度均可影响同位素分馏，进一步详细探究钙同位素微观分馏机理变得更为复杂。同时，也进一步说明探究矿物沉淀动力学对详细刻画上述过程的重要性。影响陆源系统中钙同位素分馏的另一个过程是植物体对钙的摄入（Moore et al.，2013）。

鲜有研究详细探讨河流$\delta^{44}Ca$值的季节性变化，若河流钙同位素存在季节性变化，是何种水文地球化学过程影响河流$\delta^{44}Ca$值的演化，此问题仍待回答。Tipper等（2006）研究尼泊尔发育于喜马拉雅山脉的Marsyandi河的钙同位素特征，发现$\delta^{44}Ca$值的季节性差异超出了测试分析的不确定性范围。分析缅甸伊洛瓦底江在高、低水位时河水钙同位素比值数据表明，河水$\delta^{44}Ca$值的季节性变化范围较小（Tipper et al.，2008a）。但其他部分河流，如恒河、黄河、长江，在高、低水位时表现出不同的钙同位素组成特征（Tipper et al.，2008a），因此，针对河流钙同位素的季节性变化仍需开展系统的研究。

7.4.3 硅酸岩矿物中钙同位素的组成

陆源硅酸岩矿物的$\delta^{44}Ca$值变化范围较大（＞8‰），图7.5中变化范围小于2‰，可能与较长时间尺度含钾硅酸岩矿物富集放射性成因^{40}Ca有关。然而，由于缺少$^{44}Ca/^{40}Ca$对应的$^{44}Ca/^{42}Ca$数据，该放射性成因造成的^{40}Ca富集程度及该过程涉及的钙同位素质量分馏程度均未可知。硅酸岩$\delta^{44}Ca$组成中值为0.94‰，相比1‰的硅酸盐地球平均值表现出一定程度放射性成因^{40}Ca同位素富集特征（Simon et al.，2010）。图7.5中所示2‰的同位素变幅可能同高温过程（如熔融和结晶）同位素质量相关分馏有关（Huang et al.，2011）。硅酸盐富集轻钙同位素主要是低温环境下的同位素质量相关分馏影响所致。

虽然硅酸岩矿物较大的 $\delta^{44}Ca$ 值变幅可用于指示潜在强放射性成因矿物组分风化（尤其是钾矿物，如黑云母和钾长石），但少有学者使用此方法探究硅酸岩风化过程（Farkaš et al.，2011）。这主要因为含钾矿物衰变产生的钙贡献比例低于其溶解过程。因为 ^{40}K 的半衰期较长（$\tau_{1/2}$=1.277×10^9 a），积累一定量放射性成因 ^{40}Ca 需要几百亿年，在此时间尺度上，富钾硅酸岩矿物溶解造成的钙同位素演变很可能完全覆盖其放射性成因所形成的钙同位素特征（Hindshaw et al.，2011）。

7.4.4　碳酸岩矿物中钙同位素的组成

碳酸岩（方解石和文石）$\delta^{44}Ca$ 值的变化范围＞3‰（图 7.5），约为全球 $\delta^{44}Ca$ 整体变幅的 3/4。碳酸岩钙同位素在时间尺度上并非一个常数（Blättler et al.，2012；Farkaš et al.，2007a，2007b；Fantle and DePaolo，2007，2005），百亿年时间尺度上，其变化范围较大。碳酸岩 $\delta^{44}Ca$ 值时间尺度的变幅约为 1.8‰。

地质时间尺度的全新统碳酸岩平均值为 0.77‰，碳酸岩 $\delta^{44}Ca$ 平均值为 0.3‰～0.4‰，低于现代河流和硅酸岩 $\delta^{44}Ca$ 均值，导致该差异的原因尚不明确。假定百万年时间尺度内不发生钙同位素分馏，且所收集数据已代表了陆源碳酸岩风化同位素比值，则河流钙同位素变化范围应大于现有数据的同位素变化范围。值得注意的是，新元古界碳酸岩 $\delta^{44}Ca$ 值与全新统相似，这可能意味着新元古界海洋与现代海洋钙循环较为相似。

至今为止，白云岩和蒸发岩盐的钙同位素组成报道较少。少量白云岩数据表明其 $\delta^{44}Ca$ 平均值为 1.34‰，与灰岩有明显差异，介于硅酸岩和现代海水之间。对白云岩钙同位素变化范围的解释包括：其同位素分馏因子接近于1（海水钙演化形成）；白云岩形成于海水来源的孔隙流体；白云岩化过程发生钙的交换。

7.5　稳定钙同位素技术方法应用

7.5.1　多水文地球化学过程中钙同位素组成特征

大同盆地位于山西省东北部，其盆地基底为前寒武纪变质岩系，朔州市以东是奥陶系灰岩。大同盆地北侧基岩主要是太古界桑干群片麻岩和震旦系灰岩；南侧主要是太古界五台群恒山段的片麻岩和混合花岗岩；西边的洪涛山和管涔山则主要出露寒武系和奥陶系的灰岩及石炭系、二叠系的砂页岩。第四系地层最大沉积厚度约 700 m（图 7.6）。含水层结构整体上可分为四层：潜水含水岩组（4～10 m）、浅层半承压含水岩组（10～50 m）、中部承压含水岩组（50～150 m）、深部承压含水岩组（＞150 m）。地下水补给来源主要为垂向大气降水及侧向山前地下水径流补给，灌溉用水及蒸腾为主要排泄途径。

针对盆地中心地下水系统，完成 26 件水样（24 件地下水及 2 件上游水库水水样）及 5 件基岩岩石样品采集，采用 TIMS 完成所有样品钙同位素测试分析，选取 SRM 915a 作为测试分析标准，测试期间其标样 $\delta^{44}Ca$ 平均值为（−1.2±0.2）‰。

所有地下水水样 $\delta^{44}Ca$ 值变化范围为−0.11‰～0.49‰，低于海水 $\delta^{44}Ca$ 值（0.9‰）（Nielsen et al.，2012）。两件上游水库水水样 $\delta^{44}Ca$ 值分别为 0.55‰、0.64‰，高于区域地下水 $\delta^{44}Ca$ 值，其可能与钙同位素温度效应有关。两件上游水库水水样温度约为 30 ℃，地下水水样温度变化范围为 10.35～16.3 ℃。有研究发现，温度可影响碳酸盐沉淀，两件上游水库水水样的方解石饱和指数分别为 0.999、1.042，明显高于地下水水样（0.312～1.014）。较高温度条件下

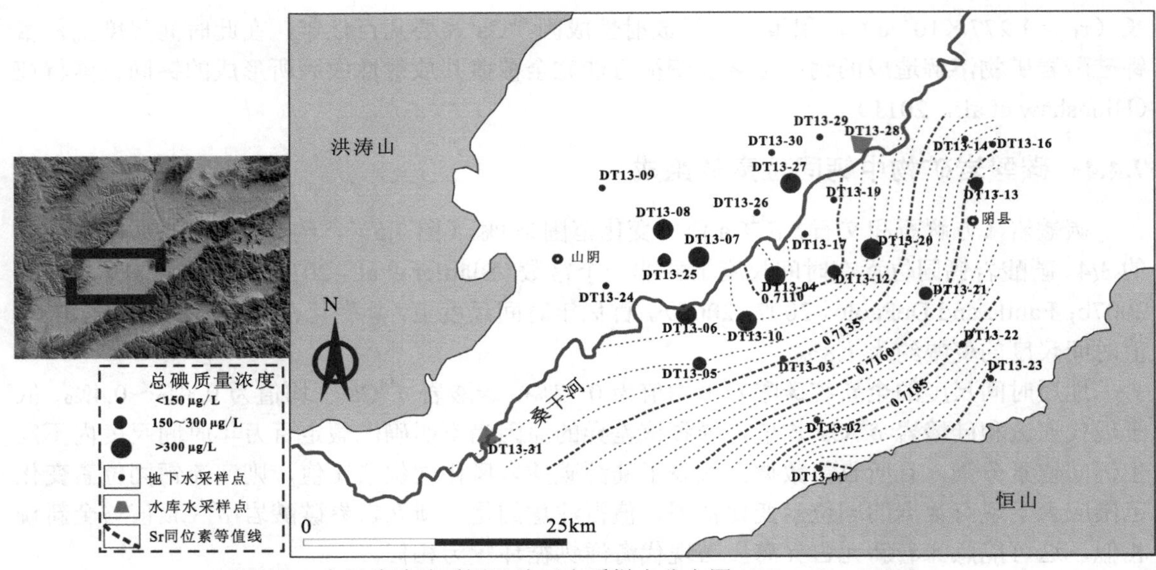

图 7.6 大同盆地地质图及地下水采样点分布图（Li et al., 2018）

促使碳酸盐发生沉淀，促使轻同位素 ^{40}Ca 从液相转移至固相，从而使得地表水体 $\delta^{44}Ca$ 值升高。

地下水 $^{87}Sr/^{86}Sr$ 比值特征表明，盆地东侧地下水流向为从东南侧至桑干河（图 7.7），沿地下水流向，水化学特征从 Ca-HCO_3 型逐渐演变为 Na-Cl 型及 Na-HCO_3 型。结合前期沉积

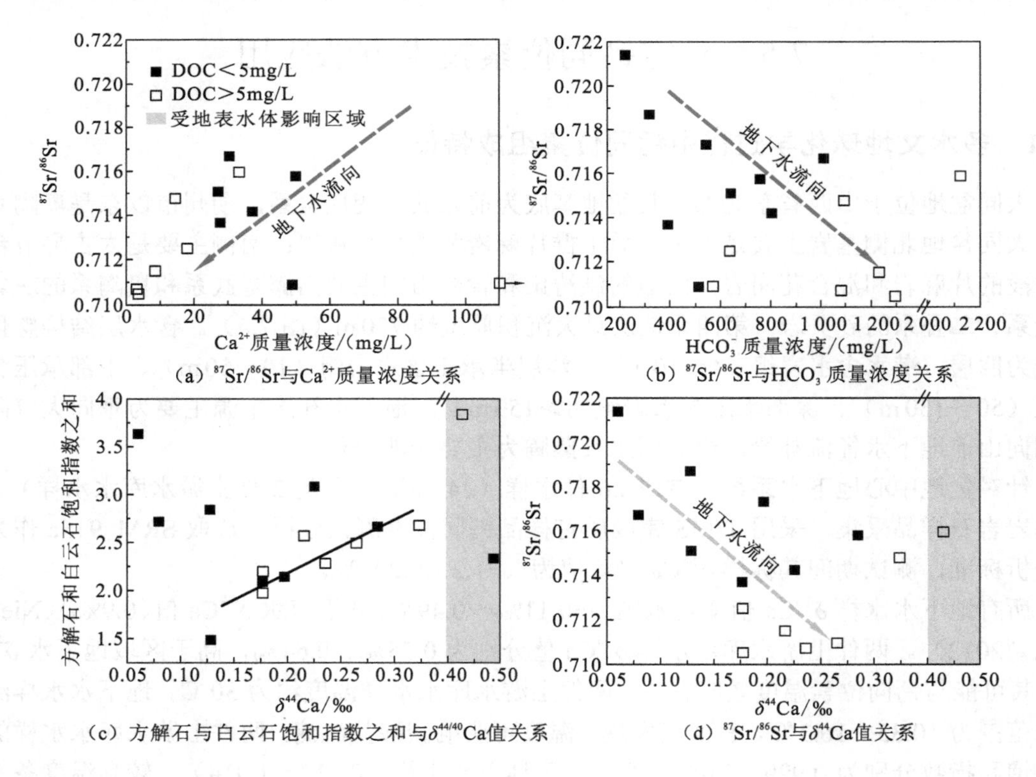

（a）$^{87}Sr/^{86}Sr$与Ca^{2+}质量浓度关系　（b）$^{87}Sr/^{86}Sr$与HCO_3^-质量浓度关系

（c）方解石与白云石饱和指数之和与$\delta^{44/40}Ca$值关系　（d）$^{87}Sr/^{86}Sr$与$\delta^{44}Ca$值关系

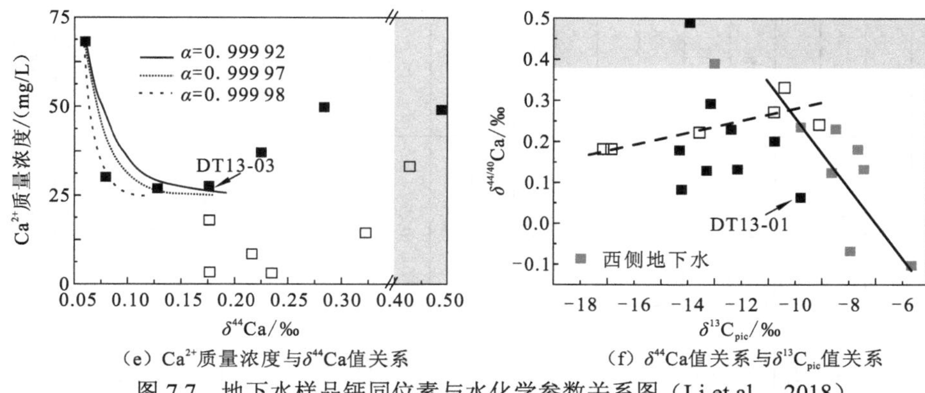

（e）Ca^{2+}质量浓度与$\delta^{44}Ca$值关系　（f）$\delta^{44}Ca$值关系与$\delta^{13}C_{pic}$值关系

图 7.7　地下水样品钙同位素与水化学参数关系图（Li et al.，2018）

物和基岩的 $^{87}Sr/^{86}Sr$ 组成特征，发现沿地下水流向水-岩相互作用是影响和控制地下水水化学演化的主要因素，具体包括：①东南侧变质岩的水解风化；②黏土矿物 Ca—Na 阳离子交换；③地表岩盐溶解与垂向输入；④碳酸盐矿物的溶解沉淀。

如图 7.7 所示，沿地下水流向，地下水钙含量逐渐降低，地下水 $\delta^{44/40}Ca$ 比值有所上升。在大同盆地，沿地下水流向，水-岩相互作用以铝硅酸岩水解反应为主：

$$CaAl_2Si_2O_8 + 3H_2O + 2CO_2 = Al_2Si_2O_5(OH)_4 + Ca^{2+} + 2HCO_3^- \tag{7.8}$$

$$2KAlSi_3O_8 + 2CO_2 + 7H_2O = Al_2Si_2O_5(OH)_4 + 2K^+ + 2HCO_3^- + 4H_2SiO_3 \tag{7.9}$$

表明，含钙铝硅酸盐水解过程可能是地下水 $\delta^{44}Ca$ 值升高的主要原因。

此外，沿地下水流向，HCO_3^- 含量逐渐升高，方解石及白云石均处于过饱和状态，值得注意的是，当地下水中 DOC 质量大于 5 mg/L 时，$\delta^{44}Ca$ 值同方解石及白云石饱和指数呈正相关关系。其表明：在富含有机组分的地下水中，与有机质氧化相关的碳酸盐沉淀过程可能是影响与控制钙同位素分馏的主要因素之一。该过程在 $\delta^{44}Ca$ 值与无机碳同位素相关关系中得到了更进一步的证实。黏土矿物所发生的 Ca—Na 阳离子交换过程可促使轻同位素从液相进入固相，进而影响地下水钙同位素组成。

目前世界范围内对地下水系统钙同位素组成及分馏机制鲜有报道，由于天然地下水系统的复杂性，多水文地球化学过程影响下钙同位素分馏机制尚需系统研究。从大同盆地地下水钙同位素组成特征不难看出，钙作为地下水的主要阳离子组分，其同位素组成在天然地下水中存在一定变化的范围。在不同的水文地球化学过程中，地下水钙同位素组成也表现出不同的变化趋势与变化幅度，为后续钙同位素应用于地下水系统研究提供了可能。

7.5.2　法国东北部孚日山脉丛林区植物-土壤系统钙循环研究

在法国东北部孚日山脉丛林区采集两棵山毛榉不同组织样品，具体包括边材、木心、树皮、树枝、嫩枝、树叶、种子、木质、韧皮，同时，采集植物生长周围土壤溶液样品。在完成不同组织的前处理后，分析各组织的钙、锶元素及其同位素组成，其中，钙同位素测试中选取 SRM 915a 作为测试标准，样品分析期间其 $\delta^{44/40}Ca$ 值外精度为 0.11‰。植物体不同组织和土壤溶液的钙、锶元素及同位素组成分别见表 7.3 和表 7.4。

表 7.3　两棵山毛榉不同组织的钙、锶元素及其同位素组成特征

目录	位置	植物器官	描述	Ca/（mmol/g）	Sr/（μmol/g）	$\delta^{44}Ca_1$/‰	$\delta^{44}Ca_2$/‰	$\delta^{44}Ca_{average}$/‰	$^{87}Sr/^{86}Sr^1$
STR-H4-09/11	16 m 高处	种子	均值	63.0	40.2	0.25	0.00	0.13	—
2011-09-13		豆荚	均值	24.3	44.1	0.10	0.20	0.15	—
		芽	远离树干处	62.0	67.0	0.04	−0.05	−0.01	—
		木质部汁液	树叶均值	0.28	0.2	0.57	0.56	0.57	—
		叶	远离树干处	102	91.5	0.32	0.46	0.39	0.728 88
		叶	接近树干处	70.5	78.5	0.27	0.13	0.34	0.728 07
		细枝	远离树干处	72.6	150	−0.10	−0.02	−0.06	—
		细枝	接近树干处	58.6	119	0.13	0.00	0.07	—
		树枝	距离树干 2.4m 处	27.3	41.1	0.17	—	0.17	—
		木材	平均截面处	16.4	30.1	0.14	0.07	0.11	0.728 89
	9.5 m 高处	木质部汁液	取自普通树叶	0.04	bdl	0.55	—	0.55	—
	1.5 m 高处	芽	远离树干处	65.3	97.1	−0.20	−0.39	−0.30	—
		木质部汁液	取自普通树叶	0.27	0.76	0.31	0.26	0.29	—
		叶	远离树干处	107	122	0.38	0.25	0.32	0.727 40
		叶	接近树干处	103	155	0.32	0.29	0.31	—
		叶	均值	109	139	0.15	0.21	0.21	—
		细枝	远离树干处	28.0	42.8	−0.01	−0.04	−0.03	—
		细枝	接近树干处	99.1	238	−0.27	−0.27	−0.27	—
		树枝	距离主干 4.35 m 的截面	36.0	62.0	0.02	0.18	0.10	—
		木质部汁液	取自树干	0.12	bdl	0.15	0.13	0.12	—
		树皮	清洗木栓外部部分	258	454	−0.62	—	−0.62	0.731 26
		木材	平均截面处	21.8	51.7	0.02	—	0.02	0.729 81
	地下部分	根	距离菌株 1.2 m 处，木栓化，大	16.1	15.7	0.10	0.14	0.12	0.729 55
		根	距离菌株 1.2 m 处，木栓化，中	49.6	72.5	−0.19	—	−0.19	0.724 52

续表

目录	位置	植物器官	描述	Ca/（mmol/g）	Sr/（μmol/g）	$\delta^{44}Ca_1$/‰	$\delta^{44}Ca_2$/‰	$\delta^{44}Ca_{average}$/‰	$^{87}Sr/^{86}Sr^1$
		根	距离菌株 1.2 m 处，木栓化，小	67.5	122	−0.16	−0.19	−0.18	0.720 52
		根	距离菌株 0.6 m 处，木栓化，大	13.6	19.1	−0.24	0.10	−0.17	—
		根	接近菌株，木栓化，大	12.1	33.9	0.21	0.39	0.30	0.731 06
		根	接近菌株，木栓化，中	60.8	82.0	−0.27	−0.26	−0.27	0.723 45
		根	接近菌株，木栓化，小	50.2	93.6	−0.06	−0.08	−0.07	0.721 45
		根	接近菌株，大	63.1	191	0.42	0.56	0.49	0.713 13
STR-H5-06/12	16 m 高处	叶	均值	95.2	52.0	0.39	0.34	0.37	0.725 77
2012-06-21		叶	均值，没有汁液	71.7	33.6	0.31	—	0.31	—
		木质部汁液	树叶均值	0.46	1.02	0.29	0.29	0.29	0.723 32
		木质部汁液	取自树干	1.32	2.85	0.13	0.05	0.09	0.728 02
	11 m 高处	木质部汁液	树叶均值	0.40	1.58	0.39	0.55	0.47	0.726 66
		木质部汁液	取自树干	4.15	5.90	0.12	—	0.12	0.727 64
	3.4 m 高处	叶	远离树干处	121	105	0.40	—	0.40	—
		叶	接近树干处	118	115	0.31	0.28	0.30	0.727 36
		木质部汁液	树叶均值	0.32	1.23	0.33	—	0.33	0.726 75
		木质部汁液	取自树干	3.08	4.25	0.05	0.13	0.09	0.727 49
		韧皮部汁液	取自树干	3.24	4.88	−0.39	−0.25	−0.32	0.727 54
		树皮	清洗木栓外部部分	230	391	−0.67	−0.64	−0.66	—
	0 m 高处	木质部汁液	取自树干	2.38	3.76	0.08	—	0.08	0.727 42
	地下部分	木质部汁液	取自普通细根	2.37	4.79	−0.02	0.11	0.05	0.723 06
		根	菌根	33.7	126	0.05	−0.05	0.00	0.720 76
		根	木栓化，小	33.8	158	−0.15	0.00	−0.08	0.724 47

$\delta^{44/40}Ca_1$ 和 $\delta^{44/40}Ca_2$ 为单独测试值。bdl 为低于检出限。—为未检测。

表 7.4　植物生长周围土壤的钙、锶元素及其同位素组成特征

实验室编号	日期	采样周期	Ca^{2+}/（mmol/L）	Sr^{2+}/（μmol/L）	$\delta^{44}Ca_1$/‰	$\delta^{44}Ca_2$/‰	$\delta^{44}Ca_{average}$/‰	$^{87}Sr/^{86}Sr$
E4 土壤溶液								
6341[α]	2006 年 5 月 22 日	2006 年 4 月 3 日～2006 年 5 月 22 日	0.005	0.012			1	0.728 5
110477	2011 年 7 月 5 日	2011 年 5 月 24 日～2011 年 7 月 5 日	0.002	0.007	1.33	—	1.33	—
110606	2011 年 8 月 30 日	2011 年 7 月 5 日～2011 年 8 月 3 日	0.005	0.006	1.39	1.37	1.38	0.735 55
120225	2012 年 2 月 28 日	2012 年 1 月 3 日～2012 年 2 月 28 日	0.005	0.007	1.24	—	1.24	0.735 13
120370	2012 年 4 月 24 日	2012 年 2 月 28 日～2012 年 4 月 24 日	0.003	0.013	1.18	—	1.18	0.733 62
120493	2012 年 6 月 19 日	2012 年 4 月 24 日～2012 年 6 月 19 日	0.013	0.021	0.09	0.08	0.08	0.721 72
120648	2012 年 8 月 14 日	2012 年 6 月 19 日～2012 年 8 月 14 日	0.002	0.009	1.13	—	1.13	—
130741	2013 年 7 月 9 日	2013 年 5 月 14 日～2013 年 7 月 9 日	0.009	0.005	0.9	0.95	0.93	0.739 95
130792	2013 年 8 月 20 日	2013 年 7 月 9 日～2013 年 8 月 20 日	0.005	0.01	1.17	—	1.17	0.730 57
130891	2013 年 9 月 26 日	2013 年 8 月 20 日～2013 年 9 月 29 日	0.002	0.005	1.36	1.35	1.36	0.734 87
E5 土壤溶液								
6342[α]	2006 年 5 月 22 日	2006 年 4 月 3 日～2006 年 5 月 22 日	0.007	0.012			1.47	0.729 56
110607	2011 年 8 月 30 日	2011 年 7 月 5 日～2011 年 8 月 30 日	0.002	0.005	0.9	0.98	0.94	0.730 61
120226	2012 年 2 月 28 日	2012 年 1 月 3 日～2012 年 2 月 28 日	0.004	0.005	1.51	1.29	1.4	0.729 46
120371	2012 年 4 月 24 日	2012 年 2 月 28 日～2012 年 4 月 24 日	0.002	0.005	1.84	1.59	1.72	0.731 25
120494	2012 年 6 月 19 日	2012 年 4 月 24 日～2012 年 6 月 19 日	0.001	0.005	0.96	1.22	1.09	—
130742	2013 年 7 月 9 日	2013 年 5 月 14 日～2013 年 7 月 9 日	0.004	0.013	0.43	0.23	0.33	0.718 18
130892	2013 年 9 月 26 日	2013 年 7 月 9 日～2013 年 9 月 29 日	0.001	0.006	1.36	1.22	1.29	0.728 34

植物不同组织的钙同位素组成特征同前期其他相关研究结果相一致，相对于植物生长的土壤溶液，植物体富集轻钙同位素（Bagard et al.，2013；Cenki-Tok et al.，2009）。同时，室内水培水体的水培植物实验结果表明，植物体较水培水体更富集钙轻同位素，与实际采集植物体观测结果相一致。室内同时开展干植物体钙吸附实验，实验结果发现，吸附过程也可造成植物体本身富集钙轻同位素，且富集程度同野外观测结果相近。表明植物体生长过程中所观测到的钙同位素组成可能更多受物理化学吸附过程的影响与控制（Schmitt et al.，2013）。对植物体进一步剖析发现，原生质体中聚半乳糖醛酸羧基官能团对钙的吸附可能是影响与控制植物体钙同位素发生分馏的主要因素。输液体钙离子一旦进入植物根部，则其钙同位素组成更趋同于植物根系本身的钙同位素组成。前期已有研究表明，相对于重同位素^{44}Ca，轻同位素^{40}Ca更易进入植物细胞体的中层薄膜中，从而使得细胞外液体富集重同位素（图 7.8）（Bagard et al.，2013；Schmitt et al.，2013）。有研究选用^{44}Ca作为示踪同位素，发现从植物根部到地表顶端树叶部分，植物体钙置换更新速率较为缓慢（＞2 a），其原因可能同木质体细胞壁阳离子较缓的层析置换速率有关(Heijden et al.，2015)。

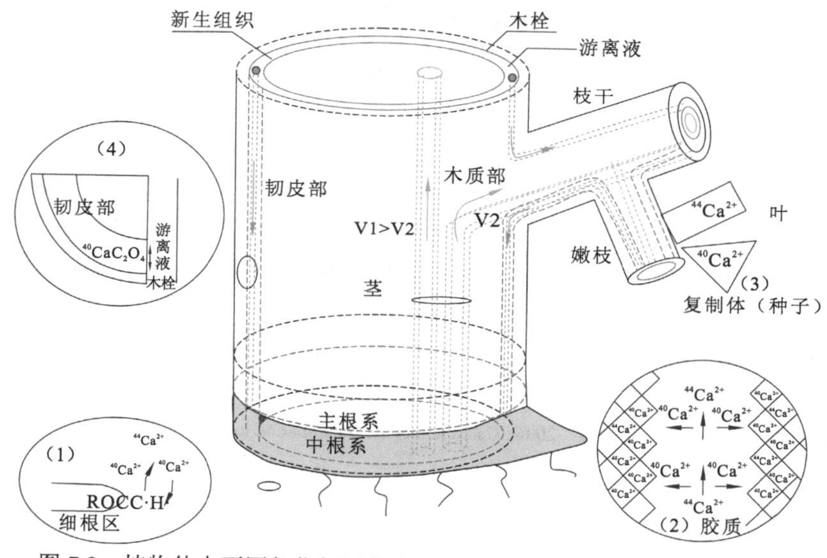

图 7.8　植物体中不同部位钙同位素分馏过程(改自 Schmitt et al.，2017)

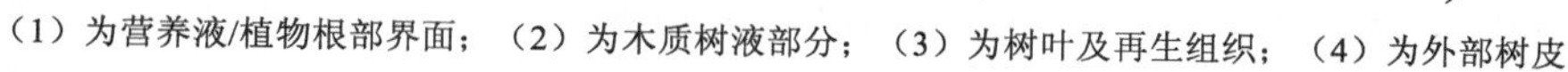
（1）为营养液/植物根部界面；（2）为木质树液部分；（3）为树叶及再生组织；（4）为外部树皮

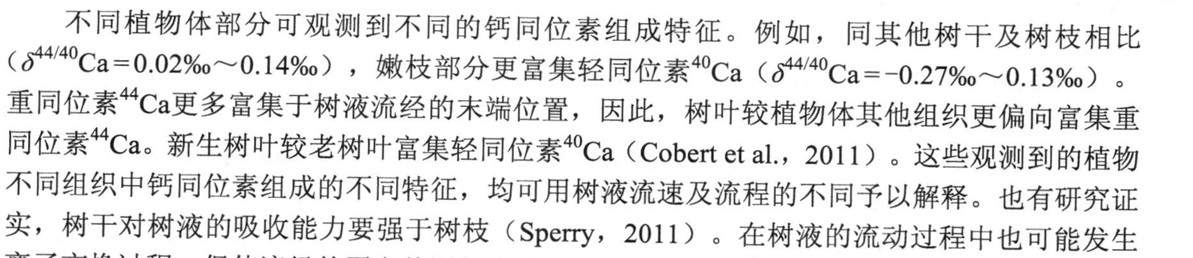
不同植物体部分可观测到不同的钙同位素组成特征。例如，同其他树干及树枝相比（$\delta^{44/40}Ca$=0.02‰～0.14‰），嫩枝部分更富集轻同位素^{40}Ca（$\delta^{44/40}Ca$=−0.27‰～0.13‰）。重同位素^{44}Ca更多富集于树液流经的末端位置，因此，树叶较植物体其他组织更偏向富集重同位素^{44}Ca。新生树叶较老树叶富集轻同位素^{40}Ca（Cobert et al.，2011）。这些观测到的植物不同组织中钙同位素组成的不同特征，均可用树液流速及流程的不同予以解释。也有研究证实，树干对树液的吸收能力要强于树枝（Sperry，2011）。在树液的流动过程中也可能发生离子交换过程，促使流经的蛋白体固相介质更富集轻同位素^{40}Ca（Russell et al.，1978）。因此，更慢的树液流速可促使其在流动末端更富集重同位素^{44}Ca。树皮部分轻同位素最为富集，

表皮树液流经植皮组织最终形成植物新生组织（Dinant，2008）。树皮组织包含有部分胶质组分，因此，实际所观测到树皮与树干间的钙同位素分馏并非是离子交换作用的结果。已有大量研究证实，钙离子在树皮组织内部的化学活性较弱，因此，此部分中轻同位素^{40}Ca的富集可能与树皮组织内部草酸钙的沉淀过程有关。在树皮多个微观组织中发现有草酸钙晶体赋存（Dauer and Perakis，2014）。因此，树皮组织内部草酸钙的形成过程被认为是轻同位素^{40}Ca富集的主要原因。

此研究所观测到的植物体不同组织中钙同位素组成及分馏特征，同以往同类研究所得认识较一致，如豆类植物（Schmitt et al.，2013）、裸子植物（Bagard et al.，2013）。基于相关同位素研究，整体认识可归纳总结如下：①钙离子可通过阳离子交换过程进入植物体根部；②植物体木质部薄层中钙可搭载至聚半乳糖醛酸上；③在新生组织中钙可搭载至蛋白质上；④在多种组织中钙以草酸钙的形式赋存。此外，植物体钙同位素分馏程度整体上取决于植物体本身钙含量、pH条件及钙的赋存形式（如可溶态、不可溶态、络合态）。

参 考 文 献

AMINI M, EISENHAUER A, BÖHM F, et al., 2009. Calcium isotopes ($\delta^{44/40}$Ca) in MPI-DING reference glasses, USGS rock powders and various rocks: evidence for Ca isotope fractionation in terrestrial silicates[J]. Geostandards and geoanalytical research, 33(2): 231-247.

BAGARD M L, SCHMITT A, CHABAUX F, et al., 2013. Biogeochemistry of stable Ca and radiogenic Sr isotopes in a larch-covered permafrost-dominated watershed of central Siberia[J]. Geochimica et cosmochimica acta, 114(4): 169-187.

BLÄTTLER C L, JENKYNS H C, REYNARD L M, et al. , 2011. Significant increases in global weathering during oceanic anoxic events 1a and 2 indicated by calcium isotopes[J]. Earth and planetary science letters, 309(1): 77-88.

BLÄTTLER C L, HENDERSON G M, JENKYNS H C, 2012. Explaining the phanerozoic Ca isotope history of seawater[J]. Geology, 40(9): 843-846.

BÖHM F, GUSSONE N, EISENHAUER A, et al. , 2006. Calcium isotope fractionation in modern scleractinian corals[J]. Geochimica et cosmochimica acta, 17(70): 4452-4462.

CAPO R C, CHADWICK O A, 1999. Sources of strontium and calcium in desert soil and calcrete[J]. Earth and planetary science letters, 170(1/2): 61-72.

CENKI-TOK B, CHABAUX F, LEMARCHAND D, et al. , 2009. The impact of water–rock interaction and vegetation on calcium isotope fractionation in soil-and stream waters of a small, forested catchment (the strengbach case)[J]. Geochimica et cosmochimica acta, 73(8): 2215-2228.

COBERT F, SCHMITT A D, BOURGEADE P, et al. , 2011. Experimental identification of Ca isotopic fractionations in higher plants[J]. Geochimica et cosmochimica acta, 75(19): 5467-5482.

DAUER J M, PERAKIS S S, 2014. Calcium oxalate contribution to calcium cycling in forests of contrasting nutrient status[J]. Forest ecology and management, 334: 64-73.

DEPAOLO D J, 2004. Calcium isotopic variations produced by biological, kinetic, radiogenic and nucleosynthetic processes[J]. Reviews in mineralogy and geochemistry, 55(1): 255-288.

DINANT S, 2008. Phloème, transport interorgane et signalisation à longue distance[J]. Comptes rendus biologies, 331(5): 334-346.

DRUHAN J L, STEEFEL C I, WILLIAMS K H, et al. , 2013. Calcium isotope fractionation in groundwater: molecular scale processes influencing field scale behavior[J]. Geochimica et cosmochimica acta, 119: 93-116.

EISENHAUER A, NÄGLER T F, STILLE P, et al. , 2004. Proposal for international agreement on Ca notation resulting from discussions at workshops on stable isotope measurements held in Davos (Goldschmidt 2002) and Nice (EGS-AGU-EUG 2003)[J]. Geostandards and geoanalytical research, 28(1): 149-151.

EWING S A, YANG W, DEPAOLO D J, et al. , 2008. Non-biological fractionation of stable Ca isotopes in soils of the Atacama Desert, Chile[J]. Geochimica et cosmochimica acta, 72(4): 1096-1110.

FANTLE M S, DEPAOLO D J, 2005. Variations in the marine Ca cycle over the past 20 million years[J]. Earth and planetary science letters, 237(1/2): 102-117.

FANTLE M S, TIPPER E T, 2014. Calcium isotopes in the global biogeochemical Ca cycle: Implications for development of a Ca isotope proxy[J]. Earth-Science Reviews, 129(129):148-177.

FANTLE M S, DEPAOLO D J, 2007. Ca isotopes in carbonate sediment and pore fluid from ODP Site 807A: The Ca^{2+}(aq)-calcite equilibrium fractionation factor and calcite recrystallization rates in Pleistocene sediments[J]. Geochimica et cosmochimica acta, 71(10): 2524-2546.

FANTLE M S, BULLEN T D, 2009. Essentials of iron, chromium, and calcium isotope analysis of natural materials by thermal ionization mass spectrometry[J]. Chemical geology, 258(1): 50-64.

FANTLE M S, TOLLERUD H, EISENHAUER A, et al. , 2012. The Ca isotopic composition of dust-producing regions: measurements of surface sediments in the Black Rock Desert, Nevada[J]. Geochimica et cosmochimica acta, 87(3): 178-193.

FARKAŠ J, BÖHM F, WALLMANN K, et al. , 2007a. Calcium isotope record of Phanerozoic oceans: Implications for chemical evolution of seawater and its causative mechanisms[J]. Geochimica et cosmochimica acta, 71(21): 5117-5134.

FARKAŠ J, BUHL D, BLENKINSOP J, et al. , 2007b. Evolution of the oceanic calcium cycle during the late Mesozoic: evidence from $\delta^{44/40}$Ca of marine skeletal carbonates[J]. Earth and planetary science letters, 253(1): 96-111.

FARKAŠ J, DÉJEANT A, NOVÁK M, et al. , 2011. Calcium isotope constraints on the uptake and sources of Ca^{2+} in a base-poor forest: a new concept of combining stable ($\delta^{44/42}$Ca) and radiogenic (εCa) signals[J]. Geochimica et cosmochimica acta, 75(22): 7031-7046.

FIETZKE J, EISENHAUER A, GUSSONE N, et al. , 2004. Direct measurement of $^{44}Ca/^{40}Ca$ ratios by MC-ICP-MS using the cool plasma technique[J]. Chemical geology, 206(1/2): 11-20.

GAILLARDET J, DUPRÉ B, LOUVAT P, et al., 1999. Global silicate weathering and CO_2 consumption rates deduced from the chemistry of large rivers[J]. Chemical geology, 159(1/4): 3-30.

GALY A, YOFFE O, JANNEY P E, et al. , 2003. Magnesium isotope heterogeneity of the isotopic standard SRM 980 and new reference materials for magnesium-isotope-ratio measurements[J]. Journal of analytical atomic spectrometry, 18(11): 1352-1356.

GOPALAN K, MACDOUGALL D, MACISAAC C, 2006. Evaluation of a ^{42}Ca-^{43}Ca double-spike for high precision Ca isotope analysis[J]. International journal of mass spectrometry, 248(1): 9-16.

GUSSONE N, FILIPSSON H L, 2010. Calcium isotope ratios in calcitic tests of benthic foraminifers[J]. Earth and planetary science letters, 290(1): 108-117.

GUSSONE N, EISENHAUER A, HEUSER A, et al. , 2003. Model for kinetic effects on calcium isotope fractionation (δ^{44}Ca) in inorganic aragonite and cultured planktonic foraminifera[J]. Geochimica et cosmochimica acta, 67 (7): 1375-1382.

GUSSONE N, BÖHM F, EISENHAUER A, et al., 2005. Calcium isotope fractionation in calcite and aragonite[J]. Geochimica Et Cosmochimica Acta, 69(18):4485-4494.

GUSSONE N, LANGER G, THOMS S, et al., 2006. Cellular calcium pathways and isotope fractionation in Emiliania huxleyi[J]. Geology, 34(8): 625-628..

GUSSONE N, NEHRKE G, TEICHERT B M A, 2011. Calcium isotope fractionation in ikaite and vaterite[J]. Chemical geology, 285(1): 194-202.

GUSSONE N, SCHMITT A D, HEUSER A, et al., 2016. Calcium stable isotope geochemistry[M]. Berlin Heidelberg: Springer .

HALICZ L, GALY A, BELSHAW N S, et al., 1999. High-precision measurement of calcium isotopes in carbonates and related materials by multiple collector inductively coupled plasma mass spectrometry (MC-ICP-MS)[J]. Journal of analytical atomic spectrometry, 14(14): 1835-1838.

HAROUAKA K, EISENHAUER A, FANTLE M S, 2014. Experimental investigation of Ca isotopic fractionation during abiotic gypsum precipitation[J]. Geochimica et cosmochimica acta, 129(11): 157-176.

HARTMANN J, DÜRR H H, MOOSDORF N, et al., 2012. The geochemical composition of the terrestrial surface (without soils) and comparison with the upper continental crust[J]. International journal of earth sciences, 101(1): 365-376.

HEIJDEN G, DAMBRINE E, POLLIER B, et al., 2015. Mg and Ca uptake by roots in relation to depth and allocation to aboveground tissues: results from an isotopic labeling study in a beech forest on base-poor soil. [J]. Biogeochemistry, 122(2/3): 375-393.

HEUSER A, EISENHAUER A, 2008. The Calcium Isotope Composition ($\delta^{44/40}$Ca) of NIST SRM 915b and NIST SRM 1486[J]. Geostandards and geoanalytical research, 32(3): 311-315.

HINDSHAW R S, REYNOLDS B C, WIEDERHOLD J G, et al., 2011. Calcium isotopes in a proglacial weathering environment: Damma glacier, Switzerland[J]. Geochimica et cosmochimica acta, 75(1): 106-118.

HIPPLER D, SCHMITT A, GUSSONE N, et al., 2003. Calcium isotopic composition of various reference materials and seawater[J]. Geostandards newsletter, 27(1): 13-19.

HIPPLER D, EISENHAUER A, NÄGLER T F, 2006. Tropical Atlantic SST history inferred from Ca isotope thermometry over the last 140ka[J]. Geochimica et cosmochimica acta, 70(1): 90-100.

HOLMDEN C, BÉLANGER N, 2010. Ca isotope cycling in a forested ecosystem[J]. Geochimica et cosmochimica acta, 74(3): 995-1015.

HUANG S, FARKAŠ J, JACOBSEN S B, 2011. Stable calcium isotopic compositions of Hawaiian shield lavas: evidence for recycling of ancient marine carbonates into the mantle[J]. Geochimica et cosmochimica acta, 75(17): 4987-4997.

JACOBSON A D, HOLMDEN C, 2008. δ^{44}Ca evolution in a carbonate aquifer and its bearing on the equilibrium isotope fractionation factor for calcite[J]. Earth and planetary science letters, 270(3): 349-353.

JACOBSON A D, ANDREWS M G, LEHN G O, et al., 2015. Silicate versus carbonate weathering in Iceland: new insights from Ca isotopes[J]. Earth and planetary science letters, 416: 132-142.

LEHN G O, JACOBSON A D, HOLMDEN C, 2013. Precise analysis of Ca isotope ratios ($\delta^{44/40}$Ca) using an optimized ^{43}Ca-^{42}Ca double-spike MC-TIMS method[J]. International journal of mass spectrometry, 351: 69-75.

LEMARCHAND D, WASSERBURG G J, PAPANASTASSIOU D A, 2004. Rate-controlled calcium isotope fractionation in synthetic calcite[J]. Geochimica et cosmochimica acta, 68(22): 4665-4678.

LI J, DEPAOLO D J, WANG Y, et al., 2018. Calcium isotope fractionation in a silicate dominated Cenozoic aquifer system[J]. Journal of hydrology, 559: 523-533.

MARRIOTT C S, HENDERSON G M, BELSHAW N S, et al., 2004. Temperature dependence of δ^{7}Li, δ^{44}Ca and Li/Ca during growth of calcium carbonate[J]. Earth and planetary science letters, 222(2): 615-624.

MARSHALL B D, DEPAOLO D J, 1989. Calcium isotopes in igneous rocks and the origin of granite[J]. Geochimica et cosmochimica acta, 53(4): 917-922.

MEYBECK M, 1987. Global Chemical Weathering of Surficial Rocks Estimated From River Dissolved Loads[J]. American journal of science, 287(5): 401-428.

MOORE J, JACOBSON A D, HOLMDEN C, et al. , 2013. Tracking the relationship between mountain uplift, silicate weathering, and long-term CO_2 consumption with Ca isotopes: Southern Alps, New Zealand[J]. Chemical geology, 341(2): 110-127.

NÄGLER T F, EISENHAUER A, MÜLLER A, et al. , 2000. The δ^{44}Ca-temperature calibration on fossil and cultured Globigerinoides sacculifer: New tool for reconstruction of past sea surface temperatures[J]. Geochemistry, geophysics, geosystems, 1(9).

NIELSEN L C, DEPAOLO D J, YOREO J J D, 2012. Self-consistent ion-by-ion growth model for kinetic isotopic fractionation during calcite precipitation[J]. Geochimica et cosmochimica acta, 86(6): 166-181.

REYNARD L M, DAY C C, HENDERSON G M, 2011. Large fractionation of calcium isotopes during cave-analogue calcium carbonate growth[J]. Geochimica et cosmochimica acta, 75(13): 3726-3740.

RUSSELL W A, PAPANASTASSIOU D A, 1978. Calcium isotope fractionation in ion-exchange chromatography[J]. Analytical chemistry, 50(8): 1151-1154.

RUSSELL W A, PAPANASTASSIOU D A, TOMBRELLO T A, 1978. Ca isotope fractionation on the Earth and other solar system materials[J]. Geochimica et cosmochimica acta, 42(8): 1075-1090.

SCHMITT A D, STILLE P, 2005. The source of calcium in wet atmospheric deposits: Ca-Sr isotope evidence[J]. Geochimica et cosmochimica acta, 69(14): 3463-3468.

SCHMITT A D, COBERT F, BOURGEADE P, et al. , 2013. Calcium isotope fractionation during plant growth under a limited nutrient supply[J]. Geochimica et cosmochimica acta, 110(3): 70-83.

SCHMITT A, GANGLOFF S, LABOLLE F, et al., 2017. Calcium biogeochemical cycle at the beech tree-soil solution interface from the Strengbach CZO (NE France): insights from stable Ca and radiogenic Sr isotopes[J]. Geochimica Et Cosmochimica Acta, 213:91-109.

SIME N G, ROCHA C L D L, GALY A, 2005. Negligible temperature dependence of calcium isotope fractionation in 12 species of planktonic foraminifera[J]. Earth and planetary science letters, 232(1):51-66.

SIMON J I, DEPAOLO D J, 2010. Stable calcium isotopic composition of meteorites and rocky planets[J]. Earth and planetary science letters, 289(3): 457-466.

SKULAN J, DEPAOLO D J, OWENS T L, 1997. Biological control of calcium isotopic abundances in the global calcium cycle[J]. Geochimica et cosmochimica acta, 61(12): 2505-2510.

SPERRY J S, 2011. Hydraulics of Vascular Water Transport[J]. Signaling and communication in plants, 9: 303-327.

TANG J, DIETZEL M, BÖHM F, et al. , 2008. Sr^{2+}/Ca^{2+} and $^{44}Ca/^{40}Ca$ fractionation during inorganic calcite formation: II. Ca isotopes[J]. Geochimica et cosmochimica acta, 72(15): 3733-3745.

TANG J, NIEDERMAYR A, KÖHLER S J, et al. , 2012. Sr^{2+}/Ca^{2+} and $^{44}Ca/^{40}Ca$ fractionation during inorganic calcite formation: III. Impact of salinity/ionic strength[J]. Geochimica et cosmochimica acta, 77(100): 432-443.

TIPPER E T, GALY A, BICKLE M J, 2006. Riverine evidence for a fractionated reservoir of Ca and Mg on the continents: implications for the oceanic Ca cycle[J]. Earth and planetary science letters, 247(3): 267-279.

TIPPER E T, GALY A, BICKLE M J, 2008a. Calcium and magnesium isotope systematics in rivers draining the Himalaya-Tibetan-Plateau region: lithological or fractionation control?[J]. Geochimica et cosmochimica acta, 72(4): 1057-1075.

TIPPER E T, LOUVAT P, CAPMAS F, et al., 2008b. Accuracy of stable Mg and Ca isotope data obtained by MC-ICP-MS using the standard addition method[J]. Chemical geology, 257(1): 65-75.

TIPPER E T, GAILLARDET J, GALY A, et al., 2010. Calcium isotope ratios in the world's largest rivers: a constraint on the maximum imbalance of oceanic calcium fluxes[J/OL]. Global biogeochemical cycles, 24(3): 1-13. https: //doi. org/10.1029/2009 GB003574.

WEDEPOHL K H, 1995. The composition of the continental crust[J]. Geochimica et cosmochimica acta, 59(7): 1217-1232.

WIESER M E, BUHL D, BOUMAN C, et al., 2004. High precision calcium isotope ratio measurements using a magnetic sector multiple collector inductively coupled plasma mass spectrometer[J]. Journal of analytical atomic spectrometry, 19(7): 844-851.

ZHU P, MACDOUGALL J D, 1998. Calcium isotopes in the marine environment and the oceanic calcium cycle[J]. Geochimica et cosmochimica acta, 62(10): 1691-1698.

第 8 章　稳定铬同位素

铬（Cr）有四种稳定同位素：^{50}Cr、^{52}Cr、^{53}Cr、^{54}Cr，其平均丰度分别为 4.3%、83.7%、9.5%、2.3%。^{50}Cr、^{52}Cr、^{54}Cr 为非放射性成因同位素，^{53}Cr 则是由 ^{53}Mn-^{53}Cr 体系中的 ^{53}Mn 衰变而来。铬的同质异位素有 ^{50}Ti、^{50}V、^{50}Fe，其平均丰度分别为 5.34%、0.24%、5.82%。由于 ^{50}Cr 和 ^{54}Cr 都存在同质异位素，可能对测量结果产生干扰，常用 $^{53}Cr/^{52}Cr$ 作为分析对象。目前，国际上采用的铬同位素标准有：NIST SRM 979、NIST SRM 3112a、地球岩石标准 JP-1、碳质球粒陨石标准 Allende 及普通球粒陨石标准 Shaw。国际上主要采用的铬同位素标准为 NIST SRM 979 和 NIST SRM 3112a。地球岩石标准 JP-1、碳质球粒陨石标准 Allende 及普通球粒陨石标准 Shaw 多用于陨石样品中铬同位素的测量。

8.1　稳定铬同位素分析测试技术

8.1.1　铬同位素分析测试技术的发展历程

铬的一级电离能较低，运用常规的电离方式就可实现铬同位素组成测定。起初，国际上大多数实验室都是利用 TIMS 进行铬同位素分析测试。Flesch 等（1960）率先完成了铬同位素组成的测定，但由于无法使用铬同位素标准物质进行校正，其测量的绝对值存在疑问。硅胶作为发射剂应用于稳定同位素比值测定，可提高热电离效率。Shields 等（1966）用热电离质谱法测定了铬同位素组成，使用硅胶-磷酸混合液作为发射剂，并采用铬同位素标准物质进行校正。但该方法测定铬同位素组成时，电流信号仅在 37～60 min 内比较稳定。用硅胶-硼酸发射剂代替硅胶-磷酸发射剂，可获得比硅胶-磷酸发射剂更为稳定的电流信号（Ball and Bassett，2000）。Lugmair 和 Shukolyukov（1998）用热电离单接收器质谱计进行固体样品（如矿石、陨石）中铬同位素组成的测定，采用单带钨丝，铬用量为 600～700 ng，但在测试过程中 ^{50}Ti、^{50}V 和 ^{54}Fe 会对测定结果产生干扰。Ball 和 Bassett（2000）利用 MAT261 测定了水体中铬同位素组成，在测试过程中硅胶用量为 20 μg，硼酸使用物质的量浓度为 0.25 μmol/L，铬的用量为 700 ng。值得注意的是，铬在分离纯化和测定过程中均可能存在同位素分馏现象。Ellis 等（2002）将双稀释剂方法应用到铬同位素分析技术中，在 MAT261 上高精度地分析了水样的铬同位素组成。研究结果表明，该方法能够对由分离纯化和仪器测量引起的质量分馏效应进行精确的全程校正，实验测试精度为±0.2%或更优。Fujii 等（2006）为避免样品用量对测试结果产生影响，采用全蒸发方法利用 TIMS 测定了铬同位素组成，并获得了较好的准确度，但同时发现分析样品中锌的存在会导致铬同位素发生分馏。Li 等（2016）以高灵敏度的 Nb_2O_5 作为激发剂应用于 TIMS 测量铬同位素组成，灵敏度至少提高了 10 倍，样本量仅需 5 ng 且得到了良好的测试精度。

此外，MC-ICP-MS 也被广泛用于稳定铬同位素的研究中。与 TIMS 相比，MC-ICP-MS 技术具有操作简单，测试耗时短等优点。随着同位素分析技术的发展和采用标样校正问题的凸显，铬同位素“双稀释剂”测定方法得到了进一步的发展。“双稀释剂”法是一种比较有发展潜力的测试方法，其精度和准确度均较高，能进行有效的校正，其优点主要有：①高灵敏度，只要混合后的镉含量满足质谱分析要求的最小量即可测定；②高精度，将双稀释剂加入样品或标样中，能够对由仪器测量引起的质量分馏效应进行精确的全程校正，且这种全程校正是对每一次测量周期所产生的质量分馏的瞬时校正；③无须定量回收，只需将样品或标样与双稀释剂均一化，即使只取其中部分溶液用于化学分离和仪器分析，也不会影响分析结果。在铬同位素分析中，目前一般选择 ^{50}Cr、^{54}Cr 组成双稀释剂。有研究采用 ^{50}Cr-^{54}Cr 双稀释剂对部分地球岩石和矿物样品中的铬同位素进行测试分析，获得的 $\delta^{53}Cr$ 值测量精度为±0.024‰。

8.1.2 铬同位素样品前处理

1. 水样的前处理

同位素样品的前处理是将被测元素从自然样品中分离出来并加以纯化的过程，其目的是提高样品的分析精度。所需水样量与水中铬的浓度有关，总的要求是确保水样中至少含有 600 ng 的铬。铬同位素样品前处理过程主要包括水样的预处理和化学分离纯化两部分。

1）水样的预处理

（1）采集的水样经0.45 μm滤膜过滤后收集于经硝酸清洗的聚乙烯瓶中，并用盐酸调节至pH＜2。

（2）采用二苯碳酰二肼分光光度法对水样中 Cr^{6+}的浓度进行测定。

（3）根据水样中 Cr^{6+}的浓度，以样品与双稀释剂配比值为 0.25～0.40，计算所需的样品量和 Cr^{6+}的 ^{50}Cr-^{54}Cr 双稀释剂用量。

2）水样的化学分离纯化

铬的分离纯化过程，即利用不同价态离子存在形式的差别，通过离子交换树脂来实现。首先，通过阴离子交换树脂实现水体中 Cr^{6+}与主量元素（包括钙、镁、钠、钾等）的分离；其次，采用特定的还原剂将 Cr^{6+}完全还原为 Cr^{3+}，并收集；最后，在 Cr^{3+}的纯化阶段，再次利用阴离子交换树脂（阳离子交换树脂），实现 Cr^{3+}与其他干扰阴离子的分离。基于以上原理，目前最为常见的两种分离纯化方法为两阶段阴-阳离子交换法和两阶段阴离子交换法。两种分离纯化流程见表 8.1 和表 8.2，表 8.1 为两阶段阴-阳离子交换法，表 8.2 为两阶段阴离子交换法。

表 8.1　水样的铬同位素化学分离纯化流程（Ball and Bassett，2000）

步骤	树脂类型	过柱流程	目的	备注
1	AG1X8	2 mL 6 mol/L、4 mol/L、2 mol/L、1 mol/L HNO_3	清洗柱	
2		5 mL 高纯水	平衡柱	淋洗液 pH＜4
3	AG50WX8	5 mL 5 mol/L HNO_3	清洗柱	

续表

步骤	树脂类型	过柱流程	目的	备注
4		5 mL 高纯水	平衡柱	淋洗液 pH＜4
5	AG1X8	样品与双稀释剂混合液	样品过柱	
6		15 mL 高纯水	淋洗阳离子	
7		5 mL 2 mol/L HNO_3	还原 Cr^{6+}	接样 A，高纯水稀释到 150～175 mL
8		5 mL 高纯水	淋洗 Cr^{3+}	
9	AG50WX8	样 A	样品过柱	
10		5 mL 高纯水	淋洗阴离子	
11		5 mL 5 mol/L HNO_3	淋洗 Cr^{3+}	接样 B，同位素测试

表 8.2　水样的铬同位素化学分离纯化流程（Ellis et al.，2004）

步骤	树脂类型	过柱流程	目的	备注
1	Dowex AG 1X8	30 mL 6.0 mol/L HCl	清洗柱	
2		10 mL 高纯水	平衡柱	
3		样品与双稀释剂混合液	样品过柱	
4		10 mL 0.1 mol/L HCl	淋洗阳、中性离子	
5		1 mL 0.1 mol/L H_2SO_3	还原 Cr^{6+}	接样 A，高纯水稀释到 150～175 mL
6		4 mL 0.1 mol/L HCl	淋洗 Cr^{3+}	
7		10 mL 6.0 mol/L HCl	清洗柱	
8		5 mL 高纯水	平衡柱	
9		样 A	样 A 过柱	
10		1 mL 0.1 mol/L HCl	淋洗 Cr^{3+}	接样 B，用于测试同位素组成
11		10 mL 6.0 mol/L HCl	清洗柱	保存树脂

2. 固体样品的前处理

在进行固体样品前处理时，确保样品中至少含有 2 μg/mL 的铬。样品前处理过程主要包括固体样品的消解、氧化和化学分离纯化三个部分。

1）固体样品的消解

（1）称取 100 mg 固体样品于溶样弹中，并加入 HNO_3 和 HF（HNO_3：HF＝1：1）。放置于烘箱中，温度设置为（190±5）℃，加热 48 h。

（2）消解完成后取出溶样弹，置于 120 ℃电热板加热蒸干，随后加入王水并加热至 170 ℃数小时，以破坏消解过程形成的氟化物。

（3）取出部分样品于热电板蒸干，溶于 0.3 mol/L 的稀 HNO_3 中，通过 ICP-MS 测定溶液中的铬浓度。剩余溶液蒸干后溶于 2 mol/L HNO_3，并加入价态为 Cr^{6+}的 ^{50}Cr-^{54}Cr 双稀释剂，确保样品中至少含有 2 μg/mL 的铬。

2）样品的氧化

向用于同位素分析的样品中依次加入0.25 mL 1 mol/L HCl、8.75 mL 高纯水、1 mL 0.2 mol/L $NH_4S_2O_8$，置于 120～130 ℃的热电板上加热 2 h，使 Cr^{3+}全部转化为 Cr^{6+}。

3）样品的化学分离纯化

利用在水溶液中 Cr^{6+}以阴离子形式存在而 Cr^{3+}以阳离子形式存在的特点，将 Cr^{6+}和其他干扰离子分离，从而达到分离纯化的目的。分离纯化流程见表 8.3。

表 8.3　固体样品的铬同位素化学分离纯化流程（Schoenberg et al.，2008）

步骤	树脂类型	过柱流程	目的	备注
1	Dowex AG 1X8	5 mL 5.0 mol/L HNO_3，5 mL 高纯水	清洗柱	
2		5 mL 0.1 mol/L HCl，5 mL 高纯水		
3		5 mL 0.025 mol/L HCl	调节 pH	与样品具有相同 pH
4		样品与双稀释剂混合液	样品过柱	分 5 次过柱，每次 2 mL
5		20 mL 0.1 mol/L HCl，16 mL 高纯水	淋洗阳、中性离子	
6		1 mL 2.0 mol/L HNO_3，停留 2 h	还原 Cr^{6+}	接样 A
7		9 mL 2.0 mol/L HNO_3	淋洗 Cr^{3+}	
8		10 mL 6 mol/L HCl，5 mL 高纯水	清洗柱	
9		样 A	样品过柱	
10		4 mL 0.1 mol/L HCl	去除 SO_4^{2-} 离子	接样 B
11		10 mL 6 mol/L HCl，5 mL 高纯水	清洗柱	
12		样 B	样品过柱	
13		4 mL 0.1 mol/L HCl	去除 SO_4^{2-} 离子	接样 C，同位素测试
14		5 mL 5.0 mol/L HNO_3	清洗柱	树脂保存

8.1.3　铬同位素测试分析

铬同位素的测试分析多采用 MC-ICP-MS 完成。该方法原理为：样品利用稳定导入系统（stable import system，SIS）进入 ICP 发生电离，在真空和电压的推动下进入 MS，使形成的离子按质荷比进行分离，通过高速双通道分离后的离子到达 MC，经放大器放大，形成电压信号，从而完成数据的采集。

铬同位素的质谱分析过程可分为以下四个步骤。

（1）样品导入。样品在自提升模式下运用聚四氟乙烯微型雾化器将样品雾化，气溶胶通过 SIS 进入 ICP。每测完一个样品用 0.1 mol/L HNO_3 将仪器冲洗 3 min，以防止样品间的交叉污染。

（2）样品电离。在正常状态下，离子源的温度为 8 000 K，样品在通道中进行蒸发、解离、原子化和电离。

（3）样品分析。离子通过样品锥接口和离子传输系统进入高真空的静电分析器（electrostatic analyser，ESA）。样品进入 ESA 后，在扇形电场的作用下，过滤掉速度过快或过慢的离子，使具有合适能量的离子通过，从而实现能量聚焦，进入扇形磁场分析器（magnetic sector analyser，MSA）的磁场中。不同荷质比的离子在经过扇形磁场时具有不同的路径，从而使之在磁场中分离，实现质量聚焦。

（4）数据采集。在变焦透镜（zoom lens）的作用下，样品同时进入不同的法拉第杯中，产生电流信号，经放大器放大，形成电压信号，从而完成数据的采集。

8.2 稳定铬同位素的组成与分馏机理

8.2.1 自然界中铬同位素的组成

铬同位素组成利用 δ 符号表示，其定义为待测样品的 $^{53}Cr/^{52}Cr$ 比值相对于标准样品 SRM 979 的 $^{53}Cr/^{52}Cr$ 比值的千分偏差。当样品的铬同位素分馏为质量相关分馏，计算公式如下：

$$\delta^{53}\mathrm{Cr}=\left[\frac{(^{53}\mathrm{Cr}/^{52}\mathrm{Cr})_{样}}{(^{53}\mathrm{Cr}/^{52}\mathrm{Cr})_{标}}-1\right]\times 1\,000‰ \tag{8.1}$$

对于非质量相关分馏的测定，铬同位素组成可表示为

$$\varepsilon_{\mathrm{dev}}{}^{x'}\mathrm{Cr}=\left[\frac{(^{x'}\mathrm{Cr}/^{52}\mathrm{Cr})_{样}}{(^{x'}\mathrm{Cr}/^{52}\mathrm{Cr})_{标}}-1\right]\times 10\,000‱ \tag{8.2}$$

式中：x'既可以是 53，也可是 54；$\varepsilon_{\mathrm{dev}}$ 为待测样品的 $^{53}Cr/^{52}Cr$ 比值相对于标准样品 SRM 979 的 $^{53}Cr/^{52}Cr$ 比值的万分偏差。

为了使同位素数据便于对比，同时消除样品分析过程中可能产生的系统（仪器）误差，须将样品的同位素组成与某一相应标准物质的同位素组成进行比较，建立统一的同位素标准。目前国际上主要采用的铬同位素标准为 SRM 979 和 SRM 3112a。SRM 979 铬同位素组成为 $^{50}Cr/^{52}Cr=0.051\,86\pm0.000\,10$，$^{53}Cr/^{52}Cr=0.113\,39\pm0.000\,15$，$^{54}Cr/^{52}Cr=0.028\,22\pm0.000\,06$；而 SRM 3112a 没有明确的铬同位素组成。Schoenberg 等（2008）通过双稀释剂法分析测定了 107 组 SRM 3112a 铬同位素标准，结果显示 $\delta^{53}\mathrm{Cr}_{\mathrm{SRM\,3112a}}=(-0.012\pm0.043)$‰。

在自然界中，$\delta^{53}Cr$ 值的变化范围可达-2‰～7‰。不同天然物质的稳定铬同位素组成如图 8.1 所示。总体上，除土壤、风化壳的 $\delta^{53}Cr$ 值较为偏负之外，其余天然物质的稳定铬同位素组成均偏正。土壤在风化过程中，Cr^{3+}会在 MnO_2 的催化作用下，被氧化成 Cr^{6+}进入河流。在氧化还原过程中，Cr^{6+}中通常富集铬的重同位素，因此风化残余的土壤中富集铬的轻同位素。

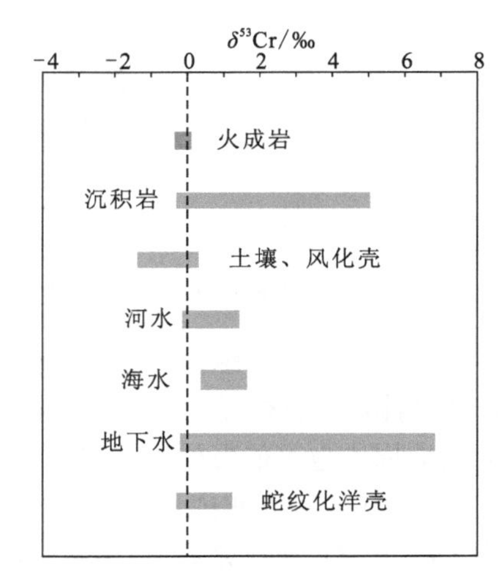

图 8.1 自然界中不同天然物质的 $\delta^{53}Cr$ 值变化范围（改自 Qin and Wang，2017）

1. 地下水中铬同位素的组成

地下水中的铬同位素可用于识别铬污染的来源和迁移，评估 Cr^{6+} 的还原程度，区分 Cr^{6+} 的混合和还原过程。然而，在许多情况下，由于铬地球化学行为的复杂性，运用铬同位素识别还原过程仍有局限性。

实验确定的铬同位素分馏因子可应用于地下水和地表水系统，进而了解 Cr^{6+} 的还原过程与程度。Ellis 等（2002）首次测定了 8 个加利福尼亚地下水样的 $\delta^{53}Cr$ 值（相比于 SRM979 标准）。随后，Izbicki 等（2008）测定了莫哈韦沙漠地下水中铬的同位素组成，发现由于 Cr^{6+} 的厌氧还原，该地区地下水的 $\delta^{53}Cr$ 值为 0.7‰～5.2‰。但由于天然和人为来源铬的混合，$\delta^{53}Cr$ 值和铬浓度之间并无相关性。Berna 等（2010）通过对美国加利福尼亚州伯克利地下水的一个点源污染羽进行为期 5 年的研究，监测了覆盖整个污染羽的 14 个采样点，首次发现了 $\delta^{53}Cr$ 值与地理位置、反应时间和 Cr^{6+} 浓度的相关性。发现随着铬浓度的降低，$\delta^{53}Cr$ 值有增加的趋势。通过现场沉积物批实验并考虑限定区域的库效应，测定了铬同位素的有效分馏系数，该数据采用瑞利分馏模型进行了合理的拟合，并运用估算的有效分馏系数，半定量地评估了不同位置 Cr^{6+} 的还原程度。爱达荷州国家实验室（Idoho National Laboratory）通过瑞利分馏模型和两端元混合模型比较了铬同位素数据，以了解污染羽中铬污染的削减（图 8.2）。地下水中铬同位素在垂直剖面的分布特征表明，随着铬深度的增加，Cr^{6+} 还原速率减慢。

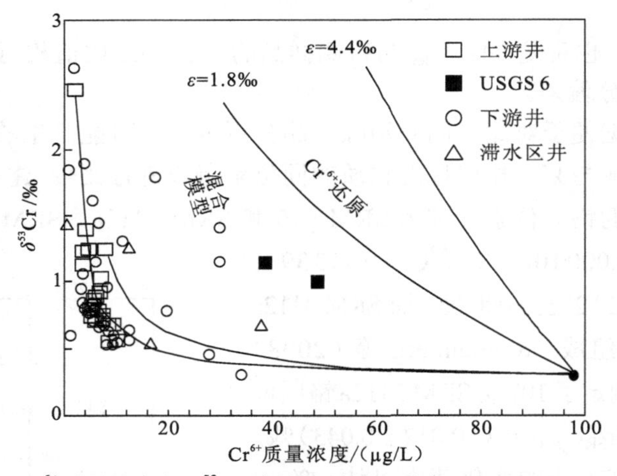

图 8.2　Cr^{6+} 质量浓度与 $\delta^{53}Cr$ 值的关系图（改自 Raddatz et al.，2011）

利用铬同位素示踪地下水中 Cr^{6+} 迁移和转化的难点是确定污染源的 $\delta^{53}Cr$ 值。人为污染源的 $\delta^{53}Cr$ 值与铬矿物材料的 $\delta^{53}Cr$ 值很接近，硅酸盐的 $\delta^{53}Cr$ 值为（−0.12±0.10）‰。然而，在富含铬的场地周边也可能发生地质成因的铬污染。氧化风化使含铬矿物中的 Cr^{3+} 转化为迁移性强的 Cr^{6+}，随后进入地表水或地下水系统。2013 年，Farkaš 等指出流经蛇纹石化超镁铁质岩（$\delta^{53}Cr$ 值为 1‰，Cr_2O_3 质量分数为 0.4%）地区的河水，其 $\delta^{53}Cr \leqslant 3.96‰$，Cr 质量浓度≤23 μg/L。Novak 等（2014）和 Economou-Elipoulos 等（2014）也报道过类似的富集重同位素的超镁铁质岩。因此，在解释地下水的 $\delta^{53}Cr$ 数据时，需考虑原岩的岩石学特征和 $\delta^{53}Cr$ 值特征。

2. 河水和海水中铬同位素的组成

形态分析表明，现代河水中铬的主要存在形态为 Cr^{6+}，反映了陆壳岩石的氧化风化。数据表明，河水 $\delta^{53}Cr$ 值的变化范围为-0.17‰～4‰[图 8.3（a）]。河水的 $\delta^{53}Cr$ 值多为正值，与氧化风化过程中富集重同位素的 Cr^{6+}优先浸出一致。

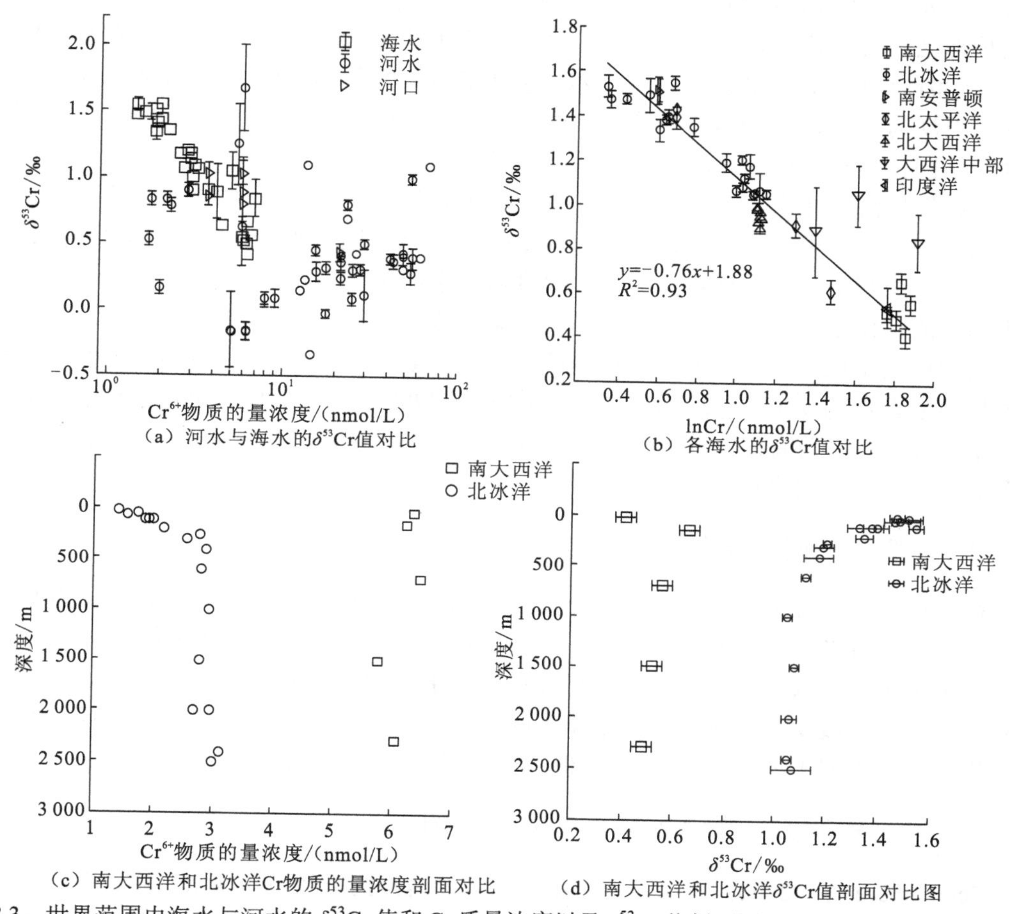

图 8.3　世界范围内海水与河水的 $\delta^{53}Cr$ 值和 Cr 质量浓度以及 $\delta^{53}Cr$ 值剖面图（改自 Qin and Wang, 2017）

汇入海洋的不同河流，由于流经环境的不同，河水的铬同位素组成存在很大的地区性差异。相比于流经典型陆壳岩石地区的河水，流经蛇纹石化超镁铁质岩地区的河水具有很高的 $\delta^{53}Cr$ 值（2.5‰～4‰）和铬物质的量浓度（高达 450 μmol/L，大约 22 μg/L），这可能与蛇纹岩的正 $\delta^{53}Cr$ 值特征有关。而未流经蛇纹石化超镁铁质岩地区的河水，其铬物质的量浓度较高（24 μmol/L，大约 1 μg/L），但 $\delta^{53}Cr$ 值却比较低，为（1.33±0.04）‰。印度婆罗门河水的 $\delta^{53}Cr$ 值变化范围为从硅酸盐地球的平均铬同位素值（−0.12±0.10）‰到 1.33‰，在其河口也观察到类似的 $\delta^{53}Cr$ 值。孟加拉湾沿海地表水的铬浓度与婆罗门河口的铬质量浓度相近，但孟加拉湾沿海地表水的 $\delta^{53}Cr$ 值突然下降至（0.55±0.08）‰。因缺失婆罗门河上游的铬同位素数据，所以无法评估铬的迁移行为。巴拉纳河流域河水铬同位素测定结果表明，尽管河口的铬质量浓度减少了2倍，巴拉纳河及其支流和阿根廷河口水样的 $\delta^{53}Cr$ 平均值为（0.35±0.14）‰，表明长距离运输过程中铬同位素组成变化很小。此外，侵蚀通量中铬浓度和铬同位素组成均可能会受到流域氧化还原条件的影响。

与1000年的海洋混合时间相比，海洋铬的滞留时间为9000～40000年，因此，可以假定海水的 $\delta^{53}Cr$ 组成相对均一。而全球海水的 $\delta^{53}Cr$ 值变化范围为0.4‰～1.6‰[图8.3（b）]。在北极地区，表层海水的 $\delta^{53}Cr$ 值较高，铬质量浓度却低于深层海水。北冰洋的 $\delta^{53}Cr$ 值随水深（＜500m）变浅而急剧减小，但在水深大于500m时基本保持不变[图8.3（d）]，而铬质量浓度表现为相反趋势[图8.3（c）]，表明表层海水发生了铬的还原。但在低纬度的阿根廷盆地，铬同位素在表层和深层的对比并不明显[图8.3（c）（d）]。

包括深层海水在内，全球海水的 $\delta^{53}Cr$ 值和lnCr总体表现为负相关性[图8.3（b）]。通过回归曲线的斜率求得总 ε 值为（-0.8±0.03）‰。该发现表明，全球海洋中铬的还原要比水团的混合发生得更快（在铬还原的时间尺度内，水团可认为是部分封闭的系统）。汇入海洋的不同河流，由于流经环境的不同，铬同位素组成存在很大的地区差异。一旦河水与海水混合，铬同位素组成的差异基本上会被消除。例如，婆罗门河口 $\delta^{53}Cr$ 值为（1.02±0.11）‰，孟加拉湾地表水的 $\delta^{53}Cr$ 值显著减小，为（0.55±0.08）‰，但两者的铬物质的量浓度相近。相比于地表水，目前有限的深层海水数据表明，$\delta^{53}Cr$ 值为0.5‰～0.6‰，相对均一，但仍需更多的深层海水数据来证明该观点。

3. 土壤中铬同位素的组成

在现代大气氧含量环境下，陆壳岩石中的 Cr^{3+} 可在 MnO_2 催化下被 O_2 氧化为 Cr^{6+}。由于铬缺失，部分古老土壤剖面（即古土壤）和现代红壤的 $\delta^{53}Cr$ 值均为负值。在部分风化剖面发现富铬土壤的 $\delta^{53}Cr$ 值为正值，溶解性重同位素铬的再沉淀可解释该现象。由于母岩的分层和地下水位的波动，土壤剖面中铬缺失区与铬富集区出现明显分层特征。但在相同区域类似母岩发育的类似土壤剖面中，$\delta^{53}Cr$ 值的分布模式也有所不同。

4. 蛇纹岩和变质镁铁质岩中铬同位素的组成

Schoenberg等（2008）首次测定了不同来源的地幔捕虏体、超镁铁质岩、堆晶岩和玄武岩的铬同位素组成，其 $\delta^{53}Cr$ 值的变化范围为-0.211‰～-0.017‰，平均值为（-0.124±0.101）‰，表明铬同位素在地幔中相对均一，且在部分熔融和结晶分异过程中变化很小。Shen等（2016）在大别苏鲁造山带的变质镁铁质岩中没有发现系统的铬同位素分馏。绿片岩、斜长角闪岩和榴辉岩等变质岩的铬同位素组成均在硅酸盐地球的变化范围内。这可能是变质过程中少有流体的参与，铬的迁移受到限制进而导致铬同位素分馏很小。与之相反，Farkaš等（2013）研究了不同变质程度的蛇纹岩，首次提出蛇纹岩的 $\delta^{53}Cr$ 值可高达1.22‰，且 $\delta^{53}Cr$ 值与蛇纹石化程度呈正相关。由此推测橄榄岩的蛇纹石化可诱导铬同位素组成变重。Wang等（2016）发现蛇纹石化橄榄岩具有低铬浓度高 $\delta^{53}Cr$ 值的特点。有学者提出两种假设：①由于动力学分馏，轻铬同位素在蛇纹石化作用过程中随着流体而流失，蛇纹岩富集重同位素；②流体的流失并不会引起铬同位素的分馏，后期硫酸盐的还原会诱导重同位素的富集。

8.2.2 还原过程的铬同位素分馏

Cr^{6+}通常以 CrO_4^{2-} 或 $HCrO_4^-$形式存在，Cr^{6+}的还原涉及 Cr—O 键的断裂。轻同位素具有较高的振动频率，其 Cr—O 键较容易断裂；而重同位素振动频率较低，Cr—O 键不易断裂。因此轻同位素反应速率更快，反应产物中富集轻同位素。

1. 生物还原过程中的铬同位素分馏

Cr^{6+}的生物还原是铬生物地球化学循环的重要过程之一。Cr^{6+}毒性大，不直接参与生物代谢，一般通过共代谢方式进行还原。在富含有机质的强还原地下水环境中，奥奈达希瓦氏菌（*Shewanella oneidensis*）可利用 Cr^{6+}代替氧气进行呼吸。

Sikora 等（2008）研究了电子供体在奥奈达希瓦氏菌（*Shewanella oneidensis* MR-1）作用下铬同位素的分馏。结果表明，在厌氧条件下，电子供体（乳酸盐、甲酸盐）物质的量浓度为 3.3～100 μmol/L 时，铬同位素的 ε 值分布在 4.0‰～4.5‰，最佳拟合值为 4.1‰，相对于非生物条件提高了 20%；当电子供体物质的量浓度大于 100 μmol/L 时，还原反应速率加快，但 ε 值减少了 1.8‰，这与微生物作用下硫酸盐同位素分馏机理相似，随着电子供体的增加，还原反应速率加快，ε 值减少。Xu 等（2015）研究了不同温度条件下芽孢杆菌（*Bacillus* sp.）还原铬过程中的同位素分馏。结果表明，在有氧条件下，温度为 4 ℃、15 ℃、25 ℃和 37 ℃时，ε 值分别为（7.62±0.36）‰、（4.59±0.28）‰、（3.09±0.16）‰和（1.99±0.23）‰。ε 值与温度具有负相关关系。Han 等（2012）探讨了不同代谢途径中，假单胞菌（*Pseudomonas stutzeri*）还原铬过程中的同位素分馏效应。结果表明，假单胞菌在好氧与厌氧条件下还原 Cr^{6+}产生的 $\delta^{53}Cr$ 值差别较大，有氧条件下 ε 值为 2.0‰，而厌氧条件下为 0.4‰。造成这种差异的原因可能为：①在好氧和厌氧条件下微生物体还原 Cr^{6+}的蛋白质不一样，从而导致同位素分馏值的差异。②铬酸盐进入细胞的过程会产生微弱的同位素分馏，在厌氧条件下，该过程可能是铬酸盐还原的限速过程；而在有氧条件下，该反应并不是速度控制步骤，因此即使在催化还原 Cr^{6+}的蛋白质相同条件下，同位素分馏值也会表现出较大的差异。

2. 非生物还原过程的铬同位素分馏

沉积物、地表水和地下水中硫化物、亚铁、有机质和其他有机还原体可作为还原 Cr^{6+}的天然还原剂。在 Cr^{6+}的还原反应中存在同位素分馏作用，通过铬同位素组成变化可定量指示 Cr^{6+}的还原程度和速率，为地下水污染评价提供有效手段。

Ellis 等（2002）研究了潮间淤泥、淡水黏土质淤泥和磁铁矿三种物质还原 Cr^{6+}时产生的铬同位素分馏。在实验过程中，沉积物经过高压灭菌处理，排除微生物作用。结果表明，三种还原剂的分馏系数十分相近，分别为 0.996 7、0.996 5 和 0.996 5。表明 $\delta^{53}Cr$ 只与 Cr^{6+}的还原程度有关，而与反应速率和还原剂种类无关。同时其对铬同位素分馏曲线进行了拟合，发现铬同位素分馏遵循瑞利分馏模型。在此基础上，Kitchen 等（2004）研究了苦杏仁酸、富里酸及腐殖质等有机还原剂还原 Cr^{6+}时产生的铬同位素分馏。结果表明，在有机物还原 Cr^{6+}的过程中同样存在铬同位素分馏，分馏系数为 0.997 0，但还原速率非常缓慢，常常需要几天甚至几星期。

3. 混合还原过程中铬同位素的分馏机制

在不同的条件下铬同位素分馏系数变化较大。许多研究试图通过混合还原机制或“库效应”解释铬同位素分馏系数的变化。在一些条件下，反应会涉及多种反应机制或反应速率随时间发生变化，因此很难用单个分馏系数去描述整个反应。例如，Fe^{2+}还原 Cr^{6+}产生的分馏系数较小，是两种还原机制共同作用的结果：①Cr^{6+}直接被 Fe^{2+}还原；②Cr^{6+}先吸附，后被绿锈还原。实验表明第一步还原可诱导铬同位素分馏，第二步还原并不会引起铬同位素分馏。有机碳还原 Cr^{6+}的柱实验中产生的分馏系数比在批实验中产生的分馏系数小。通过迁移反应模型可知，批实验中大量 Cr^{6+}被还原，是铬同位素分馏程度较大的原因，而柱实验数据表明 Cr^{6+}的二次快速还原导致了较低程度的铬同位素分馏，但该过程确切的反应机理尚不清楚。此外，在以 ZVI（零价铁）为还原剂的一系列柱实验中，发现 ε 值随着实验的进行而变化。在实验的初始阶段，ZVI 的还原能力较强，反应速率较快，ε 值为−0.2‰，实验后期，由于 ZVI 反应能力的消耗，反应速率降低，ε 值为−1.5‰。

4. 库效应

库效应用来解释测量海洋中同位素漂移以响应下伏沉积物中 O_2 的还原，并用来指示海洋系统中显著的同位素分馏。在该模型中（图 8.4），沉积物-水界面下方，沉积物可分为上部非反应性扩散区和 O_2 呼吸消耗的下部反应性扩散区两部分。氧同位素的有效富集因子 ε_{eff} 与 $L_d\sqrt{k/D'}$ 呈反比，式中 L_d 为上层扩散层的厚度，k 和 D'分别为反应速率和扩散速率。之后采用“库效应”解释在扩散限制系统中硒和铬同位素分馏减弱的现象。类似的效应可通过迁移-反应模型模拟，用于解释在 Fe^{2+}还原 Cr^{6+}的柱实验中 ε_{eff} 值减小的现象。模拟结果表明，随着 Cr^{6+}还原速率的增加和扩散速率的降低，ε 值降低。

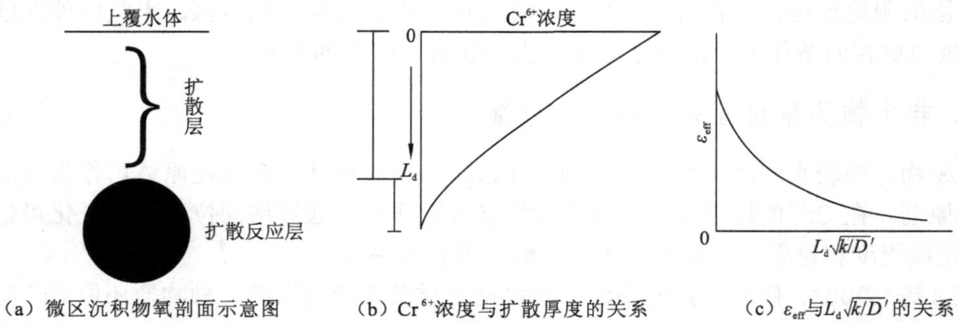

（a）微区沉积物氧剖面示意图　（b）Cr^{6+}浓度与扩散厚度的关系　（c）ε_{eff}与$L_d\sqrt{k/D'}$的关系

图 8.4　理想化微区沉积物氧剖面中铬同位素储层效应示意图（改自 Brandes and Devol 1997）

5. 多反应步骤过程的铬同位素分馏

Cr^{6+}的还原涉及多步反应，而且不同反应步骤的反应动力学可能会影响铬同位素分馏系数。为了解多步反应中不同反应步骤如何影响铬同位素的总体分馏，可从有关硫酸盐还原的大量研究中获得相关认识。硫酸盐生物还原反应机制同样适用于非生物多步反应过程中产生的同位素分馏。因为多个电子同时转移在本质上不太可能发生，SO_4^{2-} 还原为 S^{2-}，CrO_4^{2-} 还原为 Cr^{3+}，均涉及电子的多步转移。因此，SO_4^{2-} 或 CrO_4^{2-} 的还原可能均进行多步反应并产生多种中间产物。由 Rees（1973）提出的概念模型可揭示异化微生物硫酸盐还原过程中硫同位素的变化。在多步反应中，每个步骤包括正向通量（f_i）和逆向通量（b_i），其比例为 $X_i=b_i/f_i$；f_i 和 f_{b_i} 的动力学同位素分馏值分别为 Δ_{f_i} 和 Δ_{b_i}，通常，在恒定的反应速率下，总分馏值计算如下：

$$\Delta_{\text{total}}=\Delta_{f_1}+\sum_{\substack{u=(1,2,\cdots,z-2)\\ v=(1,2,\cdots,u)}}\left(\prod X_v\right)\cdot\Delta_{f_{u+1}}-\sum_{\substack{u=(1,2,\cdots,z-1)\\ v=(1,2,\cdots,u)}}\left(\prod X_v\right)\cdot\Delta_{b_u} \tag{8.3}$$

式中：Δ_{total} 为总分馏值；$z-1$ 为反应步骤的序号；Δ_{f_i} 为第一反应步骤的正向通量的动力学同位素分馏值；$\Delta_{f_{u+1}}$ 为第 $u+1$ 反应步骤的正向通量的同位素动力学分馏值；Δ_{b_u} 为第 u 反应步骤的逆向通量的同位素动力学分馏值；X_v 为第 v 反应步骤的正向通量与逆向通量的比例。假设所有逆向反应不会导致同位素分馏，该反应方程可简化为以下方程（以四步反应为例）：

$$\Delta_{\text{total}}=\Delta_{f_1}+X_1\cdot\Delta_{f_2}+X_1X_2\cdot\Delta_{f_3}+X_1X_2X_3\cdot\Delta_{f_4} \tag{8.4}$$

在该例中，理论混合分馏值为

$$\Delta_{\text{total}}=\Delta_{f_1}+\Delta_{f_2}+\Delta_{f_3}+\Delta_{f_4} \tag{8.5}$$

若在反应链中达到热力学平衡，则正向反应和逆向反应通量相等，并且总同位素效应为同位素平衡效应，即为所有动力学同位素效应的总和，因此式（8.3）可表示为如下方程（以四步反应为例）：

$$\Delta_{\text{total}}=\Delta_{f_1}+\Delta_{f_2}+\Delta_{f_3}+\Delta_{f_4}-\Delta_{b_1}-\Delta_{b_2}-\Delta_{b_3}-\Delta_{b_4} \tag{8.6}$$

这些方程不仅能解释在还原过程中硫同位素组成发生变化的实验现象，在其他所有反应步骤可控的条件下，也可评估单个确定的反应步骤中硫同位素的分馏。

尽管 Cr^{6+}的生物还原很可能由不完全相同的步骤组成，但仍可从上述等式中获得重要启示，了解酶介导的多步反应过程中的铬同位素分馏。这些启示也同样适用于非生物反应。多步反应的总同位素效应取决于限速步骤：①若反应的一个单一反应步骤为限速步骤，则总反应的同位素效应等于该限速步骤产生的动力学同位素效应加上该步骤前所有反应步骤的平衡同位素效应的总和。②在限速步骤后发生的动力学同位素效应对反应的总同位素效应并没有贡献。上述过程可做如下说明：假设一个反应链包括 $z-1$ 个步骤，其中步骤 w 是限速步骤，则 X_w 接近 0，并且 X_i（$i=1$，2，…，$w-1$）接近 1，因此可将式（8.3）表示如下：

$$\Delta_{\text{total}}=\Delta_{f_1}+\sum_{u=1,2,\cdots,w-1}\Delta_{f_{u+1}}-\sum_{u=1,2,\cdots,w-1}\Delta_{b_u} \tag{8.7}$$

可转化为

$$\Delta_{\text{total}}=\sum_{u=1,2,\cdots,w-1}\left(\Delta_{f_u}-\Delta_{b_u}\right)+\Delta_{f_w} \tag{8.8}$$

8.2.3　氧化过程的铬同位素分馏

Cr^{3+}氧化过程中存在铬同位素分馏且分馏变化范围为−2.5‰～1‰。Cr^{3+}氧化为 Cr^{6+}的过程不是一个单一、单向的氧化过程，同位素分馏的差异是多步反应共同作用的结果。Bain 和

Bullen（2005）利用 δ-MnO_2 作为氧化剂，研究了 Cr^{3+} 氧化过程中铬同位素组成的变化情况，发现 Cr^{3+} 的氧化过程也会发生铬同位素的分馏，$\delta^{53}Cr$ 值的变化范围为−2.5‰～0.7‰。实验初期，动力学同位素效应显著，随着反应的进行，$\delta^{53}Cr$ 值上下波动，实验后期，热力学同位素效应显著。表明 Cr^{3+} 的氧化为多步反应。在氧化过程中，Cr^{3+} 首先被氧化为 Cr^{4+} 或 Cr^{5+}，随后发生歧化反应，转化为 Cr^{3+} 和 Cr^{6+}；而铬同位素的分馏不再遵循瑞利分馏模型。同时 Zink 等（2010）认为铬同位素分馏可能来自两个方面：一方面来自 Cr^{4+} 或 Cr^{5+} 中间体的形成；另一方面来自 Cr^{4+} 或 Cr^{5+} 的歧化反应。

8.2.4 铬同位素平衡和 Cr^{3+}-Cr^{6+} 同位素交换

Cr^{6+} 的还原过程中，正向反应速率比逆向反应速率快，因此剩余 Cr^{6+} 的同位素变化通常符合实验室条件下反应持续数小时甚至数天的瑞利分馏模型。然而，在自然时间尺度（数年到数千年），Cr^{3+} 和 Cr^{6+} 可发生同位素交换且最终表现为同位素平衡，并叠加初始动力学效应的特征。因此，了解 Cr^{3+} 和 Cr^{6+} 之间数百年甚至更长时间的同位素交换速率（同位素交换动力学）和最大影响（同位素平衡分馏）对于揭示野外铬同位素数据非常重要。

1. 铬同位素的平衡分馏

理论计算预测，同一元素的两个物种之间的同位素平衡分馏取决于键合环境的差异。在同位素平衡中，重同位素（^{53}Cr）富集在键合能力较强的物种（CrO_4^{2-}）中，轻同位素（^{52}Cr）富集在键合能力较弱的物种[$Cr(H_2O)_6^{3+}$]中。实验研究表明，共存的 Cr^{3+} 和 Cr^{6+} 之间的铬同位素平衡分馏值，在室温条件下可高达 6‰。具有相同价态但与不同配体螯合形成的不同物质之间也会发生同位素分馏。例如，在室温下 Cr^{3+}–Cl 的 $\delta^{53}Cr$ 值要比 Cr^{3+}–H_2O 的 $\delta^{53}Cr$ 值低 4‰。

2. 水溶液体系中 Cr^{3+}-Cr^{6+} 的同位素交换

Cr^{3+} 和 Cr^{6+} 之间的同位素交换涉及从 Cr^{3+} 到 Cr^{6+} 的三个电子转移，但是没有发生氧化或还原。例如，三电子分三步转移：

步骤 1：

$$^{53}Cr^{3+} + {}^{52}Cr^{6+} = {}^{53}Cr^{4+} + {}^{52}Cr^{5+}$$

步骤 2：

$$^{53}Cr^{4+} + {}^{52}Cr^{5+} = {}^{53}Cr^{5+} + {}^{52}Cr^{4+}$$

步骤 3：

$$^{53}Cr^{5+} + {}^{52}Cr^{4+} = {}^{53}Cr^{6+} + {}^{52}Cr^{3+}$$

一次性完成三电子的转移非常罕见。与键合环境的改变相关，Cr^{3+} 和 Cr^{6+} 之间同位素的交换速率很小。在中性 pH 环境下，达到同位素平衡需要数月甚至数千年。然而，在自然环境的中性条件下，固体颗粒表面可用于交换的 Cr^{3+} 有限，所以同位素交换对溶解态 Cr^{6+} 的作用有限。相反，Fe^{2+} 和 Fe^{3+} 之间同位素交换达到平衡只需几分钟，这可能是因为该过程只涉及一个电子的转移且不需改变键合环境。

总之，在低温环境中，尤其是持续时间长、表面积大、Cr^{3+}浓度较高或 Cr^{6+}浓度较高再或二者均高的反应，研究野外同位素数据时应当考虑潜在的同位素交换效应。

8.2.5　其他非生物过程的铬同位素分馏

在平衡条件下，铬同位素受其化合物键能差异的影响会发生铬同位素分馏，吸附、沉淀作用也可能会造成铬同位素的分馏。共沉淀过程中由于沉淀速率的变化可导致轻重同位素分子的扩散速率和反应速率不同，进而引起同位素分馏。

在针铁矿和 γ-Al_2O_3 吸附过程中 Cr^{6+}的 $\delta^{53}Cr$ 值变化情况表明：在平衡条件下，由于溶解态 Cr^{6+}和吸附态 Cr^{6+}其 Cr—O 环境基本没有改变，吸附作用产生的 $\delta^{53}Cr$ 值小于 0.04‰，可忽略不计。在 20℃，铬酸盐转化为铬铅矿沉淀的过程中，Cr^{6+}的分馏值 Δ=（0.10±0.05）‰，而天然铬铅矿的 $\delta^{53}Cr_{SRM\ 979}$ 值为 1.037‰。这表明沉淀作用造成的铬同位素分馏很少，通常可忽略不计。铬与方解石共沉淀的过程中，方解石沉降速率较快时，随着初始铬浓度的增加，固相与初始液相的铬同位素分馏值 Δ 由 0.06‰变为 0.18‰。沉降速率较慢时，固相与初始液相的铬同位素分馏值 Δ 为（0.29±0.08）‰。

8.3　稳定铬同位素技术方法应用

埃维厄岛中部的表层主要为冲积物和新近系沉积物。按埋藏深度不同，含水层从上到下大致分为：冲积沉积物含水层，为农业用水的主要来源；逆冲于白垩系灰岩和复理石沉积物之上的蛇纹岩裂隙含水层；三叠系—侏罗系深层岩溶含水层。阿索波斯盆地总面积为 700 km^2，上部为厚度超过 400 m 的古近系、新近系和第四系沉积物；中部主要是砾石夹泥灰岩；底部为泥灰岩和灰岩交替堆积。由于强烈的新构造运动，沉积物的接触特征为尖灭构造接触。蛇纹岩和镍红土逆冲于三叠系—侏罗系碳酸盐岩之上。阿索波斯盆地的大部分地区被第四系沉积物覆盖。该盆地拥有两种类型的含水层：新近系砾石、砂岩和泥质石灰岩含水层，深约 150 m；三叠系—侏罗系深层岩溶含水层（Economou-Eliopoulos et al.，2014）。

阿索波斯盆地为工业区，有数百座工厂（如镀铬、皮革鞣制和木材染色），区内的阿索波斯河被称作“工业废料接收器”。同时存在未处理或处理不达标的工业废料非法倾倒的问题。埃维厄岛中部和阿索波斯盆地的蛇绿岩广泛分布，地下水和土壤中铬的来源尚未有定论。土壤和岩石样品采自埃维厄岛中部；地下水样采自埃维厄岛中部和阿索波斯盆地。通过整理分析研究区地下水、土壤淋滤液和岩石淋滤液的铬同位素组成，用以确定铬污染来源。铬同位素表达结果如下：

$$\delta^{53}Cr=\left[\frac{(^{53}Cr/^{52}Cr)_{样}}{(^{53}Cr/^{52}Cr)_{SRM\,979}}-1\right]\times 1\,000‰ \tag{8.9}$$

岩石样品表现为不同程度的蛇纹石化。岩石样品中铬、镍、钴、锰和铁含量最高，锆、钇、锂、钾和钙含量较高，部分岩石样品中镁含量较低，表明该样品经历了高度蛇纹石化和蚀变。土壤样品中较高的铬、镍、锰、铁和钴含量与成土母岩有关。此外，相比于岩石样品，土壤样品的硼、磷、钾、钡、铀、钍、铌、锂、锆和钇含量较高，反映土壤受到了化学肥料的污染。通过 X 射线衍射（X-ray diffraction，XRD）、扫描电子显微镜（scanning electron microscope，SEM）和能量色散 X 射线谱（X-ray energy dispersive spectrum，EDS）测定，土壤中主要的矿物有石英、方解石、硅酸盐（蛇纹石、橄榄石和绿泥石）、铬铁矿、铁-铬铁矿、赤铁矿和含铬针铁矿，而蒙脱石、硫化铁及锆石含量较少。来自埃维厄岛中部和 Avlona 地区的土壤样品，部分铬最初来源于蛇绿岩母岩和镍红土矿的风化，以铬铁矿颗粒或碎片、含铬针铁矿和硅酸盐的形式存在。

埃维厄岛地区的水样，铬质量浓度的变化范围为 50～93 μg/L，$\delta^{53}Cr$ 值变化范围为 0.84‰～1.98‰。阿索波斯盆地地区的水样，铬质量浓度的变化范围为 41～230 μg/L，$\delta^{53}Cr$ 值变化范围为 0.98‰～1.03‰。大部分水样的铬质量浓度超过欧盟规定的饮用水最大允许浓度 50 μg/L。除铬浓度外，其他元素浓度均低于饮用水标准的推荐值。Cr^{6+}质量浓度与总铬质量浓度比值的变化范围为 0.9～1，且有显著的正相关性（$r^2=0.99$），表明水样中 Cr^{6+}是铬的主要存在形式。

土壤淋滤液的 Cr^{6+}质量浓度高于岩石淋滤液的 Cr^{6+}质量浓度。土壤淋滤液中 Cr^{6+}质量浓度的变化范围为 17～87 μg/L，且与铬、铁、锰和钴质量浓度表现出正相关性，$\delta^{53}Cr$ 值变化范围为 0.51‰～0.59‰。淋滤液中 Cr^{6+}质量浓度较高的岩石表现为高度蛇纹石化，$\delta^{53}Cr$ 值变化范围为 0.56‰～0.96‰。尽管 Cr^{6+}质量浓度与 $\delta^{53}Cr$ 值之间并没有明确的相关性，但是岩石淋滤液的 $\delta^{53}Cr$ 值普遍高于土壤淋滤液的 $\delta^{53}Cr$ 值，且岩石淋滤液中 Cr^{6+}质量浓度较为相似。

根据铬的毒理性质，解决地下水铬污染问题的关键在于，将有毒的 Cr^{6+}还原为环境危害低的 Cr^{3+}。通过测定地下水中铬同位素组成可对铬污染自然净化程度进行评价。埃维厄岛中部地下水中的铬主要来源于含铬橄榄岩和铁镍红土矿（铬污染的潜在天然来源），其 $\delta^{53}Cr$ 值的变化范围为 0.84‰～1.98‰。根据岩石淋滤液及土壤淋滤液的铬同位素组成，假定埃维厄岛地下水铬同位素组成的天然背景值为 0.64‰(以 $\delta^{53}Cr$ 表示)，工业源的 $\delta^{53}Cr$ 值为 0.37‰，假设地下水铬污染是人为成因和地质成因共同作用的结果。因此，推断目标含水层的 $\delta^{53}Cr$ 值主要是由天然成因的 Cr^{6+}的还原造成。运用瑞利分馏模型可评估埃维厄岛中部地下水中铬污染的自然衰减程度（图 8.5）。由图 8.5 可知埃维厄岛地下水中有 4%～47%的 Cr^{6+}被还原。表明该地区含水层中存在持续的还原过程，促使 Cr^{6+}还原为 Cr^{3+}。

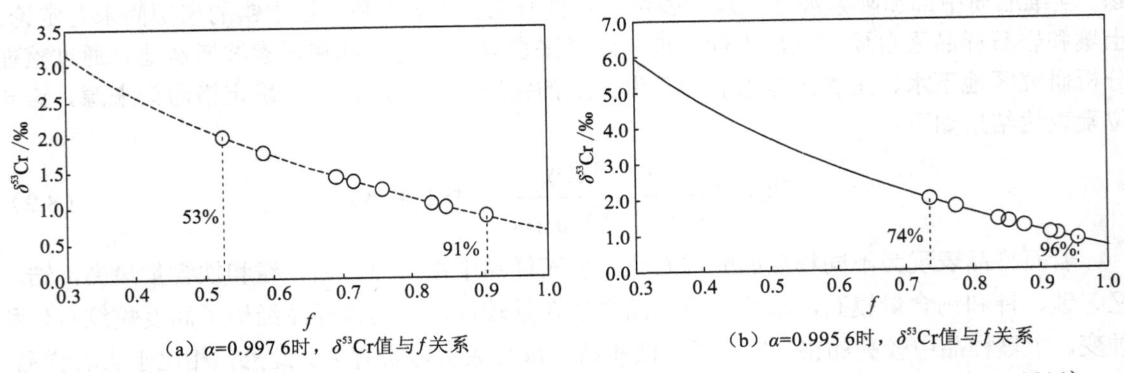

（a）$\alpha=0.9976$时，$\delta^{53}Cr$值与f关系　（b）$\alpha=0.9956$时，$\delta^{53}Cr$值与f关系

图 8.5　剩余 Cr^{6+}的 $\delta^{53}Cr$ 值与 Cr^{6+}剩余量（f）的关系图（改自 Economou-Eliopoulos et al.，2014）

从研究区水样的 Cr^{6+}质量浓度与 $\delta^{53}Cr$ 值关系图（图 8.6）可以看出：样品中铬为地质成因时，Cr^{6+}浓度较低并且铬同位素的正向分馏较小；而样品中铬为人为来源时，Cr^{6+}质量浓度较高并且铬同位素的正向分馏较大。两种成因的样品点在图 8.6 中存在明显的分区，随着还原过程的进行，Cr^{6+}质量浓度与 $\delta^{53}Cr$ 值仍表现为负相关趋势。

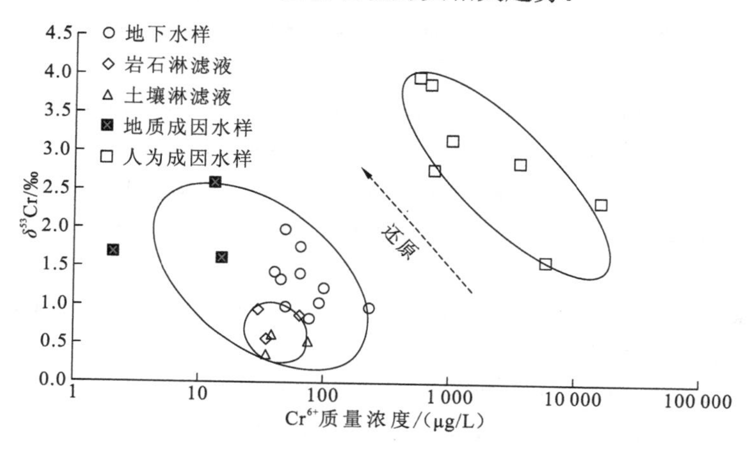

图 8.6 Cr^{6+}质量浓度与 $\delta^{53}Cr$ 值关系图（改自 Economou-Eliopoulos et al.，2014）

参 考 文 献

BAIN D J, BULLEN T D, 2005. Chromium isotope fractionation during oxidation of Cr(III) by manganese oxides[J]. Geochimica et cosmochimica acta, 69(10): 212.

BALL J W, BASSETT R L, 2000. Ion exchange separation of chromium from natural water matrix for stable isotope mass spectrometric analysis[J]. Chemical geology, 168(1): 123-134.

BERNA E C, JOHNSON T M, MAKDISI R S, et al., 2010. Cr stable isotopes as indicators of Cr(VI) reduction in groundwater: a detailed time-series study of a point-source plume[J]. Environmental science and technology, 44(3): 1043-1048.

BRANDES J A, DEVOL A H, 1997. Isotopic fractionation of oxygen and nitrogen in coastal marine sediments[J]. Geochimica et cosmochimica acta, 61(9): 1793-1801.

ECONOMOU-ELIOPOULOS M, FREI R, ATSAROU C, 2014. Application of chromium stable isotopes to the evaluation of Cr(VI) contamination in groundwater and rock leachates from central Euboea and the Assopos basin (Greece)[J]. Catena, 122(10): 216-228.

ELLIS A S, JOHNSON T M, BULLEN T D, 2002. Chromium isotopes and the fate of hexavalent chromium in the environment[J]. Science, 295(5562): 2060-2062.

ELLIS A S, JOHNSON T M, BULLEN T D, 2004. Using chromium stable isotope ratios to quantify Cr(VI) reduction: lack of sorption effects[J]. Environmental science and technology, 38(13): 3604-3607.

FARKAŠ J, CHRASTNÝ V, NOVÁK M, et al., 2013. Chromium isotope variations ($\delta^{53/52}Cr$) in mantle-derived sources and their weathering products: Implications for environmental studies and the evolution of $\delta^{53/52}Cr$ in the Earth's mantle over geologic time[J]. Geochimica et cosmochimica acta, 123: 74-92.

FLESCH G D, SVEC H J, STALEY H G, 1960. The absolute abundance of the chromium isotopes in chromite[J]. Geochimica et cosmochimica acta, 20(3): 300-309.

FUJII T, SUZUKI D, WATANABE K, et al., 2006. Application of the total evaporation technique to chromium isotope ratio measurement by thermal ionization mass spectrometry[J]. Talanta, 69 (1): 32-36.

HAN R, QIN L, BROWN S T, et al., 2012. Differential isotopic fractionation during Cr (VI) reduction by an aquifer-derived bacterium under arobic versus denitrifying conditions[J]. Applied and environmental microbiology, 78 (7): 2462-2464.

IZBICKI J A, BALL J W, BULLEN T D, et al., 2008. Chromium, chromium isotopes and selected trace elements, western Mojave Desert, USA[J]. Applied geochemistry, 23 (5): 1325-1352.

KITCHEN J W, JOHNSON T M, BULLEN T D, 2004. Chromium stable isotope fractionation during abiotic reduction of hexavalent chromium[C]// EOS Trans American geophysical union fall meeting, san francisco, Calif. V51A-0519.

LI C, FENG L, WANG X, et al., 2016. Precise measurement of Cr isotope ratios using a highly sensitive Nb_2O_5 emitter by thermal ionization mass spectrometry and an improved procedure for separating Cr from geological materials[J]. Journal of analytical atomic spectrometry, 31 (12): 2375-2383.

LUGMAIR G W, SHUKOLYUKOV A, 1998. Early solar system timescales according to ^{53}Mn-^{53}Cr systematics[J]. Geochimica et cosmochimica acta, 62 (16): 2863-2886.

NOVAK M, CHRASTNY V, CADKOVA E, et al., 2014. Common occurrence of a positive δ^{53}Cr shift in central European waters contaminated by geogenic/industrial chromium relative to source values[J]. Environmental science and technology, 48 (11): 6089-6096.

QIN L, WANG X, 2017. Chromium isotope geochemistry[J]. Reviews in mineralogy and geochemistry, 82 (1): 379-414.

RADDATZ A L, JOHNSON T M, MCLING T L, 2011. Cr Stable Isotopes in Snake River plain aquifer groundwater: evidence for natural reduction of dissolved Cr (VI) [J]. Environmental science and technology, 45 (2): 502-507.

REES C, 1973. A steady-state model for sulphur isotope fractionation in bacterial reduction processes[J]. Geochimica et cosmochimica acta, 37 (5): 1141-1162.

SCHOENBERG R, ZINK S, STAUBWASSER M, et al., 2008. The stable Cr isotope inventory of solid earth reservoirs determined by double spike MC-ICP-MS[J]. Chemical geology, 249 (3): 294-306.

SHEN J, LIU J, QIN L, et al. , 2016. Chromium isotope signature during continental crust subduction recorded in metamorphic rocks[J]. Geochemistry geophysics geosystems, 16 (11): 3840-3854.

SHIELDS W R, MURPHY T J, CATANZARO E J, et al., 1966. Absolute isotopic abundance ratios and the atomic weight of a reference sample of chromium[J]. Journal of research of the National Bureau of Standards, 2 (70): 193-197.

SIKORA E R, JOHNSON T M, BULLEN T D, 2008. Microbial mass-dependent fractionation of chromium isotopes[J]. Geochimica et cosmochimica acta, 72 (15): 3631-3641.

WANG X L, PLANAVSKY N J, REINHARD C T, et al. , 2016. Chromium isotope fractionation during subduction-related metamorphism, black shale weathering, and hydrothermal alteration[J]. Chemical geology, 423: 19-33.

XU F, TENG M, LIAN Z, et al., 2015. Chromium isotopic fractionation during Cr (VI) reduction by Bacillus sp. under aerobic conditions[J]. Chemosphere, 130: 46-51.

ZINK S, SCHOENBERG R, STAUBWASSER M, 2010. Isotopic fractionation and reaction kinetics between Cr (III) and Cr (VI) in aqueous media[J]. Geochimica et cosmochimica acta, 74 (20): 5729-5745.

第 9 章 稳定铁同位素

铁（Fe）元素在地壳元素含量中位列第四，是地球上丰度最高的变价金属元素，以不同的价态（0，+2，+3）赋存于各类岩石、矿物、流体和生物体中，并广泛参与多种地球化学和生物化学过程。铁是重要的成矿元素，研究铁同位素组成能够为示踪流体演化、成矿物质运移等重要过程提供帮助。铁也是生物体的重要组成物质，同时也是氧化还原敏感元素，研究铁同位素组成不仅能为生物氧化还原过程提供信息，还能有效指示海洋、大气、生物之间的关系。因此，了解铁同位素生物地球化学行为对于示踪铁元素在生物圈内部的循环、迁移和转化，以及探究生物圈和岩石圈、水圈之间的相互作用均具有重要意义。

最初测定铁同位素常用的方法是热电离质谱法，但其分析精度低，仅为 1‰～3‰，不足以研究自然过程中的铁同位素分馏。随后建立了双稀释剂 TIMS 铁同位素测定方法，该方法提高了铁同位素测定精度，极大地促进了铁同位素地球化学研究的发展。随着 MC-ICP-MS 的诞生和发展，铁同位素测试结果具有了更高的精度和重现性。之后建立多个基于 MC-ICP-MS 的铁同位素测定方法，包括冷等离子体 MC-ICP-MS、高分辨 MC-ICP-MS 和激光剥蚀 MC-ICP-MS 等，为铁同位素地球化学研究提供了支撑。

9.1 稳定铁同位素分析测试技术

9.1.1 铁同位素分析测试技术的发展历程

在 MC-ICP-MS 出现之前，TIMS 是铁同位素测定的常用方法。TIMS 测定铁同位素的相对偏差较小，但分析精度仅有 1‰～3‰，跟自然界中铁同位素组成变化范围在同一数量级，不足以用于研究自然过程中的铁同位素分馏。MC-ICP-MS 测量结果受质量歧视影响较大，但偏差较为稳定，因此测量结果具有更好的精度和重现性。由于 MC-ICP-MS 测量铁同位素组成较为容易，现已被广泛用于铁的地球化学和生物化学循环研究。

但使用 MC-ICP-MS 分析铁同位素也面临着诸多的困难，其中一大难题在于 MC-ICP-MS 使用的氩等离子体源在高温下产生的含氩基团对铁同位素的干扰。例如，$^{40}Ar^{14}N^+$对 $^{54}Fe^+$的干扰，$^{40}Ar^{16}O^+$对 $^{56}Fe^+$的干扰，$^{40}Ar^{16}OH^+$对 $^{57}Fe^+$的干扰（图 9.1）。如今已发展出碰撞池技术、冷等离子体技术和高分辨率技术等几种解决方案来消除上述基团对仪器的质谱干扰。第二大难题是在 Micromass Isoprobe 型 MC-ICP-MS 运行过程中，在离子束路径上的六级杆碰撞池内填充氩气和氢气。六级杆碰撞池聚集离子能量有两个主要作用：其一是加热进入池内的离子，以降低它们的能量色散；其二是分解并消除分子离子，以便能将干扰降低至铁同位素分析可接受的水平。Micromass Isoprobe 型 MC-ICP-MS 和六级杆碰撞池在很大程度上已经逐渐被高分辨率的仪器所代替，该类仪器能部分将铁同位素谱峰和含氩基团造成的干扰峰分开，包括 Nu Plasma 1700（也称为 Big Nu）、Nu Plasma II 和 Neptune Plus。Nu Plasma 1700 是一种大型仪器，配置有一个大型磁铁，能够实现高分辨率和高传输率，但该仪器很少用于铁同位素地球化学分析与研究。Nu Plasma II 和 Neptune Plus 是铁稳定同位素实验室主要使用的仪器。

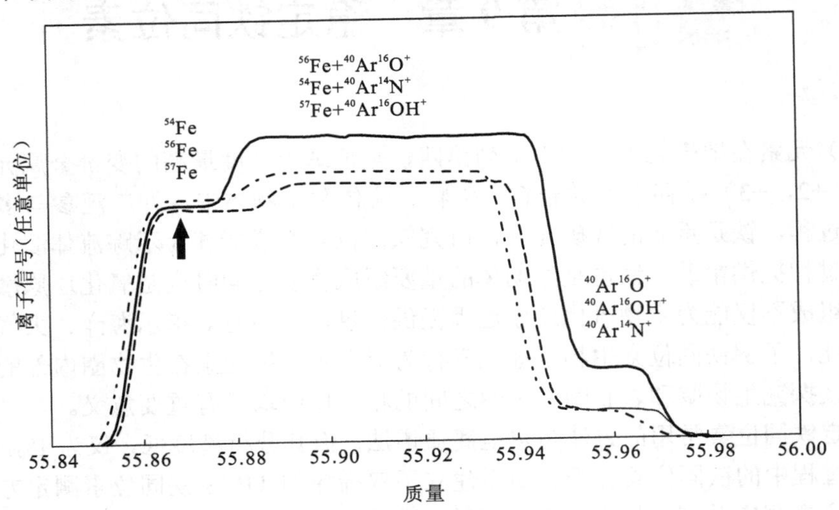

图 9.1　^{54}Fe、^{56}Fe 和 ^{57}Fe 的峰值扫描图

使用 SIS 将铁引入质谱仪中，并在中等分辨率（质量数 $m=D_m\approx4000$）条件下进行测量，其中 D_m 取 5%和 95%峰高之间的峰的宽度。调节铁浓度以使 Fe^{+}和含 Ar 基团干扰在谱图中可见。在左平顶肩峰上测量铁同位素（用箭头表示）

9.1.2　铁同位素样品前处理

1. 岩石和固体样品前处理

铁是一种主要的造岩元素，其从母岩中的化学分离较简单。铁同位素样品的前处理主要包括化学消解和化学分离纯化两个步骤。化学消解过程中所用试剂 HCl、HNO_3 和 HF 均为优级纯并经二次蒸馏纯化，$HClO_4$ 为超纯试剂（99.999%），H_2O_2 为超纯试剂。样品的化学消解主要包括以下几个步骤。

（1）沉积物样品经干燥后，研磨成粉末。取 0.100 0 g 粉末样品于 7 mL 特氟龙消解罐中，依次加入 1 mL HNO_3、2 mL HF 和 0.5 mL $HClO_4$，于 120 ℃加热 24 h 后，在 150 ℃的电热板上加热蒸干。

（2）待溶液蒸干后，在特氟龙消解罐中加入 1 mL 浓 HCl+30 μL 30% H_2O_2，于 80 ℃加热 24 h 后，后再次蒸干溶液。此时，有机质被完全氧化。

（3）加入 0.2 mL 浓 HCl 溶解样品，将上清液转移至干净的特氟龙杯中。

（4）加入少量的稀盐酸溶解残留的结晶盐，在电热板上加热至 110 ℃，待溶液开始蒸发至有晶体开始析出，停止加热，然后加入 0.1 mL 浓 HCl。待温度降至常温后，将清液吸出，与前一次转移的上清液合并。

重复上述步骤一次，然后蒸干合并的溶液，加入 0.6 mL 7 mol/L HCl + 0.001% H_2O_2 完全溶解样品。溶解后的溶液用于化学分离纯化。

化学分离涉及阴离子交换树脂。树脂的性质不同分离效果也有差异，AG1-X8 离子交换树脂（200～400 目）是最常用的树脂。样品经过消解后形成的溶液，加载到 AG1-X8 阴离子交换柱中进行分离纯化。样品通常用 8 mol/L HCl 加载到色谱柱上，在 HCl 溶液中，Fe^{3+}能够

与树脂紧密结合，而其他的大多数组分（除铜和钼）都被洗脱下来。然后用 0.5 mol/L $HCl+H_2O$ 和 8 mol/L $HNO_3 + H_2O$ 回收铁。

2. 水样品的前处理

水样中的铁同位素分析面临着一定的挑战。在铁物质的量浓度高（～μmol/L）的液体中，如热液、沉积物孔隙水、河水等，先蒸干液体样品然后用浓盐酸重新溶解再进行化学分离。酸化的水样蒸干后溶解于 0.4 mL 8 mol/L HCl 中，然后用 AG1-X8 来纯化铁。首先用 8 mol/L HCl 将基体元素洗脱出来，然后先用 0.5 mol/L $HCl+H_2O$，再用 8 mol/L HNO_3+H_2O 将铁洗脱出来。将得到的铁纯化溶液蒸干，进行同位素分析前用 2% HNO_3 进行溶解。

在海水和其他的铁浓度低的液体中分析 $\delta^{56}Fe$ 值时需要在化学分离前进行预浓缩。早期从海水中浓缩铁是通过加入氨气增加 pH 进而使铁与 $Mg(OH)_2$ 共沉淀来浓缩铁，但这一方法在预处理后生成较高的盐浓度，且会对后续的分析产生干扰。最近，海水中的铁被预浓缩到具有有机螯合基团的树脂上，该型树脂对 Fe 有很高的吸附力，在 pH 低至 2 时也能够结合铁。携带氮三乙酸（NTA）官能团的树脂在批实验和柱实验中均可从海水中高效提取铁。在批实验中常采用一种与携带乙二胺三乙酸（EDTA）官能团相似的树脂，能够从相同的海水样品中同时浓缩铁、锌和镉。进一步的样品提纯和分析采用和其他固体样品相同的方法。

9.1.3　铁同位素在线测试分析

双聚焦多接收等离子体质谱仪（以 Nu Plasma HR 为例）主要由 ICP、ESA、MSA 和信号检测器组成。仪器以电感耦合等离子体为离子源，正常工作状态下，炬管内等离子体的温度为 6 000～7 000 K，此时所有元素都发生高度电离，离子化的样品在氩等离子体载气的作用下通过接口区进入仪器内部，通过三组离子透镜聚焦整形，从进样狭缝进入 ESA。ESA 的原理是依据离子动能的不同进行离子分离。相同荷质比的离子具有不同的能量，因此离子的速度也不同。调节 ESA 两导电板的电位差，速度过快和过慢的离子分别被外板和内板吸收，因此仅有合适能量的离子才能通过，经 ESA 处理后的离子以不同角度进入 MSA。相同速度、不同荷质比的离子在磁场中的运动轨迹不同，从而把不同荷质比的离子分离。经 MSA 得到的离子束被聚焦到接收器上，Nu Plasma HR 的接收器位置是固定的，其中包括 12 个法拉第杯和 3 个离子计数器。法拉第杯接收器接收测量信号，其输出的微弱电流信号被转换成一系列连续的脉冲信号输出，用法拉第杯能直接测量 10^{-15}A（10^4 个离子）以上的电流。离子计数器的离子计数不能超过 10^6 个离子/s。仪器的检测和显示通过外接计算机控制，计算机通过智能控制器与仪器连接，可以对进样系统、离子源、冷却系统、真空系统、背景值测量、信号接收系统等进行实时监测与调节。信号采集在计算机的控制下自动进行。每组数据采集 20 个数据点，每个数据点的积分时间为 10 s。每组数据采集前进行 20 s 的背景值测量。在测试过程中，计算机自动将背景值扣除。

同位素分馏效应将使测量数据偏离样品同位素实际值，因此要获得高精度同位素比值数据，需对实测数据进行校正。最常用的 MC-ICP-MS 仪器分馏校正方法是 SSB 法。由于 MC-ICP-MS 的仪器质量歧视（如测量值与真实值之间的偏差）较大但相对稳定的特点，采用已知组分的 SSB 法测量能够修正仪器质量歧视漂移值。

另一种源于 SSB 技术的方法是镍掺杂技术。在这一方法中，把镍加入样品和标准中，然后测量两个镍同位素的比值。^{58}Fe 直接受到 ^{58}Ni 的干扰而难以分析，故收集器阵列通常只能分析 $^{62}Ni/^{60}Ni$（或 $^{61}Ni/^{60}Ni$），将其注释为 R_{Ni}。假设质量分馏遵循指数定律，$r_{2/1}=R_{2/1}(m_2/m_1)^{\eta}$，其中 $r_{2/1}$ 和 $R_{2/1}$ 是同位素 2 和同位素 1 的测量值和真实值的比值。利用铁和镍分馏的 η 值相同来校正仪器质量分馏。掺杂镍技术的优点在于它能够部分缓解遗留在溶液中的基体元素的影响，从而改变仪器的质量歧视效应，也可更好地校正仪器漂移。其弊端在于不能测量 ^{58}Fe，且这种方法对镍同位素的谱峰干扰很敏感。

双稀释剂技术是 TIMS 技术的一种。该技术在 MC-ICP-MS 中也得到了很好应用，尤其是那些含量处于痕量水平，很难完全提纯且化学产率较低的元素。双稀释剂技术的一大困难在于双稀释剂溶液需要和样品以正确的比例混合。双稀释剂方法假设样品+双稀释剂的总量保持恒定，即增加稀释剂的数量必须要减少样品的数量，来评估样品和双稀释剂如何混合可以达到最小的误差。在这一假定条件下，48%^{57}Fe+52%^{58}Fe 的双稀释剂按照 45% 双稀释剂+55%样品混合可达到最小的误差比例。然而，样品与双稀释剂的总数量不能发生变化的这一假定不能代表实际条件。事实上，在数学上并不存在最佳的双稀释剂组合和对所有条件都最佳的样品和双稀释剂混合配比，但样品和双稀释剂以 1:2 比例混合且 ^{57}Fe 和 ^{58}Fe 以等比例组合的双稀释剂组成是较好的实践选择。

9.2 稳定铁同位素的组成与分馏机理

9.2.1 自然界中铁同位素的组成

铁有 ^{54}Fe、^{56}Fe、^{57}Fe 和 ^{58}Fe 四种稳定同位素，其同位素丰度分别为 5.85%、91.75%，2.12%和 0.28%。铁同位素组成的表达为 $\delta^{56}Fe$，是样品中 $^{56}Fe/^{54}Fe$ 比值相对 IRMM 014 铁同位素标准的 $^{56}Fe/^{54}Fe$ 比值的偏差。^{58}Fe 是一种低丰度的同位素，因此 $\delta^{58}Fe$ 值鲜有报道。有测量结果已经表明除了在一些趋磁性细菌产生的磁铁矿内，$\delta^{58}Fe$ 值通过质量相关分馏与 $\delta^{56}Fe$ 值存在线性关系。关于 $\delta^{57}Fe$ 值的研究较多，与 $\delta^{58}Fe$ 值一样，它与 $\delta^{56}Fe$ 值也通过质量相关分馏关联。在本小节中将重点介绍 $\delta^{56}Fe$ 值及计算得到的 $\delta^{57}Fe$ 值和 $\delta^{58}Fe$ 值（$\delta^{57}Fe\approx1.5\times\delta^{56}Fe$ 和 $\delta^{58}Fe\approx2\times\delta^{56}Fe$）。

天然样品中铁同位素的变化范围为千分之几（从−4‰到 2‰）。TIMS 测量 $\delta^{56}Fe$ 值的精度大约为±0.2‰，MC-ICP-MS 的测量精度可达到±0.03‰，证明了在早期 TIMS 测量过程中存在显著的铁同位素变化隐藏在±0.2‰的不确定性中。相比 TIMS，MC-ICP-MS 的另一大优势是高样品通量。根据所要求的精度，它可以每天测量几十个样品。因此，MC-ICP-MS 被确立为测量铁同位素组成的有效方法。

铁同位素组成通常用 $\delta^{56}Fe$ 来定义：

$$\delta^{56}Fe=\left[\frac{(^{56}Fe/^{54}Fe)_{样品}}{(^{56}Fe/^{54}Fe)_{标准}}-1\right]\times1\,000‰ \tag{9.1}$$

其中的标准是 IRMM 014 铁同位素标准。虽然这是一个人工标准，但研究表明不同的岩石类型都有着一个相对统一的铁同位素组成，IRMM 014 标准其平均值为（−0.005±0.006）‰。

早期铁同位素组成是相对于陆地火成岩的平均值来定义，但之后发现这些岩石表现出明显的铁同位素变化，因此并不一定能代表陆地地幔的组成。现在大多数发表的文献中的铁同位素数据均采用 IRMM 014 作为参考标准。

已报道的河流和沉积物的铁同位素组成大部分变化不大。但是，有学者在太古宇和元古宇沉积物中的黄铁矿和岩石中发现了分布范围极宽的铁同位素组成，该同位素特征的形成可能与其高含量的有机质和活跃的铁-硫生物地球化学循环有关（图 9.2）。人体不同部位的铁同位素组成也不相同，总体而言，肝脏中铁同位素组成相比于血液和肌肉富集重同位素。此外，铁随着食物链的传输，越来越富集轻同位素，从图 9.3 中可以观察到动物体较之于植物体铁同位素组成明显更重。

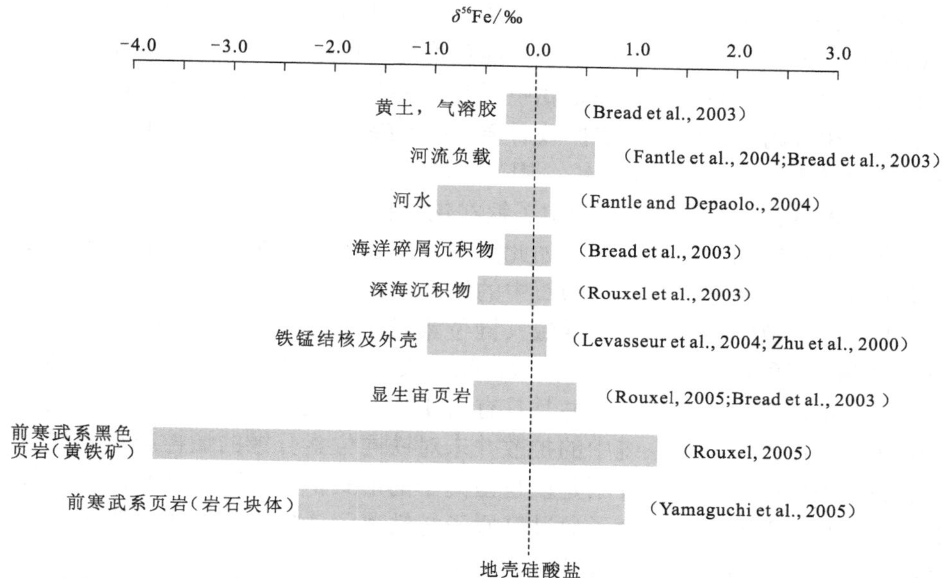

图 9.2　现代与古沉积物及河流的铁同位素组成（Dauphas and Rouxel, 2006）

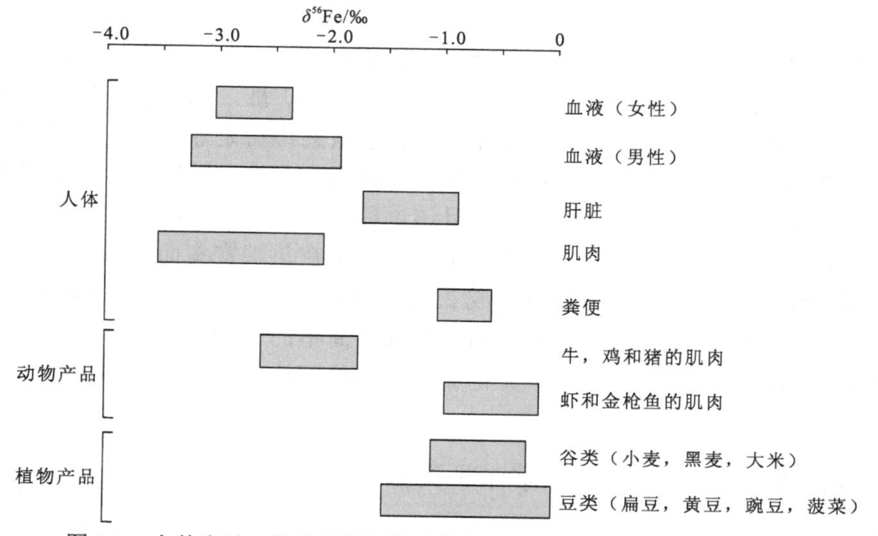

图 9.3　人体和动、植物的铁同位素组成（Dauphas and Rouxel, 2006）

9.2.2 铁同位素的动力学非平衡分馏

1. 扩散过程中的铁同位素动力学非平衡分馏

扩散可以造成明显的铁同位素分馏。由于轻同位素比重同位素扩散速率更快，在扩散过程中，源处易富集重同位素而汇处则易富集轻同位素。扩散驱动的同位素分馏通过经验可概括如下：

$$\frac{D_2}{D_1}=\left(\frac{m_2}{m_1}\right)^{\eta} \tag{9.2}$$

式中：D_1和D_2分别为同位素1和2的扩散系数；m_1和m_2分别为不同质量数的铁同位素；η为一个可以在0（没有同位素分馏）～0.5（能量均衡的单原子气体）的参数。

早期的同位素扩散实验大部分在金属中展开，这些实验将放射性铁同位素（^{55}Fe和^{59}Fe）作为源，使它们在金属中扩散，测定扩散后金属中$^{55}Fe/^{59}Fe$的比值。结果显示该η值在0.25左右，与金属的材质（铜、银、钒、铁、钼）或者晶型结构（α、β、γ）无关（Dauphas et al., 2007）。此外，Roskosz 等（2006）测定了铁在铂中扩散的η值，其测量结果约为0.27，这与铁在其他金属中扩散的估测值相近。如此大的η值表明：铁在金属中的扩散可以有效地驱动铁同位素分馏，这个特征对解释铁陨石中的铁同位素分馏具有重要意义。

Fe^{2+}和 Fe^{3+}在溶液中扩散时也会导致其同位素发生分馏。Rodushkin 等（2004）使铁在0.33 mol/L 的硝酸溶质（pH 为 0.5）中扩散，结果表明：锌和铁的η值在0.0015～0.0025。值得注意的是锌是以二价的形式存在并且具有与Fe^{2+}相似的扩散特性。铁在溶液中扩散的η值极低，因此，铁在天然溶液系统中的扩散并未对铁同位素分馏的调控起重要作用。导致该η值如此小的原因可能是铁和锌并不是以自由离子的形式扩散，而往往被溶质所包裹（如六水合离子，Fe^{2+}或 Fe^{3+}被六个水分子通过氧原子与铁离子连接组成的水化膜所包裹），以至于在同位素替代时其整体的有效扩散分子数量很少。

2. 热扩散过程中的铁同位素动力学非平衡分馏

热扩散是指将某组分置于热梯度中，该组分能够自发地向热端或者冷端富集的过程。早在100年前，人们就已经意识到热运移的速度要快于化学扩散，以至于在原子发生明显的迁移之前热梯度就已经消失。因此，热梯度能够得到有效的维持是热扩散在自然环境中发生的必要条件。热扩散过程在近年再次得到广泛关注，在很大程度上是因为处于温度梯度下的硅酸盐熔体由于热效应表现出了化学分带，而且该过程伴随着明显的同位素分带现象。当铁同位素在硅酸盐熔体中发生热扩散时，轻铁同位素倾向于在热端富集而重铁同位素则倾向于在冷端富集。每100℃的冷-热端温差，将造成2.2‰～4‰的$\delta^{56}Fe$分馏（对应两原子质量差值，^{56}Fe和^{54}Fe）。许多研究尝试通过参数化的方程或者简单的模型去描述这种分馏，但因热效应的复杂性，这些研究总是遭到质疑。无论如何，同位素比值仍是一种判断热扩散是否存在于天然样品中的有力证据。

3. 铁同位素的化学反应动力学非平衡分馏

在所有讨论的铁同位素分馏过程中，反应动力学同位素效应可能是了解最少的。首先，反应动力学同位素效应缺乏一个像平衡过程和其他动力学过程（如扩散）一样完善的理论框架。其次，反应动力学同位素效应的实验测定非常具有挑战性，因为很难去设计一个仅由一步单一的过程构成的化学反应。尽管如此，反应动力学同位素效应驱动的铁同位素分馏仍能通过许多其他的途径得以了解。

迄今为止，电子转移过程是从理论上了解反应动力学同位素效应的唯一方法。通过两个电子将 Fe^{2+}还原为金属铁（电镀）的室内实验，Kavner 等（2005）在电子转移动力学理论的基础上建立起了电镀中铁同位素分馏的理论框架。但随后有关铁的电化学研究提出，电镀中观测到的铁同位素分馏是多因素共同作用的结果（图 9.4）：①电极中还原反应的同位素效应；②溶质朝着电极扩散时的同位素效应；③电极边界层中铁损耗造成的近边系统同位素效应。实际上，同位素效应的相互作用是非常复杂的，电镀系统只是其中较为简单的一个。这也说明大多数测定单一反应动力学同位素效应的实验都会遇到如扩散限制、多级反应、反应物的近边系统的同位素分馏干扰。

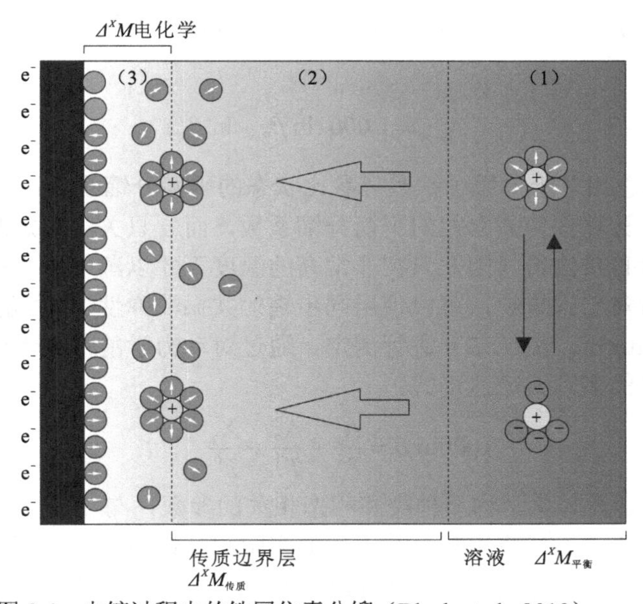

图 9.4　电镀过程中的铁同位素分馏（Black et al., 2010）

（1）为溶液中不同铁形态的相互转化；（2）为铁在扩散层向电极迁移时的分馏；（3）为电子转移过程

当然，通过精细的实验方法，仍旧可以测定反应动力学同位素效应。Matthews 等（2001）发现在 Fe^{3+}-氯复合物和 Fe^{2+}-吡啶复合物之间存在巨大的铁同位素分馏，该现象起因于 $[Fe^{2+}(bipy)_3]^{2+}$降解时产生的约 6.6‰的动力学同位素效应。Skulan 等（2002）对溶解态 Fe^{3+}和赤铁矿在平衡和动力学过程共同主导下的铁同位素分析发现，当平衡分馏接近 0 时，其动力学同位素分馏效应为−1.3‰。除了确切地测定反应动力学同位素分馏的实验，铁同位素的反应动力学同位素分馏间接地在许多实验系统中得以观察，如微生物氧化铁、生物或非生物诱导的矿物溶解、天然系统如海水中铁矿物的沉淀和海水中铁的生物摄取。然而，在这些复杂的系统中，特定单一过程的化学反应导致的铁同位素分馏仍旧难以从铁同位素分馏的整体观测结果中提取出来。

9.2.3 铁同位素的热力学平衡分馏

1. 铁同位素的热力学平衡分馏原理

当两相或者多相被放置到一起的时候，铁同位素可以发生交换直到系统达到热力学平衡，虽然同位素可能并未在这些相中均匀分布。共存相中的同位素交换方式与同位素交换反应的自由能有关，而自由能又由铁结合键的键强决定。平衡后，拥有较强的铁结合键的相中会富集重的铁同位素。因为高的价态和低的配位数倾向于更强、更牢固地结合形式，所以低配位的 Fe^{3+}较之高配位的 Fe^{2+}和 Fe^{0} 通常拥有较重的同位素组成。不同相之间的平衡同位素分馏通常用符号 α 表示：

$$\alpha_{B-A} = R_B / R_A \tag{9.3}$$

或者用符号 Δ 表示：

$$\Delta_{B-A} = \delta_B - \delta_A \approx 1\,000(\alpha_{B-A} - 1) \approx 1\,000 \ln \alpha_{B-A} \tag{9.4}$$

该分馏值反映了结合键强度的差异，且可以通过以下方程与简化配分函数的比值 β 联系起来：

$$\Delta_{B-A} = 1\,000\,(\ln \beta_B - \ln \beta_A) \tag{9.5}$$

式中：β 为给定状态相对于单原子铁蒸气参比状态的平衡分馏系数。系数 β 比 α 较为有利的一点是通过它可以计算任何共存相的平衡分馏系数，而 α 只关注特定两种相之间的分馏。系数 β 不能通过实验直接测得（因铁只在非常高的温度下才以蒸气形式存在），因此一般依赖于其他方法，或者对于铁来说，可以使用同步辐射共振非弹性 X 射线散射（nuclear resonant inelastic X-ray scattering, NRIXS）进行测定。通过对动力学能量或者简化函数配比的级数展开可以得到系数 β 的多项式表达形式：

$$1000 \ln \beta = \frac{A_1}{T^2} + \frac{A_2}{T^4} + \frac{A_3}{T^6} \tag{9.6}$$

式中：A_1、A_2 和 A_3 为与化学物质种类和相态相关的参数，与 T 无关，但随相或者化学物质的不同而改变。该表达形式将用来总结以后的实验和理论研究。在高温下（超过 400℃），该式的高阶项消失且约等于首项，$1\,000 \ln \beta \approx A_1 / T^2$，或者写成具有铁结合键的平均力常数 F_c 的方程：

$$1\,000 \ln \beta = 1\,000 \left(\frac{1}{m_{54}} - \frac{1}{m_{56}} \right) \frac{h^2}{8 k_B^2 T^2} F_c = 2\,904 \frac{F_c}{T^2} \tag{9.7}$$

式中：m_{54} 和 m_{56} 分别为同位素 ^{54}Fe 和 ^{56}Fe 的质量；h 为简化的普朗克常数；k_B 为玻尔兹曼常数；T 为温度。

2. 流体-流体、流体-矿物之间的铁同位素热力学平衡分馏

在低温含水体系下测量铁同位素的分馏是极具挑战性的，因为铁的扩散非常缓慢且同位素交换过程可能同时受溶解-沉淀反应的控制，所以该过程很可能也受动力学分馏效应影响。目前有大量的相关工作已经完成，尤其是关于水中溶解态的铁氧化物、Fe^{2+}和 Fe^{3+}。

通过实验确定水体中 Fe^{2+}和 Fe^{3+}之间的平衡分馏系数是非常困难的，因为这两种形态的铁在溶液中常混合在一起，如果要测定其间的同位素分馏就要将两种形态的铁分离开来。Welch 等（2003）通过将 Fe^{3+}沉淀的方式实现了该分离，沉淀过程的困难是需要确保在沉淀期间不存在动力学同位素效应，且当 Fe^{3+}沉淀时 Fe^{2+}与 Fe^{3+}之间不发生同位素交换，或者必须通过计算来对这些效应进行校正。在 0 ℃和 22 ℃时测量的水体中 Fe^{3+}和 Fe^{2+}之间 $^{56}Fe/^{54}Fe$ 的平衡分馏系数为 $0.334\times10^6/T^2-0.88$。

通过实验也可得到水溶液组分和矿物之间的同位素平衡分馏系数。Skulan 等（2002）发现水溶液中$[Fe^{3+}(H_2O)_6]^{3+}$和赤铁矿之间的同位素分馏取决于赤铁矿的沉淀速率，将实验结果推演至沉淀速率为 0，发现 98 ℃下溶解态 Fe^{3+}和赤铁矿之间 $^{56}Fe/^{54}Fe$ 的同位素分馏为（-0.1 ± 0.2）‰。Saunier 等（2011）测量了热水条件下赤铁矿与 Fe^{2+}/Fe^{3+}的氯化配合物之间的平衡分馏，研究发现当液相中主要以 Fe^{3+}的氯化配合物存在时，流体与赤铁矿之间的同位素分馏很小［300 ℃时 $^{56}Fe/^{54}Fe$ 分馏系数为（0.01 ± 0.05）‰］；当流体主要以 Fe^{2+}的氯化配合物（$FeCl_2$、$FeCl^+$）为主时，分馏很大［300 ℃时 $^{56}Fe/^{54}Fe$ 分馏为（-0.36 ± 0.10）‰，450 ℃时 $^{56}Fe/^{54}Fe$ 分馏为（0.10 ± 0.12）‰］。此外，pH、溶液中共存离子和 Fe^{2+}_{aq}/铁矿的比值对水体 Fe^{2+}-铁矿表面铁同位素分馏有不同程度的影响。25 ℃时，含 Fe^{3+}水铁矿（水合氧化铁）和溶液中 Fe^{2+}之间的平衡分馏系数为（3.2 ± 0.1）‰，但其分馏也受到体系中硅存在的影响。铁矿物相也能影响 Fe^{2+}_{aq}/铁矿相之间的铁同位素平衡分馏。针铁矿和 Fe^{2+}在 22 ℃时，$^{56}Fe/^{54}Fe$ 具有较小的平衡分馏系数［（1.05 ± 0.08）‰］。22 ℃时溶液中 Fe^{2+}与磁铁矿之间的平衡分馏系数为（-1.56 ± 0.20）‰。Fe^{2+}和菱铁矿在 20 ℃时的平衡分馏系数为（0.48 ± 0.22）‰。

海水中溶解态铁能够以铁载体复合物的形式作为营养物质被摄取，因此铁载体复合物在现代海洋铁循环过程中具有重要作用。Dideriksen 等（2008）测定的铁载体复合物和无机 Fe^{3+}物种的 Fe^{3+}和 $Fe(OH)_2^+$（假定这两种物质之间不会发生明显分馏）之间的平衡分馏系数为（0.60 ± 0.15）‰。

铁硫化物是重要的铁矿物相，Guilbaud 等（2011）采用三同位素技术计算获得的不完全的流体-矿物平衡过程中 Fe^{2+}水溶液和四方硫铁矿（FeS），在 25 ℃和 2 ℃下的平衡分馏系数分别为（-0.52 ± 0.16）‰和（-0.33 ± 0.12）‰。

9.2.4 河流和土壤中铁同位素组成与分馏

在土壤和河流中，铁同位素分馏一般较小（通常小于 0.5‰），轻铁同位素倾向于优先从母岩向溶解相中淋溶出来。早期的观察中发现若河流中含有较高的悬浮物质，则其 $\delta^{56}Fe$ 值与大陆较为相似，如果河水中溶解态的铁的占比较高则一般其 $\delta^{56}Fe$ 值较低。在富有机质且悬浮物含量较低的河水中其 $\delta^{56}Fe$ 值较之陆源相对贫乏，而悬浮物含量高的河水则和陆源接近。

通常情况下河流相比陆源其铁同位素组成一般较轻，然而也有许多例外。例如，马萨诸塞州的北江其溶解态 $\delta^{56}Fe$ 值为 0.3‰。溶解相胶体颗粒的 $\delta^{56}Fe$ 值与胶体的存在形式有关，有机胶体中富集轻同位素（低至-0.13‰），而氢氧化物胶体中则富集重同位素（达 0.3‰）。发育于北极地区较大的河流中 $\delta^{56}Fe$ 值与陆源物质相似，但较小的河流其铁同位素组成则差异较大（从-1.7‰到 1.6‰），这可能与小河流中较活跃的氧化还原循环和胶体的形成有关。相反，从斯瓦尔巴冰川发源的一条河流虽然河水中的溶解态铁含量变化很大，其 $\delta^{56}Fe$ 值却始终与陆地相近，这是环境中氧化还原循环不活跃所致。

人为污染也可影响河流的 $\delta^{56}Fe$ 值。Song 等（2011）从中国南方喀斯特地区的河流、湖泊悬浮物中测出了极负的 $\delta^{56}Fe$ 值，范围为-2.0‰～0.4‰，其由生物活动和矿坑排水污染共同所致。人为来源的铁因其较轻的同位素组成，可用于追溯河流中铁的污染来源。

对于大部分河流，其所含的几乎所有的铁均来自土壤（当大气水溶解土壤中的含铁矿物时）。研究显示，土壤中铁的厌氧溶解释放轻同位素，而在富氧条件下这部分富轻同位素的铁又再次沉淀。Guelke 等（2010）发现土壤中大部分的可释放的铁其同位素组成均较轻，而残余部分的硅酸盐铁则同位素较重，这说明硅酸盐风化时优先释放轻同位素。同样，铁的氢氧化物中富集轻铁同位素，该现象是由于硅酸盐矿物在淋滤时优先释放轻同位素，而释放的这部分铁随后以氢氧化物的形式沉淀。Schuth 等（2015）通过室内实验重现了野外观测到的风化时优先释放轻铁同位素的过程。

9.2.5 微生物驱动下的铁同位素分馏

1. 铁的异化还原（DIR）

Fe^{3+}氧化物在厌氧呼吸中作为电子受体的行为在近现代富铁沉积物中被广泛观察到，并且常与地球早期的一些新陈代谢过程联系起来。Fe^{3+}异化还原的矿物学产物被保存在岩石中，包括磁铁矿、铁的碳酸盐和硫化物矿物。早期的研究报道了水铁矿异化还原生成 Fe^{2+} 的过程中 $\delta^{56}Fe$ 分馏约为-1.3‰［微生物异化还原 Fe^{3+}优先利用轻铁同位素，并释放同位素较轻的 Fe^{2+}］。特别地，当还原速率较高时，异化还原产物 Fe^{2+}的 $\delta^{56}Fe$ 值较之水铁矿基质可再降 2.6‰，这反映了重同位素的 Fe^{2+}优先在水合氧化铁上吸附。Crosby 等（2007）指出，异化还原生成的 Fe^{2+}其 $\delta^{56}Fe$ 值较低可能反映了铁同位素在以下三种储库之间的交换：液相 Fe^{2+}、吸附态 Fe^{2+}和铁氧化物表面的反应性 Fe^{3+}。微生物还原的 Fe^{2+}_{aq}吸附在 Fe^{3+}矿物表面并与 Fe^{3+}矿物表面的反应性 Fe^{3+}之间发生电子、原子交换，同时造成 Fe^{2+}_{aq}和 Fe^{3+}_{reac}之间约-3‰的铁同位素分馏（图 9.5）。

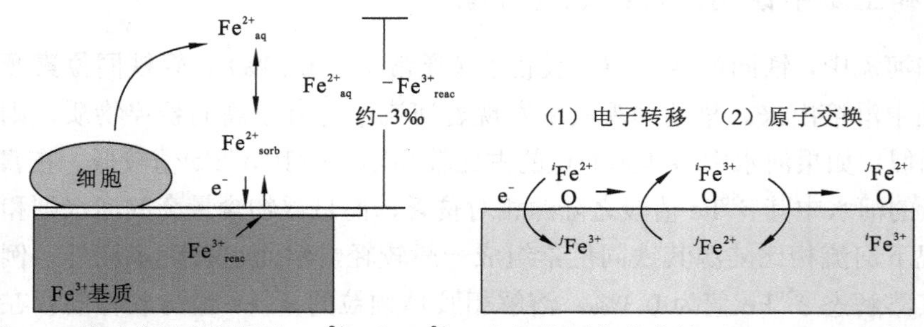

图 9.5 铁矿物异化还原中 Fe^{2+}_{aq}和 Fe^{3+}_{reac}之间的同位素分馏（Crosby et al., 2007）

液相 Fe^{2+}和反应性 Fe^{3+}之间的 $^{56}Fe/^{54}Fe$ 分馏值为−2.95‰，该变化与铁矿物基质（针铁矿或赤铁矿）和微生物种属无关，说明存在一种铁异化还原过程的普适性同位素分馏机理。此外，在误差范围内，室温下非生物系统中铁异化还原产生的液相 Fe^{2+}和 Fe^{3+}氧化物之间为平衡分馏，其液相 Fe^{2+}和反应性 Fe^{3+}的 $^{56}Fe/^{54}Fe$ 分馏也保持恒定。这说明微生物在异化还原中产生的铁同位素分馏，关键在于促进液相 Fe^{2+}和反应性 Fe^{3+}之间原子共轭的形成和电子的传递，以使铁同位素发生平衡分馏。其他参数如局部区域液相 Fe^{2+}的去除或积累、硅的存在或 pH 均可能影响沉积物中异化还原时铁同位素的变化。

2. 微生物铁氧化

在还原性流体和含氧水的相互作用中，虽然亚铁离子的化学氧化在热力学上是极其有利的，但在酸性、微氧或者缺氧条件下微生物介导的 Fe^{2+}氧化则可能占主导。微生物氧化 Fe^{2+}并产生能量以供自身生长的方式包括：在天然 pH 下耦合 Fe^{2+}氧化和硝酸盐还原；在低 pH 或天然 pH 条件下耦合 Fe^{2+}氧化和氧还原；光能异养型 Fe^{2+}氧化。

Croal 等（2004）研究了光能异养型 Fe^{2+}氧化时的铁同位素分馏，发现水铁矿沉淀过程中的 $\delta^{56}Fe$ 值较之液相 Fe^{2+}高了约 1.5‰。由于同位素分馏程度与氧化速率（通过改变光强控制）并无关系，动力学同位素效应并非分馏值的重要控制因素。该分馏值高于非生物 Fe^{2+}氧化（约 1‰），但低于室温下液相 Fe^{2+}和反应性 Fe^{3+}的平衡分馏（约 3‰）。

事实上，弱结晶态 Fe^{3+}水合氧化物（HFO，或水铁矿）会迅速向更为稳定的矿物转化，因此测定液相 Fe^{2+}和 HFO 间的铁同位素分馏较为困难。Fe^{2+}和 HFO 之间的铁同位素交换，在溶解性二氧化硅存在的条件下非常迅速并且接近完全。Wu 等（2011）通过向 HFO 加入硅的方法获得 Fe^{2+}-HFO 的 $^{56}Fe/^{54}Fe$ 平衡分馏系数为−3.17‰。相反，当实验中 Si-HFO 形成共沉淀时，获取到了较低的分馏系数−2.6‰，可能是硅在氧化物表面上的吸附占据了表面位点而导致的同位素交换不完全。

3. 趋磁性微生物

趋磁性微生物（magnetotactic bacteria, MB）属原核生物，通过氧化还原和矿物沉淀过程参与铁和硫的化学循环。MB 会在胞内的某一区域使磁性氧化铁（磁铁矿）和硫化铁矿物（硫复铁矿）沉淀，以致其对地磁场有响应。这种细菌在全球范围内分布在微氧到厌氧的淡水、海洋沉积物、土壤和分层的海洋水柱中。

研究初期，无论使用 Fe^{2+}或 Fe^{3+}作为生长基质均未在 MB 产生磁铁矿时观察到可检测的同位素分馏。但最近有研究者在异化还原水合氧化铁形成磁铁矿的过程中，观察到了磁铁矿和液相 Fe^{2+}之间极大的同位素分馏。所以不能排除 MB 会产生铁同位素分馏的可能，因为针对该问题仅开展了有限的实验室研究。特别地，铁同位素分馏可能受 MB 摄取铁的动力学过程控制，可能与铁浓度、铁氧化还原状态和铁螯合剂的存在有关。Amor（2015）研究了 AMB-1 型 MB 产生的磁铁矿的化学和同位素特征，结果显示 AMB-1 型 MB 优先同化细胞内的重同位素，剩余部分的铁经部分还原后形成磁铁矿。这导致了磁铁矿结晶矿化时富集轻同位素并表现出 $\delta^{56}Fe$ 值较之生长基质−1.5‰～−1‰的分馏。因此，生物矿化在磁铁矿形成过程中更有利于轻同位素的富集。

9.3 稳定铁同位素技术方法应用

9.3.1 指示大同盆地高砷地下水成因

大同盆地位于山西省北部，是山西境内最大的盆地，属干旱-半干旱气候，蒸发作用强烈。该研究的野外试验监测场位于大同盆地中南部，总面积约为（150×250）m^2，地势平坦，地表海拔约为 1019m，潜水埋深约 2m。在场地范围内，存在三个明显连续分布的含水层，埋深分别为 20～24m、26～30m 和 35～40m。地表主要覆盖由粉质黏土和黏土构成的弱渗透性隔水层。三个含水层之间连续分布有粉质黏土或黏土层。含水层沉积物主要由灰色、深灰色或黑灰色中细砂构成。场地含水层的渗透系数为 1～6m/d，水力梯度小，地下水流向大致为西南—北东向，地下水流速缓慢。场地内均匀布设有三个含水层的 30 口水质监测井（图 9.6）。为了查明场地地下水中砷的富集机制，Wang 等（2014）采取了 30 口监测井的地下水样品并测试其砷浓度、铁浓度、$\delta^{56}Fe$ 值、$\delta^{34}S_{SO_4^{2-}}$ 值和 $\delta^{13}C_{DIC}$ 值。

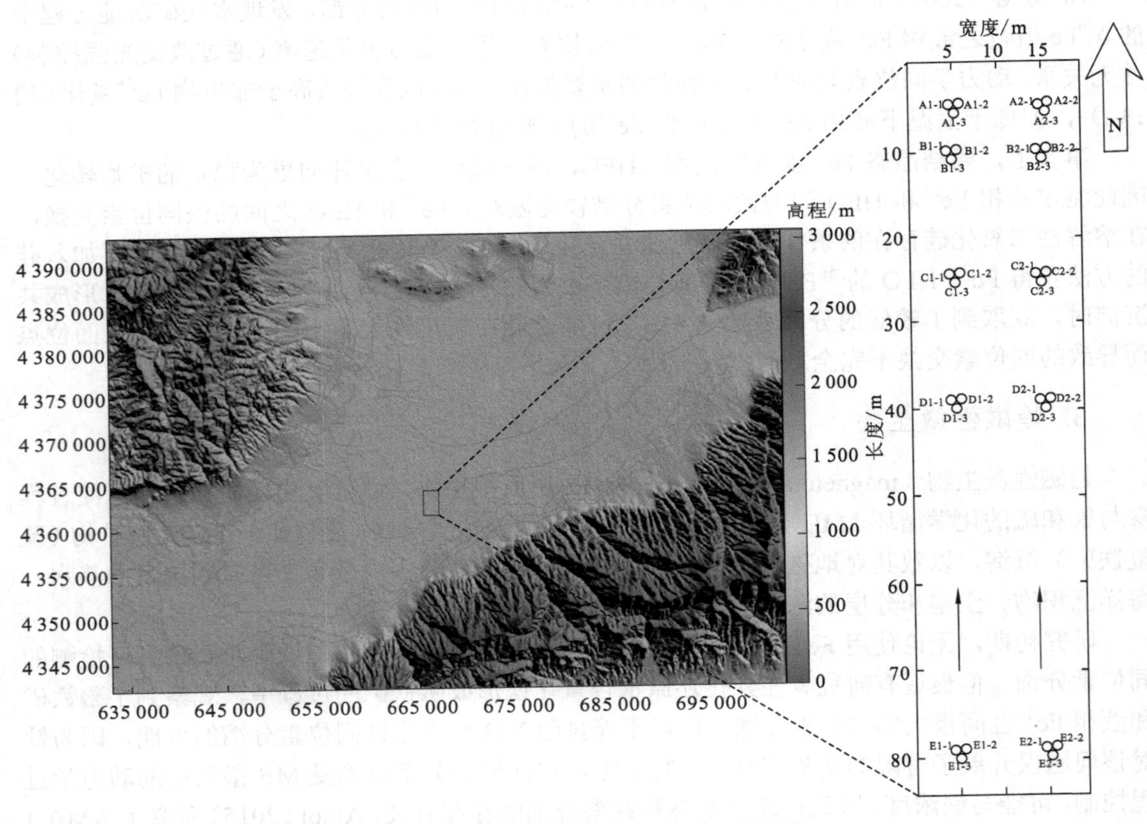

图 9.6 试验场地位置（Wang et al., 2014）

图中表示了监测井的位置；地下水流方向为西南—北东

沉积物中 Fe^{3+} 矿物的微生物还原在还原型含水层中已被证实，该过程在铁的地球化学循环中有重要作用。而含铁矿物作为砷在自然界中的主要载体，其还原性溶解会导致砷从沉积物中释放进入地下水。沉积物中 Fe^{3+}矿物的微生物还原也是控制含水层中铁同位素组成的重要过程。该还原过程会将 Fe^{3+}矿物还原溶解，产生溶解态 Fe^{2+}的同时会导致轻铁同位素在溶解态 Fe^{2+}中富集。该研究采集的低砷地下水样品中，砷浓度和 $\delta^{56}Fe$ 值呈正相关关系[图 9.7(a)]。表明 Fe^{3+}矿物的微生物还原促进了地下水中砷的富集。该结果看似与微生物还原 Fe^{3+}矿物时的铁同位素分馏理论相悖，实则不然。在微生物还原 Fe^{3+}矿物初期，地下水中富集轻铁同位素，而沉积物中则富集重铁同位素。依据瑞利分馏原理，$\delta^{56}Fe$ 值较大的沉积物经微生物还原后生成的溶解态 Fe^{2+}其 $\delta^{56}Fe$ 值也较大。因此，到了 Fe^{3+}矿物微生物还原的后期，富重铁同位素的沉积物还原产生的溶解性 Fe^{2+}，其铁同位素较之还原前期也较重。结果导致随着 Fe^{3+}矿物还原程度的增加，地下水的 $\delta^{56}Fe$ 值也在逐渐变大。也就形成了图 9.7（a）所示的低砷地下水中 As 质量浓度与 $\delta^{56}Fe$ 值的正相关关系。

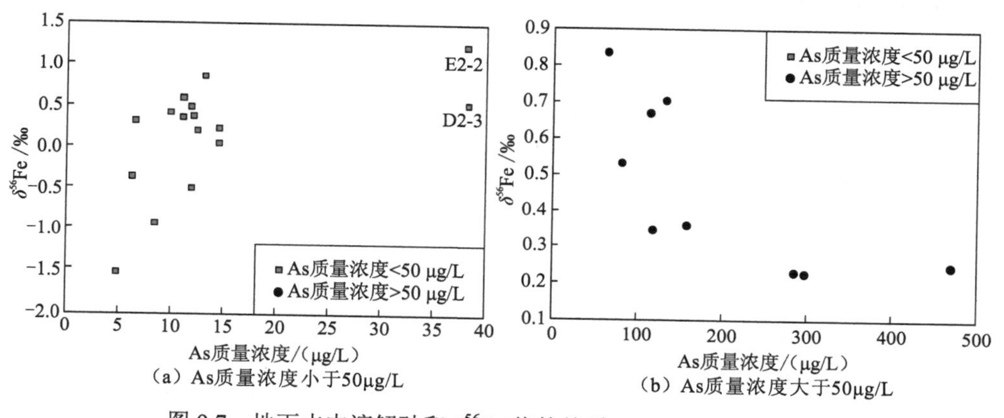

（a）As质量浓度小于50μg/L　（b）As质量浓度大于50μg/L

图 9.7　地下水中溶解砷和 $\delta^{56}Fe$ 值的关系（Wang et al., 2014）

对于高砷地下水，其砷质量浓度与 $\delta^{56}Fe$ 值则表现出显著的负相关关系［图 9.7（b）］。表明高砷地下水中砷的活化与固定还受到其他过程的影响。地下水样品中检测到了高浓度的 HS^-，因此地下水中砷行为和 $\delta^{56}Fe$ 值很可能受到 Fe^{2+}硫化物沉淀过程的影响。研究表明，Fe^{2+}硫化物沉淀生成过程优先在固相中富集重铁同位素，在液相中富集轻铁同位素。试验场地下水中高浓度的溶解态 HS^-可与溶解性 Fe^{2+}反应生成沉淀并使地下水富集轻铁同位素，同时，高浓度的 HS^-也可直接还原 Fe^{3+}矿物，使 Fe^{3+}矿物中的砷释放。随着上述反应的进行，地下水中的砷质量浓度不断升高但 $\delta^{56}Fe$ 值不断降低直至稳定。也就形成了如图 9.7（b）所示的试验场地高砷地下水中砷浓度和 $\delta^{56}Fe$ 值的显著负相关关系。

图 9.8 展示了地下水样品的 $\delta^{56}Fe$ 值和 $\delta^{34}S_{SO_4^{2-}}$ 值之间的关系。从图 9.8 中可以看出，低砷地下水和高砷地下水明显处于两个不同的区域。对于低砷地下水，其较大的 $\delta^{56}Fe$ 值变化范围，表明其发生了强烈的微生物诱导的 Fe^{3+}矿物还原。但较窄的 $\delta^{34}S_{SO_4^{2-}}$ 值分布范围和较低的 $\delta^{34}S_{SO_4^{2-}}$ 值，表明这部分地下水并未发生明显的 SO_4^{2-}还原。对于高砷地下水样品，较高的 $\delta^{56}Fe$ 值表明其 Fe^{3+}矿物的微生物还原程度极高。微生物还原 SO_4^{2-} 时会优先利用较轻的 SO_4^{2-}，因此在溶液中富集重 ^{34}S 同位素。高砷地下水较高的 $\delta^{34}S_{SO_4^{2-}}$ 值表明高砷地下水中普遍发生了强烈的

SO_4^{2-}还原过程。也就是说，Fe^{3+}矿物和SO_4^{2-}的共同还原才能导致地下水中砷浓度大于50μg/L。

微生物以有机碳为电子供体，以Fe^{3+}和SO_4^{2-}为电子受体并还原Fe^{3+}和SO_4^{2-}。在此过程中，微生物优先利用轻同位素，因而造成了液相中富集同位素较轻的Fe^{2+}和HCO_3^-及同位素较重的SO_4^{2-}。如图9.9所示，该研究在高砷地下水样品中观察到了较大斜率的$\delta^{34}S_{SO_4^{2-}}$值与$\delta^{13}C_{DIC}$值的负相关关系，表明高砷地下水中普遍发生了强烈的SO_4^{2-}还原过程。然而，该研究并未观察到高砷地下水样品$\delta^{56}Fe$值与$\delta^{13}C_{DIC}$值的负相关关系，表明Fe^{3+}矿物的微生物还原不是导致高砷地下水形成的主要原因。除微生物还原外，高浓度的HS^-也能够直接还原Fe^{3+}矿物并导致砷的释放，并且该过程几乎不会造成铁同位素的分馏。因此，HS^-非生物还原Fe^{3+}矿物可能是导致研究区高砷地下水形成的主要原因。该过程不会产生明显的铁同位素分馏，因此，形成了如图9.8所示的高砷地下水样品具有高$\delta^{56}Fe$值和高且变化范围大的$\delta^{34}S_{SO_4^{2-}}$值特征（区域2）。

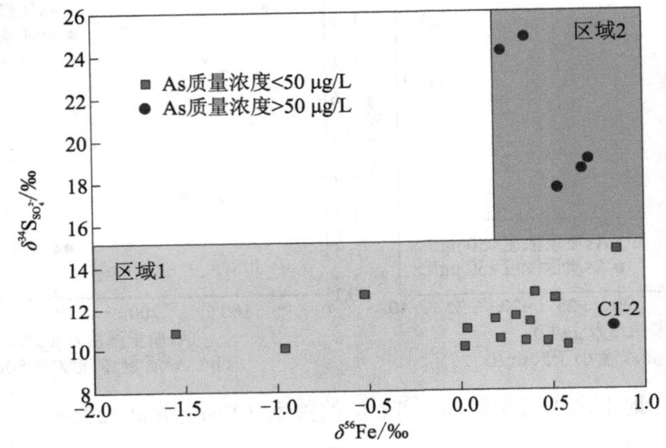

图9.8 地下水中$\delta^{34}S_{SO_4^{2-}}$值和$\delta^{56}Fe$值的关系（Wang et al., 2014）

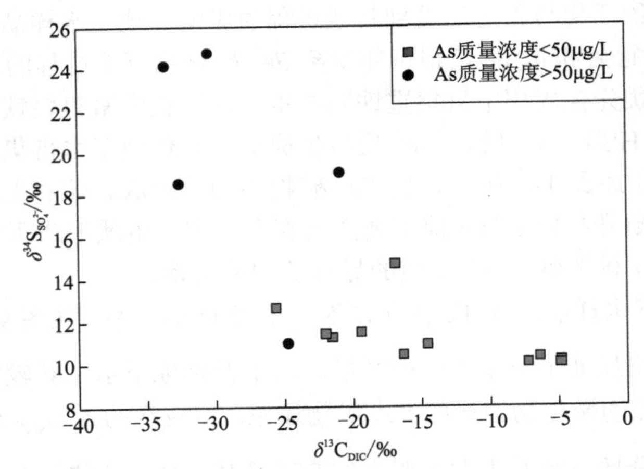

图9.9 地下水中$\delta^{13}C_{DIC}$值与$\delta^{34}S_{SO_4^{2-}}$值的关系（Wang et al., 2014）

综上，依据氧化还原序列，微生物还原的先后顺序为无定形Fe^{3+}矿物＞SO_4^{2-}＞结晶态Fe^{3+}矿物。因此，在微生物还原作用的前期，无定形Fe^{3+}矿物被微生物还原并释放少量砷，因而形成了浓度较低的含砷地下水。随着无定形 Fe^{3+}矿物的消耗，SO_4^{2-} 还原开始发生，还原产生的 HS^-直接将结晶态 Fe^{3+}矿物还原并释放大量的砷，导致了地下水中砷的富集。而 HS^-与溶解态 Fe^{2+}反应生成 Fe^{2+}硫化物沉淀及其该过程中产生的铁同位素分馏，造成了地下水砷浓度与 $\delta^{56}Fe$ 值的负相关关系。

9.3.2 指示弗留利平原地下水中铁的来源与归趋

弗留利平原位于阿尔卑斯山脚、意大利北部，是亚得里亚海北部的内陆边界。欧非两大板块对撞后隆起的岩层被冰河侵蚀，冲刷下来的砂砾是平原的主要组成物质。研究区位于弗留利平原低海拔区域，被晚冰川期冲积平原上形成的奥萨-科尔诺河水文网络所覆盖。该地区地表下存在一个厚度为 10～40 m 的非承压含水层，地下水流向为由北向南，含水层由钙质砂岩、灰质砂岩、白云质砂岩或砾石组成。为了调查意大利北部沿海地区的冶金活动对潜水含水层地下水中铁来源和归趋的影响，Castorina 等（2013）于 2008 年和 2009 年采集了毗邻科尔诺河受工业化污染严重的潜水含水层中的 14 件地下水样品（图 9.10），进行了系统的水化学和同位素分析。

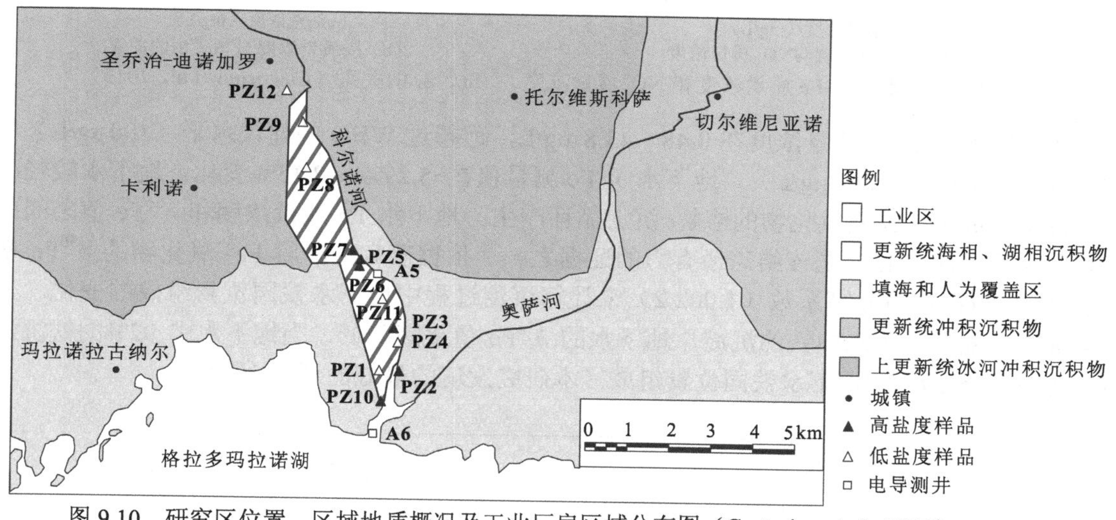

图 9.10 研究区位置、区域地质概况及工业厂房区域分布图（Castorina et al., 2013）

结果显示，氢氧化铁的溶解-沉淀对该地区地下水中铁同位素组成具有重要影响。对地下水样品的铁形态计算结果表明，该地区地下水的水铁矿均处于过饱和状态，一旦地下水的盐度梯度和氧化还原状态发生变化，现有的平衡极有可能被打破并产生氢氧化铁沉淀。此外，地下水样品的溶解氧（DO）质量浓度均极低，在 0.4～2.1 mg/L，大部分在 1.0 mg/L 以下，表明地下水处于还原环境，极有可能发生铁氢氧化物的还原性溶解。氢氧化铁表面会优先吸附重铁同位素，因此铁氢氧化物的溶解-沉淀会导致溶解态和矿物结合态铁之间发生同位素分馏。铁氢氧化物的溶解会导致其上络合的同位素较重的铁被释放进入地下水中，引起地下水的铁同位素组成变重。

低盐地下水的 Fe 质量浓度和 NO_2^- 质量浓度呈现正相关关系［图 9.11（a）］，表明地下水确实发生了铁氢氧化物的还原性溶解。地下水中极低的 DO 质量浓度有利于反硝化作用的发生，随着地下水中反硝化作用的进行，地下水越发偏向还原环境，铁氢氧化物可能会溶解成为溶解态铁。以样品 PZ1 为例，该点 2008 年地下水样品 $\delta^{56}Fe$ 测量值为-4.55‰，Fe 质量浓度为 4.06 mg/L；2009 年 $\delta^{56}Fe$ 测量值为 0.87‰，Fe 质量浓度为 9.99 mg/L。铁同位素组成由轻到重的转变和 Fe 浓度的增加都能从铁氢氧化物的还原与溶解行为中得到极好地解释。铁氢氧化物还原溶解的发生，导致了地下水在 Fe 质量浓度增加的同时富集重铁同位素。此外，地下水锶同位素证据也可佐证了地下水中铁氢氧化物还原溶解的发生。与铁相似，铁氢氧化物表面也优先络合较重的锶同位素（^{87}Sr），低盐地下水的 Fe 质量浓度与锶同位素组成的正相关关系［图 9.11（b）］可能反映了铁氢氧化物溶解后重锶同位素的释放。

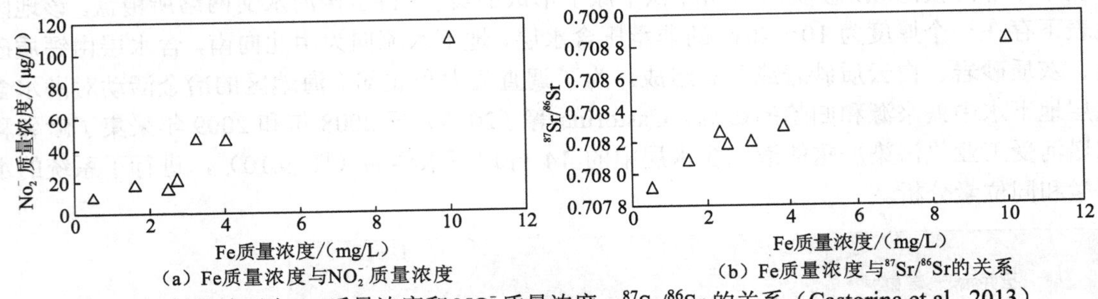

图 9.11　低盐地下水 Fe 质量浓度和 NO_2^- 质量浓度、$^{87}Sr/^{86}Sr$ 的关系（Castorina et al., 2013）

研究区地下水 Fe 质量浓度在 0.48～43.8 mg/L，远超过 WHO 的建议水平（300 μg/L）和意大利规定的阈值（200 μg/L）。地下水 $\delta^{56}Fe$ 测量值在-5.29‰～2.15‰变化。地下水较轻的铁同位素组成可由铁氢氧化物的溶解-沉淀循环产生。地下水 Fe 质量浓度和 $\delta^{56}Fe$ 值之间的正相关关系（图 9.12）是该结论最有力的证据之一。依据研究区碎屑 Fe^{3+}氧化物的 $\delta^{56}Fe$ 初始值（0）和设定的分馏系数（1.002 2）来计算沉淀过程中地下水铁同位素组成的变化。其结果显示，随着地下水中铁的沉淀，地下水的 $\delta^{56}Fe$ 值逐渐降低，当地下水中 92%的铁沉淀时便可形成-5.29‰的地下水铁同位素组成（本研究发现的最低的 $\delta^{56}Fe$ 值）。

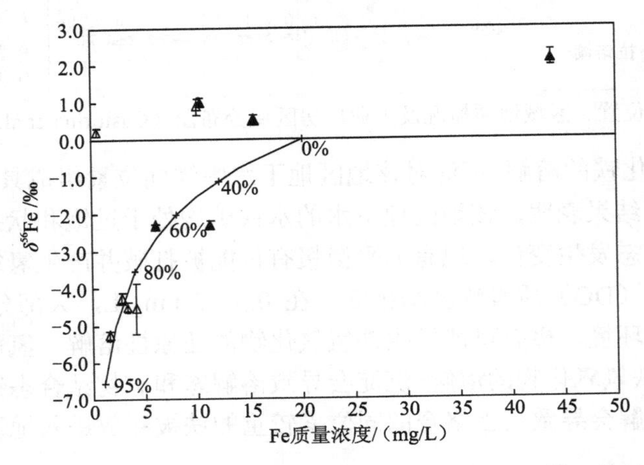

图 9.12　微咸（黑）和低盐（白）地下水样品 $\delta^{56}Fe$ 值和 Fe 质量浓度的关系（Castorina et al., 2013）

此外，研究中部分地下水样品 δ^{56}Fe 值为正值，最高达 2.15‰。如前所述，造成该现象的原因可能为富重铁同位素的铁氢氧化物的部分溶解。然而，在同一研究区，地下潜水赋存条件相似的情况下出现如此大的地下水铁同位素组成差异，也有可能是其他铁源的混合所致，如当地分布较多的钢铁工业。钢铁工业释放到环境中的铁含有较重的铁同位素组成，与地下水混合后造成地下水铁同位素组成偏重，研究采集的地下水样品中 Ni、Mn 和 As 等元素含量较高，且与铁含量呈正相关关系（图 9.13）也证实了该结论。

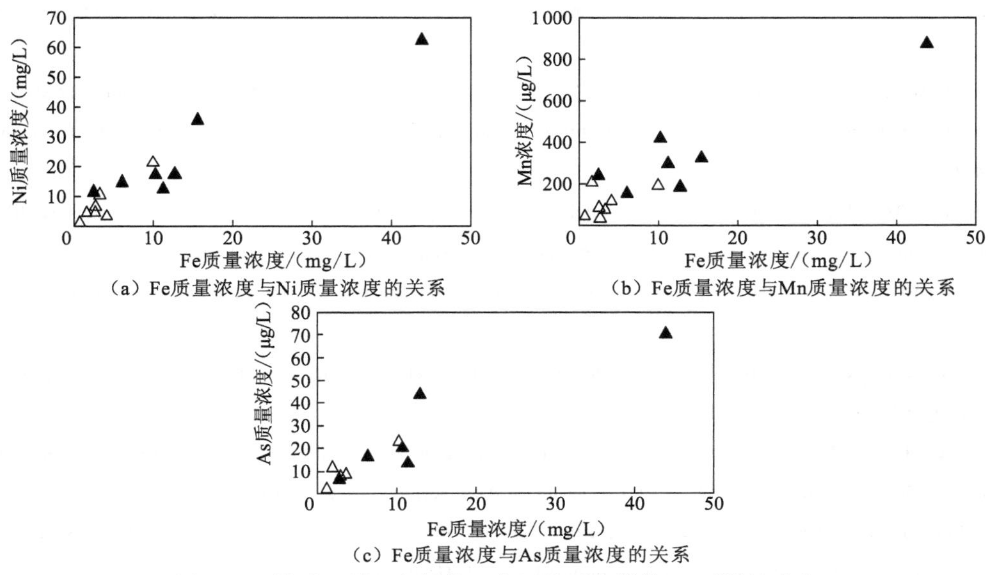

图 9.13 微咸（黑）和低盐（白）地下水样品 Fe 质量浓度和 Ni、Mn、As 质量浓度的关系（Castorina et al., 2013）

总体而言，盐度梯度和氧化还原条件在驱动铁循环过程中起了关键作用，因而形成了本研究中较宽范围的地下水铁同位素组成特征。铁氢氧化物的溶解-沉淀循环导致了地下水较轻的铁同位素组成。而地下水中偏正的 δ^{56}Fe 值则可归因于还原环境下富含重铁同位素的铁氢氧化物的部分溶解，或钢铁工业释放到环境中的铁（富重铁同位素）的混入。

参考文献

AMOR M, 2015. Chemical and isotopic signatures of the magnetite from magnetotactic bacteria[D]. Paris: Institut de Physique du Globe de Paris .

BEARD B L, JOHNSON C M, VON DAMM K L, et al., 2003. Iron isotope constraints on Fe cycling and mass balance in oxygenated earth oceans[J]. Geology, 31(7):629-632.

BLACK J R, JOHN S, YOUNG E D, et al., 2010. Effect of temperature and mass transport on transition metal isotope fractionation during electroplating[J]. Geochimica et cosmochimica acta, 74(18): 5187-5201.

CASTORINA F, PETRINI R, GALIC A, et al., 2013. The fate of iron in waters from a coastal environment impacted by metallurgical industry in Northern Italy: hydrochemistry and Fe-isotopes[J]. Applied geochemistry, 34: 222-230.

CROAL L R, JOHNSON C M, BEARD B L, et al., 2004. Iron isotope fractionation by Fe(II)-oxidizing photoautotrophic bacteria[J]. Geochimica et cosmochimica acta, 68(6): 1227-1242.

CROSBY H A, RODEN E E, JOHNSON C M, et al., 2007. The mechanisms of iron isotope fractionation produced during dissimilatory Fe(III) reduction by Shewanella putrefaciens and Geobacter sulfurreducens[J]. Geobiology, 5(2): 169-189.

DAUPHAS N, 2007. Diffusion-driven kinetic isotope effect of Fe and Ni during formation of the Widmanstätten pattern[J]. Meteoritics and planetary science, 42(9): 1597-1613.

DAUPHAS N, ROUXEL O, 2006. Mass spectrometry and natural variations of iron isotopes[J]. Mass spectrometry reviews, 25(4): 515-550.

DAUPHAS N, ZUILEN M V, BUSIGNY V, et al., 2007. Iron isotope, major and trace element characterization of early Archean supracrustal rocks from SW Greenland: protolith identification and metamorphic overprint[J]. Geochimica Et Cosmochimica Acta, 71(19):4745-4770.

DIDERIKSEN K, BAKER J A, STIPP S L S, 2008. Equilibrium Fe isotope fractionation between inorganic aqueous Fe (III) and the siderophore complex Fe (III)-desferrioxamine B[J]. Earth and planetary science letters, 269(1-2): 280-290.

FANTLE M S, DEPAOLO D J, 2004. Iron isotopic fractionation during continental weathering[J]. Earth and planetary science letters, 228(3/4):547-562.

GUELKE M, VON BLANCKENBURG F, SCHOENBERG R, et al., 2010. Determining the stable Fe isotope signature of plant-available iron in soils[J]. Chemical geology, 277(3-4): 269-280.

GUILBAUD R, BUTLER I B, ELLAM R M, et al., 2011. Experimental determination of the equilibrium Fe^{2+} isotope fractionation between and FeSm (mackinawite) at 25 and 2 ℃ [J]. Geochimica et cosmochimica acta, 75(10): 2721-2734.

HEIDI A, CROSBY E E, RODEN C M, et al., 2007. The mechanisms of iron isotope fractionation produced during dissimilatory Fe(III) reduction by Shewanella putrefaciens and Geobacter sulfurreducens[J]. Geobiology, 5(2): 169-189.

KAVNER A, BONET F, SHAHAR A, et al., 2005. The isotopic effects of electron transfer: an explanation for Fe isotope fractionation in nature[J]. Geochimica et cosmochimica acta, 69(12): 2971-2979.

LEVASSEUR S, FRANK M, HEIN J R, et al., 2004. The global variation in the iron isotope composition of marine hydrogenetic ferromanganese deposits:implications for seawater chemistry?[J]. Earth and planetary science letters, 224(1):91-105.

MATTHEWS A, ZHU X K, O'NIONS K, 2001. Kinetic iron stable isotope fractionation between iron (-II) and (-III) complexes in solution[J]. Earth and planetary science letters, 192(1): 81-92.

PEZZETTA E, LUTMAN A, MARTINUZZI I, et al. Iron concentrations in selected groundwater samples from the lower Friulian Plain, northeast Italy: importance of salinity[J]. Environmental earth sciences, 2011, 62(2):377-391.

RODUSHKIN I, STENBERG A, ANDRN H, et al., 2004. Isotopic fractionation during diffusion of transition metal ions in solution[J]. Analytical chemistry, 76(7): 2148-2151.

ROSKOSZ M, LUAIS B, WATSON H C, et al., 2006. Experimental quantification of the fractionation of Fe isotopes during metal segregation from a silicate melt[J]. Earth and planetary science letters, 248(3/4): 851-867.

ROUXEL O J, 2005. Iron Isotope Constraints on the Archean and Paleoproterozoic Ocean Redox State[J]. Science, 307(5712): 1088-1091.

ROUXEL O, DOBBEK N, LUDDEN J, et al., 2003. Iron isotope fractionation during oceanic crust alteration[J]. Chemical geology, 202(1/2):155-182.

SAUNIER G, POKROVSKI G S, POITRASSON F, 2011. First experimental determination of iron isotope fractionation between hematite and aqueous solution at hydrothermal conditions[J]. Geochimica et cosmochimica acta, 75(21): 6629-6654.

SCHUTH S, HURRASS J, MUENKER C, et al., 2015. Redox-dependent fractionation of iron isotopes in suspensions of a groundwater-influenced soil[J]. Chemical geology, 392: 74-86.

SKULAN J L, BEARD B L, JOHNSON C M, 2002. Kinetic and equilibrium Fe isotope fractionation between aqueous Fe(III) and hematite[J]. Geochimica et cosmochimica acta, 66(17): 2995-3015.

SONG L, LIU C, WANG Z, et al., 2011. Iron isotope compositions of natural river and lake samples in the karst area, Guizhou province, Southwest China[J]. Acta geologica sinica - english edition, 85(3):712-722.

WANG Y, XIE X, JOHNSON T M, et al., 2014. Coupled iron, sulfur and carbon isotope evidences for arsenic enrichment in groundwater[J]. Journal of hydrology, 519: 414-422.

WELCH S A, BEARD B L, JOHNSON C M, et al., 2003. Kinetic and equilibrium Fe isotope fractionation between aqueous Fe(II) and Fe(III)[J]. Geochimica et cosmochimica acta, 67(22): 4231-4250.

WU L, BEARD B L, RODEN E E, et al., 2011. Stable iron isotope fractionation between aqueous Fe(II) and hydrous ferric oxide[J]. Environmental science and technology, 45(5): 1847-1852.

YAMAGUCHI K E, JOHNSON C M, BEARD B L, et al., 2005. Biogeochemical cycling of iron in the Archean–Paleoproterozoic Earth:Constraints from iron isotope variations in sedimentary rocks from the Kaapvaal and Pilbara Cratons[J]. Chemical geology, 218(1):135-169.

ZHU X K, O'NIONS R K, GUO Y, et al., 2000. Secular variation of iron isotopes in north atlantic deep water[J]. Science, 287(5460):2000-2002.

第10章　稳定镉同位素

镉（Cd）原子序数为48，在元素周期表上位于第五周期IIB族，属于过渡族金属元素，价电子层结构为$4d^{10}5s^2$。极易失去最外层的2个电子，因此在自然界中的主要价态为+2。镉不易发生氧化还原反应，在水溶液中Cd^{2+}可与各种阴离子（如Cl^-、NO_3^-等）形成配位离子，极容易被各种胶体微粒所吸附。

镉作为重要过渡族金属元素之一，也是污染较严重的一种重金属污染物，在自然环境中分布较广，参与各种地质作用、物质循环及生命活动过程。近年来，随着非传统稳定同位素测试技术不断进步，镉同位素研究已成功运用到了陨石、月壤等示踪行星、星云演化、海洋营养物质的循环与演化、铅锌矿床成因及成矿物质来源的示踪和人为镉污染来源等方面的研究中。镉同位素也可作为一种重要的信息用于示踪生物与岩石圈、水圈的相互作用，特别是海洋生物与水圈的相互作用。

10.1　稳定镉同位素分析测试技术

10.1.1　镉同位素分析测试技术的发展历程

镉同位素系统的研究可以追溯到20世纪70年代，当时在陨石和外星体物质中检测到的镉同位素组成差异显著，由此引发了对镉同位素的关注。但与其他更常用的稳定重同位素系统（如铁、锌、铜、钼）相比，镉同位素的研究仍处于初级阶段。自然界中镉有8种稳定同位素，分别为^{106}Cd、^{108}Cd、^{110}Cd、^{111}Cd、^{112}Cd、^{113}Cd、^{114}Cd、^{116}Cd，文献报道了不同同位素比值和标准的使用情况，稳定镉同位素分馏的总$\varepsilon_{dev}{}^{112/110}Cd$范围约为5‰。在早期由于缺乏适当的测试分析技术，以及许多环境基质的天然低镉丰度，结果导致镉同位素的测试分析精度不足，通常为0.5‰～1‰。在过去十余年中，新仪器的研发及分析方法的改进，显著提高了镉同位素分析的精度和低镉含量样品同位素分析的能力。早期镉同位素的分析主要采用TIMS，然而由于镉的第一电离势很高，而且其单个样品测试的不确定度为±0.6～10 $\varepsilon_{dev}Cd/u$，加之测试对象主要为外星体物质（分馏大），电离过程导致的分馏效应常使分析结果失真，这使得该测量方法难以广泛应用。特别是该测试方法对样品的纯度要求高，工作效率低，分析精度差，因此难以满足地球样品（分馏小）对镉同位素测试精度的要求。

采用MC-ICP-MS对地球物质中的镉同位素进行分析的方法由Wombacher等（2003）首次提出，该方法具有良好的长期重现性和高精度，可以分辨出痕量镉同位素的变化（大约在0.1‰）。该方法中等离子体质谱仪克服了TIMS分析中镉电离效率低的问题，且配备了法拉第杯探测器阵列，使得其能应用于高精度同位素比值的测量。MC-ICP-MS的仪器质量分辨率比TIMS更强，分析过程中严重的质量歧视（镉每原子质量差2%）可以通过多种不同的方法进行控制和校正。然而，通过 MC-ICP-MS 方法获得高精度和准确度的镉同位素数据的同时，也面临着一些挑战。首先，被等离子体离子源电离的样品会导致镉同位素与分子物种之间的复杂干扰，如 $^{112}Sn^{+}$和 $^{112}Cd^{+}$，$^{70}Zn^{40}Ar^{+}$和 $^{110}Cd^{+}$，以及 $^{95}Mo^{16}O^{+}$和 $^{111}Cd^{+}$，上述物种都需要通过化学前处理方法加以分离以减少干扰。其次，在质谱分析期间，镉同位素的仪器质量分馏需要进行校正，该过程通常是采用 SSB 法、外部归一化和双稀释剂技术来实现。从上述镉同位素测试手段的演变和发展可以看出，尽管相比研究程度较高的其他非传统稳定同位素（如锌、铁、镁等元素的稳定同位素），镉同位素的测试、应用等研究还处于探索阶段，但是这些初步的研究已表明，镉同位素在示踪矿床成因和成矿物质来源、现代海洋体系中营养元素循环、表生环境中重金属污染和古环境演化等方面具有极好的应用潜力。

10.1.2　镉同位素样品前处理

镉同位素样品的前处理包括消解、化学分离和纯化等步骤。不同性质的环境样品可采用以下几种方案进行消解（表 10.1）。

表 10.1　样品消解步骤的具体参数

参数	方案（1）	方案（2）	方案（3）	方案（4）	方案（5）
最大样品重量/g	0.05	0.5	0.5	0.5	5
消解罐体积和材质	25 mL 特氟龙	60 mL 特氟龙	60 mL 特氟龙	15 mL 特氟龙，70 mL 石英	20 mL 瓷器
样品瓶数量/机架	40	40	40	15/4	无
混合酸	HNO_3+HF	HCl+HNO_3+HF	HCl+HNO_3+HF	HNO_3	HCl
体积比	99：1	6：2：2	6：2：2	无	无
总体积/mL	2	10	10	10	1
消解体系	MARS 5	MARS 5	MARS 5	Ultrawave/HPA-S	Nabertherm
最高温度/℃	170	170	170	250/300	550
程序升温时间/min	15	15	15	25/30	120
停留时间/min	25	25	25	10/40	300

（1）用 HNO_3+HF 酸混合物在封闭的特氟龙消解罐中进行微波辅助消解。

（2）用 HCl+HNO_3+HF 酸混合物在封闭的特氟龙消解罐中进行微波辅助消解。

（3）用 HCl+HNO_3+HF 酸混合物在封闭的特氟龙消解罐中进行微波辅助消解，然后在 550 ℃下对样品进行灰化。

（4）用 HNO_3 进行高压灰化（hight pressure ashing，HPA）或超波（Ultra Wave）消解。

（5）在 550 ℃下灰化样品，然后在浓 HCl 中溶解灰分。

方案（1）适用于富碳环境样品的制备和镉元素浓度测定。方案（2）和（3）适用于土壤、污泥和沉积物等环境样品的制备。方案（4）和（5）适用于制备测量同位素比值的富碳样品。对于干燥的有机基质，每个消解罐的最大推荐样品量为 0.3～0.5 g。因此，可能需要几次平行消解来获得代表性样品，或制备测量同位素比值所需的、足够的分析量。此外，碳的不完全氧化可能干扰后期的离子交换分离与纯化，因此需要先灰化富含有机物的样品。高压灰化和超微波消解需要在高温高压的条件下才能确保更有效地将有机物氧化，但该方法的成本显著增加而样品产量（特别是 HPA）却略低于微波消解。样品的灰化能够促进富含有机物的基质有效矿化，此过程成本低且效率高。在室温下，使用少量的无机酸浸提固体残留物就能回收足量的分析物以进行定量分析，从而消除了试剂和非一次性消解罐的空白影响。然而，灰化过程中的蒸气压力较大，分析物存在潜在的挥发损失，可能限制此方法的应用范围，因此，操作时需要仔细评估方法的可行性。

样品中镉的化学分离和纯化是准确测定样品中镉同位素组成的基础。该过程的目的是消除样品中镉的同质异位素及其他基体元素的干扰，以保证一定的镉回收率。表 10.2 列出了镉同位素的相对丰度、同质异位素和可能的离子团的干扰，因此测定环境样品中镉的同位素组成，就需消除样品中钯、锡、铟、锌、锗等共存元素的干扰。自然界中镉有 8 种稳定同位素，分别为 ^{106}Cd、^{108}Cd、^{110}Cd、^{111}Cd、^{112}Cd、^{113}Cd、^{114}Cd、^{116}Cd。在这 8 种中，^{106}Cd、^{108}Cd、^{116}Cd 受到钯（^{106}Pd 为 27.3%、^{108}Pd 为 26.5%）或者锡（^{116}Sn 为 14.5%）的干扰。虽然 ^{110}Cd、^{113}Cd 受到钯（^{110}Pd 为 11.7%）和铟（^{113}In 为 4.3%）的潜在干扰，但是 Cd 从 Pd 中的分离较 In 容易，因此 ^{110}Cd 比 ^{113}Cd 更合适。它们受到的干扰数值见表 10.2。

表 10.2 对镉同位素产生干扰的同质异位素及分子

Cd 质量数	丰度 / %	同质异位素干扰 / %			分子干扰			
		Pd	Sn	In	$M^{40}Ar^+$		$M^{16}O^+$	
105	—	22.3	—	—	^{65}Cu	—	—	—
106	1.25	27.3	—	—	^{66}Zn	—	—	—
107	—	—	—	—	^{67}Zn	—	—	—
108	0.89	26.5	—	—	^{68}Zn	—	^{92}Mo	—
109	—	—	—	—	—	^{69}Ga	—	—
110	12.5	11.7	—	—	^{70}Zn	^{70}Ge	^{94}Mo	—
111	12.8	—	—	—	—	^{71}Ga	^{95}Mo	—
112	24.1	—	0.97	—	^{72}Ge	—	^{96}Mo	^{96}Ru
113	12.2	—	—	4.3	^{73}Ge	—	^{97}Mo	—
114	28.7	—	0.65	—	^{74}Ge	—	^{98}Mo	^{98}Ru
115	—	—	0.36	97.5	—	^{75}As	—	^{99}Ru
116	7.49	—	14.5	—	^{76}Ge	^{76}Se	^{100}Mo	^{100}Ru
117	—	—	7.68	—	—	^{77}Se	—	^{101}Ru
118	—	—	24.2	—	^{78}Kr	^{78}Se	^{102}Pd	^{102}Ru

镉同位素分离和纯化的方法日渐完善，其复杂程度与样品的性质有关，根据样品的复杂程度可以从单柱到多柱设计不同的应对方案。在大多数高精度测量环境样品镉同位素比值的研究中，均采用 Cloquet 等（2005a）最初提出的 AG-MP-1M 离子交换树脂的分离程序。

目前，固体样品的镉同位素化学分离和纯化主要采用阴离子树脂法，其原理是使用大孔径强碱性阴离子交换树脂，其含有官能团 R-CH_2N+$(CH_3)_3$。在盐酸介质中，镉、铜、铁、锌等过渡族元素以金属离子的形式与氯离子发生络合，形成的络阴离子吸附在交换树脂上，根据络阴离子与交换树脂之间亲和力的差异，选择适宜的酸和酸度，将离子逐一洗脱，以达到分离与纯化的目的。类似的，采用离子交换树脂双柱法从环境基质中分离镉，第一阶段先用阴离子树脂去除样品中的基质元素，但是从阴离子交换柱分离得到的镉，部分仍然含有大量的锡。因此，第二阶段再利用 HCl 和 Eichrom TRU Spec 树脂去除锡、铌、锆和钼等元素。在化学分离之后，用一滴浓 HNO_3 反复干燥镉，以从样品溶液中除去所有的氯。研究发现 HCl 洗液的用量与所用离子交换树脂体积之间的比值会影响镉的回收率，因此在实验处理过程中可以改进镉同位素环境样品的预处理方法，从而提高镉的回收率，提高主要干扰元素（锡、铟、锌、铅）和基体元素（除钨和钛外）的去除效率。

液体样品中镉同位素的化学分离基本采用离子交换树脂三柱法，预处理过程中均需结合双稀释剂法，以控制样品预处理过程中造成的镉同位素分馏。例如，Ripperger 等（2007）称量 200～4 500 mL 海水（1～60 ng 天然镉）用于分析，并添加 ^{110}Cd-^{111}Cd 双稀释剂使得镉加标量与样品比约为 4。将该混合物平衡至少 3 天后，使用交换树脂三柱法将镉与海水基质分离，镉回收率大于 90%。有研究也采用离子交换树脂双柱法，并加入双稀释剂 ^{106}Cd-^{108}Cd，控制镉同位素在化学前处理及质谱测量过程中造成的同位素分馏。Xue 等（2012）开发了一种新型海水镉同位素分析方法，样品量可达 20 L，镉物质的量浓度低至 1 pmol/L 均可测量。该方法使用 ^{111}Cd-^{113}Cd 双稀释剂，在海水中加入 $Al(OH)_3$ 与镉发生共沉淀反应，然后通过色谱柱进行提纯。

10.1.3　镉同位素在线测试分析

通常研究者更多地采用 MC-ICP-MS 测定样品中的镉同位素组成（表 10.3）。相比 TIMS，MC- ICP-MS 以等离子体作为离子源，大大提高了电离效率，同时又具备了传统质谱分析的优点，即磁分析器和多接收杯系统，保证了测量数据的高精度和准确度，且分析时间短，样品用量少，使得 MC-ICP-MS 成为镉同位素分析测试的主要技术，其测试结果的精度大多在 0.2～0.3（ε_{dev} Cd/u，2σ），较 TIMS 高一个数量级。

表 10.3　镉同位素的测试方法及精度（朱传威 等，2015）

参考文献	校正方法	仪器型号	±26（ε_{dev} Cd/u）/‰
Rosman 和 de Laeter（1975）	恒定运行条件	TIMS	8～16
Rosman 等（1980）	^{106}Cd-^{111}Cd 双稀释剂法	TIMS	≤4
Wombacher 等（2004）	SSB 法	MC-ICP-MS	1.0～1.5
Wombacher 等（2003）	Ag-Sb	MC-ICP-MS	0.2～0.8
Cloquet 等（2005b）	SSB 法	MC-ICP-MS	0.1～0.5
Schediwy 等（2006）	^{106}Cd-^{111}Cd 双稀释剂法	TIMS	2.0
Lacan 等（2006）	Ag	MC-ICP-MS	0.1～0.5
Ripperger（2007）	Ag	MC-ICP-MS	0.4
Ripperger（2007）	^{110}Cd-^{111}Cd 双稀释剂法	MC-ICP-MS	0.2～0.3
Gao 等（2008）	SSB 法	MC-ICP-MS	0.2～0.3

续表

参考文献	校正方法	仪器型号	±2б（ε_{dev} Cd/u）/‱
Schmitt 等（2009）	^{106}Cd-^{108}Cd 双稀释剂法	TIMS	0.1
Shiel 等（2009）	Ag	MC-ICP-MS	0.2～0.8
Horner 等（2013）	^{111}Cd-^{113}Cd 双稀释剂法	MC-ICP-MS	0.2～0.3
Zhu 等（2013）	SSB 法	MC-ICP-MS	0.2

注：SSB 法为标准-样品匹配法；Ag 为加入 Ag 的外标法；Sb 为加入 Sb 的外标法。

若想获得高精度的镉同位素组成数据，MC-ICP-MS 在测试过程中需要校正质量歧视。目前有三种主要校正方法。①SSB 法：假定在一定的时间内，测试仪器对标准溶液和样品具有相同的同位素分馏效应。②外标法：将一种已知同位素组成的元素添加到待测样品中，达到同位素平衡后与待测样品中的镉同位素同时测定，利用这两种元素的同位素分馏程度在测试过程中基本保持同步的性质，通过添加元素的同位素分馏变化情况来监测所测样品中镉的同位素分馏。目前对于镉同位素测试而言，常用的外标是银和锑。③双稀释剂法：在样品中加入一定量的同位素比值已知的镉双稀释剂，作为内标监测仪器测试分析过程中产生的同位素分馏，同时测试镉双稀释剂和样品镉同位素组成。

10.2 稳定镉同位素的组成与分馏机理

10.2.1 自然界中镉同位素的组成

1. 镉同位素标准物质及组成表达

目前，镉同位素标准在国际上并未统一，导致不同的实验室数据不具有可比性。常用的镉同位素标准有 Nancy Spex、Johnson Mattey Company (JMC)-Cd、BAN-I020-Cd、Münster 等。在使用 MC-ICP-MS 测定样品的镉同位素比值时，需尽可能多地测定不同标准的同位素组成，以确保所获得的同位素比值尽可能准确地反映样品同位素组成特征。与铁、铜、锌等过渡金属元素同位素组成的表达方法类似，天然环境介质中稳定镉同位素的变化较小，因此常用样品与标准样品组成的千分偏差（δ）或万分偏差（ε_{dev}）来表示样品的同位素组成，对于同位素分馏更微小的样品，多采用万分偏差表示，计算公式如下：

$$\delta^{114/110}\text{Cd}=(R_{样品} / R_{标准} - 1)\times 1\,000‰ \tag{10.1}$$

$$\varepsilon_{dev}{}^{114/110}\text{Cd}=(R_{样品} / R_{标准} - 1)\times 10\,000\,‱ \tag{10.2}$$

由于地球上各物质储存库中镉的同位素分馏不超过 0.1‰，因此建议使用 ε_{dev} 标记法表示镉同位素组成。此外，存在 ε_{dev}/u、δ/u 和‰ /u 等标记方式，这类标记法将镉同位素组成的变化平均到每个原子质量单位（u）：

$$\varepsilon_{dev}{}^{114/110}\text{Cd/u}=\varepsilon_{dev}{}^{114/110}\text{Cd} / (m_{114} - m_{110}) \tag{10.3}$$

但是不同镉同位素比值产生的 ε_{dev}Cd/u 值存在差异，应谨慎使用此类标记法表达镉同位素组成。例如，在动力学同位素分馏的情况下，$^{114}Cd/^{110}Cd$ 对应 $\varepsilon_{dev}{}^{114/110}$Cd/u 值为 10‱/u，$^{114}Cd/^{112}Cd$ 对应 $\varepsilon_{dev}{}^{114/112}$Cd/u 值为 9.9‱/u。

2. 地外物质中镉同位素的组成

镉同位素的研究最初始于陨石样品，Rosman 和 De Laeter（1975）测定了 Tieschitz 和 Brownfield H3 球粒陨石中镉同位素组成时发现，$^{116}Cd/^{106}Cd$ 比值高达 2.8%和 3.1%。Tieschitz 球粒陨石、基体和岩石样品中镉浓度与同位素分馏具有相关性，说明存在非完全分馏和完全分馏镉的双组分混合物。在 Brownfield 陨石样品制备的精矿粉中也观察到了一定的相关性，表明镉同位素组成分布不均匀，这可能由陆地风化过程引起。Rosman 等（1980）使用质谱测试了 8 种矿物的镉同位素值（‰/u）均不超过 1‰/u，而球粒陨石和月壤样品的镉同位素值（‰/u）的变化范围为-2.1～6.3‰/u。Wombacher 等（2008）对 I、II、III 型碳质球粒陨石和 EH4 型顽辉石球粒陨石等进行了镉同位素组成的测定，并与地外物质的数据进行了对比（图 10.1）。两种火星陨石（Shergottites）显示重同位素（$\delta^{114/110}$Cd 0.9‰和 0.5‰）的轻微富集；Eucrites 的镉同位素值 $\delta^{114/110}$Cd 分别为-0.2‰和 0。Rumuruti 球粒陨石的镉同位素值 $\delta^{114/110}$Cd 变化范围为-1.6‰～3.1‰；普通球粒陨石为-6.1‰～14.3‰；Enstatite 球粒陨石为-0.7‰～16‰；月岩及月壤样品为 1.1‰～11.3‰，随着镉浓度的减少，重镉同位素相对富集。上述结果与固体硅酸盐地球的镉同位素组成极为相似，表明太阳系内部积聚的部分镉同位素组成是均匀的。此外，在行星体的积聚和初始分化期间没有产生明显的镉同位素分馏。

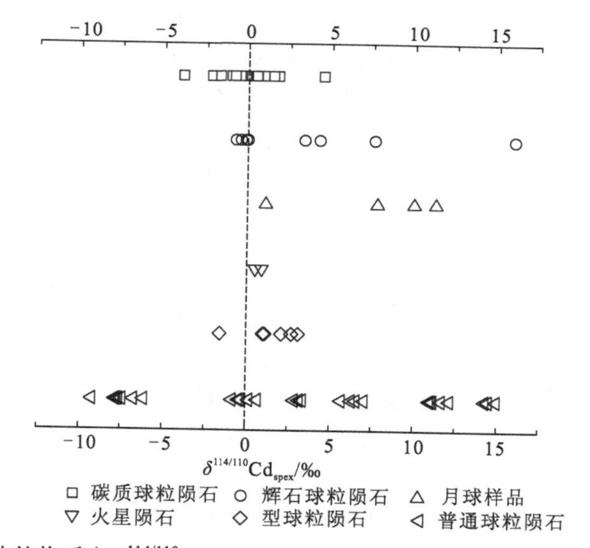

图 10.1 地外物质中 $\delta^{114/110}$Cd 镉同位素比值（改自 Wombacher et al.，2008）

3. 硅酸盐地球中镉同位素的组成

在低温风化过程中形成的硅酸盐矿物及 $ZnCO_3$、$CdCO_3$、CdS 和 ZnS 等矿物的镉同位素值 ε_{dev}Cd/u 分别为（0.2±0.5）‱/u、（0.0±0.6）‱/u、（1.0±0.4）‱/u、（0.6±0.5）‱/u（标准溶液为 JMC Cd Münster）（Wombacher et al.，2003）。在文石沉淀过程中，两份从模拟溶液中沉淀得到的文石试样均显示轻微的富集重镉同位素，ε_{dev}Cd/u 分别为 0.2 ‱/u 和 0.7 ‱/u。Schmitt 等（2009）分析了不同环境的天然陆地样品镉同位素组成，包括硅酸盐地球中来自地幔的大洋中脊玄武岩（Mid-ocean ridge basalt，MORB）、洋岛玄武岩（ocean island basalts，OIB）和黄土等，通过加权平均，其认为固体硅酸盐地球的镉同位素组成为 $\delta^{114/110}$Cd＝0.04‰。磷灰石的镉同位素值 $\varepsilon_{dev}{}^{112/110}$Cd 为－0.32‱、0.66‱，硫化锌矿物为－0.97 ‱/u～0.07 ‱/u，硫化镉硫物为－1.63‰。硫化锌和硫化镉矿物来自同一矿床，但不同矿物相中存在镉同位素组成的差异，说明在成矿过程中发生了同位素分馏。23 个来自不同大洋的铁锰结核中镉同位素组成显示，结核中 $\delta^{114/110}$Cd 范围为－0.17‰～0.35‰，不同深度铁锰结核对应深度海水中镉同位素组成差别较小，表明铁锰结核吸附海水中镉的过程发生了程度很低的同位素分馏，并认为铁锰结核可能记录了生成环境的海水中的镉同位素组成。另外发现，杂砂岩的镉同位素值 ε_{dev}Cd/u 为 0.6 ‱/u～2.0 ‱/u，而来自寒武系的页岩镉同位素值 ε_{dev}Cd/u 为－1.2 ‱/u～－0.9 ‱/u，表明在大陆低温环境及不同条件下形成的岩石之间的镉同位素组成具有显著差异。

4. 海洋体系中镉同位素的组成

Ripperger 等（2007）测试了来自大西洋、南印度洋、太平洋和北极洋的 22 个海水样本中的镉同位素组成及浓度。结果显示海洋体系中镉同位素分馏显著，表层海水富集镉的重同位素，其变化范围为－0.6‰～3.8‰，且大多数海水样品中溶解态镉的浓度和同位素组成呈现反比关系。这表明浮游植物在封闭系统吸收溶解态镉的过程中产生了同位素动力学分馏效应。但部分样品不遵循此趋势，因为它们显示出极低的镉物质的量浓度（＜0.008 nmol/L）和几乎未分馏的镉同位素组成特征。在深度小于 150 m 的海水（除了北极浅海水和 NASS-5 海水样品外）中镉浓度都小于 0.03 nmol/L，镉同位素值 $\varepsilon_{dev}{}^{114/110}$Cd 介于（－6±6）‱～（38±6）‱；深度大于 900 m 的海水具有相同的镉同位素值，$\varepsilon_{dev}{}^{112/110}$Cd 约为 3‱。Abouchami 等（2011）从南半球南纬 70°至 40°对海水中的镉同位素进行测试，结果显示镉同位素含量及其组成在威德尔环流和南冰洋洋流地区呈负相关关系，海洋生物对海水中镉的吸收符合瑞利分馏机制，其分馏系数分别为 1.0001 和 1.0002，并且指出镉同位素在古环境研究中具有重要的意义。Lambelet 等（2013）对西伯利亚河流与北冰洋交界区的 19 个河水样品中的镉同位素组成进行了测定，研究发现，河水样品中均富集镉的重同位素，其可以示踪河流及三角洲环境中镉的循环和金属元素的生物地球化学行为。Horner 等（2011）研究了水成铁-锰结核和 USGS 结核中的镉同位素组成，它们的镉同位素值 $\varepsilon_{dev}{}^{114/110}$Cd 集中分布在 1.8‱～4.6‱，且与已获得的大洋深海水中的镉同位素组成［$\varepsilon_{dev}{}^{112/110}$Cd＝（3.3±0.5）‱］基本一致。

10.2.2 镉同位素的分馏机理

1. 蒸发/冷凝过程的镉同位素分馏

镉是高挥发性元素，在蒸发/冷凝过程中，较轻的同位素更易摆脱化学键的束缚最先逸出，导致镉同位素分馏。Shiel 等（2010）采集了 Pb-Zn 提炼厂的整个生产工艺中各阶段的产物作为样品，进行镉同位素分析，测得两份炉渣样品的镉同位素值 $\delta^{114/110}$Cd 为（0.31±0.07）‰和（0.46±0.08）‰，粉尘样品的镉同位素值 $\delta^{114/110}$Cd 是－0.52‰，原材料样品的镉同位素值

$\delta^{114/110}Cd$ 在−0.13‰～0.18‰变化，研究结果表明原材料在蒸发/冷凝过程中发生了同位素分馏。Cloquet 等（2006）通过对 Pb-Zn 提炼厂排放的炉渣和废气进行镉同位素分析，发现炉渣样品中的镉同位素组成 $\delta^{114}Cd/^{110}Cd$ 相对废气增大了 1‰。Wombacher 等（2004）研究表明，在 0.01 Pa、180 ℃的条件下，加热纯镉金属至其蒸发，原始纯镉金属相对于蒸发残余固体富集轻镉同位素。因此，在蒸发/冷凝过程中会导致镉同位素分馏。

2. 生物过程的镉同位素分馏

在海洋体系中，镉作为微量营养元素，被海洋生物所吸收利用。在生物吸收利用过程中，优先吸收轻镉同位素，导致海水中的镉同位素发生分馏。如图 10.2 所示，Lacan 等（2006）采集了北大西洋与西北地中海的海水剖面和浮游植物进行镉同位素组成分析，发现镉同位素组成变化（$\varepsilon_{dev}Cd/u$）均小于 1.5‱；西北太平洋的表层海水（≤300 m）中，镉同位素 $\varepsilon_{dev}Cd/u$ 值与可溶态镉浓度呈负相关，发生镉同位素分馏，$\varepsilon_{dev}Cd/u$ 值为（−1.6±1.4）‱/u，而深海水中的镉同位素 $\varepsilon_{dev}Cd/u$ 值与镉浓度均趋于稳定不变；另外，Lacan 等（2006）进行了模拟实验，将两种淡水类浮游植物在模拟海水中培养，研究表明，浮游植物优先吸收轻镉同位素，$\varepsilon_{dev}Cd/u$ 值为（−3.4±1.4）‱。

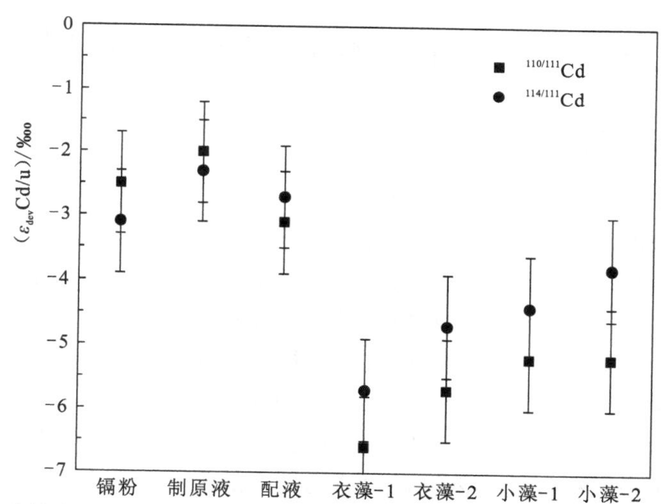

图 10.2　海水培育浮游植物模拟实验中各物相的镉同位素组成（Lacan et al.，2006）

3. 无机过程的镉同位素分馏

无机过程对镉同位素分馏的影响有沉淀作用和无机吸附作用等。Schmitt 等（2009）测得 32 份水成铁锰结核的镉同位素值，发现生成于深层海水中的铁锰结核的 $\varepsilon_{dev}{}^{112/110}Cd$ 值比深层海水的小 0.5‱。以上结果表明，在镉以类质同象的形式进入碳酸盐、吸附于 Fe-Mn 矿物等无机过程中，存在镉的同位素分馏。Horner 等（2011）研究发现镉可取代钙进入方解石，并记录古海水中的镉同位素组成，其分馏系数为（0.999 55±0.000 12）＜1，说明方解石偏向富集轻镉同位素。Wombacher 等（2003）在 10 ℃的实验条件下，在溶液中沉淀出文石，其 $\varepsilon_{dev}Cd/u$

值都比剩余溶液的同位素值小 1.5‰/u，文石样品较剩余溶液富集轻镉同位素。吸附过程产生的镉同位素分馏远小于沉淀过程中产生的镉同位素分馏，并且实验均在酸性条件下进行，吸附反应结束后，残余溶液仍为酸性，不会形成沉淀。另外，海洋近代沉积形成的有机质结合态镉对镉同位素组成的影响不大，因此，对记录近代海洋环境变化并没有显著意义。但是 $\varepsilon_{dev}{}^{114/110}Cd$ 值却潜在地记录了许多有价值的古海洋的信息。

同位素分馏并不是发生在不同金属离子的各种络合离子之间，而是当金属离子被金属氧化物/氢氧化物吸附时，金属离子在溶液相和吸附相中的不同配位化学，形成了不同形式的配合物，导致了镉的同位素分馏，这种同位素分馏是由吸附过程引起的。Spadini 等（1994）通过模拟实验证实了镉通过 Cd—O 键结合到 Fe^{3+}氧化/氢氧化物表面，并且推断这种反应就是内层络合吸附反应，通过 EXAFS 分析测定 Cd—O 键的键长，相比于水溶液中的离子，矿物表面的金属 Cd—O 键长，键能小。在高岭土吸附 Cd^{2+}的研究中表明，镉不与高岭土的硅位点形成 Cd—Si 键络合于矿物表面，而是与 Al 位点内层络合，高岭土表面 Al—O 官能团和针铁矿上 Fe—O 化学性质类似。镉在水钠锰矿表面通过取代针铁矿表面-OH 上的 H^+，以内层络合形成正八面体结构，从而吸附于矿物表面，相比于水溶液中的对称八面体构型 $Cd(H_2O)_6^{2+}$，矿物表面的 Cd—O 键发生较大程度的变形，键能变小，在吸附过程中吸附富集轻镉同位素。

10.3 稳定镉同位素技术方法应用

10.3.1 示踪珠江沉积物中镉来源

珠江是中国主要河流之一，全长 2210 km，流域面积 452616 km^2。珠江水系由三条主要河流组成：西河、东河和北河。三条河流的下游形成珠江三角洲，是中国经济最发达的地区之一。该地区人口过剩，快速城市化和高速的工业发展导致污染物过量排放进入河流，并导致了北河的严重金属污染。Gao 等（2013）对北河沉积物进行了系统的样品采集与镉同位素分析，并应用镉同位素对水环境中重金属来源进行了示踪研究（图 10.3）。

北河沉积物中镉质量分数变化范围为 3.11～99.89 mg/g，明显超过了中国河流沉积物的平均水平和当地土壤背景值。北河沉积物中高浓度镉可能与沿河人为排放污染物的增加有关。其中样品 1 和 2 中记录了极高的镉浓度，上述两件样品采集于韶关冶炼厂的废水排放口。样品 1 中的镉质量分数高达 201.71 mg/g，表明冶炼废渣和废水可能是该河流中镉污染的重要来源。在马坝河支流中也发现了较高的镉浓度特征，说明在马坝河上游也存在人为镉的输入。

北河沉积物中镉同位素组成为-0.35‰～0.07‰，其变化程度较小。实际上，天然陆地样品中并没有发现明显的镉同位素变化，包括沉积矿床。考虑金属镉的挥发相亏损重镉同位素（重镉同位素在镉的残留物中高度富集），较轻的同位素会在气体或尘埃中富集，较重的同位素会富集于残留物或炉渣中。因此，镉同位素可用于示踪工业过程中的镉污染，如冶炼厂、炼油厂和电子废物处理与回收过程的镉排放。在此研究中，镉同位素的组成和镉浓度的关系可以用至少三种来源镉的贡献解释：①冶炼厂的粉尘；②冶炼厂的炉渣；③当地背景或采矿活动。从样品 2、样品 3、样品 12 和样品 14 采集的沉积物中镉同位素产生了相当大的负分馏。根据采样点位置和镉浓度，表明上述沉积物可能受到明显人为活动产生的粉尘和大气沉降的

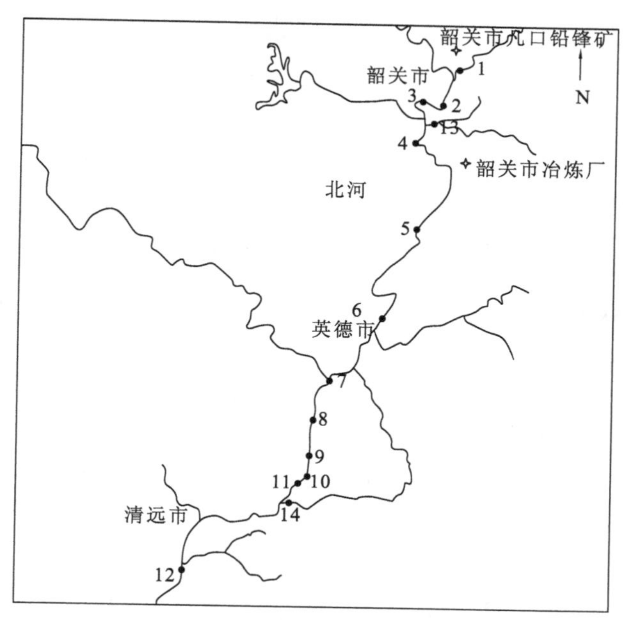

图 10.3 北河沉积物采样点分布图（Gao et al.，2013）

影响。样品 2 和样品 3 可能被具有富集轻同位素组成的含镉冶炼粉尘污染。而样品 12 和样品 14 可能与中国南方电子废物处理地石角镇的电子废物处理和回收活动有关。电子废物回收和再利用活动中的原始回收过程是高温电子设备的开放式燃烧。因此，镉同位素特征显示，上述样品可能接收到含有高浓度镉的电子废物处理粉尘或大气沉降物污染。而剩余的 10 个沉积物样品（1、4、5、6、7、8、9、10、11 和 13）中均未发现镉同位素分馏现象，表明这些沉积物中的镉污染可能有不同的潜在污染来源。考虑分析的不确定性和高浓度的镉，这些镉的输入可能是由该地区上游的采矿活动和其他工业活动导致。样品 1 和样品 2 具有显著的正镉同位素组成和高浓度镉的特征，表明该地区的镉污染物可能来源于冶炼厂炉渣的直接排放。

10.3.2 西伯利亚陆架河口混合区镉的循环

西伯利亚陆架是世界上最大的大陆架，它包括多个沿海海域。鄂毕（Ob）河和叶尼塞（Yenisei）河流入喀拉海，其中 1/3 的淡水排入北冰洋；而勒拿（Lena）河和印第吉卡（Indigirka）河分别流入了拉夫特和东西伯利亚海峡。这四条河流均为季节性河流，尤其在夏季，各河口混合区和沿海海域的水文情况类似。例如，喀拉海鄂毕河的咸水羽流呈现温暖少盐的表面层、较薄的中间层和低温高盐的底层，这和北冰洋的海水类似。混合区的海面每年约 9 个月会被冻结至 2 m 厚的冰层。

河流和河口作用对海洋镉同位素质量平衡的影响尚未得到系统研究，为此，Lambelet 等（2013）对 19 件不同地区水样的镉同位素和浓度进行了测定，这些样品覆盖了主要的西伯利亚河流，包括 2 件样品采自鄂毕河口附近，12 件采自勒拿河地区，3 件采自东西伯利亚海域（图 10.4）。另外，在瑞典北部原始的卡利克斯河也采集了 2 件样品。结果显示，这些天然河流的镉通量决定了其同位素组成、风化过程中产生的镉同位素分馏程度及镉在陆架环境中的循环。

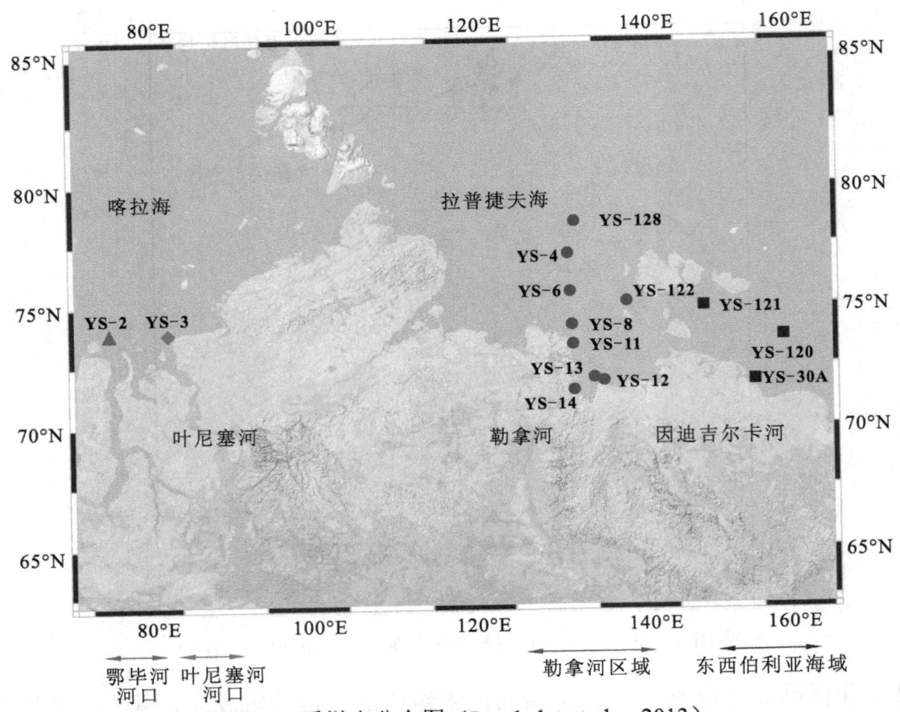

图 10.4　采样点分布图（Lambelet et al.，2013）

注：标签 YS 后面的数字代表 ISSS-08 巡航的站点。三角形：鄂毕河河口；菱形：叶尼塞河河口；圆圈：勒拿河地区；方块：东西伯利亚海域。YS-2、YS-3、YS-4、YS-6 和 YS-8 在两个不同深度收集样品，其他样品均只有一个深度

西伯利亚陆架水域的磷酸盐和镉的物质的量浓度均表现出明显的变化，PO_4^{3-} 物质的量浓度为 0.002～0.9 μmol/L，Cd^{6+}物质的量浓度为 0.02～0.46 nmol/L。相比之下，这些样品的同位素比值 $\varepsilon_{dev}{}^{114/110}Cd$ 变化范围较小，在 1.4‱～5.7‱。尽管如此，仍可看出镉同位素组成的微小差异，因为大部分数据的不确定性均优于 $\pm 1\varepsilon_{dev}{}^{114/110}Cd$（$2\sigma$）。然而，由于 Cd^{6+}物质的量浓度低且样品体积有限，两个陆架样品的不确定性较高，约为 $\pm 3\varepsilon_{dev}{}^{114/110}Cd$（$2\sigma$）。卡利克斯河很容易区别于西伯利亚水域，因为它具有更轻的镉同位素组成 $\varepsilon_{dev}{}^{114/110}Cd$ 为（-3.8 ± 1.0）‱，Cd^{6+}物质的量浓度也较高，约为 0.24 nmol/L。

1. 镉在西伯利亚陆架河口混合区的行为

西伯利亚陆架勒拿河地区样品的 Cd^{6+}浓度与盐度的关系明确了河流和海水端元之间的正相关关系，并通过来自鄂毕河和叶尼塞河河口的三个样品确定了端元组分［图 10.5（a）］。相比之下，有四个样品偏离了混合趋势线，一个来自鄂毕河河口，另外三个来自东西伯利亚地区。PO_4^{3-} 物质的量浓度数据表明，二元混合在控制陆架混合区水体中镉的分布起着关键作用［图 10.5（b）］。在图 10.5（a）中东西伯利亚海域样品的异常点也没落在 PO_4^{3-} 物质的量浓度和 Cd^{6+}物质的量浓度之间的相关性范围内。上述观察结果与 PO_4^{3-} 物质的量浓度主要由具有低和高 PO_4^{3-} 物质的量浓度的淡水和海水的混合决定的结果相一致，而某些样品中两种元素的解耦行为反映的是镉异常分布情况。

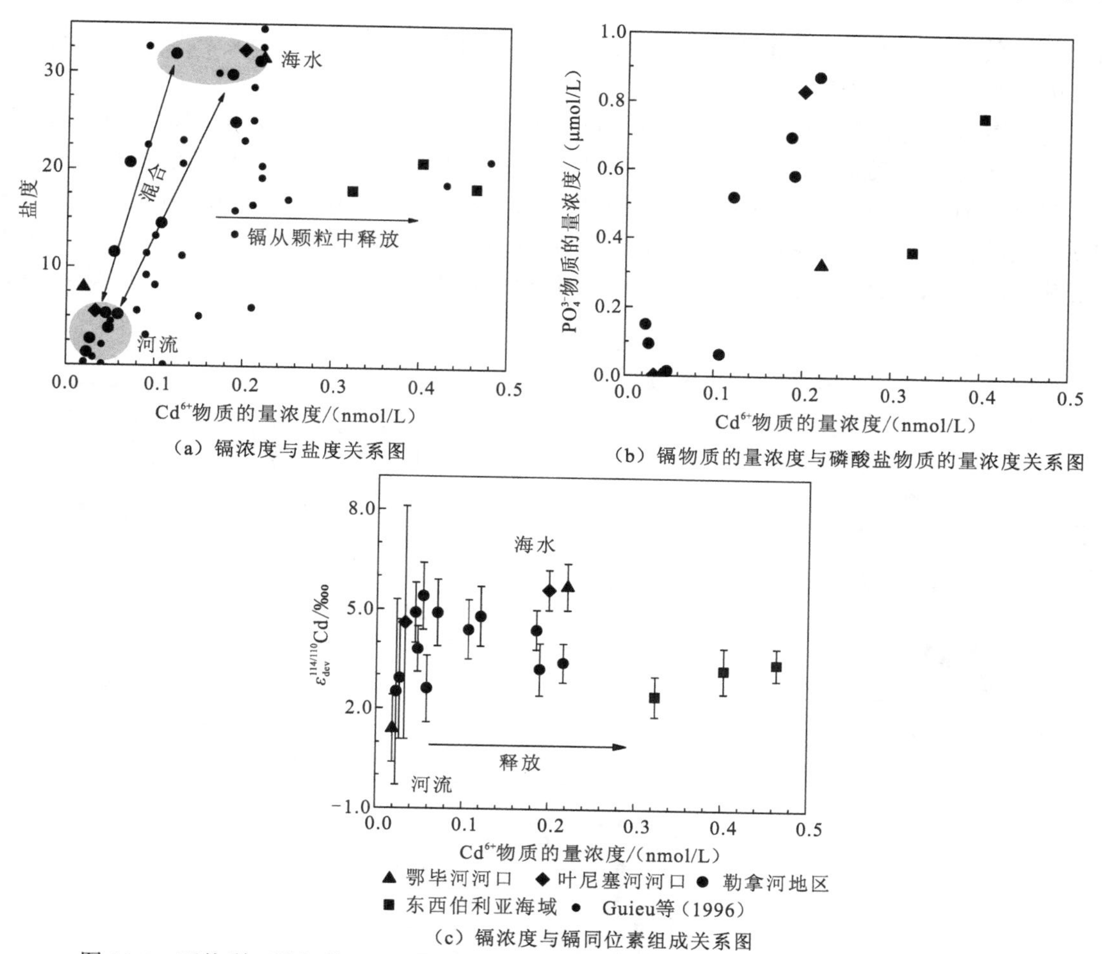

(a) 镉浓度与盐度关系图

(b) 镉物质的量浓度与磷酸盐物质的量浓度关系图

(c) 镉浓度与镉同位素组成关系图

图 10.5　西伯利亚陆架的 ISSS-08 样品中镉物质的量浓度与盐度、磷酸盐物质的量浓度和镉同位素组成的关系图（Lambelet et al.，2013）

在图（b）中，来自鄂毕河、叶尼塞河和勒拿河区域的样品的线性回归给出了回归系数 r^2=0.71

镉同位素结果进一步明确了二元混合的贡献。在 $\varepsilon_{dev}{}^{114/110}Cd$ 值和镉浓度关系图中[图 10.5(c)]，大多数样品均符合混合趋势，指示了具有低 $\varepsilon_{dev}{}^{114/110}Cd$ 值的河水和具有高 $\varepsilon_{dev}{}^{114/110}Cd$ 值的海水之间的二元混合过程。虽然生物过程也可能是镉同位素组成变化的原因，但是鉴于大多数样品在镉浓度和盐度之间存在明显的相关性，说明混合过程可能是主要的驱动因素。基于上述结果，采用河水和海水二元混合模型计算了混合区水体镉同位素变化：

$$\begin{aligned}\varepsilon_{dev}{}^{114/110}Cd_{W_{mix}} &= \frac{\left[\varepsilon_{dev}{}^{114/110}Cd_{W_S}\cdot(Cd)_{W_S}\cdot\varGamma_{W_S}\right]+\left[\varepsilon_{dev}{}^{114/110}Cd_{W_R}\cdot(Cd)_{W_R}\cdot\varGamma_{W_R}\right]}{(Cd)_{W_S}\cdot\varGamma_{W_S}+(Cd)_{W_R}\cdot\varGamma_{W_R}}\\ &= \frac{\left[\varepsilon_{dev}{}^{114/110}Cd_{W_S}\cdot(Cd)_{W_S}\cdot\varGamma_{W_S}\right]+\left[\varepsilon_{dev}{}^{114/110}Cd_{W_R}\cdot(Cd)_{W_R}\cdot\varGamma_{W_R}\right]}{(Cd)_{W_{mix}}}\end{aligned} \tag{10.4}$$

式中：W_{mix}、W_S、W_R 分别为混合水、海水和河水；$\varGamma$ 为各自的质量分数，其中 $\varGamma_R+\varGamma_S=1$。

因为水样采自三个不同的沿海海域，而这些海域又接收不同的河流汇入，所以此公式将上述复杂因素进行了简化处理。

对于海水端元，计算模拟的成分为盐度 $S=34.5$，Cd^{6+}物质的量浓度为 0.10～0.25 nmol/L，$\varepsilon_{dev}{}^{114/110}Cd$ 值为 5‱～6‱，与前人研究结果一致（图 10.6）。前人研究指出北极海面的 $\varepsilon_{dev}{}^{114/110}Cd$ 值为（4.8±1.0）‱和（6.0±1.4）‱，修正了此处和之前使用的不同零 ε_{dev} 参考物质之间的偏差。海水的 $\varepsilon_{dev}{}^{114/110}Cd$ 值低至 4.5‱，与模型得到的结果基本一致。喀拉海和拉普捷夫海的 Cd^{6+}物质的量浓度分别为 0.19～0.37 nmol/L 和 0.09～0.30 nmol/L，盐度高达 34.5。

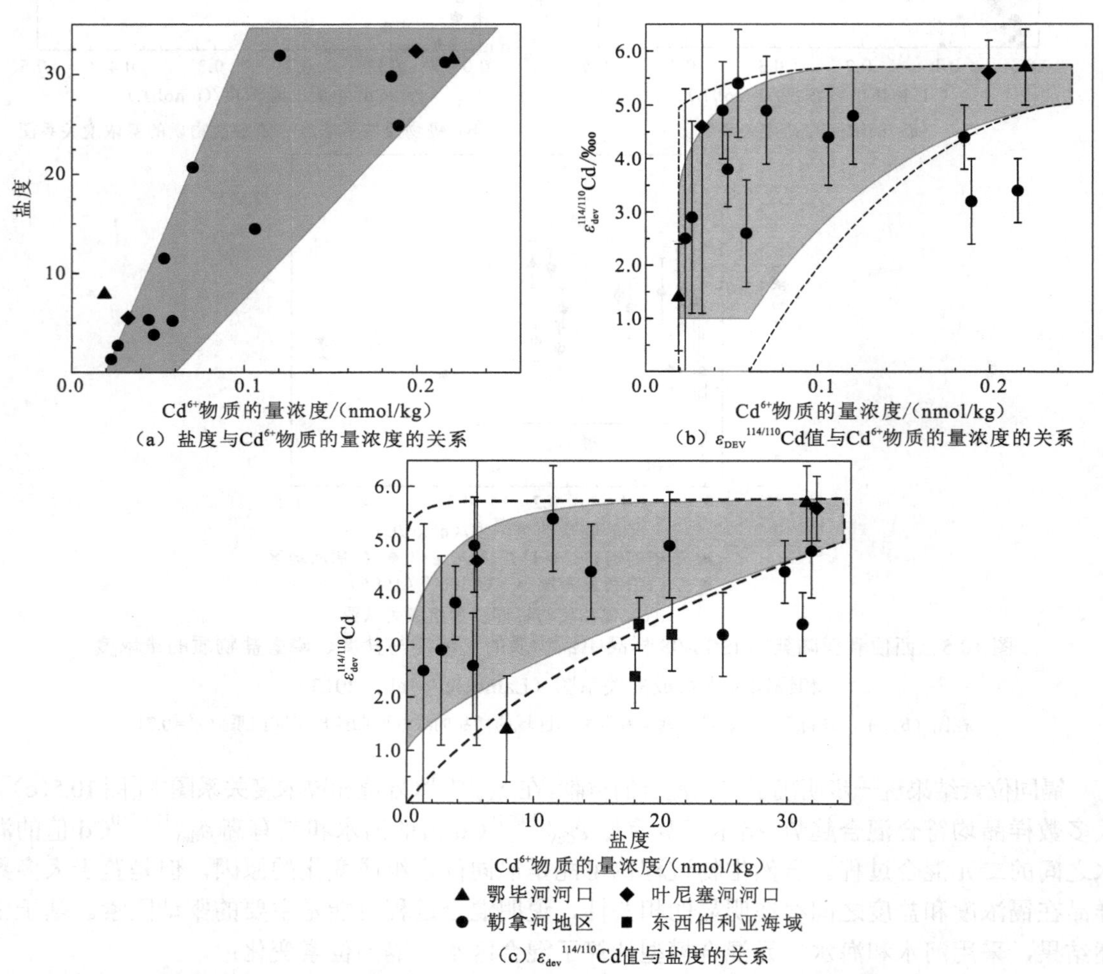

图 10.6 预测的北极河水和海水端元（灰色场）之间的二元混合组成（Lambelet et al.，2013）

注意与图 10.5 相比缩小了比例，这导致东西伯利亚海域的样品没有显示在图（a）和图（b）中。图（a）和图（b）分别显示盐度和 $\varepsilon_{dev}{}^{114/110}Cd$ 值与 Cd^{6+}浓度的关系；图（c）显示 $\varepsilon_{dev}{}^{114/110}Cd$ 值与盐度的关系。盐度范围为 0.1～34.5。海水端元：Cd^{6+} 物质的量浓度为 0.1～0.25 nmol/L，$\varepsilon_{dev}{}^{114/110}Cd=5.5\pm0.5$，灰色和黑色虚线。河水端元：$Cd^{6+}$ 物质的量浓度为 0.02～0.06 nmol/L，灰色区域 $\varepsilon_{dev}{}^{114/110}Cd$ 值为 2±1，黑色虚线 $\varepsilon_{dev}{}^{114/110}Cd$ 值为 0～5

对于河流端元，应以 $S\approx0$ 为特征，计算假设 Cd^{6+}物质的量浓度为 0.02～0.06 nmol/L。前人对北极河流的研究证实了以上假设，鄂毕河、叶尼塞河和勒拿河河流水样的典型 Cd^{6+}物质的量浓度为 0.01～0.06nmol/L。部分在鄂毕河和叶尼塞河采集的河水表现出较高的 Cd^{6+}物质的量浓度（0.13～0.15 nmol/L），但这被认为反映了人为来源的贡献。对于符合保守混合样品的 $\varepsilon_{dev}{}^{114/110}Cd$ 值与 $1/[Cd^{6+}]$ 数据计算的回归曲线如图 10.7 所示，清楚地显示出非零斜率（尽管存在不确定性），这表明河水的镉同位素组成较海水轻。此结论得到了如下观察结果的支持：西伯利亚陆架样品盐度最低（S=1.3～5.5），$\varepsilon_{dev}{}^{114/110}Cd\approx2.5\sim4.9$‱，$Cd^{6+}$物质的量浓度为 0.023～0.058 nmol/L，与北极河流非常相似。这表明河流不太可能以 $\varepsilon_{dev}{}^{114/110}Cd$ 值小于 0 或大于 5 为特征。然而，图 10.6（b）和（c）的混合线对 $\varepsilon_{dev}{}^{114/110}Cd$ 值为 0 和 5（黑色虚线）的河水端元模拟效果较差。相比之下，若河水被指定为 $\varepsilon_{dev}{}^{114/110}Cd$=（2±1）‱的端元组成［图 10.6（b）、（c）］，则可以得到满意的结果，因此可以合理地假设这代表了北极河流的镉同位素组成。

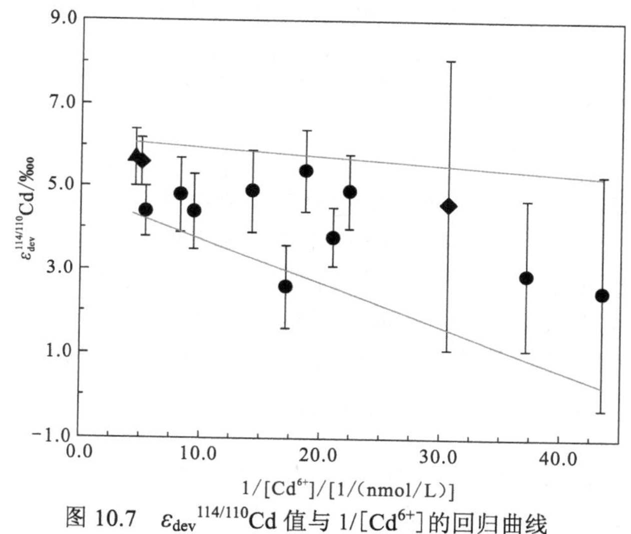

图 10.7 $\varepsilon_{dev}{}^{114/110}Cd$ 值与 $1/[Cd^{6+}]$ 的回归曲线

灰线代表回归，考虑了斜率和截距上的误差（95%的置信水平）(Lambelet et al.，2013)

2. 西伯利亚陆架混合区镉的非保守混合行为

河流和海水之间的混合过程，对于确定西伯利亚陆架混合区溶解态镉的分布起着关键作用。其中，仅鄂毕河河口的浅水区具有较低镉浓度特征［图 10.5（a）］，表明该样品可能记录了一定程度的镉损失，其可能是在低盐度条件下部分镉被悬浮颗粒吸附所致。这与悬浮物中高镉浓度一致，因此说明鄂毕河水每单位体积的有效吸附点位较高。相反，河流和海水保守混合产生的剩余偏差主要出现在具有过量溶解态镉的样品中。对于来自东西伯利亚海域的三件样本表现最为显著，因为它们显示出与二元混合趋势线的较大偏差，镉浓度异常高［图 10.5（a）］。此外在勒拿河口混合区的另外两个样品也观察到微小的偏差［图 10.6（b）、（c）］。上述异常镉浓度样品的发现说明，同位素分析可成为示踪海洋环境中镉循环的潜在有用工具。

勒拿河和东西伯利亚海域异常样品的特征是 $\varepsilon_{dev}{}^{114/110}Cd$ 值介于河流和海水端元之间，约为 2.5‱～3.5‱［图 10.6（b）、（c）］，并且与平均地壳物质有所差异［$\varepsilon_{dev}{}^{114/110}Cd$ =

（0.5±1.0）‱]，表明高镉浓度可能是天然来源。最有可能是来自其他富含还原性碳的河流或底流，因为富有机质流体通常含有高的镉浓度。或者高镉浓度是由于混合区中镉的反应性行为，导致镉在悬浮的河流颗粒中解吸。研究结果基本上排除了以下情况：异常样品反映了从其他河流排放到西伯利亚陆架的溶解态镉的贡献。因为从分析结果估算要获得观察到的混合区高镉浓度，河水通常需要具有 40.2 nmol/L 的 Cd^{6+}物质的量浓度（图 10.5、图 10.6），但这大大超过了该地区观察到的河流溶解态镉浓度。其次，不可能来自底栖动物的镉贡献，因为缺氧和次氧化的陆架沉积物通常会积累镉，所以它不可能是海水中溶解态镉流体的来源。东西伯利亚海域样品的异常高溶解态$[Cd^{6+}]/[PO_4^{3-}]$比值［图 10.5（b）］进一步支持了上述论断。如果镉来自底栖动物，这需要相对于 PO_4^{3-} 优先释放镉，但已知底栖动物是溶解海洋磷的重要来源，通常优先释放磷。除一件东西伯利亚海域样品和勒拿河样品之外，其他所有含镉样品均采集自海底 7 m 以上的深度，水柱的分层基本上阻止了底栖动物的混入。因此，海水中观察到的过量镉含量更可能是由于混合区中镉的非保守行为所致。这一推论与先前对北极和许多其他河流的研究结果一致，这些河流已经发现了在与海水混合期间从悬浮的河流颗粒中释放镉的证据，包括：①在海水中形成稳定的镉-氯和镉-硫酸盐的络合物；②Cd^{2+}与主要的海水阳离子（如 Ca^{2+}和 Mg^{2+}）发生竞争作用，使镉从颗粒中解吸；③有河流提供的有机物的存在。

无论机理如何，镉在河水与海水混合过程中的非保守行为都很重要，因为这可以显著增加输送到海洋的河流溶解态镉通量，该通量超出了河流中普遍低溶解态的镉浓度所预期的水平（图 10.5、图 10.6）。此外，络合和离子交换过程与显著的同位素分馏相关联，因此评估从颗粒释放得到的镉流体的同位素效应十分有用。若通过数据推断勒拿河盐度为零，则表明该河可以向西伯利亚陆架提供 40.2 nmol/L 的净镉输入浓度。东西伯利亚海域的结果表明甚至可以有更高的输入值。对于西伯利亚河流，这些输入量超过了典型的溶解态镉浓度（0.05 nmol/L）的 4 倍以上。

3. 河流向海洋输入的镉同位素组成

在西伯利亚陆架混合区观察到的镉的行为具有重要意义，因为它为河水溶解态镉输入通量提供了明确的平均同位素组成，即 $\varepsilon_{dev}{}^{114/110}Cd$=（2±1）‱，这是几条大型西伯利亚河流的特征，可以和之前推测的平均大陆地壳同位素组成[$\varepsilon_{dev}{}^{114/110}Cd$=（0.5±1.0）‱]进行比较（Schmitt et al.， 2009）。根据以上数据，西伯利亚河流中溶解态镉同位素组成与地壳成分相同或略重，这表明在风化过程中镉同位素分馏程度很低。勒拿河和东西伯利亚海域的数据如图 10.5、图 10.6 所示，显示颗粒解吸附的镉同位素组成 $\varepsilon_{dev}{}^{114/110}Cd$ 为 2～3，这表明解吸附的镉同位素组成与河水溶解态镉的同位素组成相同或仅略重。这种同位素组成的差异，符合海水中溶解态镉吸附到铁锰沉积物的过程中无显著同位素分馏的现象，同时印证了风化过程中没有或仅有轻微的镉同位素分馏效应。

上述研究结果可用于进一步开发全球海洋镉同位素质量平衡模型。特别是在与海水混合过程中颗粒结合态镉的释放将主要增加从河流到海洋的净镉通量，而 $\varepsilon_{dev}{}^{114/110}Cd$ 值将保持不变或相对于河水溶解态镉同位素组成仅略微升高。因此，西伯利亚陆架的总河流镉通量也将表现出与平均大陆地壳相同或略重的同位素组成（$\varepsilon_{dev}{}^{114/110}Cd \approx -0.5$‱～1.5‱）。在后一种情况下，西伯利亚河流的镉同位素将非常类似于海洋深水中充分表征且几乎恒定的镉同位素组成 $\varepsilon_{dev}{}^{114/110}Cd \approx 2.5$‱（图 10.7）。

与西伯利亚河流相比，卡利克斯河的 $\varepsilon_{dev}{}^{114/110}Cd$ 值显著低于−3.8‰，且镉浓度较高，为 0.235 nmol/L。鉴于组分的显著差异，3 件卡利克斯河水样品在收集或储存过程中可能受到污染。观察到卡利克斯样品中的镉具有系统变化特征，类似于鄂毕河河口样品，其被认为受到轻度的人为镉同位素污染。卡利克斯样品的独特镉同位素特征可能反映了河流真实的同位素特征，或受到自然或人为来源的影响。卡利克斯河属于大型自然河流系统，该河流区域内没有大规模定居点和工厂，仅有少量的农业活动。Aitik 露天斑岩型 Cu-Ag-Au 矿位于卡利克斯河支流的 Kamlunge 采样站上游约 100 km 处，其可能对镉和其他金属的河流负荷产生影响。但已公布的地球化学调查数据显示，该矿山并没有对河流金属元素的负荷产生直接的影响。因此，卡利克斯河被认为仍处于原始状态。

本研究样品采集于 6 月初，卡利克斯河具有较高流量，为典型春天冰雪融水补给的特征。冰雪融化阶段伴随着高的河流 TOC 含量，它们从覆盖约 20%流域盆地面积的泥炭地层中流出。因此，卡利克斯河样品的高镉浓度被认为代表的是季节性镉浓度的峰值，该峰值与冰雪融化有关。支持这一结论的原因是：①泥炭环境可积累和释放大量的镉和其他金属；②之前的研究表明，锌的季节性峰值也会出现，其中锌的最大浓度超过平均基准流量值，约为锌在勒拿河中的浓度的 10 倍。虽然上述条件可以解释卡利克斯河的高镉浓度，但还不能确定 $\varepsilon_{dev}{}^{114/110}Cd$ 值（−3.8‰）的来源。该值可能反映了在泥沼环境中发生的生物镉同位素分馏，或来自泥炭地储存的轻镉同位素的优先浸出，如吸附态镉从矿物或有机质中解吸附。卡利克斯河水样品的数据表明当地的水文地质条件可能对河流的镉同位素组成产生深远影响。因此，重要的是对具有不同地质和环境特征的河流进行取样（可预期将产生不同的镉同位素特征），以获得河流溶解态镉同位素组成的全球平均值。上述研究结果强调了稳定镉同位素在镉生物地球化学循环研究中具有重要意义。

参 考 文 献

朱传威, 温汉捷, 张羽旭, 等, 2015. Cd 稳定同位素测试技术进展及其应用[J]. 地学前缘, 22(5): 115-123.

ABOUCHAMI W, GALER S J G, De BAAR H J W. , et al., 2011. Modulation of the southern ocean cadmium isotope signature by ocean circulation and primary productivity[J]. Earth and planetary science letters, 305(1): 83-91.

CLOQUET C, CARIGNAN J, LIBOUREL G, 2005a. Kinetic isotopic fractionation of Cd and Zn during condensation[C]. // In Agu Fall Meeting.[S.l.][s.n.].

CLOQUET C, ROUXEL O, CARIGNAN J, et al., 2005b. Natural cadmium isotopic variations in eight geological reference materials (NIST SRM 2711, BRC 176, GSS-1, GXR-1, GXR-2, GSD-12, Nod-P-1, Nod-A-1)and anthropogenic samples, measured by MC-ICP-MS[J]. Geostandards and geoanalytical research, 29(1): 95-106.

CLOQUET C, CARIGNAN J, LIBOUREL G, et al., 2006. Tracing source pollution in soils using cadmium and lead isotopes[J]. Environmental science and technology, 40(8): 2525-2530.

GAO B, LIU Y, SUN K, et al., 2008. Precise determination of cadmium and lead isotopic compositions in river sediments[J]. Analytica chimica acta, 2008, 612(1): 114-120.

GAO B, ZHOU H D, LIANG X R, et al., 2013. Cd isotopes as a potential source tracer of metal pollution in river sediments[J]. Environmental pollution, 181(6): 340-343.

GUIEU C, HUANG W W, MARTIN J M, et al., 1996. Outflow of trace metals into the Laptev Sea by the Lena River[J]. Marine chemistry, 53(53): 255-267.

HORNER T J, RICKABY R E M, HENDERSON G M, et al., 2011. Isotopic fractionation of cadmium into calcite[J]. Earth and planetary science letters, 312(1): 243-253.

HORNER T J, SCHÖNBÄCHLER M, REHKÄMPER M, et al., 2013. Ferromanganese crusts as archives of deep water Cd isotope compositions[J]. Geochemistry geophysics geosystems, 11(4):1-10. https://doi. org/10. 102 9/2009 GC002987.

LACAN F, FRANCOIS R, JI Y, et al., 2006. Cadmium isotopic composition in the ocean[J]. Geochimica et cosmochimica acta, 70(20): 5104-5118.

LAMBELET M, REHKÄMPER M, FLIERDT T V D, et al., 2013. Isotopic analysis of Cd in the mixing zone of Siberian rivers with the Arctic Ocean-New constraints on marine Cd cycling and the isotope composition of riverine Cd[J]. Earth and planetary sciences letters, 361(7): 64-73.

RIPPERGER S, REHKÄMPER M, PORCELLI D, et al., 2007. Cadmium isotope fractionation in seawater-A signature of biological activity[J]. Earth and planetary science letters, 261(3): 670-684.

ROSMAN K J R, DE LAETER J R, 1975. The isotopic composition of cadmium in terrestrial minerals[J]. International journal of mass spectrometry laeter, and ion physics, 16(4): 385-394.

ROSMAN K J R, DE LAETER J R, GORTON M P, et al., 1980. Cadmium isotope fractionation in fractions of two H3 chondrites[J]. Earth and planetary sciences letters, 48(1): 166-170.

SCHEDIWY S, ROSMAN K J R, DE LAETER J R, 2006. Isotope fractionation of cadmium in lunar material[J]. Earth and planetary science letters, 2006, 243(3): 326-335.

SCHMITT A D, GALER S J G, ABOUCHAMI W, 2009. High-precision cadmium stable isotope measurements by double spike thermal ionisation mass spectrometry[J]. Journal of analytical atomic spectrometry abouchami, 24(8): 1079-1088.

SHIEL A E, BARLING J, ORIANS K J, et al., 2009. Matrix effects on the multi-collector inductively coupled plasma mass spectrometric analysis of high-precision cadmium and zinc isotope ratios[J]. Analytica chimica acta, 633(1): 29-37.

SHIEL A E, DOMINIQUE W, ORIANS K J, 2010. Evaluation of zinc, cadmium and lead isotope fractionation during smelting and refining[J]. Science of the total environment , 408(11): 2357-2368.

SPADINI L, MANCEAU A, SCHINDLER P W, et al., 1994. Structure and stability of Cd^{2+} surface complexes on ferric oxides : 1. results from EXAFS spectroscopy[J]. Journal of colloid and interface science, 168(1): 73-86.

WOMBACHER F, REHKÄMPER M, MEZGER K, et al., 2003. Stable isotope compositions of cadmium in geological materials and meteorites determined by multiple-collector ICPMS[J]. Geochimica et cosmochimica acta, 67(23): 4639-4654.

WOMBACHER F, REHKÄMPER M, MEZGER K, et al., 2004. Determination of the mass-dependence of cadmium isotope fractionation during evaporation[J]. Geochimica et cosmochimica acta, 68(10): 2349-2357.

WOMBACHER F, REHKÄMPER M, MEZGER K, et al., 2008. Cadmium stable isotope cosmochemistry[J]. Geochimica et cosmochimica acta, 72(2): 646-667.

XUE Z, REHKÄMPER M, SCHÖNBÄCHLER M, et al., 2012. A new methodology for precise cadmium isotope analyses of seawater[J]. Analytical and bioanalytical chemistry, 402(2): 883-893.

ZHU C W, WEN H J, ZHANG Y X, et al., 2013. Characteristics of Cd isotopic compositions and their genetic significance in the lead-zinc deposits of SW China[J]. Science China earth science, 56(12):2056-2065.

第11章　稳定钼同位素

钼（Mo）元素是人体、动物和植物不可缺少的微量元素，是大量的酶参与催化氮、碳、硫循环反应所必需的辅助元素。钼元素是一种过渡金属元素，原子序数为42，原子量为95.94。钼形成配合物的配位数为4和8，有多个价态（+2、+3、+4、+5、+6）且易形成共价键，其中+4价、+5价和+6价是最重要的三种价态。氧化还原形态较多，钼会参与众多的氧化还原反应，因此可以用来解释所参与的辅助反应的化学过程。钼是一种典型的亲硫元素，在天然环境中广泛存在于矿物、岩石、土壤和水体中，而不能以纯金属形态存在。自然界中钼有7种稳定同位素 ^{92}Mo、^{94}Mo、^{95}Mo、^{96}Mo、^{97}Mo、^{98}Mo、^{100}Mo。其丰度分别为14.650%、9.173%、15.865%、16.666%、9.588%、24.307%、9.711%（Mayer and Wieser，2013）。由于 ^{92}Mo 与 ^{100}Mo 间的核质量差异（约8.00%）较大、自身有多个价态和易形成共价键的性质，钼被认为是最容易发生同位素质量分馏的元素之一。研究表明，钼同位素在指示沉积环境的氧化还原状态、成矿物质来源及海洋中钼的循环等方面有着广泛的应用。钼同位素地球化学已成为当前地学和环境科学领域的前沿研究方向。

11.1　稳定钼同位素分析测试技术

11.1.1　钼同位素分析测试技术的发展历程

早在20世纪60年代，就有学者开始尝试对过渡金属（铁、铜、锌、钼等）稳定同位素进行研究，但是由于分析测试技术的限制（当时的分析精度只有10‰/u），难以监测自然界中钼同位素组成的变化，因此，钼同位素的分析技术一直没有得到深入发展。随着分析测试技术的革新，TIMS和MC-ICP-MS的广泛应用，使得一些过渡金属元素的同位素组成的高精度测量成为现实。早期的钼同位素分析测试使用的是TIMS的正离子模式（P-TIMS），对热电离得到 Mo^+ 离子束进行检测，该方法钼同位素比值（$^{x}Mo/^{100}Mo$）的分析精度在6‰/u（Wetherill，1964）。测试结果的不确定性主要是由于钼的离子化程度较低。后来通过在样品中加入双稀释剂使得TIMS分析钼同位素的精度有了很大提高（$^{92}Mo/^{100}Mo$ 的精度可以达到1‰）（Wieser and Laeter，2003）。最近的研究表明，TIMS的负离子模式测试 MoO_3^- 得到的同位素比值精度优于0.01‰（Nagai and Yokoyama，2016），但实际分析过程中TIMS的双稀释剂法的分析精度受稀释剂纯度及稀释剂中某一同位素与样品中该同位素比值的影响，所以TIMS的双稀释剂法并不常用。随着MC-ICP-MS同位素测试技术的发展，其已经成为钼同位素测试的主要分析技术。MC-ICP-MS在同位素分析过程中产生的质量歧视约为2‰/u，超过了天然钼同位素的变化范围（约1‰/u），仪器的质量歧视校正是使用该仪器高精度测定同位素组成的关键，因此在测试过程中必须对仪器质量歧视进行校正。目前，针对钼同位素测试方法所使用的仪器质量歧视校正方法有三种：①标准-样品匹配（SSB）法，即在样品测试前后分别进行标准样品测定，通过样品测试结果相对于标准样品结果的归一化进行仪器的质量歧视校正；②元素内标法，该方法的前提是待测元素与内标元素的仪器质量歧视程度相同；③双稀释法，即在待测样品中加入已知准确同位素组成的双稀释剂，通过双稀释剂的分馏来校正仪器的质量歧视，由于稀释剂与待测元素为同一种元素，理论上的校正效果是最好的。近年来，MC-ICP-MS 的快速发展及在非传统稳定同位素研究领域的广泛应用，双稀释剂法再一次引起广泛关注并在钼同位素分析测试中大量应用。

11.1.2 钼同位素样品预处理

1. 化学分离的机理

为了提高钼同位素的分析测试精度，需要对待测样品进行预处理。自然界中钼的含量差别很大，如海水中的钼平均含量只有约 10×10^{-8} 数量级，而在静水还原环境沉积的黑色页岩中钼的含量可达 $n\times10^{-4}$ 数量级，中国华南下寒武统黑色页岩中赋存的镍钼矿中钼的含量更高达 10^{-2} 数量级（Jiang et al.，2006；Lehmann et al.，2002；Steiner et al.，2001）。辉钼矿（MoS_2）经过溶解和稀释之后，其钼同位素组成可以用质谱法精准分析，这是因为钼和硫元素是辉钼矿晶体结构中仅有的两种主要元素（Barling et al.，2001），而其他杂质元素含量少。然而，大部分其他天然矿物中钼的含量较低（<100 μg/L），而且其他杂质元素含量较高，因此在进行同位素分析之前，需要通过前处理对钼进行浓缩富集和纯化。测试之前需要将待测样品中钼的含量富集（或者稀释）到理想的范围内，一般为 $n\times10^{-6}\sim n\times10^{-4}$ μg/L，以获得最佳测试效果。通过前处理可以减弱基质效应的影响，否则存在的与钼同位素质量相似的杂质元素会对测试结果产生干扰。这种干扰会降低测试钼同位素组成的准确性，并且需要对数据进行大量的校正以减少干扰对同位素组成结果的影响。

去除铁和锰对于减少干扰尤其重要，因为这两种元素在质量数为 94～97 时会生成多原子干扰。例如，在使用 MC-ICP-MS 时，Fe/Mo 比值要低于 1 才能避免测量干扰（Malinovsky et al.，2005）。锆在质量数为 92、94 和 96 时对钼产生干扰，不过在前处理的纯化阶段，可以有效地将锆和钼分离开。元素钌、双电荷的钨分别在质量数为 96～100 和 92 时产生干扰，不过这两种元素的干扰主要存在于合成的矿物样品和陨石样品中（Migeon et al.，2015；Burkhardt et al.，2011）。硅可能会对同位素比值产生影响，但只要 Si/Mo 比值低于 50 就可以避免这样的基质效应（Malinovsky et al.，2005）。待测样品都要经过干扰元素的化学提纯过程，纯化过程必须满足三个条件：①清洗液中钼的含量较低，绝大部分钼进入到待测溶液中，即要有很高的钼回收率；②化学分离同量异位素时应保证待测样品中钼同位素未发生分馏；③同量异位素的化学分离必须彻底，最大限度地去除可能对测试过程产生同位素分馏干扰的同量异位素。

比较常用的方法中，主要是通过使用离子交换柱来去除基质元素，从而达到分离得到钼元素的目的。大部分的前处理都是使用阴离子交换柱（如 Bio-Rad™AG1-X8、Dowex™AG1、Eichrom™AG-1X8）来去除锆和其他大部分基质元素，再使用阳离子交换柱（如 Bio-Rad™AG50W-X8、TRU-spec™）去除铁。也有部分学者使用螯合树脂、阴离子树脂或者两种不同的阳离子树脂进行前处理也能成功实现纯化、富集钼元素的目的。

一个不可忽视的问题是在阴离子交换柱（如 Bio-Rad™AG1-X8、DowexTMAG1）中对样品进行洗脱会导致钼同位素分馏。分馏的程度取决于柱子的回收率，但是分馏一般比较明显（约 1‰/u），这会完全掩盖天然情况下的稳定钼同位素分馏。因此在纯化过程中既要保证柱子的回收率又需要对纯化过程进行同位素分馏校正，在进行纯化之前加入已知成分组成的双稀释剂会对得到的钼同位素结果进行很好的校正。

2. 前处理步骤

钼同位素通过 MC-ICP-MS 进行分析测试，在测试过程中需要使用双稀释剂法对仪器的质量歧视和分馏进行监测和校正。样品的前处理目的是去除样品中的杂质阴离子和阳离子，具体的前处理步骤如下。

去除杂质阴离子：

（1）取适量样品用 HF 和 HNO_3 消解，再取适量的消解后样品转移到特氟龙杯子中，并加入适量的双稀释剂。

（2）将样品在电热板上 110 ℃加热蒸干，再趁热加入 5 mL 6 mol/L HCl 加热到 120 ℃过夜。待充分溶解后将溶液蒸干，加入 HCl 和 H_2O_2 混合液（1 mL 7 mol/L HCl 和 0.3% H_2O_2 混合液）充分溶解剩余物。

（3）将该溶液转移到装有阴离子交换树脂的柱子中（树脂型号为 Dowex™ 1X8 resin，200～400 目），去除杂质离子，最后用 0.5 mol/L HNO_3 洗脱钼酸盐并蒸干。

去除杂质阳离子：

（1）将蒸干的钼酸盐使用 2 mL 的 HCl 和 H_2O_2 混合液（0.5 mol/L HCl 和 0.3% H_2O_2 混合液）溶解。

（2）将该溶液转移到装有阳离子交换树脂的柱子中（树脂型号为 Dowex™ 50WX8 resin，200～400 目），并继续用 5 mL 的 HCl 和 H_2O_2 混合液洗脱钼离子（Mo^{6+}）并收集。

（3）将收集到的溶液蒸干，并用 0.5 mol/L HNO_3 溶解，避光保存，备用。

11.1.3　钼同位素在线测试分析

稳定同位素研究的一个最重要的挑战就是质谱会引起同位素的质量分馏（Burkhardt et al.，2012；Dauphas et al.，2008）。因此稳定钼同位素的准确组成取决于对同位素分馏过程的准确校正。在质谱分析技术发展的过程中，仪器质量误差的校正经历了三个阶段，分别包括：标准-样品匹配法、元素内标法和双稀释剂法。

标准-样品匹配法：仪器质量误差最简单的校正方法是在相同的仪器条件下对样品和标样的分析结果进行比较。通常情况下在分析样品的过程中插入标准样品来监测仪器的系统漂移。该校正方法基于两个假设：①仪器质量误差在分析过程中的漂移值是固定的；②漂移值在样品和标准品之间没有变化。使用 TIMS 进行分析过程中热蒸发和电离会导致同位素富集进而导致仪器质量误差持续变化（Murthy，1963），因此该校正方法主要适用于 MC-ICP-MS，该仪器的质量误差不会随时间发生变化（Maréchal et al.，1999）。该方法对于铁等部分非传统稳定同位素的测试比较成功（Beard et al.，2003），对于辉钼矿的同位素分析也比较适合（Pietruszka et al.，2006）。但是对于钼这种痕量金属元素需要高效的纯化前处理，这是因为样品和标准品中的基质不同导致的质量误差无法通过该校正方法进行校正。如果无法保证前处理纯化的有效性，就必须使用其他的质量误差校正方法。

元素内标法：使用 MS-ICP-MS 进行钼同位素分析时，可以在测试之前向纯化的样品溶液中加入另外一种元素并同时监测样品在测试过程中的仪器质量误差和钼同位素的分馏。原则上来说，这个校正方法不需要标准-样品插入，但是该方法通常结合标准插入法共同使用。

双稀释剂法：对于 MC-ICP-MS 和 TIMS 来说，基于非定量的色谱柱纯化过程和质谱分析过程，发生的质量相关同位素分馏才可以使用同位素双稀释剂法。稀释剂包括两种已知同位素比值的钼同位素。这个方法的优点是稀释剂同位素与目标元素的同位素分馏机理一致。双稀释剂法可以校正化学前处理过程和质谱分析过程导致的同位素分馏（Siebert et al.，2013；Wetherill，1964）。

钼有多种同位素，因此钼特别适合使用双稀释剂法，成为实验室最受欢迎的同位素分馏校正方法（Skierszkan et al.，2015）。多数实验室已经对 ^{97}Mo-^{100}Mo 的稀释剂进行校准并用来进行钼同位素测定，基于室内标准溶液的长期外标重现性要优于±0.12‰，最低标准偏差低于 0.04‰（2σ）（Willbold et al.，2016；Goldberg et al.，2013）。

11.2 稳定钼同位素的组成与分馏机理

11.2.1 自然界中稳定钼同位素的组成

稳定钼同位素的组成用 δ^{98}Mo 表示，表示为待测样品的 ^{98}Mo/^{95}Mo 比值相对于标准样品 ^{98}Mo/^{95}Mo 比值的千分偏差。早期各实验室得到的标准样品稳定钼同位素比值基本是一致的。但是随着测试精度的提高，不同实验室的标准样品的钼同位素比值相差高达 0.37‰（Goldberg et al.，2013），因此亟须一种国际通用的标准物质。当前普遍使用的稳定钼同位素标准溶液是国际标准样品 NIST-SRM-3134，标准样品与过去常用的实验室标准样品的 δ^{98}Mo 值偏差为 0.25‰（Nägler et al.，2014），在这个偏差范围内所得到的样品中钼同位素的计算公式如下：

$$\delta^{98}\mathrm{Mo}=\frac{(^{98}\mathrm{Mo}/^{95}\mathrm{Mo})_{\text{样品}}-(^{98}\mathrm{Mo}/^{95}\mathrm{Mo})_{\text{标准}}}{(^{98}\mathrm{Mo}/^{95}\mathrm{Mo})_{\text{标准}}}\times 1000‰+0.25‰ \tag{11.1}$$

若是实验室标准样品的 δ^{98}Mo 值相比于 NIST-SRM-3134 的值可知，那么样品的钼同位素比值可以进行重新标准化。如果实验室标准样品的 δ^{98}Mo 值与 NIST-SRM-3134 标准偏差未知，那么可以通过另外一种已知的第三标准样品来实现实验室标准样品与 NIST-SRM-3134 之间的换算关系，其中第三标准样品可以使用海水（如 IAPSO）或 USGS 岩石标准样品 SDO-1。这两种标准样品基于 NIST-SRM-3134 的 δ^{98}Mo 值为（1.05±0.14）‰（2σ）（Goldberg et al.，2013；Nägler et al.，2014）。

无论是室内实验还是天然系统中的生物/非生物化学反应过程都存在钼同位素的分馏，至今所观察到的钼同位素分馏均为质量相关分馏。质量歧视效应引起的稳定同位素分馏是一种量子化学现象，该现象的发生是由于相同的化学键之间存在不同的零点能（同位素置换除外）。当发生单向或不完全化学反应时，化学键能的质量歧视导致反应速率常数存在差异，这将会导致动力学同位素效应。该现象也会引发平衡常数的质量歧视，因此即使对于一个有充足时间反应的系统，在反应物和产物之间也会存在同位素的偏移。

海水中钼同位素比值比较均一，一般是 $\delta^{98}Mo = (2.3 \pm 0.2)$ ‰（Siebert et al.，2003）。河水中钼同位素比值范围是 0.2‰～2.3‰，平均值为 0.7‰（Archer and Vance，2008）。比较显著的钼同位素分馏主要存在于特定氧化还原条件下铁锰氧化物和氢氧化物对轻的钼同位素的优先吸附，$\Delta^{98/95}Mo_{aqueous-solid} = 3.0$‰（Goldberg et al.，2009）；而在 H_2S_{aq}>11 μmol/L 的静海相环境中，钼元素迅速从海水中脱离却不会产生明显的同位素分馏（Nägler et al.，2011；Neubert et al.，2008）。在弱氧化环境和弱静海相条件下（<11 μmol/L），硫代钼酸盐中间产物的形成可导致一定程度的钼同位素分馏，其同位素比值范围是−0.5‰～1.6‰（Poulson et al.，2006；Siebert et al.，2006）。含钼元素的矿物在风化过程中未发现明显的钼同位素分馏（Siebert et al.，2003）。

11.2.2　稳定钼同位素的分馏机理

1. 锰氧化物吸附作用引起的钼同位素分馏

自然界中最大限度的钼同位素分馏发生在有氧海洋环境中锰氧化物对钼的吸附过程，该吸附过程导致较轻钼同位素优先吸附到矿物相表面。在 25 ℃的室温条件下，非晶相的水钠锰矿（$K_{0.5}Mn^{3+}Mn^{4+}O_4 \cdot 1.5H_2O$）在海水中对钼的吸附导致钼同位素的分馏因子为 $\Delta^{98}Mo_{solution-MnOx} = (2.7 \pm 0.1)$ ‰［或 $\alpha = 1.0027$；$\Delta \approx (\alpha - 1) \times 1000$］（Wasylenki et al.，2008）。钼在海水相和天然铁锰沉积物中的同位素组成差异与该研究结果一致（Arnold et al.，2004；Siebert et al.，2003）。该过程产生的钼同位素分馏未受到温度和离子强度变化的影响（Wasylenki et al.，2008）。这个过程是一个封闭系统中同位素交换平衡分馏现象而不是开放系统的单向瑞利分馏现象（图 11.1），即可逆的同位素平衡效应。

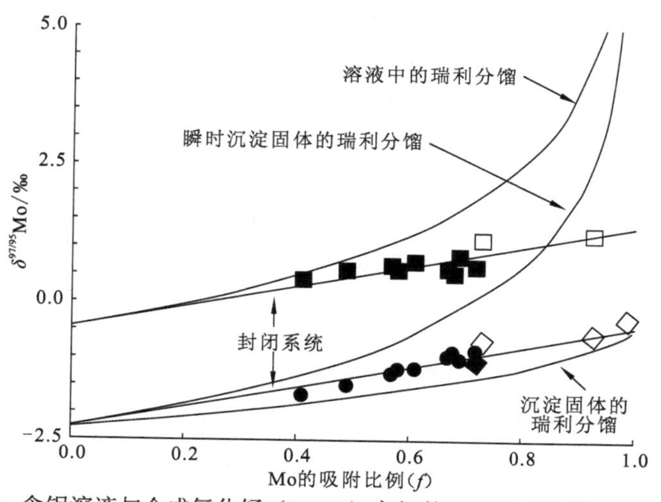

图 11.1　含钼溶液与合成氧化锰（MnO_2）之间的钼同位素分馏（Barling and Anbar，2004）

所有实验溶液中剩余钼含量（■），吸附到氧化物颗粒表面的钼含量（●）。溶液中的钼要比吸附的钼偏重，分馏因子是 1.0027±0.000 8。实验数据与单向不可逆的瑞利分馏过程并不一致，但是与封闭系统中钼同位素在锰氧化物表面和溶液中交换平衡的过程一致（即可逆过程）

出乎意料的是，如此明显的同位素分馏与钼的多种氧化还原形态没有任何关系，反而是海水中 MoO_4^{2-} 及吸附到矿物表面形成的配位几何形态导致了钼同位素的分馏（Kashiwabara et al.，2011；Wasylenki et al.，2011）。尽管 MoO_4^{2-} 是四面体配位的晶型，但是吸附在矿物相表面的钼是以八面体配位聚合形态（如 $Mo_6O_{19}^{2-}$）存在。MoO_4^{2-} 和八面体配位聚合形态之间的转化是钼同位素分馏的原因，该过程中温度的变化不会产生同位素分馏（Wasylenki et al.，2011）。钼在水相及矿物表面也会以其他八面体配合形态［如 $Mo(OH)_6$、$MoO_3(H_2O)_3$］存在，但是这几种形态都不会产生明显的同位素分馏（Oyerinde et al.，2008；Wasylenki et al.，2008）。

2. 铁氧化物吸附过程中的钼同位素分馏

钼被吸附到磁铁矿、水铁矿、针铁矿及赤铁矿等矿物相的过程中，轻钼同位素会优先从溶液中析出并吸附到固体矿物相表面。在室温条件下，固相（A）和溶液相（B）之间的钼同位素比值差异随着 pH 的增大而更加明显，并且吸附在不同的矿物相表面的钼同位素比值也存在差异，各个矿物相吸附的钼元素的 $\Delta^{8}Mo$ 值分别是：磁铁矿（0.83±0.60）‰＜水铁矿（1.11±0.15）‰＜针铁矿（1.40±0.48）‰＜赤铁矿（2.19±0.54）‰。无论是吸附到矿物表面还是不同形态/结构的钼从溶液中析出，钼同位素行为都是相同的。例如，钼酸盐和钼八面体配合物在上述几种铁矿物相表面的吸附亲和度相同。

3. 钼硫化过程中的同位素分馏

钼酸盐在厌氧水环境中与硫化氢反应生成硫醇钼酸盐，反应进程如下：

$$\begin{array}{l} MoO_4^{2-} \rightarrow MoO_3S^{2-} \rightarrow MoO_2S_2^{2-} \rightarrow MoOS_3^{2-} \rightarrow MoS_4^{2-} \\ (\text{单硫-}) \rightarrow (\text{双硫-}) \rightarrow (\text{三硫-}) \rightarrow (\text{四硫-}) \rightarrow \text{硫醇钼酸盐} \end{array} \tag{11.2}$$

每一个反应步骤都包括一个 S 从 H_2S 中进入配体中并置换出一个 O 生成 H_2O。该地球化学过程所需要的水相中 H_2S 物质的量浓度最低是 11 μmol/L，这超过了生成四硫钼酸盐（MoS_4^{2-}）所需的钼的浓度（Erickson and Helz，2000）。中间反应生成的氧化钼酸盐在溶液中的含量很少。例如，黑海中 MoS_4^{2-} 含量应该是总钼含量的 83%，而 $MoOS_3^{2-}$ 含量次之（Nägler et al.，2011）。

这个反应过程中，每一步反应都会产生大量的同位素分馏（Tossell，2005）。处于平衡状态时，$MoO_4^{2-} \rightarrow MoO_2S_2^{2-}$ 的反应过程和 $MoO_4^{2-} \rightarrow MoS_4^{2-}$ 的反应过程的 $\delta^{98}Mo$ 值分别是−2.4‰和−5.4‰（Nägler et al.，2011；Tossell，2005）。通过插值法得到的四个反应过程的钼同位素分馏因子分别是 $\Delta^{98}Mo_{0,1}=\Delta^{98}Mo_{1,2}=1.20‰$、$\Delta^{98}Mo_{2,3}=\Delta^{98}Mo_{3,4}=1.50‰$，其中下标（$x$、$y$）分别代表 S 原子在反应物（$x$）和产物（$y$）中的个数。在冷却水中钼同位素分馏的程度更大。例如，在 9 ℃黑海深水的 $\Delta^{98}Mo_{0,1}=\Delta^{98}Mo_{1,2}=1.40‰$、$\Delta^{98}Mo_{2,3}=\Delta^{98}Mo_{3,4}=1.75‰$。

尽管目前的研究没有对各种形态的硫代钼酸盐分别进行过钼同位素比值的检测，但是取自黑海、卡达格诺湖和挪威峡湾的含硫的水中钼同位素比源水中的要重大约 0.5‰（Noordmann et al.，2015；Nägler et al.，2011；Dahl et al.，2010）。通过理论计算得到的钼同位素分馏比值与通过参与颗粒反应进入到沉积物中的多种氧化硫代钼酸盐的同位素分馏比值一致（Nägler et al.，2011；Dahl et al.，2010）。事实上，$MoOS_3^{2-}$ 和 MoS_4^{2-} 与 FeS_2 进行的沉淀反应均是颗粒反应（Vorlicek et al.，2004）。尽管溶液相中一系列的氧化硫代钼酸盐的分馏因子较大，但是在沉积物和钼的源头之间稳定钼同位素组成没有明显的差异，这是因为钼在封闭的静海盆地中，深水中的钼大量析出并进入到了沉积物中（Noordmann et al.，2015；Nägler et al.，2011；Dahl et al.，2010；Neubert et al.，2008）。

4. 生物活动过程中的钼同位素分馏

土壤细菌（*Azotobacter Vinelandii*）吸收钼会优先利用轻钼同位素并且造成钼同位素分馏，其 $\Delta^{98}Mo = -0.45‰$（Liermann et al.，2015）。钼吸附到藻类等有机物上会引起水中钼同位素轻微的分馏（$-0.3‰$）（Kowalski et al.，2013）。细菌的吸收过程包括钼和易结合金属的螯合作用。例如，有细菌偶氮螯合蛋白（*azotochelin*）存在的情况下钼就会形成八面体的配合物结构（Bellenger et al.，2009）。有几个可能造成分馏的过程主要包括钼从螯合物上释放、转变成四面体配合物 MoO_4^{2-}、转换成质内转运蛋白等。转换成质内转运蛋白的过程在细菌和古细菌的生物质过程中比较常见。同位素的分馏可能是由于：①不可逆的钼迁移过程的动力学效应；②在不完全吸收、从螯合物上释放或者转变成转运蛋白过程中的配合物变化；③钼吸附到细胞壁上（Liermann et al.，2015）。

钼同位素在吸收过程中分馏不仅仅是生物学过程，在对多变鱼腥藻（*Anabaena variabilis*）的研究中也发现了细胞和媒介之间存在钼同位素分馏。丝状蓝绿藻是一种存在于淡水中的物种，钼参与合成具有固氮和降解硝酸盐作用的酶，在海水和淡水中的蓝绿藻对钼的吸收和利用是具有相同的生物化学过程（Zerkle et al.，2011），同位素的分馏取决于细胞的功能。在细菌利用硝酸根生长过程中，丝状蓝绿藻会持续产生钼同位素分馏，其 $\Delta^{98}Mo_{cells\text{-}media} = (0.3\pm0.1)‰$。对于生物固氮过程，丝状蓝绿藻在生长期会导致 $\Delta^{98}Mo_{cells\text{-}media} = (-0.9\pm0.2)‰$，而在稳定期（非常缓慢的生物代谢或生长过程）会导致 $\Delta^{98}Mo_{cells\text{-}media} = (-0.5\pm0.1)‰$的钼同位素分馏。这个变化表明在生物参与钼的吸收过程中，钼同位素分馏要比简单的动力学效应复杂得多，这是因为生物吸收过程中包括了所有的反应过程。

5. 地壳中的钼同位素分馏

地壳中的硫化矿物和富含有机质的泥质岩很有可能是钼富集的主要载体，这些矿物载体中 $\delta^{98}Mo$ 值的变化范围最大。众多含硫矿物中与成矿作用密切相关的辉钼矿是研究的重点。瑞利分馏、流体沸腾和氧化还原反应使辉钼矿中钼同位素 $\delta^{98}Mo$ 值具有较大变化范围（$-1.4‰\sim2.5‰$）（Breillat et al.，2016；Shafiei et al.，2015）。富含有机质的泥质岩的钼同位素 $\delta^{98}Mo$ 值范围较大（$-1.3‰\sim2.5‰$），这主要是当地或者全球海洋氧化还原条件所引起的（Chen et al.，2015；Kendall et al.，2015；Partin et al.，2015）。

从海床热水中结晶的辉钼矿富集较重的钼同位素，而固溶体分解形成的富含二氧化硅的岩浆中富集较轻的钼同位素，因此辉钼矿中的 $\delta^{98}Mo$ 平均值可代表地壳中的钼同位素的最大值（Greber et al.，2014）。

海洋沉积物中钼同位素组成对钼在地壳和地幔中的循环具有指示意义。远洋深海沉积物中贮存氧化的地层水富集较轻的钼同位素，而大陆架边缘沉积物通常都是富集较重的钼同位素。相比于大陆架边缘沉积物，远洋深海沉积物更加容易形成潜没区，导致上次地壳相比火成岩具有较大的钼同位素比值（Freymuth et al.，2015；Neubert et al.，2008）。

来自潜没区的远海沉积物中较轻的钼同位素通过海床的热水作用或火山喷发返回到地球

的表面（Freymuth et al.，2015）。马里亚纳沿海岩溶中较大的 $\delta^{98}Mo$ 值可能反映出潜没过程中脱水作用造成钼同位素分馏（Freymuth et al.，2015），该过程将导致潜没区有较低的 $\delta^{98}Mo$ 值。

11.3 稳定钼同位素技术方法应用

11.3.1 示踪地球化学过程

大同盆地地下水中钼质量浓度变化范围为 1.32～39.30 μg/L，地表径流桑干河河水中的钼质量浓度为 24.50 μg/L。桑干河河水的钼同位素比值（$\delta^{98}Mo=0.72‰$）与报道的河水平均钼同位素（$\delta^{98}Mo=0.70‰$）相当，绝大部分地下水的钼同位素比值在 0.72‰～2.17‰，比淡水中钼同位素变化范围相对偏重，指示含水层地下水中钼同位素可能经历了同位素分馏过程致使重的钼同位素富集在水溶液相中。

大同盆地地下水样品中 H_2S 物质的量浓度普遍低于 11 μmol/L，钼酸盐和硫化氢反应生成的硫代钼酸盐可与铁的硫化物反应生成 Mo-Fe-S 的复合物沉淀（Helz et al.，2004，1996），使得水溶液中钼浓度降低。这一过程可能由于有限的硫化氢供应导致了缓慢的反应速率，并可能产生不同程度的钼同位素分馏（Dahl et al.，2010；Tossell，2005）。在生成 Mo-Fe-S 复合物沉淀反应中，地下水中轻的钼同位素被优先利用并沉淀，导致地下水中相对富集重的钼同位素。图 11.2 中组 1 钼同位素比值较低的地下水样品中 $\delta^{98}Mo$ 和 S^{2-} 呈现正相关关系，表明上述过程对地下水中的钼浓度及其同位素比值产生影响。另外在高质量浓度 S^{2-} 的地下水样品组 2 中，S^{2-} 质量浓度的增大并未对钼同位素比值 $\delta^{98}Mo$ 产生明显的影响，表明在较高 H_2S 浓度的环境下，水溶液相中的钼会被快速去除而不产生明显的同位素分馏（Nägler et al.，2011；Arnold et al.，2004）。

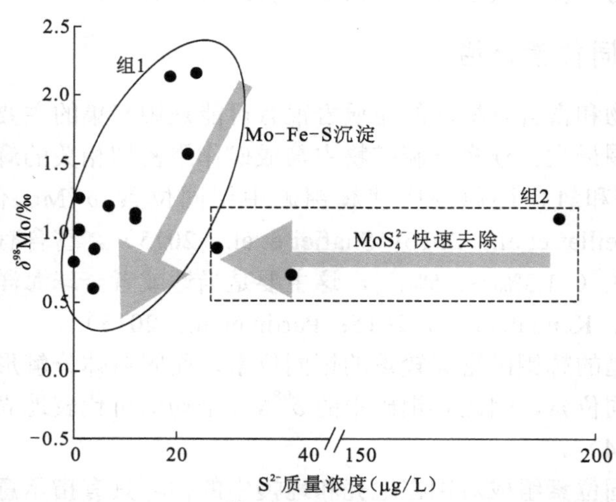

图 11.2 地下水中钼同位素 $\delta^{98}Mo$ 与溶解硫化物的关系(李梦娣 等，2014)

实验研究表明，铁/锰的氢氧化物对钼具有很强的吸附作用（Goldberg et al.，2009；Gustafsson，2003）。铁/锰氢氧化物优先吸附水溶液相中轻的钼同位素，使得地下水中 $\delta^{98}Mo$ 值升高。相比于锰，大同盆地地下水中钼的浓度及其同位素比值与铁有着更加密切的关系

（图 11.3）。有研究表明，水铁矿对钼的吸附过程比锰的氧化物吸附钼的过程更容易产生显著的钼同位素分馏（Goldberg et al.，2009；Barling and Anbar，2004）。地下水中较高的 δ^{98}Mo 测量结果也表明，铁的氢氧化物对钼的吸附解吸及再吸附过程对地下水中钼同位素组成有着重要的控制作用。在氧化还原条件发生变化时，还原性的铁/锰氢氧化物溶解过程会释放吸附的轻钼同位素。沉积物中铁/锰氢氧化物对水溶液中钼的再吸附过程会使地下水中富集重的钼同位素。如此过程的循环，会导致地下水中重的钼同位素富集，δ^{98}Mo 值也会越来越高。因此，大同盆地地下水中较高的钼同位素 δ^{98}Mo 值在一定程度上反映其环境中铁/锰氢氧化物的氧化还原循环，其还原溶解及氧化吸附过程对地下水中砷的迁移富集规律有重要的指示作用。

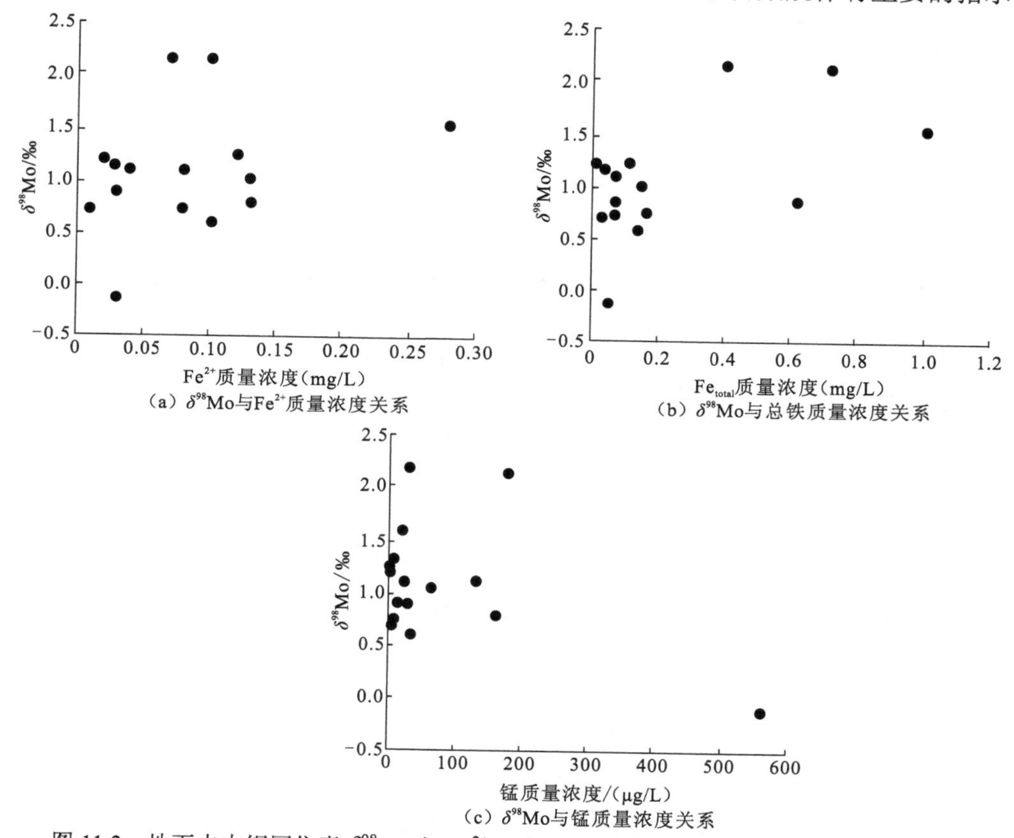

图 11.3　地下水中钼同位素 δ^{98}Mo 与 Fe^{2+}、总铁和锰质量浓度关系（李梦娣，2014）

11.3.2　示踪氧化还原过程

韦泰斯耶尔维湖和库特萨斯耶尔维湖均位于瑞典的北部。韦泰斯耶尔维湖面积大约是 7.448 km^2，最大深度是 19 m；库特萨斯耶尔维湖面积大约是 3 km^2，最大深度是 35 m。分别采集这两个湖底沉积物样品进行钼同位素分析，同时对湖水的主要水化学参数进行测定。两处湖底沉积物样品的钼同位素 δ^{97}Mo 变化范围大概都在 2.2‰。韦泰斯耶尔维湖底沉积物样品的 δ^{97}Mo 变化范围是−0.92‰～−0.26‰，钼的质量浓度与 δ^{97}Mo 值呈现负相关关系（图 11.4）。库特萨斯耶尔维湖底沉积物 δ^{97}Mo 值随着取样深度的增加从 1.26‰减低到 0.08‰。

δ^{97}Mo 值的变化也同时伴随着铁/锰氧化物浓度的变化，并且可以看到锰的质量浓度峰值也伴随着铁质量浓度峰值的出现（图 11.5）。铁、锰质量浓度变化的一致性表明孔隙水中铁的氧化还原循环存伴随着大量锰的溶解沉淀。

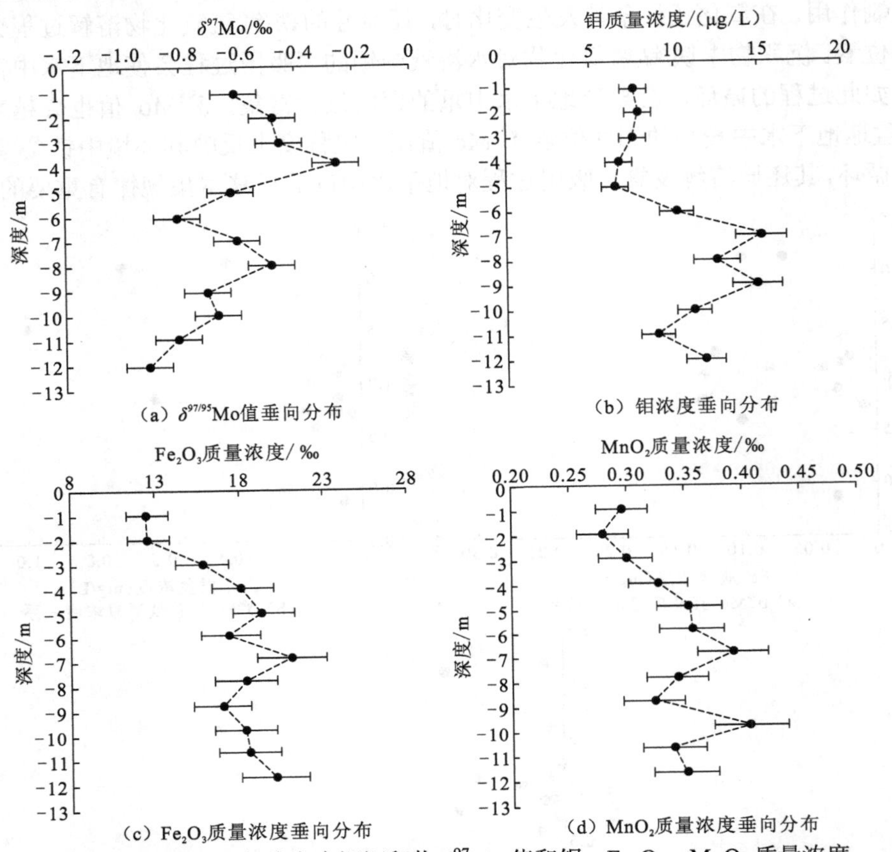

（a）$\delta^{97/95}$Mo值垂向分布　（b）钼浓度垂向分布

（c）Fe_2O_3质量浓度垂向分布　（d）MnO_2质量浓度垂向分布

图 11.4　韦泰斯耶尔维湖底泥沉积物 δ^{97}Mo 值和钼、Fe_2O_3、MnO_2 质量浓度的垂向分布（Malinovskii et al.，2007）

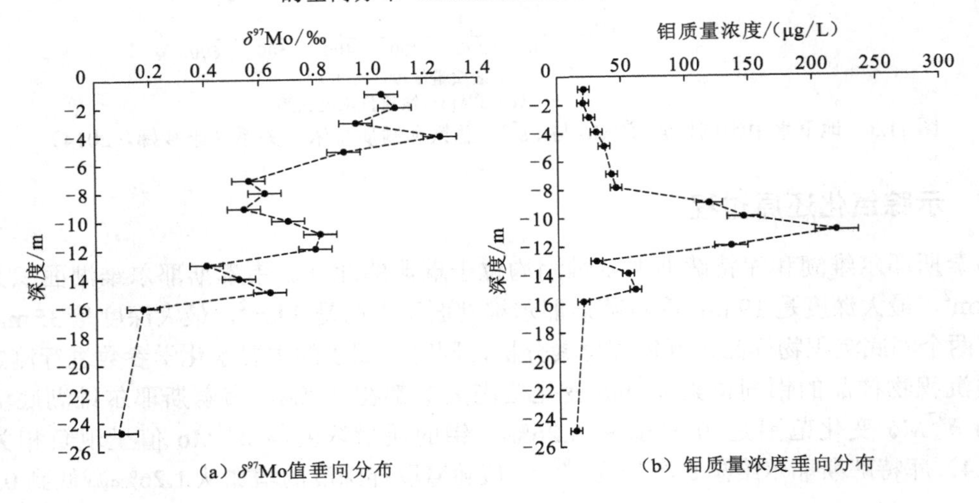

（a）δ^{97}Mo值垂向分布　（b）钼质量浓度垂向分布

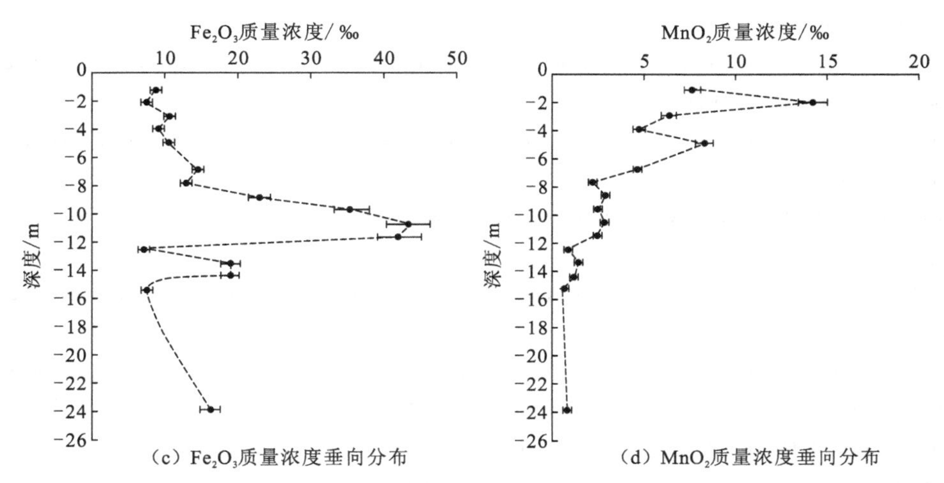

图 11.5 库特萨斯耶尔维湖底泥沉积物 δ^{97}Mo 值和钼、Fe_2O_3、MnO_2 质量浓度的垂向分布（Malinovskii et al.，2007）

已有研究表明水体中钼在氧化条件和还原条件下通过共沉淀进入底泥沉积物中是非常重要的反应机理。在氧化条件下，钼和锰的氧化物发生共沉淀（Anbar，2004；Barling et al.，2001；Crusius et al.，1996）。在还原的条件下，钼沉淀进入底泥沉积物中的主要机理是形成氧化硫代钼酸盐（$MoO_{4-x}S_x^{2-}$）并且极易在矿物表面发生反应，导致几乎所有的钼从水体中析出以共沉淀形式进入底泥沉积物（Anbar，2004；Helz et al.，1996；Emerson et al.，1991）。室内实验结果已经证明在锰和钼氧化物相互作用的过程中较轻的钼同位素优先被吸附（Barling and Anbar，2004；Barling et al.，2001）。在近中性的 pH 条件下吸附在锰氧化物表面的钼其 $\delta^{97/95}$Mo 值在−1.0‰～−0.5‰（Barling and Anbar，2004）。在氧化还原过渡区中钼进入底泥沉积物的地球化学行为有所不同。在还原条件下钼从孔隙水进入沉淀相的变化需要 H_2S 的存在，而在氧化、还原条件过渡区钼在水体中以游离态形式存在且并不存在明显的化学沉淀反应（Anbar，2004；Emerson et al.，1991）。钼在孔隙水中扩散迁移可能会由于轻、重钼同位素扩散系数的不同而产生同位素效应。

参 考 文 献

李梦娣，周炼，王焰新，等. 地下水系统中砷活化的钼同位素地球化学指示[J]. 地球科学，2014, 39(1):99-107.

ANBAR A D, 2004. Molybdenum stable isotopes: observations, interpretations and directions[J]. Reviews in mineralogy and geochemistry, 55(1): 429-454.

ARCHER C, VANCE D, 2008. The isotopic signature of the global riverine molybdenum flux and anoxia in the ancient oceans[J]. Nature geoscience, 1(9): 597-600.

ARNOLD G L, 2004. Molybdenum isotope evidence for widespread anoxia in mid-Proterozoic oceans[J]. Science, 304(5667): 87-90.

ARNOLD G L, ANBAR A D, BARLING J, et al., 2004. Molybdenum isotope evidence for widespread anoxia in mid-Proterozoic oceans[J]. Science, 304(5667): 87-90.

BARLING J, ANBAR A D, 2004. Molybdenum isotope fractionation during adsorption by manganese oxides[J]. Earth and planetary science letters, 217(3): 315-329.

BARLING J, ARNOLD G L, ANBAR A D, 2001. Natural mass-dependent variations in the isotopic composition of molybdenum[J]. Earth and planetary science letters, 193(3): 447-457.

BEARD B L, JOHNSON C M, SKULAN J L, et al., 2003. Application of Fe isotopes to tracing the geochemical and biological cycling of Fe[J]. Chemical geology, 195(1): 87-117.

BELLENGER J P, WICHARD T, KUSTKA A B, et al., 2009. Uptake of molybdenum and vanadium by a nitrogen-fixing soil bacterium using siderophores[J]. Nature geoscience, 1(4): 243-246.

BREILLAT N, GUERROT C, MARCOUX E, et al., 2016. A new global database of δ^{98}Mo in molybdenites: a literature review and new data[J]. Journal of geochemical exploration, 161: 1-15.

BURKHARDT C, KLEINE T, OBERLI F, et al., 2011. Molybdenum isotope anomalies in meteorites: constraints on solar nebula evolution and origin of the earth[J]. Earth and planetary science letters, 312(3/4): 390-400.

BURKHARDT C, KLEINE T, DAUPHAS N, et al., 2012. Origin of isotopic heterogeneity in the solar nebula by thermal processing and mixing of nebular dust[J]. Earth and planetary science letters, 357-358: 298-307.

CHEN X, LING H F, VANCE D, et al., 2015. Rise to modern levels of ocean oxygenation coincided with the Cambrian radiation of animals[J]. Nature communications, 6: 7142.

CRUSIUS J, CALVERT S, PEDERSEN T, et al., 1996. Rhenium and molybdenum enrichments in sediments as indicators of oxic, suboxic and sulfidic conditions of deposition[J]. Earth and planetary science letters, 145(1/4): 65-78.

DAHL T W, ANBAR A D, GORDON G W, et al., 2010. The behavior of molybdenum and its isotopes across the chemocline and in the sediments of sulfidic Lake Cadagno, Switzerland[J]. Geochimica et cosmochimica acta, 74(1): 144-163.

DAUPHAS N, MARTY B, REISBERG L, 2008. Molybdenum nucleosynthetic dichotomy revealed in primitive meteorites[J]. Astrophysical journal, 569(2): 139-142.

EMERSON S R, HUESTED S S, EMERSON S R. et al., 1991. ocean anoxia and the concentrations of molybdenum and vanadium in seawater[J]. Marine chemistry, 34(3/4): 177-196.

ERICKSON B E, HELZ G R, 2000. Molybdenum (VI) speciation in sulfidic waters: stability and lability of thiomolybdates[J]. Geochimica et cosmochimica acta, 64(7): 1149-1158.

FREYMUTH H, VILS F, WILLBOLD M, et al., 2015. Molybdenum mobility and isotopic fractionation during subduction at the Mariana arc[J]. Earth and planetary science letters, 432: 176-186.

GOLDBERG T, ARCHER C, VANCE D, et al., 2009. Mo isotope fractionation during adsorption to Fe (oxyhydr) oxides[J]. Geochimica et cosmochimica acta, 73(21): 6502-6516.

GOLDBERG T, GORDON G, IZON G, et al., 2013. Resolution of inter-laboratory discrepancies in Mo isotope data: an intercalibration[J]. Journal of analytical atomic spectrometry, 28(5): 724-735.

GREBER N D, PETTKE T, NÄGLER T F, 2014. Magmatic–hydrothermal molybdenum isotope fractionation and its relevance to the igneous crustal signature[J]. Lithos, 190-191: 104-110.

GUSTAFSSON J P, 2003. Modelling molybdate and tungstate adsorption to ferrihydrite[J]. Chemical geology, 200(1): 105-115.

HELZ G R, MILLER C V, CHARNOCK J M, et al., 1996. Mechanism of molybdenum removal from the sea and its concentration in black shales: EXAFS evidence[J]. Geochimica et cosmochimica acta, 60(19): 3631-3642.

HELZ G R, VORLICEK T P, KAHN M D, 2004. Molybdenum scavenging by iron monosulfide[J]. Environmental science and technology, 38: 4263-4268.

JIANG S Y, CHEN Y Q, LING H F, et al., 2006. Trace-and rare-earth element geochemistry and Pb-Pb dating of black shales and intercalated Ni-Mo-PGE-Au sulfide ores in lower Cambrian strata[J]. Yangtze Platform, South China. Mineralium deposita, 41: 453-467.

KASHIWABARA T, TAKAHASHI Y, TANIMIZU M, et al., 2011. Molecular-scale mechanisms of distribution and isotopic fractionation of molybdenum between seawater and ferromanganese oxides[J]. Geochimica et cosmochimica acta, 75(19): 5762-5784.

KENDALL B, KOMIYA T, LYONS T W, et al., 2015. Uranium and molybdenum isotope evidence for an episode of widespread ocean oxygenation during the late Ediacaran Period[J]. Geochimica et cosmochimica acta, 156: 173-193.

KOWALSKI N, DELLWIG O, BECK M, et al., 2013. Pelagic molybdenum concentration anomalies and the impact of sediment resuspension on the molybdenum budget in two tidal systems of the North Sea[J]. Geochimica et cosmochimica acta, 119: 198-211.

LEHMANN B, MAO J W, LI S G, et al., 2002. Re-Os dating of polymetallic Ni-Mo-PGE-Au mineralization in Lower Cambrian black shales of South China and its geologic significance[J]. Economic geology, 98: 663-665.

LIERMANN L J, GUYNN R L, ANBAR A, et al., 2015. Production of a molybdophore during metal-targeted dissolution of silicates by soil bacteria[J]. Chemical geology, 220(3/4): 285-302.

MALINOVSKII D , RODYUSHKIN I , OHLANDER V , 2007. Determination of the isotopic composition of molybdenum in the bottom sediments of freshwater basins[J]. Geochemistry international, 45(4):381-389.

MALINOVSKY D, RODUSHKIN I, BAXTER D C, et al., 2005. Molybdenum isotope ratio measurements on geological samples by MC-ICPMS[J]. International journal of mass spectrometry, 245(1): 94-107.

MARÉCHAL C N, TÉLOUK P, ALBARÈDE F, 1999. Precise analysis of copper and zinc isotopic compositions by plasma-source mass spectrometry[J]. Chemical geology, 156(1/4): 251-273.

MAYER A J, WIESER M E, 2013. The absolute isotopic composition and atomic weight of molybdenum in SRM 3134 using an isotopic double-spike[J]. Journal of analytical atomic spectrometry, 29(1): 85-94.

MIGEON V, BOURDON B, PILI E, et al., 2015. An enhanced method for molybdenum separation and isotopic determination in uranium-rich materials and geological samples[J]. Journal of analytical atomic spectrometry, 30(9): 1988-1996.

MURTHY V R, 1963. Elemental and isotopic abundances of molybdenum in some meteorites[J]. Geochimica et cosmochimica acta, 27(11): 1171-1178.

NÄGLER T F, NEUBERT N, BÖTTCHER M E, et al., 2011. Molybdenum isotope fractionation in pelagic euxinia: Evidence from the modern black and Baltic Seas[J]. Chemical geology, 289(1/2): 1-11.

NÄGLER T F, ANBAR A D, ARCHER C, et al., 2014. Proposal for an international molybdenum isotope measurement standard and data representation[J]. Geostandards and geoanalytical research, 38(2): 149-151.

NAGAI Y, YOKOYAMA T, 2016. Molybdenum isotopic analysis with negative thermal ionization mass spectrometry (N-TIMS): effects on oxygen isotopic composition[J]. Journal of analytical atomic spectrometry, 31: 948-960.

NEUBERT N, NÄGLER T F, BÖTTCHER M E, 2008. Sulfidity controls molybdenum isotope fractionation into euxinic sediments: evidence from the modern Black Sea[J]. Geology, 36(10): 775-778.

NOORDMANN J, WEYER S, MONTOYA-PINO C, et al., 2015. Uranium and molybdenum isotope systematics in modern euxinic basins: case studies from the central Baltic Sea and the Kyllaren fjord (Norway)[J]. Chemical geology, 396: 182-195.

OYERINDE O, WEEKS C, ANBAR A T, 2008. Solution structure of molybdic acid from Raman spectroscopy and DFT analysis[J]. Inorganica chimica acta, 361(4): 1000-1007.

PARTIN C A, BEKKER A, PLANAVSKY N J, et al., 2015. Euxinic conditions recorded in the ca. 1. 93 Ga Bravo Lake Formation, Nunavut (Canada): implications for oceanic redox evolution[J]. Chemical geology, 417: 148-162.

PIETRUSZKA A J, WALKER R J, CANDELA P A, 2006. Determination of mass-dependent molybdenum isotopic variations by

MC-ICP-MS: an evaluation of matrix effects[J]. Chemical geology, 225(1/2): 121-136.

POULSON R L, MCMANUS J, SIEBERT C, et al., 2006. Molybdenum isotopes in modern marine sediments: unique signatures of authigenic processes[J]. Geochimica et cosmochimica acta, 70(18): A501.

SHAFIEI B, SHAMANIAN G H, MATHUR R, et al. , 2015. Mo isotope fractionation during hydrothermal evolution of porphyry Cu systems[J]. Mineralium deposita, 50(3): 281-291.

SIEBERT C, NÄGLER T F, KRAMERS J D, 2001. Determination of molybdenum isotope fractionation by double - spike multicollector inductively coupled plasma mass spectrometry[J]. Geochemistry, geophysics, geosystems, 2(7): 1-16. https://doi. org/10. 1029/2000GC000124.

SIEBERT C, NÄGLER T F, BLANCKENBURG F V, et al., 2003. Molybdenum isotope records as a potential new proxy for paleoceanography[J]. Earth and planetary science letters, 211(1/2): 159-171.

SIEBERT C, MCMANUS J, BICE A, et al., 2006. Molybdenum isotope signatures in continental margin marine sediments[J]. Earth and planetary science letters, 241(3/4): 723-733.

SIEBERT C, NÄGLER T F, KRAMERS J D, 2011. Determination of molybdenum isotope fractionation by double-spike multicollector inductively coupled plasma mass spectrometry[J]. Geochemistry geophysics geosystems, 2(7): 2000GC000124.

SKIERSZKAN E K, AMINI M, WEIS D, 2015. A practical guide for the design and implementation of the double-spike technique for precise determination of molybdenum isotope compositions of environmental samples[J]. Analytical and bioanalytical chemistry, 407(7): 1925-1935.

STEINER M, WALLIS E, ERDTMANN B D, et al., 2001. Submarine-hydrothermal exhalative ore layers in black shales from South China and associated fossils 3/4 insights into a Lower Cambrian facies and bio-evolution[J]. Palaeogeography palaeoclimatology palaeoecology, 169(3): 165-191.

TOSSELL J A, 2005. Calculating the partitioning of the isotopes of Mo between oxidic and sulfidic species in aqueous solution[J]. Geochimica et cosmochimica acta, 69(12): 2981-2993.

VORLICEK T P, KAHN M D, KASUYA Y, et al., 2004. Capture of molybdenum in pyrite-forming sediments: role of ligand-induced reduction by polysulfides[J]. Geochimica et cosmochimica acta , 68(3): 547-556.

WASYLENKI L E, ROLFE B A, WEEKS C L, et al., 2008. Experimental investigation of the effects of temperature and ionic strength on Mo isotope fractionation during adsorption to manganese oxides[J]. Geochimica et cosmochimica acta, 72(24): 5997-6005.

WASYLENKI L E, WEEKS C L, BARGAR J R, et al., 2011. The molecular mechanism of Mo isotope fractionation during adsorption to birnessite[J]. Geochimica et cosmochimica acta, 75(17): 5019-5031.

WETHERILL G W, 1964. Isotopic composition and concentration of molybdenum in iron meteorites[J]. Journal of geophysical research, 69(20): 4403-4408.

WIESER M E, LAETER J R D, 2003. A preliminary study of isotope fractionation in molybdenites[J]. International journal of mass spectrometry, 225(2): 177-183.

WILLBOLD M, HIBBERT M K, LAI Y J, et al., 2016. High-precision mass-dependent molybdenum isotope variations in magmatic rocks determined by double-spike MC-ICP-MS[J]. Geostandards and geoanalytical research, 40(3): 389-403.

ZERKLE A L, SCHEIDERICH K, MARESCA J A, et al., 2011. Molybdenum isotope fractionation by cyanobacterial assimilation during nitrate utilization and N_2 fixation[J]. Geobiology, 9: 94-106.

第 12 章　稳定锶同位素

锶（Sr）是典型的亲石元素，趋向于在硅酸岩地质体中富集，由于其中等相容性，使得地壳中锶含量较高。锶在海水中的质量浓度约为 7.6 mg/L，在海洋中的平均滞留时间约为 5×10^{6} a。锶在河水中的平均质量浓度为 70 μg/L，卤水锶质量浓度可高达 2 000 mg/L。锶在岩浆体系中的分布与分配主要受长石矿物的控制。在沉积过程中，锶的分布既受黏土矿物对锶吸附强度，以及碳酸岩矿物 Sr-Ca 类质同相替换强度的影响，也受长石矿物碎屑含量的影响。锶在太古宇页岩中的质量分数为 200～450 mg/kg，而在沉积碳酸岩中最高可达 1 000 mg/kg（海相碳酸岩中锶的平均质量分数约为 610 mg/kg）。海水较高水平的锶浓度及较长的滞留时间，使得海水具有高度均一的锶同位素组成，因此，海水锶同位素成为探究不同来源组分对海洋锶贡献量的重要手段，其来源可包括陆地年轻火山岩风化、海相碳酸岩风化及古老硅质地壳风化输入。由于大陆碳酸岩和天然水体中锶含量与 $^{87}Sr/^{86}Sr$ 之间具有显著相关性，锶同位素成为示踪流体-岩石相互作用的有用工具，具体可包括成岩作用、地下水补给区识别、地下水流场划分和含水层中不同来源水的混合比例计算等。

锶有 4 种天然同位素，^{84}Sr（约 0.56%）、^{86}Sr（约 9.87%）、^{87}Sr（约 7.04%）和 ^{88}Sr（约 82.53%），其中，^{87}Sr（约 7.04%）为放射成因同位素，由 ^{87}Rb 的 β 衰变而成，半衰期约为 4.88×10^{10} a。因为 $^{87}Sr/^{86}Sr$ 是岩石年龄和铷、锶元素相对丰度的函数，Rb-Sr 衰变体系常用于地质年代学，也是地球化学领域常用的示踪手段。

12.1　稳定锶同位素分析测试技术

高精度锶同位素测试常采用 TIMS 进行分析。近年来，MC-ICP-MS 的快速发展，使得其分析数据质量已接近 TIMS。在此基础上构建起的激光剥蚀（LA）MC-ICP-MS 技术，已被逐渐发展成一种可替代微钻取样和 TIMS 的锶同位素分析测试新方法。

12.1.1　锶同位素液体样品采集及前处理

液体样品采样前需保证样品的新鲜程度，如在采集地下水样品时，需采用高流量泵先抽取地下水 10～15 min，待新鲜地下水进入采样井中后再完成样品采集工作。现场采集时，需采用 0.45 μm 滤膜完成在线过滤，滴加高纯浓硝酸至水样 pH＜2，密封低温保存。

所采集水样需先完成锶含量的精确测试，常采用电感耦合等离子质谱仪、电感耦合发射光谱仪、电感耦合等离子体吸收光谱仪等。准确测定水样 Sr 质量浓度后，称取锶同位素测试所需定量水样，置于特氟龙杯中蒸干，用高纯浓硝酸溶解后再次蒸干，以去除残留有机物，用 2 mL 3 mol/L 高纯浓硝酸溶解残留物，采用 Eichrom Sr-Spec™树脂分离样品锶后保存待测试。

12.1.2 锶同位素固体样品采集及前处理

岩石样品直接采集新鲜样品保存至分析。沉积物样品需刮去受污染表层后，低温密封保存至分析。测试前，室内自然风干固体样品，将岩石/沉积物样品研磨至200目。

消解过程：准确称取30mg样品粉末置于15mL Savillex®瓶中，滴加0.3mL HF和0.1mL HNO_3混合溶液，置于100℃电热板蒸干，升温至120℃进一步蒸干，滴加1mL浓HNO_3充分溶解固体残留后，重复上述蒸干步骤；溶解-蒸干步骤重复1次后，再次滴加1mL浓HNO_3溶解残留并静置12 h，残留固体充分溶解后，再次蒸干。最后，将残留固体溶解至1mL 2.5 mol/L HCl中。

分离过程：将3.7mL BioRad阳离子树脂AG 50W-X8（200～400目）装载至特氟龙分离柱。用10mL MQ超纯水清洗树脂后，滴加20mL 2.5mol/L HCl完成树脂预处理。将溶有样品的1mL 2.5mol/L HCl溶液滴加至分离柱中，并用17mL 2.5mol/L HCl分离并洗脱基质元素，洗脱液弃之，再用9mL 2.5mol/L HCl洗脱固相Sr组分，用20mL 6mol/L HCl清洗树脂并重复4次，收集分离洗脱液。将锶分离洗脱液在70℃下干燥并静止12 h后，溶于0.5mL浓HNO_3中，蒸干，再溶解至1mL 3mol/L HNO_3溶液中，待纯化（表12.1）。

表12.1 锶离子色谱分离步骤

	步骤	体积/mL	溶液
	3.7mL BioRad 阳离子交换树脂 AGW-×8 (200～400 目)		
分离	清洗	10	MQ超纯水
	预加载	20	2.5mol/L HCl
	负载样品	1	2.5mol/L HCl
	洗脱基质	17	2.5mol/L HCl
	洗脱 Sr	9	2.5mol/L HCl
	清洗	20	6mol/L HCl
	0.2mL Sr专用树脂 (50～100 μm)		
纯化	清洗	4	MQ超纯水
	清洗	4	0.05mol/L HNO_3
	预加载	4	3mol/L HNO_3
	负载样品	1	3mol/L HNO_3
	洗脱基质	4	3mol/L HNO_3
	洗脱 Sr	3	3mol/L HNO_3

纯化过程：用0.2mL Eichrom Sr-Spec™树脂填充聚四氟乙烯纯化柱，用4mL MQ超纯水，4mL 0.05 mol/L HNO_3和4mL 3 mol/L HNO_3完成纯化柱树脂预处理后，将已分离锶洗脱液装载至分离柱中，用4mL 3 mol/L HNO_3洗脱基质元素，弃之，再用3mL 0.05 mol/L HNO_3分离纯化锶组分，收集分离液。将分离纯化的锶组分置于120℃电热板蒸干，再溶解于1mL浓HNO_3中，置于100℃ 1 h，待样品冷却后，滴加几滴H_2O_2破坏有机组分，置于80℃蒸干后，再次滴加些许6 mol/L HCl蒸干保存至分析。

12.1.3　锶同位素测试分析

1. 热电离质谱法

将分离纯化的锶样品溶于 10～20 μL 6 mol/L HCl 中，静置 1h。根据样品锶含量，选取适宜酸体积，每 1 μL HCl 约溶有 500 ng 锶。使用注射器和毛细管将 1 μL 溶解样品与 1 μL Ta 磷酸活化剂混合，点至铼灯丝中心，采用电流蒸干灯丝中心液态组分，至残留固相颜色变白，将搭载样品的铼灯丝于 4 A 电流下脱气 2 h，4.5 A 脱气 30 min 后，置于 3.5 A（约 1500℃）2 h。在 84～88 u 质量范围用 20 V 电压测量 ^{88}Sr 信号值。测量电子基线 30 s 后，扣除基线信号，使用放大器旋转减少相对放大器增益差异。采用双线采集方案以抵消法拉第杯效率变化。在使用线路 1 和线路 2 之后分别使用 4 s 和 8 s 的延迟以降低测试信号在线路之间的背景水平。一次两线整合持续约 30 s，一次总样本测试约计 5.5 h。样品测试中需穿插 NIST SRM 987 Sr 标准，对样品锶同位素测试结果进行校正。

2. 多接收杯电感耦合等离子体质谱法

年代较新的矿物样品由于 Rb/Sr 比值较低，其 $^{87}Sr/^{86}Sr$ 同位素比值变化较小，因此，为完成此类样品锶同位素的高精度测试，常采用 TIMS。由于同位素测试技术的发展和改进，特别是法拉第杯和离子计数器等电子器件方面的发展，极大提高了测试分析精度，并已成功应用于 MC-ICP-MS 分析测试中。MC-ICP-MS 锶同位素分析的主要挑战是测试精度的提高，等离子体生成和样品本身氩会引入氪干扰，由于干扰氪同位素丰度较低，增加了氪同位素干扰校正难度，此外，其他干扰还包括同量异位 ^{87}Rb、双电荷铒和镱（^{168}Er、^{168}Yb 干扰 ^{84}Sr；^{170}Er、^{170}Yb 干扰 ^{85}Rb；^{172}Yb 干扰 ^{86}Sr；^{174}Yb 干扰 ^{87}Sr；^{176}Yb 干扰 ^{88}Sr）及部分二聚体（$^{44}Ca\,^{43}Ca$ 和 $^{44}Ca\,^{40}Ar$）。

3. 激光剥蚀多接收电感耦合等离子体质谱法

LA-MC-ICP-MS 基本原理是将激光束聚焦于样品表面使之熔蚀气化，由载气（氦气或/和氩气）将气溶胶样品微粒送至等离子体中电离，再经质谱的质量筛选后，用接收器分别检测不同质荷比的离子。与传统测试手段相比，LA-MC-ICP-MS 技术具有样品制备简单、原位无损分析、极大降低样品消耗量及高效等优势。而相比之下，TIMS 技术耗时较长，且需经过复杂的分离纯化过程去除基体和 ^{87}Rb 干扰，MC-ICP-MS 也存在同样问题。MC-ICP-MS 与 LA 联用系统的出现，使原位锶同位素测试成为可能。此外，LA-MC-ICP-MS 的应用也可避免某些矿物消解不完全、某些元素在稀酸溶液中记忆效果差、氧化物和氢化物的强烈干扰等与样品消解有关的问题。在采用 LA-MC-ICP-MS 技术完成固体样品同位素测试时，样品制备是十分重要的环节，将待测定样品使用专用双面胶固定在载玻片上，放上 PVC 环，随后注入固化剂和环氧树脂混合物，固化后从载玻片上取下样品座，对其进行抛光处理。对于大颗粒样品可以在擦拭及稀 HNO_3 超声清洗后直接放入样品池中。测试中需要对激光能量、能量密度、剥蚀直径、频率、剥蚀时间、采样方式等参数进行设定以保证测试数据的准确性。在采用 LA-MCICP-MS 完成锶同位素测定中，影响 MC-ICP-MS 准确测量的氪、铷和稀土二价离子的干扰问题均可被有效解决。

12.2 稳定锶同位素的组成特征

天然条件下，锶同位素不会发生同位素分馏，锶同位素组成不受矿物沉淀或离子交换的影响（Bailey，1996）。在自然界中，某一特定矿物风化释放的锶通常具有自身 $^{87}Sr/^{86}Sr$ 比值特征。不同物源混合会引入物源体中的锶，造成最终混合物呈现特有的 $^{87}Sr/^{86}Sr$ 比值特征，不同天然矿物端元中的锶浓度和 $^{87}Sr/^{86}Sr$ 比值显著不同。例如，与硅酸岩端元相比，碳酸岩端元具有低放射性成因的 $^{87}Sr/^{86}Sr$ 比值特征。白云岩在重结晶过程中会形成较高的 $^{87}Sr/^{86}Sr$ 比值（Machel et al.，1996）。因此，锶同位素是确定物源及其贡献比例的有用工具。

12.2.1 岩石中锶同位素的组成

^{87}Sr 由 ^{87}Rb β 衰变形成，因此，岩石 $^{87}Sr/^{86}Sr$ 比值特征取决于铷、锶相对丰度和岩石年龄。具体而言，岩石矿物 $^{87}Sr/^{86}Sr$ 比值取决于：①成岩时初始 $^{87}Sr/^{86}Sr$ 比值；②成岩时间；③$^{87}Rb/^{86}Sr$ 比值，其常与 Rb/Sr 比值呈正比。铷是一种高度可溶、高度不相容元素，而锶相对可溶、不完全相容，锶的离子半径小于铷，在富硅火成岩体系中具有更强的相容性，优先进入斜长石。由于二者地球化学行为差异，岩石 Rb/Sr 比值可存在数量级变化特征（表 12.2），不同岩石 $^{87}Sr/^{86}Sr$ 比值变化也较大。原始 Rb/Sr 比值较高的岩石（＞100），其 $^{87}Sr/^{86}Sr$ 比值常在 0.710 以上，而 Rb/Sr 比值较低的岩石（＜10），其 $^{87}Sr/^{86}Sr$ 比值一般小于 0.704。地幔整体呈现相对均匀且 $^{87}Sr/^{86}Sr$ 比较低的特征。

表 12.2 岩石的锶和钙质量分数及 Rb/Sr 比值

岩石	Sr /（mg/kg）	Ca/（mg/kg）	Rb/Sr
砂岩	20	40 000	3
低钙花岗岩	100	5 000	2
深海土壤	180	30 000	0.6
正长岩	200	20 000	0.6
页岩	300	20 000	0.5
高钙花岗岩	440	25 000	0.3
超基性岩	1	25 000	0.2
玄武岩	500	75 000	0.07
深海碳酸岩	2 000	300 000	0.005
碳酸岩	600	300 000	0.005

在大洋中脊或夏威夷链等大洋岛屿喷发的玄武岩中，其 $^{87}Sr/^{86}Sr$ 比值为 0.702～0.704（White and Hofmann，1982）。在大洋岛弧（如阿留申群岛、日本、瓦努阿图），其主体由地幔/地壳俯冲相关岩浆作用形成，$^{87}Sr/^{86}Sr$ 比值为 0.703 5～0.707（Dickin，1995）。显生宇海相灰岩和白云石 $^{87}Sr/^{86}Sr$ 比值为 0.707～0.709。整体上，大陆地壳岩石 $^{87}Sr/^{86}Sr$ 比值介于 0.702～0.750，其中包括较老的花岗岩，$^{87}Sr/^{86}Sr$ 比值通常在 0.710 以上，常可高达 0.740，较年轻的玄武岩 $^{87}Sr/^{86}Sr$ 比值较低，在 0.703～0.704。单一的岩石矿物 $^{87}Sr/^{86}Sr$ 比值也可能存

在巨大变异。例如，花岗岩可包含有两种长石矿物，二者 $^{87}Sr/^{86}Sr$ 比值具有明显差异。斜长石中含有大量的钙和锶，铷含量较低，其 $^{87}Sr/^{86}Sr$ 比值较低，接近 0.70。钾长石是花岗岩中含量最丰富的矿物，其铷含量高，锶含量低，$^{87}Sr/^{86}Sr$ 比值常大于 1.0。

12.2.2　土壤中锶同位素的组成

土壤中锶的主要来源包括矿物风化、地下水和溪水、大气沉积及部分肥料。自然情况下，矿物风化通常占主导地位。考虑矿物不同的锶含量、$^{87}Sr/^{86}Sr$ 比值及风化能力，土壤可表现出不同的 $^{87}Sr/^{86}Sr$ 比值特征。风化作用可造成物源锶的明显流失，相对于硅酸岩矿物，火山岩和碳酸岩矿物中的锶会优先流失。同一地区风化土壤锶含量也可呈现较大的变化，与不同物源矿物风化混合比例有关。例如，在 Swartkrans 地区，其风化土壤样品 $^{87}Sr/^{86}Sr$ 比值变化范围为 0.768～0.821，当地白云石 $^{87}Sr/^{86}Sr$ 比值为 0.7086，太古宙花岗岩 $^{87}Sr/^{86}Sr$ 比值为 0.900，采用二端元混合模型，计算结果表明，风化土壤样品中约 41%的锶来自太古宙花岗岩（Sillen et al.，1998）。

12.2.3　海洋中锶同位素的组成

海水 $^{87}Sr/^{86}Sr$ 比值组成代表着来自世界各地的风化大陆地壳 $^{87}Sr/^{86}Sr$ 组成的平均值。由于锶在海水中的停留时间长（几百万年），与海洋周转时间（几千年）相比，海水 $^{87}Sr/^{86}Sr$ 在一定时间内处于稳定状态。通过碳酸岩和磷酸岩化石，确定了海水中 $^{87}Sr/^{86}Sr$ 的变化规律，如图 12.1 所示，海水 $^{87}Sr/^{86}Sr$ 比值为 0.709 2，但随着地质时间的变化，其变化范围为 0.707～0.709。

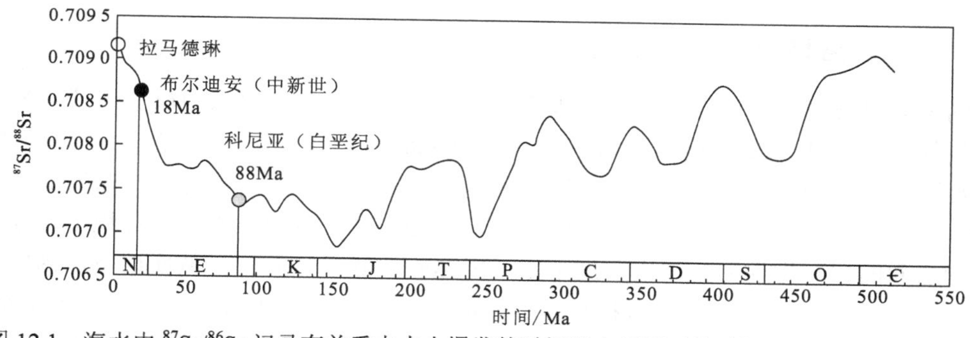

图 12.1　海水中 $^{87}Sr/^{86}Sr$ 记录有关重大火山爆发的时间和大规模灭绝时间（McArthur et al.，2001）

12.2.4　水体中锶同位素的组成

地表水及地下水可将大部分岩石/沉积物风化产物以悬浮物及溶解态的形式，从大陆输送到海洋。水体所携带的物质主要代表正在遭受侵蚀或风化的岩石/沉积物，高海拔地区的侵蚀速度快于低海拔地区，因此所产生的水体携带物也更多。相对于稳定区，构造活动较强区沉积物常较年轻，其$^{87}Sr/^{86}Sr$比值通常也较小。因此，各区域水体$^{87}Sr/^{86}Sr$比值组成与区域内沉积矿物$^{87}Sr/^{86}Sr$比值息息相关。

在风化速率较高的高海拔地区，水体和基岩的 $^{87}Sr/^{86}Sr$ 比值组成关系往往更为密切。例如，在法国 Vosges 花岗岩山脉，Aubert 等（2002）发现，在低流量期，河水 Sr 浓度和 $^{87}Sr/^{86}Sr$ 比值均低于高流量期。在一定流量范围内（流量$<$9 L/s），河水 $^{87}Sr/^{86}Sr$ 比值与流量呈线性关系，流量较高时，河流 $^{87}Sr/^{86}Sr$ 比值几乎可达到基岩水平。同样，在奥地利阿尔卑斯山蒂罗尔地区，

Hoogewerff等（2001）发现，无论是在海相灰岩区（$^{87}Sr/^{86}Sr$为0.707～0.708，侏罗纪/白垩纪海水中的$^{87}Sr/^{86}Sr$特征），还是在中央结晶阿尔卑斯山（$^{87}Sr/^{86}Sr$为0.720～0.725，高Rb/Sr比值的老片麻岩），河水样品$^{87}Sr/^{86}Sr$比值均直接反映区域内岩体同位素组成特征。在低海拔区，基岩和水体锶同位素组成之间的联系较为模糊，水体易受上游岩石、悬浮物及降水的影响。

在地形较为复杂区域，如Guatemala南部高地，Hodell等（2004）探究年轻火山（古近纪、新近纪和第四纪）区域内不同介质的锶同位素组成特征，沉积介质以巨厚的浮石和火山灰序列为主，上覆丰富的土壤。研究发现，该地区植被、水和岩石的$^{87}Sr/^{86}Sr$比值均为0.703～0.704。由于火山高地侵蚀形成了邻近海岸平原上的第四系冲积层，该沿海地区介质锶同位素也约为0.704。Guatemala变质区含一系列不同沉积时期的岩石，包括蛇纹岩、花岗岩、闪长岩、千粒岩、片岩、大理石和混合岩露头。因此，邻近地区河流$^{87}Sr/^{86}Sr$比值差异较大。例如，伊扎瓦尔湖湖水$^{87}Sr/^{86}Sr$比值与石灰岩风化的河流输入相一致，约为0.708。莫塔瓜河谷锶同位素比值约为0.706，反映了俯冲过程中玄武岩（0.704）与海水（0.707～0.709）热液蚀变的混合。在伯利兹玛雅山脉的河流样本中，其$^{87}Sr/^{86}Sr$比值可高达0.712～0.715，主要来源为125～320Ma的沉积岩和火山岩。在同一区域，地表水体与地下水的$^{87}Sr/^{86}Sr$比值也存在一定的差异。例如，在德国南部，莱茵河$^{87}Sr/^{86}Sr$比值约为0.708 5，同一流域Guo的地下水样本平均为0.708 7（Tricca et al.，1999）。

12.3 稳定锶同位素技术方法应用

12.3.1 示踪岩溶地下水流动系统

锶同位素已被广泛应用于示踪地下水流动系统，是确定地下水来自碳酸岩或硅酸岩风化及其比例的有用工具（Cartwright et al.，2010；Uliana et al.，2007）。硅酸岩和海相碳酸岩是大部分地下水系统的化学组成的主要控制端元，但硫酸盐岩和氯化物等蒸发盐岩的风化对某些地下水系统的水化学特征也会产生一定影响。在补给和区域地下水流动过程中，地下水和富锶矿物之间的相互作用促使锶进入地下水（Bullen et al.，1996）。从而地下水锶同位素组分可记录沿地下水流向发生的水-岩相互作用信息，并可用于示踪地下水流动路径（Frost et al.，2002）。此外，地下水与含水层矿物质之间的相互作用能影响地下水主要离子组分。因此，地下水化学组分的变化主要受沿流向上的水-岩相互作用影响与控制（Guo and Wang，2004），并且通过反向地球化学模拟能很好地捕捉流动路径上地下水水化学演化过程。已有研究表明，基于地下水主量元素的反向地球化学模拟为地下水化学演化的研究提供了有力手段。

位于山西省朔州市的岩溶水主要发育于中奥陶统含水层，该含水层同时也是锶的地质储库。该地质时期海水锶同位素比值相对恒定，所以理论上，该时期形成的碳酸岩锶同位素比值相对固定。因此，沿着地下水流向采集碳酸岩和岩溶水样品，水体锶同位素比值应向矿物相锶同位素比值端漂移。在朔州岩溶水系统中，岩溶水$^{87}Sr/^{86}Sr$平均值从补给区的0.71072降低到排泄区的0.71025，后者更接近于中奥陶统石灰岩$^{87}Sr/^{86}Sr$比值（0.70787），表明水-岩相互作用是控制岩溶水中锶同位素组成的重要因素。利用岩溶水样品锶同位素比值与锶含量关系图解可进一步阐述岩溶水锶来源（图12.2）。大部分水样锶含量较低且$^{87}Sr/^{86}Sr$比值相似，均集中分布于混合线附近。排泄区所有岩溶水样均落在混合线之上。区域内第四系不同含水层水体间的混合过程是影响与控制地下水 $^{87}Sr/^{86}Sr$ 变化的主要因素。排泄区样品 $^{87}Sr/^{86}Sr$ 比值较高（0.710 92）且锶质量浓度范围为 0.39～0.48 mg/L（图 12.2），相应含水层沉积物 $^{87}Sr/^{86}Sr$ 比值（0.712 73～0.713 34）也较高，因此，第四系含水层地下水 $^{87}Sr/^{86}Sr$ 特征主要来源于其沉积物矿物。当岩溶水流至第四系含水层时，水体的混合过程导致岩溶水 $^{87}Sr/^{86}Sr$ 比值升高(图 12.2)。水体 $^{87}Sr/^{86}Sr$ 比值与镁含量的关系如图 12.3 所示。据研究者对该地区岩溶水系统的了解，高 $^{87}Sr/^{86}Sr$ 比值水样来自研究区北部径流 1，低 $^{87}Sr/^{86}Sr$ 比值水样来自研究区南部径流 2(图 12.4)。图 12.3 表明，径流 2 水体 $^{87}Sr/^{86}Sr$ 比值流至排泄区明显降低，可能与区域内低 $^{87}Sr/^{86}Sr$ 比值的石灰岩相互作用有关。两条路径岩溶水及地下水 $^{87}Sr/^{86}Sr$ 比值组成特征表明，径流 1 岩溶水流速快于径流 2，沿途水-岩相互作用强度弱于径流 2。此推测与实际观测到的二者水力梯度相吻合，径流 1 的水力梯度约为 1%，径流 2 水力梯度约为 0.15%（图 12.4）。

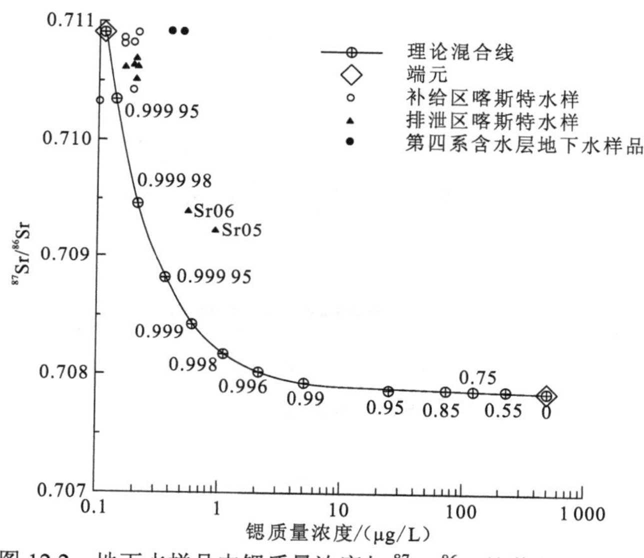

图 12.2 地下水样品中锶质量浓度与 $^{87}Sr/^{86}Sr$ 比值关系(Wang et al.，2006)

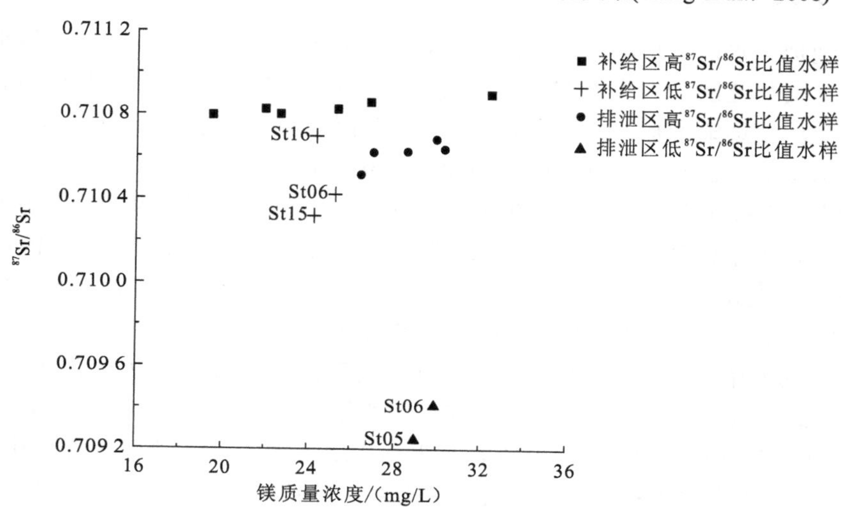

图 12.3 所有岩溶水样品中 $^{87}Sr/^{86}Sr$ 比值与镁质量浓度关系(Wang et al.，2006)

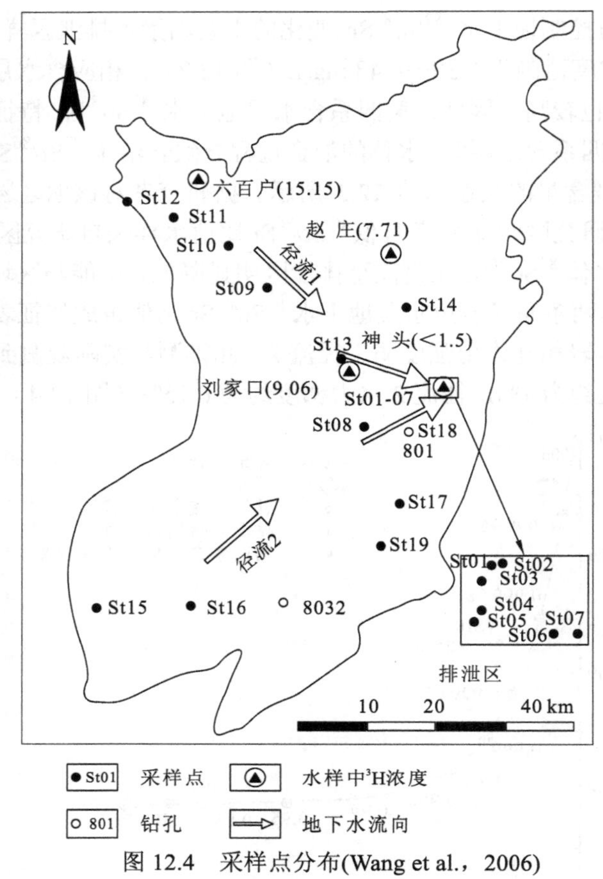

图 12.4 采样点分布(Wang et al., 2006)

在图中括号内标注的是岩溶水的 ^{3}H 浓度；所有泉水的 ^{3}H 浓度小于 1.5 TU

12.3.2 示踪孔隙地下水流动系统

大同盆地地下水锶质量浓度变化范围为 0.43～7.06 mg/L。盆地东缘和西缘地下水中锶质量浓度较低（变化范围分别为 0.47～1.02 mg/L 和 0.64～1.06 mg/L）。从山前到盆地中心，地下水锶质量浓度逐渐增加，归因于沿途水-岩相互作用，尤其是富锶蒸发岩，如石膏和天青石（Alonso-Azcārate et al., 2006；Feng et al., 1997）的溶解。

地下水 $^{87}Sr/^{86}Sr$ 变化范围为 0.710 16～0.726 04。与地下水锶浓度的空间分布不同，盆地东缘靠近恒山地下水样品(包括泉水)，$^{87}Sr/^{86}Sr$ 比值均较高，变化范围为 0.719 00～0.726 04。泉水（DT-076）$^{87}Sr/^{86}Sr$ 比值最高（0.726 04）。与盆地东缘地下水样品相比，盆地西缘地下水样品（DT-022，DT-037，DT-056）的 $^{87}Sr/^{86}Sr$ 比值较低（图 12.5）。

靠近恒山的五个水样 $^{87}Sr/^{86}Sr$ 比值较高（变化范围为 0.721 14～0.726 04）。其中，泉水 $^{87}Sr/^{86}Sr$ 比值最高（0.725 604），与以硅酸岩矿物溶解占主导的水体 $^{87}Sr/^{86}Sr$ 组成相一致，依据离子比也可得出同样的结论。此外，靠近恒山地下水的 $^{87}Sr/^{86}Sr$ 比值向恒山全岩同位素组成方向偏移(恒山全岩 $^{87}Sr/^{86}Sr$ 比值变化范围为 0.710 70～0.806 25)，这表明地下水 $^{87}Sr/^{86}Sr$ 比值主要受水流与恒山杂岩间的水-岩相互作用影响与控制。

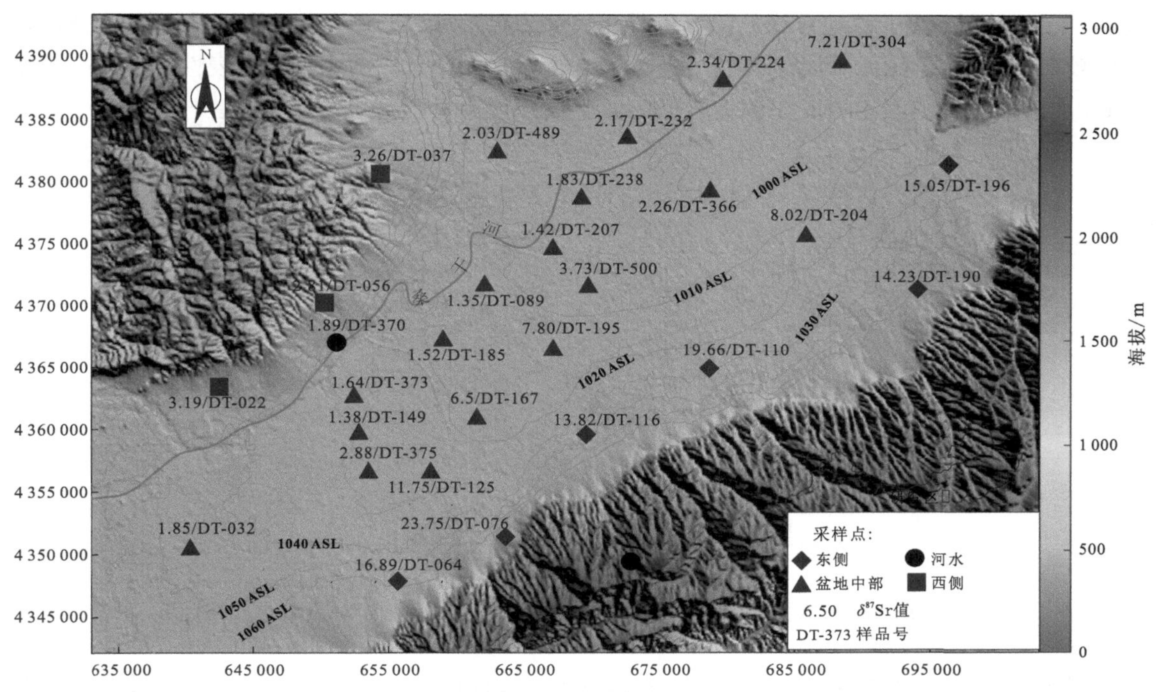

图 12.5 采样点位置及地下水样品中锶同位素组成(Xie et al., 2013)

靠近洪涛山的三个地下水样（DT-022、DT-037、DT-056）具有相近的 $^{87}Sr/^{86}Sr$ 比值，变化范围为 0.711 19～0.711 51。洪涛山页岩 $^{87}Sr/^{86}Sr$ 比值为 0.717 64，由此看出，洪涛山碎屑岩可能是地下水锶的潜在来源。与盆地东、西缘相比，盆地中心的地下水 $^{87}Sr/^{86}Sr$ 比值较低，变化范围为 0.710 16～0.717 53，但其锶质量浓度较高（0.43～7.06 mg/L），TDS 变化较大（775～10 429 mg/L）。TDS 和锶质量浓度的正相关关系表明，TDS 和锶浓度的升高可能与蒸发岩（包括石膏）的溶解有关（Alonso-Azcārate et al.，2006；Feng et al.，1997）。该区第四系含水层沉积物 $^{87}Sr/^{86}Sr$ 比值较高（0.712 73～0.713 33）（Wang et al.，2006）。在地下水流动过程中，补给区 $^{87}Sr/^{86}Sr$ 比值较高的地下水与沿途 $^{87}Sr/^{86}Sr$ 比值较高的沉积物相互作用，不会造成排泄区水体 $^{87}Sr/^{86}Sr$ 比值的显著降低。因此，盆地中心地下水偏低的 $^{87}Sr/^{86}Sr$ 比值特征表明盆地地下水系统存在其他物源。实际上，在盆地西南补给区，有寒武系、奥陶系灰岩出露，这些灰岩的 $^{87}Sr/^{86}Sr$ 比值较低，变化范围为 0.705 25～0.709 58，该地区分布的岩溶水 $^{87}Sr/^{86}Sr$ 平均值为 0.710 25（Wang et al.，2006），表明盆地西南部的岩溶水可能是盆地中心孔隙地下水重要的补给源之一，这与盆地早期水文地质研究结果相吻合。另外，石膏和碳酸岩 $^{87}Sr/^{86}Sr$ 比值较低同时富集锶，因此，二者的溶解将促使地下水形成低 $^{87}Sr/^{86}Sr$ 比值、高锶的特征（Alonso-Azcārate et al.，2006；Feng et al.，1997）。

Sr-$^{87}Sr/^{86}Sr$ 散点图被广泛用于识别不同来源水体间的混合作用。为弱化蒸发岩盐的影响，选取钠离子标准化水体阳离子浓度，地下水 $^{87}Sr/^{86}Sr$ 与 Sr/Na 散点图如图 12.6 所示。散点图结合水文地质特征，整体上可识别出三个端元：①端元 A，$^{87}Sr/^{86}Sr$ 比值及 Sr/Na 比值均较高，TDS 较低，源于盆地东缘补给区的地下水；②端元 B，TDS 及 $^{87}Sr/^{86}Sr$ 比值较低，Sr/Na 比值较高，源于洪涛山、西缘补给区地下水及岩溶水（图中选用河水作为代表性样品）；③端元 C，$^{87}Sr/^{86}Sr$ 比值及 Sr/Na 比值均较低，源于盆地西南排泄区上游地下水。

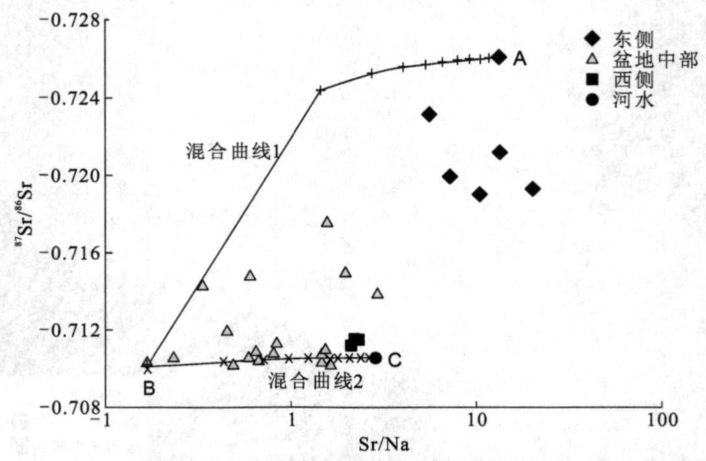

图 12.6　大同盆地地下水 Sr/Na 与 $^{87}Sr/^{86}Sr$ 关系图（Xie et al.，2013）

整体上，区域地下水主要受两个水文地球化学过程控制，一个是从山前流向盆地中心水流场上的水-岩相互作用，导致地下水 TDS 升高，$^{87}Sr/^{86}Sr$ 比值降低；另一个是从盆地西南上游区流向东北下游区沿途的水-岩相互作用。为进一步明确量化上述两个过程的水流场化学演化，运用 PHREEQC 反向地球化学模拟完成上述水化学理论计算。

从上述两个水文地球化学流场中分别选取两条水流路径进行水化学演化理论计算，起始点样品为 DT-064、DT-076、DT-190、DT-373，分别对应的终止点样品为 DT-149、DT-185、DT-232、DT-366（图 12.5）。计算过程中锶同位素的矿物溶解模型参考 Banner 等（1989）：

$$[Sr_{(final)}]\times{}^{87}Sr/{}^{86}Sr_{(final)}=[Sr_{(initial)}]\times{}^{87}Sr/{}^{86}Sr_{(initial)}+[Sr_{(mineral)}]\times{}^{87}Sr/{}^{86}Sr_{(mineral)} \quad (11.1)$$

式中：$[Sr_{(final)}]$、$[Sr_{(initial)}]$和$[Sr_{(mineral)}]$分别为终态地下水、始态地下水及矿物的锶浓度；$^{87}Sr/^{86}Sr_{(final)}$、$^{87}Sr/^{86}Sr_{(initial)}$和 $^{87}Sr/^{86}Sr_{(mineral)}$分别为终态地下水、始态地下水及矿物的 $^{87}Sr/^{86}Sr$ 比值。在反向模拟中，基于研究区实际水文地球化学特征，模型选取矿物相包括钠长石、方解石、白云石、石膏、蒸发盐岩，此外基于有大气接触及有机质生物降解，模型同时添加气态 CO_2，计算过程中设定水样与上述固相矿物充分接触。模拟结果表明，硅酸盐矿物、石膏、白云石和岩盐的溶解，方解石的沉淀和离子交换，可解释从山前到盆地中心地下水的化学演化过程。流动路径 1（地下水从 DT-064 流向 DT-149）的模拟结果表明，有 0.017～0.019 mmol 锶从固相矿物转移至水溶液中，同时导致地下水 $^{87}Sr/^{86}Sr$ 比值从 0.711 15 演变至 0.711 31，同样品 DT-149 $^{87}Sr/^{86}Sr$ 比值（0.710 18）极为接近，表明上述多矿物溶解沉淀过程控制着地下水水化学及同位素演化。路径 2、3 水文地球化学模拟结果同之，具体计算结果参见表 12.3。

表 12.3　含锶矿物溶解导致的水溶液相锶同位素组成变化情况

项目	路径 1		路径 2		路径 3		路径 4	
	低	高	低	高	低	高	低	高
水溶液中锶转移量 /mmol	0.017 4	0.019 3	0.052 8	0.076 8	0.106 5	0.181 1	0.054 2	0.099 9
始态水溶液中 $^{87}Sr/^{86}Sr$ 比值	$^{87}Sr/^{86}Sr$ =0.721 14		$^{87}Sr/^{86}Sr$ =0.726 4		$^{87}Sr/^{86}Sr$ = 0.719 29		$^{87}Sr/^{86}Sr$ =0.710 36	
含锶矿物溶解后计算得到的 $^{87}Sr/^{86}Sr$ 比值	0.711 31	0.711 15	0.710 33	0.709 86	0.709 66	0.709 28	0.707 99	0.708 22
终态水溶液中 $^{87}Sr/^{86}Sr$ 比值	$^{87}Sr/^{86}Sr$ =0.710 18		$^{87}Sr/^{86}Sr$ =0.710 28		$^{87}Sr/^{86}Sr$ =0.710 8		$^{87}Sr/^{86}Sr$ =0.710 74	

路径 4（DT-373 流至 DT-232，两个样品分布于盆地中心排泄区），矿物溶解沉淀模型并不能完全解释地下水锶同位素演化，结合实际情况，分析其可能与垂向灌溉入渗有关，前期研究借助地下水 Cl/Br 物质的量比，结果表明，地表岩盐溶解控制着浅层地下水水化学特征，因此路径 4 所指示的 $^{87}Sr/^{86}Sr$ 比值演化侧面证实了区域垂向岩盐入渗补给的发生。

12.3.3　示踪河流中溶质风化源

研究选取加拿大北部四条河流，其中三条河流（科克索克河、大鲸河和拉格兰德河）流经魁北克北部前寒武纪花岗岩-绿岩地区，第四条河流（纳尔逊河）主要流经大陆内部的古生代/白垩系地层（Stevenson et al.，2016）。所有的河流都流经北部苔原地区和温带地区。拉格兰德河和大鲸河在流经太古宙的花岗侵入岩和变质岩地区（2.9～2.65 Ga）后，最后流入詹姆斯湾和哈德逊湾，年平均排泄速率分别为 3 808 m^3/s 和 632 m^3/s（Rosa et al.，2012）。科克索克河最终流入昂加瓦湾，年平均排泄速率为 1 600 m^3/s（Rosa et al.，2012）。科克索克河流域区别于其他两条魁北克河的原因在于它还流经了新魁北克造山带的古元古代侵入岩、火山岩（铁镁质）和沉积岩大片区域（Rosa et al.，2012）。纳尔逊河从加拿大西部的落基山脉冰川融水中汲水，除此之外，也从西部内陆平台（北萨斯喀彻温河和南萨斯喀彻温河）和加拿大地盾的西部汲水。这些不同的河流流入温尼伯湖，然后流入纳尔逊河并最终流入哈德逊湾。不同于此三条河流，纳尔逊河西部一大部分沉积相由从古生代碳酸盐岩和蒸发岩到弱固结白垩系碎屑沉积物和末次冰期沉积的第四系松散沉积物构成（Stott and Aitken，1993；Klassen，1989）。因此，纳尔逊河河水比其他三条河更偏碱性（Rosa et al.，2012）。

针对四条河流完成一年期的样品采集及同位素测试分析工作。纳尔逊河的 $^{87}Sr/^{86}Sr$ 比值最低且变化幅度小（0.712 95～0.713 15），魁北克三条河流 $^{87}Sr/^{86}Sr$ 比值高于区域内已调查的大多数河流。在魁北克河流中，科克索克河的 $^{87}Sr/^{86}Sr$ 比值最低，变化范围为 0.727 01～0.729 85。拉格兰德河的 $^{87}Sr/^{86}Sr$ 比值在 0.730 23～0.731 56，大鲸河河水 $^{87}Sr/^{86}Sr$ 比值最高，在 0.730 30～0.734 24。与纳尔逊河相比，魁北克河 $^{87}Sr/^{86}Sr$ 比值更高，反映了此河流下伏的前寒武纪地壳老于纳尔逊河显生宙以沉积物/碳酸盐岩为主的岩石。

在这四条河流中，非放射成因锶同位素组分 $\delta^{88/86}Sr$ 值波动范围为 0.29‰～0.39‰（图 12.7），包含了大陆硅酸岩平均值 0.30‰（Charlier et al.，2012；Moynier et al.，2010）和全球河流通量加权平均值（0.32±0.008）‰（Pearce et al.，2015；Krabbenhöft et al.，2010）。

纳尔逊河锶同位素组分波动最大，变化范围为 0.30‰～0.38‰，其次为大鲸河，波动范围为 0.29‰～0.36‰。拉格兰德河和科克索克河波动范围较窄，分别为 0.30‰～0.32‰和 0.37‰～0.39‰。所有河流的 $\delta^{88/86}$Sr 值大体上也与来自阿拉斯加山脉冰川的径流［（0.26±0.02）‰～（0.40±0.02）‰］（Stevenson et al.，2016）和流入新西兰 Fiordland 米尔福德桑德地区的河流（Andrews et al.，2016）$\delta^{88/86}$Sr 值相似。总体而言，魁北克河流表现出了放射性成因锶同位素比值降低，稳定性锶同位素组分上升的趋势。这很可能反映了三个汇水盆地中长英质矿物与铁镁质硅酸盐岩的相对比例。

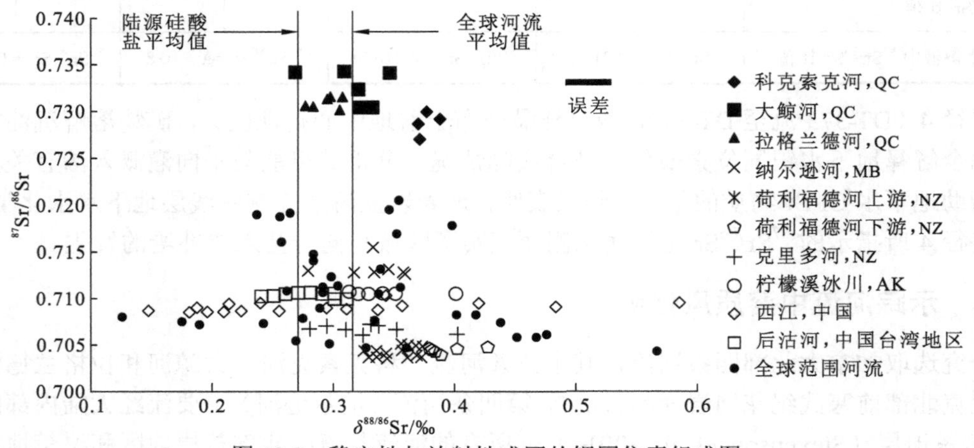

图 12.7　稳定性与放射性成因的锶同位素组成图

陆源硅酸盐平均值来源于 Moynier 等（2010）。全球河流平均值来源于 Krabbenhöft 等（2010）和 Pearce 等（2015）。QC：魁北克，MB：马尼托巴，NZ：新西兰，AK：阿拉斯加。新西兰数据来源于 Andrews 等（2016）。柠檬溪冰川（阿拉斯加）数据来源于 Stevenson 等。西江（中国）数据来源于 Wei 等（2013）。后沽河（中国台湾地区）数据来源于 Chao 等（2015）。全球河流来源于 Pearce 等（2015）

夏季期间，科克索克河的 ^{87}Sr/^{86}Sr 比值持续下降。大鲸河 ^{87}Sr/^{86}Sr 在冬季和夏季放射性成因更强，但在融雪期 ^{87}Sr/^{86}Sr 比值急剧下降，表明弱放射性源贡献较多，如碳酸盐岩或者铁镁质岩分解出来的硅酸盐矿物溶解增加。拉格兰德河和纳尔逊河 ^{87}Sr/^{86}Sr 比值未呈现较为明显的时间变化趋势，可能与河流开发水力发电有关，河流上筑坝导致河水的滞留时间变长，从而削弱了锶同位素季节性变化。另外一个因素是鉴于纳尔逊河流域面积大，雪融水不太可能流经整片流域，进而弱化雪融水锶同位素的影响。在科克索克河和大鲸河观察到的趋势是相反的，冬季放射性成因锶同位素比值较高，在春夏逐渐降低，可能同盆地内铁镁质火山岩侵蚀有关。在夏季融雪期间，铁镁质岩石易发生化学风化，低 ^{87}Sr/^{86}Sr 比值的融雪水进入河水，导致科克索克河和大鲸河所观察到的 ^{87}Sr/^{86}Sr 比值下降。

四条河流样品 $\delta^{88/86}$Sr 值并未呈现明显的季节变化趋势，与放射性成因锶同位素也无明显相关性。科克索克河 $\delta^{88/86}$Sr 值全年基本保持不变。拉格兰德河 $\delta^{88/86}$Sr 值也较为稳定，在冬季有些许下降。大鲸河 $\delta^{88/86}$Sr 值在冬季和春季上升，在夏季突然下降，但是在融雪期间，稳定锶同位素组分并没有出现放射性成因锶同位素组分的突变。纳尔逊河 $\delta^{88/86}$Sr 值在融雪期间（2008 年 4 月）突然降低并且在夏季回到平均值。同样，纳尔逊河 $\delta^{88/86}$Sr 值的突降并未伴随放射性成因锶同位素组分的变化。因此，尽管 $^{87}Sr/^{86}Sr$ 比值在未经开发的河流（如大鲸河）样品中表现出季节性，但 $\delta^{88/86}Sr$ 值似乎并未受这些因素所影响而表现出季节性。

该研究同时汇总了部分河流 Ca/1000Sr 比值和 $\delta^{88/86}Sr$ 比值（Andrews et al.，2016；Stevenson et al.，2016；Chao et al.，2015；Pearce et al.，2015；Wei et al.，2013），如图 12.8 所示。黑色实线箭头表示因碳酸盐岩和硅酸盐岩风化，Ca/1000Sr 比值和 $\delta^{88/86}Sr$ 值之间表现出正相关关系。这种趋势在法国（Pearce et al.，2015）和中国（Wei et al.，2013）以碳酸盐沉积为主的河流中也均有报道。低 $\delta^{88/86}Sr$ 值和 Ca/1000Sr 比值反映了碳酸盐岩的强烈风化释放大量轻锶同位素进入河流，高 $\delta^{88/86}Sr$ 值和 Ca/1000Sr 比值指示碳酸岩沉淀和硅酸岩风化作用增强。在没有明显碳酸岩溶解的情况下，硅酸岩风化过程可形成二者的正相关关系。因轻锶同位素被保存在次生碳酸盐中，富含钙的铁镁质基岩的风化可促使河水富集重同位素。由于长石和云母的风化利于轻同位素的释放，因此以此为基底（花岗岩）的流域其河水 $\delta^{88/86}Sr$ 值常较低。Charlier 等（2012）记录了高度分化的火山凝灰岩和流纹岩稳定性锶同位素比值可低至 0～0.2‰，并表明岩浆的分次结晶会导致低 $\delta^{88/86}Sr$ 值。

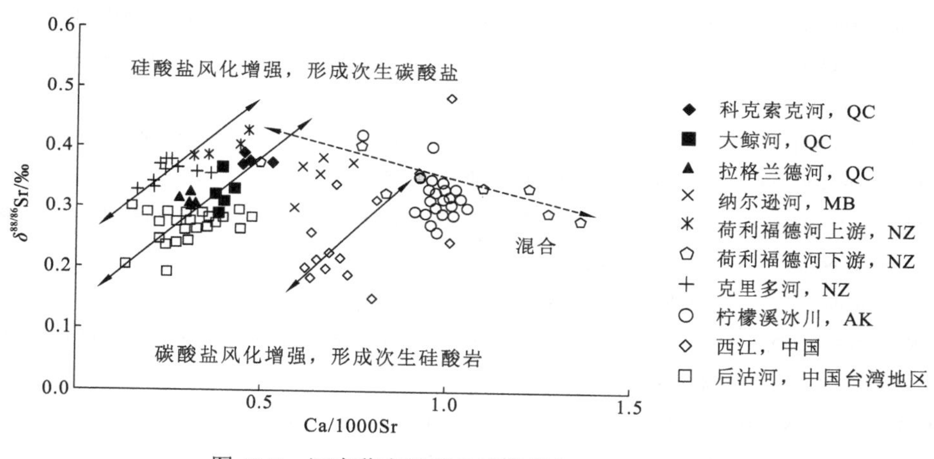

图 12.8 河水稳定锶同位素数据与 Ca/1000Sr 关系图

QC 为魁北克，MB 为马尼托巴，NZ 为新西兰，AK 为阿拉斯加。新西兰数据来源于 Andrews 等。柠檬溪冰川（阿拉斯加）数据来源于 Stevenson 等（2016）。西江（中国）数据来源于 Wei 等（2013）。后沽河（中国台湾地区）数据来源于 Chao 等（2015）

在全球河流的研究中，Pearce 等（2015）注意到所研究河流的 $^{87}Sr/^{86}Sr$ 比值和 $\delta^{88/86}Sr$ 值之间普遍缺乏相关性，并且认为可能是汇水区混合岩复杂的风化产物造成的。Wei 等（2013）和 Andrews 等（2016）的研究表明，在以碳酸盐岩和硅酸盐岩竞争风化及以硅酸盐岩/碳酸盐岩风化为主的河流与土壤水混合过程中，观测到二者分别呈正相关和负相关关系也证实了这一观点。因此，魁北克三条河流所呈现的负相关关系可能是河水富集轻同位素所致，放射成因锶同位素是由富钾长石基岩（如大鲸河和拉格兰德河的花岗岩）风化所致（Wei et al.，2013），以富重同位素和亏损放射成因锶为特征的科克索克河流域，则可能是由辉石和钙质斜长石风化所致。

参考文献

ALONSO-AZCĀRATE J, BOTTRELL S H, MAS J R, 2006. Synsedimentary versus metamorphic control of S, O and Sr isotopic compositions in gypsum evaporites from the Cameros Basin, Spain[J]. Chemical geology, 234(1): 46-57.

ANDREWS M G, JACOBSON A D, LEHN G O, et al., 2016. Radiogenic and stable Sr isotope ratios ($^{87}Sr/^{86}Sr$, $\delta^{88/86}Sr$) as tracers of riverine cation sources and biogeochemical cycling in the Milford Sound region of Fiordland, New Zealand[J]. Geochimica et cosmochimica acta, 173: 284-303.

AUBERT D, PROBST A, STILLE P, et al., 2002. Evidence of hydrological control of Sr behavior in stream water (Strengbach catchment, Vosges mountains, France)[J]. Applied geochemistry, 17(3): 285-300.

BANNER J L, WASSERBURG G J, DOBSON P F, et al., 1989. Isotopic and trace element constraints on the origin and evolution of saline groundwaters from central Missouri[J]. Geochimica et cosmochimica acta, 53(2): 383-398.

BAILEY J C, 1996. Role of subducted sediments in the genesis of Kurile-Kamchatka island arc basalts: Sr isotopic and elemental evidence[J]. Geochemical journal 30(5): 289-321.

BULLEN T D, KRABBENHOFT D P, KENDALL C, 1996. Kinetic and mineralogic controls on the evolution of groundwater chemistry and $^{87}Sr/^{86}Sr$ in a sandy silicate aquifer, northern Wisconsin, USA[J]. Geochimica et cosmochimica acta, 60(10): 1807-1821.

CARTWRIGHT I, WEAVER T, CENDON D I, et al., 2010. Environmental isotopes as indicators of inter-aquifer mixing, Wimmera region, Murray Basin, Southeast Australia[J]. Chemical geology, 277(3/4): 214-226.

CHAO H C, YOU C F, LIU H C, et al., 2015. Evidence for stable Sr isotope fractionation by silicate weathering in a small sedimentary watershed in southwestern Taiwan[J]. Geochimica et cosmochimica acta, 165: 324-341.

CHARLIER B L A, NOWELL G M, PARKINSON I J, et al., 2012. High temperature strontium stable isotope behaviour in the early solar system and planetary bodies[J]. Earth and planetary science letters, 329-330(5): 31-40.

DICKIN A P, 1995. Radiogenic isotope geology[M]. New York: Cambridge university press.

FENG P, BU X, STUCKY G D, 1997. Hydrothermal syntheses and structural characterization of zeolite analogue compounds based on cobalt phosphate[J]. Nature, 388(6644):735-741.

FROST C D, PEARSON B N, OGLE K M, et al., 2002. Sr isotope tracing of aquifer interactions in an area of accelerating coal-bed methane production, Powder River Basin, Wyoming[J]. Geology, 30(10): 923-926.

GUO H, WANG Y, 2004. Hydrogeochemical processes in shallow quaternary aquifers from the northern part of the Datong Basin, China[J]. Applied geochemistry , 19(1): 19-27.

HODELL D A, QUINN R L, BRENNER M, et al., 2004. Spatial variation of strontium isotopes ($^{87}Sr/^{86}Sr$) in the Maya region: a tool for tracking ancient human migration[J]. Journal of Archaeological Science, 31(5):585-601.

HOOGEWERFF J, PAPESCH W, KRALIK M, et al., 2001. The last domicile of the iceman from Hauslabjoch: a geochemical approach using Sr, C and O isotopes and trace element signatures[J]. Journal of archaeological science, 28(9): 983-989.

KLASSEN R W, 1989. Quaternary geology of the southern Canadian Interior Plains[J]. Quaternary geology of Canada and Greenland, 1:138-174.

KRABBENHÖFT A, EISENHAUERA A, BOHM F, et al., 2010. Constraining the marine strontium budget with natural strontium isotope fractionations ($^{87}Sr/^{86}Sr^*$, $\delta^{88/86}Sr$) of carbonates, hydrothermal solutions and river waters[J]. Geochimica et cosmochimica acta, 74(14): 4097-4109.

LU F H, MEYERS W J, SCHOONEN M A A, 1997. Minor and trace element analyses on gypsum: an experimental study[J]. Chemical geology, 142(1): 1-10.

MACHEL H G, CAVELL P A, PATEY K S, 1996. Isotopic evidence for carbonate cementation and recrystallization, and for tectonic expulsion of fluids into the western Canada Sedimentary Basin[J]. Geological society of America bulletin, 108(9): 1108-1119.

MCARTHUR J M, HOWARTH R J, BAILEY T R, 2001. Strontium isotope stratigraphy: LOWESS version 3: best fit to the marine Sr-isotope curve for 0-509 Ma and accompanying look-up table for deriving numerical age[J]. The journal of geology, 109(2): 155-170.

MOYNIER F, AGRANIER A, HEZEL D C, et al., 2010. Sr stable isotope composition of Earth, the Moon, Mars, Vesta and meteorites[J]. Earth and planetary science letters, 300(3): 359-366.

PEARCE C R, PARKINSON I J, GAILLARDET J, et al., 2015. Reassessing the stable ($\delta^{88/86}$Sr) and radiogenic (^{87}Sr/^{86}Sr) strontium isotopic composition of marine inputs[J]. Geochimica et cosmochimica acta, 157: 125-146.

ROSA E, GAILLARDET J, HILLAIRE-MARCEL C, et al., 2012. Rock denudation rates and organic carbon exports along a latitudinal gradient in the Hudson, James, and Ungava bays watershed[J]. Revue Canadienne des sciences de la terre, 49(6): 742-757.

SILLEN A, HALL G, RICHARDSON S, et al., 1998. ^{87}Sr/^{86}Sr ratios in modern and fossil food-webs of the Sterkfontein Valley: implications for early hominid habitat preference[J]. Geochimica et cosmochimica acta, 62(14): 2463-2473.

STEVENSON E I, ACIEGO S M, CHUTCHARAVAN P, et al., 2016. Insights into combined radiogenic and stable strontium isotopes as tracers for weathering processes in subglacial environments[J]. Chemical geology, 429: 33-43.

STOTT D F, AITKEN J D, 1993. Sedimentary Cover of the Craton in Canada[M]. Ottawa：Geological Survey of Canada：709-722.

TRICCA A, STILLE P, STEINMANN M, et al., 1999. Rare earth elements and Sr and Nd isotopic compositions of dissolved and suspended loads from small river systems in the Vosges mountains (France), the river rhine and groundwater[J]. Chemical geology, 160(1/2): 139-158.

ULIANA M M, BANNER J L, SHARP J M, 2007. Regional groundwater flow paths in Trans-Pecos, Texas inferred from oxygen, hydrogen, and strontium isotopes[J]. Journal of hydrology, 334(3/4): 334-346.

WANG Y, GUO Q, SU C, et al., 2006. Strontium isotope characterization and major ion geochemistry of karst water flow, Shentou, Northern China[J]. Journal of hydrology, 328(3): 592-603.

WEI G, MA J, YING L, et al., 2013. Seasonal changes in the radiogenic and stable strontium isotopic composition of Xijiang River water: implications for chemical weathering[J]. Chemical geology, 343(3): 67-75.

WHITE W M, HOFMANN A W, 1982. Sr and Nd isotope geochemistry of oceanic basalts and mantle evolution[J]. Nature, 296(5860): 821-825.

XIE X, WANG Y, ELLIS A, et al., 2013. Delineation of groundwater flow paths using hydrochemical and strontium isotope composition:a case study in high arsenic aquifer systems of the Datong Basin, Northern China[J]. Journal of hydrology, 476(2):87-96.

第 13 章　氯代烃单体碳、氢、氯同位素

环境污染中的有机化合物组成复杂，单纯分析总有机污染物的同位素组成，远不能满足对环境中有机物污染来源和迁移、转化规律的研究。单体同位素分析（compound-specific stable isotope analysis，CSIA）借助于色谱分离技术，能够实现将复杂污染物中待测有机物单体进行富集分离，并将其转化成特定气体（如 CO_2、H_2 等）供气体稳定同位素比值质谱仪进行测试，以测定待测有机物单体中特定元素的同位素组成。氯代烃的组成元素主要为碳、氢和氯，因此氯代烃单体同位素分析包括氯代烃单体碳同位素（$\delta^{13}C$）、单体氢同位素（$\delta^{2}H$）和单体氯同位素（$\delta^{37}Cl$）分析。

13.1　氯代烃单体碳、氢、氯同位素分析测试技术

13.1.1　氯代烃单体碳、氢、氯同位素分析测试技术的发展历程

1. 氯代烃单体碳同位素分析测试技术

氯代烃单体碳同位素分析技术较为成熟，通常采用气相色谱/高温燃烧-同位素比值质谱（gas chromatography/combustion isotope radio mass spectrometer，GC/C-IRMS）联用在线进行测试分析，精确分析要求进样量约为 10 ng 碳。氯代烃单体碳同位素测试前，通常需要对环境中的污染物进行有效的预富集提取，以便在高浓度下对土壤和地下水环境中的有机污染物进行碳同位素比值分析。因此，氯代烃单体碳同位素测试技术的开发重点是发展和优化预富集提取方法，在保证测试精度（约为 0.5‰）的基础上尽量降低方法检出限以满足不同性质环境样品的测试要求。

Slater 等（1999）利用静态顶空（static headspace，SHS）进样结合 GC/C-IRMS 测试了 80 mL 水样中三氯乙烯的碳同位素，以峰强为 200 mV 计算的该方法检出限为 400 μg/L。Hunkeler 和 Aravena（2000）研究表明通过加入氯化钠（5 mol/L）能够显著降低方法检出限，其中浸入式固相微萃取（direct immersion-solid phase micro-extraction，DI-SPME）测试氯烷烃类和氯烯烃类单体碳同位素的检出限分别为 360～2 200 μg/L 和 130～290 μg/L，相对优于 SHS 法的 800～3 300 μg/L 和 170～1 000 μg/L。Zwank 等（2003）建立的吹扫捕集（purge and trap，P & T）与 GC/C-IRMS 联用测试氯烷烃类（三氯甲烷与四氯化碳）和氯乙烯烃类单体碳同位素的检出限分别为 2.3～5 μg/L 和 1.1～3.6 μg/L，显著低于 DI-SPME 的检出限（分别为 170～280 μg/L 和 66～130 μg/L）。刘国卿等（2004）将顶空式 SPME 技术与冷阱富集系统相结合，对水体中三氯乙烯（TCE）和四氯乙烯（PCE）进行了单体碳同位素分析，将方法检出限降低到 15 μg/L。Morrill 等（2004）利用动态顶空法结合 GC/C-IRMS 进行氯乙烯类单体碳同位素分析，在 80 mL 样品中加入 40 g NaCl 可使得方法检出限达到 10～38 μg/L。Jochmann

等（2006）系统评估了 P&T-GC/C-IRMS 法测试氯代烃单体碳同位素的检出限（0.76～27 μg/L）。Palau 等（2007）通过优化萃取条件使得顶空式 SPME-GC/C-IRMS 对氯代甲烷类（二氯甲烷、氯仿和四氯化碳）检出限达到 50～125 μg/L，氯代乙烯类（二氯乙烯、三氯乙烯和四氯乙烯）检出限达到 10～20 μg/L，分析精度为 0.5‰～0.7‰。Amaral 等（2010）建立了一套真空提取装置用于挥发性有机物的单体碳同位素测试，其中氯代乙烯烃的检出限降低至 0.18～0.27 μg/L，该方法测得的 δ^{13}C 值相对 P&T 法测试值的偏差小于 1‰。Herrero-Martín 等（2015）提出一种新的耦合顶空进样和程序升温气化（headspace-programmed temperature vaporizer，HS-PTV）与 GC/C-IRMS 联用进行氯代乙烯烃单体碳同位素测试的技术。通过优化顶空和程序升温气化条件提高了方法灵敏度和减少了同位素分馏，该方法的检出限约 60 μg/L，分析精度好于 0.5‰。

目前主流的氯代烃单体碳同位素测试方法是 HS、SPME、P&T 与 GC/C-IRMS 联用，三者的方法检出限依次降低。随着新富集技术与 GC/C-IRMS 联用及自动化技术的应用，必将建立更方便、快捷、准确的方法，进一步降低水中氯代烃单体同位素分析的检出限，提高检测准确度和精度，拓展其在环境污染研究中的应用。

目前，氯代烃单体碳同位素分析尚无国际标准物质可供使用。通常 EA-IRMS 或离线制样-双通道同位素比值质谱仪（Offline DI-IRMS），对待测氯代烃的纯溶剂进行测试标定以作为实验室参考标准使用。

2. 氯代烃单体氢同位素分析测试技术

氯代烃单体氢同位素测试原理类似于单体碳同位素分析，同样需要对环境中的污染物进行有效的预富集提取。富集后的样品经过 GC 分离后依次进入高温裂解炉中，单体氢热解生成氢气进入气体稳定同位素比值质谱仪，最终实现待测单体氢同位素组成的测试。但是，氯代烃在热解过程中产生的 HCl 会腐蚀仪器（如熔融石英柱、腐蚀同位素比值质谱的离子源），并且目标污染物高温热解不完全将会产生同位素分馏，导致氢同位素分析数据的不准确。

近年来，基于高温铬还原法的氯代烃单体氢同位素测试技术逐渐发展并成熟，金属铬与氯代烃的高温还原反应可大大降低 HCl 的产生，其测试精度通常为 5‰～15‰（Renpenning et al.，2015；Kuder and Philp，2013）。氯代烃单体氢同位素测试技术仍有待进一步完善，现阶段结合单体氢同位素分析氯代烃污染的相关研究较少。

3. 氯代烃单体氯同位素分析测试技术

由于很难在连续的氦载气流中产生简单的含氯气体供 IRMS 测试，氯代有机物的单体氯同位素分析相当困难。目前，单体氯同位素分析的发展处于各种不同方法相继开发的阶段。

传统的离线氯同位素分析是将氯代有机污染物中的氯转化成一氯甲烷（CH_3Cl）供气体稳定同位素质比值谱仪进行测定（Holt et al.，1997），或者转化成氯化铯（CsCl）供热电离质谱仪进行分析（Holmstrand et al.，2004；Numata et al.，2002），测试精度通常为 0.1‰～0.4‰。然而，该类方法的样品离线制备过程复杂、耗时且样品量大。实际样品的复杂性使得有机氯污染物的单体氯同位素分析尤其困难，预先用 GC 或 LC 对样品进行分离纯化是完成有机化合物单体稳定同位素分析的必要条件。

相对于传统离线制样分析方法，将色谱分离（如 GC）和氯同位素测试（如 IRMS、qMS、MC-ICPMS 等）耦合对样品进行在线联机处理和测试，能够为单体氯同位素分析提供便捷高效的测试方法。

将气相色谱分离后的氯代烃单体直接传送到 GC-IRMS，为氯代乙烯类单体氯同位素分析开辟了一种新方法。该方法的分析精度较高（优于 0.2‰），但需对 IRMS 的法拉第杯进行特别配置，只适用于少数几种氯代乙烯类（四氯乙烯、三氯乙烯、二氯乙烯和一氯乙烯）和氯代甲烷（三氯甲烷和四氯化碳）的同位素分析（Heckel et al.，2017；Shouakar-Stash et al.，2006）。

Sakaguchi-Söder 等（2007）突破性地利用常规四级杆质谱（GC-qMS）仪器实现对氯代有机物单体稳定氯同位素分析。将气相色谱分离后的氯代有机物单体化合物直接传送到 GC-qMS 进行测试，通过选取特定的分子离子峰强度或碎片离子峰强度或二者加权组合进行数学计算得到对应化合物中的氯同位素比值（Jin et al.，2011）。Bernstein 等（2011）比对了六个实验室不同生产商/型号的 GC-IRMS 和 GC-qMS 测试三氯乙烯（TCE）氯同位素的可靠性，结果表明 GC-IRMS 的分析精度为 0.1‰，安捷伦 GC-qMS 和热电 GC-qMS 测试精度分别为 0.2‰～0.5‰和 0.2‰～0.9‰。GC-qMS 方法相对 GC-IRMS 存在精度较低的缺点，并且需要使用与待测物相同的化合物作为氯同位素标准进行校正。但该方法仅需配备常规的 GC-qMS 仪器，操作简单便于推广，且适用的氯代有机物种类多（如氯代烃、五氯酚、DDT 等）。

最近发展了将 GC 和 MC-ICP-MS 联用直接测试氯代烃的 $^{37}Cl/^{35}Cl$ 比值的方法。该方法受限于仪器的高成本，氯离子电离产率低，且存在仪器本身产生的 ^{36}Ar-H 离子干扰。由于缺乏已知有机氯同位素组成的参考标准，不同实验室之间的实验结果缺乏可对比性。Hitzfeld 等（2011）和 Renpenning 等（2015）用气相色谱分离氯代有机物单体，然后在氢气环境下进行高温裂解形成氯化氢进入 qMS 或 IRMS，从而实现氯代有机单体氯同位素组成的测试。目前，该方法虽然适用对象广泛，但是存在记忆效应明显、高温裂解装置的寿命短等缺陷。

总之，氯代烃单体氯同位素测试技术仍有待进一步发展。目前常用方法是利用 GC-IRMS 或 GC-qMS 直接测试未转化的氯代烃单体的氯同位素组成。目前有机物氯同位素国际标准尚待开发，通常利用传统的离线氯同位素分析方法将氯代烃转化成无机氯离子，再采用 SMOC 作为稳定氯同位素的标准进行校正。

13.1.2 氯代烃单体碳、氢、氯同位素样品采集及前处理

1. 样品采集

通常水样采集保存于 40 mL VOA 棕色样品瓶中，加盐酸酸化至 pH 小于 2，不留顶空密封，低温 4℃冷藏保存。具体的野外样品采集与保存参考挥发性有机污染物含量分析的相关方法和规范，在此不再赘述。

2. 样品前处理

1）P&T

P&T 常用来萃取、浓缩痕量的挥发性有机物，被列为美国环境保护局（US EPA）样品前处理标准方法。P&T 设备商品化成熟，可以与检测仪器实现在线联用，操作简单，富集萃

取效率高，不使用溶剂，对样品的需求量小（小于 100 mL），不受非挥发性基质的干扰。P&T 法容易吹出水蒸气影响吸附剂的吸附效率，从而不利于气相色谱的分离，容易造成色谱峰拖尾；分析时间长，涉及挥发、吸附和解吸多个相变过程，需要对相关条件进行优化以减少同位素分馏；不适合分析浓度较大的半挥发性有机物，易堵塞吹扫管，使仪器过载。

P&T 操作步骤如下：取一定量的样品加入吹扫瓶中；将经过硅胶、分子筛和活性炭干燥净化的惰性气体，以一定流量连续通入吹扫瓶，以吹脱出挥发性组分。吹脱出的组分被保留在吸附剂或冷阱中。打开六通阀，把吸附管置于气相色谱仪的分析流路。加热吸附管进行脱附，挥发性组分被吹出并进入气相色谱仪，完成提取、浓缩、进样、分析的全过程。

P&T 与 GC/C-IRMS 联用是目前最常见的测定水中氯代烃单体碳同位素比值的方法，不易产生碳同位素分馏或者分馏较小且恒定可校正，具有重现性好、检出限低的特点。P&T 法检出限相比 SPME 法可以降低 1～2 个数量级。样品体积、吹扫温度、吹扫时间和流量、捕集阱填料、解吸温度和时间等条件的优化和这些因素对同位素精度和准确度的影响，是 P&T 与 GC/C-IRMS 联用方法中需要重点探讨的内容。

2）SPME 法

SPME 是在固相萃取基础上结合顶空分析建立起来的一种样品萃取富集技术。固相微萃取集采样、萃取、浓缩、进样于一体，具有操作便捷、样品量小、灵敏度高、不使用有机溶剂等优点，适用于分析挥发性和半挥发性极性化合物。

SPME 操作步骤如下：在样品瓶中加入一定体积的待测样品密封，将 SPME 针管刺透隔垫插入顶空瓶中，推出萃取头浸入样品（浸入式）或置于样品上部空间（顶空式），在一定温度和盐度条件下进行固相微萃取，萃取时间 2～30 min 使分析物在石英玻璃纤维上涂层的固定相中吸附达到平衡后，缩回萃取头并拔出针管，将萃取浓缩出的物质转入气相色谱仪，热解萃取头上吸附的物质，完成提取、浓缩、进样、分析的全过程。

氯代烃单体同位素分析测试中，固相微萃取通常采用涂层为聚二甲基硅氧烷（PDMS）或碳分子筛/聚二甲基硅氧烷（CAR/PDMS）萃取头。固相微萃取有 D-SPME（萃取头浸入样品）或 HS-SPME（萃取头置于样品上部空间）两种方式。氯代烃单体碳同位素分析采用 HS-SPME，不与样品基体直接接触，可以减少基体干扰，降低非目标化合物对目标化合物的色谱分辨率的影响，避免将水蒸气带入色谱柱和同位素质谱仪，从而提高同位素分析的准确度和精度，以及延长色谱柱使用寿命。

固相微萃取的方式、涂层材料的选择、盐析效应、顶空进样体积、萃取时间、萃取温度、搅拌速率等条件的优化和这些因素对同位素精度和准确度的影响，是 SPME 和 GC/C-IRMS 联用方法中需要重点探讨的内容。

3）HS 法

HS 进样是一种方便快捷的样品前处理方法，其原理是将待测样品置入一密闭的容器中，通过加热升温使挥发性组分从样品基体中挥发出来，在气液（或气固）两相中达到平衡，直接抽取顶部气体进行同位素分析。使用顶空进样技术可以免除冗长烦琐的样品前处理过程，避免有机溶剂对分析造成的干扰，减少对色谱柱及进样口的污染。该前处理方法的检出限高于 SPME 和 P&T。

13.1.3 氯代烃单体碳、氢、氯同位素常见分析测试技术

1.GC-C-IRMS 法测定氯代烃单体碳同位素

经预富集的氯代烃混合物在 GC 进样口高温气化，进入气相色谱柱分离为氯代烃单体，然后进入填充 NiO/CuO 丝的陶瓷嵌镍燃烧管（C）燃烧，单体碳在 960℃左右的高温下被氧化成二氧化碳（CO_2），然后导入气体稳定同位素比值质谱仪（IRMS）中，在离子源经电子轰击失去电子带正电荷，带正电荷的 CO_2 在磁场作用下分离成质荷比 *m*/*z* 为 44、45、46 的 3 种带电粒子，由 3 个法拉第杯来收集质荷比 *m*/*z* 分别为 44、45 和 46 的离子流，根据接收信号的强度计算得出其碳同位素比值，最终实现待测氯代烃单体碳同位素比值的测定（图 13.1）。

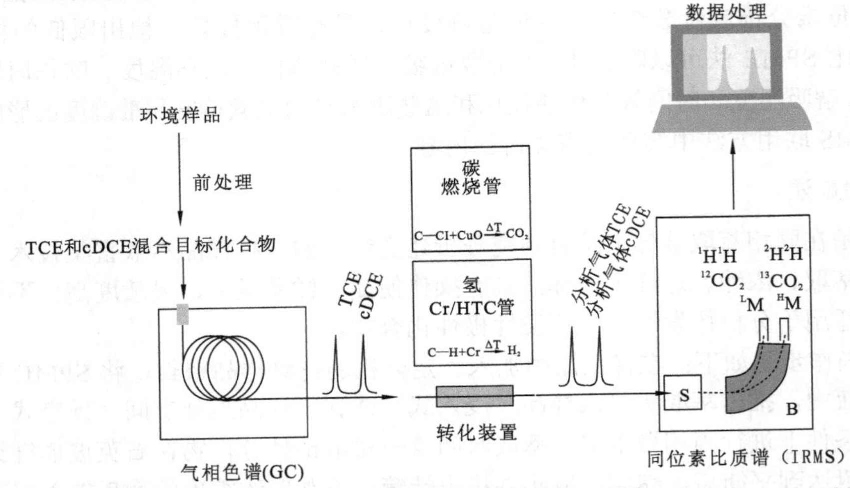

图 13.1 氯代烃单体碳同位素和单体氢同位素测试示意图（改自 Nijenhuis et al.，2016）

S 表示离子源，B 表示磁场

各实验室应根据待测目标物成分性质等情况对样品用量和仪器测试条件（如进样方式、解吸时间、解吸温度、气相色谱流速、色谱柱升温程序等）进行优化。氯代烃单体碳同位素的测试精度通常约为 0.5‰。

2. GC-Cr/HTC-IRMS 法测定氯代烃单体氢同位素

经预富集的氯代烃混合物在 GC 进样口高温气化，进入气相色谱柱分离为氯代烃单体，然后依次进入装有铬催化剂的裂解管，单体氢在高温还原环境下被转化成氢气，然后导入气体稳定同位素比值质谱仪中，在离子源经电子轰击作用下失去电子带正电荷，带正电荷的 H_2 在磁场作用下分离成质荷比 *m*/*z* 为 2、3 的两种带电粒子，由两个法拉第杯来收集质荷比 *m*/*z* 分别为 2 和 3 的离子流，根据接收信号的强度计算得出其氢同位素比值，最终实现待测氯代烃单体氢同位素比值的测试（图 13.1）。

3. 氯代烃单体氯同位素测试

1）GC-IRMS 法

经预富集的氯代烯烃混合物进入 GC 进样口高温气化，通过气相色谱柱分离为氯代烯烃

单体，通过万用接口导入气体稳定同位素比值质谱仪中。氯代烯烃在 IRMS 离子源中经电子轰击产生带正电荷的碎片离子，在磁场作用下按照质荷比（*m/z*）进行分离，并由特别配置的法拉第杯来收集特征碎片离子流，根据接收信号的强度计算得出其氯同位素比值，最终实现待测氯代烯烃单体氯同位素组成的测试（图 13.2）。其中，四氯乙烯（PCE）、三氯乙烯（TCE）、二氯乙烯（DCE）、一氯乙烯（VC）的特征碎片离子对分别为 94/96、95/97、96/98、62/64；三氯甲烷和四氯化碳的特征碎片离子对为 47/49。

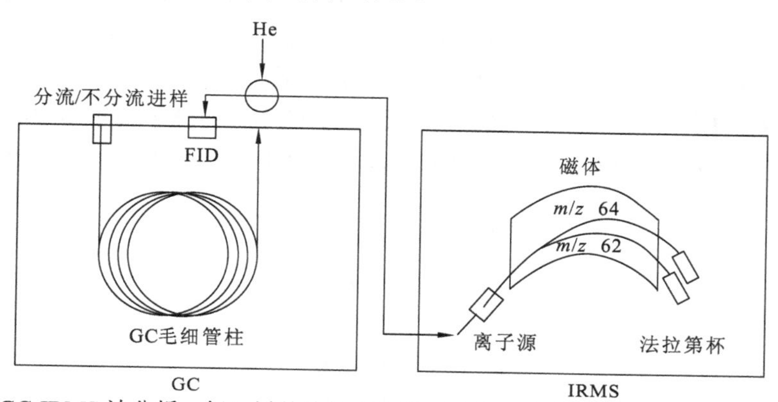

图 13.2　GC-IRMS 法分析一氯乙烯单体氯同位素示意图（改自 Shouakar-Stash et al.，2009）

GC-IRMS 分析方法直接将气相色谱分离后的氯代稀烃传送到 IRMS 测试，无须转化成其他气体分子，进样量仅需 4 nmol Cl，氯代烃单体氯同位素分析精度好于 0.2‰。但是，该方法需要对气体稳定同位素比值质谱仪的法拉第杯进行特别配置，只适用于少数几种氯代乙烯（PCE、TCE、DCE 和 VC）和氯代甲烷（$CHCl_3$ 和 $CHCl_4$）的分析。

2）GC-qMS 法

经预富集的氯代烃混合物在 GC 中通过色谱柱实现分离，分离后的氯代烃单体进入 qMS，在 EI 离子源轰击下离子化为不同质荷比的分子离子和碎片离子，然后由质量分析器分析得到各分子离子峰和碎片离子峰丰度，最后选取特定的分子离子峰丰度或碎片离子峰丰度或二者加权组合进行数学计算得到对应氯代烃单体氯同位素比值（Jin et al.，2011）。

对于含有 n_{Cl} 个氯原子的氯代烃单体化合物，其含 k_{Cl} 个 ^{37}Cl 原子的同位素异数体（isotopologue）的相对丰度可以表示为

$$I_{(n_{\mathrm{Cl}},k_{\mathrm{Cl}})}=\binom{n_{\mathrm{Cl}}}{k_{\mathrm{Cl}}}(H_{\mathrm{Cl}})^{k_{\mathrm{Cl}}}(\mathrm{L}_{\mathrm{Cl}})^{n_{\mathrm{Cl}}-k_{\mathrm{Cl}}} \tag{13.1}$$

$$\binom{n_{\mathrm{Cl}}}{k_{\mathrm{Cl}}}=\frac{(n_{\mathrm{Cl}}-k_{\mathrm{Cl}}+1)\cdot(n_{\mathrm{Cl}}-k_{\mathrm{Cl}}+2)\,(n_{\mathrm{Cl}}-1)\cdot n_{\mathrm{Cl}}}{k_{\mathrm{Cl}}!} \tag{13.2}$$

式中：I 为氯代烃单体中某一特定同位素异数体的相对丰度；H_{Cl} 为 ^{37}Cl 的丰度；L_{Cl} 为 ^{35}Cl 的丰度；n_{Cl} 为某一特定氯代烃单体中 Cl 原子总数；k_{Cl} 为某一特定同位素异数体中 ^{37}Cl 原子数。式（13.2）中的二项式系数代表在一个分子 n 个位置中 k 个 ^{37}Cl 原子可能的分布方式总和。

原则上，通过质量数不同的相邻同位素异数体分子对或碎片离子对，可以计算得出氯同位素比值：

$$R=\frac{k_{\mathrm{Cl}}}{(n_{\mathrm{Cl}}-k_{\mathrm{Cl}}+1)}\cdot\frac{I_{(n_{\mathrm{Cl}},k_{\mathrm{Cl}})}}{I_{(n_{\mathrm{Cl}},k_{\mathrm{Cl}}-1)}} \tag{13.3}$$

式中：R 为 $^{37}Cl/^{35}Cl$ 比值；n_{Cl} 为某一氯代烃单体中氯原子总数；k_{Cl} 为某一特定同位素异数体中 ^{37}Cl 原子数；I_{Cl} 为不同质荷比（m/z）的离子丰度。

在选用同位素异数体对计算氯代烃单体氯同位素时，通常有以下三种方法。

（1）分子离子对法：选用丰度最高的分子离子对。例如，PCE 的分子离子对 $^{12}C_2{}^{35}Cl_4$（$m/z=164$）和 $^{12}C_2{}^{35}Cl_3{}^{37}Cl$（$m/z=166$），三氯乙烯（TCE）的分子离子对 $^{12}C_2{}^1H^{35}Cl_3$（$m/z=130$）和 $^{12}C_2{}^1H^{35}Cl_2{}^{37}Cl$（$m/z=132$），二氯乙烯（DCE）的分子离子对 $^{12}C_2{}^1H_2{}^{35}Cl_2$（$m/z=98$）和 $^{12}C_2{}^1H_2{}^{35}Cl^{37}Cl$（$m/z=96$），一氯乙烯（VC）的分子离子对 $^{12}C_2{}^1H_3{}^{35}Cl$（$m/z=62$）和 $^{12}C_2{}^1H_3{}^{37}Cl$（$m/z=64$）。因此，PCE、TCE、DCE 和 VC 的氯同位素比值可以表示为

$$R_{\mathrm{M}}^{\mathrm{PCE}}=\frac{1}{4}\cdot\frac{(I_{\mathrm{Cl}})_{166}}{(I_{\mathrm{Cl}})_{164}} \tag{13.4}$$

$$R_{\mathrm{M}}^{\mathrm{TCE}}=\frac{1}{3}\cdot\frac{(I_{\mathrm{Cl}})_{132}}{(I_{\mathrm{Cl}})_{130}} \tag{13.5}$$

$$R_{\mathrm{M}}^{\mathrm{DCE}}=\frac{1}{2}\cdot\frac{(I_{\mathrm{Cl}})_{98}}{(I_{\mathrm{Cl}})_{96}} \tag{13.6}$$

$$R_{\mathrm{M}}^{\mathrm{VC}}=\frac{(I_{\mathrm{Cl}})_{64}}{(I_{\mathrm{Cl}})_{62}} \tag{13.7}$$

式中：I_{Cl} 为对应质荷比（m/z）的分子离子丰度（即相应分子离子的质谱峰强度）；M 为不同氯代烃中最高的分子离子对。

（2）多离子对法：选取各离子组中丰度最高的离子对，分别根据式（13.3）计算组内的氯同位素比值，每组离子对对单体化合物的氯同位素组成的贡献通过每组碎片的相对强度来确定，然后将其加权平均得到单体化合物的氯同位素比值。例如，PCE 包含 1 个分子离子组和 3 个碎片离子组，对应的丰度最高的离子对分别为 $^{12}C_2{}^{35}Cl_4$（$m/z=164$）和 $^{12}C_2{}^{35}Cl_3{}^{37}Cl$（$m/z=166$）、$^{12}C_2{}^{35}Cl_3$（$m/z=129$）和 $^{12}C_2{}^{35}Cl_2{}^{37}Cl$（$m/z=131$）、$^{12}C_2{}^{35}Cl_2$（$m/z=94$）和 $^{12}C_2{}^{35}Cl^{37}Cl$（$m/z=96$）、$^{12}C_2{}^{35}Cl$（$m/z=59$）和 $^{12}C_2{}^{37}Cl$（$m/z=61$）。因此，PCE 的氯同位素比值（R_{PCE}）可以表示为

$$R_{\mathrm{PCE}}=b_1\cdot R_{\mathrm{M}}^{\mathrm{PCE}}+b_2\cdot R_{\mathrm{F1}}^{\mathrm{PCE}}+b_3\cdot R_{\mathrm{F2}}^{\mathrm{PCE}}+b_4\cdot R_{\mathrm{F3}}^{\mathrm{PCE}} \tag{13.8}$$

$$R_{\mathrm{M(PCE)}}=\frac{1}{4}\cdot\frac{(I_{\mathrm{Cl}})_{166}}{(I_{\mathrm{Cl}})_{164}} \tag{13.9}$$

$$R_{\mathrm{F1(PCE)}}=\frac{1}{3}\cdot\frac{(I_{\mathrm{Cl}})_{131}}{(I_{\mathrm{Cl}})_{129}} \tag{13.10}$$

$$R_{\mathrm{F2(PCE)}}=\frac{1}{2}\cdot\frac{(I_{\mathrm{Cl}})_{96}}{(I_{\mathrm{Cl}})_{94}} \tag{13.11}$$

$$R_{\mathrm{F3(PCE)}}=\frac{(I_{\mathrm{Cl}})_{61}}{(I_{\mathrm{Cl}})_{59}} \tag{13.12}$$

$$b_1=\frac{(I_{\mathrm{Cl}})_{166}+(I_{\mathrm{Cl}})_{164}}{[(I_{\mathrm{Cl}})_{166}+(I_{\mathrm{Cl}})_{164}]+[(I_{\mathrm{Cl}})_{131}+(I_{\mathrm{Cl}})_{129}]+[(I_{\mathrm{Cl}})_{96}+(I_{\mathrm{Cl}})_{94}]+[(I_{\mathrm{Cl}})_{61}+(I_{\mathrm{Cl}})_{59}]} \tag{13.13}$$

$$b_2 = \frac{(I_{Cl})_{131} + (I_{Cl})_{129}}{[(I_{Cl})_{166} + (I_{Cl})_{164}] + [(I_{Cl})_{131} + (I_{Cl})_{129}] + [(I_{Cl})_{96} + (I_{Cl})_{94}] + [(I_{Cl})_{61} + (I_{Cl})_{59}]} \tag{13.14}$$

$$b_3 = \frac{(I_{Cl})_{96} + (I_{Cl})_{94}}{[(I_{Cl})_{166} + (I_{Cl})_{164}] + [(I_{Cl})_{131} + (I_{Cl})_{129}] + [(I_{Cl})_{96} + (I_{Cl})_{94}] + [(I_{Cl})_{61} + (I_{Cl})_{59}]} \tag{13.15}$$

$$b_4 = \frac{(I_{Cl})_{61} + (I_{Cl})_{59}}{[(I_{Cl})_{166} + (I_{Cl})_{164}] + [(I_{Cl})_{131} + (I_{Cl})_{129}] + [(I_{Cl})_{96} + (I_{Cl})_{94}] + [(I_{Cl})_{61} + (I_{Cl})_{59}]} \tag{13.16}$$

式中：I_{Cl}为对应质荷比（m/z）的分子离子或碎片离子丰度（即相应分子离子或碎片离子的质谱峰强度）；b_1、b_2、b_3和b_4为离子组所占权重，即根据每组碎片的相对强度确定每组离子对对单体化合物的氯同位素组成的贡献；R_M、R_{F1}、R_{F2}和R_{F3}为根据各离子组中丰度最高的离子对计算的组内氯同位素比值。

（3）全离子对法：选用质谱图中所有含氯原子的离子。假设某一分子离子或碎片离子含有 i 个同位素异数体，其中某一特定同位素异数体含有m_{Cl}个 ^{37}Cl 原子（单体化合物总共含有n_{Cl}个 Cl 原子），则该单体化合物的氯同位素比值可表示为

$$R = \frac{\mathrm{Tot}(^{37}Cl)}{\mathrm{Tot}(^{35}Cl)} = \frac{\sum_{j=1}^{i} (m_{Cl})_j \cdot I_j}{\sum_{j=1}^{i} \left[(n_{Cl}) - (m_{Cl})_j\right] \cdot I_j} \tag{13.17}$$

以 DCE 为例，其包含 1 个分子离子组和 1 个碎片离子组。其中，分子离子组内的离子为 $^{12}C_2{}^1H_2{}^{35}Cl_2$（$m/z = 96$）、$^{12}C_2{}^1H_2{}^{35}Cl^{37}Cl$（$m/z = 98$）和 $^{12}C_2{}^1H_2{}^{37}Cl_2$（$m/z = 100$），碎片离子组内的离子为 $^{12}C_2{}^1H_2{}^{35}Cl$（$m/z = 61$）和 $^{12}C_2{}^1H_2{}^{37}Cl$（$m/z = 63$）。因此，DCE 的氯同位素比值（R_{DCE}）可以表示为

$$R_{DCE} = e_1 \cdot R_M + e_2 \cdot R_F \tag{13.18}$$

$$R_M = \frac{\mathrm{Tot}(^{37}Cl)}{\mathrm{Tot}(^{35}Cl)} = \frac{2 \cdot (I_{Cl})_{100} + (I_{Cl})_{98}}{(I_{Cl})_{98} + 2 \cdot (I_{Cl})_{96}} \tag{13.19}$$

$$R_F = \frac{\mathrm{Tot}(^{37}Cl)}{\mathrm{Tot}(^{35}Cl)} = \frac{(I_{Cl})_{63}}{(I_{Cl})_{61}} \tag{13.20}$$

$$e_1 = \frac{(I_{Cl})_{100} + (I_{Cl})_{98} + (I_{Cl})_{96}}{(I_{Cl})_{100} + (I_{Cl})_{98} + (I_{Cl})_{96} + (I_{Cl})_{63} + (I_{Cl})_{61}} \tag{13.21}$$

$$e_2 = \frac{(I_{Cl})_{63} + (I_{Cl})_{61}}{(I_{Cl})_{100} + (I_{Cl})_{98} + (I_{Cl})_{96} + (I_{Cl})_{63} + (I_{Cl})_{61}} \tag{13.22}$$

3）氯代烃单体的碳氯同位素同时测定

本方法基于两阶段反应进行线外制样，将制备的 CO_2 和 CH_3Cl 分别进行碳同位素和氯同位素测试。

首先将样品置于真空玻璃系统中在高温条件下与 CuO 反应生成 CO_2 和 CuCl，将收集的 CO_2 通过气体稳定同位素比值质谱仪（配备 $m/z = 44$、45、46 三个法拉第杯）测定其 $\delta^{13}C$ 值。

$$12CuO + 2TCE \longrightarrow 3Cu_2O + 6CuCl + H_2O + 4CO_2 \uparrow \tag{13.23}$$

然后将 CuCl 等氯化物转化为 AgCl，并在 80 ℃恒温条件下使 AgCl 与 CH_3I 反应 48 h，生成 CH_3Cl 气体，用 GC 或 GasBench II 系统进行在线连续流同位素比值质谱（配备 $m/z = 50$ 和 52 两个法拉第杯）测定 $\delta^{37}Cl$ 值。

$$Cl^- + AgNO_3 \longrightarrow AgCl + NO_3^- \quad (13.24)$$

$$AgCl + CH_3I \longrightarrow AgI + CH_3Cl\uparrow \quad (13.25)$$

值得注意的是，该方法适用于已经分离的氯代烃单体或纯溶剂的碳氯同位素测试，无法直接实现多组分氯代烃的单体碳氯同位素测试。即使如此，本方法仍然具有十分重要的应用，尤其是对有机氯同位素进行标准校正。

13.2 氯代烃单体碳、氢、氯同位素分馏机理

13.2.1 物理过程的氯代烃单体碳、氢、氯同位素分馏

氯代烃在迁移过程中涉及溶解、对流弥散、挥发、吸附解吸等物理作用，本小节重点介绍挥发和吸附过程对氯代烃单体同位素组成的影响。

目前普遍认为挥发过程的氯代烃单体碳同位素分馏可以忽略，尤其是相对降解过程的氯代烃单体碳同位素分馏而言。研究发现溶液中TCE的碳同位素组成与TCE纯溶剂相同，说明溶解过程不产生同位素分馏。此外，水溶液中TCE在挥发期间0～24 h，水相和气相TCE的碳同位素组成保持一致；而TCE纯溶剂挥发时气相TCE的碳同位素相对纯溶剂偏正0.3‰～0.8‰，仍在分析误差范围内（±0.5‰）。TCE和DCM动力挥发过程的ε_C分别为（0.31±0.04）‰和（0.65±0.02）‰，ε_{Cl}分别为（-1.82±0.22）‰和（-1.48±0.06）‰；而平衡挥发过程的ε_C分别为0.90‰和1.33‰，ε_{Cl}分别为-0.52‰和-0.13‰。也有研究发现，TCE和DCM动力挥发过程的ε_C为（0.24±0.06）‰和（0.35±0.02）‰，ε_{Cl}和ε_H分别为（-1.64±0.13）‰和（-8.9±5.9）‰；而5～35 ℃平衡挥发过程的ε_C为0.07‰～0.82‰，并随着温度增加而减小。TCE在水相-气相平衡、非水相-气相平衡、非水相动力挥发、扩散控制的非水相挥发过程的碳氯同位素分馏，其中ε_C依次为（0.38±0.04）‰、（0.75±0.04）‰、（0.28±0.03）‰、（0.10±0.05）‰；ε_{Cl}依次为（-0.06±0.05）‰、（-0.39±0.03）‰、（-1.35±0.03）‰、（-1.39±0.06）‰。研究表明挥发过程中碳、氢元素在气相富集重同位素（^{13}C、^{2}H），而氯元素在气相富集轻同位素（^{35}Cl）。野外和模拟分析发现，氯代烯烃从含水层向非饱和带（厚18 m）扩散迁移过程未产生显著碳、氯同位素分馏。

利用固相微萃取技术分析水中三类氯代烃（氯代甲烷、氯代乙烷和氯代乙烯）时，发现吸附相和水相中氯代烃之间的碳同位素组成差别小于0.4‰。利用石墨和活性炭分别对PCE、TCE溶液进行平衡吸附实验，结果表明吸附量达到10%～90%的有机污染物碳同位素富集程度在分析误差范围内（±0.5‰）。而通过活性炭、褐焦煤、褐煤三种吸附剂对TCE、c-DCE和VC溶液进行平衡吸附实验，结果表明平衡吸附过程未产生显著碳同位素分馏。Höhener和Yu（2012）根据线性自由能关系（LFERs）计算出TCE平衡吸附过程（5～24 ℃）的碳同位素富集系数为-0.52‰～-0.23‰。Wanner等（2017）基于数学模型计算得出1，2-DCA吸附过程的碳和氯同位素富集系数分别为-0.4‰和-0.55‰。由此可见，吸附过程对氯代烃的碳同位素组成可以忽略。迄今，野外研究也未发现因吸附作用而产生显著碳同位素分馏的现象。

13.2.2　化学降解过程的氯代烃单体碳、氢、氯同位素分馏

氯代烃在非生物还原脱氯过程中存在显著的碳同位素分馏。例如，零价铁降解四氯乙烯、三氯乙烯、二氯乙烯和氯乙烯的碳同位素富集系数的变化范围分别为−25.3‰～−5.7‰、−27‰～−8.6‰、−23.1‰～−6.9‰和−20.1‰～−6.9‰。影响同位素分馏大小的机制主要包括：限速步骤化学键断裂、“催化胁迫”程度、同时存在两种及以上降解途径等。

降解过程的同位素分馏本质上遵循动力学同位素效应，其大小取决于降解途径或反应机理中限速步骤（rate-limiting step）断裂（或形成）化学键的类型或过渡态化学键断裂（或形成）的程度，导致具有不同降解机理的MTBE生物降解过程产生不同的同位素分馏。根据同位素取代位置的不同，动力学同位素效应可分为主级动力学同位素效应（primary kinetic isotope effect，PKIE）和次级动力学同位素效应（secondary kinetic isotope effect，SKIE）。其中，主级动力学同位素效应是指在限速步骤中与同位素直接相连的化学键发生了断裂所产生的同位素效应，其大小大致反映了过渡态结构；次级动力学同位素效应则是指在限速步骤中与同位素直接相连的键不发生断裂，而是分子中其他化学键发生断裂所产生的同位素效应。

（a）水解和脱氯化氢（S_N1和E1）

（b）Fe^0还原（SET）

（c）热活化PS反应*(C—H键)

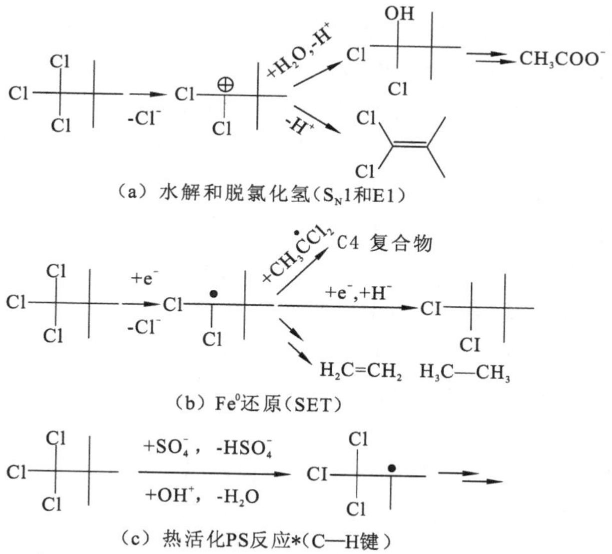

图 13.3　1，1，1-三氯乙烷（1，1，1-TCA）化学降解反应机制（改自 Palau et al.，2014）

1，1，1-三氯乙烷（1，1，1-TCA）可以通过水解（S_N1 亲核取代）和脱氯化氢（β 消除）反应、零价铁还原脱氯、活性自由基氧化降解等过程降解（图 13.3）。零价铁还原脱氯降解 1，1，1-TCA 过程通过单电子转移反应裂解 C—Cl 键形成 1，1-二氯乙基自由基中间体，进而经氢解反应形成 1，1-二氯乙烷（1，1-DCA），或者经 α 消除反应形成乙烯/乙烷，或者经耦合反应形成 C_4 化合物。不同反应机制的化学降解 1，1，1-TCA 过程产生不同的同位素分馏。其中，热活化过硫酸盐（Ps）产生活性自由基氧化降解 1，1，1-TCA，其反应机制的限速步骤是氧化裂解 C—H 键，产生的碳同位素富集系数为（−4.0±0.2）‰，而氯同位素未产生分馏；水解和脱氯化氢反应降解 1，1，1-TCA 的限速步骤是 C—Cl 键裂解，碳和氯同位素富集系数分别为（−1.6±0.2）‰ 和（−4.7±0.1）‰；零价铁脱氯降解 1，1，1-TCA 的限速步骤

也是C—Cl键裂解，其产生的碳和氯同位素富集系数分别为（−7.8±0.4）‰和（−5.2±0.2）‰。

尽管具有相似的反应机理，即限速步骤均是将碳—碳双键（C═C）断开为碳—碳单键（C—C），Fenton-like反应降解三氯乙烯过程的碳同位素分馏（富集系数为−3.6‰～−2.7‰），显著小于高锰酸钾（−26.8‰～−18.5‰）和好氧微生物G4（−20.7‰～−18.2‰）氧化降解过程的碳同位素分馏，这可能与限速步骤的过渡态结构有关。非均相Fenton-like反应与均相Fenton反应降解三氯乙烯过程的碳同位素分馏大小一致，这表明该降解过程的碳同位素分馏不受“催化胁迫”影响。

若化学键裂解是整个降解过程的限速步骤，则反应物的表观动力学同位素效应（apparent kinetic isotope effect，AKIE）将与其固有的动力学同位素效应相一致。然而，在化学键裂解步骤之前如果存在速率较缓慢的同位素分馏不显著的步骤（如细胞吸收过程、底物转移到酶的活性部位、反应物迁移至反应表面的过程、反应物-反应表面络合过程等），即使实际化学键裂解中存在明显的固有动力学同位素效应，但测得的该过程的表观动力学同位素效应将小于动力学同位素效应。也就是说，化学键裂解所固有的动力学同位素效应已经被部分或完全掩盖，这种现象称为遮蔽效应（masking effect，ME），在生物化学中也称为催化胁迫（commitment to catalysis）。相同化学键裂解的降解过程，受催化胁迫影响产生的同位素分馏较无催化胁迫影响的要小。对于具有相同反应机理的不同降解过程，相应的“催化胁迫”程度可能不同，从而导致相互间的表观动力学同位素效应显著不同。同样，“催化胁迫”程度不同也有可能正好抵消不同反应机理中动力学同位素效应的差异性，使得反应机理不同的降解过程具有相同的表观动力学同位素效应。

若两种及以上竞争性降解途径存在于限速反应阶段（如消除和氢解反应），且各自具有不同的动力学同位素效应，则反应物的同位素分馏是各降解途径中同位素分馏的加权平均，并受各降解途径的相对贡献量影响；如果只有一个初始不可逆阶段，该阶段产生的中间物的后续降解可能存在竞争性降解途径，此时竞争性降解途径的动力学同位素效应影响各自降解产物的同位素组成，但是不会对反应物的表观动力学同位素效应产生影响，因为反应物的动力学同位素效应只受第一个初始不可逆阶段的影响。

例如，零价铁（Fe^0）活化过硫酸盐产生羟基自由基（HO·）、硫酸根自由基（SO_4^-·）等活性自由基均可有效降解有机污染物。Fe^0活化过硫酸盐体系中添加TBA与否，TCE降解过程的碳同位素分馏会发生显著变化，其中Fe^0活化过硫酸盐降解TCE的碳同位素富集系数为（−4.2±0.3）‰～（−3.9±0.3）‰，在该反应体系中添加TBA完全清除HO·后降解TCE的碳同位素富集系数为（−6.9±0.5）‰～（−6.4±0.7）‰。这表明Fe^0活化过硫酸盐体系中HO·和SO_4^-·共同降解TCE，并且HO·和SO_4^-·降解TCE的碳同位素分馏显著不同，整个降解过程的碳同位素富集系数是二者的加权平均。

13.2.3 生物降解过程的氯代烃单体碳、氢、氯同位素分馏

由于同位素分馏机制相当复杂，不同微生物作用下的碳同位素分馏程度存在较大的变化范围。类似于非生物还原脱氯作用，不同因素对生物降解过程的同位素分馏的作用机制也主要是限速步骤裂解化学键、“催化胁迫”程度、同时存在两种及以上降解途径等。

1. 好氧降解过程

有氧条件下，氯代烯烃好氧生物降解包括氧化降解和共代谢氧化降解。其中，氧化降解是以污染物本身作为微生物代谢的碳源和能量来源，共代谢氧化降解需要其他物质提供碳源和能源。氧化降解过程的碳同位素分馏强度通常大于共代谢氧化降解过程。例如，VC 氧化降解和共代谢氧化降解的碳同位素富集系数变化范围分别为-8.2‰～-5.7‰和-4.2‰～-3.2‰；顺式二氯乙烯（*c*-DCE）氧化降解的碳同位素富集系数变化范围为-9.8‰～-7.1‰，共代谢氧化降解的碳同位素分馏不显著；反式二氯乙烯（*t*-DCE）共代谢氧化降解的碳同位素富集系数变化范围为-6.7‰～-3.5‰；TCE 氧化降解和好氧共代谢降解的碳同位素富集系数分别为-18.2‰和-1.1‰；PCE 无法进行好氧降解或好氧共代谢降解。

有氧条件下生物降解氯代烯烃的反应机制通常为单加氧酶催化裂解 C ═ C 双键形成环氧化物，或者双加氧酶催化裂解 C ═ C 双键形成二羟基-氯代烯烃中间体（图 13.4）。二者的限速步骤是将 C ═ C 双键裂解为 C—C 单键，即该降解过程中的限速步骤只涉及 C 原子而不涉及 Cl 原子，预计碳同位素表现为主级动力学同位素效应，而氯同位素表现为次级动力学同位素效应。*Pseudomonas putida* F1 菌株（甲苯降解菌）通过甲苯双加氧酶（TDO）氧化降解 TCE，产生的碳和氯同位素富集系数分别为（-11.5±2.4）‰和（0.3±0.2）‰；*Methylosinus trichosporium* OB3b 菌株通过单加氧酶［可溶性甲烷单加氧酶（sMMO）或膜结合颗粒甲烷单加氧酶（pMMO）］氧化降解 TCE 产生的碳和氯同位素富集系数分别为（-4.2±0.5）‰～（-2.4±0.7）‰和（-2.4±0.4）‰～（-1.3±0.2）‰。

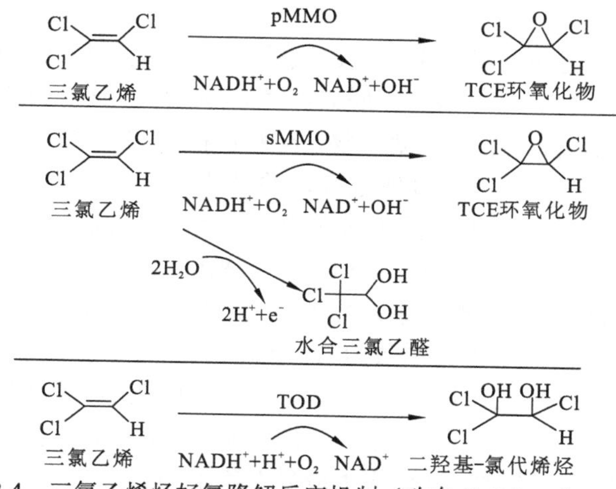

图 13.4　三氯乙烯烃好氧降解反应机制（改自 Gafni et al.，2018）

氯代乙烷烃（如 1，2-二氯乙烷，即 1，2-DCA）好氧生物降解存在两种作用机制（图 13.5）：一种机制是可能通过单加氧酶催化氧化裂解 C—H 键，另外一种作用机制是通过 S_N2 亲核取代进行水解脱氯 C—Cl 键。由于 C—H 键裂解产生的碳同位素效应小于 C—Cl 键裂解产生的碳同位素效应，单加氧酶催化氧化途径的碳同位素分馏强度弱于 S_N2 亲核反应水解脱氯途径。1，2-DCA 氧化裂解 C—H 键的碳同位素富集系数为-5.3‰～-3.0‰，S_N2 亲核反应水解脱氯过程的碳同位素富集系数为-33‰～-21.5‰。C—H 键裂解涉及 H 原子产生主级动力学氢同位素效应，而C—Cl键裂解不涉及H原子仅产生次级动力学氢同位素效应，因而单加氧酶催化氧化途径的氢同位素分馏强于S_N2亲核反应水解脱氯途径。*Pseudomonas* sp. DCA1菌株通过氧化裂解C—H键，降解1，2-DCA的氢同位素富集系数为（−115±18）‰，水生曲杆菌（*Ancylobacter aquaticus*）和自养黄色杆菌（*Xanthobacter autotrophicus*）菌株通过S_N2亲核反应水解脱氯降解1，2-DCA的氢同位素富集系数为（−34±4）‰和（−38±4）‰（Palau et al.，2017a）。*Pseudomonas* sp. DCA1菌株通过氧化裂解C—H键降解1，2-DCA的氯同位素富集系数为（−3.8±0.2）‰，水生曲杆菌和自养黄色杆菌菌株通过S_N2亲核反应水解脱氯降解1，2-DCA的氢同位素富集系数为（−4.4±0.2）‰和（−4.2±0.1）‰（Palau et al.，2014）。

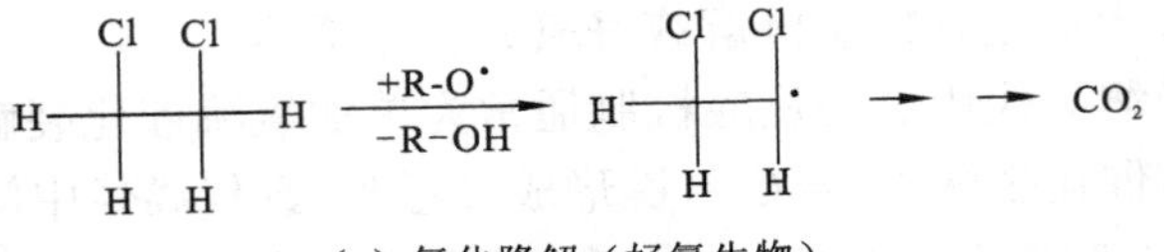

（a）氧化降解（好氧生物）

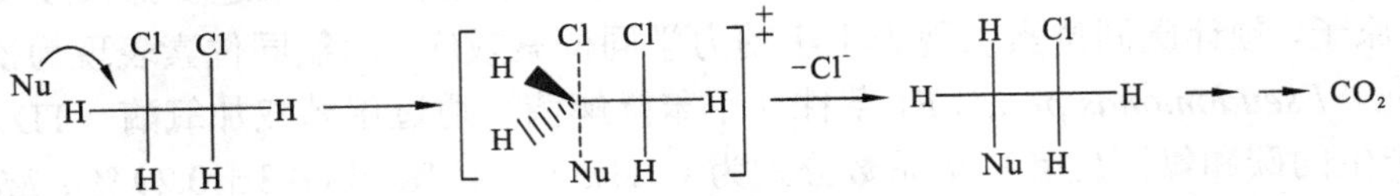

（b）经S_N2途径水解脱氯（好氧生物）

图13.5 氯代乙烷好氧生物降解作用机制（改自Palau et al.，2014）

2. 厌氧降解过程

厌氧条件下，氯代烯烃还原降解主要通过氢解反应顺序脱氯（C—Cl键裂解），如PCE首先还原脱氯产生TCE，TCE进一步还原脱氯产生*c*-DCE，*c*-DCE继而进一步还原脱氯产生VC。*c*-DCE是TCE生物还原脱氯的主要产物，*t*-DCE和1，1-DCE生成量非常小。通常，厌氧降解的碳同位素分馏强度大于好氧降解过程，并且碳同位素分馏随着氯代烯烃含氯原子数增加而减小。其中，VC厌氧降解的碳同位素富集系数为−31.1‰～−21.5‰；*c*-DCE厌氧降解的碳同位素富集系数为−29.7‰～−14.1‰；*t*-DCE厌氧降解的碳同位素富集系数为−30.3‰～−21.4‰；TCE厌氧降解的碳同位素富集系数可分为−13.8‰～−2.5‰和−22.9‰～−16.4‰两个范围；PCE厌氧降解的碳同位素富集系数为−16.7‰～0。

厌氧降解氯代烯烃的降解机制还不十分明确。一种可能的降解机制是单电子转移反应，初始步骤涉及C—Cl键裂解将产生主级动力学碳和氯同位素效应；另一种可能的降解机制是亲核试剂加成C═C双键，通过加氢反应生成复合物继而脱除一个氯原子（图13.6）。由于第二种降解机制同时涉及两个碳原子，其碳同位素分馏可能大于第一种作用机制。脱氯菌（*Dehalococcoides*）（*Dhc*）混合菌通过亲核加成反应脱氯降解氯代烯烃，TCE降解产生的碳、氯和氢同位素富集系数分别为（−16.4±0.4）‰、（−3.6±0.3）‰和（34±11）‰。

1，2-DCA厌氧生物降解机制包括β消除反应、氢解脱氯反应和脱氯化氢反应三种途径（图13.7）。其中，β消除反应脱除两个相邻碳原子上的两个氯原子形成C═C双键，该反应同时涉及C、Cl原子而不涉及H原子，将产生主级动力学碳和氯同位素效应和次级动力学氢同位素效应。基于β消除反应机制的含*Dehalococcoides*菌落降解1，2-DCA产生的碳、氯

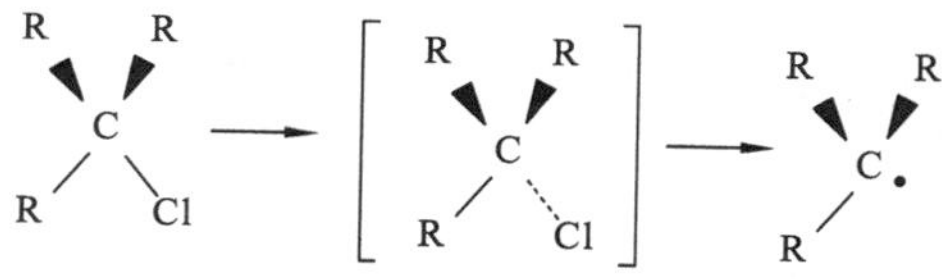

(a) 单电子转移反应途径裂解C—Cl键

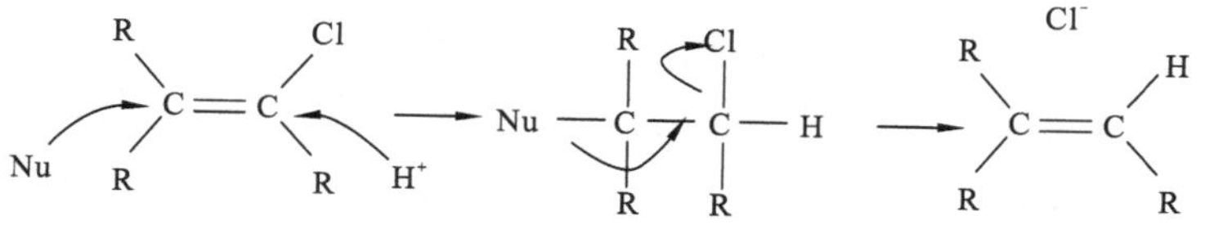

(b) 亲核加成脱氯

图 13.6　氯代烯烃厌氧降解可能的作用机制（改自 Morasch and Hunkeler，2009）

和氢同位素富集系数分别为(−33.0±0.4)‰、(−5.1±0.1)‰和(−57±3)‰，含 *Dehalogenimonas* 菌落降解 1，2-DCA 产生的碳、氯和氢同位素富集系数分别为（−23±2）‰、(−12.0±0.8）‰和（−77±9）‰（Palau et al.，2017b）。

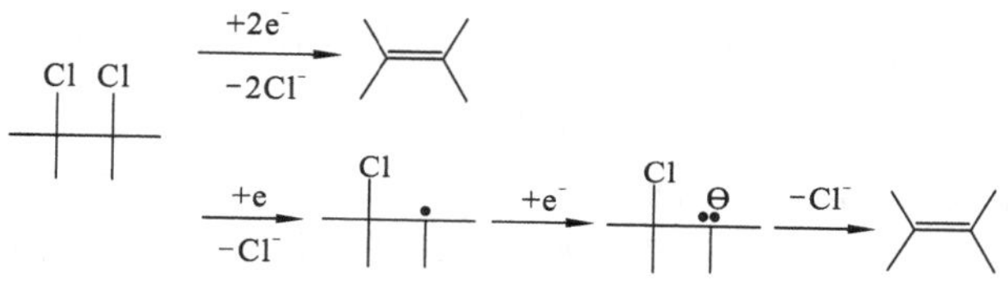

(a) β消除反应（厌氧生物降解）

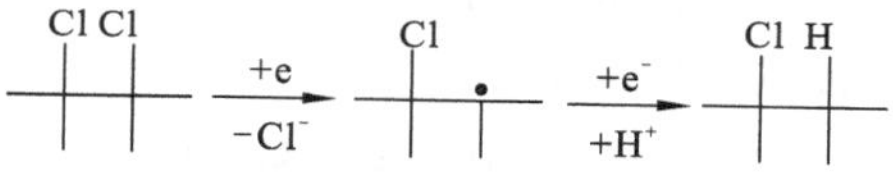

(b) 氢解脱氯反应（厌氧生物降解）

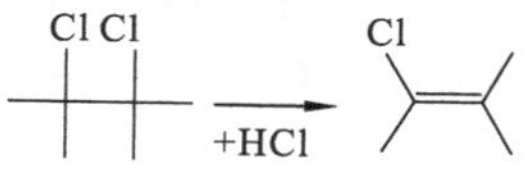

(c) 脱氯化氢反应（厌氧生物降解）

图 13.7　1，2-DCA 厌氧降解反应机制（改自 Palau et al.，2017b）

微生物降解氯代烃的同位素分馏在遵循动力学同位素效应的前提下，可能还受到其他诸多因素影响，如微生物菌落组成结构及其生长条件、微生物种类、代谢类型、降解酶及辅酶的类型与结构、污染物进出细胞及与降解酶结合的难易程度、污染物的化学结构等。甲烷氧化菌（*Methylosinus trichosporium*）OB3b 好氧共代谢降解 TCE 的ε_C（−1.1‰）远远小于洋葱伯克氏菌（*Burkholderia cepacia*）G4 好氧代谢（−18.2‰），二者具有相似的反应机理，但是氧化酶分别为溶解性甲烷单氧化酶和甲苯单氧化酶，因而认为碳同位素富集系数与氧化酶的差异有关。利用两种厌氧微生物纯培养、微生物细胞提取液及其相应的纯化酶，系统研究细胞吸收过程在四氯乙烯还原脱氯中的作用，发现碳同位素分馏程度随着细胞完整性的降低而增大，其中四氯乙烯还原脱氧细菌（*Sulfurospirillum multivorans*）菌株的纯培养、细胞提取液和纯化酶降解四氯乙烯的碳同位素富集系数依次为−0.42‰、−0.97‰、−1.7‰，这表明污染物在细胞膜的迁移过程影响了碳同位素分馏。

13.3 氯代烃单体碳、氢、氯同位素技术方法应用

13.3.1 示踪氯代烃污染来源

一般而言，氯代有机物的碳原料主要源于天然碳氢化合物，不同的碳原料本身就存在碳同位素组成差异，使得其生产的氯代有机物的碳同位素组成不同。此外，生产过程中不同工艺程序和工艺条件都可能会造成不同厂家或不同生产批次氯代烃的碳同位素组成差异。虽然有机氯的原料通常源自海水和富溴卤水，但是有机氯同位素组成范围远远大于无机氯同位素组成范围。大部分有机氯的生产工艺都是使用Cl_2作为溴化剂。Cl_2是通过一系列过程从海水和富溴卤水提取出来，再与碳氢化合物进行反应，从而导致或多或少的氯同位素分馏。

CSIA 示踪氯代有机污染物来源的应用原理如下。

（1）由于生产工艺或条件或原材料来源的不同，不同厂商产生的氯代有机物的碳、氢、氯等元素的稳定同位素组成可能存在显著差异。如果氯代有机污染物在环境过程中保持了污染源的同位素组成特征，仅仅体现的是某单一污染来源或多种污染源简单混合，则可以通过对比目标污染物与潜在来源的同位素组成特征来识别污染来源。

（2）在生物化学降解过程中由于同位素分馏的发生，原本彼此有明显区别的各个污染源的同位素组成变得模糊不清。如果降解产物的含量和同位素组成数据能够获取，则可以利用同位素质量守恒方程计算恢复污染物的初始同位素组成，用于示踪污染来源。

（3）生物化学降解过程中会因同位素分馏的发生，使得降解后的氯代有机污染物如 TCE 中重同位素（如 ^{13}C、^{37}Cl 等）逐渐富集。相应地，如果降解产物如 *c*-DCE 没有进一步被降解或者降解不显著，降解产物 *c*-DCE 相对母体而言富集轻同位素（如 ^{12}C、^{35}Cl 等）。如果产生的 *c*-DCE 相对降解来源的产物 *c*-DCE 富集重同位素，据此可以识别污染物是降解产物还是污染源释放。

单一元素的同位素组成范围可能在不同污染源中存在部分重叠，或者在生物化学降解过程中会因同位素分馏的发生而使各个本来彼此有明显区别的污染源的同位素组成变得模糊不清。利用多种元素的同位素分析，可以应对和克服这些困难，或至少可以部分地使这些问题得到解决。特别值得注意的是，基于 CSIA 示踪污染来源还应结合研究区氧化还原条件、水化学参数、降解代谢产物等其他指标进行综合分析。

由于氯代烯烃的生产原料来自石油（$\delta^{13}C > -40‰$）或甲烷（$\delta^{13}C < -60‰$），通过单体碳同位素分析可以识别氯代烯烃污染羽的来源。图 13.8 中的点 1 和点 2 PCE 的碳同位素比值位于 A 区，表明二者均来自石油产物；点 3 的 PCE 碳同位素比值位于 C、D 区，表明其来自甲烷产物；点 4 的 PCE 的碳同位素比值临近 B 区上方但相对 B 区的 $\delta^{13}C$ 偏正，表明其源自甲烷产物并且经过一定程度的生物降解作用；点 5 PCE 的碳同位素比值临近 A 区下方但是相对 B 区偏正，其可能来源于石油产物，也可能源自经过一定程度生物降解作用的甲烷产物，甚至可能是石油产物和甲烷产物的混合。

Hunkeler 等（2005）应用 CSIA 对受氯代烯烃和氯代烷烃混合污染的地下水进行 TCE 来源识别，发现污染源下游 TCE 的 $\delta^{13}C$（$-45‰ \sim -41.9‰$）相对于人工合成 TCE 纯溶剂

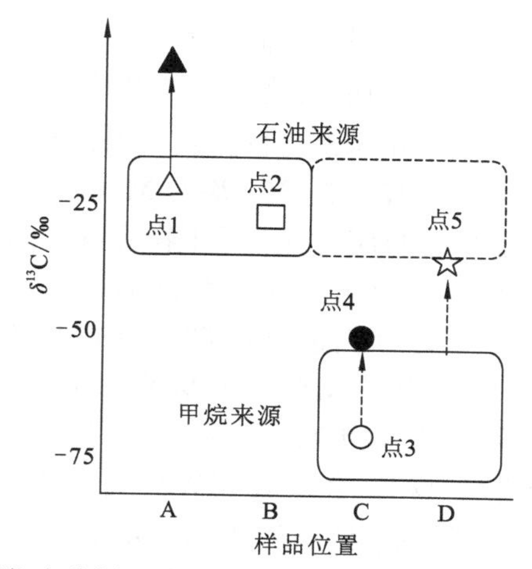

图 13.8　单体碳同位素分析示踪 PCE 污染来源（改自 Nijenhuis et al.，2016）

（−31.9‰～−24.3‰）显著贫乏，并且沿着地下水流向表现出 TCE 浓度逐渐升高而 $\delta^{13}C$ 逐渐偏负的趋势，表明 TCE 来源于降解产物而非人为污染来源，甚至基于 CSIA 识别出 TCE 来自 1，1，2，2-四氯乙烷的消除降解产物而非 PCE 的还原脱氯产物。

Blessing 等（2009）利用 CSIA 对德国某退役工业场地含水层中 PCE 污染来源进行了判识。由于 PCE 在好氧条件下不降解，其在好氧含水层中的衰减过程主要是稀释和扩散，因而其碳同位素组成保持不变。然而，好氧含水层中 PCE 的 $\delta^{13}C$（−25.4‰）反而比上游厌氧含水层的（$\delta^{13}C = -23‰$）贫乏，因而认为其部分来源于重非水相液体（dense non-aqueous phase liquid，DNAPL）溶解释放的 PCE（$\delta^{13}C = -27‰$），并且利用二元混合模型估算出 DNAPL 贡献量高于 60%（图 13.9）。

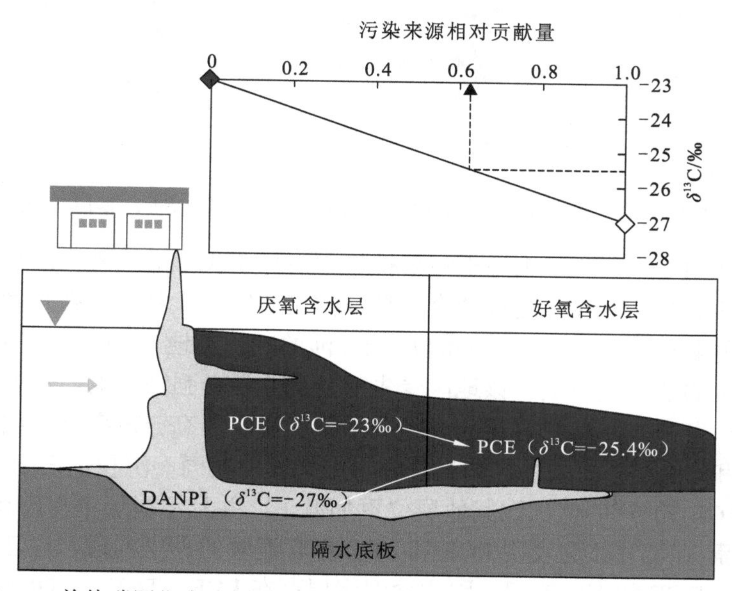

图 13.9　单体碳同位素分析示踪 PCE 污染来源（改自 Blessing et al.，2009）

Lojkasek-Lima 等（2012）应用单体碳、氯同位素分析方法研究了加拿大安大略省圭尔夫市地下水中 TCE 的污染来源。污染区内的监测井中 TCE 的 $\delta^{13}C$ 值和 $\delta^{37}Cl$ 值变化特征可以分为三类（图 13.10），这与 TCE 污染来源不同及遭受不同程度的生物降解有关。图中 I 类的 $\delta^{13}C$ 值具有较大变化范围（从井 TH-3 的−35.6‰到 MW-19-I 的−22‰）但是 $\delta^{37}Cl$ 值相同，这表明 MW-19-I 的 TCE 污染源不是 TH-3。由于经生物降解后的 TCE 的 $\delta^{13}C$ 值和 $\delta^{37}Cl$ 值相对初始值都应偏正，因而 MW-19-I 的 TCE 也不是源自 TH-3 经生物降解后的 TCE。II 类从井 TH-3 到 MW-21-I 和 MW-9，$\delta^{13}C$ 值逐渐偏正而 $\delta^{37}Cl$ 值逐渐偏负，这种变化与降解过程无关，反映的是 TCE 污染来源不同。III 类从井 MW-9 到 MW-19-II 和 MW-19-I，$\delta^{13}C$ 值和 $\delta^{37}Cl$ 值均逐渐增加，主要是由于不同程度的生物降解作用导致了同位素分馏富集，这与总氯代烯烃污染物中 TCE 所占比例的变化趋势相符合（从 MW-9 到 MW-367-1、MW-19-III、MW-19-1 总氯代烯烃中 TCE 所占比例逐渐降低，分别为 92%、90%、42%和 10%）。其他落在 I-II-III 三角范围内的数据，是受 TCE 污染来源和生物降解作用的共同影响。另外，污染区附近一口生产井由于 TCE 含量持续超出饮用水标准已于 1994 年关闭。通过分析该生产井水中 TCE 的 $\delta^{13}C$ 值和 $\delta^{37}Cl$ 值，发现其与上述污染区内监测井的值完全不同（图 13.10），据此可认为生产井中 TCE 存在另外的污染来源。

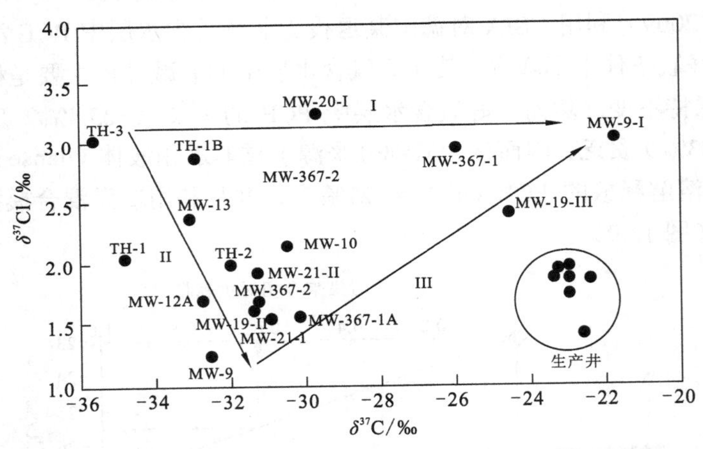

图 13.10 监测井和生产井中 TCE 的 $\delta^{13}C$ 和 $\delta^{37}Cl$ 关系（改自 Lojkasek-Lima et al.，2012）

含水层中 VC 的产生，除了来源于污染排放，还与氯代乙烯或氯代乙烷等母体污染物的降解有关。Filippini 等（2016）通过结合多种证据来研究意大利北部费拉拉（Ferrara）市地下含水层含 VC 污染羽的成因。费拉拉市位于 Po 河的冲积洼地，由松散的砂质含水层和河流沉积的淤泥质黏土弱透水层组成。该地区受先前的工业活动强烈影响，多处存在氯代有机物污染。通过对某一由 PCE、TCE 等氯乙烯组成污染羽源区的高分辨率沉积相构造和污染物分布（污染物浓度和 CSIA 分析）进行调查研究。结果发现在同一沉积剖面上（图 13.11），泥炭层的 PCE 和 TCE 的 $\delta^{13}C$ 值相比其他层位更加偏正，并且泥炭层中 VC 相对 PCE 和 TCE 更加富集轻同位素（^{12}C）。这表明 PCE 和 TCE 在含泥炭的黏土弱透水层迁移过程中发生还原脱氯作用形成 *c*-DCE 和 VC 累积，因此含泥炭层存在 PCE、TCE、*c*-DCE 和 VC 污染；还原脱氯作用在其他层位中比较弱而未累积 *c*-DCE 和 VC（图 13.11）。

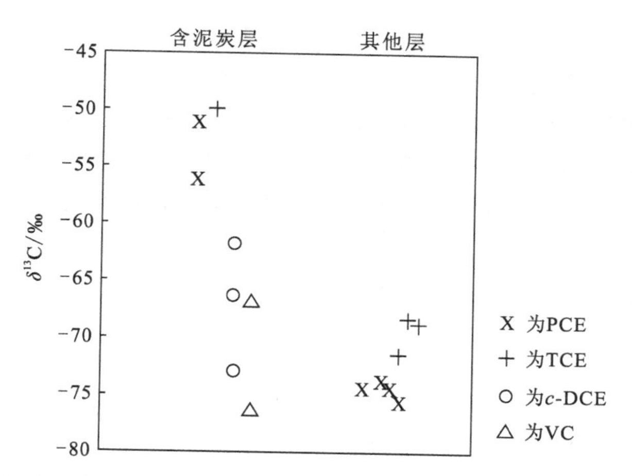

图 13.11　沉积剖面含泥炭层与其他层位中氯代烯烃的 $\delta^{13}C$ 值分布特征（改自 Filippini et al.，2016）

13.3.2　解析氯代烃降解机制

过硫酸盐活化降解 TCE 过程可能存在羟基自由基（HO·）、硫酸根自由基（SO_4^-·）等活性粒子共同作用。为此，通过向反应体系中添加叔丁醇（TBA）以定向清除可能存在的 HO·，对比 TCE 降解反应动力学的差异，据此判断 HO·、SO_4^-·等活性粒子存在与否及其对 TCE 降解的相对贡献。结果表明，对于 Fe^0 和 Fe^{2+}活化过硫酸盐体系，TBA 的加入显著抑制了 TCE 的降解过程（图 13.12）。这表明 Fe^0 和 Fe^{2+}活化过硫酸盐体系均产生了 HO·和 SO_4^-·，并且二者均参与了 TCE 降解作用。

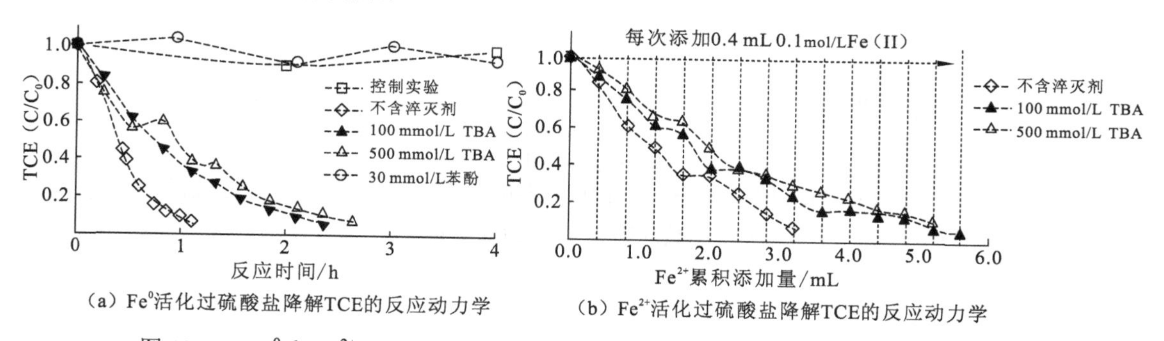

图 13.12　Fe^0 和 Fe^{2+}活化过硫酸盐降解 TCE 的反应动力学（改自 Liu et al.，2018）

另外，向反应体系中添加苯酚，则 TCE 降解过程完全被抑制（图 13.12）。类似于控制实验（只含 TCE 和 Fe^0 或 Fe^{2+}，不含过硫酸盐），整个过程中 TCE 含量均未发生显著变化（图 13.12）。因此，Fe^0 和 Fe^{2+}活化过硫酸盐体系中 TCE 的降解主要受控于 HO·和 SO_4^-·，不存在其他活性粒子或铁还原作用。

根据反应速率常速的差异，推算出 HO·和 SO_4^-·对 TCE 降解的相对贡献。在 Fe^0 活化过硫酸盐体系中其贡献量分别为 63%和 37%，在 Fe^{2+}活化过硫酸盐体系中则分别为 44%和 56%。

类似于上述反应动力学，向 Fe^0 和 Fe^{2+}活化过硫酸盐体系添加 TBA 清除 HO·，TCE 降解过程的碳同位素分馏发生显著变化。不同含量 Fe^0 活化过硫酸盐在未添加 TBA 时降解 TCE

的碳同位素富集系数为（-4.2±0.3）‰～（-3.9±0.3）‰（图 13.13），与前人的研究结果一致，即 Fe^0/过硫酸盐比值变化对 Fe^0 活化过硫酸盐降解 TCE 过程的碳同位素分馏不会产生显著影响。然而，在 Fe^0 活化过硫酸盐体系添加 TBA 完全清除 HO·时，TCE 降解的碳同位素富集系数为（-6.9±0.5）‰～（-6.4±0.7）‰（图 13.13）。这表明 HO·和 SO_4^-·降解 TCE 过程的碳同位素分馏存在显著不同，Fe^0 活化过硫酸盐降解 TCE 过程的碳同位素富集系数是二者的加权平均。

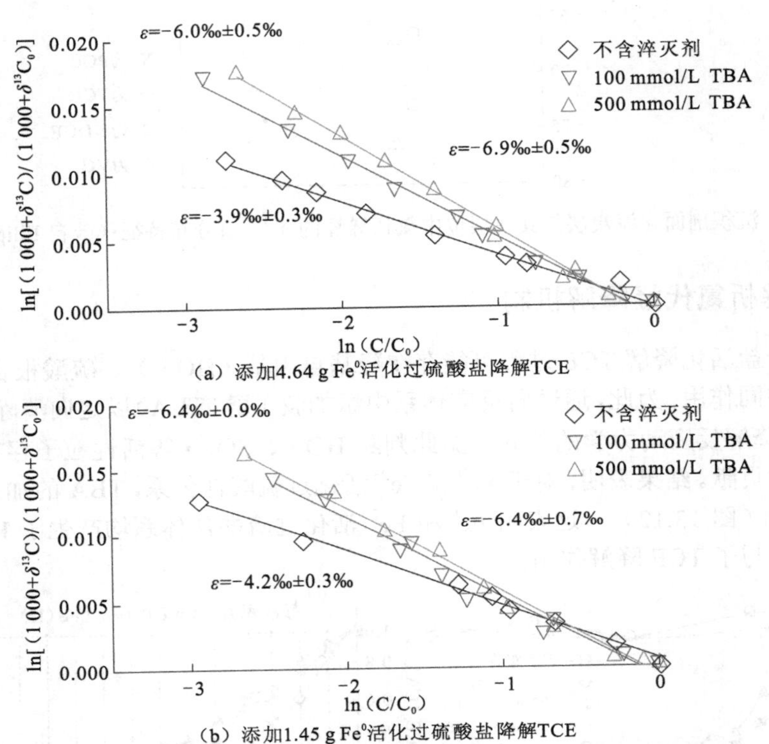

图 13.13　TBA 淬灭 HO·对不同用量零价铁活化过硫酸盐降解 TCE 过程的富集系数的影响（改自 Liu et al.，2018）

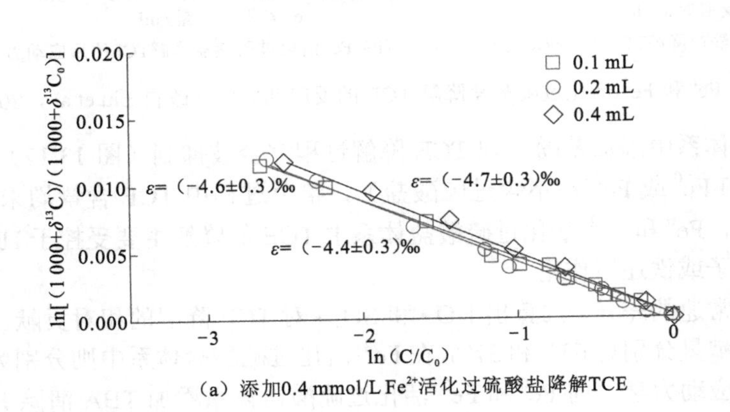

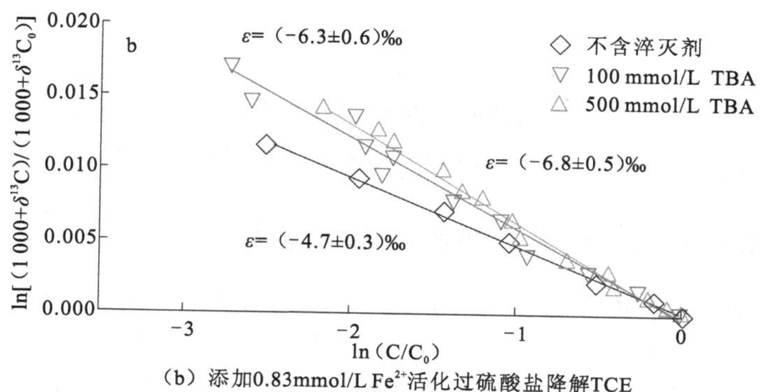

（b）添加0.83mmol/L Fe^{2+}活化过硫酸盐降解TCE

图 13.14　TBA 淬灭 HO·对二价铁活化过硫酸盐降解 TCE 过程的富集系数的影响（改自 Liu et al., 2018）

为了进一步验证该发现，类似地研究了Fe^{2+}活化过硫酸盐降解TCE过程的碳同位素分馏。结果同样表明（图 13.14），在 Fe^{2+}活化过硫酸盐体系添加 TBA 完全清除 HO·时，TCE 降解的碳同位素富集系数为（−6.8±0.5）‰～（−6.3±0.6）‰。因此，SO_4^-·降解 TCE 过程的碳同位素富集系数为（−6.9±0.5）‰～（−6.3±0.6）‰。但是不同含量 Fe^{2+}活化过硫酸盐在未添加 TBA 时降解 TCE 的碳同位素富集系数为（−4.7±0.3）‰～（−4.4±0.3）‰（图 13.14），相比前类似过程得到的结果［（−3.9±0.4）‰～（−3.5±0.3）‰］更偏负。这可能是由于反应过程中 HO·和 SO_4^-·降解 TCE 的相对贡献量存在差异，从而通过加权平均得到的碳同位素富集系数不同（图 13.15）。

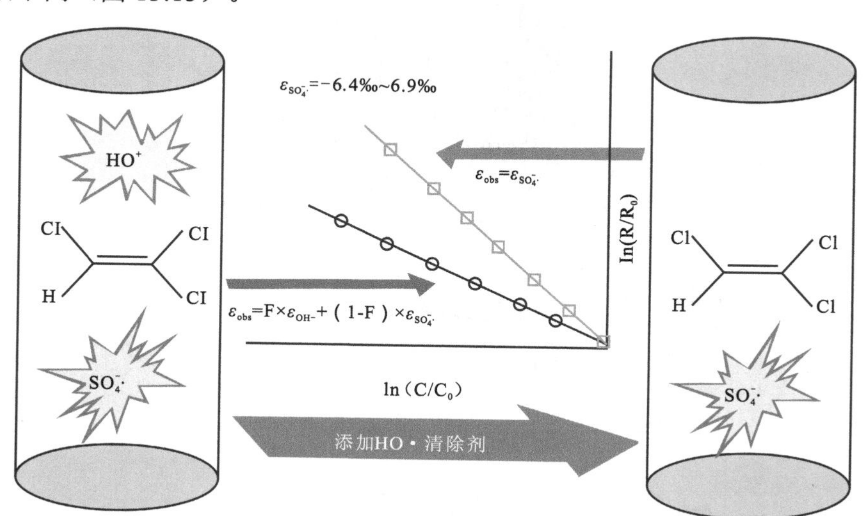

图 13.15　过硫酸盐降解 TCE 过程的同位素分馏机理示意图（改自 Liu et al., 2018）

HO·和 SO_4^-·降解 TCE 过程的碳同位素分馏存在显著不同，表明碳同位素分析可以用于识别不同自由基降解污染物的作用。根据 HO·和 SO_4^-·降解 TCE 过程的碳同位素分馏的差异（代表值分别约为−3.2‰和−6.7‰），结合瑞利分馏扩展方程式（13.26），可以计算出 Fe^0 和 Fe^{2+}活化过硫酸盐产生 SO_4^-·降解 TCE 的相对贡献量分别为 20%和 43%，相应的 HO·作用的相对贡献量分别为 80%和 43%。

$$F_{con}=\frac{\varepsilon_{obs}-\varepsilon_{HO\cdot}}{\varepsilon_{SO_4^-\cdot}-\varepsilon_{HO\cdot}} \tag{13.26}$$

式中：ε_{obs}为Fe^0和Fe^{2+}活化过硫酸盐降解TCE过程的碳同位素富集系数；$\varepsilon_{HO\cdot}$为HO·降解TCE过程的碳同位素富集系数；$\varepsilon_{SO_4^-\cdot}$为$SO_4^-$·降解TCE过程的碳同位素富集系数。

13.3.3 基于单体同位素量化氯乙烯原位降解速率

研究区是一个20世纪40年代中叶开始运行直至1987年关闭的干洗厂所在地，平均每个月会使用1 000～2 000 L PCE。1969年发生了一次严重的PCE泄漏事故。干洗厂拆除后直接修建了新建筑。研究区含有两个含水层，含水层中间被一层厚5～20 m的黏土隔水层分隔开（图13.16）。上层受污染的含水层由4～12 m厚的粉砂和冰川砾石沉积物组成，并覆盖着一

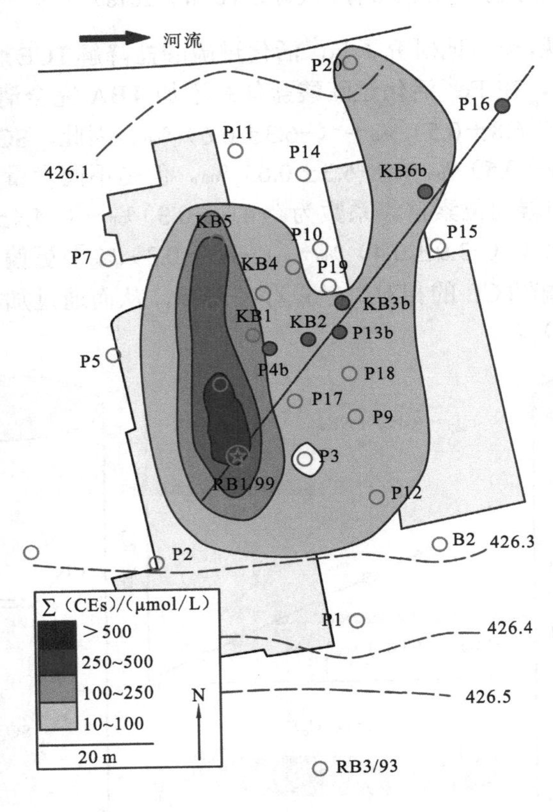

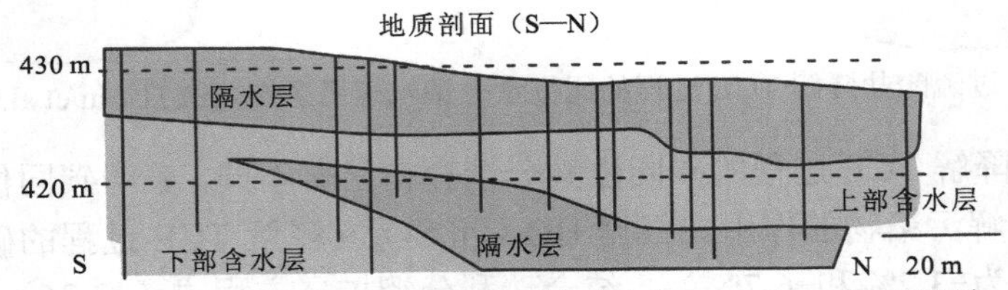

图13.16 研究区平面和剖面示意图（改自Aeppli et al.，2010）

圆点为监测井，正方形为现存建筑物，虚线表示地下水水位，灰色阴影区域表示地下水CE浓度变化

层厚度为 2～5 m 的粉质黏土隔水层。该含水层有 37 个监测井，其中 6 个穿越了 2 个不同深度的含水层中。这个含水层的水力传导系数较小（1×10^{-5}～8×10^{-5} m/s），平均水力梯度为 0.3%，达西流速仅为 1～8 m/a。

取样前需对地下水井进行洗井，用潜水泵（MP1）抽取三倍井体积的地下水，直到电导率、溶解氧、pH和氧化还原点位的读数稳定。通过蠕动泵采集地下水样，为了避免样点间的交叉污染，每次采样都会更换蠕动泵里的硅胶短管。氯乙烯烃含量和同位素分析水样慢慢地装满120 mL的玻璃瓶，用内衬PTFE螺纹盖子不留顶空的密封，分析测试前在4 ℃冷藏保存，取样后的4周内完成分析。地下水定年的样品密封保存在铜管中。主要阴离子分析采用聚乙烯瓶保存。溶解性Fe和Mn用0.45 μm过滤并用HNO_3酸化至pH＜2。采用GC-MS测试氯代乙烯含量，准确度为92%～108%；采用离子色谱分析主要阴离子（Cl^-、NO_3^-、SO_4^{2-}）含量；用分光光度法测试铵根离子；利用ICP-OES分析地下水中Fe和Mn含量。用^3H-^3He方法确定地下水的滞留时间（误差约1 a）。利用P & T-GC-C-IRMS方法进行氯代乙烯单体碳同位素测试，分析不确定性为0.5‰。

采用瑞利方程估算含水层中PCE的生物降解量：

$$1-B_{PCE}=\left(\frac{\delta^{13}C_{PCE}+1\,000‰}{\delta^{13}C_{PCE}^{source}+1\,000‰}\right)^{1\,000‰/\varepsilon_{PCE}} \tag{13.27}$$

式中：$^{13}C_{PCE}$和$^{13}C_{PCE}^{source}$分别为污染羽和污染源中PCE的碳同位素组成；$1-B_{PCE}$为PCE中没有受到生物降解的部分，$1-B_{PCE}$通常为污染羽中PCE浓度相对污染源PCE含量之比。环境水样中PCE浓度的变化不仅受到生物降解的影响，而且还受到如吸附作用和稀释作用等非降解的物理过程影响。由于本研究区含水层中有机质含量很低（0.1‰～1‰），吸附作用对PCE含量的影响可能并不显著，附近类似性质含水层中PCE和TCE的延迟因子在1～1.8。考虑稀释作用的影响，未生物降解的PCE的比例计算如下：

$$1-B_{PCE}=\frac{X_{PCE}}{X_{PCE}^{source}} \tag{13.28}$$

式中：X_{PCE}为PCE含量相对于PCE及其降解产物总含量之比，source指污染源中。对于PCE脱氯作用不超过VC的样品，X_{PCE}可以表示如下：

$$X_{PCE}=\frac{[PCE]^{aq}}{\left[\sum(CEs)\right]^{aq}} \tag{13.29}$$

式中：$[PCE]^{aq}$和$[\Sigma(CEs)]^{aq}$分别为水样中的PCE含量和总氯代乙烯含量。将式（13.28）和式（13.29）代入瑞利方程式（13.27）中，可以确定PCE原位同位素富集系数（ε_{PCE}值）。

PCE是研究区唯一使用的氯代溶剂，其在缺氧条件下的微生物降解途径为氢解脱氯，即PCE首先还原脱氯产生TCE，TCE进一步还原脱氯产生*c*-DCE，*c*-DCE继而进一步还原脱氯产生VC。如图13.17（a）所示，距离污染源越远，PCE含量越低而*c*-DCE和VC含量越高，与PCE氢解脱氯反应途径相一致。沿着污染羽剖面由污染源至下游随着氯代乙烯含量变化，PCE、TCE、*c*-DCE和VC的$\delta^{13}C$值呈现升高的趋势［图13.17（b）］。基于稀释校正的瑞利方程［式（13.23）～式（13.25）］，可计算得出污染场地PCE氢解产生TCE过程的碳同位素富集系数（ε_{PCE}）为（−3.3±1.2）‰［图13.18（a）］。该计算过程只包含9个样品，其中氯代乙烯只降解到产生VC为止，即CEs表现出恒定的同位素质量平衡［$\delta^{13}C_{\Sigma(CEs)}$ =（−26.1±1.2）‰，也就是$B_{\Sigma(CEs)}$<5%］。

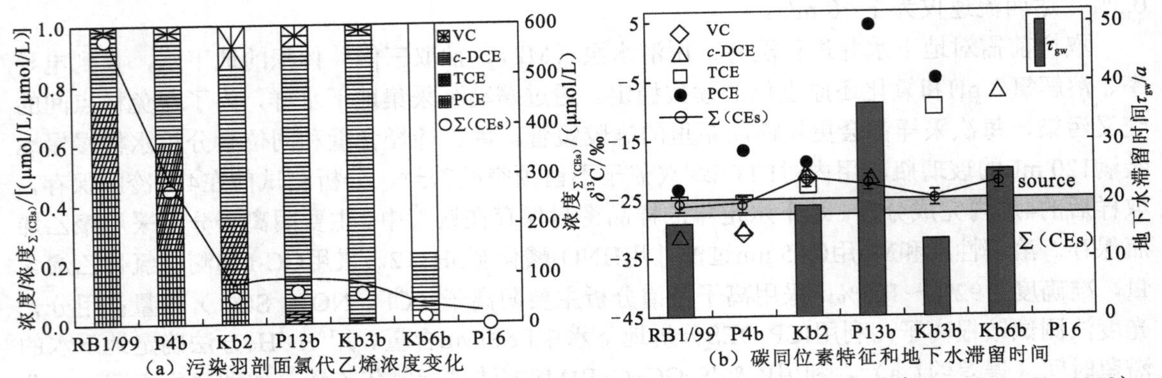

（a）污染羽剖面氯代乙烯浓度变化　（b）碳同位素特征和地下水滞留时间

图 13.17　污染羽剖面氯代乙烯含量变化及其碳同位素特征和地下水滞留时间（改自 Aeppli et al., 2010）

图（b）中实线表示考虑到所有氯代乙烯的同位素质量平衡 $\delta^{13}C_{\Sigma(CEs)}$；水平误差棒表示污染源区的 $\delta^{13}C_{\Sigma(CEs)}$=（−26.1±1.2）‰

利用计算的污染场地ε_{PCE}值，基于式（13.24）可以估算出所有地下水样品中PCE脱氯为TCE的降解程度（B_{PCE}）。结果表明大多数地下水中的PCE得到了有效降解，其中14个地下水中PCE甚至是完全降解（B_{PCE} = 100%），3个地下水PCE降解不显著（B_{PCE}<20%），2个地下水属于污染源区（RB1/99和RB1/93）。

随着PCE滞留时间的增加，PCE降解程度越高［图13.18（b）］。对于承压含水层，结合PCE脱氯为TCE的降解程度（B_{PCE}值）和相应的地下水滞留时间可以计算出PCE脱氯为TCE反应的假一级降解速率常数（k_{PCE}）：

$$\ln(1-B_{PCE}) = -k_{PCE} \times (\tau_{gw} - \tau_{gw}^{source}) \tag{13.30}$$

式中：τ_{gw} 和 τ_{gw}^{source} 分别为污染羽和污染源处地下水的滞留时间。

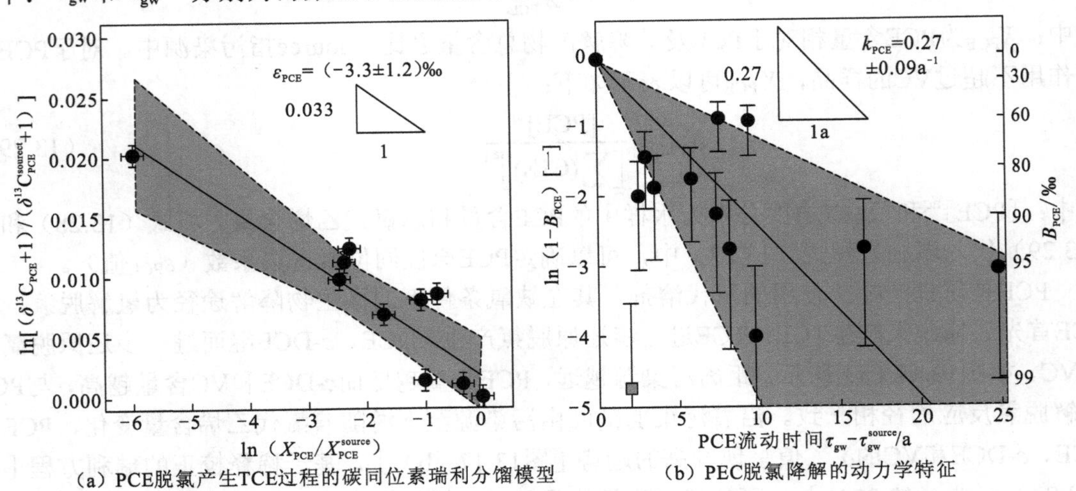

（a）PCE脱氯产生TCE过程的碳同位素瑞利分馏模型　（b）PEC脱氯降解的动力学特征

图 13.18　基于稀释校正的瑞利方程计算污染场地 PCE 脱氯产生 TCE 过程的 ε_{PCE} 值和 PCE 脱氯速率（改自 Aeppli et al., 2010）

利用PCE具有显著生物降解（B_{PCE}>20%）的地下水样品计算得出k_{PCE}值为（0.27±0.09）τ^{-1}，对应半衰期为（2.8±0.8）a。这种基于同位素方法得出的原位PCE转化速率常数，与人工示踪方法或者地下水模拟确定的PCE降解速率常数（0.15～3.7 a^{-1}）相一致。基于同位素方法估算污染物降解速率，是在天然水流条件下进行的估算，并且覆盖了更大的时间尺度（如几十年），而常规的人工示踪剂实验只是几天到几个月的时间跨度。

由于CEs是连续还原脱氯，如果VC没有进一步脱氯降解，CEs的同位素组成加权平均值$\delta^{13}C_{\Sigma(CEs)}$［式（13.31）］将会保持不变。反之，如果VC进一步转化为乙烯和其他非氯化产物，$\delta^{13}C_{\Sigma(CEs)}$将大于污染源中PCE的$\delta^{13}C$值。

$$\delta^{13}C_{\Sigma(CEs)}=\delta^{13}C_{PCE}X_{PCE}+\delta^{13}C_{TCE}X_{TCE}+\delta^{13}C_{c\text{-}DCE}X_{c\text{-}DCE}+\delta^{13}C_{VC}X_{VC} \tag{13.31}$$

式中：X_{PCE}、X_{TCE}、$X_{c\text{-}DCE}$、X_{VC}分别是PCE含量、TCE含量、*c*-DCE含量、VC含量相对于PCE及其降解产物总含量之比。

如图13.19（a）所示，其中9个地下水样品的$\delta^{13}C_{\Sigma(CEs)}$值位于污染源区的$\delta^{13}C_{\Sigma(CEs)}$范围内［（−26.1±1.2）‰］，表明这9个地下水即使滞留时间达到几十年，其中的氯代乙烯降解也只进行到VC阶段。其他地下水样品的$\delta^{13}C_{\Sigma(CEs)}$值高于污染源区的$\delta^{13}C_{\Sigma(CEs)}$，表明VC进一步降解为乙烯和其他非氯化产物。

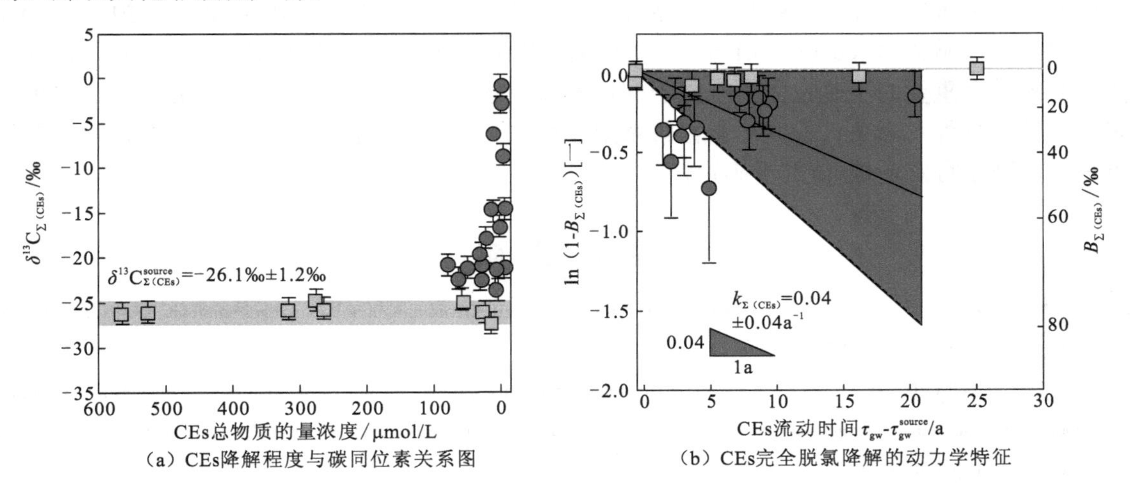

图 13.19　同位素质量平衡［$\delta^{13}C_{\Sigma(CEs)}$］表征氯代乙烯完全脱氯为乙烯的程度和 $B_{\Sigma(CEs)}$值计算完全脱氯降解速率常数 $k_{\Sigma(CEs)}$（改自 Aeppli et al.，2010）

类似于式（13.27），总CEs脱氯完全转化为非氯化产物的降解程度可以表示为

$$B_{\Sigma(CEs)}=\left(\frac{\delta^{13}C_{\Sigma(CEs)}+1\,000‰}{\delta^{13}C^{source}_{\Sigma(CEs)}+1\,000‰}\right)^{1000‰/\varepsilon_{\Sigma(CEs)}} \tag{13.32}$$

$\varepsilon_{\Sigma(CEs)}$表示PCE完全脱氯过程的同位素富集系数。由于多步反应过程中存在单步同位素分馏的遮蔽效应，$\varepsilon_{\Sigma(CEs)}$值受单个反应步骤的动力学影响。$\varepsilon_{\Sigma(CEs)}$的最小值和最大值可以从单个脱氯步骤的富集系数估算得到：

$$\varepsilon^{max}_{\Sigma(CEs)}\approx\varepsilon_{PCE}+\varepsilon_{TCE}+\varepsilon_{c\text{-}DCE}+\varepsilon_{VC} \tag{13.33}$$

$$\varepsilon_{\Sigma(\text{CEs})}^{\max} \approx \varepsilon_{\text{VC}} \tag{13.34}$$

PCE转换为VC的连续脱氯反应的ε值为（-17±3）‰，VC的脱氯反应的ε_{VC} = -31‰～-22‰，因而$\varepsilon_{\Sigma(\text{CEs})}^{\min}$和$\varepsilon_{\Sigma(\text{CEs})}^{\max}$值分别为-22‰和-51‰。综合同位素质量平衡分析误差[式（13.32）]中得出的误差传播为±1.2‰和$\varepsilon_{\Sigma(\text{CEs})}$值的范围为-51‰～-22‰，$B_{\Sigma(\text{CEs})}$量化极限值为5%，$B_{\Sigma(\text{CEs})}$值的相对不确定性为10%～18%。

因此，$B_{\Sigma(\text{CEs})}$＞5%意味着PCE持续转换为非氯化产物（如乙烯等）。图13.19（a）中$\delta^{13}C_{\Sigma(\text{CEs})}$变化特征表明源区高CE浓度（大于80 μmol/L）下未产生显著的VC降解作用。然而，污染羽边缘的$\delta^{13}C_{\Sigma(\text{CEs})}$值随着CE浓度的降低而急剧增加，表明VC进一步发生了生物降解。

类似于式（13.27），基于$B_{\Sigma(\text{CEs})}$和CE的滞留时间可以估算出PCE完全转化到无毒（非氯化）产物的速率：

$$\ln[1 - B_{\Sigma(\text{CEs})}] = -k_{\Sigma(\text{CEs})} \times (\tau_{\text{gw}} - \tau_{\text{gw}}^{\text{source}}) \tag{13.35}$$

根据VC降解显著的地下水样品［$B_{\Sigma(\text{CEs})}$值大于5%］计算得出的VC降解反应速率常数为（0.04±0.04）a^{-1}［图13.19（b）］。这样低的速率意味着污染修复仅仅依靠自然衰减并不是一个可行的选择，其需要几十年到几个世纪的时间尺度才能完全清理干净。然而，也有一些区域的完全脱氯速度较快。只考虑4个$B_{\Sigma(\text{CEs})}$值大于30%地下水样品（P10、P13a、P15、B2），完全脱氯速率常数为（0.18±0.13)a^{-1}，对应着相对较短的半衰期［（8.5±6.5）a］。计算降解速率的一个重要的不确定因素来源于同位素富集系数［ε_{PCE}和$\varepsilon_{\Sigma(\text{CEs})}$］，这需要更多的研究来确定符合野外实际条件的同位素富集系数以增加其可靠性。例如，通过单体多维同位素分析进一步减小特定场地ε值的不确定性。

参考文献

刘国卿，张干，彭先芝，等，2004. 水体中痕量挥发性有机物单体碳同位素组成的固相微萃取-冷阱预富集GC-IRMS分析[J]. 地球科学(中国地质大学学报), 29(2): 235-238.

AEPPLI C, HOFSTETTER T B, AMARAL H I, et al., 2010. Quantifying in situ transformation rates of chlorinated ethenes by combining compound-specific stable isotope analysis, groundwater dating, and carbon isotope mass balances[J]. Environmental science and technology, 44(10): 3705-3711.

AMARAL H I, BERG M, BRENNWALD M S, et al., 2010. $^{13}C/^{12}C$ analysis of ultra-trace amounts of volatile organic contaminants in groundwater by vacuum extraction[J]. Environmental science and technology, 44(3): 1023-1029.

BERNSTEIN A, SHOUAKAR-STASH O, EBERT K, et al., 2011. Compound-specific chlorine isotope analysis: a comparison of gas chromatography/isotope ratio mass spectrometry and gas chromatography/quadrupole mass spectrometry methods in an interlaboratory study[J]. Analytical chemistry, 83(20): 7624-7634.

BLESSING M, SCHMIDT T C, DINKEL R, et al., 2009. Delineation of multiple chlorinated ethene sources in an industrialized area-a forensic field study[J]. Environmental science and technology, 43(8): 2701-2707.

FILIPPINI M, AMOROSI A, CAMPO B, et al., 2016. Origin of VC-only plumes from naturally enhanced dechlorination in a peat-rich hydrogeologic setting[J]. Journal of contaminant hydrology, 192: 129-139.

GAFNI A, LIHL C, GELMAN F, et al., 2018. $\delta^{13}C$ and $\delta^{37}Cl$ isotope fractionation to characterize aerobic vs. anaerobic degradation of trichloroethylene[J]. Environmental science and technology letters, 5: 202-208.

HECKEL B, RODRÍGUEZ-FERNÁNDEZ D, TORRENTÓC, et al., 2017. Compound-specific chlorine isotope analysis of tetrachloromethane and trichloromethane by gas chromatography-isotope ratio mass spectrometry vs gas chromatography-quadrupole mass spectrometry: method development and evaluation of precision and trueness[J]. Analytical chemistry, 89(6): 3411-3420.

HERRERO-MARTÍN S, NIJENHUIS I, RICHNOW H H, et al., 2015. Coupling of a headspace autosampler with a programmed temperature vaporizer for stable carbon and hydrogen isotope analysis of volatile organic compounds at microgram per liter concentrations[J]. Analytical chemistry, 87(2): 951-959.

HITZFELD K L, GEHRE M, RICHNOW H H, 2011. A novel online approach to the determination of isotopic ratios for organically bound chlorine, bromine and sulphur[J]. Rapid communications in mass spectrometry, 25(20): 3114-3122.

HOLT B D, STURCHIO N C, ABRAJANO T A, et al., 1997. Conversion of chlorinated volatile organic compounds to carbon dioxide and methyl chloride for isotopic analysis of carbon and chlorine[J]. Analytical chemistry, 69(14): 2727-2733.

HOLMSTRAND H, ANDERSSON P, GUSTAFSSON O, 2004. Chlorine isotope analysis of submicromole organochlorine samples by sealed tube combustion and thermal ionization mass spectrometry[J]. Analytical chemistry, 76(8): 2336-2342.

HÖHENER P, YU X J, 2012. Stable carbon and hydrogen isotope fractionation of dissolved organic groundwater pollutants by equilibrium sorption[J]. Journal of contaminant hydrology, 129(SI): 54-61.

HUNKELER D, ARAVENA R, 2000. Determination of compound-specific carbon isotope ratios of chlorinated methanes, ethanes, and ethenes in aqueous samples[J]. Environmental science and technology, 34(13): 2839-2844.

HUNKELER D, ARAVENA R, BERRY-SPARK K, et al., 2005. Assessment of degradation pathways in an aquifer with mixed chlorinated hydrocarbon contamination using stable isotope analysis[J]. Environmental science and technology, 39(16): 5975-5981.

JIN B, LASKOV C, ROLLE M, et al., 2011. Chlorine isotope analysis of organic contaminants using GC-qMS: method optimization and comparison of different evaluation schemes[J]. Environmental science and technology, 45(12): 5279-5286.

JOCHMANN M A, BLESSING M, HADERLEIN S B, et al., 2006. A new approach to determine method detection limits for compound-specific isotope analysis of volatile organic compounds[J]. Rapid communications in mass spectrometry, 20(24): 3639-3648.

KUDER T, PHILP P, 2013. Demonstration of compound-specific isotope analysis of hydrogen isotope ratios in chlorinated ethenes[J]. Environmental science and technology, 47(3): 1461-1467.

LIU Y D, ZHOU A G, GAN Y Q, et al., 2018. Roles of hydroxyl and sulfate radicals in degradation of trichloroethene by persulfate activated with Fe^{2+} and zero-valent iron: insights from carbon isotope fractionation[J]. Journal of hazardous materials, 344: 98-103.

LOJKASEK-LIMA P, ARAVENA R, PARKER B L, et al., 2012. Fingerprinting TCE in a bedrock aquifer using compound-specific isotope analysis[J]. Ground water, 50(5): 754-764.

MORASCH B, HUNKELER D, 2009. Isotope fractionation during transformation processes, environmental isotopes in biodegradation and bioremediation[M]. Boca Raton：CRC Press: 79-125.

MORRILL P L, LACRAMPE-COULOUME G, LOLLAR B S, 2004. Dynamic headspace: a single-step extraction for isotopic analysis of μg/L concentrations of dissolved chlorinated ethenes[J]. Rapid communications in mass spectrometry, 18(6): 595-600.

NIJENHUIS I, RENPENNING J, KÜMMEL S, et al., 2016. Recent advances in multi-element compound-specific stable isotope analysis of organohalides: achievements, challenges and prospects for assessing environmental sources and transformation[J]. Trends in environmental analytical chemistry, 11: 1-8.

NUMATA M, NAKAMURA N, KOSHIKAWA H, et al., 2002. Chlorine stable isotope measurements of chlorinated aliphatic hydrocarbons by thermal ionization mass spectrometry[J]. Analytica chimica acta, 455: 1-9.

PALAU J, SOLER A, TEIXIDOR P, et al.,2007. Compound-specific carbon isotope analysis of volatile organic compounds in water using solid-phase microextraction[J]. Journal of chromatography A, 1163(1/2): 260-268.

PALAU J, SHOUAKAR-STASH O, HUNKELER D, 2014. Carbon and chlorine isotope analysis to identify abiotic degradation pathways of 1, 1, 1-trichloroethane[J]. Environmental science and technology, 48(24): 14400-14408.

PALAU J, SHOUAKAR-STASH O, HATIJAH MORTAN S, et al., 2017a. Hydrogen isotope fractionation during the biodegradation of 1, 2-Dichloroethane: Potential for pathway identification using a multi-element (C, Cl, and H) isotope approach[J]. Environmental science and technology, 51(18): 10526-10535.

PALAU J, YU R, HATIJAH MORTAN S, et al., 2017b. Distinct dual C-Cl isotope fractionation patterns during anaerobic biodegradation of 1,2-Dichloroethane: Potential to characterize microbial degradation in the field[J]. Environmental science and technology, 51(5): 2685-2694.

RENPENNING J, HITZFELD K L, GILEVSKA T, et al., 2015. Development and validation of an universal interface for compound-specific stable isotope analysis of chlorine ($^{37}Cl/^{35}Cl$) by GC-High-Temperature conversion (HTC)-MS/IRMS[J]. Analytical chemistry, 87: 2832-2839.

SAKAGUCHI-SÖDER K, JAGER J, GRUND H, et al., 2007. Monitoring and evaluation of dechlorination processes using compound-specific chlorine isotope analysis[J]. Rapid communications in mass spectrometry, 21(18): 3077-3084.

SHOUAKAR-STASH O, DRIMMIE R J, ZHANG M, et al., 2006. Compound-specific chlorine isotope ratios of TCE, PCE and DCE isomers by direct injection using CF-IRMS[J]. Applied geochemistry, 21(5): 766-781.

SHOUAKAR-STASH O , FRAPE S K , ARAVENA R , et al., 2009. Analysis of Compound-Specific Chlorine Stable Isotopes of Vinyl Chloride by Continuous Flow–Isotope Ratio Mass Spectrometry (FC–IRMS)[J]. Environmental forensics, 10(4): 299-306.

SLATER G F, DEMPSTER H S, LOLLAR B S, et al., 1999. Headspace analysis: a new application for isotopic characterization of dissolved organic contaminants[J]. Environmental science and technology, 33(1): 190-194.

WANNER P, PARKER B L, CHAPMAN S W, et al.,2017. Does sorption influence isotope ratios of chlorinated hydrocarbons under field conditions[J]. Applied geochemistry, 84: 348-359.

ZWANK L, BERG M, SCHMIDT T C, et al., 2003. Compound-specific carbon isotope analysis of volatile organic compounds in the low-microgram per liter range[J]. Analytical chemistry, 75(20): 5575-5583.

第 14 章　苯系物单体碳、氢同位素

石油作为重要能源被广泛使用，石油产品常用作燃油，同时也是许多化学工业产品原料。在石油开采、加工和储运过程中，由于跑、冒、滴、漏及突发性事故，大量石油及其制品进入环境。进入土壤的石油类污染物不仅残留在包气带，并向下迁移进入含水层，对土壤和地下水均可造成严重污染。石油烃类污染组分复杂且部分组分不易降解，进入地下水的石油烃类污染物以苯系物（BTEX，即苯、甲苯、乙苯和二甲苯）为主，其中苯和甲苯具有致癌、致畸、致突变作用，严重威胁人类健康。地下水苯系物污染具有普遍性、危害性和复杂性，是国内外关注的热点问题。苯系物由碳、氢两种元素组成，因而苯系物单体同位素分析包括单体碳同位素（$\delta^{13}C$）和单体氢同位素（$\delta^{2}H$）分析。

14.1　苯系物单体碳、氢同位素分析测试技术

14.1.1　苯系物单体碳、氢同位素分析测试技术的发展历程

1. 苯系物单体碳同位素分析测试技术

类似于挥发性氯代烃类单体碳同位素，苯系物单体碳同位素通常采用成熟的 GC/C-IRMS 进行测试分析。苯系物单体碳同位素测试技术的开发重点是发展和优化预富集提取方法，在保证测试精度的基础上尽量降低方法检出限以满足不同性质环境样品的测试要求。

采用戊烷对水中苯系物进行液-液萃取和单体碳同位素分析的方法，最低分析含量为 100 μg/L。采用 D-SPME 结合 GC/C-IRMS 对水中甲苯碳同位素进行测试的方法，以峰强度约为 700 mV 计算出其检出限为 45 μg/L。HS 进样结合 GC/C-IRMS 测试水样中甲苯碳同位素的方法，以峰强为 200 mV 计算的检出限为 100 μg/L。吹扫捕集（P&T）与 GC/C-IRMS 联用测试苯和甲苯碳同位素的方法检出限为 0.25～0.3 μg/L（峰强度约为 500 mV），显著低于浸入式 SPME 的检出限（9～22 μg/L）。顶空式 SPME 技术与冷阱富集系统相结合，测试水体中苯和甲苯单体碳同位素方法的检出限为 5～10 μg/L。Jochmann 等（2006）将 P&T 商品化设备改进后与 GC/C-IRMS 联用，系统评估了苯系物（苯、甲苯、二甲苯、乙苯、丙苯、三甲苯）单体碳同位素分析的检出限（0.07～0.35 μg/L）。Amaral 等（2010）建立了一套真空提取装置用于挥发性有机物的单体碳同位素测试，其中苯系物的检出限降低至 0.03～0.06 μg/L，该方法测得的 $\delta^{13}C$ 值相对 P&T 法测试值的偏差小于 1‰。Herrero-Martín 等（2015）耦合 HS-PTV 与 GC/C-IRMS 联用进行苯系物（苯、甲苯、二甲苯、乙苯）单体碳同位素测试，通过优化顶空和程序升温气化条件提高了方法灵敏度和减少了同位素分馏，单体碳同位素分析的检出限为 1.9～8.5 μg/L，分析精度优于 0.3‰。此外，利用正戊烷或环己烷进行液-液萃取也广泛用于苯系物单体碳同位素的测试分析。

如何将目标分析物与其他干扰组分有效分离，是复杂环境样品实现 CSIA 面临的另一个关键问题。为了改善分离效果，常使用较长的毛细管色谱柱。需要注意的是，分辨率与柱长的平方根成正比，像一根 60 m 长的色谱柱相对于 30 m 的柱子，其分辨率提高近 40%，但分析时间会成倍增长。同时，更长的色谱柱会影响柱惰性、柱流失和柱效等多个方面，需要更高的载气压力。为此，Ponsin 等（2017）建立了中心切割二维气相色谱-同位素比值质谱法分析复杂水样中苯系物单体碳同位素的方法，成功克服了高含量干扰组分的影响，即使 10～20 μg/L 苯系物的测试精度也能优于 0.2‰。

苯系物单体碳同位素分析尚无国际标准物质可供使用。通常采用 EA-IRMS 或 Offline DI-IRMS，对待测苯系物的纯溶剂进行测试标定以作为实验室参考标准使用。

2. 苯系物单体氢同位素分析测试技术

苯系物单体氢同位素分析通常采用成熟的气相色谱/高温热解-同位素比值质谱联用在线测试技术（gas chromatography/high temperature conversion-isotope radio mass spectrometer，GC/HTC-IRMS）。同样，苯系物单体氢同位素测试技术的开发重点也是发展和优化预富集提取方法，在保证测试精度的基础上尽量降低方法检出限以满足环境样品测试的要求。

采用 HS 进样，结合 GC/HTC-IRMS 进行甲苯氢同位素测试方法的分析精度为 5‰，检出限为 2 mg/L。HS-SPME 结合 GC/HTC-IRMS 对水中苯氢同位素进行测试分析的方法，分析精度达到 1.1‰。Herrero-Martín 等（2015）提出的 HS-PTV 技术，同样适用于 GC/HTC-IRMS 联用进行苯系物（苯、甲苯、二甲苯、乙苯）单体氢同位素分析，其检出限为 60～97.1 μg/L，分析精度为 3‰～5‰。此外，利用正戊烷或环己烷进行液-液萃取也广泛用于苯系物单体氢同位素分析。

苯系物单体氢同位素分析，通常也是采用 EA-IRMS 或 Offline DI-IRMS，对待测苯系物的纯溶剂进行测试标定以作为实验室参考标准使用。

14.1.2 苯系物单体碳、氢同位素样品前处理

通常水样直接采集保存于 40 mL VOA 棕色样品瓶中，加盐酸酸化至 pH 小于 2 或者加氢氧化钠调节 pH 至 10～12，不留顶空密封，低温 4 ℃冷藏保存。具体的野外样品采集与保存参考挥发性有机污染物含量分析的相关方法和规范。

与氯代烃单体同位素分析测试的前处理方法类似，苯系物单体碳和氢同位素测试的主流方法也是 HS、SPME 或 P&T 与 GC/C-IRMS 或 GC/HTC-IRMS 联用，三者的方法检出限依次降低。此外，利用正戊烷或环己烷对水中苯系物进行液-液萃取也是常用的样品前处理方法。

14.1.3 苯系物单体碳、氢同位素常见分析测试技术

苯系物单体碳同位素分析采用成熟的 GC/C-IRMS，要求进样量约为 10 ng 的碳，分析精度为 0.5‰，具体参考第 13 章相关内容。

苯系物单体氢同位素测试，采用成熟的 GC/HTC-IRMS，要求进样量约为 30 ng 的氢，分析精度约为 5‰。苯系物单体氢同位素测试原理是，富集后的样品经过 GC 分离成单体后，依次进入裂解管中，单体氢在 1 440 ℃高温下热解生成氢气进入气体稳定同位素比值质谱仪，

最终实现待测单体氢同位素组成的测定。与氯代烃单体氢同位素测试技术的区别在于两者的高温热解反应管的材质存在差异。

14.2　苯系物单体碳、氢同位素分馏机理

14.2.1　物理过程的苯系物单体碳、氢同位素分馏

溶解和挥发影响污染物在有机相-水相-气相之间的分配，是环境中苯系物迁移的重要过程。通过对比有机相与水相中苯系物单体碳同位素组成，表明溶解过程不会产生碳同位素分馏（Slater et al.，1999）。封闭系统中进行的苯系物挥发实验，表明平衡挥发过程有机相-气相或水相-气相之间均不产生显著的碳同位素分馏（Harrington et al.，1999; Slater et al.，1999）。苯系物单体（苯、甲苯、乙苯、二甲苯）在动力学挥发过程中产生一定程度的氢同位素分馏，其氢同位素富集系数（ε_H）为 3.1‰～12‰（Wang and Huang，2003）。然而，只有苯系物挥发损失量足够大（70%以上）时，其氢同位素组成才会显著变化（10‰以上偏差）。这种情况可能存在于一些开放系统（如非承压含水层、包气带等）或污染修复过程（如地下水污染曝气修复、土壤气相抽提等）。对于封闭系统的地下水环境，尤其是承压含水层系统中，挥发过程造成的污染物损失较小，挥发过程产生的同位素分馏可以忽略。

Xu 等（2016）利用一维对流-弥散模型研究了地下水中苯系物在迁移过程中的碳同位素分馏，结果表明当纵向机械弥散系数与有效分子扩散系数之比（D_{mech}/D_{eff}）大于 10 时，扩散作用不会产生显著的碳同位素分馏。Kopinke 等（2018）通过水相-正辛烷相和水相-气相分配实验研究得出，苯和甲苯在扩散过程中产生较小的氢同位素分馏（ε_H 小于 5‰），相对实验误差而言其分馏不显著。

研究认为疏水性单次吸附不显著影响同位素组成。例如，含碳材料（褐煤、焦炭、石墨和活性炭）对水中苯系物（苯、甲苯、对二甲苯）进行不同程度（10%～90%）的单次平衡吸附表明，平衡吸附对碳同位素组成的影响在分析误差范围内（Schüth et al.，2003; Slater et al.，2000），氢同位素富集系数（ε_H）小于 8‰。根据线性自由能关系（LFERs）计算出苯系物平衡吸附过程（10～40℃）的碳同位素富集系数为-0.19‰～-0.13‰，氢同位素富集系数为-9.2‰～-2.4‰（Hoehener and Yu，2012）。为探讨苯系物在含水层迁移过程中疏水性吸附的同位素效应，多次分配平衡的累积效应必须考虑。多阶段静态腐殖酸吸附平衡批实验获得的苯和甲苯的碳同位素富集系数，分别为-0.44‰和-0.6‰；硅胶柱负载腐殖酸的色谱实验获得的苯和邻二甲苯的碳同位素富集系数分别为-0.17‰和-0.92‰（Kopinke et al.，2005）。Imfeld 等（2014）的研究表明，除水相苯与辛醇之间多次分配平衡后表现出明显的同位素分馏（ε_C 和 ε_H 分别达到-3‰和-195‰）外，水相苯和甲苯与有机吸附剂（二氯甲烷、环己烷、己酸和 Amberlite XAD-2 树脂）进行多次分配平衡后表现出极小的碳和氢同位素分馏（ε_C 和 ε_H 分别为-0.2‰、-0.9‰）。

14.2.2　化学降解过程的苯系物单体同位素分馏

羟基自由基（HO·）在氧化降解苯过程中，首先与苯环进行亲电子加成反应（图 14.1），即限速步骤是 HO·加成苯环中一个 C ═ C 键同时导致 C—H 杂化从 sp^2（C—H）变为 sp^3

(C—H)，产生主级常规碳同位素效应和次级逆反氢同位素效应，碳和氢同位素富集系数分别为（−0.7±0.1）‰和（20±2）‰（Zhang et al.，2016）。同样，羟基自由基降解甲苯和乙苯的主要反应途径也是首先与苯环进行亲电子加成反应，产生常规碳同位素分馏和逆反氢同位素分馏，甲苯和乙苯的碳同位素富集系数分别为−0.36‰～−0.2‰和−0.31‰，氢同位素富集系数分别为（14±2）‰和（30±3）‰（Zhang et al.，2016; Ahad and Slater，2008）。

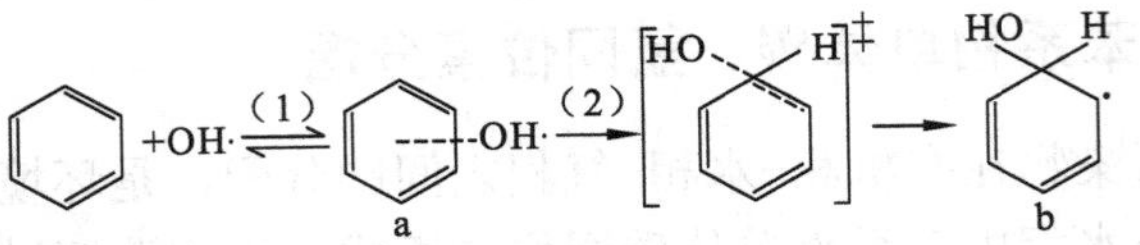

图 14.1 羟基自由基降解苯的反应机制（改自 Zhang et al.，2016）

（1）为反应 1；a 为中间产物 π，络合物；（2）为反应 2；b 为羟基环己二烯基中间体

羟基自由基降解二甲苯的主要反应途径是，自由基首先夺取甲基的一个氢原子（图 14.2），即限速步骤是裂解甲基中一个 C—H 键，该过程产生常规碳同位素分馏和常规氢同位素分馏，碳和氢同位素富集系数分别为−0.31‰～−0.27‰和−6.3‰～−3.2‰（Zhang et al.，2016）。

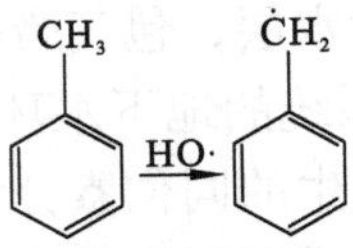

图 14.2 羟基自由基降解二甲苯的反应机制（改自 Zhang et al.，2016）

14.2.3 生物降解过程的苯系物单体碳、氢同位素分馏

通常情况下，好氧降解过程产生的同位素分馏程度小于厌氧降解过程。例如，苯好氧降解过程的碳和氢同位素富集系数分别为−4.3‰～−0.5‰和−17‰～−11‰，厌氧降解过程的碳和氢同位素富集系数分别为−3.6‰～−0.8‰和−79‰～−26‰；甲苯好氧降解过程的碳和氢同位素富集系数分别为−3.3‰～0 和−159‰～−2‰，厌氧降解的碳和氢同位素富集系数分别为−6.2‰～−0.5‰和−98.4‰～−12‰；二甲苯好氧降解过程的碳同位素富集系数为−2.3‰～−0.6‰，厌氧降解的碳同位素富集系数为−3.2‰～−1.1‰。

生物降解过程的苯系物单体同位素分馏本质上遵循动力学同位素分馏，其分馏大小取决于降解途径或反应机理中限速步骤断裂（或形成）化学键的类型或过渡态化学键断裂（或形成）的程度，导致具有不同降解机理的苯系物生物降解过程产生不同的同位素分馏。

以甲苯为例，在有氧条件下微生物利用氧气（O_2）通过双加氧酶或单加氧酶催化降解甲苯。甲苯双加氧酶（TDO）首先攻击苯环，将两个羟基整合在苯环的 2 和 3 位从而形成邻苯二酚（图 14.3）。双加氧酶反应降解甲苯产生较小同位素分馏，其碳同位素富集系数为−1.8‰～−0.4‰，氢同位素富集系数为−2‰。

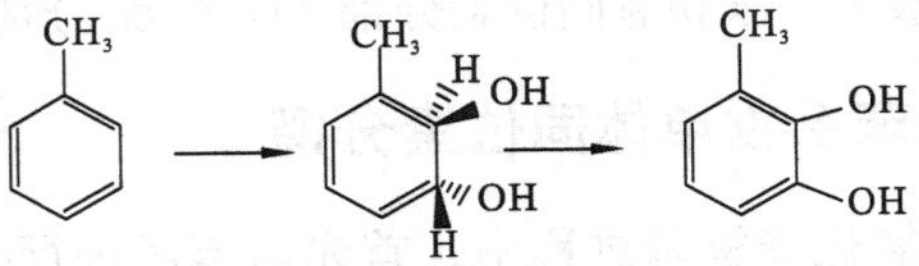

图 14.3 双加氧酶作用机理（改自 Morasch and Hunkeler，2009）

甲苯单加氧酶可以攻击苯环上任一位置的碳（环单加氧酶反应）或甲基碳（甲基单加氧酶反应）。环单加氧酶第一步反应可能存在两种作用机制：酶结合的氧首先夺取苯环上的一个氢原子形成自由基，或者将苯环的一个双键环氧化成 C—O—C 键（图 14.4）。环单加氧酶反应降解甲苯产生的碳同位素分馏稍大于双加氧酶反应，其碳同位素富集系数约为-1.1‰。

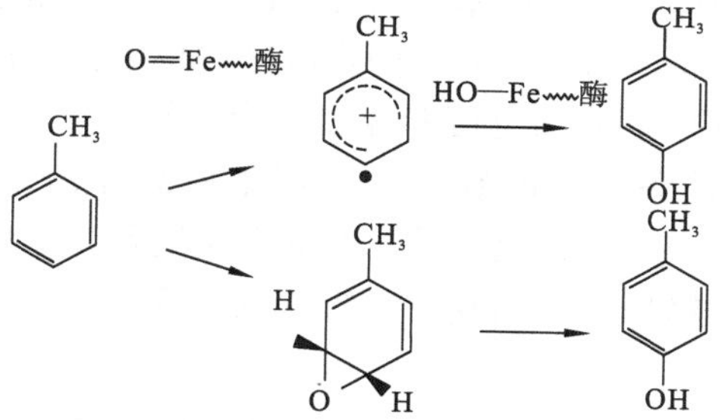

图 14.4　环单加氧酶作用机理（改自 Morasch and Hunkeler，2009）

甲基单加氧酶第一步反应是首先夺取甲基的一个氢原子（图 14.5）。相比以上两种好氧降解机制，甲基单加氧酶反应降解甲苯产生的同位素分馏最显著，其碳同位素富集系数为-3.3‰～-0.4‰，氢同位素富集系数为-159‰～-8.6‰。甲基单氧化作用降解间二甲苯和对二甲苯产生的碳同位素富集系数分别约为-1.7‰和-2.3‰。

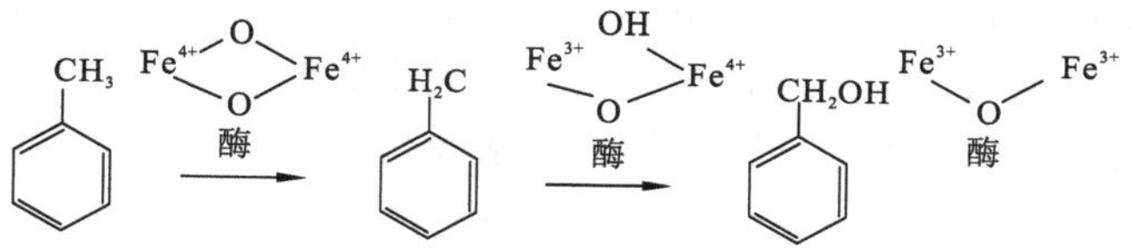

图 14.5　甲基单加氧酶作用机理（改自 Morasch and Hunkeler，2009）

在无氧环境中苯系物可以作为微生物生长的唯一碳源，但是必须要有电子受体的存在。通常情况下硝酸盐、硫酸盐、Fe^{3+}、CO_2 等可作为电子受体供微生物利用。对于甲苯的厌氧降解，一般认为第一步是在酶的作用下断裂甲基上的 C—H 键形成甲基自由基，与延胡索酸离子进行加成反应（图 14.6），随后的其他反应根据电子受体或降解物的不同而不同。在不同的氧化还原（即不同电子受体）条件下，甲苯厌氧降解过程的碳同位素富集系数为-6.2‰～-0.5‰，氢同位素富集系数为-98.4‰～-12‰。厌氧降解间二甲苯和邻二甲苯产生的碳同位素富集系数分别为-1.8‰～-1.5‰和-3.2‰～-1.1‰。

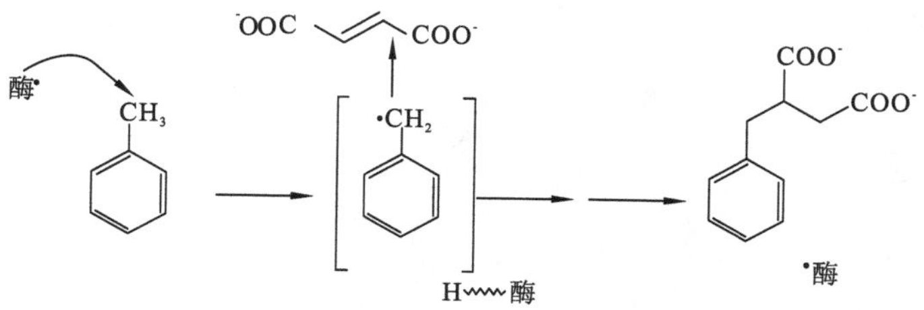

图 14.6　甲苯厌氧降解反应机理（改自 Morasch and Hunkeler，2009）

对于具有相同反应机理的不同微生物，其降解苯系物也可能产生不同的同位素分馏。这是微生物菌落组成结构及其生长条件、微生物种类、代谢类型、降解酶及辅酶的类型和结构、污染物进出细胞及其与降解酶结合的难易程度、污染物的化学结构等因素差异，导致了降解过程中存在不同程度的“催化胁迫”影响或者存在两种及以上降解途径或微生物共同作用。厌氧降解过程第一步反应同样是断裂甲基上的 C—H 键与延胡索酸离子进行加成反应，但是不同电子受体条件下厌氧降解苯系物产生不同程度的同位素分馏；即使是电子受体相同，不同菌落降解苯系物产生的同位素分馏也可能存在差异。例如，甲苯厌氧降解在反硝化、Fe^{3+}还原、硫酸盐还原和产甲烷条件下的碳同位素富集系数分别为−6.2‰～−1.7‰、−3.6‰～−1.8‰、−2.8‰～−0.8‰和−0.5‰。由此可见，不同微生物作用下的碳同位素分馏程度存在较大的变化范围，其同位素分馏机制相当复杂有待深入研究。

14.3 苯系物单体碳、氢同位素技术方法应用

14.3.1 表征污染含水层中苯系物的生物降解过程

研究场地位于靠近德国 Zeitz 市的一座废弃氢化工厂内。在靠近污染源区域的苯系物质量浓度可超过 1 000 mg/L，主要污染物是苯和甲苯，质量浓度分别高达 950 mg/L 和 50 mg/L。研究区主要的电子受体是硫酸盐，其他电子受体如氧、硝酸盐和 Fe^{3+}在场地的生物降解过程中起着微小的作用。对于水化学和同位素分析，沿着上部含水层剖面从源区延伸到污染羽边缘，在 A、B、C、D、E 位置进行分层采集地下水样品（图 14.7）。

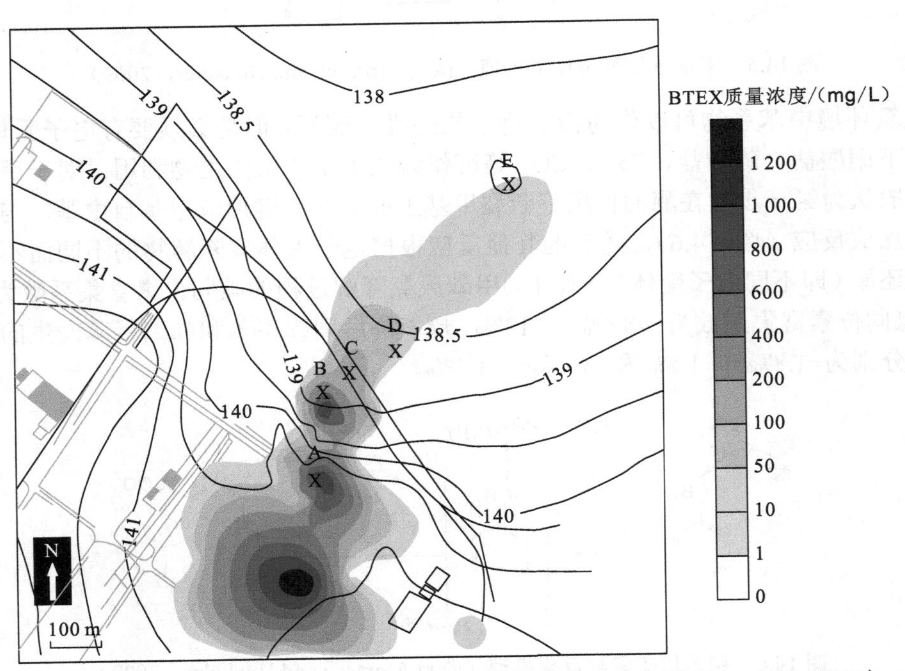

图 14.7 研究区含水层苯系物污染羽及地下水取样点（改自 Fischer et al.，2007）

污染源区（井 A）中的苯系物质量浓度为 1 335 mg/L，其中苯是主要污染物，其质量浓度高达 1 310 mg/L，接近苯在研究区含水层温度条件（12～13 ℃）下的水相溶解度（约为 1 610 mg/L）。沿地下水流向的监测剖面，下游苯系物浓度衰减高达 96%。污染物浓度在地表以下 12～17 m 最高，向上部和深部区域浓度减少。相比污染羽上游地下水（HCO_3^- 质量浓度为 350～650 mg/L），监测剖面的 HCO_3^- 质量浓度高达 1 100 mg/L。HCO_3^- 浓度增加表明该区域存在有机质的矿化过程。在地下水位附近检测到最高的硫酸盐质量浓度（约 1 500 mg/L）。在严重污染地区，特别是在污染源区及其附近区域，硫酸盐的质量浓度低于 200 mg/L，这表明硫酸盐的生物还原是主要降解过程。在污染源的下游，地下水位附近检测到更高浓度（高达 275 mg/L）的硝酸盐，并向含水层深部和沿地下水流流向逐渐降低，表明地下水系统中存在微生物硝酸盐还原或反硝化作用。在几个区域内检测到较高质量浓度的溶解性铁（高达 54 mg/L）。在该研究区近中性 pH 的地方，溶解性铁主要以还原态二价铁的形式存在。因此，溶解性铁浓度增加表明存在铁还原条件下的生物降解。在所研究含水层剖面中未检测到显著的溶解氧，表明沿监测剖面以厌氧生物降解过程为主导。

为了表征含水层剖面中苯系物生物降解作用，由于苯占污染源苯系物含量的 98%，针对苯的稳定同位素分馏进行了分析。污染源区（井 A）中苯的碳和氢同位素特征值分别为（−28.8±0.5）‰和（−147±1）‰。在距离源区 110 m 的井 B 中苯的含量虽然降低了 60%以上，但其碳和氢同位素分馏不显著（图 14.8）。源区下游的井 C 的上部残余苯中检测到显著的 ^{13}C 和 ^{2}H 富集，其苯浓度低于 20 mg/L。井 D 和井 E 处所有取样深度处均检测到碳和氢同位素分馏。^{13}C 和 ^{2}H 富集与苯浓度降低显著相关，这可能归因于生物降解作用。

为了判识含水层中苯的生物降解途径，基于文献报道的碳和氢同位素富集系数，确定代表好氧和厌氧转化的同位素特征模式的可能范围。好氧和厌氧苯降解的碳同位素富集系数均介于−3.6‰～−1.5‰，缺氧或有氧条件下碳同位素富集系数差异不明显。有氧和缺氧条件下苯降解的氢同位素富集系数显著不同，分别为−13‰～−11‰和−79‰～−29‰。苯厌氧降解的初始步骤涉及初级氢同位素效应，这意味着 C—H 键被裂解。苯有氧生物降解过程中的初始步

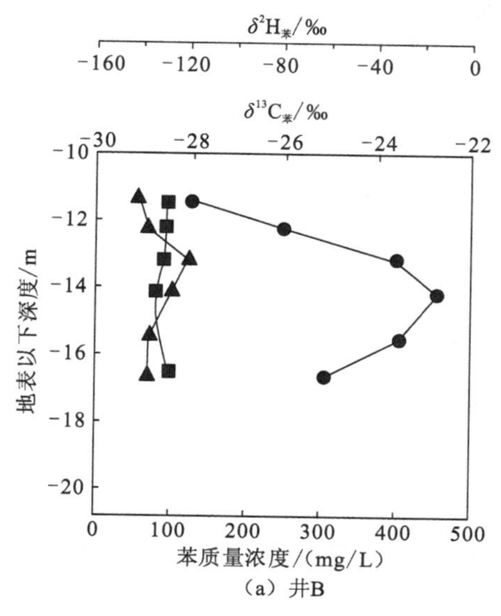

(a) 井B

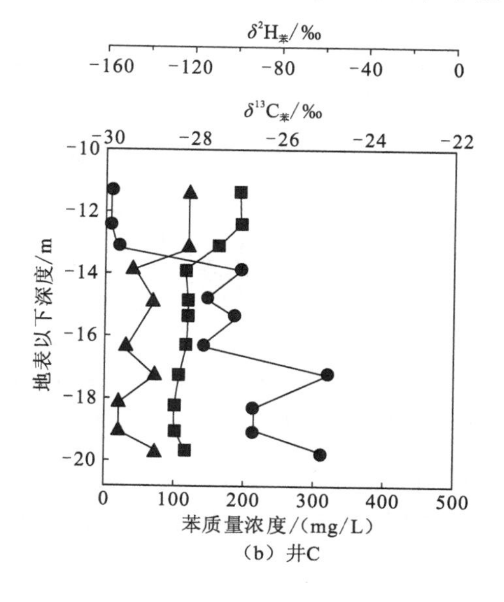

(b) 井C

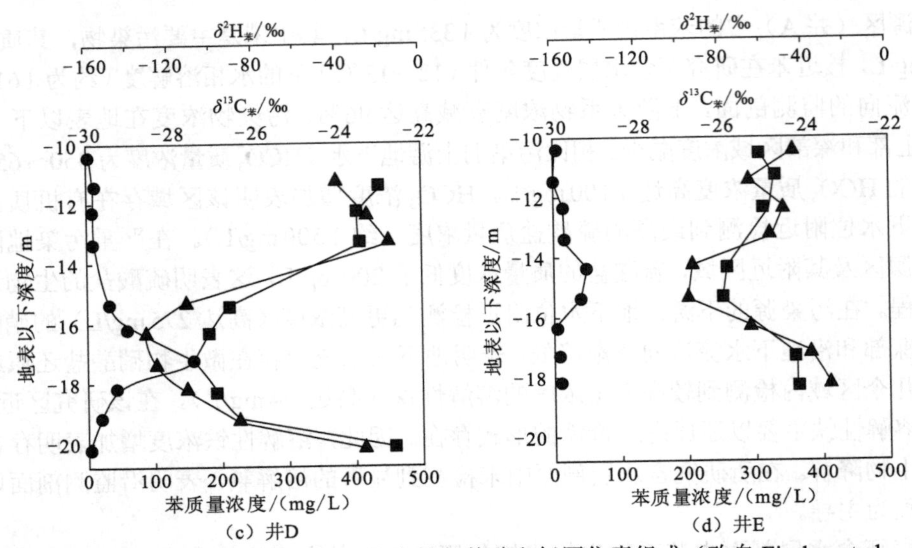

图 14.8 井 B 至井 E 不同取样深度中苯的含量及其碳和氢同位素组成（改自 Fischer et al.，2007）

●表示苯质量浓度；■和▲表示碳和氢同位素组成

骤不涉及 C—H 键裂解，因而只能观察到较小的氢同位素效应。分别选取好氧和厌氧生物降解苯的同位素富集系数的最大值和最小值，绘制碳和氢同位素比值关系图，并与研究区含水层剖面各点位实测的碳和氢同位素比值进行对比分析（图 14.9）。大多数同位素分析结果表现出的碳和氢同位素特征表明，含水层中苯经历了厌氧生物降解，这与含水层剖面水化学条件相一致。

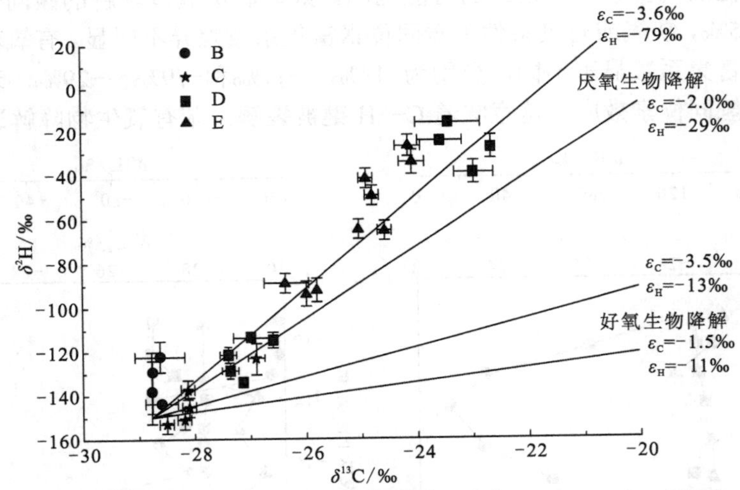

图 14.9 苯的碳和氢同位素组成关系图（改自 Fischer et al.，2007）

实线为根据文献报道的同位素富集系数计算的理论关系线，散点为井 B 至井 E 样品实测值

基于瑞利分馏模型，碳和氢同位素分馏还可用于量化污染物的生物降解程度。在存在非同位素分馏过程导致污染物浓度降低的情况下，估算生物降解污染物的量考虑了如下三种不同情景。

情景一：假设沿着污染源和采样井之间的流线，首先发生生物降解然后停止，在此之后非同位素分馏过程降低污染物浓度。此时非同位素分馏过程不影响生物降解的百分比（Bio），因此，结合适当的富集系数计算对应同位素比值变化的生物降解量，可以量化如下：

$$\text{Bio}=(1-f_X)\times 100=\left[1-\left(\frac{R_X}{R_0}\right)^{(1000/\varepsilon)}\right]\times 100\% \tag{14.1}$$

式中：f_X为降解后的残余量；R_X为采样井中苯的同位素比值；R_0为污染源区苯的同位素比值。

情景二：假设沿着流线，首先发生非同位素分馏过程，在其结束后发生生物降解。假设在从非同位素分馏过程到生物降解的过渡期，同位素比值等于污染源的同位素比值，生物降解百分比（Bio）可以量化如下：

$$\text{Bio}=\left\{\frac{F_X}{\left(\dfrac{R_X}{R_0}\right)^{(1000/\varepsilon)}}\times\left[1-\left(\frac{R_X}{R_0}\right)^{(1000/\varepsilon)}\right]\right\}\times 100\% \tag{14.2}$$

式中：F_X为沿流线的总浓度降低程度（$F_X=C_X/C_1$）。

情景三：假设生物降解和非同位素分馏过程同时发生，并且生物降解和非同位素分馏过程遵循一级动力学，沿着污染源和采样井之间的流线，两个过程的污染物浓度的降低速率（分别为r_b和r_n）为

$$r_b=\mu_1 C \tag{14.3}$$

$$r_n=\mu_2 C \tag{14.4}$$

式中：C为污染物浓度；μ_1和μ_2为生物降解和非同位素分馏非生物过程的速率常数。基于这一假设，污染源和取样井之间沿流线的生物降解百分比（Bio）为

$$\text{Bio}=\frac{\ln\left[\left(\dfrac{R_X}{R_0}\right)^{(1000/\varepsilon)}\right]}{\ln(F_X)}\times(1-F_X)\times 100\% \tag{14.5}$$

此外，通过比率$k=\mu_2/\mu_1$表示生物降解速率与非同位素分馏的非生物过程之间的关系，非同位素分馏过程对沿流线源和井之间计算 Bio 的影响可以用式（14.6）描述：

$$\text{Bio}=\frac{1}{1+k}\times\left(1-\left\{\left[\left(\frac{R_X}{R_0}\right)^{(1000/\varepsilon)}\right]^{1+k}\right\}\right)\times 100\% \tag{14.6}$$

硫酸盐还原是研究区上层含水层中主要的电子接收过程，因此选取硫酸盐还原条件下的苯生物降解实验，得到的同位素富集系数（$\varepsilon_C=-3.6‰$，$\varepsilon_H=-79‰$）进行计算。这是苯生物降解实验中已知的最大同位素富集系数，因而是对生物降解量的保守评估。为了便于计算，假设同位素富集系数沿流程保持恒定。

井 B 中所有采样深度均未产生显著碳和氢同位素分馏，其同位素组成与污染源区域保持一致，因此没有对该井进行计算。对于采样井 C、D 和 E，情景一的苯生物降解量分别在1%～42%、18%～84%和 54%～81%。由碳和氢同位素组成计算苯生物降解量的差别通常小于 21%，绝大多数采样点小于 10%。由碳和氢同位素组成计算的生物降解量一致，表明碳和氢同位素分析为厌氧苯生物降解的评估提供了有价值的工具。

通过将生物降解百分比与源区中的苯质量浓度相乘（C_1 约 1 310mg/L），可以计算出污染源与井的每个采样深度之间的流线上由于生物降解而导致的苯浓度降低量（Δ_B）。对于情景一，由生物降解引起的苯质量浓度的最大降低值超过 1 000mg/L。为了验证含水层剖面中如此高苯浓度是否可以被生物降解，基于电子受体含量通过化学计量计算对生物降解潜力进行评估。化学计量计算表明，1mg/L 苯的生物降解需要 4.77mg/L 硝酸盐或 4.6mg/L 硫酸盐，分别形成 21.5mg/L 还原性二价铁或 0.77mg/L 甲烷。基于含水层剖面中测得的最高质量浓度的硝酸盐（275 mg/L）、硫酸盐（1 500mg/L）、铁（54mg/L）和甲烷（4mg/L）预计最大苯生物降解潜力可达 400mg/L。由于还原态铁可以在硫化物存在下沉淀，苯生物降解的电子接收过程的潜力可能高于水文地球化学指标所估计的值。但不会有显著差异，因为铁还原过程不对该场地的生物降解起决定作用。然而，情景一生物降解导致的苯浓度降低幅度高于 600 mg/L，超过基于电子受体估算的降解潜力。因此，情景一基于常规的瑞利方程计算方法可能会高估苯生物降解量。

对于情景二和情景三，基于污染源和井的采样深度之间的流线计算到的生物降解（Δ_B）引起的苯质量浓度降低分别低于 83mg/L 和 505mg/L。这两种情景估算的苯生物降解量，在基于电子受体估算的降解潜力范围内（高达 400mg/L）。然而，情景二的苯生物降解量仅约为基于电子受体估算的降解潜力的 1/5，这表明情景二低估了苯的生物降解作用。

情景一和情景二中生物降解和非同位素分馏过程，依次发生在实际含水层的情况不太可能存在，因为这两个过程通常同时存在。情景一和情景二表示非同位素分馏过程是基于稳定同位素分析，量化生物降解影响的两种极端情况。因此，它们框定了在特定点位由非同位素分馏过程引起的不确定性的范围。由于这两种情景计算的苯生物降解差异很大，可以假设另一个过程影响了苯浓度的降低。该研究场地含水介质中碳含量很低（<0.1%），不太可能是由吸附作用导致了污染物浓度的显著降低。由于整个剖面的地下水位以下约 1m 处苯的质量浓度很低（<1mg/L），可以推测只有极小比例的苯受到挥发作用的影响。因此，挥发导致苯浓度显著降低的过程可以被忽略。由于吸附和挥发只会导致苯浓度的轻微降低，稀释作用显然是导致污染物浓度降低的重要过程。

相比苯污染羽中心，苯污染羽边缘情景一和情景二计算的苯生物降解量的差异更明显。这可能是由于苯污染羽边缘处相比污染羽中心稀释作用更显著。为了将稀释效应包括在生物降解的量化中，需要知道这两个过程沿流线的时间演变。一般而言，情景三所假设的同时发生的过程比情景一和情景二更为现实。情景三估算的降解量与基于电子受体估算的降解潜力相当。然而，情景三的假设仍然过于简单化。为了获得对场地苯降解的可靠评估，有必要更详细地了解稀释作用对苯浓度降低的影响。

为了说明非同位素分馏过程对基于传统瑞利分馏模型，量化污染物生物降解准确度的影响，情景三通过参数 k（表示生物降解速率与非同位素分馏过程之间的关系）进一步进行变换。k 值越高表示非同位素分馏过程的影响越大，$k=0$ 表示仅发生生物降解。图 14.10 中的等值线表示了考虑非同位素分馏过程影响的瑞利模型计算的生物降解百分比。例如，若传统瑞利方程预测 Bio 为 70%，则 $k=1$（非同位素分馏过程和生物降解对浓度降低有同样的贡献）的实际生物降解量 Bio 将仅约为 45%。如果非同位素分馏过程变得更加主导，Bio 甚至更低，如 $k=3$ 约为 25%。随着非同位素分馏过程的影响越来越大，传统瑞利分馏模型（情景一）将高估了沿流线的污染物生物降解（图 14.10）。当挥发、对流和弥散等导致污染物浓度降低时，使用传统瑞利方程流线方法将会高估污染物生物降解程度。因此，进一步的研究需要关注二维或三维同位素分馏，以确定非同位素分馏过程对使用稳定同位素分馏分析计算污染物生物降解的影响。

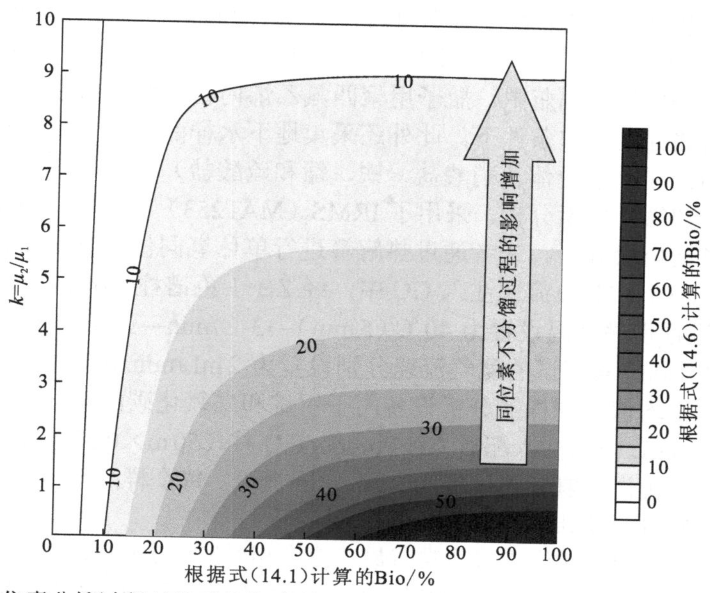

图 14.10　非同位素分馏过程对基于传统瑞利方程量化生物降解量的影响（改自 Fischer et al.，2007）

14.3.2　识别污染含水层中苯系物的微生物降解过程

Weißandt-Gölzau工业区位于德国Halle市东北部，有着复杂的工业历史。自1936年以来，褐煤已被加工成苯、柴油、燃料油、石蜡和其他特殊的油类。大约20年后，在该地进行了原油精炼。在20世纪60年代中期，工业重心转向了专用机械的制造。该区域地下水污染主要是在褐煤加工时期产生，污染物包括石油烃（如脂肪烃、单环和多环芳香烃化合物）及苯酚。整个地区的地质和水文地质条件均表现出高度的各向异性。第四系主要含水层包括从埃尔斯特冰期的冰雪融水携带的砂和河流冲刷沉积物，含水层上覆有不连续分布的泥灰岩，形成的封闭条件有利于甲烷的累积。第二个含水层是由渐新世时期的云母砂组成。由于人为因素的影响，在过去的60年里地下水流向已经发生了多次变化。目前，研究区地下水流向为西南方向。第四系含水层的平均地下水流速为0.7 m/d。在研究区布设了40多个取样井，以监测地下水水化学特征和整个含水层中溶解性污染物的分布情况。由于古近系和新近系含水层受到的污染是第四系的1/10，因此本研究主要针对第四系含水层展开。

在研究区共进行了 6 次取样，采集了 200 多个地下水样品，用于甲烷、二氧化碳、硫酸盐和苯系物单体同位素分析。所选择的取样井涵盖污染源、污染羽、污染羽边缘及未受污染的背景区。在取样前先抽取 1.5 倍井体积（超过 150 L）地下水，将井孔滞留水排出，同时测定氧化还原电位、溶解氧浓度、pH、温度和电导率，待各参数稳定后开始取样。采集 170 mL 地下水装入 200 mL 的血清瓶中，立即加入约 20 g NaCl，并用丁基橡胶瓶塞和铝盖密封，用于甲烷和二氧化碳的同位素分析。样品在 4 ℃条件下倒置储存（不超过 4 周）。同位素测试前用盐酸酸化至 pH＜2。采集 2 L 地下水样品，加醋酸锌溶液［38 g/L $C_4H_6O_4Zn$，100 mL/L NH_3（25%）］保存，溶解性硫酸盐通过沉淀制备成 $BaSO_4$，用于硫酸盐同位素分析。用于苯系物单体同位素分析的地下水样品，采集装入 1 L Schott Duran 棕色玻璃瓶，加入 NaOH 颗粒调节样品 pH>12，并用聚四氟乙烯的螺旋盖密封后在 4 ℃冷藏保存。在 6 ℃温度下用 2 mL 正戊烷进行液-液萃取苯系物化合物，液-液萃取不会影响有机化合物的同位素组成。将正戊烷和约 1 mL 的水装入到 5 mL 的玻璃瓶中，瓶子用聚四氟乙烯内衬的螺旋盖密封。为了避免蒸发影响，样品分析之前储存在 4 ℃条件下。此外还采集地下水样品用来分析其污染物（多环芳香烃、苯系物和苯酚）和电子受体（硝酸盐、铁、锰和硫酸盐）含量。

苯系物单体碳和氢同位素分析，采用了 IRMS（MAT253）与 GC（HP 6890）联用，通过燃烧管进行单体碳同位素分析，或者通过热解管进行单体氢同位素分析。将 2～5 μL 的苯系物萃取物按照 1∶1～1∶10 分流比注入 GC 中，经 ZB-1 色谱柱（60 m×0.32mm×1 μm）进行分离。GC 炉温进行程序升温设置为 40 ℃（5 min）→3 ℃/min→90 ℃→20 ℃/min→250 ℃（共 3 min）。单体碳和氢同位素测试的氦气流速分别设置为 2 mL/min 和 1.6 mL/min，每个样品至少测三次，结果取平均值。同样的分析设备用于甲烷和二氧化碳的碳同位素分析，将酸化样品的顶空约 50～100 μL 样品注入配有 CP-Porabond Q 柱（50 m×0.32 mm×0.32 μm）的 GC，GC 炉温设置为 40 ℃恒温，氦气流设置为 2 mL/min 恒流。每个样品至少测三次，综合准确性和重现性的总不确定性小于±0.5‰。

苯和乙苯最负的碳和氢同位素值通常与最高浓度相对应（GP4、GWM5/05、G10、GWM2/05、GWM3/05 和 G6/08）。这些地下水样品中苯和乙苯的碳同位素平均值分别为（−27.6±1.5）‰和（−27.4±0.8）‰，氢同位素平均值分别为（−134±10）‰和（−145±9）‰。北部污染源区（GP4、GWM5/05、G6/08）和南部污染源区（G10、GWM2/05、GWM3/05）具有相似的同位素特征。在污染源区域之外的污染羽边缘偶尔会发现更负的同位素值，表明可能存在其他污染源。污染源下游样品中苯的碳和氢同位素明显富集重同位素（图 14.11），表明含水层中苯经历了苯生物降解。尽管浓度相似的污染物的同位素值分布比较分散，但碳和氢同位素显著富集重同位素且与苯浓度降低具有一定的相关性（图 14.12），表明发生了明显的苯的微生物降解。

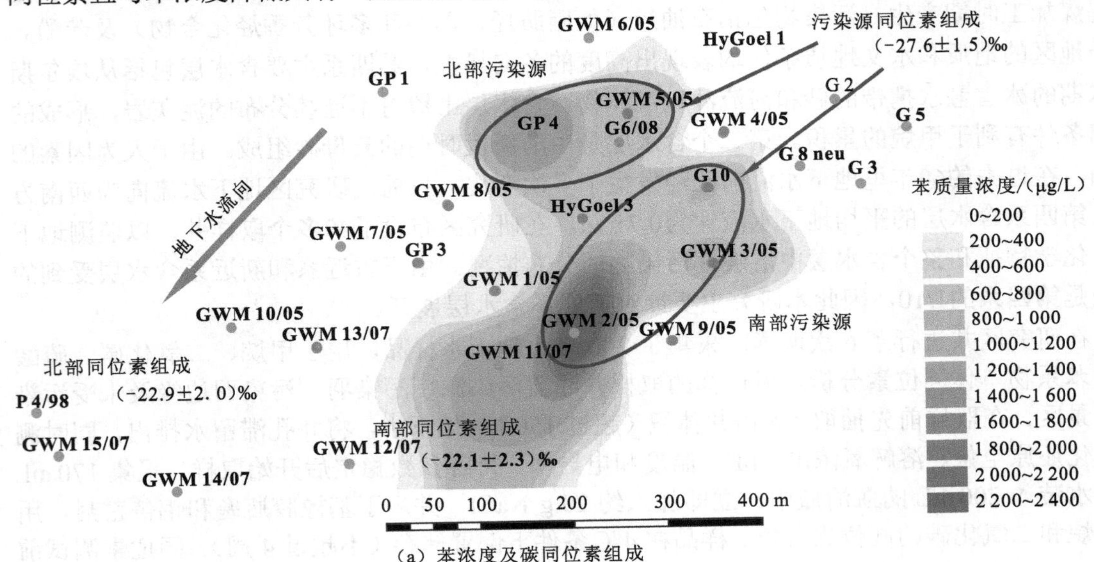

(a) 苯浓度及碳同位素组成

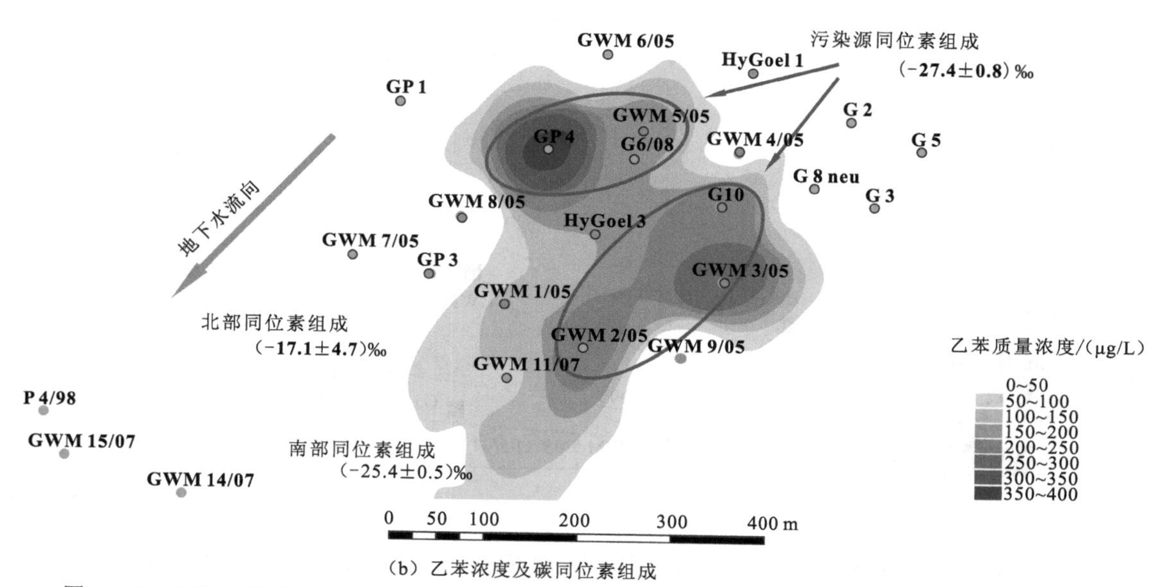

（b）乙苯浓度及碳同位素组成

图 14.11　研究区第四系含水层中苯和乙苯浓度及其碳同位素组成（改自 Feisthauer et al.，2012）

圈画区域位于污染源区，标注了污染源区域（GWM 2/05、GWM 3/05、GWM5/05、G6/08、G10、GP4）及北部（GWM7/05、GWM8/05、GWM10/05、GP3）和南部（GWM12/07 和 GWM14/07）苯污染羽的碳同位素组成

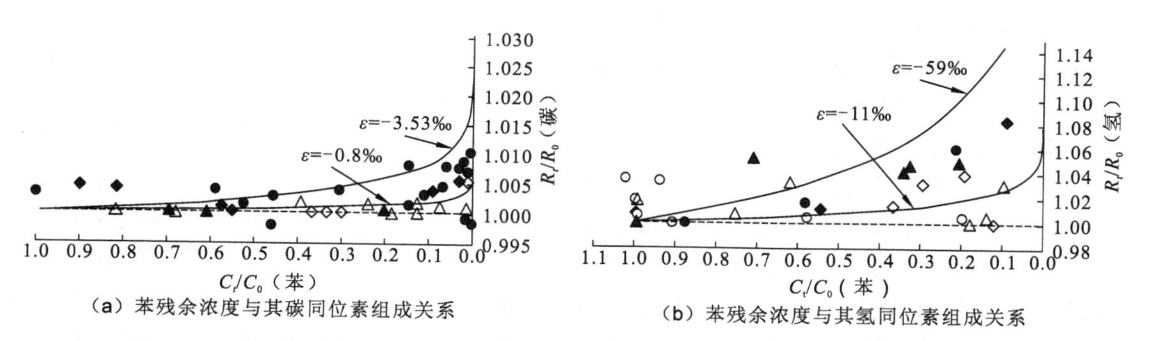

（a）苯残余浓度与其碳同位素组成关系　　（b）苯残余浓度与其氢同位素组成关系

图 14.12　苯残余浓度与其碳和氢同位素组成关系图（改自 Feisthauer et al.，2012）

实线表示在苯的微生物降解过程中同位素分馏的范围，虚线表示稀释过程的稳定同位素组成；C_t/C_0 表示 t 时刻苯残余浓度与初始苯残余浓度比值；R_t/R_0 表示 t 时刻碳同位素比值与初始碳同位素之比

为了确定生物降解途径，绘制氢同位素值与碳同位素值的二元同位素关系图。为了校正苯的初始同位素组成（$\delta^{13}C_0$ 和 δ^2H_0）的差异，利用同位素相对变化值（$\Delta\delta^2H$ 和 $\Delta\delta^{13}C$）代替 δ 绝对值绘制二元同位素关系图（图 14.13）。同位素相对变化值（$\Delta\delta$ 值）的计算是用初始同位素值（δ_0）减去 t 时间或下游的同位素值（δ_t），即 $\Delta\delta = \delta_t - \delta_0$。

大多数样品都表现出很强的氢同位素分馏，以及较弱的碳同位素分馏特征（图 14.13）。多种降解途径导致苯的同位素数据分布比较分散。较弱的氢同位素分馏和较强的碳同位素分馏意味着苯的好氧降解。来自不同取样期次的三个同位素数据落在氧化区域，但在其他取样期次中未能验证（图 14.13 括号中表示不同的取样期次），认为其是异常值。由于 GWM5/05

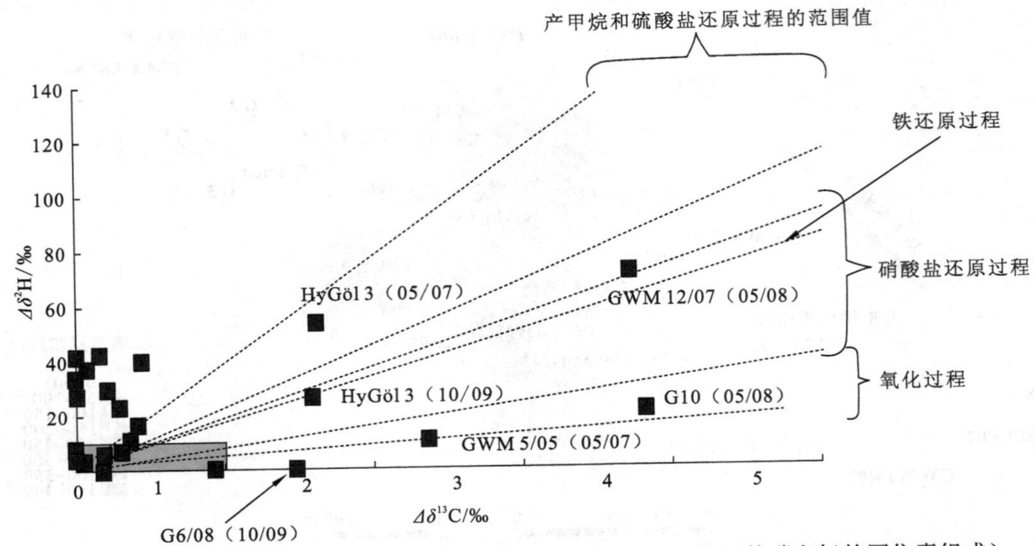

图 14.13 苯的碳氢二维同位素关系图（阴影面积表示污染源的碳和氢的同位素组成）

（改自 Feisthauer et al.，2012）

和 G6/08 中的溶解氧非常低，氧化还原电位非常负，产甲烷活动很强烈，该环境下基本不可能存在生物好氧降解过程。此外，两个样品中苯的碳和氢同位素表现为硝酸盐和铁还原条件的特征（图 14.13）。综合这两个样品的同位素特征及其取样井的位置（处于硝酸盐和铁还原反应之间的过渡区域），表明苯的氧化反应与硝酸盐和铁还原反应共存。然而，这两种降解途径对苯的同位素组成的影响可能较小，因为其污染物浓度较低。

虽然硫酸盐和甲烷含量及其同位素分析表明，硫酸盐还原和产甲烷反应是苯主要的降解途径，但基于二维同位素关系未能精确识别出这两种降解途径。令人惊讶的是，只有少数几个样品的碳、氢二维同位素分布在甲烷/硫酸盐还原区域中（图 14.13）。考虑到研究区可能存在某种未知的同位素分馏特征，如果贸然地采用产甲烷反应或者硫酸盐还原反应的同位素富集系数对微生物降解过程进行量化，将会导致很大的不确定性。基于同位素分馏量化生物降解过程，其前提是该降解过程的同位素富集系数已知。本研究中的同位素分馏模式表明，含水层苯生物降解过程可能存在比目前已知的要低得多的碳同位素分馏。由于同位素分馏模式未知，不能精确识别苯的降解途径。如果直接利用文献报道的其他降解过程的碳同位素富集系数，可能会低估实际发生的生物降解作用。本研究的一个重要意义在于，它证实了二维同位素特征与生物化学反应途径具有一定的相关性，基于此可以更好地选择恰当的同位素富集系数用于降解过程的量化。

参 考 文 献

AHAD J M, SLATER G F, 2008. Carbon isotope effects associated with Fenton-like degradation of toluene: potential for differentiation of abiotic and biotic degradation[J]. Science of the total environment, 401(1/3): 194-198.

AMARAL H I, BERG M, BRENNWALD M S, et al., 2010. $^{13}C/^{12}C$ analysis of ultra-trace amounts of volatile organic contaminants in groundwater by vacuum extraction[J]. Environmental science and technology, 44(3): 1023-1029.

FEISTHAUER S, SEIDEL M, BOMBACH P, et al., 2012. Characterization of the relationship between microbial degradation processes at a hydrocarbon contaminated site using isotopic methods[J]. Journal of contaminant hydrology, 133: 17-29.

FISCHER A, THEUERKORN K, STELZER N, et al., 2007. Applicability of stable isotope fractionation analysis for the characterization of benzene biodegradation in a BTEX-contaminated aquifer[J]. Environmental science and technology, 41(10): 3689-3696.

HARRINGTON R R, POULSON S R, DREVER J I, et al., 1999. Carbon isotope systematics of monoaromatic hydrocarbons: vaporization and adsorption experiments[J]. Organic geochemistry, 30(8): 765-775.

HERRERO-MARTÍN S, NIJENHUIS I, RICHNOW H H, et al., 2015. Coupling of a headspace autosampler with a programmed temperature vaporizer for stable carbon and hydrogen isotope analysis of volatile organic compounds at microgram per liter concentrations[J]. Analytical chemistry, 87(2): 951-959.

HÖHENER P, YU X, 2012. Stable carbon and hydrogen isotope fractionation of dissolved organic groundwater pollutants by equilibrium sorption[J]. Journal of contaminant hydrology, 129: 54-61.

IMFELD G, KOPINKE F D, FISCHER A, et al., 2014. Carbon and hydrogen isotope fractionation of benzene and toluene during hydrophobic sorption in multistep batch experiments[J]. Chemosphere, 107: 454-461.

JOCHMANN M A, BLESSING M, HADERLEIN S B, et al., 2006. A new approach to determine method detection limits for compound-specific isotope analysis of volatile organic compounds[J]. Rapid communications in mass spectrometry, 20(24): 3639-3648.

KOPINKE F D, GEORGI A, VOSKAMP M, et al., 2005. Carbon isotope fractionation of organic contaminants due to retardation on humic substances: implications for natural attenuation studies in aquifers[J]. Environmental science and technology, 39(16): 6052-6062.

KOPINKE F D, GEORGI A, ROLAND U, 2018. Isotope fractionation in phase-transfer processes under thermodynamic and kinetic control: implications for diffusive fractionation in aqueous solution[J]. Science of the total environment, 610-611: 495-502.

MORASCH B, HUNKELER D, 2009. Isotope fractionation during transformation processes, environmental isotopes in biodegradation and bioremediation[M]. Boca Raton: CRC Press.

PONSIN V, BUSCHECK T E, HUNKELER D, 2017. Heart-cutting two-dimensional gas chromatography-isotope ratio mass spectrometry analysis of monoaromatic hydrocarbons in complex groundwater and gas-phase samples[J]. Journal of chromatography, 1492: 117-128.

SCHÜTH C, TAUBALD H, BOLAÑO N, et al., 2003. Carbon and hydrogen isotope effects during sorption of organic contaminants on carbonaceous materials[J]. Journal of contaminant hydrology, 64(3/4): 269-281.

SLATER G F, DEMPSTER H S, LOLLAR B S, et al., 1999. Headspace analysis: a new application for isotopic characterization of dissolved organic contaminants[J]. Environmental science and technology, 33(1): 190-194.

SLATER G F, AHAD J M, LOLLAR B S, et al., 2000. Carbon isotope effects resulting from equilibrium sorption of dissolved VOCs[J]. Analytical chemistry, 72(22): 5669-5672.

WANG Y, HUANG Y, 2003. Hydrogen isotopic fractionation of petroleum hydrocarbons during vaporization: implications for assessing artificial and natural remediation of petroleum contamination[J]. Applied geochemistry, 18(10): 1641-1651.

XU B S, LOLLAR B S, PASSEPORT E, et al., 2016. Diffusion related isotopic fractionation effects with one-dimensional advective-dispersive transport[J]. Science of the total environment, 550: 200-208.

ZHANG N, GERONIMO I, PANETH P, et al., 2016. Analyzing sites of OH radical attack (ring vs. side chain) in oxidation of substituted benzenes via dual stable isotope analysis δ^{13}C and δ^{2}H[J]. Science of the total environment, 542: 484-494.

第15章 醚类汽油添加剂单体碳、氢同位素

甲基叔丁基醚（MTBE），是一种无色、透明、高辛烷值的液体，具有可显著提高汽油的辛烷值并能改善抗爆性能等优点，是生产无铅、高辛烷值汽油的理想调合剂，作为汽油添加剂已在世界范围内普遍使用。MTBE具有化学性质稳定、在水中溶解度高、亨利常数低等特点。由于工业储罐、管线、加油站地下储油罐等泄漏，随着MTBE使用量的逐年增加，MTBE及其降解产物叔丁醇（TBA）等对地表水、地下水、土壤环境产生了日益严重的污染。MTBE的动物实验表明其有致癌作用，美国环境保护局认为其对人类有潜在的致癌作用。因此，MTBE等对环境的污染问题受到人们的高度关注。其他新型醚类汽油添加剂，包括甲基叔戊基醚（TAME）和乙基叔丁基醚（ETBE）。醚类汽油添加剂由碳、氢、氧三种元素组成，故而醚类汽油添加剂单体同位素分析，包括单体碳同位素（$\delta^{13}C$）、单体氢同位素（$\delta^{2}H$）和单体氧同位素（$\delta^{18}O$）。单体氧同位素测试技术尚未成熟，目前尚缺乏相关研究和应用。

15.1 醚类汽油添加剂单体碳、氢同位素分析测试技术

15.1.1 醚类汽油添加剂单体碳、氢同位素分析测试技术的发展历程

与苯系物单体碳和氢同位素分析测试技术一样，醚类汽油添加剂单体碳同位素测试通常也是采用GC/C-IRMS在线测试技术，单体氢同位素则采用GC/HTC-IRMS在线测试技术。醚类汽油添加剂单体碳和氢同位素测试技术的开发重点是发展和优化预富集提取方法，在保证测试精度的基础上尽量降低方法检出限以满足环境样品测试要求。

Hunkeler等（2001）联合固相微萃取（SPME，75 μm carboxen-PDMS萃取头）和GC/C-IRMS建立了水中MTBE和TBA单体碳同位素测试技术，结果表明SPME测试存在较小的碳同位素分馏，其中MTBE的$\delta^{13}C$值偏负，0.45‰～0.67‰，TBA的$\delta^{13}C$值偏负，1.18‰～1.49‰；氯化钠（NaCl）的加入可以降低方法检出限，其中顶空SPME萃取MTBE的检出限（11 μg/L）低于浸入式SPME（90 μg/L），而萃取TBA的检出限（860 μg/L）高于浸入式SPME（370 μg/L）。

Gray等（2002）对比了HS和顶空SPME两种预富集方法用于MTBE碳和氢同位素测试，顶空SPME用于碳和氢同位素分析的检出限分别为350 μg/L和1 mg/L，HS法用于碳和氢同位素分析的检出限分别为5 mg/L和20 mg/L；碳同位素和氢同位素分析精度均能达到0.5‰和5‰，但是顶空SPME法测试得$\delta^{13}C$值相对HS法偏负0.9‰，测试的$\delta^{2}H$值相对HS法偏负17‰。

Kolhatkar等（2002）将P&T法用于地下水中MTBE和TBA单体碳同位素分析，检出限分别为5 μg/L和60 μg/L。Zwank等（2003）建立的P&T-GC/C-IRMS法用于MTBE碳同位素分析，基于500 mV峰强度计算出对应的方法检出限为0.63 μg/L，显著低于浸入式SPME的检出限（16 μg/L）。Kuder等（2005）将P&T法应用于水样中MTBE碳和氢同位素分析，

其分析精度分别为 0.5‰和 10‰，方法检出限分别为 2.5 μg/L 和 20 μg/L。Kujawinski 等（2010）将 P&T 法用于水中醚类汽油添加剂（MTBE、TAME 和 TBA）单体碳和氢同位素分析，在保证分析精度的基础上，其用于 MTBE、TAME 和 TBA 单体碳同位素分析（精度为 0.5‰）的检出限分别为 28 μg/L、5 μg/L 和 375 μg/L；单体氢同位素分析（精度为 5‰）的检出限分别为 25 μg/L、50 μg/L 和 12 500 μg/L。

Amaral 等（2010）建立了一套真空提取装置用于挥发性有机物的单体碳同位素测试，其中 MTBE 的检出限降低至 0.25 μg/L。该方法测得的 $\delta^{13}C$ 值相对 P&T 法测定值的偏差小于 1‰。Herrero-Martín 等（2015）耦合 HS-PTV 与 GC/C-IRMS 联用进行 MTBE 碳同位素测试，该方法用于单体碳同位素分析的检出限为 3.4 μg/L（峰强度约为 91 mV），分析精度优于 0.2‰。

醚类汽油添加剂单体碳和氢同位素分析，通常采用 EA-IRMS 或 Offline DI-IRMS，对醚类汽油添加剂的纯溶剂进行测试标定以作为实验室参考标准使用。

15.1.2　醚类汽油添加剂单体碳、氢同位素样品前处理

由于醚类汽油添加剂如 MTBE 在酸性条件下将会发生水解，此类水样通常添加 1%十二水磷酸三钠（TSP）将 pH 调节至 10.5 附近以抑制微生物活动。水样直接采集保存于 40 mL VOA 棕色样品瓶中，不留顶空密封，低温 4 ℃冷藏保存。具体的野外样品采集与保存参考挥发性有机污染物含量分析的相关方法和规范，在此不再赘述。

与氯代烃、苯系物等挥发性有机污染物的单体同位素测试的前处理方法类似，醚类汽油添加剂的单体碳和氢同位素测试的主流方法也是 HS、SPME 或 P&T 与 GC/C-IRMS 或 GC/HTC-IRMS 联用，三者的方法检出限依次降低。

15.1.3　醚类汽油添加剂单体碳、氢同位素常见分析测试技术

与氯代烃和苯系物单体碳同位素分析测试技术一样，醚类汽油添加剂单体碳同位素分析也是采用成熟的 GC/C-IRMS 在线测试技术，单次要求进样量约为 10 ng 的碳，分析精度 0.5‰，具体参考第 13 章相关介绍。

与苯系物单体氢同位素分析测试技术一样，醚类汽油添加剂单体氢同位素分析采用成熟的 GC/HTC-IRMS 在线测试技术，单次要求进样量约为 30 ng 的氢，分析精度约为 5‰。其测试原理是富集后的混合样品经过气相色谱（GC）分离成单体后，依次进入高温热解管中，单体氢在 1 440 ℃高温热解生成氢气（H_2）进入气体稳定同位素比值质谱仪，最终实现待测单体氢同位素组成的测试。与氯代烃单体氢同位素测试技术的区别在于两者的高温热解反应管的材质存在差异。

15.2　醚类汽油添加剂单体碳、氢同位素分馏机理

15.2.1　物理过程的碳、氢同位素分馏

封闭系统中两相之间的分配平衡实验表明，气相 MTBE 碳同位素组成相对有机相和水相均轻微富集 ^{13}C，碳同位素富集系数分别为 0.3‰～0.5‰和 0.17‰～0.2‰；气相 MTBE 氢同

位素组成相对有机相富集 ^2H（氢同位素富集系数为 9‰），相对水相贫乏 ^2H（氢同位素富集系数为-9‰）；MTBE 水相和有机相之间的碳同位素富集系数为（0.18±0.24）‰（Kuder et al., 2009; Hunkeler et al., 2001）。由此可见，两相之间分配平衡产生的同位素分馏较小，相对碳和氢同位素测试误差和生物降解过程而言不显著。

开放系统中的挥发动力学实验表明，溶剂相和水相 MTBE 持续挥发过程产生的碳同位素富集系数分别为-0.8‰和-1‰，氢同位素富集系数分别为 4‰～5.2‰和-5‰（Kuder et al., 2009; Wang and Huang, 2003）。水相和溶剂相 MTBE 进行曝气挥发产生的碳同位素富集系数分别为 0 和-0.9‰～0.5‰，氢同位素富集系数分别为-4‰、-12‰（Kuder et al., 2009）。实际上，只有 MTBE 持续挥发损失达到 90%以上，其氢同位素组成才发生显著变化（10‰以上偏差）。上述情况可能存在于一些开放系统（如非承压含水层、包气带等），或污染修复过程（如地下水污染曝气修复、土壤气相抽提等）。对于封闭的地下水环境，尤其是承压含水层系统，挥发过程造成的有机污染物损失较小，挥发过程产生的同位素分馏可以忽略。

Xu 等（2016）通过一维对流-弥散模型研究了地下水中 MTBE 在迁移过程的碳同位素分馏，结果表明当纵向机械弥散系数与有效分子扩散系数之比（D_{mech}/D_{eff}）大于 10 时，扩散作用不会产生显著碳同位素分馏。

醚类汽油添加剂在水中的溶解度较高，与土壤和含水层介质的亲和力较小，难被吸附，因此，关于醚类汽油添加剂在吸附过程的同位素分馏研究较少。多阶段静态腐殖酸吸附平衡批实验研究表明，MTBE 吸附过程不产生碳同位素分馏（Kopinke et al., 2005）。

15.2.2 非生物性降解过程的碳、氢同位素分馏

醚类汽油添加剂化学降解过程的碳、氢同位素分馏研究较少，目前仅限于 MTBE 酸性水解和高锰酸盐降解过程。MTBE 在酸性条件下将发生始于叔丁基［$(H_3C)_3$-C-O］的 S_N1 机制的水解反应（图 15.1），该过程的碳同位素富集系数（ε_C 值）为（-4.9±0.6）‰，氢同位素富集系数（ε_H 值）为（-55±7）‰，其二维碳氢同位素组成的相对变化（Λ 值）为 11.1±1.3（Elsner et al., 2007）。

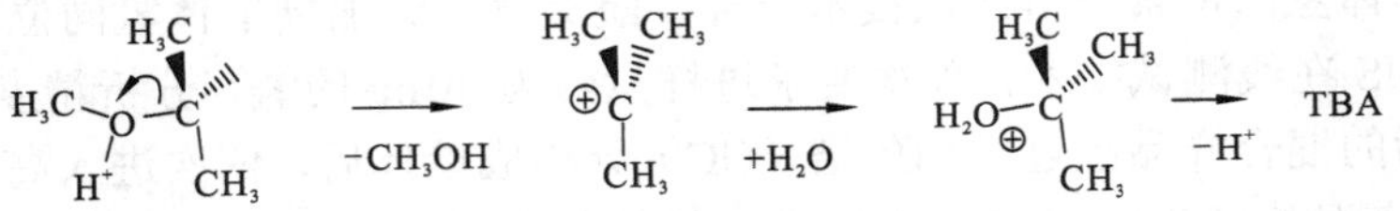

图 15.1 MTBE S_N1 机制酸性水解反应机理（改自 Elsner et al., 2007）

高锰酸盐氧化降解 MTBE 过程是选择性氧化 MTBE 的甲基（H_3C-O），其限速步骤是断裂甲基中一个 C—H 键（图 15.2）。该降解过程产生的氢同位素富集系数（ε_H 值）为（-109±9）‰，碳同位素富集系数未见报道（Elsner et al., 2007）。

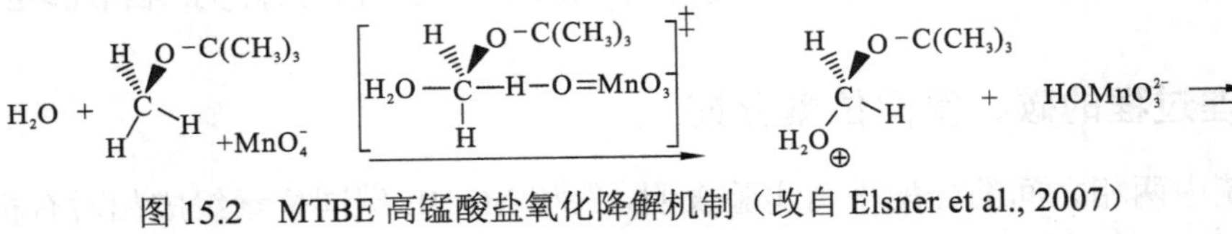

图 15.2 MTBE 高锰酸盐氧化降解机制（改自 Elsner et al., 2007）

15.2.3 生物降解过程的碳、氢同位素分馏

在有氧条件下，微生物利用氧气（O_2）通过单加氧酶催化首先氧化 MTBE 的甲基（H_3C—O），即限速步骤是断裂甲基中一个 C—H 键（图 15.3）。该降解过程中的限速步骤同时涉及 C 和 H 两种原子，其产生的碳同位素富集系数为−2.4‰～−1.4‰，氢同位素富集系数为−66‰～−29‰。生物好氧降解 ETBE 产生的碳和氢同位素富集系数分别为−0.8‰～−0.7‰和−14‰～−11‰，TBA 的碳同位素富集系数为−4.2‰。

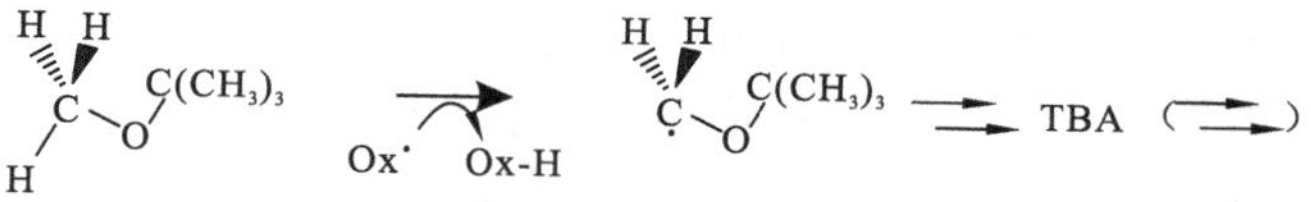

图 15.3 MTBE 好氧降解反应机制（甲基氧化）（改自 Elsner et al., 2007）

在厌氧条件下，微生物降解 MTBE 的反应机制首先是按 S_N2 机制进行去甲基化反应，即限速步骤是断裂 H_3C—O 中的 C—O 键（图 15.4）。该降解过程中的限速步骤只涉及 C 原子而不涉及 H 原子，其产生的碳同位素富集系数为−15.6‰～−7.4‰。微生物厌氧降解 TAME 产生的碳同位素富集系数为−13.7‰～−11.2‰。

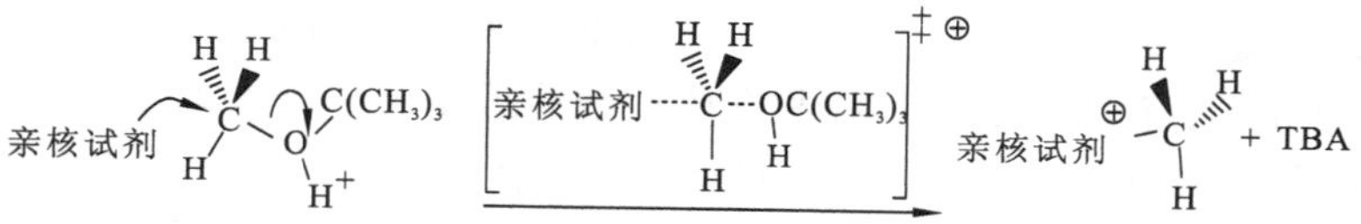

图 15.4 MTBE 厌氧降解反应机制（S_N2 机制去甲基化）（改自 Elsner et al., 2007）

上述结果表现出好氧降解 MTBE 过程产生较强的氢同位素分馏和较弱的碳同位素分馏；相反，厌氧降解 MTBE 过程产生较强的碳同位素分馏和较弱的氢同位素分馏。这是由于降解过程的同位素分馏本质上遵循 KIE，其分馏大小取决于降解途径或反应机理中限速步骤断裂（或形成）化学键的类型，或过渡态化学键断裂（或形成）的程度，导致具有不同降解机理的 MTBE 生物降解而产生不同的同位素分馏。根据同位素取代位置的不同，动力学同位素效应可分为主级动力学同位素效应和次级动力学同位素效应。

MTBE 好氧降解过程的限速步骤所断裂的 C—H 键同时涉及碳和氢同位素，因而碳和氢同位素均表现为主级动力学同位素效应；MTBE 厌氧降解过程的限速步骤所断裂的 C—O 键仅涉及碳同位素而不涉及氢同位素，因而碳同位素表现为主级动力学同位素效应，而氢同位素表现为次级动力学同位素效应。通常次级动力学同位素效应比主级动力学同位素效应至少要小一个数量级，C—O 键断裂比 C—H 键断裂的碳同位素效应更大。因此，好氧降解 MTBE 过程产生的碳同位素分馏小于厌氧降解过程，氢同位素分馏反而大于厌氧降解过程。

15.3 醚类汽油添加剂单体碳同位素技术方法应用

15.3.1 示踪 MTBE 的原位微生物降解

在美国西部的一个大型工业设施中，石油相关活动的历史可以追溯到20世纪初。在其他的活动中， MTBE于20世纪80年代末至21世纪初在该设施储存并用于汽油混合物中。在此期间，纯的MTBE被释放到地下，并分散到现有的轻非水相液体（light non-aqueous phase liquid, LNAPL）中。因此，含MTBE的LNAPL是地下水中溶解相MTBE的持续来源。

前期研究通过污染物浓度随时间的衰减趋势、水文地质和地球化学数据直接或间接表明该区域存在自然衰减过程。由于MTBE在厌氧降解为TBA过程中，其富集重同位素（^{13}C），因而偏正的$\delta^{13}C$为示踪MTBE的原位微生物降解提供了有力证据。

研究区及邻近地区为陆相和海相更新统沉积物。细粒到粗砂层与不连续的粉粒层和黏土层相互交错，构成这些沉积物的上部。在地表以下大于36.6 m的深度处，细粒到粗粒的砂和砾石一直延续到地下约61 m。第一含水层的深度为15.2～18.3 m。该含水层的渗流速度约为0.14 m/d。在污染源区，第一含水层受到LNAPL的影响，主要污染成分是溶解相石油燃料芳烃（即苯、甲苯、乙苯和总二甲苯）和醚类汽油添加剂（MTBE和TBA）。第二含水层位于地表以下约36.6 m处。第二含水层地下水的渗流速度平均为0.13 m/d。

从2000年开始，沿着污染羽中心线和在中心线附近安装了一系列单套井和双套井，以调查源区和场外溶解相MTBE扩散的程度（图15.5）。在第一和第二含水层对监测井进行了筛选，以监测和划定MTBE溶解相的污染羽（图15.5）。根据第一和第二含水层监测井网中

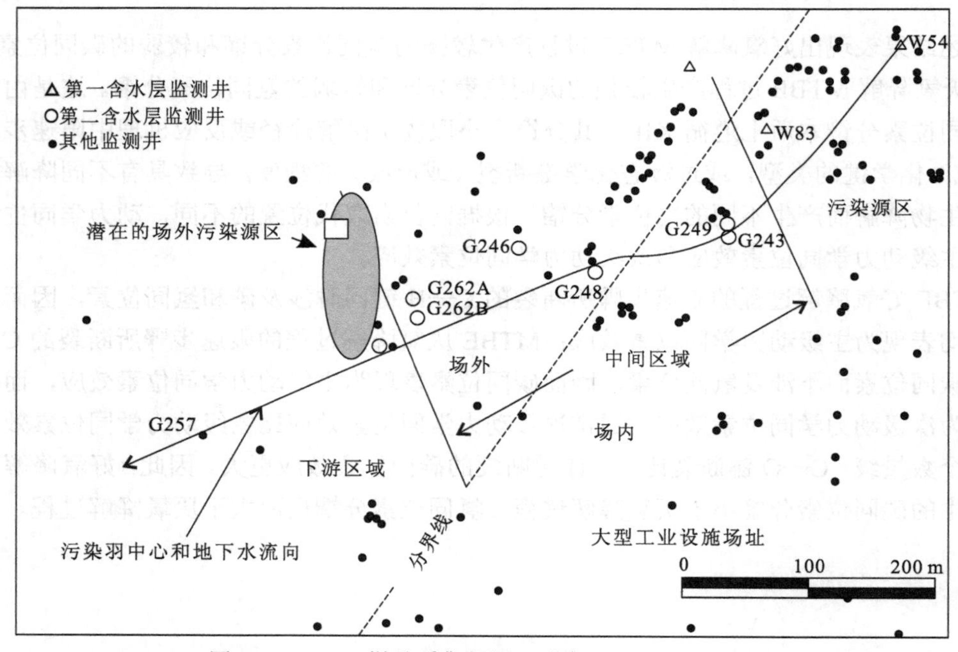

图15.5 CSIA样品采集位置（改自Lu et al., 2016）

MTBE 和其他污染物的分布情况及场地具体水文地质特征，将溶解相 MTBE 污染羽定性为“潜水污染羽”，其中 MTBE 在第一含水层水平迁移，直到 G249 井（靠近两含水层边界）附近，MTBE 迁移到下伏的第二含水层。G249 井附近的污染羽向下的迁移是由于第一和第二含水层之间存在垂直向下的水力梯度。通过对地下水监测数据的评价及对场区历史的回顾，表明 MTBE 污染羽下游的两个含水层可能还存在另外的 MTBE 污染源（图 15.5）。

为了便于 CSIA 数据分析，将溶解相污染羽划分为三个部分：污染源区（W54 井和 W83 井）、中游区（G249 井、G243 井、G248 井、G246 井、G262A 井和 G262B 井）、下游区（G255 井和 G257 井）。在 2008 年、2011 年和 2013 年从上述具有代表性的水井中采集地下水样品。按照美国环境保护局 8260B 方法利用 P＆T-GC/MS 对水样 MTBE、TBA 等挥发性有机污染物浓度等进行测试。采用 P＆T-GC/C-IRMS 进行单体碳同位素测试，方法不确定性优于 0.5‰。溶解氧、硫酸盐、甲烷等地球化学数据表明，污染源区和中游区地下水表现出高度厌氧环境。然而，远离污染羽中心线区域和污染羽下游区域的地下水仍然是厌氧环境，但程度略有差异。

2008 年所取大多数水样 MTBE 的 $\delta^{13}C$ 值在−31.7‰～−29.0‰的狭窄范围内，处于人工合成 MTBE 的 $\delta^{13}C = -33.8‰～-27.4‰$范围内。表明 2008 年之前 MTBE 的生物降解不显著。此外，污染羽下游两个水样 MTBE 与污染源区具有相同的碳同位素组成，表明场外污染源 MTBE 与场地污染源 MTBE 具有相似的碳同位素组成。相反，G246 井水 MTBE 的 $\delta^{13}C$ 强烈富集重同位素（$\delta^{13}C$ 达到 27.9‰），与先前其他 MTBE 污染点观察到的发生生物降解的 $\delta^{13}C$ 相一致。CSIA 结果表明 G246 处 MTBE 存在生物降解，这也与 MTBE 和 TBA 浓度的趋势相一致，2008 年 G246 处 MTBE/TBA 浓度比相对于降解前已经下降到非常低的水平（图 15.6）。

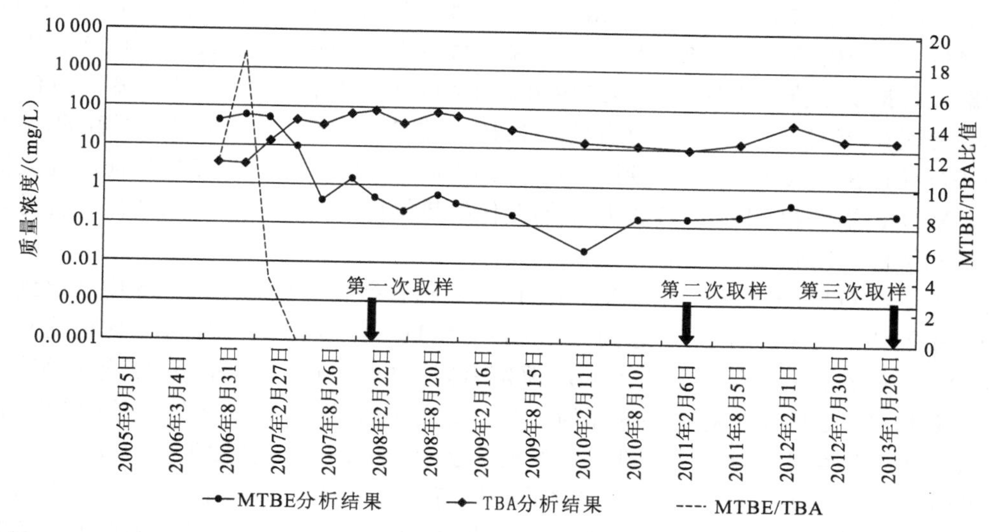

图 15.6 G246 井水 MTBE 和 TBA 浓度变化趋势及 MTBE/TBA 比值（改自 Lu et al., 2016）

三次取样测得的 MTBE 浓度及其 $\delta^{13}C$ 值如图 15.7 所示。整体而言，2011 年和 2013 年所取样品 MTBE 的 $\delta^{13}C$ 值相对 2008 年样品变得更加富集重同位素（^{13}C）。$\delta^{13}C$ 值偏正并伴随着 MTBE 浓度和 MTBE/TBA 比值呈现降低的趋势，表明 MTBE 经历了生物降解并转化为 TBA。

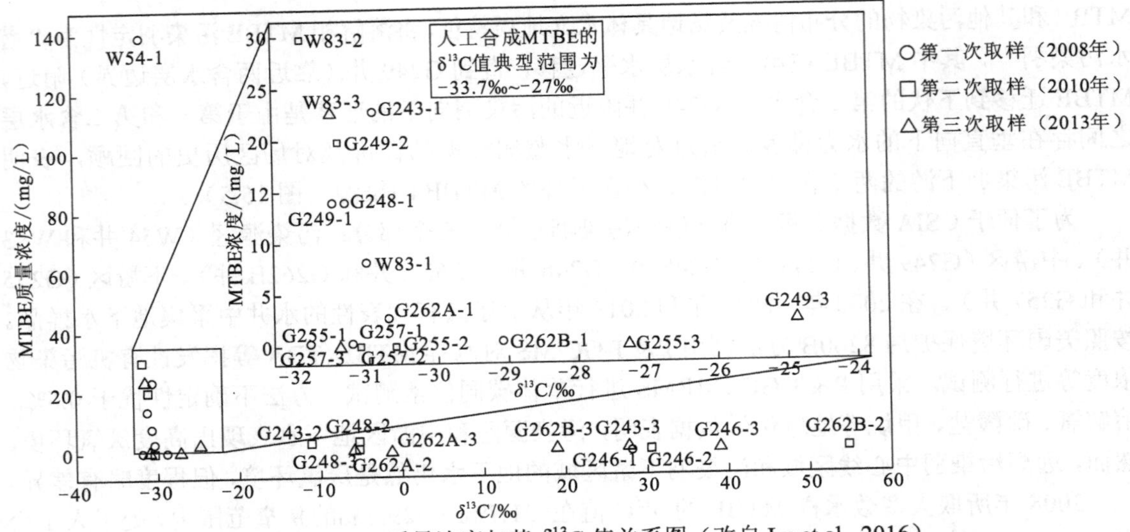

图 15.7 MTBE 质量浓度与其 $\delta^{13}C$ 值关系图（改自 Lu et al., 2016）

2008～2013 年，污染源区 MTBE 浓度保持相对稳定，W83 中 MTBE 的 $\delta^{13}C$ 值也保持相对稳定，并且在人工合成的 MTBE $\delta^{13}C$ 值典型区间内。这表明 MTBE 的溶解和降解基本保持平衡，而 MTBE 的生物降解在污染羽源区并不明显。在第二次和第三次采样分析中没有 W54 井的 CSIA 数据。

污染羽中游除 G249 井外，2011 年所取样品 MTBE 的 $\delta^{13}C$ 值均与 2008 年存在显著性差异（介于-11.2‰～54.7‰）。相比 2008 年，后两次所取样品的 MTBE 浓度和 MTBE/TBA 比值均有降低。MTBE 和 TBA 浓度及 $\delta^{13}C$ 值随时间的变化趋势，为 MTBE 自 2008 年以来的生物降解过程提供了强有力的证据。G249 井的生物降解开始的较晚，^{13}C 富集和 MTBE 浓度的下降趋势仅在 2011 年之后才较为明显。G246 井在 2008 年已显示出提前降解的迹象，^{13}C 富集趋势持续存在，从 27.9‰增加到 30.6‰～39.1‰；然而，在 2008 年取样前出现大幅度下降之后，MTBE 浓度和 MTBE/TBA 比值的变化趋势保持相对稳定（图 15.6），表明 MTBE 污染羽的降解已经接近稳定状态。

污染羽下游 G255 和 G257 井水 MTBE 的 $\delta^{13}C$ 值仍接近污染源区。G255 中观察到逐渐富集重同位素的特征（2013 年 $\delta^{13}C$ 达到-27.2‰），MTBE 浓度和 MTBE/TBA 比值均有所下降（图 15.8）。^{13}C 富集程度低（表明 MTBE 降解有限）与 MTBE 和 TBA 浓度变化趋势（表明 MTBE 降解程度）之间似乎存在明显矛盾。在非均质含水层中，沿着流线运移的 MTBE 可能只会略微降解或完全不降解，而在其他地段地下水中 MTBE 可能会发生强烈降解。从监测井中采集的水样代表了井管半径内所有水体的平均值，很可能导致不同降解阶段 MTBE 的混合，因此对获得的 CSIA 数据分析可能会低估降解程度。另一种可能是污染羽下游的井受到场外 MTBE 污染源的影响（图 15.5），未降解 MTBE 的大量涌入会稀释从污染羽中上游区迁移过来并经过降解的 MTBE 的碳同位素组成。

TBA 可能来自不同的来源或反应机制，并且不同来源的 TBA 可能具有不同碳同位素组成。图 15.9 是 TBA 在研究区的潜在来源和归趋示意图，直接溶解产生的 TBA 的 $\delta^{13}C$ 相对富集 ^{13}C，而来自 MTBE 降解产生的 TBA 的 ^{13}C 相对贫化。

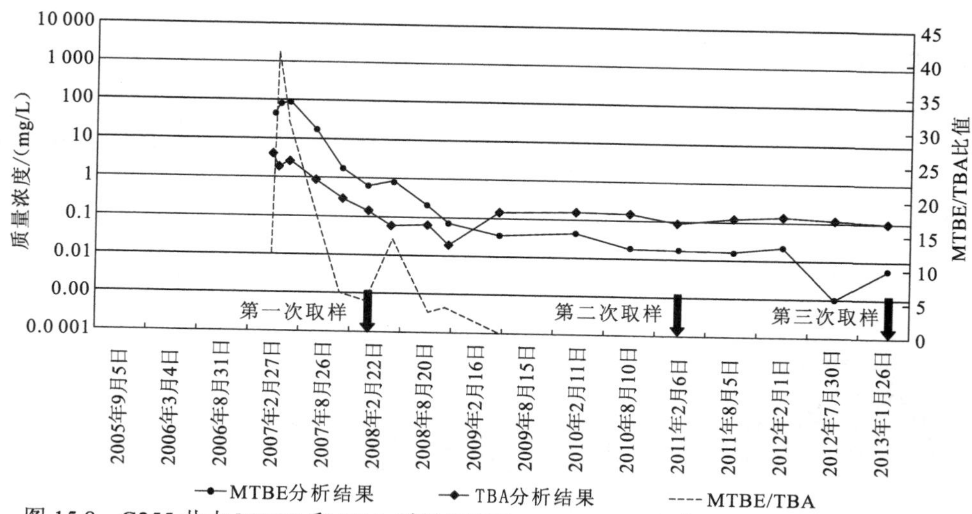

图 15.8　G255 井水 MTBE 和 TBA 质量浓度及 MTBE/TBA 比值（改自 Lu et al., 2016）

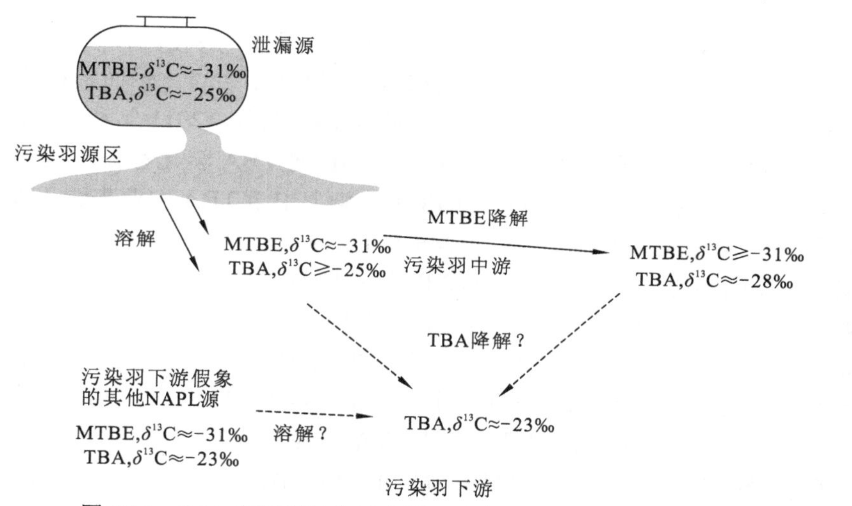

图 15.9　TBA 来源和归趋示意图（改自 Lu et al., 2016）

2008 年分析了污染源区一个井和污染羽中下游所有井水样品 TBA 的 $\delta^{13}C$ 值，其 $\delta^{13}C$ 值介于-28.2‰～-22.9‰（图 15.10），其中 ^{13}C 富集最大的是污染羽下游 G255 和 G257，在 G246（前面讨论过的 MTBE 存在生物降解的样品）、G262A、G262B（接近 G246 下游）及 G243（靠近 MTBE 源区）中测得 ^{13}C 富集程度最小。2011～2013 年污染羽中游样品 TBA 的 $\delta^{13}C$ 值集中在-28.2‰～-27.1‰。G248 和 G249 处 2011 年和 2013 年所取样品的 $\delta^{13}C$ 值相比 2008 年的结果减少了大约 3‰。后两次所取污染羽下游样品 TBA 的 $\delta^{13}C$ 值保持不变（G257）或略贫化 ^{13}C，从 2008 年的-22.9‰降至 2013 年的-24.6‰（G255）。

MTBE 甲基相比叔丁基通常贫乏 ^{13}C，因而 MTBE 降解产生的 TBA 的 $\delta^{13}C$ 相对于污染源区母体 MTBE 的 $\delta^{13}C$ 总是小 1‰～3‰。研究区未降解的 MTBE 的 $\delta^{13}C$ 值为-32‰～-31‰，预测的 MTBE 降解产物 TBA 的 $\delta^{13}C$ 值介于-31‰～-28‰。2008 年观测的结果中，MTBE 降解产生 TBA 的 $\delta^{13}C$ 值只有 4 个样品接近该预测范围。值得注意的是，在 G246 和接近 G246

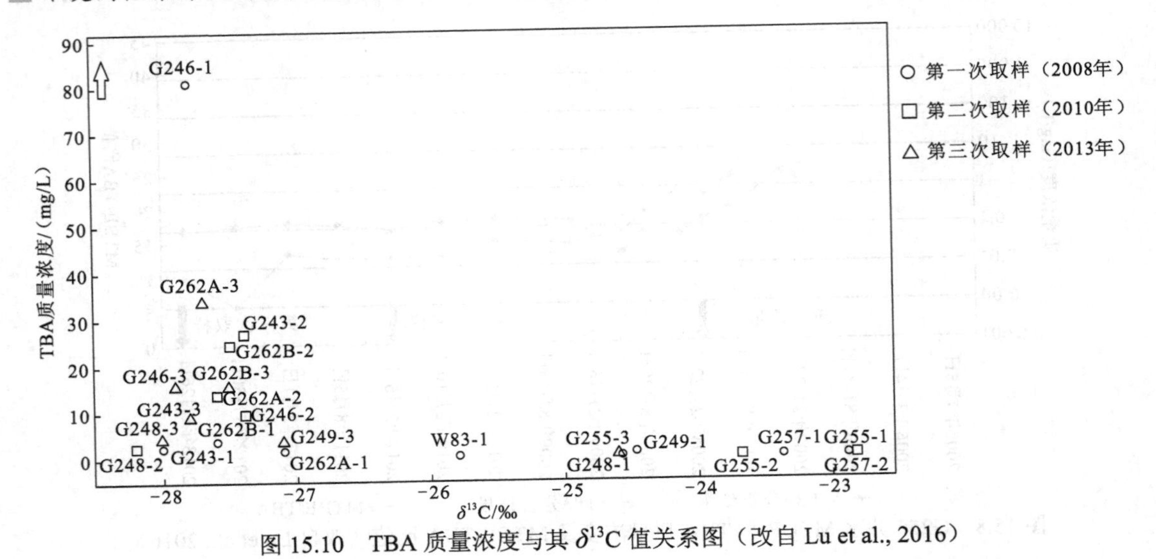

图 15.10 TBA 质量浓度与其 δ^{13}C 值关系图（改自 Lu et al., 2016）

的两个样品（G262A 和 G262B）中发现了 MTBE 与 TBA 转化过程中 ^{13}C 贫化特征。G243 样品也检测到 TBA 贫化 ^{13}C 的特征，但 MTBE 的降解不明显。然而，在该监测井的取样半径内 MTBE 仅百分之几的生物降解就足以影响 TBA。此外，2011 年和 2013 年观测到的污染羽中游所有 TBA 的 δ^{13}C 值，都符合预期的 MTBE 向 TBA 转化特征。这一观察结果与前面讨论的 MTBE 降解证据相一致。2011～2013 年污染羽中游 TBA 主要来源于 MTBE 原位降解。

2008 年污染羽源区和中游（W83、G248 和 G249）及 2008～2013 年的污染羽下游的 TBA 样品富集 ^{13}C 原因不明。一种可能是 MTBE 原位降解产生的 TBA 进一步降解，导致相比初始值富集 ^{13}C；另一种可能是直接从 LNAPL 中释放出富集 ^{13}C 的 TBA，而不是通过 MTBE 的原位降解产生，并且可能存在多个潜在 LNAPL 污染源（如图 15.5 中推测的场外污染源）。

TBA 通常存在于商业生产的 MTBE 中，质量分数占 MTBE 的 2%。鉴于污染源区和污染羽中游靠近含 MTBE 的 LNAPL，MTBE 和 TBA 很可能都从 LNAPL 污染源区溶解到地下水中。由此产生的 MTBE/TBA 比值将与 MTBE 降解前的值相似。在污染羽下游，TBA 浓度及其 δ^{13}C 值在三次取样的样品中基本保持不变，但 MTBE/TBA 比值则呈下降趋势。与污染羽中游不同的是，CSIA 数据并没有证实污染羽下游的 MTBE 存在原位降解并产生 TBA。假设下游水井位于污染羽中心线附近，则仍可观察到来自中游剖面（δ^{13}C 值约为−28‰）的 MTBE-TBA 降解产物。虽然缺乏 MTBE 降解的证据是合理的（如水文地质条件的非均质性），但 TBA 缺乏 ^{13}C 更令人费解。这可能是由于 TBA 进一步降解，使原本−28‰的 δ^{13}C 富集重同位素。TBA 降解产生的 ^{13}C 富集特征也可能被场外潜在污染源的贡献所稀释，其 TBA 来自 LNAPL。

综上所述，MTBE 和 TBA 碳同位素分析可更好地了解 MTBE 的生物降解，以及其他来源对 MTBE 和 TBA 的潜在贡献。研究区进行的三次 CSIA 取样，不同期次样品的分析结果表明了 MTBE 原位微生物降解的开始和持续发生。本研究得出的主要结论如下：①2008 年除一口井之外，其他所有井的 MTBE 的 δ^{13}C 值均在典型的人工合成 MTBE 的范围内，表明 2008 年之前 MTBE 污染羽的生物降解作用并不显著。②2008 年之后污染羽中游地区 MTBE 的 δ^{13}C（个别点如 G246 在 2008 年之前）变得富集重同位素（^{13}C）。同时伴随着更低的 MTBE 浓度和 MTBE/TBA 比值，这为 2008 年以后 MTBE 的生物降解提供了有力证据。③污染羽下游 MTBE 的 $\delta^{13}C$ 值与中游相比没有显著变化，表明该地区的 MTBE 可能还有另一个未降解污染源的贡献；④2008 年在整个污染羽中观测到的 TBA 部分来源于 MTBE 降解转化，然而很大一部分 TBA 可能直接来自 LNAPL 污染源（TBA 作为制造杂质存在于 MTBE 中）。在 2011～2013 年 MTBE 生物降解普遍开始后，中游污染羽 TBA 主要来源于 MTBE 的降解，下游污染羽 TBA 的来源具有不确定性，可能存在其他污染源或者来自上游的 TBA 进一步降解的发生。

15.3.2　评估地下水中 MTBE 的生物降解

研究区位于英国白垩系含水层，该含水层处于一个断裂带上并形成了双层介质结构，是欧洲西北部的一个重要地下水源地。无铅汽油的意外泄漏之后，污染物通过裂隙渗透，在地下水位以下约 20m 处形成污染源。场地的地下水化学数据并不能为 MTBE 生物降解作用提供令人信服的证据，沿着污染羽流动方向 MTBE 浓度的减少可能主要与稀释和扩散作用有关。但是断裂带含水层的双层介质迁移过程引起的 MTBE 浓度变化，可能会掩盖污染羽中 MTBE 的生物降解作用。

分别在 BTEX/MTBE 混合污染羽、MTBE 污染羽和未受污染的位置布设分层监测井采集含水层不同深度的地下水样品（图 15.11）。其中，含水层中未受污染地下水的溶解氧质量浓度接近 2mg/L，BTEX/MTBE 混合污染羽为厌氧环境，MTBE 污染羽末端边缘地带的地下水溶解氧质量浓度较低（＜0.5mg/L），MTBE 污染羽其他部位均为厌氧条件。

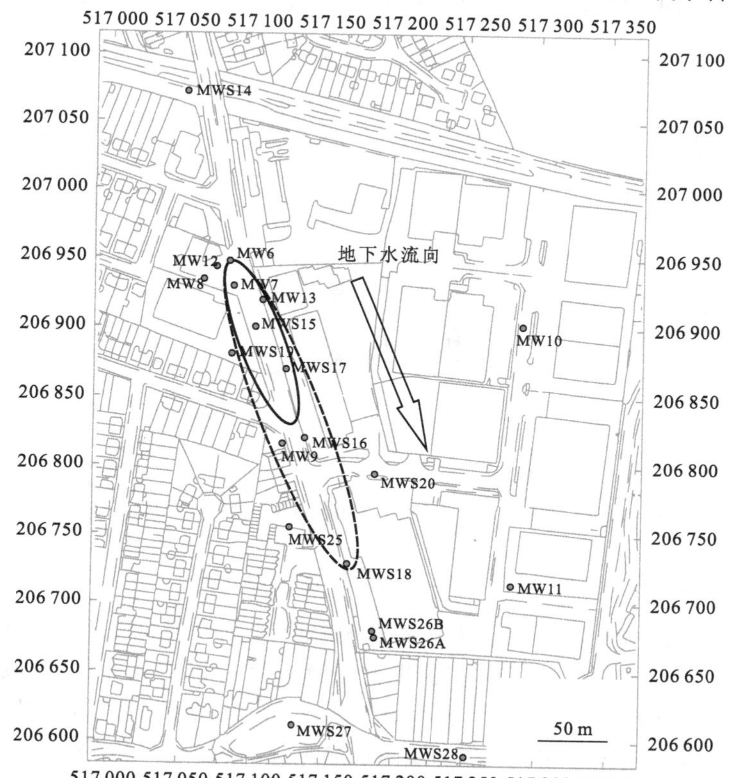

图 15.11　场地无铅燃料释放位置（黑色实心圆）和监测井网分布（改自 Thornton et al., 2011）

实线圈画区域为 BTEX/MTBE 混合污染羽，虚线圈画区域为 MTBE 污染羽

为了评估含水层和污染羽中典型溶解氧含量下MTBE生物降解潜力，获取不同氧化还原条件下MTBE生物降解过程的碳同位素富集系数，在不同O_2状态的条件下，用场地含水层介质和地下水进行室内实验。在2L样品瓶中加入300g含水层砾石（砾径大小为4～10mm），然后加入MW27采集的1400mL未受污染的地下水，或是MW18（含100μg/L的MTBE，没有TBA）采集的1400mL受污染的地下水，保持约500mL的顶空，最后加入5～6mg/L的MTBE，分别在高氧环境（约45mg/L O_2）、低氧环境（约2mg/L O_2）、厌氧环境进行室内微生物降解实验，定期取样测试。用GC-MS测试野外和室内实验中地下水MTBE和TBA浓度，SPME-GC-C-IRMS法对MTBE进行单体碳同位素分析（分析精度为0.4‰）。

高氧环境下微生物能够有效降解MTBE（图15.12），该降解过程遵循一级动力学过程。其中，未受污染地下水培养的微生物在300d内完全降解MTBE，降解速率为0.0074μg/d；MTBE污染羽培养的微生物需要600d才基本完全降解MTBE，降解速率为0.0025μg/d。这两种过程的降解速率的差异，可能是由于污染羽内存在更容易被生物降解的有机化合物发生了优先代谢，导致了污染羽降解的长期滞后或者MTBE好氧生物降解过程缓慢发生。在溶解氧质量浓度为2mg/L的低氧环境下，MTBE在110d内完全降解。在灭菌控制实验中，MTBE浓度降低归因于在取样过程中加入了无菌无MTBE的地下水来维持液体恒定的固液比。与控制实验相比，厌氧条件下培养175d没有明显的MTBE去除（图15.12）。因此，本研究区含水层中不太可能发生MTBE厌氧生物降解，有氧降解将是MTBE生物降解的主要途径。

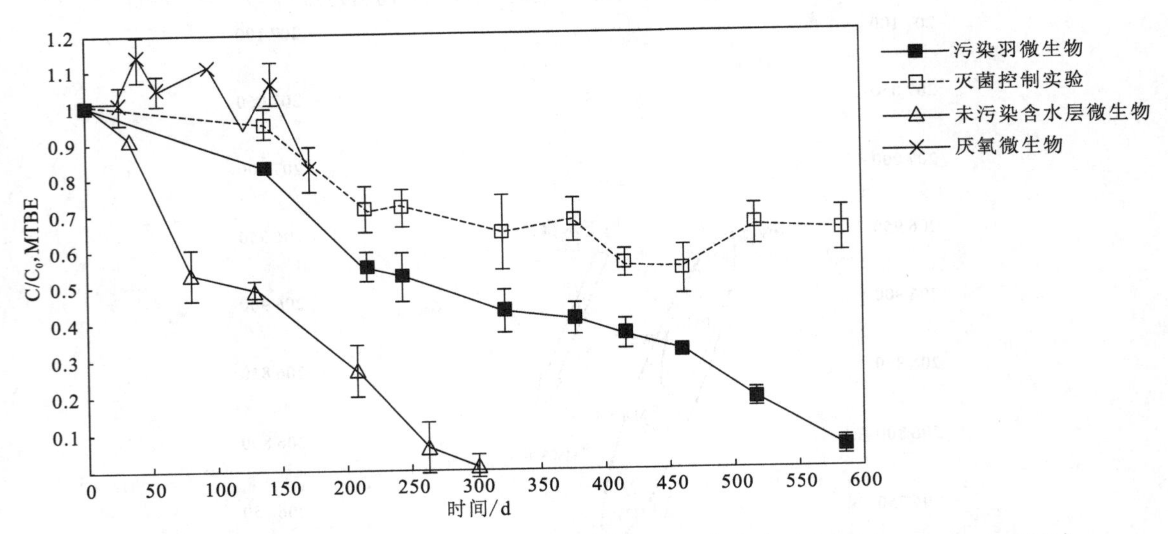

图15.12　高氧环境和厌氧环境下MTBE生物降解潜力评估实验（改自Thornton et al., 2011）

溶解氧含量不仅影响生物降解速率，还影响降解过程的碳同位素富集系数（图15.13）。在氧气充足条件下（高氧环境），MTBE生物降解过程中$\delta^{13}C$值从-31.1‰增加到-24.1‰，降解前后变化了7‰，碳同位素富集因子为-1.53‰。2mg/L溶解氧浓度的低氧环境下，MTBE生物降解的碳同位素富集因子仅为-0.24‰～-0.22‰，降解前后的$\delta^{13}C$仅相差0.7‰。

然而，利用碳同位素富集程度对场地尺度MTBE生物降解进行评估时，并不能识别含水层中是否发生了MTBE生物降解作用。沿场地污染羽流动方向通过多水平监测并采集不同层

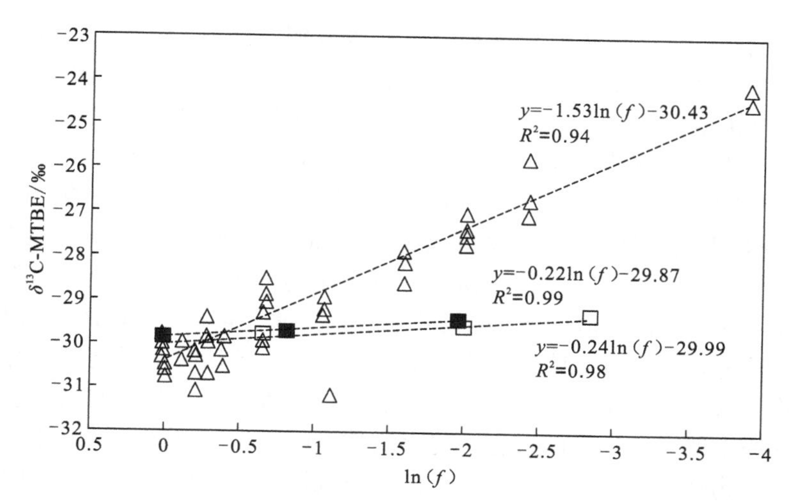

图 15.13 好氧生物降解 MTBE 过程的碳同位素分馏（改自 Thornton et al., 2011）

△表示高氧环境；□和■表示 2 mg/L 溶解氧的低氧环境重复实验

位的含溶解氧和 MTBE 的地下水样品，这些样点代表了污染羽的边缘特征。因为在污染羽中心的溶解氧可能在 BTEX 和其他烃类的生物降解过程中完全耗尽。然而，在污染羽边缘的低浓度污染物（在这种情况下主要是 MTBE）与含氧地下水混合将导致了 MTBE 生物降解。但是沿着污染羽流动方向采集的地下水 MTBE 的碳同位素组成并不存在显著富集 ^{13}C。从污染羽末端采集 MTBE 的 $\delta^{13}C$ 值（离污染源 230 m）与污染源采集样品的 $\delta^{13}C$ 值相同（图 15.14）。这意味着污染羽中 MTBE 的碳同位素组成无法为原位生物降解发生与否提供证据。

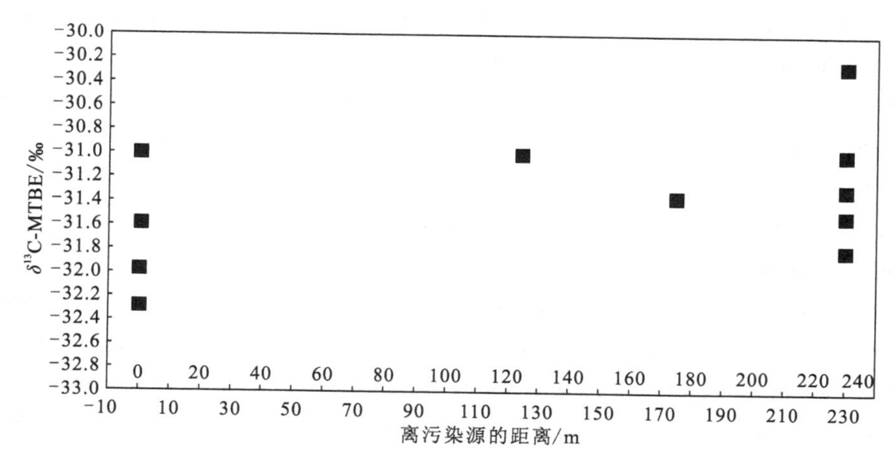

图 15.14 沿污染羽流动方向从污染源到其下游的 MTBE 碳同位素组成变化（改自 Thornton et al., 2011）

垂直方向表示不同取样深度采集的样品

由于其他燃料成分的生物降解作用消耗掉氧气，地下水中的 MTBE 污染羽通常处于厌氧条件。MTBE 的好氧生物降解作用只可能存在污染羽边缘的低氧条件下。如前所述，低氧条件下 MTBE 生物降解过程中的碳同位素富集程度很小（$\varepsilon<0.3‰$）。因此，研究区地下水中 MTBE 的 $\delta^{13}C$ 值即使没有明显升高，也不能排除 MTBE 好氧生物降解的可能性。事实上，

室内培养实验证明了研究区含水层具有 MTBE 生物降解的潜力。从室内实验中得出的碳同位素富集系数可以用来计算 MTBE 中 $\delta^{13}C$ 值产生变化所需的好氧生物降解量。基于现有的碳同位素分析精度（0.5‰），剩余 MTBE 的 $\delta^{13}C$ 值变化量大于 1‰才能确定存在生物降解作用，其对应着最小生物降解量。在高氧环境下（碳同位素富集因子为-1.53‰），1‰的 $\delta^{13}C$ 值变化量意味着生物降解量约为 40%。然而，在低溶解氧条件下，较小的同位素富集系数意味着 95%的 MTBE 需要被生物降解，才能导致残余 MTBE 的 $\delta^{13}C$ 值中发生 1‰的富集。因此，在低溶解氧条件下可能发生明显的 MTBE 好氧生物降解作用，但是由于降解量不大，碳同位素组成变化不明显。在此情况下，碳同位素分馏工具不能确定 MTBE 生物降解作用是否发生。此外，在野外，实际好氧降解发生在低氧环境，而评估时采用高氧环境下获得的同位素富集系数，将会低估实际微生物降解量；反之，将低氧环境下获得的同位素富集系数用于野外实际高氧环境下的微生物降解过程，将会高估实际微生物降解量。因此，利用单体同位素分析评估原位生物降解作用之前，应尽可能地研究清楚特定环境和过程的同位素富集系数及其影响因素。用实验室获得的同位素富集系数来估算场地尺度的污染物生物降解作用时，该富集系数必须在与原位环境相同的条件下获得。

参考文献

AMARAL H I, BERG M, BRENNWALD M S, et al., 2010. $^{13}C/^{12}C$ analysis of ultra-trace amounts of volatile organic contaminants in groundwater by vacuum extraction[J]. Environmental science and technology, 44(3): 1023-1029.

ELSNER M, MCKELVIE J, COULOUME G L, et al., 2007. Insight into methyl tert-butyl ether (MTBE) stable isotope fractionation from abiotic reference experiments[J]. Environmental science and technology, 41(16): 5693-5700.

GRAY J R, LACRAMPE-COULOUME G, GANDHI D, et al., 2002. Carbon and hydrogen isotopic fractionation during biodegradation of methyl tert-butyl ether[J]. Environmental science and technology, 36(9): 1931-1938.

HERRERO-MARTÍN S, NIJENHUIS I, RICHNOW H H, et al., 2015. Coupling of a headspace autosampler with a programmed temperature vaporizer for stable carbon and hydrogen isotope analysis of volatile organic compounds at microgram per liter concentrations[J]. Analytical chemistry, 87(2): 951-959.

HUNKELER D, BUTLER B J, ARAVENA R, et al., 2001. Monitoring biodegradation of methyl tert-butyl ether (MTBE) using compound-specific carbon isotope analysis[J]. Environmental science and technology, 35(4): 676-681.

KOLHATKAR R, KUDER T, PHILP P, et al., 2002. Use of compound-specific stable carbon isotope analyses to demonstrate anaerobic biodegradation of MTBE in groundwater at a gasoline release site[J]. Environmental science and technology, 36(23): 5139-5146.

KOPINKE F D, GEORGI A, VOSKAMP M, et al., 2005. Carbon isotope fractionation of organic contaminants due to retardation on humic substances: Implications for natural attenuation studies in aquifers[J]. Environmental science and technology, 39(16): 6052-6062.

KUDER T, WILSON J T, KAISER P, et al., 2005. Enrichment of stable carbon and hydrogen isotopes during anaerobic biodegradation of MTBE: microcosm and field evidence[J]. Environmental science and technology, 39(1): 213-220.

KUDER T, PHILP P, ALLEN J, 2009. Effects of volatilization on carbon and hydrogen isotope ratios of MTBE[J]. Environmental science and technology, 43(6): 1763-1768.

KUJAWINSKI D M, STEPHAN M, JOCHMANN M A, et al., 2010. Stable carbon and hydrogen isotope analysis of methyl tert-butyl ether and tert-amyl methyl ether by purge and trap-gas chromatography-isotope ratio mass spectrometry: method evaluation and application[J]. Journal of environmental monitoring, 12(1): 347-354.

LU J, MURAMOTO F, PHILP P, et al., 2016. Monitoring In Situ biodegradation of MTBE using multiple rounds of compound-specific stable carbon isotope analysis[J]. Ground water monitoring and remediation, 36(1): 62-70.

THORNTON S F, BOTTRELL S H, SPENCE K H, et al., 2011. Assessment of MTBE biodegradation in contaminated groundwater using 13C and 14C analysis: Field and laboratory microcosm studies[J]. Applied geochemistry, 26(5): 828-837.

WANG Y, HUANG Y, 2003. Hydrogen isotopic fractionation of petroleum hydrocarbons during vaporization: implications for assessing artificial and natural remediation of petroleum contamination[J]. Applied geochemistry, 18(10): 1641-1651.

XU B S, LOLLAR B S, PASSEPORT E, et al., 2016. Diffusion related isotopic fractionation effects with one-dimensional advective-dispersive transport[J]. Science of the total environment, 550: 200-208.

ZWANK L, BERG M, SCHMIDT T C, et al., 2003. Compound-specific carbon isotope analysis of volatile organic compounds in the low-microgram per liter range[J]. Analytical chemistry, 2003, 75(20): 5575-5583.

第 16 章　硝基芳烃类有机单体碳、氢、氮同位素

硝基芳烃类有机物是一类重要的化工原料，广泛应用于染料、杀虫剂、炸药、农药及其他化工产品的生产中，也是土壤和地下水环境中广泛存在的一类有机污染物。该类化合物结构稳定，种类繁多且复杂，难以降解，属高毒污染物。硝基芳烃类化合物已被列入我国及美国环境保护局环境优先控制污染物黑名单。水环境中硝基芳烃类化合物主要来源于工业废水的排放，一旦进入河道或其他地表水，极易渗入地下水系统，对沿河水源或地下水资源造成持久性污染。硝基芳烃类有机物的组成元素主要是碳、氢、氮、氧等，目前主要关注其单体碳和氮同位素分析，另外单体氢同位素分析也有部分涉及。由于单体氧同位素测试技术尚未成熟，目前尚缺乏相关研究和应用。

16.1　硝基芳烃类有机单体碳、氢、氮同位素分析测试技术

16.1.1　硝基芳烃类有机单体碳、氢、氮同位素分析测试技术的发展历程

通常硝基芳烃类单体碳和氮同位素测试均采用 GC/C-IRMS 进行在线测试。硝基芳烃类单体氢同位素测试则采用 GC/HTC-IRMS 分析。虽然硝基芳烃类化合物适用的前处理方法多种多样，如 LLE、SPE、SPME、P&T、LPME 等。然而，硝基芳烃类单体同位素分析的预富集主要采用 DI-SPME 或液-液萃取。

Coffin 等（2001）采用索氏抽提和固相萃取作为前处理方法，结合 GC/C-IRMS 测试了土壤和地下水中 2，4，6-三硝基甲苯（TNT）碳和氮同位素组成；前处理方法回收率达到 99.8%以上，整个过程未产生同位素分馏；该方法的检出限为 1 μg C 和 3 μg N，碳和氮同位素分析精度达到 0.3‰和 0.3‰。

Hartenbach 等（2006）将采取浸入式固相微萃取（SPME，85 μm 聚丙烯酸酯纤维 PA 萃取头）结合 GC/C-IRMS 的测试方法，研究了化学还原降解硝基芳烃过程中碳和氮同位素分馏，单体碳和氮同位素测试精度分别为 0.3‰和 0.3‰～1.1‰（30～50 μmol/L 样品用量范围）。通过对比该测试方法与 EA-IRMS 的测试结果：硝基芳烃的碳同位素值相差 0.25‰，表明预富集和测试过程中未产生碳同位素分馏；2-甲基硝基苯和 4-甲基硝基苯的氮同位素值相差 0.18‰和 0.99‰，2-氯硝基苯和 4-氯硝基苯的氮同位素值相差 3.4‰和 3.7‰，但这种偏差在所有测试中均稳定存在，因而可以通过校正获得准确结果。

Berg 等（2007）系统评估了 85 μm 聚丙烯酸酯纤维（PA）萃取头用于 SPME-GC/C-IRMS 测试硝基芳烃（2-甲基硝基苯、4-甲基硝基苯、2-氯硝基苯、4-氯硝基苯、2，4-二硝基甲苯、2，6-二硝基甲苯、2，4，6-三硝基甲苯、2-甲基苯胺、4-甲基苯胺、2-氯苯胺和 4-氯苯胺）单体碳和氮同位素的精度、准确度、检出限和萃取条件的影响。虽然浸入式 SPME 萃取效率

低（4.6%～5.4%），但碳同位素测试精度和准确度较好。4-氯硝基苯、2，4-二硝基甲苯、2，6-二硝基甲苯和 4-甲基苯胺的碳同位素测试精度为 0.9‰～1.2‰，其他硝基芳烃的碳同位素测试精度优于 0.7‰。除苯胺类以外，其他单体氮同位素分析精度优于 1‰。对比 SPME-GC/C-IRMS 和 EA-IRMS 测试结果，除 2，4-二硝基甲苯、2，4，6-三硝基甲苯和 2-氯苯胺 δ^{13}C 值偏差 1.1‰～1.3‰以外，其他硝基芳烃单体的 δ^{13}C 值偏差小于 0.7‰；TNT 和苯胺类的 δ^{15}N 值偏差为 1.8‰～4.0‰，其他单体的 δ^{15}N 值偏差小于 1.5‰，但这种偏差变化稳定在±1‰范围内。SPME-GC/C-IRMS 测试硝基芳烃单体碳和氮同位素的检出限分别为 73～1 600 μg/L 和 1.6～22 mg/L（不含苯胺类），其与 SPME 萃取效率有关。

Skarpeli-Liati 等（2011）研究了溶液 pH 对 SPME-GC/C-IRMS 用于取代苯胺类（苯胺、2-甲基苯胺、4-甲基苯胺、2-氯苯胺和 4-氯苯胺）单体碳和氮同位素测试的影响，结果表明，SPME 的 65 μm 聚二甲基硅氧烷/二乙烯基苯（PDMS/DVB）萃取头萃取效率显著高于聚丙烯酸酯纤维（PA）萃取头；pH 降低将导致测试过程存在显著的逆反氮同位素分馏，而碳同位素基本不产生分馏；溶液 pH 超过取代苯胺共轭酸的酸度系数（pKa）两个 pH 单位的条件下，使用 PDMS/DVB 萃取头进行同位素分析可保证测试的精度和准确度；碳和氮同位素测试精度分别优于 0.6‰和 0.9‰；SPME-GC/IRMS 与 EA-IRMS 测试的 δ^{13}C 值和 δ^{15}N 值差别均小于 0.9‰。SPME-GC/C-IRMS 测试取代苯胺类单体碳和氮同位素的检出限分别为 130～540 μg/L 和 0.64～2.1 mg/L。此外，Bernstein 等（2013）利用二氯甲烷（DCM）作为萃取剂进行液-液萃取，并结合 PTV 进样和 GC/C-IRMS 开展了水中黑索金炸药（RDX）的碳和氮同位素测试。

若能够利用 GC、高效液相色谱法（high performance liquid chromatography，HPLC）、薄层色谱法（TLC）等制备技术将单一目标污染物从复杂基质中分离纯化出来，则可以利用 EA-IRMS 或 Offline DI-IRMS 实现有机单体同位素测试。Bernstein 等（2008）将液-液萃取法、TLC 和 EA-IRMS 法三者相结合，建立了水中 RDX 的氮和氧同位素测试方法，即利用 DCM 作为萃取剂对水样进行液-液萃取，再经 TLC 分离纯化，将纯化后的 RDX 再一次进行液-液萃取，最后进行 EA-IRMS 测试，以此测得 RDX 的 δ^{15}N 值和 δ^{18}O 值，氮和氧同位素测试精度分别优于 0.2‰和 1.3‰。Moshe 等（2010）和 Bernstein 等（2010）将该方法稍做改进用于野外土壤和地下水样品中 RDX 的氮同位素测试。

16.1.2 硝基芳烃类有机单体碳、氢、氮同位素样品前处理

硝基芳烃类单体同位素分析样品的采集和保存并无统一规范，也缺乏采集和保存条件对硝基芳烃类单体同位素组成的影响研究。参照硝基芳烃类污染物含量分析的相关方法和规范，用棕色玻璃瓶采集水样，采集前用待测水样将样品清洗 2～3 次，水样应充满样品瓶，并加盖密封。水样采集后尽快分析，若不能及时分析，则在冰箱中于 4 ℃条件下避光保存。

硝基芳烃类单体同位素分析目前的预富集主要采用 DI-SPME 或液-液萃取。其中 SPME 操作步骤如下：在 2 mL 样品瓶中加入 1.3 mL 待测样品和 0.3 g 氯化钠（即 4 mol/L NaCl）密封。将 SPME 针管刺透隔垫插入顶空瓶中，推出萃取头浸入样品，在 40 ℃温度下萃取 45 min 使分析物在石英玻璃纤维上涂层的固定相中吸附平衡后，缩回萃取头并拔出针管，将萃取浓缩出的物质转入气相色谱仪。

固相微萃取的方式、涂层材料的选择、盐析效应、顶空进样体积、萃取时间、萃取温度、

搅拌速率等条件的优化和这些因素对同位素精度和准确度的影响，是 SPME 需要重点探讨的内容。硝基芳烃类单体同位素分析测试中，固相微萃取主要采用涂层为 65 μm 聚二甲基硅氧烷/二乙烯基苯（PDMS/DVB）、85 μm 聚丙烯酸酯纤维（PA）、DVB-Carboxen-PDMS 等萃取头。

16.1.3 硝基芳烃类有机单体碳、氢、氮同位素常见分析测试技术

与其他有机单体碳同位素分析测试技术一样，硝基芳烃类单体碳同位素分析也是采用成熟的 GC/C-IRMS 在线测试技术，单次要求进样量约为 10 ng 的碳，分析精度为 0.5‰，具体参考第 13 章相关介绍。

硝基芳烃类单体氢同位素测试与苯系物单体氢同位素测试一样，均是采用 GC/HTC-IRMS 在线测试技术，分析精度约为 5‰。单体氢同位素测试原理是，富集后的样品经过 GC 分离成单体后，依次进入高温裂解管中，单体氢在 1440 ℃高温下热解生成氢气进入气体稳定同位素比值质谱仪，最终实现待测单体氢同位素组成的测试（GC/HTC-IRMS）。

硝基芳烃类单体氮同位素分析采用 GC/C-IRMS 在线测试技术，单次要求进样量约为 42 ng 的氮，分析精度约为 1‰。其测试原理是富集后的混合样品经过 GC 分离成单体后，依次进入陶瓷管内嵌镍管并填充 NiO/CuO 丝的燃烧管中，单体氮燃烧还原生成氮气（N_2），通过液氮冷阱除去 CO_2 后送入气体稳定同位素比值质谱仪，最终实现待测单体氮同位素测试（GC/C-IRMS）。单体氮同位素测试与单体碳同位素测试共用同一个高温燃烧管。

各实验室应根据待测目标物成分性质等情况对样品用量和仪器测试条件（如进样方式、解吸时间、解吸温度、气相色谱流速、色谱柱升温程序等）进行优化。

16.2 硝基芳烃类单体碳、氢、氮同位素的分馏

16.2.1 非生物降解过程的碳、氢、氮同位素分馏

硝基芳烃可以被天然矿物如针铁矿吸附的 Fe^{2+}、黏土矿物等还原降解。Hartenbach 等（2006）研究发现针铁矿吸附 Fe^{2+}体系和胡桃醌/H_2S 体系还原降解四种硝基芳烃（2-甲基硝基苯、4-甲基硝基苯、2-氯硝基苯和 4-氯硝基苯），均产生显著氮同位素分馏和较弱的碳同位素分馏；虽然不同体系降解不同硝基芳烃的反应速率存在着两个量级的差别，但各自的氮同位素富集系数（ε_N）保持高度一致（−31.9±1）‰～（−28±0.8）‰，换算成表观动力学同位素效应约为 1.03。

针铁矿吸附生物成因的 Fe^{2+}，还原降解 3-氯硝基苯产生的氮同位素富集系数为（−39.7±3.4）‰，换算成表观动力学同位素效应约为 1.04（Tobler et al.，2007）。黏土矿物的结构 Fe^{2+}还原降解五种单硝基芳族化合物（2-甲基硝基苯、4-甲基硝基苯、2-氯硝基苯、3-氯硝基苯和 4-氯硝基苯）产生的氮同位素分馏基本一致，与硝基苯的反应活性和苯环上取代基类别和位置无关，氮同位素富集系数变化为（−39.9±1.6）‰～（−37.7±2.3）‰，换算成 AKIE 约为 1.04；还原性黏土矿物的结构 Fe^{2+}还原降解两种二硝基芳族化合物（1，2-二硝基苯和 1，4-二硝基苯）产生的氮同位素富集系数为（−18.4±0.7）‰～（−16.5±0.7）‰，约为单硝基芳族化合物同类降解过程氮同位素富集系数的 1/2。这是由于二硝基芳族化合物含两个

同等反应活性的$-NO_2$基团，因轻同位素（$-^{14}NO_2$）的反应不产生分馏，而会对重同位素（$-^{15}NO_2$）分馏产生了 2 倍的稀释作用，考虑稀释倍数计算的表观动力学同位素效应同样约为 1.04（Hofstetter et al.，2008a）。

除固相还原剂如矿物结合的Fe^{2+}外，硝基芳烃还可以被各种溶解性还原物质降解，包括在H_2S存在下溶解的天然有机物，如萘醌和蒽醌，以及与儿茶酚和有机硫醇配体的Fe^{2+}络合物。氢醌（$AHQDS^-$）还原降解四类单硝基芳烃化合物（2-甲基硝基苯、4-甲基硝基苯、2-氯硝基苯和 4-氯硝基苯）产生的氮同位素分馏与前人报道的针铁矿或黏土矿物的结构Fe^{2+}还原降解过程的相一致，氮同位素富集系数变化不受 pH 和还原剂浓度的影响，其范围为(-43.3 ± 0.3)‰～(-37.1 ± 0.4)‰，换算成表观动力学同位素效应为 1.039～1.045（Hartenbach et al.，2008）。

降解过程的同位素分馏本质上遵循动力学同位素效应，其分馏大小取决于降解途径或反应机理中限速步骤断裂（或形成）化学键的类型或过渡态化学键断裂（或形成）的程度，导致具有不同降解机理的 MTBE 生物降解过程产生不同的同位素分馏。

现有的研究认为，硝基芳烃无机还原降解为相应的苯胺的限速步骤通常是 N，N-二羟基苯胺（物质 2）经 N—O 键裂解而脱水成亚硝基苯（物质 3）（图 16.1）。该限速步骤只涉及 N 原子而不涉及 C 原子，其产生主级动力学氮同位素效应和次级动力学碳同位素效应，上述表观动力学同位素效应约为 1.04，可以视为等同于 N—O 键裂解的固有动力学同位素效应。

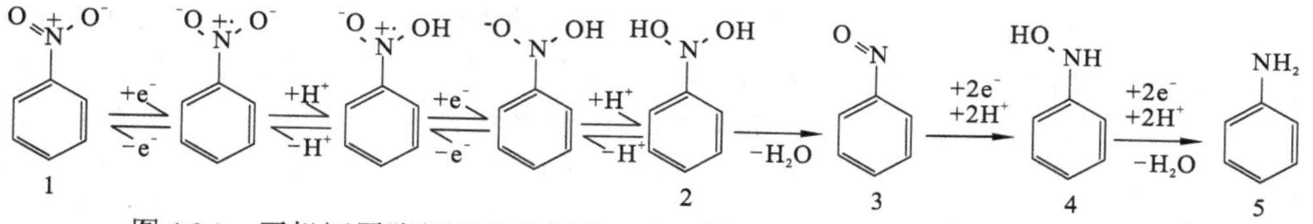

图 16.1　无机还原降解硝基芳烃的反应机制（改自 Hofstetter et al.，2014）

然而，在化学键裂解步骤之前如果存在速率较缓慢的同位素分馏不显著的步骤（如细胞吸收过程、底物转移到酶的活性部位、反应物迁移至反应表面的过程、反应物-反应表面络合过程等），即使实际化学键裂解中存在明显的固有动力学同位素效应，但测得的该过程的表观动力学同位素效应将小于动力学同位素效应。Hartenbach 等（2008）发现氢醌（$AHQDS^-$）还原降解 1，2-二硝基苯和 2，4，6-三硝基苯及钛铁试剂-Fe^{2+}络合物还原降解 4-氯硝基苯等过程中产生的氮同位素分馏随着 pH 增加而减小，表观动力学同位素效应从 1.043 减小至 1.010，推测随着 pH 增加，氮同位素效应较小的裂解前电子和质子传递步骤逐渐取代氮同位素效应较大的 N—O 键裂解成为整个降解过程中的限速步骤。

高锰酸盐氧化降解硝基苯过程是苯环双氧化（dioxygenation）途径（即 3+2 环加成反应，图 16.2），其限速步骤是裂解苯环中一个 C＝C 键同时导致 C—H 杂化从 sp^2（C—H）变为 sp^3（C—H），该过程产生常规碳和氮同位素效应（normal carbon and nitrogen isotope effect）和次级逆反氢同位素效应（secondary inverse hydrogen isotope effect），碳、氮和氢同位素富集系数分别为(-9.1 ± 0.4)‰、(-1.8 ± 0.2)‰和(14 ± 1)‰，折算成表表观动力学同位素效应分别为 1.0289 ± 0.0003、1.0017 ± 0.0003 和 0.9410 ± 0.0030（Wijker et al.，2013）。同样，羟基自由基（HO·）氧化降解硝基苯过程也是苯环双氧化（dioxygenation）途径，即限

速步骤是HO·加成苯环中一个C═C键同时导致C—H杂化从sp^2（C—H）变为sp^3（C—H），产生主级常规碳和氮同位素效应和次级逆反氢同位素效应，碳和氢同位素富集系数分别为（-3.9±0.2）‰和（11.7±0.8）‰，折算成表观动力学同位素效应分别为1.0240±0.0013和0.945±0.003（Zhang et al.，2016）。

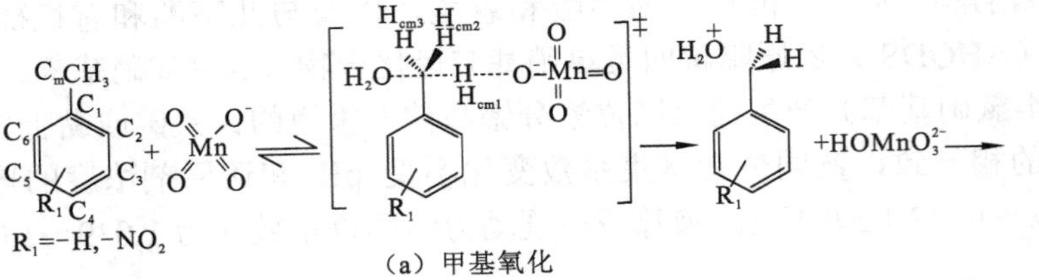

（a）甲基氧化

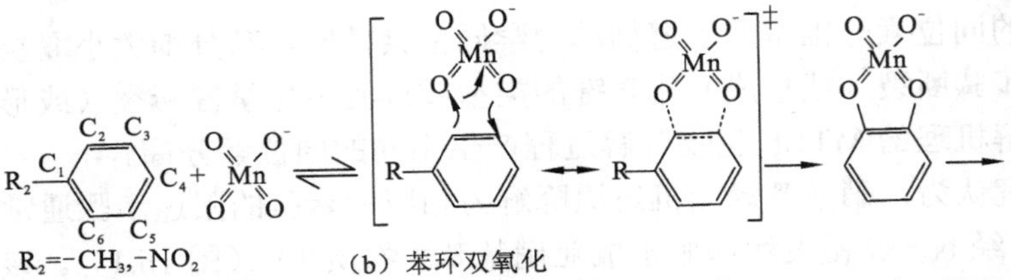

（b）苯环双氧化

图16.2 高锰酸盐氧化降解硝基芳烃的反应机制（改自Wijker et al.，2013）

一种降解过程中可能同时存在两种及以上竞争性降解途径。若竞争性降解途径存在于限速反应阶段（如消除和氢解反应）且各自具有不同的动力学同位素效应，则反应物的同位素分馏是各降解途径中同位素分馏的加权平均，并受各降解途径的相对贡献量影响；如果只有一个初始不可逆阶段，该阶段产生的中间物的后续降解可能存在竞争性降解途径，此时竞争性降解途径的动力学同位素效应影响各自降解产物的同位素组成，但是不会对反应物的表观动力学同位素效应产生影响，因为反应物的动力学同位素效应只受第一个初始不可逆阶段的影响。高锰酸盐降解2-硝基甲苯和4-硝基甲苯过程以甲基氧化途径为主［图16.2（a）］，其限速步骤是裂解甲基中一个C—H键，碳、氮和氢同位素富集系数分别为（-8.8±0.1）‰～（-7.7±0.2）‰、（-2.3±0.2）‰～（-0.8±0.1）‰和（-240±8）‰～（-238±7）‰；高锰酸盐降解2，4-二硝基甲苯和2，6-二硝基甲苯过程是甲基氧化和苯环双氧化两种反应途径同时共存（图16.2），其中2，4-二硝基甲苯降解产生的碳、氮和氢同位素富集系数分别为（-8.8±0.2）‰、（-2.2±0.3）‰和（-76±2）‰，2，6-二硝基甲苯降解产生的碳、氮和氢同位素富集系数分别为（-9.3±0.3）‰、（-1.4±0.1）‰和（-157±6）‰（Wijker et al.，2013）。

16.2.2 生物降解过程的碳、氢、氮同位素分馏

虽然硝基芳香化合物中的硝基基团具有一定的抗生物转化作用，但是有些微生物能利用硝基芳香化合物作为碳源或能源将其代谢降解。微生物对硝基芳香化合物降解的主要途径有好氧生物、厌氧生物和共代谢转化。

在有氧条件下，硝基芳烃化合物可以在双加氧酶的催化作用下引入两个羟基，自发将硝基以NO_2^-的形式脱除。硝基苯、2-硝基甲苯均可以通过硝基苯双加氧酶（NBDO）机制进行代谢。双加氧酶催化氧化降解硝基苯为苯环双氧化（dioxygenation）途径（图16.3），其限速步骤（the rate-limiting step）是裂解苯环中一个C═C键并且C和H原子杂化在苯环2号

位或 6 号位形成一个 C—O 键，该过程的碳、氮和氢同位素富集系数分别为（−3.9±0.2）‰～（−3.5±0.2）‰、（−1.0±0.3）‰～（−0.8±0.3）‰和（−6.3±1.2）‰～（−5.6±1.5）‰；双加氧酶催化氧化降解 2-硝基甲苯过程同时涉及两种反应途径（即苯环双氧化途径和甲基氧化途径，图 16.4），该降解过程的碳同位素富集系数（−1.3±0.1）‰～（−1.2±0.3）‰是这两种反应途径碳同位素富集系数的加权平均，甲基氧化途径的碳同位素富集系数（−0.4±0.2）‰～（−0.2±0.4）‰显著小于苯环双氧化途径的碳同位素富集系数（−3.2±1.0）‰～（−2.0±0.4）‰。

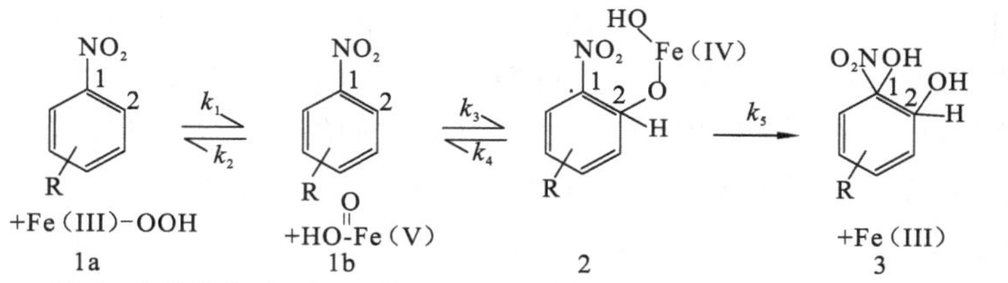

图 16.3 双加氧酶催化氧化降解硝基苯的苯环双氧化途径（改自 Pati et al.，2014）

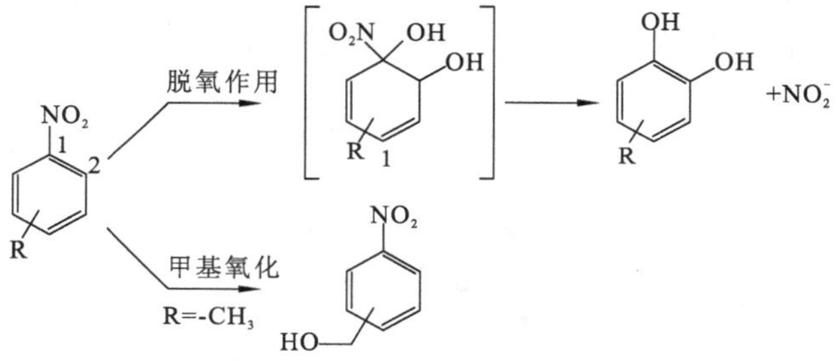

图 16.4 双加氧酶催化氧化降解硝基甲苯同时存在苯环双氧化和甲基氧化两种反应途径（改自 Pati et al.，2014）

微生物类产碱假单胞菌（Pseudomonas *pseudoalcaligenes*）菌株 JS45 可以在有氧条件下生长，通过部分还原途径（partial reduction pathway）以硝基苯作为唯一来源碳、氮和能量，通过将四个电子转移到硝基苯以形成羟基氨基苯（图 16.5）。该降解过程的限速步骤与无机还原降解过程类似，产生较大的氮同位素分馏和很小的碳同位素分馏，碳和氮同位素分馏系数分别为（−0.57±0.06）‰和（−26.6±0.7）‰。相反，从毛单胞菌（*Comamonas* sp.）菌株 JS765 通过双加氧酶催化苯环双氧化途径降解硝基苯（图 16.3），产生很小的氮同位素分馏和较大的碳同位素分馏，碳和氮同位素分馏系数分别为（−3.9±0.09）‰和（−0.75±0.09）‰。与均相溶液非生物还原降解不同，细胞吸收过程、底物转移到酶的活性部位等步骤均可能产生催化胁迫，导致微生物部分还原降解过程中观察到的氮同位素分馏略微偏小（Hofstetter et al.，2008b）。

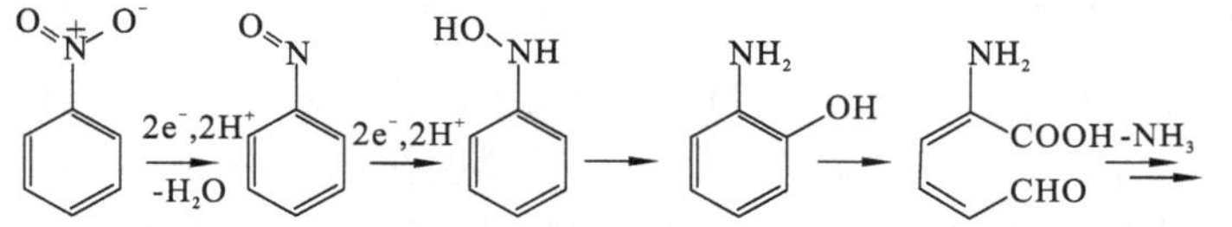

图 16.5 微生物 Pseudomonas *pseudoalcaligenes* JS45 部分还原降解硝基苯（Hofstetter et al.，2008b）

16.3 硝基芳烃类有机单体碳、氢、氮同位素技术方法应用

16.3.1 单体碳同位素评估地下水多硝基芳烃污染物的可降解性

研究区 SPEL 位于葡萄牙里斯本南部，区域附近存在许多从两个含水层大量抽取地下水的水井（图 16.6）。在 1949～1998 年，SPEL 地区一直在生产三硝基甲苯（TNT）和二硝基甲苯（DNT）用于军事和工业。含有 TNT 和 DNT（源自爆炸物生产）的生产废水被收集在靠近生产场地的开放式渗透性砂质黏土土坑塘中（容纳了约 5 000 m^3 TNT 废水和 10 m^3 DNT 废水）。虽然这些纳污坑塘位于 SPEL 区域内，但它们的确切数量和位置却未知。大约每年 0.2 t DNT 和 10 t TNT 以生产废料的形式排放到土壤中。20 世纪 80 年代初，SPEL 地区东部被卖给了一家采砂公司，该公司开采了上层含水层的上新统的砂和包气带。这种大规模的砂土开采破坏了 SPEL 地区的天然水文地质结构。随着采砂到达上层含水层的地下水位，导致了泉水的形成并为污染最严重地区附近的小池塘提供了水源。此外，这些活动大大改变了该地区的地形，即通过去除上层含水层的包气带，使其更易受污染。

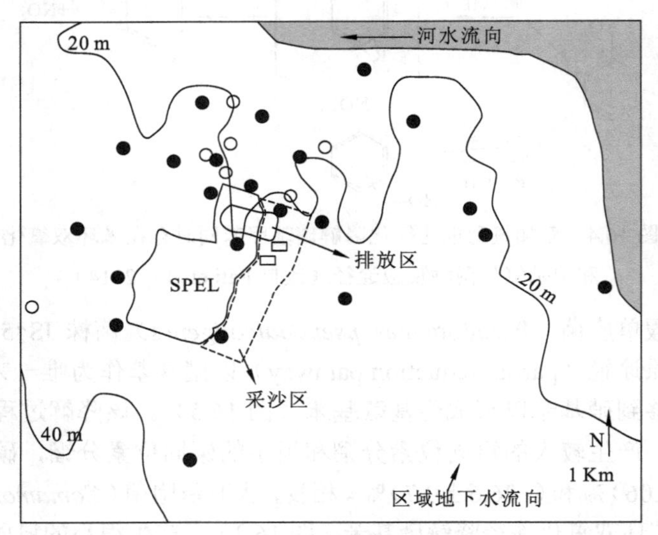

图 16.6　研究区位置（改自 Amaral et al.，2009）

空心圆和实心圆分别为上层含水层和下层含水层地下水取样点位置

研究区域属于 Tejo 河左岸含水层系统的一部分，该系统包括结构复杂的多层含水层。两大含水层是分开的，其中上部非承压砂质含水层由上新世的非均质河流沉积物组成；下部半承压/承压含水层发育于上新统底部和中新统顶部，由多层河流沉积物和钙质层组成（图 16.7）。上新统底部的黏土透镜体和 2 m 厚的黏土层将这两个含水层分开。然而，这种“密封”并不完整，局部含水层存在水力联系。包气带厚度在 20～40 m。上部含水层深度为 40～50 m，而下部含水层深度为 125～185 m（平均深度为 150 m）。自 20 世纪 80 年代末至 20 世纪 90 年代初，下部含水层以 20～100 L/s 的抽水量不断被开采。抽水降低了下部含水层的水头，使得上部含水层的水头比下部含水层高，这导致上部含水层向下的渗漏补给增加。此外，

大量开采下部含水层使得天然地下水流场发生了强烈地改变（北北东向至 Tejo 河口）。

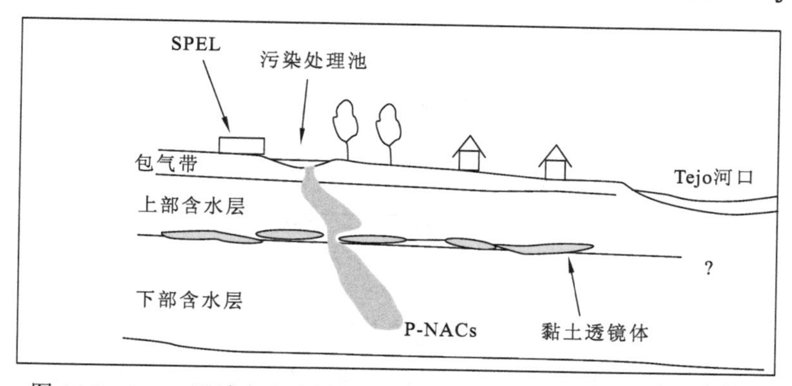

图 16.7　SPEL 区域水文地质剖面示意图（改自 Amaral et al.，2009）

研究采集了 29 口地下水井和 2 个池塘的水样，面积约为 25 km^2，覆盖了 SPEL 及其上游和下游地区（图 16.6）。7 口井从上层含水层抽水，井深可达 40 m，在整个深度或 25～40 m 都有滤管。其余 22 口井从不同深度（125～185 m，通常为 140 m）的下部含水层中抽取水，并有不同的滤管长度。水化学测试指标包括常规阴阳离子、溶解性铁锰、NH_4^+、TOC 和溶解性有机碳、溶解氧、电导率、pH 和温度。地下水滞留时间采用 ^3H-^3He 测年法测定。此外，对 P-NACs 含量高的样品进行了单体碳和氮同位素组成分析。然而，由于氮同位素测试不确定性过大，无法得出结论，因此只能考虑单体碳同位素分析结果。

随着地下水停留时间的增加，TNT 的 $\delta^{13}C$ 值几乎保持不变（即沿假定的地下水流路径，图 16.8），这意味着 TNT 没有发生显著降解。2，4-DNT 和 2，6-DNT 同位素比 TNT 轻，理论上可以解释为 TNT 的代谢产物。然而，TNT 碳同位素组成特征没有提供降解的证据，因此 DNTs 更有可能是 TNT 合成的副产品，而且它们在 SPEL 废水中肯定富集较轻碳同位素。

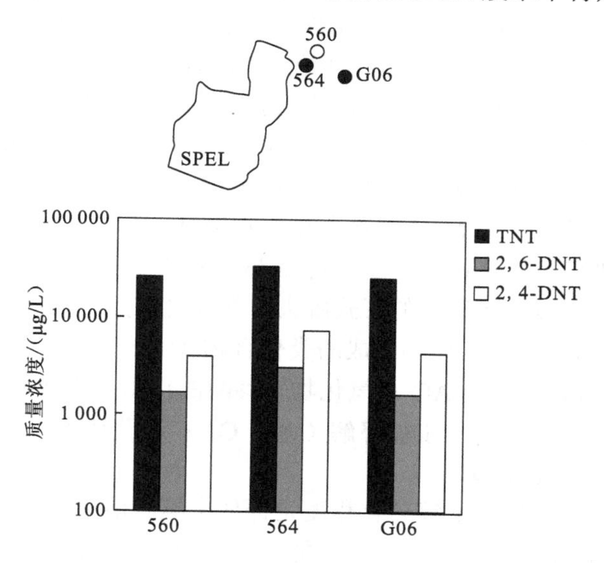

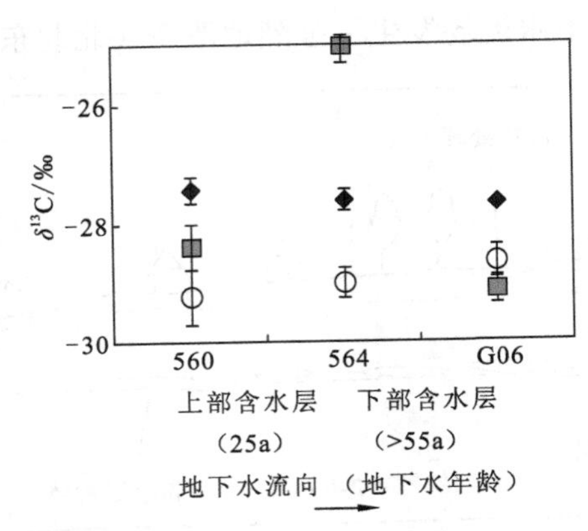

图 16.8 地下水样多硝基芳烃污染物浓度和单体碳同位素特征（$\delta^{13}C$）及相应的地下水年龄（改自 Amaral et al.，2009）

随着地下水年龄的增加，DNTs 的 $\delta^{13}C$ 值也保持不变（图 16.8）。有氧条件下的碳同位素组成保持稳定不变的特征排除了发生 DNT 降解的可能，因为降解会产生同位素分馏导致 DNT 富集 ^{13}C，即沿着地下水流向表现出越来越明显的重同位素特征。因此，碳同位素组成的微小差异似乎仅与 SPEL 生产废水中 TNT 和 DNT 的初始 $\delta^{13}C$ 值特征有关，其中 P-NACs 可能随着时间变化而具有不同的同位素特征。

因此，^3H–^3He 地下水测年技术和 CSIA 技术的联用表明，在 SPEL 含水层的好氧条件下，多硝基芳烃污染物（P-NACs）在半个世纪内没有被降解。如果这种好氧条件没有变化，TNT 和 DNT 污染预计将持续几十年到几个世纪。

16.3.2 二维有机单体碳、氮同位素识别硝基苯好氧生物降解途径

硝基芳香族化合物（NACs）由于广泛用作杀虫剂、染料、炸药和工业原料，其代表了一大类土壤和地下水污杂物特征。由于硝基和其他芳族取代基的数量和位置及环境条件的不同，NACs 可以通过不同的途径进行降解，有时是竞争的反应途径进行生物降解和非生物降解。由于一些 NAC 转化产物，如取代的羟胺和苯胺，与母体化合物具有相同甚至更高的毒性，因此主要转化途径的识别及转化率的估算是必不可少的。NACs 非生物反应主要发生在缺氧条件下，在氧气存在条件下许多 NAC 易产生微生物降解。

在有氧条件下，细菌可以通过几种途径将 NAC 转化为可进一步降解的关键中间代谢物（图 16.9）：NAC 的硝基以亚硝酸盐的形式脱去，在此之前芳香环被双氧化生成取代儿茶酚（途径 A）；或通过单氧化为环氧化物生成酚类化合物（途径 B）；NAC 的另一种还原代谢方式是从苯环的加氢反应开始，NAC 在氢化物转移酶的作用下生成氢化物–Meisenheimer 络合物，然后伴随着 NO_2^- 的释放进一步被降解（途径 C）；细菌还可以部分还原代谢 NAC，即将硝基还原为羟胺或胺（途径 D）。

因此，识别降解途径和定量估算转化程度是评估土壤和地下水污染风险，以及设计适当处置措施的关键因素。地下水有机污染物也可能沿着多个竞争性的降解途径发生浓度的衰减，仅根据反应物浓度的分析判识占优势的降解途径，并确定生物降解程度非常困难。由于芳香

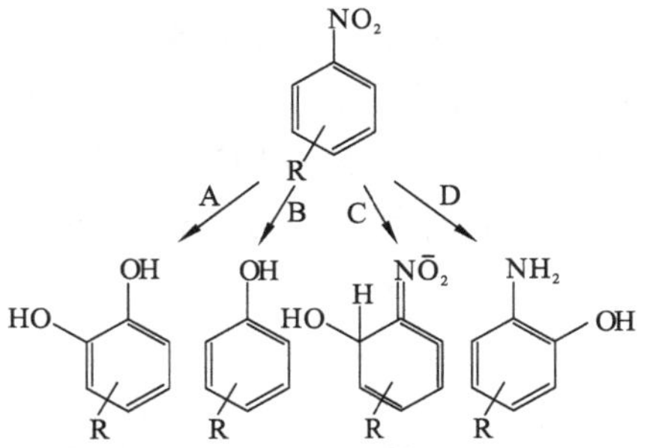

图 16.9　有氧条件下细菌降解 NAC 的反应途径（改自 Hofstetter et al.，2008b）

胺等潜在的降解产物通常也是主要污染物，不能用于追溯降解过程。通常，降解作用将产生同位素分馏，导致污染物浓度和同位素组成变化遵循瑞利分馏方程。若不同降解作用的同位素富集系数具有特征范围值，并且相互之间存在特征差异性，则可以利用 CSIA 揭示生物化学转化过程和反应途径。

本研究的目的是评估有氧条件下微生物经途径 A 和途径 D 降解硝基苯的过程中，碳和氮同位素分馏能否有效区分有氧条件下两种竞争转化途径。为此，首先确定途径 A 和途径 D 两种代表生物降解途径中硝基苯的同位素分馏。

微生物从毛单胞菌（*Comamonas* sp.）菌株 JS765 通过硝基苯双加氧酶（NBDO）机制（途径 A）降解硝基苯，即经双加氧酶催化作用在芳环 1，2-碳原子上引入两个羟基，然后自发地以 NO_2^- 的形式脱去硝基。双加氧酶催化氧化降解硝基苯为苯环双氧化途径，其限速步骤是裂解苯环中一个 C ═ C 键，并且 C 和 H 原子杂化在苯环 2 号位或 6 号位形成一个 C—O 键。由于限速步骤存在含 C 化学键裂解，其碳同位素产生主级动力学同位素效应；限速步骤并不涉及含 N 化学键的裂解，氮同位素仅产生次级动力学同位素效应。因此，该降解途径产生较大的碳同位素分馏和较小的氮同位素分馏，其碳和氮同位素富集系数分别为（−3.9±0.09）‰和（−0.75±0.09）‰。

微生物类产碱假单胞菌（Pseudomonas *pseudoalcaligenes*）菌株 JS45 可以在有氧条件下生长，通过部分还原途径（途径 D）以硝基苯作为唯一碳、氮和能量来源，通过将四个电子转移到硝基苯以形成羟基氨基苯。该降解过程的限速步骤存在含 N 化学键裂解而不涉及含 C 化学键裂解，因而产生较大的氮同位素分馏和很小的碳同位素分馏，碳和氮同位素系数分别为（−0.57±0.06）‰和（−26.6±0.7）‰。

由于“催化胁迫”的影响，实测的同位素富集系数可能会小于预期。为了解决这种掩蔽效应对 CSIA 判识途径的影响，可以进一步评估降解过程中硝基苯中 $\delta^{13}C$ 值和 $\delta^{15}N$ 值的相对变化。硝基苯氧化（途径 A）和还原（途径 D）这两种生物降解途径的氮和碳同位素组成的相对变化（即 $\Delta\delta^{15}N/\Delta\delta^{13}C$）存在显著差异，可以用于区分这两种途径。将每个降解反应途径中硝基苯 $\delta^{15}N$ 值与 $\delta^{13}C$ 值的相关关系进行绘图，即使并不清楚这两种反应途径的同位素富集系数和相应的动力学同位素效应，$\Delta\delta^{15}N/\Delta\delta^{13}C$ 的趋势也能指示潜在的反应机制，因为 $\Delta\delta^{15}N/\Delta\delta^{13}C$ 值近似等于 $\varepsilon_N/\varepsilon_C$ 值。

硝基苯还原降解反应途径（途径 D）具有较大的氮同位素分馏和很小的碳同位素分馏，因而线性回归分析确定的 $\Delta\delta^{15}N/\Delta\delta^{13}C$ 值（52±8）的不确定性很大，但仍与 $\varepsilon_N/\varepsilon_C$ 的理论值

（47±5.1）具有很好的一致性。硝基苯氧化降解反应途径主级动力学碳同位素效应和次级氮同位素效应，线性回归分析确定的 $\Delta\delta^{15}N/\Delta\delta^{13}C$ 值很小（0.20±0.04），与 $\varepsilon_N/\varepsilon_C$ 理论值（0.19±0.02）相符。因此，野外测得的 $\Delta\delta^{15}N/\Delta\delta^{13}C$ 值变化趋势可以提供关于硝基苯的主要生物降解途径的重要信息。如图 16.10 所示，其他 NAC 降解途径导致的 $\Delta\delta^{15}N/\Delta\delta^{13}C$ 值变化趋势应该明显不同于还原和氧化途径的趋势。

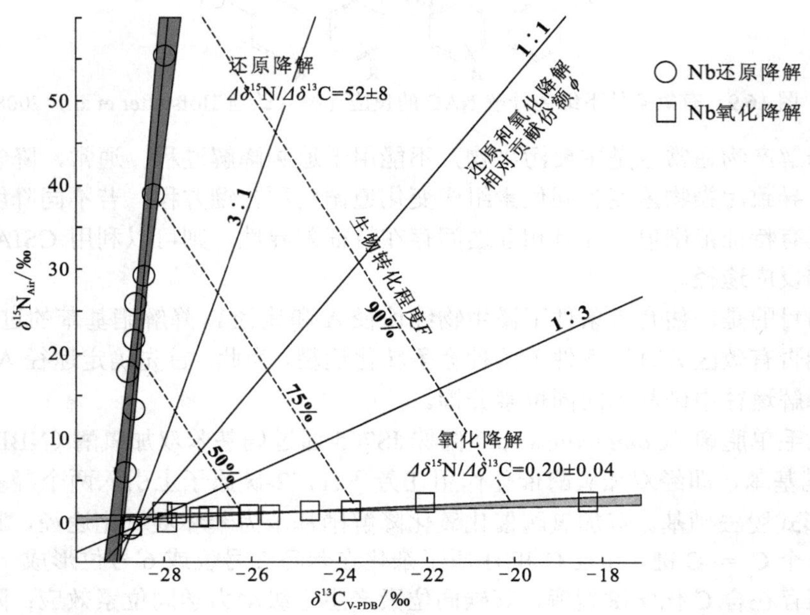

图 16.10　氧化和还原途径生物降解硝基苯的 $\delta^{13}C$ 值和 $\delta^{15}N$ 值的相对变化（改自 Hofstetter et al.，2008b）

阴影区域表示单一降解反应途径，$\Delta\delta^{15}N/\Delta\delta^{13}C$ 值通过对 $\delta^{15}N$ 值和 $\delta^{13}C$ 值进行线性回归拟合计算得出；三条实线表示硝基苯生物氧化降解和还原降解的贡献份额比 Φ 分别为 3∶1、1∶1 和 1∶3，虚线表示硝基苯的生物转化程度 F，硝基苯初始 $\delta^{13}C_{V\text{-}PBD}$ =（−28.7±0.4）‰，初始 $\delta^{15}N_{air}$ =（−0.8±0.5）‰

由于硝基苯的这两种生物降解途径（途径 A 和途径 D）在有氧条件下可能同时共存，氧化和还原降解可能同时影响环境中污染物的同位素组成特征。因此，通过使用任一种同位素富集系数来量化硝基苯的生物降解程度是不可行的。对于存在两种竞争反应途径的情况，通过引入降解反应途径的相对贡献份额 Φ，可以量化污染物的转化程度 F：

$$F=1-\left(\frac{\delta E_X+1000}{\delta E_0+1000}\right)^{1000}\Bigg/\left[\Phi\cdot\varepsilon_E^{OX}+(1-\Phi)\cdot\varepsilon_E^{red}\right] \tag{16.1}$$

式中：δE_0 和 δE_x 分别为硝基苯的初始同位素组成与剩余份额的同位素组成；ε_E^{OX} 和 ε_E^{red} 分别为好氧生物降解和厌氧生物降解途径的同位素富集系数；Φ 为氧化降解和还原降解的相对贡献份额，它与两种同位素组成的相对变化（$\Delta\delta^{15}N/\Delta\delta^{13}C$）有关：

$$\Phi=\frac{\Delta\delta^{15}N/\Delta\delta^{13}C\cdot\varepsilon_C^{red}-\varepsilon_N^{red}}{\left(\varepsilon_N^{OX}-\varepsilon_N^{red}\right)-\Delta\delta^{15}N/\Delta\delta^{13}C\left(\varepsilon_C^{OX}-\varepsilon_N^{red}\right)} \tag{16.2}$$

据此，图 16.10 中的交叉区域可用来计算硝基苯的转化程度（F）并估算两种转化途径的相对贡献份额（Φ），其中三条实线则表示硝基苯氧化生物降解和还原降解的贡献份额比分别为 3∶1、1∶1 和 1∶3，虚线表示硝基苯的转化程度（F）。

参考文献

AMARAL H I, FERNANDES J, BERG M, et al., 2009. Assessing TNT and DNT groundwater contamination by compound-specific isotope analysis and ^{3}H-^{3}He groundwater dating: a case study in Portugal[J]. Chemosphere, 77(6): 805-812.

BERG M, BOLOTIN J, HOFSTETTER T B, 2007. Compound-specific nitrogen and carbon isotope analysis of nitroaromatic compounds in aqueous samples using solid-phase microextraction coupled to GC/IRMS[J]. Analytical chemistry, 79(6): 2386-2393.

BERNSTEIN A, RONEN Z, ADAR E, et al., 2008. Compound-specific isotope analysis of RDX and stable isotope fractionation during aerobic and anaerobic biodegradation[J]. Environmental science and technology, 42(21):7772-7777.

BERNSTEIN A, ADAR E, RONEN Z, et al., 2010. Quantifying RDX biodegradation in groundwater using $\delta^{15}N$ isotope analysis[J]. Journal of contaminant hydrology, 111(1/4): 25-35.

BERNSTEIN A, RONEN Z, GELMAN F, 2013. Insight on RDX degradation mechanism by Rhodococcus strains using ^{13}C and ^{15}N kinetic isotope effects[J]. Environmental science and technology, 47(1): 479-484.

COFFIN R B, MIYARES P H, KELLEY C A, et al., 2001. Stable carbon and nitrogen isotope analysis of TNT: two-dimensional source identification[J]. Environmental toxicology and chemistry, 20(12): 2676-2680.

HARTENBACH A, HOFSTETTER T B, BERG M, et al., 2006. Using nitrogen isotope fractionation to assess abiotic reduction of nitroaromatic compounds[J]. Environmental science and technology, 40(24): 7706-7710.

HARTENBACH A E, HOFSTETTER T B, AESCHBACHER M, et al., 2008. Variability of nitrogen isotope fractionation during the reduction of nitroaromatic compounds with dissolved reductants[J]. Environmental science and technology, 42(22): 8352-8359.

HOFSTETTER T B, NEUMANN A, ARNOLD W A, et al., 2008a. Substituent effects on nitrogen isotope fractionation during abiotic reduction of nitroaromatic compounds[J]. Environmental science and technology, 42(6): 1997-2003.

HOFSTETTER T B, SPAIN J C, NISHINO S F, et al., 2008b. Identifying competing aerobic nitrobenzene biodegradation pathways by compound-specific isotope analysis[J]. Environmental science and technology, 42(13): 4764-4770.

HOFSTETTER T B, BOLOTIN J, PATI S G, et al., 2014. Isotope effects as new proxies for organic pollutant transformation[J]. CHIMIA international journal for chemistry, 68(11):788-792.

MOSHE S S B, RONEN Z, DAHAN O, et al., 2010. Isotopic evidence and quantification assessment of in situ RDX biodegradation in the deep unsaturated zone. [J]. Soil biology and biochemistry, 42(8):1253-1262.

PATI S G, KOHLER H P, BOLOTIN J, et al., 2014. Isotope effects of enzymatic dioxygenation of nitrobenzene and 2-nitrotoluene by nitrobenzene dioxygenase[J]. Environmental science and technology, 48(18): 10750-10759.

SAGI-BEN MOSHE S, RONEN Z, DAHAN O, et al., 2010. Isotopic evidence and quantification assessment of in situ RDX biodegradation in the deep unsaturated zone[J]. Soil biology and biochemistry, 42: 1253-1262.

SKARPELI-LIATI M, TURGEON A, GARR A N, et al., 2011. pH-dependent equilibrium isotope fractionation associated with the compound specific nitrogen and carbon isotope analysis of substituted anilines by SPME-GC/IRMS[J]. Analytical chemistry, 83(5): 1641-1648.

TOBLER N B, HOFSTETTER T B, SCHWARZENBACH R P, 2007. Assessing iron-mediated oxidation of toluene and reduction of nitroaromatic contaminants in anoxic environments using compound-specific isotope analysis[J]. Environmental science and technology, 41(22): 7773-7780.

WIJKER R S, ADAMCZYK P, BOLOTIN J, et al., 2013. Isotopic analysis of oxidative pollutant degradation pathways exhibiting large H isotope fractionation[J]. Environmental science and technology, 47(23): 13459-13468.

ZHANG N, GERONIMO I, PANETH P, et al., 2016. Analyzing sites of OH radical attack (ring vs. side chain) in oxidation of substituted benzenes via dual stable isotope analysis $\delta^{13}C$ and $\delta^{2}H$[J]. Science of the total environment, 542: 484-494.